住房和城乡建设部“十四五”规划教材
高等学校工程管理专业应用型系列教材

测量学

SURVEYING

李启明　总主编
徐广翔　赵世平　主　编
赵喜江　高有裕　主　审

中国建筑工业出版社

图书在版编目（CIP）数据

测量学 = Surveying / 徐广翔，赵世平主编 . —北京：中国建筑工业出版社，2022.9（2025.5重印）
住房和城乡建设部“十四五”规划教材　高等学校工程管理专业应用型系列教材
ISBN 978-7-112-27606-6

Ⅰ . ①测…　Ⅱ . ①徐… ②赵…　Ⅲ . ①测量学－高等学校－教材　Ⅳ . ① P2

中国版本图书馆 CIP 数据核字（2022）第 119571 号

本书系统地介绍了测量学的基本理论、技术及方法，应用测绘仪器和设备进行各种测定与测设工作，并运用测量误差与平差理论进行数据处理和计算；针对较常用的各种专业工程测量的特点，详细阐述了施测的方法和技术要求。

全书共 16 章。第 1 章为绪论，介绍测绘学的发展史和基本内容；第 2 章 ~ 第 5 章介绍测量的基本内容和仪器的使用方法；第 6 章介绍测量误差基本知识及测量精度估算；第 7 章介绍控制测量，以导线测量及计算为重点；第 8 章介绍卫星定位测量；第 9 章 ~ 第 11 章介绍地形测图、地形图基本知识和应用，以数字测图为重点；第 12 章 ~ 第 16 章介绍建筑工程施工测量，道路、桥梁、隧道工程测量以及变形监测；附录中介绍测量常用的计量单位、测量计算中的有效数字、记录与计算的注意事项及测量实验须知。本书通过案例讲解，充分展示了最新测量科技成果在工程中的应用。

本书适合作为工科院校工程管理、土木工程、建筑学、测绘工程、城市规划、国土管理、地理信息系统等专业的教学用书，亦可作为施工现场测量人员的培训教材及参考资料。

为更好地支持相应课程的教学，我们向采用本书作为教材的教师提供教学课件，有需要者可与出版社联系，邮箱：jckj@cabp.com.cn，电话：（010）58337285，建工书院 http://edu.cabplink.com。

责任编辑：张　晶　冯之倩
责任校对：张辰双

住房和城乡建设部“十四五”规划教材
高等学校工程管理专业应用型系列教材
测量学
SURVEYING
李启明　总主编
徐广翔　赵世平　主　编
赵喜江　高有裕　主　审
*
中国建筑工业出版社出版、发行（北京海淀三里河路 9 号）
各地新华书店、建筑书店经销
北京雅盈中佳图文设计公司制版
建工社（河北）印刷有限公司印刷
*
开本：787 毫米 ×1092 毫米　1/16　印张：28　字数：595 千字
2022 年 9 月第一版　2025 年 5 月第二次印刷
定价：69.00 元（赠教师课件）
ISBN 978-7-112-27606-6
（39793）
版权所有　翻印必究
如有印装质量问题，可寄本社图书出版中心退换
（邮政编码 100037）

教材编审委员会名单

主　任：李启明

副主任：高延伟　杨　宇

委　员：（按姓氏笔画排序）

王延树　叶晓甦　冯东梅　刘广忠　祁神军　孙　剑　严　玲

杜亚丽　李　静　李公产　李玲燕　何　梅　何培玲　汪振双

张　炜　张　晶　张　聪　张大文　张静晓　陆　莹　陈　坚

欧晓星　周建亮　赵世平　姜　慧　徐广翔　彭开丽

出版说明

党和国家高度重视教材建设。2016 年，中办国办印发了《关于加强和改进新形势下大中小学教材建设的意见》，提出要健全国家教材制度。2019 年 12 月，教育部牵头制定了《普通高等学校教材管理办法》和《职业院校教材管理办法》，旨在全面加强党的领导，切实提高教材建设的科学化水平，打造精品教材。住房和城乡建设部历来重视土建类学科专业教材建设，从“九五”开始组织部级规划教材立项工作，经过近 30 年的不断建设，规划教材提升了住房和城乡建设行业教材质量和认可度，出版了一系列精品教材，有效促进了行业部门引导专业教育，推动了行业高质量发展。

为进一步加强高等教育、职业教育住房和城乡建设领域学科专业教材建设工作，提高住房和城乡建设行业人才培养质量，2020 年 12 月，住房和城乡建设部办公厅印发《关于申报高等教育职业教育住房和城乡建设领域学科专业“十四五”规划教材的通知》（建办人函〔2020〕656 号），开展了住房和城乡建设部“十四五”规划教材选题的申报工作。经过专家评审和部人事司审核，512 项选题列入住房和城乡建设领域学科专业“十四五”规划教材（简称规划教材）。2021 年 9 月，住房和城乡建设部印发了《高等教育职业教育住房和城乡建设领域学科专业“十四五”规划教材选题的通知》（建人函〔2021〕36 号）。为做好“十四五”规划教材的编写、审核、出版等工作，《通知》要求：（1）规划教材的编著者应依据《住房和城乡建设领域学科专业“十四五”规划教材申请书》（简称《申请书》）中的立项目标、申报依据、工作安排及进度，按时编写出高质量的教材；（2）规划教材编著者所在单位应履行《申请书》中的学校保证计划实施的主要条件，支持编著者按计划完成书稿编写工作；（3）高等学校土建类专业课程教材与教学资源专家委员会、全国住房和城乡建设职业教育教学指导委员会、住房和城乡建设部中等职业教育专业指导委员会应做好规划教材的指导、协调和审稿等工作，保证编写质量；（4）规划教材出版单位应积极配合，做好编辑、出版、发行等工作；（5）规划教材封面和书脊应标注“住房和城乡建设部‘十四五’规划教材”字样和统一标识；（6）规划教材应在“十四五”期间完成出版，逾期不能完成的，不再作为《住房和城乡建设领域学科专业“十四五”规划教材》。

住房和城乡建设领域学科专业“十四五”规划教材的特点，一是重点以修订教育部、住房和城乡建设部“十二五”“十三五”规划教材为主；二是严格按照专业标准规范要求编写，体现新发展理念；三是系列教材具有明显特点，满足不同层次和类型的学校专业教学要求；四是配备了数字资源，适应现代化教学的要求。规划教材的出版凝聚了作者、主审及编辑的心血，得到了有关院校、出版单位的大力支持，教材建设管理过程有严格保障。希望广大院校及各专业师生在选用、使用过程中，对规划教材的编写、出版质量进行反馈，以促进规划教材建设质量不断提高。

住房和城乡建设部“十四五”规划教材办公室

2021 年 11 月

序 言

近年来，我国建筑业迎来转型升级、快速发展，新模式、新业态、新技术、新产品不断涌现；全行业加快向质量效益、集成创新、绿色低碳转型升级。新时期蓬勃发展的建筑行业也对高等院校专业建设、应用型人才培养提出了更高的要求。与此同时，国家大力推动的“双一流”建设与“金课”建设也为广大高等院校发展指明了方向、提供了新的契机。高等院校工程管理类专业也应紧跟国家、行业发展形势，大力推进专业建设、深化教学改革，培养复合型、应用型工程管理专业人才。

为进一步促进高校工程管理专业教育教学发展，推进工程管理专业应用型教材建设，中国建筑出版传媒有限公司（中国建筑工业出版社）在深入调研、广泛听取全国各地高等院校工程管理专业实际需求的基础上，组织相关院校知名教师成立教材编审委员会，启动了高等学校工程管理专业应用型系列教材编写、出版工作。2018 年、2019 年，教材编审委员会召开两次编写工作会议，研究、确定了工程管理专业应用型系列教材的课程名单，并在全国高校相关专业教师中遴选教材的主编和参编人员。会议对各位主编提交的教材编写大纲进行了充分讨论，力求使教材内容既相互独立，又相互协调，兼具科学性、规范性、普适性、实用性和适度超前性。教材内容与行业结合，为行业服务；教材形式上把握时代发展动态，注重知识呈现方式多样化，包括慕课教材、数字化教材、二维码增值服务等。本系列教材共有 16 册，其中有 12 册入选住房和城乡建设部“十四五”规划教材，教材的出版受到住房和城乡建设领域相关部门、专家的高度重视。对此，出版单位将与院校共同努力，致力于将本系列教材打造成为高质量、高水准的教材，为广大院校师生提供最新、最好的专业知识。

本系列教材的编写出版，是高等学校工程管理类专业教学内容变革、创新与教材建设领域的一次全新尝试和有益拓展，是推进专业教学改革、助力专业教学的重要成果，将为工程管理一流课程和一流专业建设作出新的贡献。我们期待与广大兄弟院校一道，团结协作、携手共进，通过教材建设为高等学校工程管理专业的不断发展作出贡献！

高等学校工程管理专业应用型系列教材编审委员会
中国建筑出版传媒有限公司
2021 年 9 月

前　言

近年来随着测绘新技术的迅速发展，全站仪、数字水准仪、GNSS接收机等电子仪器已逐步成为测绘工作的常规仪器，测绘数据的自动采集、成图的数字化已成为常规的测绘方法。测量学为工程管理、土木工程、建筑学、测绘工程、城市规划、国土管理、地理信息系统等专业的技术基础课，对测绘科技的新进展应有及时的反映。本书重点介绍测绘新技术及其应用，包括卫星定位、数字化成图、变形监测技术的新方法，并力求使其能反映测绘科技的最新成果在工程测量中的应用；在原理阐述、概念说明、公式推导、方法介绍等方面注重逻辑性与实用性的结合；文字通俗易懂，便于课堂教学和学生自学；在内容编排上考虑学习的系统性，前后呼应、深入浅出，有利于掌握“测量学”课程的基本理论和基础知识。

参与本书编写的作者及分工如下：

赵世平（海南大学）：第3章，第4章，第5章，第7章7.2、7.3、7.4、7.5节，第13章13.5节，第16章16.4、16.6节。

徐广翔（山西大同大学）：第1章，第2章。

宁永香（山西工程技术学院）：第11章，第16章16.1、16.2、16.3、16.5节，附录。

梁洁（山西大同大学）：第12章，第13章13.1、13.2、13.3、13.4、13.6节，第14章。

薛建华（山西大同大学）：第7章7.1节，第9章，第10章。

张红华（黑龙江科技大学）：第8章，第15章。

李林（晋能控股煤业集团有限公司）：第6章。

本书由赵世平、徐广翔担任主编；宁永香、梁洁担任副主编。

本书由海南大学赵世平负责稿件的初审、修改、补充和统稿工作。

本书承蒙黑龙江科技大学赵喜江教授和大同煤矿集团有限责任公司高有裕高级工程师认真审阅，并提出了许多宝贵的修改意见。本书在编写和出版过程中参考了许多资料，在此谨向有关作者及给予帮助的单位和同仁表示衷心感谢。

本书在编写过程中得到了山西大同大学优秀著作教材出版资助。

由于测绘科技的迅速发展，加之作者的知识水平和实践经验有限，书中难免有疏漏或不足之处，敬请专家和读者批评指正。

目 录

第1章 绪论

【本章要点及学习目标】

本章的主要内容包括大地水准面，参考椭球及地面点位的确定，高斯—克吕格平面直角坐标系，用水平面代替水准面的限度，测量的基本问题、基本原则和基本内容。通过本章的学习，学生应理解测量学的概念、任务与作用，了解我国常用的测量坐标系统和高程基准，并掌握地面点位确定的原理，理解测量工作的基本原则和基本内容。

1.1 测量学的发展历史

1.1.1 测量学发展简史

测量学的发展与社会生产及其他科学技术的发展紧密相关。测量工作在远古时代的人类社会中就被应用于实际。上古时期为了治水开始了水利工程测量，司马迁在《史记》中对夏禹治水有这样的描述：“左准绳，右规矩，载四时，以开九州，通九道，陂九泽，度九山。”所记录的是当时工程勘测的情景，准绳和规矩就是当时所用的测量工具，准是测定平直的器具，绳是丈量距离的工具，规是画圆的器具，矩则是一种可定平、测长度、高度、深度和画圆、画矩形的通用测量仪器。

天文测量在中国古代已有很大发展，并创制了浑天仪、圭、表和复矩等仪器用于天文测量。地形图是测绘工作的重要成果，是生产和军事活动的重要工具。1973 年从长沙马王堆汉墓出土的地图包括地形图、驻军图和城邑图三种，不仅其所表示的内容相当丰富，绘制技术也非常熟练，在颜色使用、符号设计、内容分类和简化等方面都达到了很高的水平，是目前世界上发现的最早的地图，这与当时测绘技术的发展是分不开的。唐代在僧一行的主持下，实量得出子午线 1° 的弧长，这为判断地球的大小和形状提供了依据。

17 世纪以来，牛顿和惠更斯从力学的观点提出地球是两极略扁的椭球，纠正了地圆说，为正确认识地球奠定了理论基础。望远镜的发明和应用为测绘科学的发展开拓了光明前景，使测量方法、测量仪器有了重大改变。三角测量方法的创立，大地测量的广泛开展，对进一步研究地球的形状和大小，以及测绘地形图都起到了重要作用。同时，在测量理论方面也有不少创新，如高斯的最小二乘法理论和横圆柱投影理论就是其中重要的例证，一直使用至今。19 世纪，斯托克斯提出利用重力观测资料确定地球形状的理论，之后又提出利用大地水准面更接近地球真实形状的理论。

1.1.2 现代测量学的发展现状

20 世纪初，随着飞机的发明和摄影测量理论的发展，产生了航空摄影测量，测绘地形图实现了由手工业生产方式向自动化生产方式转变，为测绘科学带来巨大变革。20 世纪 40 年代，自动安平水准仪的问世标志着水准测量自动化的开端。20 世纪中后期，电子学、信息学、电子计算机科学和空间科学等新的科学技术得到了快速发展，推动着测量技术和测量仪器的变革和进步。测量科学的发展很大一部分是从测量仪器的发展开始的，然后推动测量技术发生重大变革。20 世纪 60 年代，激光器作为光源用于电磁波测距，使长期以来靠钢尺测距的作业方式发生了根本性的变革，彻底改变了大地测量工作中以角度换算距离的作业方式，而且用于导线测量和三边测量中。随着光源和微处理机的问世和应用，使测距工作向着自动化方向发展，氦氖激光源的应用使测程达到 60km 以上。20 世纪 80 年代初，多波段载波测距的出现抵偿减弱了大气条件的影响，使测距精度大大提高。与此同时，砷化镓发光管和半导体激光光源的使用使测距仪体积大大减小、质量减轻，向着小型化迈进了一大步。

测角仪器的发展也十分迅速，从金属度盘游标经纬仪，到光学度盘光学经纬仪，再发展到电子经纬仪，实现了测角仪器的自动化。同时，电子经纬仪和测距仪结合，产生了全站仪，其体积小、质量轻、功能全、自动化程度高，为数字测图和工程测量工作开拓了广阔的应用前景。

20 世纪 90 年代，全球定位系统（GPS）问世，采用卫星直接进行空间点的三维定位，又一次引起了测绘工作的重大变革。由于卫星定位具有全球性、全天候、快速、高精度和无需建立觇标等优点，被广泛用于大地测量、工程测量、地形测量及军事导航定位上。除了美国的 GPS 定位系统外，还有俄罗斯的格洛纳斯（GLONASS）定位系统，欧盟的伽利略（GALILEO）定位系统。我国的北斗卫星导航系统是中国正在实施的自主研发、独立运行的全球卫星导航系统。该系统已成功应用于测绘、电信、水利、渔业、交通运输、森林防火、应急救灾和公共安全等诸多领域，产生了显著的经济效益和社会效益。北斗卫星导航系统在 2020 年已成为由 30 余颗卫星组成的全球卫星导航系统，提供覆盖全球的高精度、高可靠性的定位、导航和授时服务。

由于测量仪器的飞速发展和计算机技术的广泛应用，20 世纪 90 年代，瑞士某公司推出世界上第一台数字水准仪，首次采用数字图像技术处理标尺影像，并以行阵传感器取代观测员的肉眼获得成功。这种传感器可以识别水准标尺上的条形码分划，并采用相关技术处理信号模型，自动显示与记录标尺读数和视距，从而实现了水准测量自动化。测量技术进入数字化时代，过去的白纸测图发展成为数字测图，航空摄影测量也发展成数字航空摄影测量。数字测图具有自动化程度高、精度高、不受图幅限制、便于使用管理等特点，所获得的数字地形信息作为地理空间数据的基本信息之一，成为地理信息系统的重要组成部分。

1.1.3 我国测量事业的发展概况

中华人民共和国成立后，我国测绘事业发展很快，首先统一了全国的坐标系和高程基准；20 世纪 50 年代，建立了 1954 北京坐标系；20 世纪 80 年代，建立了 1980 西安坐标系；完成了国家基本地形图的测绘工作，测制了各种比例尺的地形图，为国民经济和社会发展提供了基础测绘保障；同时在全国范围内建立了国家大地网、国家水准网、国家基本重力网和卫星多普勒网，并对国家大地网进行了整体平差；进行了珠穆朗玛峰和南极长城站的地理位置和高程测量；同时各种工程建设的测绘工作也取得显著成绩，如南京长江大桥、葛洲坝水电站、北京正负电子对撞机、大亚湾核电站、三峡水利枢纽、京张高速铁路、“天眼”工程、港珠澳大桥、首都国际机场候机楼等大型特殊工程的测绘工作。

在测绘仪器生产方面从无到有，现在不仅能生产各种常规测绘仪器，而且还能生产电子水准仪、电子经纬仪、全站仪、卫星接收机等精密测绘仪器。随着社会的进步，国民经济建设、国防建设和社会发展、科学研究等对国家大地坐标系提出了新的要求，迫切需要采用原点位于地球质量中心的坐标系统作为国家大地坐标系。自 2018 年 7 月 1 日起，自然资源系统全面启用 2000 国家大地坐标系（CGCS2000）。

国家现代测绘基准体系是传统测绘基准的继承和发展。其利用现代空间技术，在传统测绘基准体系的基础上，建立起全国统一的、高精度、地心、动态测绘基准体系基础设施，并赋予基准点以空间位置、水准高程和重力场等属性，形成由国家大地基准、高程基准、重力基准以及基准服务系统等组成的现代测绘基准体系。国家基础地理信息数据库的动态更新是自然资源部的基础测绘重点工程，主要任务是对国家 1：5 万、1：25 万、1：100 万基础地理信息数据库持续动态和联动更新，每年更新一次、发布一版，为国民经济建设与社会发展提供可靠的测绘地理信息保障。“天地图”是国家地理信息公共服务平台，它是“数字中国”的重要组成部分。其目的在于促进地理信息资源共享和高效利用，提高测绘地理信息公共服务能力和水平，改进测绘地理信息成果的服务方式，更好地满足国家信息化建设的需要，为社会公众的工作和生活提供方便。国家航空航天遥感影像获取的成果包括地面高分辨率多尺度数字航空摄影、高精度机载三维激光探测与测距、无人机数字航空摄影、倾斜航空摄影、机载合成孔径雷达等。实现优于 1m 影像数据全国覆盖，在影像覆盖面积、数据量、影像质量及分辨率等方面都取得历史性突破。综上所述，我国在测绘事业上已经做了大量的工作，为国民经济建设和国防建设作出了不可磨灭的贡献，我国的测绘科技水平正在迅速赶上并在某些方面开始领先于国际测绘科技水平。

1.1.4 测绘新技术发展概况

测绘科技融合了信息科学、空间科学、高性能计算和网络通信等领域的先进技术，是以全球导航定位技术、遥感技术、地理信息系统技术此3S技术为核心的高新技术，测绘科技水平在很大程度上体现了国家高新技术水平与综合国力。伴随着大数据、云计算、物联网、人工智能、虚拟现实等新技术的快速发展，测绘科技的发展也储备了源源不断的新动力，与这些新技术融合，测绘正成为大众创业、万众创新的重要领域。当前测绘的科技手段与应用已从传统的测量制图转变为包含3S技术、信息与网络通信等多种手段的地球空间信息科学，其中无人机航测和三维激光扫描近年来在测绘应用中得到了快速发展。

1. 无人机航测

随着无人机与数码相机技术的发展，无人机与航空摄影测量相结合使得无人机数字低空遥感成为航空遥感领域一个崭新的发展方向，无人机航测是传统航空摄影测量手段的有力补充，在小区域和飞行困难地区高分辨率影像快速获取方面具有明显优势，可广泛应用于国土监测、数字城市、灾害应急、新农村建设等方面。无人机航测具有以下显著特点：

（1）快速航测反应能力。无人机航测通常低空飞行，空域申请便利，受气候条件影响较小。对起降场地的要求限制较小，可实现垂直起降，对获取数据时的地理空域以及气象条件要求较低，能够对人工探测无法达到的地区进行监测，每天可获取数十平方千米的航测数据。

（2）突出的时效性和性价比。传统高分辨率卫星遥感一般时间较长，时效性相对也低。无人机航拍则可随时出发拍摄，做到短时间内快速完成，及时为用户提供所需成果，且价格具有相当的优势。

（3）监控区域受限小。我国面积辽阔，地形和气候复杂，很多区域常年受积雪、云层等因素影响，导致卫星遥感数据的采集受到一定限制，而无人机可较好地解决这些问题，不受航高限制，成像质量、精度都远远高于大飞机航拍。

（4）地表数据快速获取和建模能力。根据超高分辨率数字影像和高精度定位数据生成三维地表可视化影像及三维景观模型，便于进行各类环境下的开发和应用，并提供4D（DOM、DLG、DEM、DSM）产品及服务。

2. 三维激光扫描

三维激光扫描技术是又一项测绘新技术，近年来在国内越来越引起研究领域的关注。它是利用激光测距的原理，通过记录被测物体表面大量密集点的三维坐标，将扫描结果直接显示为点云，利用点云数据快速建立结构复杂、不规则场景的三维可视化模型，具有高效率、高精度的独特优势，这种能力是现行的三维建模软件所不可比拟的。

由于三维激光扫描系统可以密集地获取目标对象的数据点，因此相对于传统的单点测量具有革命性技术突破，逐渐应用在文物古迹保护、土木工程、室内设计、建筑监测、交通事故处理、法律证据收集、灾害评估、数字城市等领域。按照载体的不同，三维激光扫描系统又可分为机载、车载、地面和手持型几类。

1.2 测量学的任务及其在土木工程中的作用

1.2.1 测量学研究的范围和内容

测量学是研究地球的形状、大小以及确定地面（包括空中、地下和海底等）点位的科学。测量学的主要任务包括测定和测设。测定是指使用各种测量仪器和工具，通过观测、计算得到一系列测量数据，利用这些数据将地球表面地物、地貌缩绘成地形图供人们使用。测设是指将图纸上规划设计好的建（构）筑物或特定位置在地面上标定出来，作为施工的依据，它是测定的逆过程。

本书中的测量学指的是普通测量学，即测绘科学各分支学科中通用的基础内容。测绘科学（Surveying and Mapping）是指研究地球整体、表面以及外层空间各种自然和人造物体中与地理空间分布有关的各种几何、物理、人文及其随时间变化的信息采集、处理、管理、更新和利用的科学技术。简而言之，测绘科学主要研究地球的地理空间信息，同地球科学的研究有着密切的联系，现正在由计算机技术的支持朝着地理空间信息科学（Geo-Spatial Information Science，简称 Geomatics）方向发展和融合。测绘服务的对象非常广泛，包括科学研究、经济建设、国防建设以及社会发展等各个方面，测绘信息数据是一个国家最重要的基础设施数据之一。

1.2.2 测量学科的分支

测量学（Surveying）是研究地球表面和外层空间中各种自然和人造物体与地理空间分布有关的信息，并对这些信息进行采集、处理、更新和利用的技术。按其研究对象和应用范围的不同分为以下几类分支学科。

1. 大地测量学（Geodesy）

大地测量学是指研究和确定地球形状、大小、重力场、整体与局部运动和地面点的几何位置以及它们变化的理论和技术的学科。其基本任务是建立国家大地控制网，测定地球的形状、大小和重力场，为地形测图和各种工程测量提供基础起算数据，为空间科学、军事科学及研究地壳变形、地震预报等提供重要资料。按照测量手段的不同，大地测量学又分为常规大地测量学、卫星大地测量学及物理大地测量学等。

2. 工程测量学（Engineering surveying）

工程测量学是指研究各种工程建设在勘测、设计、施工和管理阶段中所进行的一系列测量工作的理论和方法的学科。

3. 地形测量学（Topographic surveying）

地形测量学是指研究如何将地球表面局部区域内的地物、地貌及其他有关信息测绘成地形图的理论、方法和技术的学科。按成图方式的不同，地形测图可分为模拟化测图和数字化测图。

4. 摄影测量与遥感（Photogrammetry and remote sensing）

摄影测量与遥感是指研究利用电磁波传感器获取目标物的影像数据，从中提取语义和非语义信息，并用图形、图像和数字形式表达的学科。其基本任务是通过对摄影相片或遥感图像进行处理、测量、解译，以测定物体的形状、大小和位置，进而制作成图。根据获得影像的方式及遥感距离的不同，本学科又分为地面摄影测量学、航空摄影测量学和航天遥感测量学等。

5. 地图制图学（Cartography）

地图制图学是指研究模拟和数字地图的基础理论、设计编绘、复制生产的技术及应用的学科。它的基本任务是利用各种测量成果编制各类地图，其内容一般包括地图投影、地图编制、地图整饰和地图制印等。

6. 导航与位置服务（Location-Based Service）

导航与位置服务（简称位基服务）是指采用全球导航卫星系统定位方式获取移动终端用户的地理位置坐标信息，或者通过移动运营商的无线电通信网络在 GIS 平台的支持下为用户提供相应定位服务的方式。

7. 海洋测绘（marine geodesy and cartography）

海洋测绘是指以海洋水体和海底为对象所进行的测量和海图编制工作。其主要包括海道测量、海洋大地测量、海底地形测量、海洋专题测量，以及航海图、海底地形图、各种海洋专题图和海洋图集等的编制。

1.2.3 测量学在土木工程中的应用

土木工程建设一般分为勘测设计、施工和运营三个阶段，测量工作贯穿于工程建设的全过程。

1. 勘测设计阶段

工程建设项目规划、勘测、设计阶段的测量工作主要是测绘各种比例尺的地形图，供工程建设项目在规划、选址、平面设计、纵向设计、管道与交通选线等方面使用。

2. 施工建设阶段

工程建设项目进入施工阶段后有大量的测量工作。首先，根据项目的要求建立施工测量控制网；接着，在施工阶段要将设计好的建筑物、构筑物的平面位置和高程测设于实地，以便后续施工；在施工的整个过程中，还要进行施工质量和进度控制，施工中的各种测量工作是管理的必要环节，设计的部分变更也需要测量提供实时可靠的数据。在工程后期，还需要绘制竣工图。

3. 运营管理阶段

在工程建筑物运营期间，为了监测工程的安全和稳定情况，了解设计是否合理并验证设计理论是否正确，需要定期对工程的水平位移、沉降、倾斜、裂缝以及挠度等进行监测，即通常所说的变形观测。变形测量需要高精度监测建筑物的变形量和变形速度，对大型工程项目有必要建立变形监测系统，作为工程管理系统的一部分。

根据建筑测量的研究对象和特点，本课程的内容包括普通测量和施工测量两部分。普通测量主要介绍地面点位的确定、高程测量、角度测量和距离测量的方法，地形图基本知识和应用，大比例尺地形图的测绘方法。施工测量主要介绍施工控制网的建立，典型工程的施工测量和线路工程测量。本课程具有很强的实践性，学习中应该在理解基本概念、基本理论的基础上，通过课堂学习、课间实验及课后实习，掌握测量仪器的结构和使用方法。

1.3 地面点位的确定

测量工作的实质就是确定地面点的位置，是通过在基准面上建立坐标系，并测定点位之间的关系来实现的。下面先简要介绍地球的形状和大小、基准面和坐标系。

1.3.1 地球的形状和大小

地球表面是极不规则的，有海洋岛屿、江河湖泊、平原盆地、高山丘陵。陆地最高山峰珠穆朗玛峰高出海平面 8848.86m，海底最深处马里亚纳海沟深达 11022m，相对高差近 20km。尽管有这样大的高低起伏，但与地球平均半径 6371km 相比微不足道。同时就整个地球表面而言，海洋面积约占 71%，陆地仅占 29%。因此，人们把海水面所包围的地球形体看作地球的形状。

由于地球的自转运动，地球上任一点都要受到离心力和地球引力的双重作用，这两个力的合力称为重力，重力的方向线称为铅垂线。铅垂线是测量工作的基准线。静止的水面称为水准面，水准面是受地球重力影响而形成的，是一个处处与重力方向线垂直的连续曲面，并且是一个重力场的等位面。与水准面相切的平面称为水平面。水准面可高可低，因此符合上述特点的水准面有无数个，其中与平均海水面吻合，并将平均海水面延伸穿过大陆、岛屿所形成的闭合曲面称为大地水准面。大地水准面是测量工作的基准面。由大地水准面所包围的地球形体称为大地体。

大地水准面和铅垂线是测量所依据的基准面和基准线。用大地体表示地球形体是恰当的，但由于地球内部质量分布的不均匀性，使得铅垂线方向发生不规则变化，处处与重力方向正交的大地水准面也就不是一个规则的曲面，而是一个表面有微小起伏的复杂曲面。在这个面上无法进行测量工作的计算，于是人们选择了一个与大地体的形状和大小较为接近的，经过测量理论研究和实践证明的旋转椭球体来代替大地体，如图 1-1 所示。通过定位使旋转椭球体与大地体的相对关系固定下来，这个旋转椭球体也称为参考椭球体。参考椭球体的表面是一个可以用数学公式表达的规则曲面，它是测量计算和投影制图的基准面。

参考椭球体的形状和大小通常用其长半轴 a、短半轴 b 和扁率 α 描述，只要知道其中

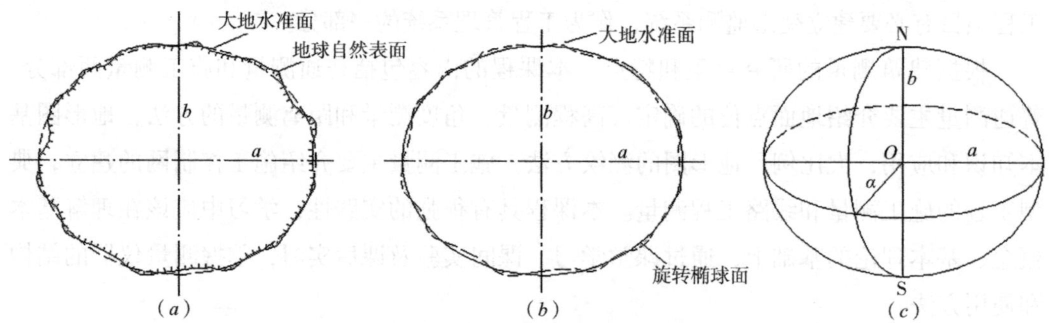

图 1-1　地球自然表面、大地水准面和旋转椭球面相互关系示意图

(*a*) 地球自然表面与大地水准面；(*b*) 大地水准面与旋转椭球面；(*c*) 参考椭球体

两个元素，即可确定椭球体的形状和大小。

我国 1980 西安坐标系采用国际大地测量与地球物理协会（IUGG–75）推荐的椭球元素，其值为：

长半轴：　　a=6378140m

短半轴：　　b=6356755m

扁率：　　$$\alpha=\frac{a-b}{a}=\frac{1}{298.257}$$

1980 西安坐标系大地原点设在陕西省西安市泾阳县永乐镇。不同的坐标系采用的椭球参数不同，表 1–1 列出了常用坐标系的椭球参数。

由于参考椭球体的扁率很小，在普通测量中又近似地把大地体视为圆球体，其半径采用与参考椭球体等体积的圆半径，其值为：

$$R=\frac{1}{3}（a+a+\mathrm{b}）=6371\mathrm{km}$$

椭球参数　　　表 1–1

坐标系统	长半轴 a（m）	短半轴 b（m）	扁率 α
1954 北京坐标系	6378245	6356863.0188	1/298.3
1980 西安大地坐标系	6378140	6356755.2882	1/298.257
WGS–84 坐标系	6378137	6356752.3142	1/298.257224
CGCS2000	6378137	6356752.3141	1/298.257222

1.3.2　天文坐标系

如图 1–2（*a*）所示，以大地水准面为基准面，铅垂线为基准线。地面上任意点 P 的天文经度 λ 是过该点的天文子午面与首子午面所夹的二面角；P 点的天文纬度 φ 是过该点的铅垂线与赤道面的夹角。地面点位用天文经度 λ 和天文纬度 φ 来表示，属球面坐标，又称为天文地理坐标，采用天文测量方法获取其坐标。天文坐标系可用于天文大地网或独立工程控制网起始点定向。

1.3.3 大地坐标系

如图 1–2（*b*）所示，过地面某点的子午面与起始子午面之间的夹角称为该点的大地经度，用 *L* 表示。规定从起始子午面起算，向东 0°~180° 称为东经；向西 0°~180° 称为西经。过地面某点的椭球面法线 *P* 与赤道面的交角称为该点的大地纬度，用 *B* 表示。规定从赤道面起算，由赤道面向北为正，由 0°~90° 称为北纬；由赤道面向南为负，由 0°~90° 称为南纬。地面点沿法线方向到椭球面的距离称为大地高，用 *H* 表示。用大地经度 *L*、大地纬度 *B* 和大地高 *H* 来表示地面点的空间位置，属球面坐标。它依据的基准面是参考椭球面，基准线是法线。

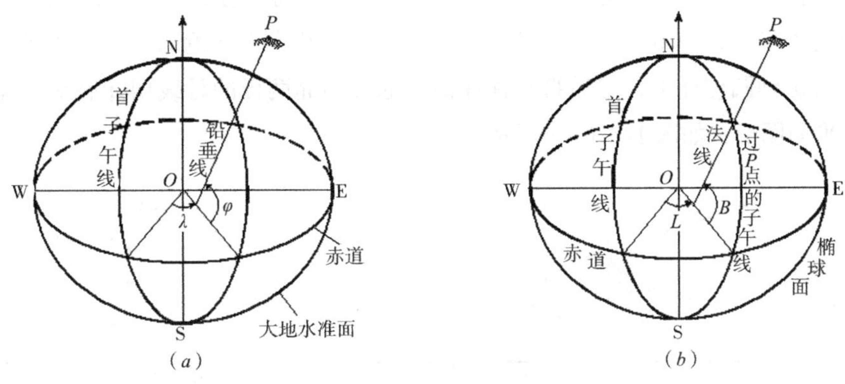

图 1–2 天文坐标系与大地坐标系示意图
（*a*）天文坐标系；（*b*）大地坐标系

天文坐标是用天文测量的方法直接测定的；大地坐标是根据大地原点坐标，再按大地测量所得数据推算而得。由于天文坐标和大地坐标所选用的面和线不同，所以同一点的天文坐标和大地坐标不一样，同一点的铅垂线和法线也不一致，因而会产生垂线偏差。

1.3.4 空间直角坐标系

以椭球体中心 *O* 为原点，起始子午面与赤道面的交线为 *X* 轴，赤道面与 *X* 轴正交的方向为 *Y* 轴，椭球体的旋转轴为 *Z* 轴，指向符合右手规则。在该坐标系中，*P* 点的点位用 *OP* 在这三个坐标轴上的投影 *x*、*y*、*z* 表示，如图 1–3 所示。

空间三维直角坐标系又称地心坐标系，地面点 *A* 的空间位置用三维直角坐标（x_A，y_A，z_A）表示。*A* 点可以在椭球面之上，也可以在椭球面之下。

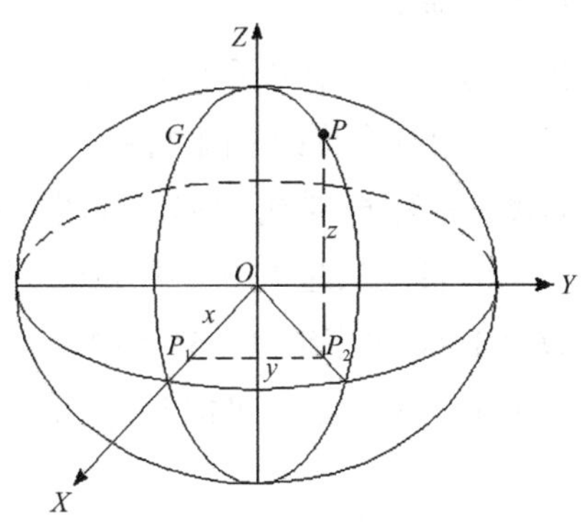

图 1–3 空间直角坐标系

1.3.5 高斯平面直角坐标系

地理坐标是球面坐标，只能表示地面点在球面上的位置，观测、计算、绘图较为复杂，不能直接用于测绘大比例尺地形图。因此，必须将地面点的地理坐标转换成平面直角坐标。椭球面上点的坐标不能直接转换成平面坐标，只有通过一定的投影方法才能将椭球面上的点、线、面投影到平面上。这种投影会产生变形，即投影变形，包括长度变形、面积变形和角度变形。

投影的方法很多，归纳起来可分为三大类，即等角投影、等面积投影和任意投影。我国采用高斯—克吕格正形投影方法，简称高斯投影，它是一种等角投影。这种建立在高斯投影面上的直角坐标系统称为高斯平面直角坐标系。

高斯投影是将地球看作一个椭球，设想用一个空心横圆柱体套在地球外面，使横圆柱的中心轴位于赤道面内并通过球心，让圆柱面与地球球面上某一子午线相切，该子午线称为中央子午线，如图 1–4（*a*）所示。将中央子午线东西两侧球面上的图形按一定的数学法则投影到圆柱面上，然后将圆柱面沿着通过南北两极的母线切开展平，即得到高斯投影的平面图形，如图 1–4（*b*）所示。

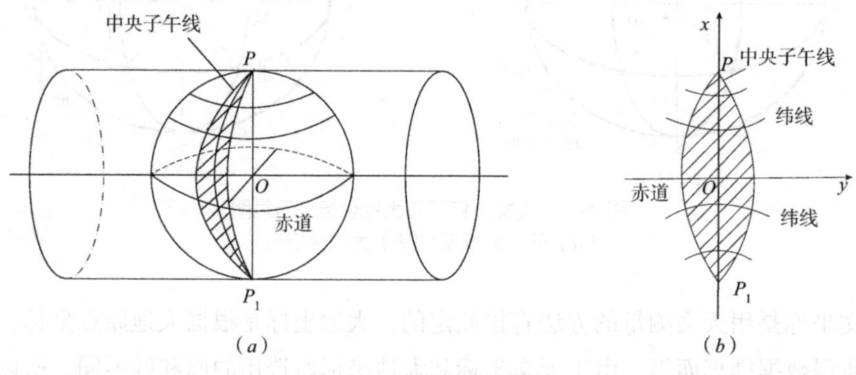

图 1–4 高斯投影示意图

高斯投影前后所有角度保持不变，故高斯投影亦称为等角投影或正形投影。在投影后的高斯平面上，中央子午线投影为直线，与赤道垂直且长度保持不变，其余子午线的投影为对称于中央子午线的弧线，而且距中央子午线越远，长度变形越大。为了将长度变形控制在允许的范围之内，一般采用分带投影的方法，以经差 6° 或 3° 来限定投影带的宽度，简称 6° 带或 3° 带，如图 1–5 所示。

6° 带是从起始子午线开始，自西向东每隔 6° 划分一带。整个地球划分为 60 带，用数字 1~60 顺序编号。6° 带中央子午线的经度依次为 3°，9°，15°，…，357°，任意带的中央子午线经度 L_0 可按下式计算：

$$L_0=6N-3 \tag{1-1}$$

式中 N——6° 带投影带的带号。

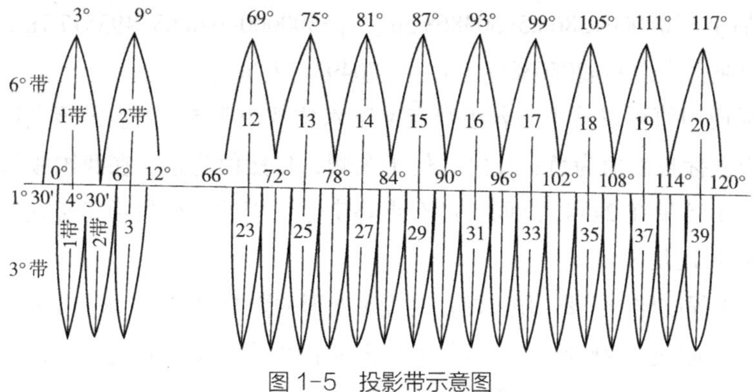

图 1-5 投影带示意图

3° 带是从东经 1.5° 子午线开始，自西向东每隔 3° 划分为一带，整个地球划分为 120 个投影带，用数字 1~120 顺序编号。3° 带中央子午线的经度依次为 3°，6°，9°，…，360°，每带中央子午线的经度 L_0' 可按下式计算：

$$L_0'=3n \tag{1-2}$$

式中 n——3° 带的带号。

将每个投影带沿边界切开展成平面，以中央子午线为纵轴，向北为正、向南为负；以赤道为横轴，向东为正、向西为负；两轴的交点为坐标原点，这样就组成了高斯平面直角坐标系，如图 1-6（*a*）所示。我国位于北半球，纵坐标为正号，横坐标有正有负。为了避免横坐标出现负值，通常将每带的坐标原点向西移 500km，这样无论横坐标的自然值是正还是负，加上 500km 后均能保证每点的横坐标为正值。为了表明地面点位于哪一个投影带内，在横坐标前加上投影带号，因此，高斯平面直角坐标系的横坐标实际上是由带号、500km 以及自然坐标值三部分组成的。

如图 1-6（*b*）所示，设 *A*、*B* 两点位于第 20 号投影带内 y_A=3868.5m，y_B=−6482.3m，

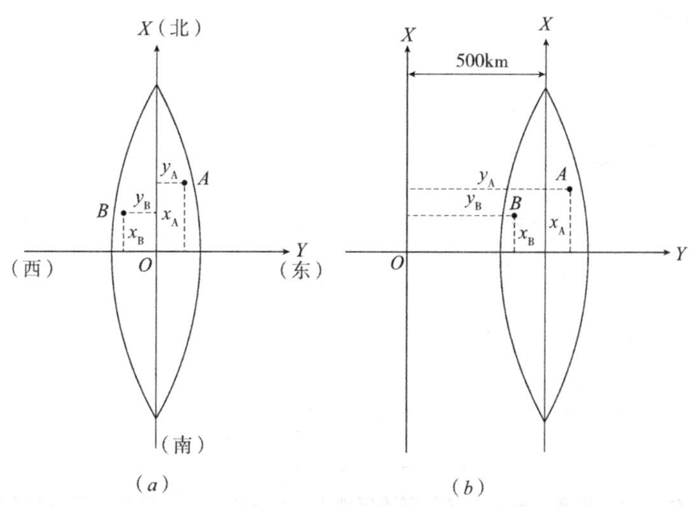

图 1-6 高斯平面直角坐标系

加上 500km 后 y_A=500000+3868.5=503868.5m，y_B=500000−6482.3=493517.7m，加上带号，则其横坐标的通用值为 y_A=20503868.5m，y_B=20493517.7m。

由横坐标通用值可以看出，若小数点前第六位数小于 5，则表示该点位于中央子午线西侧，其横坐标自然值为负；反之，位于东侧，自然值为正。在我国领域内，6° 带在 13~23 之间，而 3° 带在 24~45 之间，没有重叠带号，因此，根据横坐标通用值就可以判定投影带是 6° 带还是 3° 带。

由于城市工程放样的需要，城市测量对投影变形的限制很严，要求变形小于 0.025m/km，即投影误差应不超过 1/40000，所以城市测量的中央子午线一般定在城市中央，它们不一定是 3° 带或 6° 带的中央子午线，而是任意中央子午线。大中城市的坐标系统一般是高斯正形投影任意带平面直角坐标系统，且与国家坐标系统进行了联测，可以进行坐标转换。

1.3.6　独立平面直角坐标系

大地水准面虽是曲面，但当测区（如半径不大于 10km 的范围）较小且与国家坐标系无法联测时，可以用测区中心点 a 的切平面来代替曲面，为了使坐标不出现负值，一般把坐标原点选择在测区的西南角，如图 1–7（a）所示。

测量工作中采用的平面直角坐标如图 1–7（b）所示，规定南北方向为纵轴，并记为 x 轴，x 轴向北为正、向南为负；以东西方向为横轴，并记为 y 轴，y 轴向东为正、向西为负。地面上某点 P 的位置可用 x_p 和 y_p 来表示。平面直角坐标系中象限按顺时针方向编号。图 1–7（c）为数学平面直角坐标系，两者的区别在于：①坐标轴互换，测量平面直角坐标系中的 x、y 坐标轴与数学平面直角坐标系中的 x、y 坐标轴位置互换；②象限顺序相反，测量平面直角坐标系中的象限顺序为顺时针方向，而数学平面直角坐标系中的象限顺序为逆时针方向。采用这样的表示方法可将数学中的公式直接应用到测量计算中，而不必另行建立数学模型。

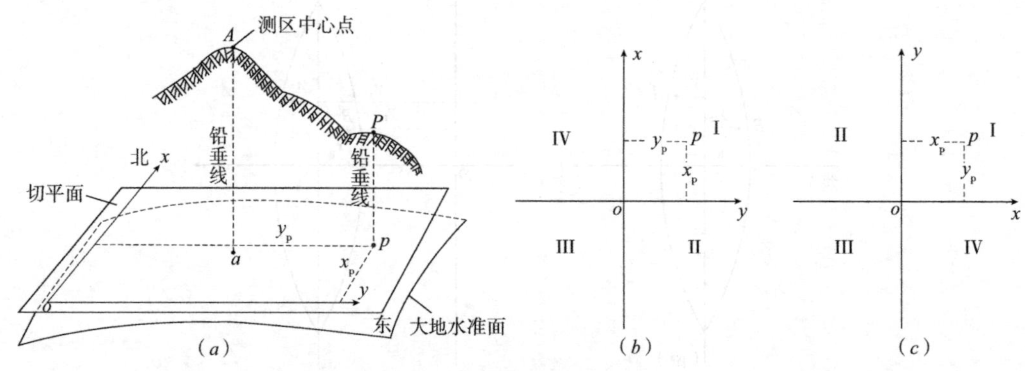

图 1–7　平面直角坐标系

（a）独立平面直角坐标系；（b）测量平面直角坐标系；（c）数学平面直角坐标系

1.3.7 我国目前常用坐标系

1. 1954 北京坐标系

中华人民共和国成立初期，我国采用克拉索夫斯基椭球参数建立的坐标系，大地原点在俄罗斯的普尔科夫。利用东北境内的基线网与苏联大地网联测，推算出北京名义上的原点坐标，故命名为 1954 北京坐标系。中华人民共和国成立以来，用这个坐标系进行了大量的测绘工作，在经济建设和国防建设中发挥了重要作用，但椭球在计算和定位过程中，在全国范围内符合得不是很好，不能满足高精度定位以及地球科学、空间科学和战略武器发射的精密需要。存在问题如下：

（1）参考椭球长半轴偏长；

（2）椭球基准轴定向不明确；

（3）椭球面与我国境内的大地水准面不太吻合，东部高程异常偏大；

（4）点位精度不高。

2. 1980 西安坐标系

20 世纪 70 年代，中国大地测量工作者经过二十多年的不懈努力，终于完成了全国一、二等天文大地网的布测，并经过整体平差。1980 西安坐标系选用 IUGG-75 地球椭球，大地原点选在陕西泾阳县永乐镇，在这一点上椭球面与我国境内大地水准面相切，大地水准面垂线和该点参考椭球面法线重合。平差后其大地水准面与椭球面的差距在 ±20m 之内，边长精度为 1∶500000。

3. WGS-84 坐标系

WGS-84 坐标系是地心坐标系，其坐标原点在地心，采用 WGS-84 椭球参数，是为 GPS 全球定位系统使用而建立的坐标系统。

4. 2000 国家大地坐标系统（CGCS2000）

随着社会的进步，国民经济建设、国防建设、社会发展和科学研究等对国家大地坐标系提出了新的要求，迫切需要采用原点位于地球质量中心的坐标系统作为国家大地坐标系。采用地心坐标系有利于通过现代空间技术对坐标系进行维护和快速更新，测定高精度大地控制点三维坐标，并提高测绘工作效率。

2000 国家大地坐标系是地心坐标系，其原点为包括海洋和大气的整个地球的质量中心。Z 轴指向 BIH1984.0 定义的协议极地方向（BIH 国际时间局），X 轴指向 BIH1984.0 定义的零子午面与协议赤道的交点，Y 轴按右手坐标系确定。我国北斗卫星导航定位系统采用的就是 2000 国家大地坐标系统。

1.3.8 高程系统

1. 绝对高程

地面点沿铅垂线方向到大地水准面的距离称为该点的绝对高程，简称高程，亦称海拔，

用 H 表示。如图 1–8 所示，地面点 A、B 的绝对高程分别为 H_A、H_B。

目前，我国采用 1985 国家高程基准，它是将与黄海平均海水面相吻合的大地水准面作为全国高程系统的基准面，在该基准面上绝对高程为零。1985 国家高程基准是经国务院批准，1987 年颁布命名在全国统一使用的高程基准。这个基准是以青岛验潮站根据 1952~1979 年的验潮资料，计算确定平均海水面作为基准面的高程基准，国家水准原点的高程为 72.2604m。

2. 假定高程

地面点沿铅垂线方向到任意假定水准面的距离称为该点的假定高程，也称为相对高程。如图 1–8 所示，地面点 A、B 的假定高程分别为 H'_A，H'_B。

3. 高差

地面上两点高程之差称为高差。图 1–8 中，h_{AB} 为 A、B 两点间的高差，即：

$$h_{AB}=H_B-H_A=H_B'-H_A' \tag{1-3}$$

因此，两点之间的高差与高程起算面无关。但是需要注意，高差有方向性，如 A 到 B 的高差 $h_{AB}=H_B-H_A$，而 B 到 A 的高差则是 $h_{BA}=H_A-H_B$。高差值为正，表示该方向是上坡，高差值为负，则表示该方向是下坡。

在测量工作中，一般只采用绝对高程，只有在偏僻地区没有已知的绝对高程点可以引测时，才采用假定高程。

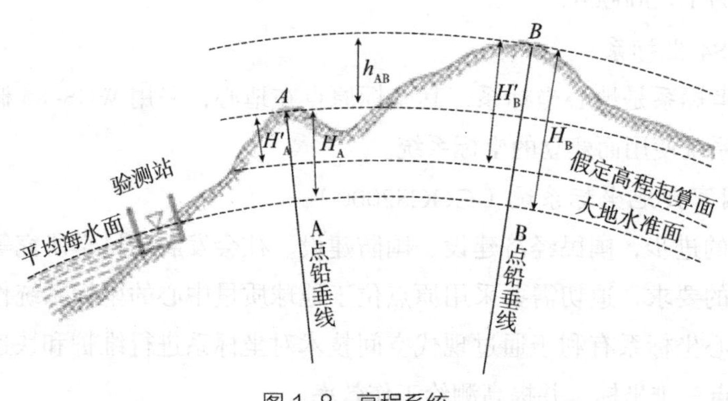

图 1–8　高程系统

1.4　用水平面代替水准面的限度

如前所述，当测区的范围较小时，可以把该地区球面看成水平面。那么多大范围能用水平面代替水准面，并能满足测图、用图的精度要求呢？这就必须讨论用水平面代替水准面时，对距离、高程、角度测量的影响，明确可以代替的范围和必要时应加的改正数。

1.4.1 对距离的影响

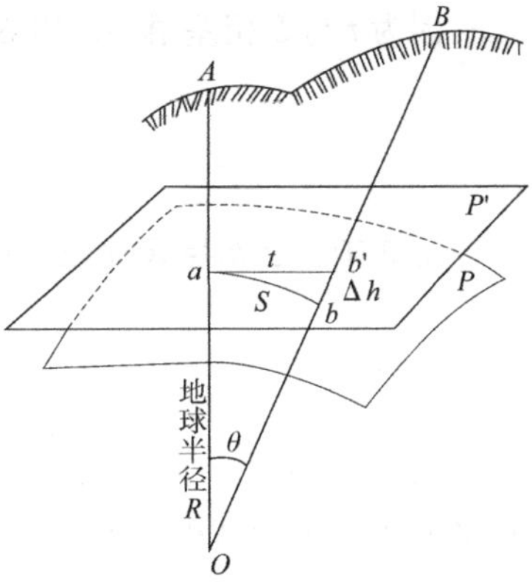

如图 1–9 所示，地面上 A、B 两点沿铅垂线投影到水准面 P 上的投影点是 a、b，弧长为 S，圆心角为 θ，地球半径为 R。过 a 点作切平面 P'，B 点在该水平面上的投影为 b'，A、B 两点在水平面上的距离为 t。如果将切于 a 点的水平面代替水准面，即以切线 ab' 代替圆弧 ab，则在距离上将产生误差 ΔS，即：

$$\Delta S=t-S=R(\tan\theta-\theta) \tag{1-4}$$

图 1–9 水平面代替水准面的限度

式中 R——地球曲率半径 6371km；

θ——S 对应的圆心角，单位为弧度。

将 $\tan\theta$ 用级数展开，因为 θ 很小，所以只取前两项为 $\tan\theta=\theta+\frac{1}{3}\theta^3$，并以 $\theta=\frac{S}{R}$代入上式得：

$$\Delta S=\frac{1}{3}R\theta^3=\frac{S^3}{3R^2} \tag{1-5}$$

$$\frac{\Delta S}{S}=\frac{S^2}{3R^2} \tag{1-6}$$

表 1–2 为用不同距离代入式（1–5）和式（1–6）得到的结果，当 S=10km 时，绝对误差 ΔS=0.82cm，相对误差 $\Delta S/S$=1/1217689，小于目前精密距离测量的容许误差。因此可以得出结论：在半径为 10km 的范围内进行距离测量工作时，用水平面代替水准面所产生的距离误差可以忽略不计。

用水平面代替水准面对距离的影响 表 1–2

距离 S（km）	距离误差 ΔS（cm）	距离相对误差 $\Delta S/S$	距离 S（km）	距离误差 ΔS（cm）	距离相对误差 $\Delta S/S$
10	0.82	1：1217689	50	102.6	1：48707
20	6.6	1：304422	100	821.2	1：12176

1.4.2 对高程的影响

由图 1–9 可见，bb' 为水平面代替水准面对高程产生的误差，令其为 Δh，也称为地球曲率对高程的影响。

$$(R+\Delta h)^2=R^2+t^2$$

$$2R\Delta h+\Delta h^2=t^2$$

$$\Delta h-\frac{t^2}{2R+\Delta h}$$

因为 t 与 S 相差很小，以 S 代替 t，由上式可得：

$$\Delta h = \frac{S^2}{2R + \Delta h}$$

上式中，Δh 与 R 比较可以忽略不计，于是上式可变为：

$$\Delta h = \frac{S^2}{2R} \tag{1-7}$$

将 R 和不同的 S 代入式（1–7），计算出的 Δh 见表 1–3。可以看出，用水平面代替水准面所产生的高程误差随距离的平方而增加。所以就高程测量而言，地球曲率对其影响即使在较小的距离范围内也应考虑。

水平面代替水准面对高程的影响　　表 1–3

S（km）	0.2	0.5	1	2	3	4	5
Δh（cm）	0.31	2	8	31	71	125	196

1.4.3 对水平角的影响

由球面三角学可知，平面三角形的内角和为 180°，球面三角形内角和则比平面三角形内角和大一个球面角超 ε，如图 1–10 所示，它的大小与图形面积成正比。计算公式为：

$$\varepsilon = \rho \frac{P}{R^2} \tag{1-8}$$

式中 P——球面多边形面积；

R——地球半径；

ρ——常数，其值为 206265″。

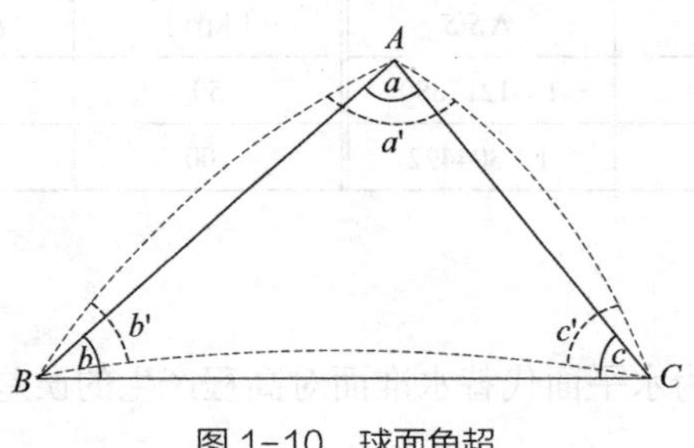

图 1–10　球面角超

由计算表明，在地球上如多边形的面积为 100km^2，则 ε 不大于 0.5″。由此看来，曲率对水平角的影响只有在大范围、高等级的平面控制测量中才会加以考虑，一般小范围内的测量可以忽略不计。

1.5　测量工作概述

1.5.1　测量的基本问题

地球表面复杂多样的形态可分为地物和地貌两大类。地面上的固定性物体称为地物，如河流、湖泊、道路、桥梁和房屋等。地面上高低起伏的形态称为地貌，如山岭、平原、谷地和陡崖等。地物和地貌总称为地形。

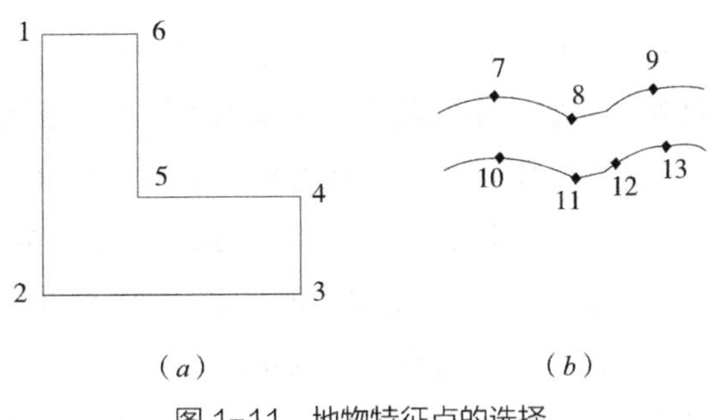

图 1-11　地物特征点的选择

图 1-11（*a*）为一栋房屋，其平面位置由房屋轮廓线的一些折线组成，如能确定 1~6 各点的平面位置，这栋房屋的位置就确定了。图 1-11（*b*）是一条河流，它的岸边线虽然很不规则，但弯曲部分可看成是由折线所组成的，只要确定 7~13 各点的平面位置，这条河流的位置也就确定了。至于地貌，其地势起伏变化虽然复杂，但仍可看成是由许多不同方向、不同坡度的平面相交而成的几何体。相邻平面的交线就是方向变化线和坡度变化线，只要确定出这些方向变化线和坡度变化线交点的平面位置和高程，地貌形状和大小的基本情况也就反映出来了。因此，不论地物或地貌，它们的形状和大小都是由一些特征点的位置所决定的。这些特征点也称为碎部点。在地形测图时，主要就是测定这些碎部点的平面位置和高程。

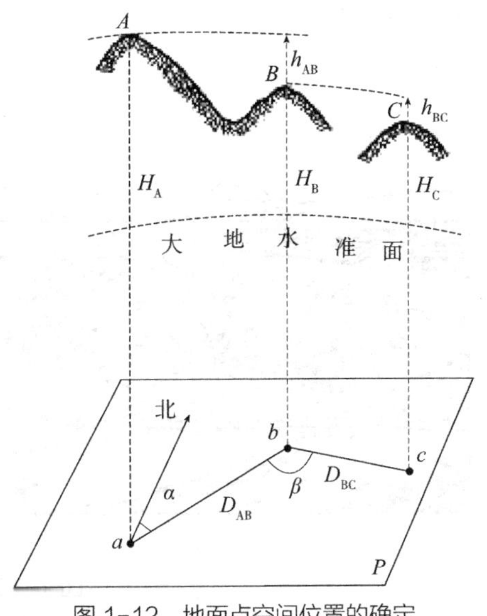

图 1-12　地面点空间位置的确定

在施工测量中，如何将图纸上设计的建（构）筑物在实地测设出来呢？这就要将立体的物体分解为面，再将面分解为线，将线分解为点，即由体—面—线—点，只要将图纸上设计的无数点测设到地面上或空间上的某一位置，就可由点—线—面—体，最后将图纸上设计好的建（构）筑物测设出来。由此看来，无论是测定还是测设工作，都可归结为确定点的空间位置，即点的平面位置和高程。

如图 1-12 所示，对于常规测量来说，点的平面位置和高程用常规方法都不能直接测定，平面位置（x，y）是通过观测点与点间的水平距离、水平角度，再根据已知点数据推算出来的；高程也不能直接测定，要通过测量两点间的高差，再根据已知点高程推算未知点的高程。因此，点的平面位置和高程都是间接求出的。角度、距离和高差是确定点位的基本元素；角度测量、距离测量和高程测量是测量的基本工作。另外，观测、计算和绘图是测量工作的基本技能。

1.5.2 测量工作的基本原则

测绘地形图时，要在某一个测站上用仪器测绘该测区所有的地物和地貌是不可能的。同样,某一厂区或住宅区在建筑施工中的放样工作也不可能在一个测站上完成。如图 1–13 所示，在 *A* 点设测站，只能测绘附近的地物和地貌，对位于小山后面的部分以及较远的地区就观测不到。因此，需要在若干点上分别施测，最后才能拼接成一幅完整的地形图。图中 *P*、*Q*、*R* 为设计的房屋位置，也需要在实地从 *A*、*F* 两点进行施工放样。因此，进行某一个测区的测量工作时，其程序通常分为两步：第一步为控制测量，先在测区内选择若干具有控制意义的点，如选择图 1–13（*a*）中的 *A*、*B*、*C*、*D*、*E*、*F* 作为控制点，用较严密的方法和较精密的仪器测定这些控制点的坐标，作为测图或施工放样的框架和依据，以保证测区的整体精度；第二步为碎部测量，在每个控制点上施测其周围的局部地形或放样需要施工的点位。这种“从整体到局部”“先控制后碎部”的方法是组织测量工作应遵循的原则，它可以减少误差积累，保证测图精度，而且可以分幅测绘，加快测量进度。另外，从上述可知，当测定控制点的相对位置有错误时，以其为基础所测定的碎部点或放样的建筑物点位也就有错误，最终可导致测绘出的地形图错误或放样的建筑物位置错误。因此，测量工作必须严格进行检核，故“前一步测量工作未作检核不进行下一步测量工作”是组织测量工作应遵循的又一个原则，它可以防止错漏发生，保证测量成果的正确性。

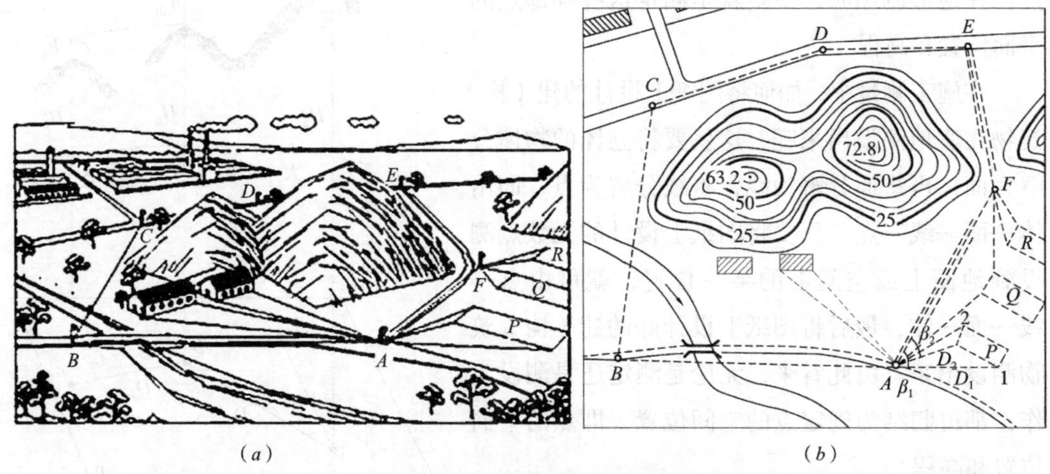

（*a*）　　（*b*）

图 1–13 控制测量与细部测量

（*a*）原地物地貌；（*b*）测绘后绘制的地形图

综上所述，在测量的布局上，要由整体到局部；在测量的次序上，先控制后碎部；在测量的精度上，从高级到低级。此外，在测量工作中要严格进行检核工作，及时检核每项测量成果，保证前一项工作万无一失方可进行下一步工作，做到步步有检核。这些是测量工作应遵循的基本原则。

1.5.3 测量工作的基本步骤

1. 技术设计

技术设计是从技术上可行、实践上可能和经济上合理三方面对测绘工作进行总体策划，选定优化方案，安排好实施计划。

2. 控制测量

其任务是在测区选定一些具有控制意义的点，用精度较高的仪器和精密的方法测定出这些控制点的平面坐标和高程，为碎部测量或点位放样打下基础。

3. 碎部测量

在碎部测量中，测定地物和地貌特征点的平面坐标和高程，完成内业绘制地形图的工作；将图纸上设计好的建（构）筑物的空间位置放样标定到实地，作为施工的依据。

4. 成果验收

测量成果必须经过验收合格后才能交付使用。

在以上步骤中，有些工作必须在野外进行，称为外业，主要任务是数据、图像等信息采集；有些工作可在室内进行，称为内业，主要任务是数据处理和绘制地形图。现代测绘技术发展的总趋势是逐步实现外业和内业的一体化和实时化，并确保测量成果的可靠性。

【本章小结】

正确理解大地水准面及参考椭球面；对坐标系和高程基准应当有一个充分的认识；重点要正确理解高斯—克吕格投影和高斯平面直角坐标系；用水平面代替水准面对地面点高程的影响比对水平距离和水平角的影响更显著；测量的基本问题是确定点的空间位置；测量工作的基本原则是“从整体到局部，先控制后碎部”“步步检核”。测量工作的任务有：将地球表面的地物、地貌测绘成地形图；将图纸上的设计成果测设至现场。同一个地面点的位置用地理坐标、大地坐标和高斯平面直角坐标来表示，其坐标是不同的。

【思考与练习题】

1. 名词解释：大地水准面、参考椭球体、高斯投影、高程、高差、测定、测设、地物、地貌。

2. 测量学科包括哪些方面？

3. 高斯平面直角坐标系是如何建立的？

4. 何谓绝对高程和相对高程？两点之间绝对高程之差与相对高程之差是否相等？

5. 测量坐标系与数学笛卡尔坐标系有何区别？

6. 在测量工作中用水平面代替水准面对距离和高程各有什么影响？

7. 设我国某处 A 点在高斯平面直角坐标系的横坐标 Y=19668516.122m，问该坐标值是按几度投影计算而得？A 点位于第几带？A 点在中央子午线东侧还是西侧？距中央子午线多远？

8. 某点的经度为 118°50′，试计算它所在的 6° 带和 3° 带带号，相应 6° 带和 3° 带中央子午线的经度是多少？

9. 确定地面点位的三项基本测量工作是什么？

10. 测量工作的组织原则是什么？为什么要遵循这一原则？

第 2 章　水准测量

【本章要点及学习目标】

本章的主要内容包括水准测量原理、水准测量仪器及工具、等外水准测量的外业观测方法和内业计算工作，教学重点是水准测量外业观测，教学难点为水准测量内业计算。通过本章的学习，借助实践教学，学生应熟练掌握 DS3 级水准仪的操作方法、等外水准测量的实施方法和内业计算；掌握水准测量误差的来源和减弱的措施；了解 DS3 级水准仪检验与校正的内容和方法。

高程测量根据所使用的仪器和施测方法不同，分为水准测量、三角高程测量和气压高程测量。除此之外，还可以通过 GPS 确定地面点的高程。水准测量是高程测量中最基本的和精度较高的一种测量方法，在高程控制测量、工程勘测和施工测量中被广泛采用。本章将着重介绍水准测量原理、微倾式水准仪、自动安平水准仪、电子水准仪的构造和使用，水准测量的施测方法及成果检核和计算等内容。三、四等水准测量和三角高程测量将在第 7 章介绍，卫星定位测量将在第 8 章介绍。

2.1　水准测量原理

水准测量是利用水准仪提供的一条水平视线，并借助水准尺，根据几何原理来测定地面两点间的高差，这样就可由已知点的高程推算出未知点的高程。因此水准测量又称为几何水准测量。如图 2–1 所示，欲测定 A、B 两点之间的高差 h_{AB}，可在 A、B 两点分别竖立有刻划的水准尺，并在 A、B 两点中间安置一台能提供水平视线的水准仪。根据仪器的水平视线，在 A 点尺上读数，设为 a，在 B 点尺上读数，设为 b，则 A、B 两点间的高差为：

$$h_{AB}=a-b \tag{2-1}$$

如果水准测量是由 A 点向 B 点方向进行的，如图 2–1 中的箭头所示，由于 A 点为已知高程点，故 A 点尺上读数 a 称为后视读数；B 点为欲求高程的点，则 B 点尺上读数 b 为前视读数。高差等于后视读数减去前视读数。$a > b$ 高差为正；反之为负。

若已知 A 点的高程为 H_A，则 B 点的高程为：

$$H_B=H_A+h_{AB}=H_A+(a-b) \tag{2-2}$$

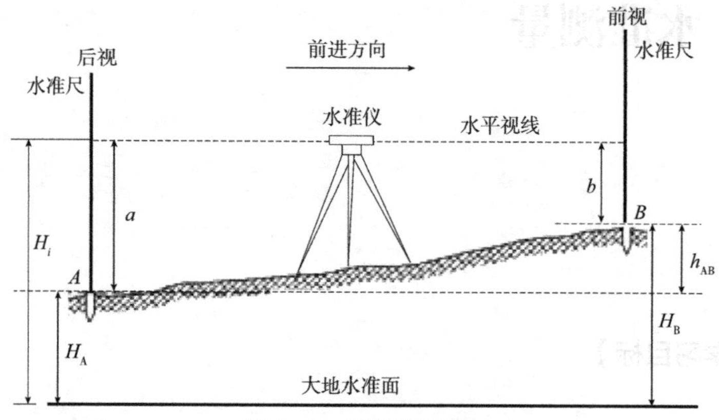

图 2–1　水准测量原理

从图 2–1 还可以看出，A 点的高程 H_A 加上后视读数 a，得到水平视线高 H_i。视线高程减前视读数 b，也可得到 B 点的高程。即：

$$\begin{cases} H_i = H_A + a \\ H_B = H_i - b \end{cases} \tag{2-3}$$

式（2–2）是直接利用高差 h_{AB} 计算 B 点的高程，称为高差法；式（2–3）是利用仪器视线高 H_i 计算 B 点的高程，称为仪高法，亦称为视线高法。当安置一次仪器要测出若干个前视点的高程时，视线高法比高差法方便。

2.2　DS3 级水准仪和工具

2.2.1　水准仪的种类及分级

水准测量所使用的仪器是水准仪，配套使用的工具是水准尺和尺垫。根据国家计量检定规程《水准仪》JJG 425—2003，水准仪按精度可分为 DS05、DS1、DS3 三个等级，D、S 分别为大地测量和水准仪的汉语拼音首字母，数字指仪器能达到的每千米往返测高差中数的中误差，单位为“mm”。水准仪按其构造可分为微倾式水准仪、自动安平水准仪和电子水准仪等。

DS3 级水准仪为普通水准仪，可进行三、四等水准测量；DS05、DS1 级水准仪为精密水准仪，可进行一、二等水准测量。目前，市场上微倾式水准仪已不多见，主要是自动安平水准仪和电子水准仪。

2.2.2　DS3 级微倾式水准仪

根据水准测量的原理，水准仪的主要作用是提供一条水平视线，并能照准水准尺进行读数。因此，微倾式水准仪主要由望远镜与水准器、竖轴与托板及基座三部分组成。图 2–2 所示为国产 DS3 级微倾式水准仪的构造。

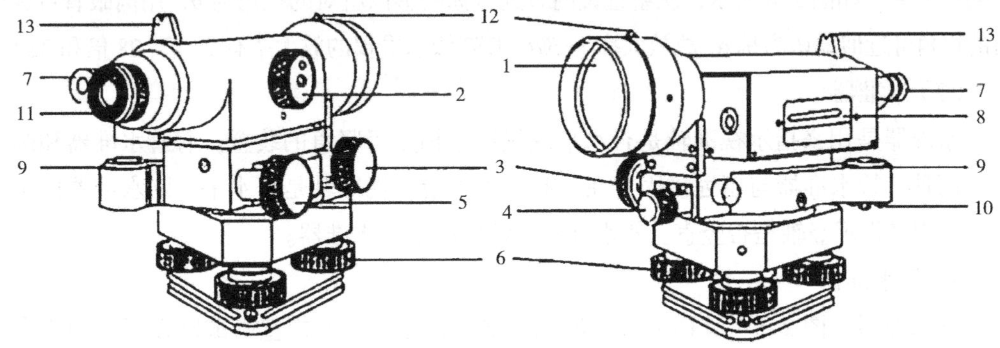

图 2-2 国产 DS3 级微倾式水准仪的构造

1—物镜；2—物镜调焦螺旋；3—水平微动螺旋；4—水平制动螺旋；5—微倾螺旋；6—脚螺旋；7—管水准气泡观察窗；8—管水准器；9—圆水准器；10—圆水准器校正螺钉；11—目镜；12—准星；13—缺口

1. 望远镜与水准器

（1）望远镜

如图 2–3（*a*）所示，微倾式水准仪的望远镜由物镜、目镜、调焦透镜、正像棱镜和十字丝分划板组成。物镜和目镜多采用复合透镜组，十字丝分划板上刻有两条相互垂直的长线，如图 2–3（*b*）所示，长竖线称为竖丝，长横线称为横丝，也称为中丝，在横丝上、下刻有对称且相互平行的较短的横线，这两根横线用于测量仪器到水准尺之间的距离，称为视距丝，又称为上、下丝。

早期生产的仪器其望远镜均为倒像望远镜，现在生产的仪器均为正像望远镜，望远镜光路中的正像棱镜就起着把倒立的物象变为正像的作用。

十字丝交点与物镜光心的连线称为视准轴（图 2–3 中的 *C*—*C*）。水准测量是在视准轴水平时，用十字丝的中丝截取水准尺上的读数。

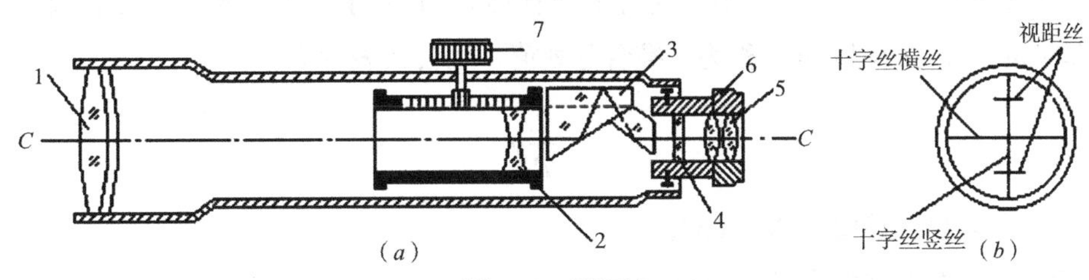

图 2–3 望远镜

1—物镜；2—调焦镜；3—正像棱镜；4—十字丝分划板；5—目镜；6—目镜调焦螺旋；7—望远镜调焦螺旋

图 2–4 为倒像望远镜成像原理图。目标 *AB* 经过物镜后形成一个倒立而缩小的实像 *ab*，移动对光凹透镜（调焦透镜）可使不同距离的目标均能成像在十字丝平面上。再通过目镜，便可看清同时放大了的十字丝和目标影像 a_1b_1。

从望远镜内所看到的目标影像的视角与肉眼直接观察该目标的视角之比，称为望远镜的放大率。如图 2–4 所示，从望远镜内看到目标的影像所对的视角为 β，用肉眼看目标所对的视角可近似地认为是 α，故放大率 $V=\beta/\alpha$。DS3 级水准仪的放大率有 24 倍、28 倍和 32 倍。

（2）水准器

水准器是用来指示视准轴是否水平或仪器竖轴是否竖直的装置。有管水准器和圆水准器两种。管水准器与望远镜固连在一起，用来指示视准轴是否水平；圆水准器位于托板上，用来指示竖轴是否竖直。管水准器的精度高于圆水准器。

1）管水准器

管水准器（图 2–5）又称为长气泡或水准管，是一纵向内壁磨成圆弧形（圆弧半径一般为 7~20m）的玻璃管，管内装有酒精和乙醚的混合液，加热融封冷却后留有一个气泡。由于气泡较轻，故恒处于管内最高位置。

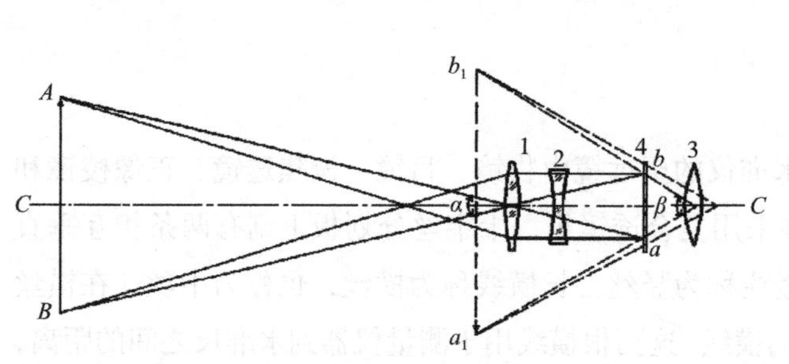

图 2–4 倒像望远镜成像原理图
1—物镜；2—调焦镜；3—目镜；4—十字丝分划板

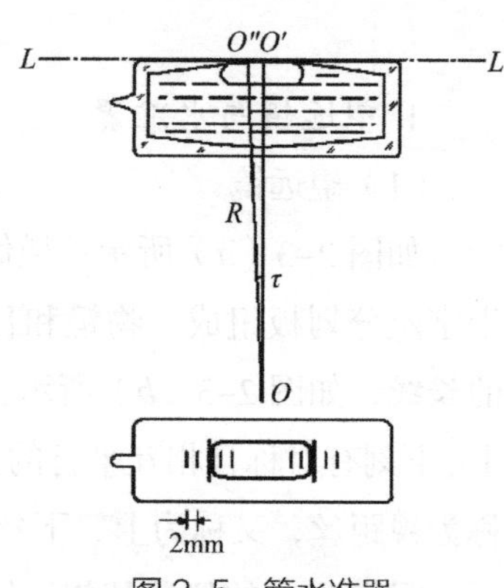

图 2–5 管水准器

水准管上一般刻有间隔 2mm 的分划线，分划线的中点 O' 称为水准管零点（图 2–5）。通过零点作水准管圆弧的切线，称为水准管轴，用 $L—L$ 表示。当水准管的气泡中点与水准管零点重合时，称为气泡居中，这时水准管轴 $L—L$ 处于水平位置。水准管圆弧 2mm（$O'O''$=2mm）所对的圆心角 τ 称为水准管分划值。用公式表示为：

$$\tau = \frac{2}{R}\rho \qquad (2–4)$$

式中 ρ——常数，其值为 206265″；

R——水准管圆弧半径，单位为 mm。

式（2–4）说明圆弧的半径 R 越大，角值越小，则水准管的灵敏度越高。安装在 DS3 级水准仪上的水准管，其分划值为 20″/2mm。

微倾式水准仪在水准管上方安装一组符合棱镜，如图 2–6（*a*）所示，通过符合棱镜的反射作用，使气泡两端的像反映在望远镜旁的符合棱镜观察窗中。若气泡两端的半像吻合，就表示气泡居中，如图 2–6（*b*）所示。若气泡的半像错开，则表示气泡不居中，如图 2–6（*c*）所示。这时应转动微倾螺旋，使气泡的半像吻合。转动微倾螺旋，管水准器和望远镜一起上下仰俯，当气泡居中时，望远镜视线便水平，即形成一条水平视线。符合式水准器不但使用方便，主要是能够把气泡偏移零点的距离放大一倍，所以能够明显看出较小的偏移，提高气泡居中的精度。

2）圆水准器

如图 2–7 所示，圆水准器顶面的内壁是球面，其中有圆分划圈，圆圈的中心为水准器的零点。通过零点的球面法线为圆水准器轴线，当圆水准器气泡居中时，该轴线处于竖直位置。当气泡不居中时，气泡中心偏离零点 2mm，轴线所倾斜的角值称为圆水准器的分划值，一般为 8′~10′。由于它的精度较低，故只用于仪器的概略整平，即粗平。

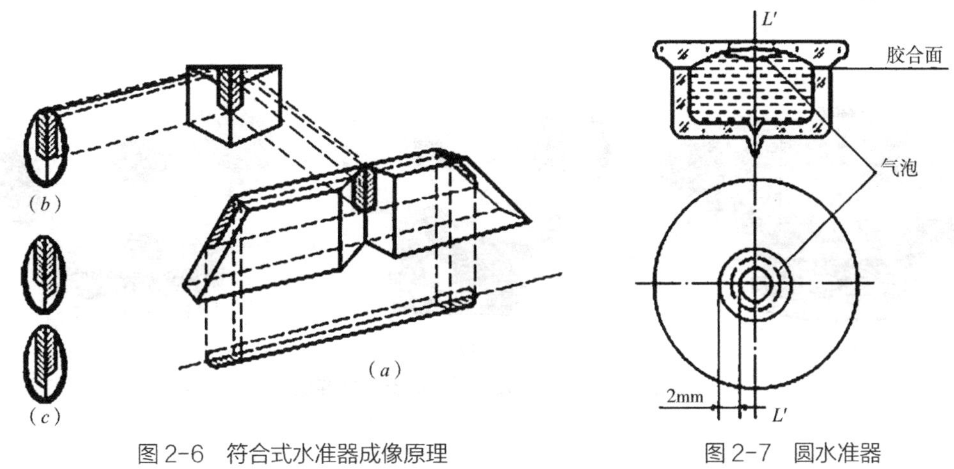

图 2–6　符合式水准器成像原理　　图 2–7　圆水准器

2. 竖轴与托板

竖轴与托板部分包括竖轴、水平微动螺旋、圆水准器、托板和微倾机构，如图 2–8 所示。

3. 基座

基座的作用是支承仪器的上部并与三脚架连接，基座部分包括基座、脚螺旋、竖轴套、制动环和制动螺旋等，如图 2–9 所示。

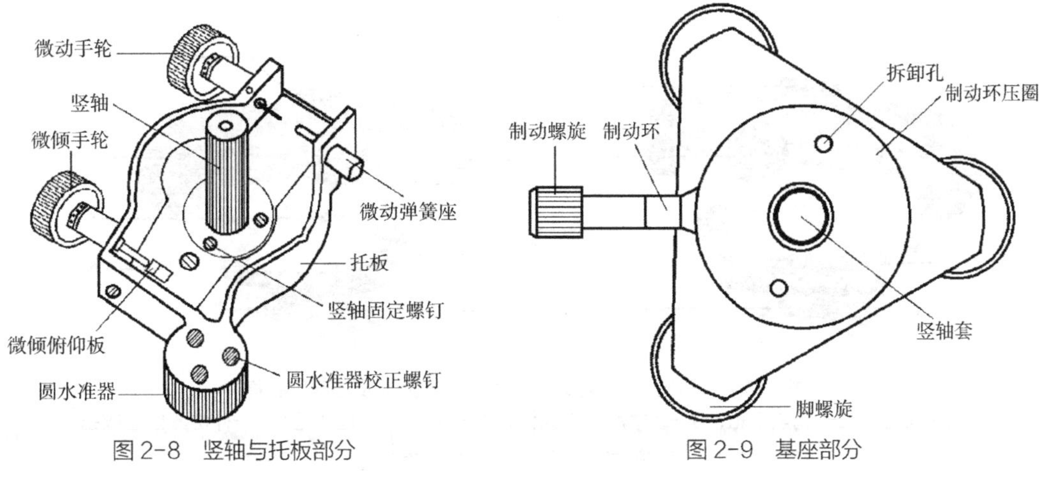

图 2–8　竖轴与托板部分　　图 2–9　基座部分

2.2.3 DS3 级自动安平水准仪

自动安平水准仪的特点是没有水准管和微倾螺旋。它不是借助水准管气泡居中来获得水平视线的，自动安平水准仪上有一个圆水准器，可用来将仪器粗略整平。仪器粗平以后，尽管视准轴有微小的倾斜，但仪器中有补偿装置，借助于补偿装置仍然可以读出相当于视线水平时的读数，从而不用像一般微倾水准仪那样还得精确调平仪器，观测速度大大提高，对于地面的微小振动、温度和风等外界因素的影响引起的视线倾斜都可由补偿器自动调整，并予以减小或消除，从而提高测量精度。图 2-10 为国产 DS3 级自动安平水准仪。

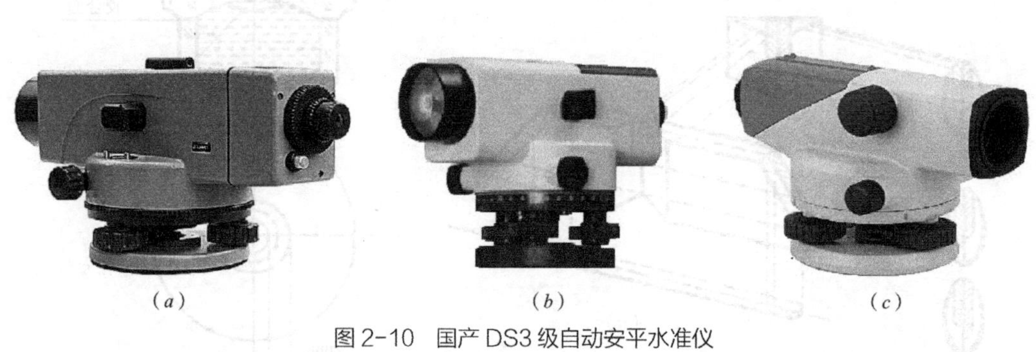

图 2-10　国产 DS3 级自动安平水准仪

1. 自动安平水准仪的构造

自动安平水准仪可提高观测速度约 40%、防止观测者的疏忽、减小外界条件对测量成果的影响，是水准仪的发展方向。自动安平水准仪的使用方法与微倾式水准仪完全一样，只不过不用精平这一步即可读数。自动安平水准仪主要由望远镜、补偿器及基座三部分组成。图 2-11 为国产某型号自动安平水准仪的外形及各部件名称。

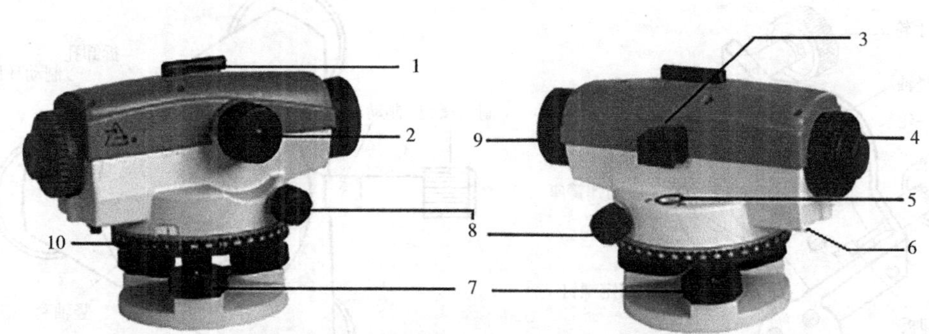

图 2-11　国产某型号自动安平水准仪的外形及各部件名称

1—粗瞄准器；2—调焦手轮；3—圆水准器观察镜；4—目镜；5—圆水泡；6—补偿器检查按钮；7—脚螺旋；8—水平微动螺旋；9—望远镜物镜；10—度盘

2. 自动安平原理

（1）可动十字丝型

如图 2–12（a）所示，将望远镜整置水平时，望远镜视准轴 Z_0O 在标尺上读得的视线水平时的读数为 a_0。如果仪器倾斜一个小角 α 后，则望远镜的视准轴由 Z_0O 变成 $Z'O$，此时视线在标尺上读得的读数为 a'。我们假定在仪器倾斜 α 的同时，能设法使十字丝相对于仪器作反方向摆动，使其由 Z' 摆回至 Z_0 的位置，则标尺上的读数不变仍为 a_0，也就不受仪器倾斜 α 的影响，实现自动安平的目的。这种形式的十字丝装置是可动的，它是用吊丝将十字丝分划板悬吊起来，使其能相对于仪器倾斜方向作反方向摆动。问题在于如何使仪器倾斜后，十字丝 Z 正好摆回至原来水平时的位置 Z_0。

在图 2–12（b）中，当仪器倾斜一小角 α 后。十字丝由水平位置 Z_0 移到 Z'。其位移量 Z_0Z' 为：

$$Z_0Z'=f\cdot\alpha \tag{2–5}$$

若十字丝悬吊在 K 点，吊线长为 S_0，使其反向摆回至 Z_0 位置时的摆动角为 β，则摆动量 $Z'Z_0$ 应为：

$$Z'Z_0=S_0\cdot\beta \tag{2–6}$$

由上两式可以得出：

$$f\cdot\alpha=S_0\cdot\beta \tag{2–7}$$

设 $\frac{\beta}{\alpha}=V$，V 称为补偿器的补偿系数，它应为一常数。即：

$$V=\frac{\beta}{\alpha}=\frac{f}{S_0} \tag{2–8}$$

当悬挂点 K 的位置在物镜与十字丝之间时，则要求该补偿系数 $V>1$。

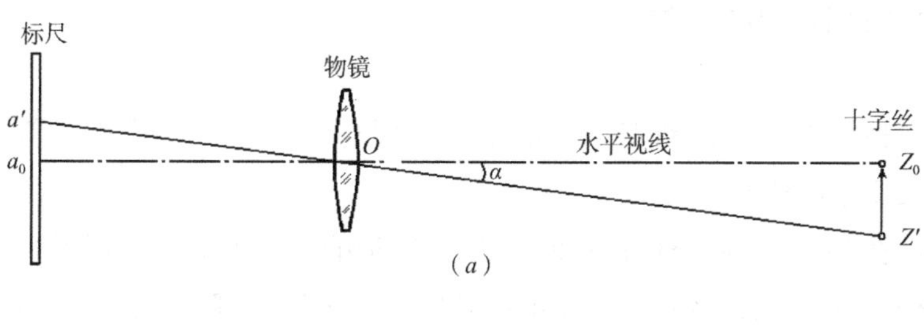

（a）

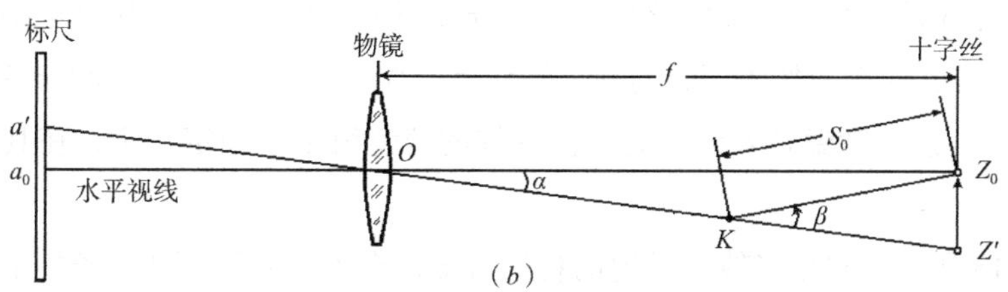

（b）

图 2–12 可动十字丝型自动安平原理

（2）改变视线型

如图 2-13 所示，这种类型的补偿装置是当仪器倾斜一小角 α 后，将十字丝的位置移到 Z' 固定不变，使标尺上的水平视线读数 a_0 在 K 点改变其方向转到 Z'，把 $Z'O$ 的视线挡去。此时，在倾斜了的十字丝位置 Z' 处所读得的标尺读数仍为视线水平时的读数 a_0，达到了自动安平的目的。

从图 2-11 可得：

$$V=\frac{\beta}{\alpha}=\frac{f}{S_0} \tag{2-9}$$

上式与式（2-8）完全相同。不过，β 的方向却相反。

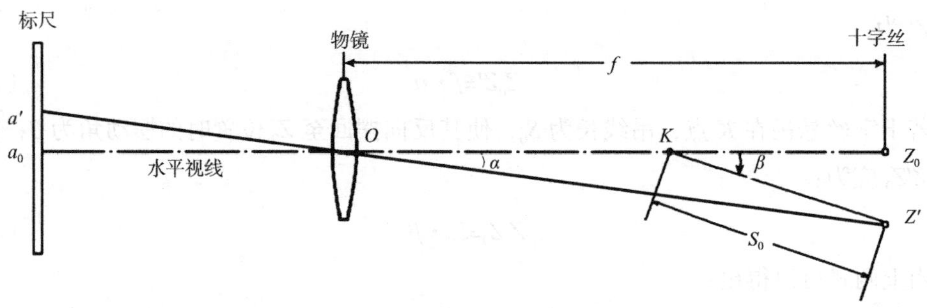

图 2-13　改变视线型自动安平原理

应用上述原理设计的自动安平水准仪，其补偿器都必须有一块作为反射光线用的光学零件，一般均采用棱镜。由于光线曲折角 β 是随着仪器倾斜角 α 的不同而改变，因此，这个光学补偿器必须是活动的，它是取得视线自动安平的关键部件，也是十分灵敏的元件。目前，补偿器按所用灵敏元件的不同分为吊丝式、簧片式、轴承式、液体式四种。其中因吊丝式的精度既高且稳，应用最广。簧片式的精度较低，但加工和调整均较方便，多用于经纬仪竖盘自动归零补偿器。

3. 吊丝式补偿器的结构

补偿器的种类繁多，自动安平水准仪多采用自由悬挂吊丝式补偿器。图 2-14 为 DSZ3 型自动安平水准仪的结构。

该仪器补偿器由一块屋脊棱镜和两块直角棱镜组成，为吊丝式补偿器。在调焦透镜 2 与十字丝分划板 6 之间，将屋脊棱镜 4 固定在望远镜筒上，随视准轴倾斜同步运动，两块直角棱镜 3、5 是用交叉的金属丝悬挂在屋脊棱镜（屋脊棱镜的作用是把倒立的物像变为正像）的下方，在重力作用下，与视准轴作反向偏转运动。如视准轴顺时针倾斜 α 角，两块直角棱镜则逆时针偏转 α 角。为了使悬挂的棱镜组尽快稳定下来，在其下方设置了阻尼器 8。

如图 2-15 所示，根据光线全反射的特性可知，在入射光线不变的条件下，反射面由 P_1 转动 α 角至 P_2 的位置，则反射光线将由位置 1 同向转动 2α 角至 2 的位置。

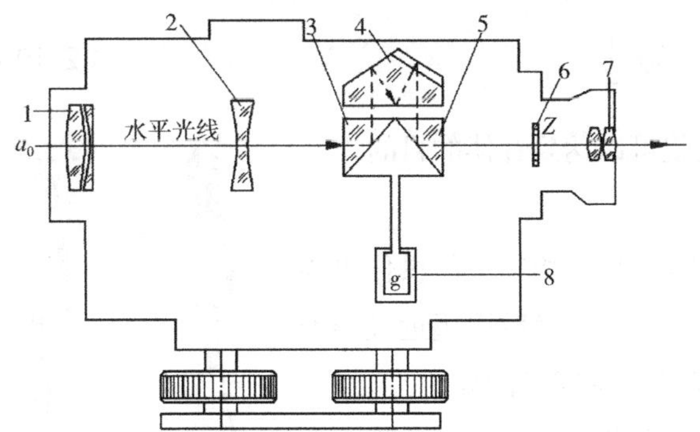

图 2-14 DSZ3 型自动安平水准仪的结构
1—物镜；2—调焦镜；3—直角棱镜；4—屋脊棱镜；
5—直角棱镜；6—十字丝分划板；7—目镜；8—阻尼器

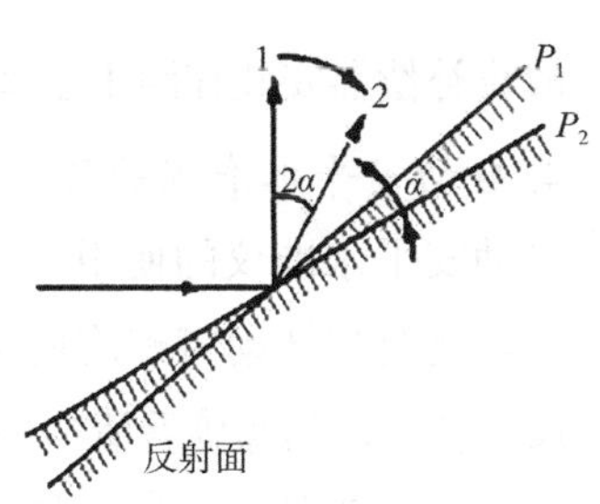

图 2-15 平面镜全反射原理

如图 2-16（a）所示，当仪器处于水平状态，视线水平时，水准尺上读数 a_0 随着水平视线进入望远镜，通过补偿器到达十字丝中心 Z，则读得视线水平时的读数 a_0。

如图 2-16（b）所示，当望远镜视准轴倾斜一个小角 α 时，由水准尺上的 a_0 点过物镜光心 O 所形成的水平线，将不再通过十字丝中心 Z，而在距离 Z 点为 l 处。

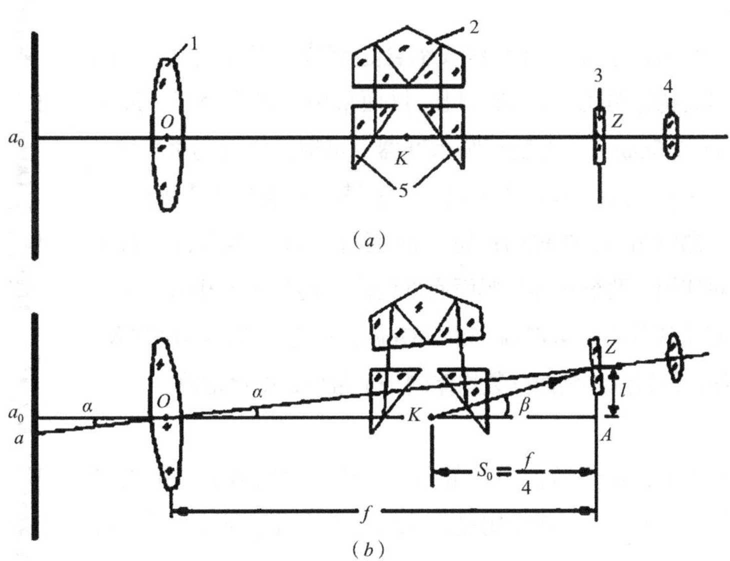

图 2-16 自动安平补偿器原理
1—物镜；2—屋脊棱镜；3—十字丝分划板；4—目镜；5—直角棱镜

当视准轴倾斜 α 角，屋脊棱镜也随之倾斜 α 角，直角棱镜在重力摆的作用下，相对视准轴反向偏转 α 角。此时通过物镜光心的水平光线经过第一直角棱镜、屋脊棱镜后偏转 2α 角；经过第二直角棱镜后又偏转 2α 角，结果水平光线通过补偿器后偏转 4α。由此可见，补偿器的光学特性为当屋脊棱镜倾斜 α 角，能使入射水平光线偏转 $\beta=4\alpha$ 角。

将 $\beta=4\alpha$，代入式（2-7），得：

$$S_0=\frac{f}{4} \tag{2-10}$$

故将补偿器安装在距十字丝交点$\frac{f}{4}$处就可以达到补偿的目的。

4. 自动安平水准仪的使用

自动安平水准仪的使用与微倾式水准仪基本相同，但操作更为简单。观测时先转动脚螺旋使圆水准气泡居中，然后用望远镜瞄准水准尺，转动调焦螺旋看清物像，无需精确整平即可读数。

补偿器由于外力作用（如剧烈振动、碰撞等）和机械故障，会出现“卡死”失灵，甚至损坏，所以应无比当心，使用前应检查补偿器工作是否正常。装有补偿器检查按钮的仪器，读数前轻触检查按钮，若物像移位后迅速复位，表示补偿器工作正常，否则应送检维修。无检查按钮的仪器，可轻轻拍打脚架，物像振动移位，若十字丝在水准尺上的读数不变，说明补偿器工作正常。

2.2.4 水准尺与尺垫

1. 水准尺

如图 2-17 所示，水准尺由木材或铝合金制成。长度有 2m、3m 和 5m 等。根据其构造分为整尺和塔尺。尺面采用区格式分划，最小分划一般为 1cm 或 5mm。尺上装有圆水准器，可提高竖尺的垂直度。

水准尺均为双面刻划，双面水准尺可检验读数并能提高读数精度。尺面分划一面为黑白相间，叫黑面；另一面为红白相间，叫红面。双面水准尺必须成对使用。两根水准尺黑面底部的注记均是从零开始，而红面底部注记的起始数分别为 4687mm 和 4787mm，称为水准尺的尺常数。每根水准尺在任何位置红、黑面读数均差同一个常数，即尺常数。

图 2-17 水准尺

2. 尺垫

如图 2-18 所示，尺垫形状为三角形，一般用生铁铸成，中央有一圆形突起，下有三个足尖。其作用是使水准尺有一个稳定的立尺点，防止水准尺下沉或位置发生变化，使用时应在立尺处放置尺垫，将尺垫的三足踩入土中，然后将水准尺轻轻地放在中央突起处。

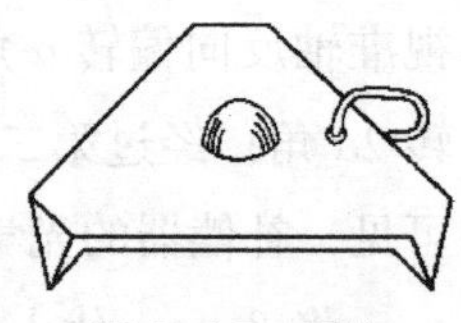
图 2-18 尺垫

2.3 数字水准仪和精密光学水准仪

2.3.1 数字水准仪简介

数字水准仪（digital levels）是一种新型的智能化水准仪，又称为电子水准仪。它是现代微电子技术和传感器工艺发展的产物，它依据图像识别原理，将编码尺的图像信息与已存贮的参考信息进行比较获得高程信息，从而实现水准测量数据采集、处理和记录的自动化。数字水准仪是对传统几何水准测量技术的突破，代表了现代水准仪和水准测量技术的发展方向。

1990 年 3 月瑞士某公司推出世界上第一台数字水准仪。在该仪器上首次采用数字图像技术处理标尺影像，并以行阵传感器取代观测员的肉眼获得成功。这种传感器可以识别水准标尺上的条形码分划，并采用相关技术处理信号模型，自动显示与记录标尺读数和视距，从而实现观测自动化。

目前，各厂家的数字水准仪采用了大体一致的结构，其基本构造由光学机械部分、自动安平补偿装置和电子设备组成。电子设备主要包括：调焦编码器、光电传感器（线阵 CCD 器件）、读取电子元件、单片微处理机、CSI 接口（外部电源和外部存储记录）、显示器件、键盘和测量键以及影像、数据处理软件等，标尺采用条形码供电子测量使用。各厂家条形码的编码规则各不相同，不可以互换使用。数字水准仪采用普通标尺时，又可像一般自动安平水准仪一样使用。

数字水准仪与传统水准仪相比有以下共同特点：

（1）读数客观。不存在读数误差、误记问题。

（2）精度高。视线高和视距读数都是采用大量条码分划图像经处理后取平均得出来的，因此削弱了标尺分划误差的影响。

（3）速度快。由于省去了报数、听记、现场计算的时间以及人为出错的重测，测量时间与传统仪器相比可以节省 1/2 左右。

（4）效率高。只需调焦和按键就可以自动读数，减轻了劳动强度。视距还能自动记录、检核、处理并能输入电子计算机进行后处理，可实现内外业一体化。

（5）操作简单。由于仪器实现了读数和记录的自动化，并预存了大量测量和检核程序，在操作时还有实时提示，因此测量人员可以很快掌握使用方法，减少了培训时间，即使不熟练的作业人员也能进行高精度测量。

国产数字水准仪的研制起步于 21 世纪初期，2007 年国内某仪器公司首先推出了数字水准仪；其在 2011 年推出的 DS1 级数字水准仪（图 2-19），精度为 0.7mm/km；2014 年又推出了 DS05 级数字水准仪，精度为 0.3mm/km。现今，国内多家仪器生产厂家均生产数字水准仪，可以说数字水准仪正在逐步得到应用和普及。

图 2-19 国产 DS1 级数字水准仪

2.3.2 数字水准仪的测量原理

数字水准仪和传统水准仪相比，相同点是：两类水准仪具有基本相同的光学、机械和补偿器结构；光学系统也是沿用光学水准仪的；水准标尺一面具有用于电子读数的条码，另一面具有传统水准标尺的 E 型分划；既可用于数字水准测量，也可用于传统水准测量、摩托化测量、形变监测和适当的工业测量。其不同点是：传统水准仪用人眼观测，数字水准仪用光电传感器（CCD 行阵，即探测镜）代替人眼；数字水准仪与其相应条码水准标尺配套使用；仪器内装有图像识别器，采用数字图像处理技术；同一根编码标尺上的条码宽度不同，各型号数字水准仪的条码尺有自己的编码规律，但均含有黑白两种条块，这与传统水准标尺不同。

数字水准仪的基本原理是：水准标尺上宽度不同的条码通过望远镜成像到像平面上的 CCD 传感器，CCD 传感器将黑白相间的条码图像转换成模拟视频信号，再经仪器内部的数字图像处理，可获得望远镜中丝在条码标尺上的中丝读数和视距（图 2–20）。此数据可显示在屏幕上，还可以存储在仪器内的存储器中。

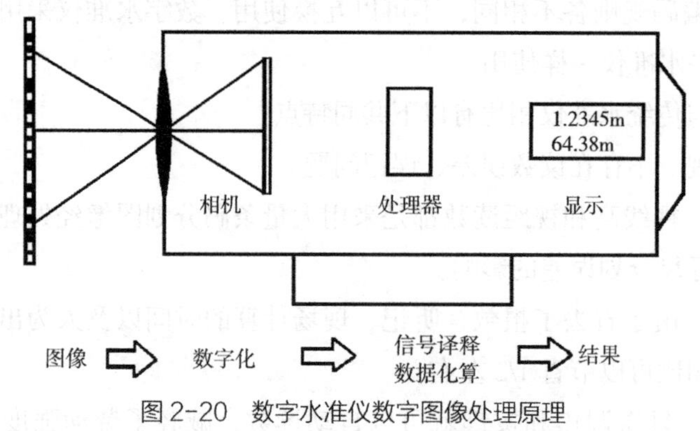

图 2–20　数字水准仪数字图像处理原理

具体而言，目前数字水准仪的测量方法主要有相关法、几何法、相位法等。

1. 相关法

在数字水准仪中，标尺条码的像经光学系统成像在仪器的行阵探测器上（图 2–21）。长约 6.5mm 的行阵探测器是由 256 个间距为 25μm 的光敏二极管（像素）组成。光敏二极管的口径为 25μm，由于 Wild NA–24 的视场角约为 2°，因此在 1.8m 的最短视距上，标尺截距有 70mm 成像到行阵探测器上；视距为 100m 时，标尺截距有 3.5m 成像到行阵探测器上，行阵探测器将接收到的图像转换成模拟视频信号，并将视频信号进行放大和数字化。

如图 2–22 所示，标尺采用的是伪随机条形码，并将其事先存储在数字水准仪内作为参考信号。条码尺右边是与它对应的区格式分划。在条码尺上，最窄的条码宽 2.025mm（黑色、黄色或白色），称为基本码宽。在标尺上共有 2000 个基本码宽（指 4.05m 的标尺），不同数量同颜色的基本码连在一起就构成了宽窄不同的条码。

图 2–22 左边伪随机码的下面是截取的伪随机码片段。该伪随机码的片段成像在探测器上后，被探测器转换成电信号，即测量信号。将该信号与事先存储的参考信号进行比较，

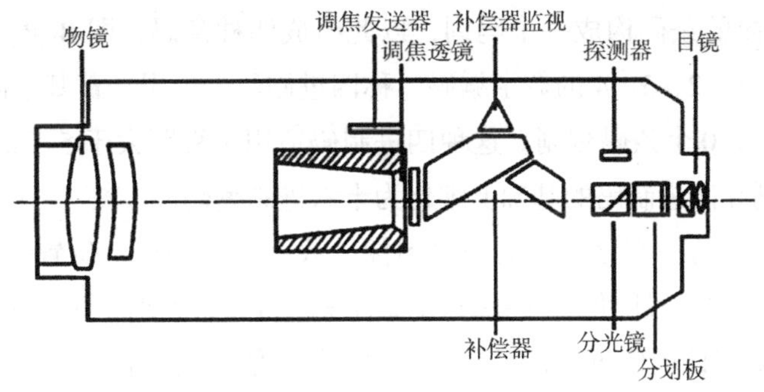

图 2-21 某型号数字水准仪的结构

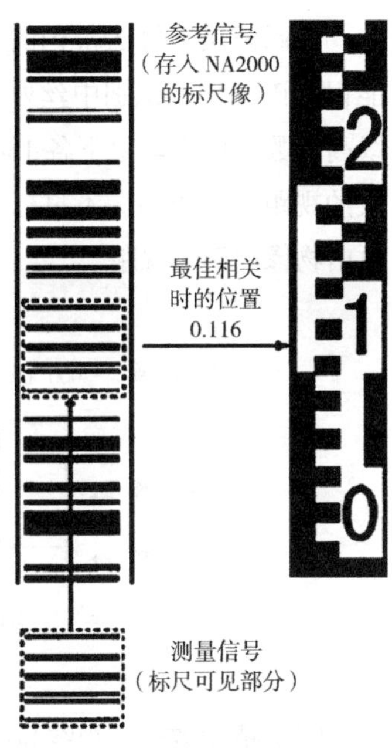

图 2-22 两个信号最佳符合

这就是相关过程，称为相关。在图 2-22 中将望远镜截取的伪随机码的片段与条码标尺上的伪随机码自下而上进行比较,先与标尺底部对齐,发现不相同,往上移动一个步距（基本码宽）再比较，直到两码相同为止，或者说两信号相同为止，即在左边虚线位置时，也就是最佳相关位置时，读数就可以确定，即图中的 0.116m，图中箭头所指为对应区格式标尺的位置。

移动一个基本码宽来进行比较的精度是不够的，但是可以作为粗相关过程，得到粗读数。在粗读数上下选取一定范围，减少步距进行精相关，就可以得到精度足够的读数。

由于标尺到仪器的距离不同，条码在探测器上成像的“宽窄”也将不同，即图 2-22 中片段条码的“宽窄”会变化，随之电信号的“宽窄”也将改变，于是引起上述相关的困难。徕卡数字水准仪采用二维相关法来解决，也就是根据精度要求以一定步距改变仪器内部参考信号的“宽窄”与探测器采集到的测量信号相比较，如果没有相同的两信号，则再改变，进行一维相关，直到两信号相同为止，如此就可以确定读数。参考信号的“宽窄”与视距是对应的，将“宽窄”相同的两信号相比较是求视线高的过程，在此二维相关中，一维是视距，另一维是视线高，通过二维相关后视距就可以精确算出。

数字化水准仪的数值辨识是以相关技术为基础，将仪器内存的“已知”代码（参考信号）与行阵探测器上的成像所构成的信号（测量信号）按相关方法进行比较，直至两个信号最佳符合，由此获得标尺读数和视距。

2. 几何法

（1）数字水准尺的编码及读数

条码尺由 10mm 宽的黑（B）、黄（Y）基本码元组成，两个码元相加为 20mm，即条码标尺上每 2cm 内的条码构成一个码词，以此组成四种条码，即 $B_{10}B_{10}$，$B_{10}Y_{10}$，$Y_{10}B_{10}$，$Y_{10}Y_{10}$，依次给予 1、2、3、4 的数字编码，称四进制码。用黑、黄基本码元组成条码尺，3m 的条码尺需要 150 个条码刻划。这种四进制码适用于视距大于 5~6m 的情况。当视距小于 5~6m 时，则在四进制码的基础上细化为十六进制编码。

图 2–23 是该尺的一部分，尺上条码图像、数字编码和尺上位置一一对应。若 CCD 传感器获取了尺上的一段图像，根据该图像的编码与数据处理系统中事先存储的图像编码和位置，即可确定该图像每个条码在尺上对应的粗值。例如 [1，4，1，4，1，4，2，1] 的读数为尺上的位置 [026，028，030，032，034，036，038，040]。这种确定尺上条码位置的方法为粗读数。

条码标尺上每 2cm 内的条码构成一个码词，仪器在设计上保持了视距从 1.5~100m 都能识别该码词，识别中丝处的码词后，其到标尺底面的粗略高度就可以确定。精确的视线高读数是由中丝上下各 15cm 内的码词通过物像比例精确求得，其视距测量与传统水准仪的视距测量类似。不过标尺截距固定为 30cm，在成像面的 CCD 上读取该截距的像高，再由物像比例求视距。

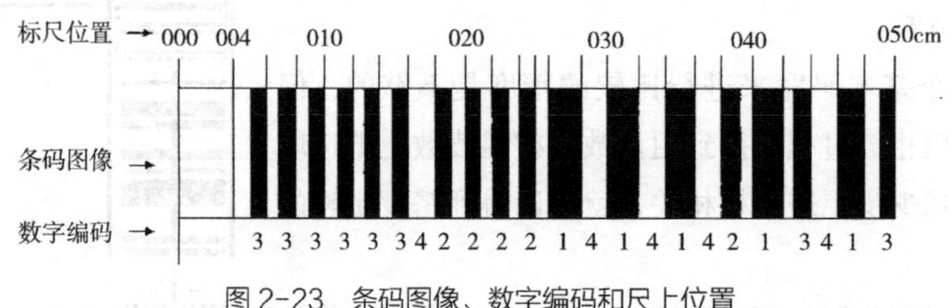

图 2–23　条码图像、数字编码和尺上位置

（2）精读数——视线高度的确定

图 2–24 中 G_i 为某测量间距的下边界，G_{i+1} 为上边界，G_0 为中丝以下 15cm 对应的边界，G_N 为中丝以上 15cm 对应的边界，它们在 CCD 行阵上的成像为 B_i、B_{i+1} 和 B_0、B_N。B_i、B_{i+1} 到光轴（中丝）的距离分别为 b_i 和 b_{i+1}。由于 CCD 上像素的宽度是已知的，故这两距离在 CCD 上所占像素的个数可以由 CCD 输出的信号得知，因此 b_i 和 b_{i+1} 可以算出。现在，b_i 和 b_{i+1} 是计算视距和视线高的已知数。规定 b_i 和 b_{i+1} 在光轴（中丝）之上取负值，在光轴（中丝）之下取正值。如果从标尺上看，则相反。

设 g 为测量间距长（2cm），用第 i 个测量间距来测量时，设物像比为 A，即测量间距与该间距在 CCD 上成像之比。由图 2–24 的相似三角形得出：

$$A_i=g/(b_{i+1}-b_i) \tag{2–11}$$

于是视线高读数为：

$$H_i=g(G_i+\frac{1}{2})-A(\frac{b_{i+1}+b_i}{2}) \tag{2–12}$$

式中　G_i——第 i 测量间距从标尺底部数起的序，可由所属码词判读出来；

$g(G_i+\frac{1}{2})$——标尺上第 i 个测量间距的中点到标尺底面的距离；

$A(\frac{b_{i+1}+b_i}{2})$——标尺上第 i 个测量间距的中点到仪器光轴（即视准轴）的距离。

根据以上符号规则，b_{i+1} 是正值、b_i 是负值，图 2–24 中 b_{i+1} 绝对值小于 b_i 绝对值，因此式（2–12）中两项相加取负。

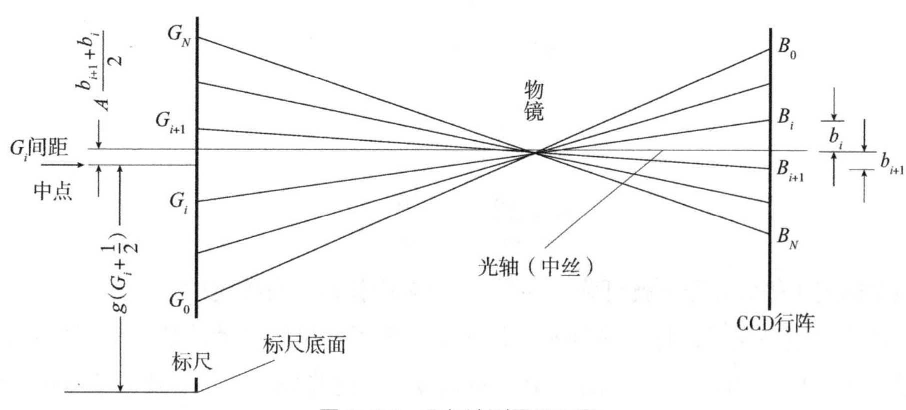

图 2–24　几何法测量原理图

为了提高测量精度，DINI 数字水准仪取 n 个测量间距的平均值，即取标尺上距中丝上下各 15cm 的范围，计算 15 个测量间距的平均值。此时物像比按下式计算：

$$A=gN/(b_N-b_0) \tag{2–13}$$

式中　b_N、b_0——分别为 CCD 行阵上 30cm 测量截距上下边界到中线的距离。

视线高的计算公式为：

$$H=\frac{1}{N}\times\sum[g(G_i+\frac{1}{2})-A(\frac{b_{i+1}+b_i}{2})] \tag{2–14}$$

（3）视距的测定

如图 2–25 所示，望远镜的等效物镜距条码尺的距离为 s，距仪器竖轴的距离为 e，仪器竖轴距 CCD 传感器面的距离为 c_0，AB 为视场内条码尺的长度，ab 为 AB 的影像长度，D 为从条码尺到仪器竖轴的距离，α 为望远镜电子视场角，AB/ab 为垂直放大率 k。

由图可见：

$$\frac{s}{AB}=\frac{e+c_0}{ab} \tag{2–15}$$

$$D=s+e \tag{2–16}$$

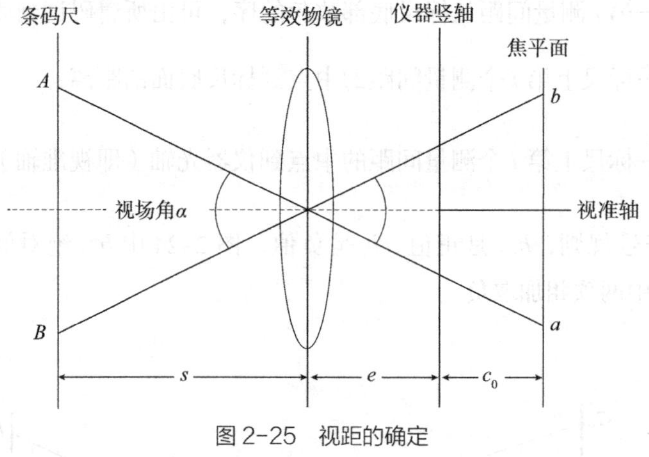

图 2-25　视距的确定

则：

$$D=\frac{AB}{ab}c_0+(\frac{AB}{ab}+1)e \tag{2-17}$$

只要确定了等效焦距 e 就可确定视距 D，e 是由仪器本身确定的。

几何法通过高质量的标尺刻划和几何光学实现了标尺的自动读数，而不是靠电信号的比较处理。与其他同类产品相比，其具有精度高、感光原理先进、测量速度快等优点，但要求选择较长的望远镜焦距和分辨率较高的 CCD 传感器。

3. 相位法

标尺的条码像经过望远镜物镜、调焦镜、补偿器的光学零件和分光镜后，分成两路，一路成像在 CCD 线阵上，用于进行光电转换；另一路成像在分划板上，供目视观测。相位法原理的基本特征是利用标尺条码图像信号中几个不同周期码波谱的相位差来实现粗测，算法是快速傅里叶变换，精测原理利用 R 周期码的相位信息实现。其测量原理和光电测距仪的组合频率测距法是类似的。在图 2-26 中表示了 DL-101C 标尺上部分条码的图案，其中有三种不同的码条。R 表示参考码，其中有三条 2mm 宽的黑色码条，每两条黑色码条之间是一条 1mm 宽的黄色码条。以中间黑色码条的中心线为准，每隔 30mm 就有一组 R 码条重复出现。在每组 R 码条的左边 10mm 处有一道黑色的 B 码条。在每组参考码 R 的右边 10mm 处为一道黑色的 A 码条。每组 R 码条两边 A 和 B 码条的宽窄不相同，

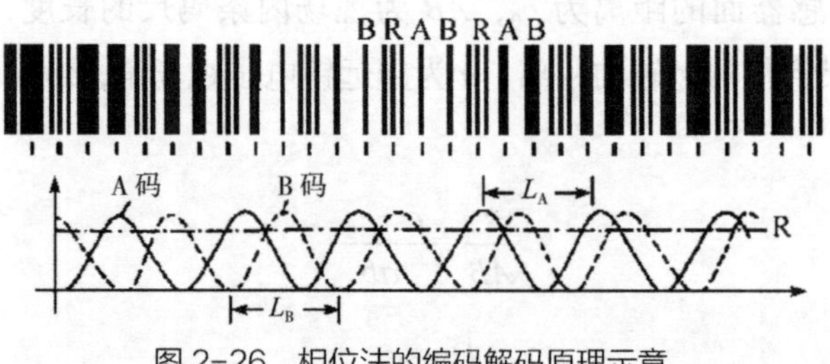

图 2-26　相位法的编码解码原理示意

仪器设计时使它们的宽度按正弦规律在 0~10mm 之间变化，这两种码包含了水准测量时的高度信息。其中 A 码条的周期为 600mm，B 码条的周期为 570mm。当然，R 码条组两边的黄码条宽度也是按正弦规律变化的，这样在标尺长度方向上就形成了亮暗强度按正弦规律周期变化的亮度波。将 R、A、B 码与仪器内部条码本源信息进行相关比较确定读数。

2.3.3 精密光学水准仪

精密光学水准仪主要用于高等级高程控制测量和精密工程测量，如国家一、二等水准测量、高层建筑物沉降观测、大型精密设备安装测量等测量工作。

1. 精密光学水准仪的构造

我国将精度等级为 DS05、DS1 的水准仪称为精密水准仪。图 2-27 为国产 DS05 级精密光学自动安平水准仪。

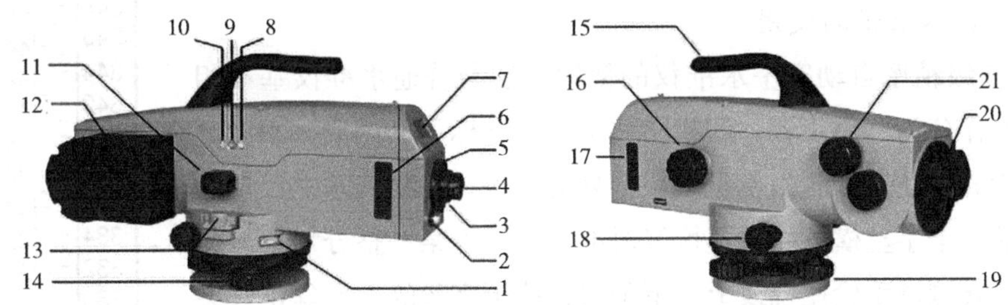

图 2-27 国产 DS05 级精密光学自动安平水准仪

1—度盘；2—检查按钮；3—目镜卡环；4—目镜；5—护盖；6—封盖；7—读数显示屏；8—显示屏照明键；9—电源开关；10—功能键；11—圆水准观察棱镜；12—电池仓；13—圆水准器；14—脚螺旋；15—提手；16—调焦手轮；17—封盖；18—水平微动手轮；19—基座；20—保护玻璃；21—测微手轮

该仪器每千米往返测高差中数的中误差为 ±0.3mm，它可用于国家一等水准测量和各种精密工程测量。DS05 级精密光学自动安平水准仪的构造与 DS3 级自动安平水准仪基本相同，主要由望远镜、补偿器、数显测微器和基座四部分组成。

2. 数显测微器的结构

在望远镜的前部，安装有一套可用于精密水准测量的测微结构，该测微结构由装有测微齿盘和编码器的测微平板、数字电路和显示屏组成，并带有测微手轮，编码器、显示屏、数字电路的工作用电由专用电池供电。

测微平板是测微器的测微元件，平板的转动可使望远镜视准轴作上、下平移，同时带动编码器转动，产生角度变化信号，经过数字电路处理转化为高程读数，由显示屏直接显示高程读数。测微手轮旋转时，由测微手轮上齿轮带动装在测微平板上的齿盘转动，同时使测微平板和编码器转动。

DS05 级精密水准仪使用内置编码器和数字电路处理的测微系统，并由显示屏直接显示测微读数，直读 0.02mm，精确可靠，可以大大提高作业效率和作业精度。完全消除了传统测微平板结构中存在的行差，读数由显示屏直接显示，消除了测微尺的读数误差。

3. 精密水准尺

精密水准仪必须配有精密水准尺。精密水准尺通常在木质尺身的槽内，引张一根因瓦合金钢带，在带上刻有分划，数字注记在木尺上。DS05 级精密水准仪配套的精密水准尺刻划注记方式为基辅分划尺，如图 2–28 所示。另外，还有奇偶分划尺。基辅分划尺其分划值为 1cm，有 2m 和 3m 两种规格。因瓦合金钢带上有两排分划，右边一排数字注记从 0~200cm（300cm），称为基本分划；左边一排数字注记从 300~500cm（600cm），称为辅助分划。在尺子的同一高度上，基本分划和辅助分划的读数相差一个常数 K，K=3.01550m，称为基辅差。

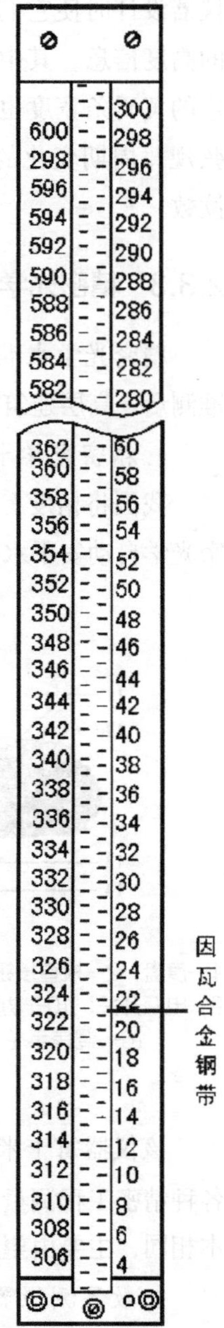

图 2–28　精密水准尺

4. 精密水准仪的使用

DS05 级精密自动安平水准仪的使用方法与普通水准仪基本相同，其操作分为三个步骤，即粗略整平、瞄准标尺和读数。不同之处是需用光学测微器测出不足一个分划的数值。在瞄准水准尺调焦至清楚后，十字丝横丝往往不恰好对准水准尺上某一整分划线，此时还要旋转测微手轮使视线上、下平移，使十字丝的楔形丝正好夹住一条（仅能夹住一条）整分划线。

图 2–29 左侧为 DS05 级水准仪的视场图，楔形丝夹住的基本分划读数为 0.77m，数显测微器的读数为 5.56mm，所以全读数为 0.77+0.00556=0.77556m。

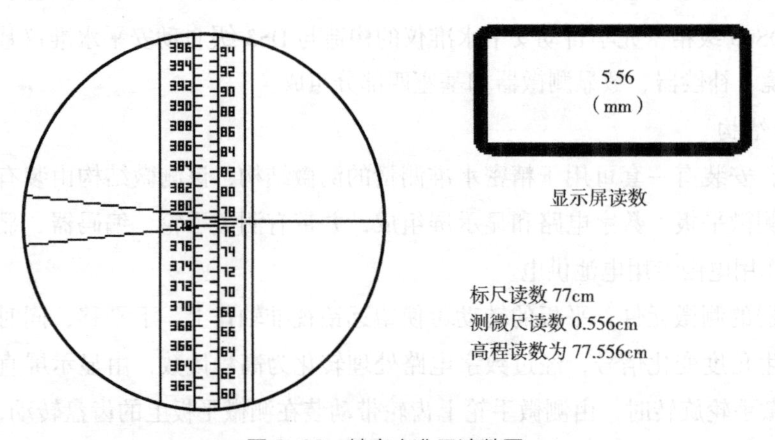

图 2–29　精密水准尺读数图

2.4　DS3 级水准仪的使用

水准仪的使用包括仪器的安置、粗略整平、瞄准水准尺、精平和读数等操作步骤。

1. 安置水准仪

打开三脚架，使脚架高度适中，目估使架头大致水平，检查脚架腿是否安置稳固，脚架伸缩螺旋是否拧紧；然后打开仪器箱取出水准仪，置于三脚架架头上，用中心螺旋将仪器固定在架头上。

2. 粗略整平

粗平是用脚螺旋将圆水准器气泡调至居中，从而使仪器竖轴大致竖直，视准轴粗略水平。如图 2-30（*a*）所示，当气泡偏离中心位置位于 *a* 处时，先按图上箭头所指方向用两手相对旋转 1、2 两个脚螺旋，使气泡移动到 *b* 的位置，如图 2-30（*b*）所示。转动这两个脚螺旋时，左右两手应以对称方法匀速转动，气泡的移动方向总是与左手大拇指的移动方向相同，而与右手大拇指的移动方向相反。接着再转动第三个脚螺旋，即可使气泡居中。

3. 瞄准水准尺

首先进行目镜对光，根据观测者的视力，将望远镜对向白色光亮背景，旋转目镜对光螺旋，进行目镜对光，使十字丝清晰。再松开水平制动螺旋（自动安平水准仪无水平制动螺旋），水平旋转望远镜，利用望远镜物镜上方的准星和望远镜后部上方的缺口（自动安平水准仪为光学粗瞄准镜）瞄准水准尺，拧紧制动螺旋（自动安平水准仪是摩擦制动，无此步操作）。然后从望远镜中观察，转动调焦螺旋进行对光，使目标清晰，再转动水平微动螺旋使竖丝对准水准尺。

如图 2-31（*a*）所示，观测者可用十字丝交点对准目标上一点，眼睛在目镜后上下或左右移动，若十字丝交点始终对准目标点时，则对光合乎要求。否则如图 2-31（*b*）所示，当眼睛上、下移动时，十字丝交点分别对准像面上的不同点，即十字丝交点与目标点发生相对移动，这种现象称为视差。由此可见，视差将使读数产生误差。消除视差的方法

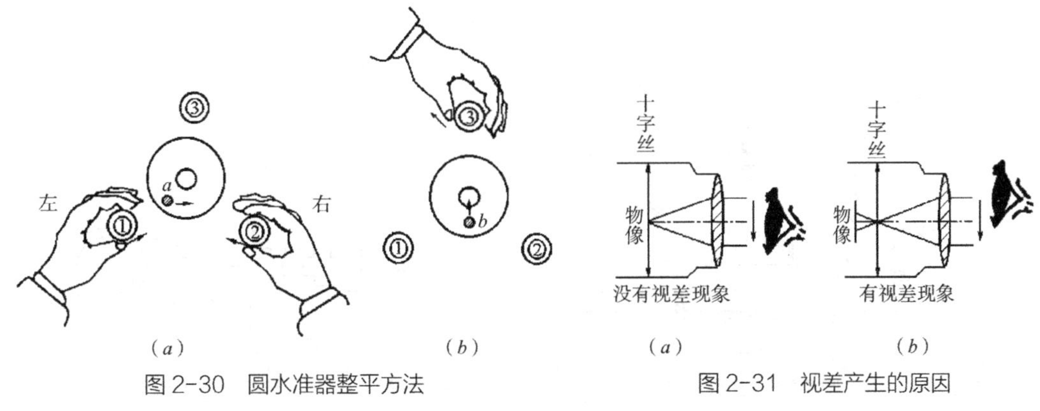

图 2-30　圆水准器整平方法　　图 2-31　视差产生的原因

是重新仔细调节目镜和用望远镜对光螺旋对光，直至眼睛上下或左右移动观测时，目标像与十字丝不发生相对移动为止。

4. 精平与读数

对于微倾式水准仪，读数前有精平这一操作步骤，每转动仪器瞄准下一目标点，读数前都要进行精平操作。而自动安平水准仪无此步操作，只要瞄准水准尺即可进行读数。

对于微倾式水准仪，读数前先旋转微倾螺旋，使望远镜旁观测窗中的气泡完全符合，这就达到了精平的要求。然后立即根据十字丝横丝在水准尺上读数，读数时按标尺注记从小数读到大数。图 2–32（*a*），黑面读数为 1.188m；图 2–32（*b*），红面读数为 5.983m。

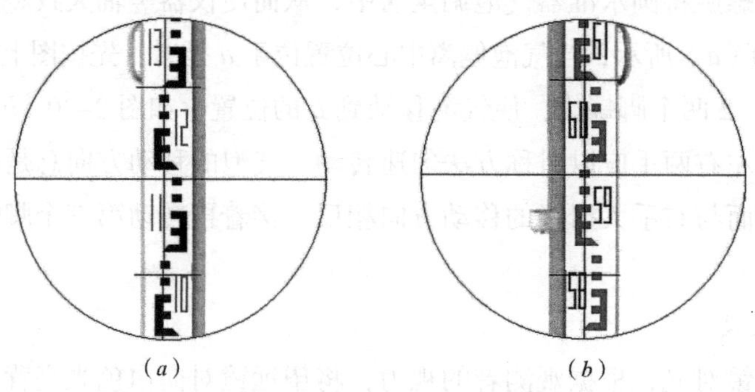

图 2–32 水准尺读数

2.5 水准测量的外业

2.5.1 水准点

为了统一全国的高程系统，满足各种比例尺测图、工程建设以及科学研究的需要，测绘部门在全国各地埋设并测定了许多高程点，这些点称为水准点（Bench Mark），简记为 BM。水准测量通常是从某一已知高程的水准点开始，引测其他点的高程。水准点有永久性和临时性两种。国家级水准点一般用混凝土制成（图 2–33），深埋到地面冻结线以下，顶部嵌入半球状金属标志，半球状金属标志顶点位置表示水准点的高程。有的点位埋设于基础稳定的建筑物墙角，称为墙上水准点，如图 2–34 所示。

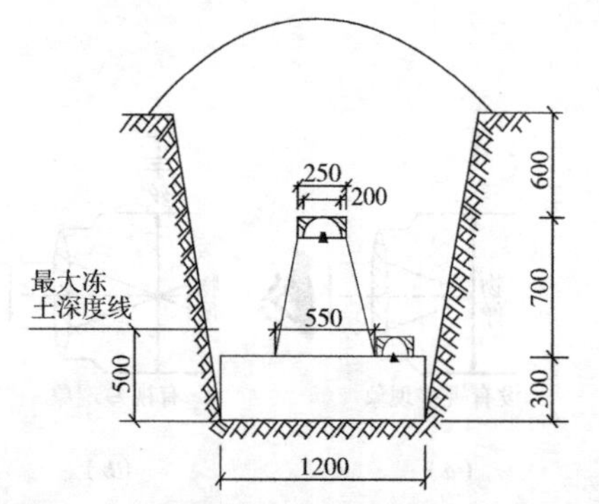

图 2–33 混凝土普通水准标石（单位：mm）

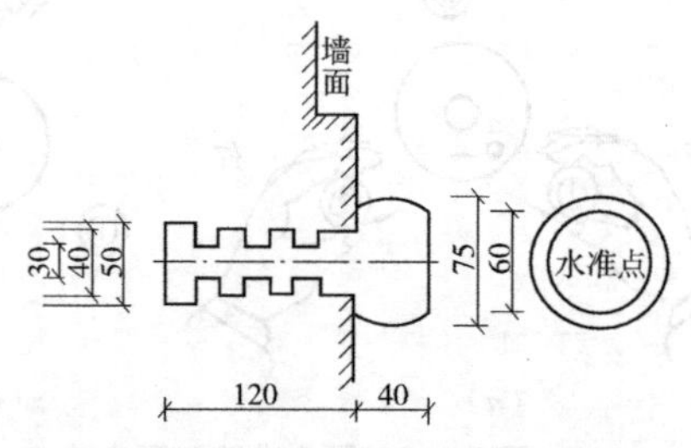

图 2–34 墙上水准点标志（单位：mm）

建筑工地上的水准点一般也用混凝土制成，顶部嵌入半球状金属标志，其形式如图 2-35（*a*）所示。临时性水准点可利用地面突起的坚硬岩石，也可用大木桩打入地下，桩面钉一半球形金属钉，如图 2-35（*b*）所示。埋设水准点后应绘点位略图，称为点之记，以便日后寻找和使用。

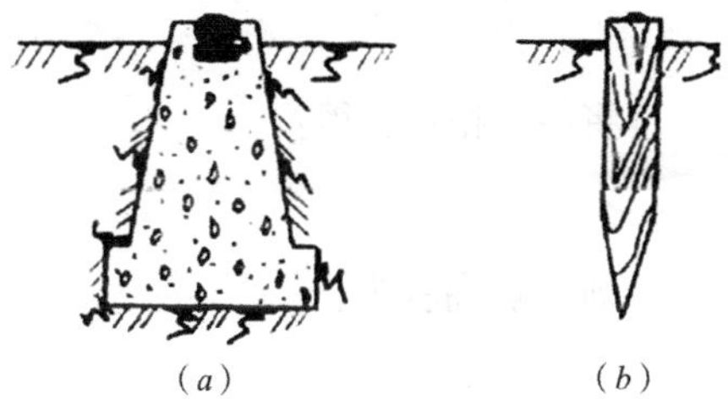

图 2-35　建筑工地水准点标志

2.5.2　水准测量的外业工作

当两点间距离较远、高差较大或不通视，安置一次仪器不能测得两点间高差时，可以在两点间加设若干个立尺点，多站连续进行观测，以测出两点间的高差，再根据已知点的高程，计算另一点的高程。

如图 2-36 所示，已知 *A* 点高程 H_A=27.354m，欲求 *B* 点高程 H_B，其观测步骤如下：

（1）在距离 *A* 点约 100m 处选定转点 *TP*1，在 *A*、*TP*1 两点分别立水准尺。在距 *A* 和 *TP*1 等距离的Ⅰ处安置水准仪。用圆水准器将仪器粗略整平，后视 *A* 点上的水准尺，精平（自动安平水准仪无此步操作）后读得读数 1.467，计入表 2-1 观测点 *BMA* 的后视读数栏内。转动仪器，瞄准点 *TP*1 上的水准尺，同法读取读数为 1.124，计入点 *TP*1 的前视读数栏内。后视读数减去前视读数得到高差为 +0.343，记入高差栏内，此为一个测站上的工作。

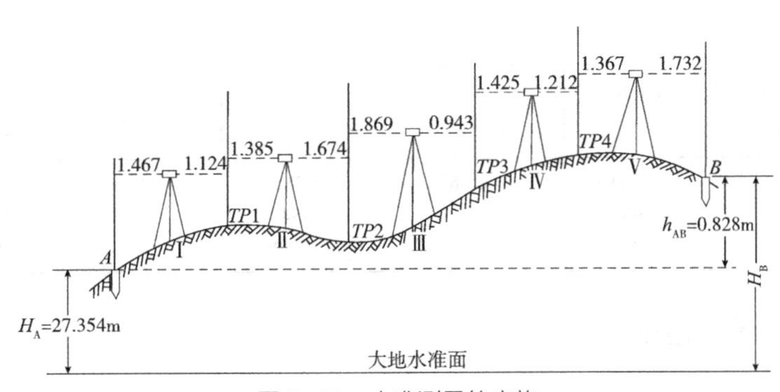

图 2-36　水准测量的实施

（2）点 *TP*1 上的水准尺不动，把 *A* 点上的水准尺移到点 *TP*2，仪器安置于点 *TP*1 和点 *TP*2 之间，同法进行观测、记录和计算，依次测到 *B* 点，这样前后尺交替是为了消除尺子零点差的影响。

假设在 *AB* 路线内依次进行 5 次水准测量，根据高差公式则有：

$$h_1=a_1-b_1$$

$$h_2=a_2-b_2$$

$$\vdots$$

$$h_5=a_5-b_5$$

将各式相加，得：

$$\sum h=\sum a-\sum b$$

则 B 点高程为：

$$H_B=H_A+\sum h \tag{2-18}$$

由此看出，A 到 B 的高差等于各站高差的代数和，也等于后视读数总和减去前视读数总和。$TP1$、$TP2$ 等点称为转点，它们起着传递高程的作用。转站无固定标志，无需算出高程。转点必须选在稳定的地面上，在转站时，前视点的尺垫位置不能动，否则水准测量成果将产生错误。

水准测量手簿　　表 2-1

测站	测点	水准尺读数		高差		高程（m）	备注
		后视（a）	前视（b）	+	−		
Ⅰ	BMA $TP1$	1.467	1.124	0.343		27.354	
Ⅱ	$TP1$ $TP2$	1.385	1.674		0.289		
Ⅲ	$TP2$ $TP3$	1.869	0.943	0.926			
Ⅳ	$TP3$ $TP4$	1.425	1.212	0.213			
Ⅴ	$TP4$ B	1.367	1.732		0.365	28.182	
计算校核		$\sum a=7.513$ -6.685 $+0.828$	$\sum b=6.685$	$\sum+1.482$ -0.654 $\sum h=+0.828$	$\sum-0.654$	28.182 -27.354 $+0.828$	

2.5.3 水准测量的检核

1. 计算检核

由式（2-18）看出，B 点对 A 点的高差等于各站高差的代数和，也等于后视读数之和减去前视读数之和，因此，此式可用来作为计算的检核。以表 2-1 中数据为例：

$$\sum h=+0.828\text{m}$$

$$\sum a-\sum b=7.513-6.685=+0.828\text{m}$$

这说明高差计算是正确的。

终点 B 的高程 H_B 减去 A 点的高程 H_A，也应等于 $\sum h$，即：

$$H_B-H_A=\sum h$$

在表 2-1 中为 28.182-27.354=+0.828m，这说明高程的计算也是正确的。计算检核只能检查计算是否正确，并不能检核测站观测和记录时产生的错误。

2. 测站检核

如上所述，*B* 点的高程是根据 *A* 点的已知高程和转点之间的高差计算出来的，若其中测错任何一个高差，*B* 点的高程就不正确。因此，对每一站的高差，都必须采取措施进行检核测量，这种检核称为测站检核。测站检核通常采用双仪高法和双面尺法。

（1）双仪高法

在同一个测站上测两个不同的仪器高度，测得两次高差，以相互比较进行检核。即测得第一次高差后，改变仪器高度（应大于 10cm）重新安置，再测一次高差。两次所测高差之差不超过容许值（如等外水准测量为 6mm），则认为符合要求，取其平均值作为最后结果，否则必须重测。表 2-2 为双仪高法等外水准测量观测记录表。

双仪高法等外水准测量观测记录表 　　表 2-2

自 *B08* 　测至 *B08* 　日期 2016.3.20 　仪器型号 ××× 　仪器号 170154

班级 2014 土木 5 班 　小组号 1 　天气 多云 　观测者 成×× 　记录者 许××

测站	测点	水准尺读数（m）		高差（m）	平均高差	改正数（mm）	改正后高差（m）	高程（m）
		后视读数 a_1/a_2	前视读数 b_1/b_2	h_1/h_2	$h_{平均}$			
1	*B08*	1.491		+0.286	0.2865	+1	+0.2875	3.500
		1.462						
	*TP*1		1.205	+0.287				
			1.175					3.7875
2	*TP*1	1.390		−0.027	−0.0250	+1	−0.0240	
		1.374						
	*TP*2		1.417	−0.023				
			1.397					3.7635
3	*TP*2	1.381		−0.051	−0.0515	+1	−0.0505	
		1.405						
	*TP*3		1.432	−0.052				
			1.457					3.7130
4	*TP*3	1.218		−0.214	−0.2140	+1	−0.2130	
		1.161						
	B08		1.432	−0.214				3.500
			1.375					
	Σ	10.882	10.890	−0.008	−0.004	+4	0	
计算校核	$\sum a-\sum b=-0.008$m　（$\sum a-\sum b$）/2= −0.004m　$\sum 2h=-0.008$m　$\sum h=-0.004$m　$H_{终}-H_{始}=0$							
成果校核	$f_h=-0.004\text{m} < f_{h容}=\pm 12\sqrt{n}$（mm）= ±24mm							

（2）双面尺法

观测时仪器的高度不变，而立在后视点和前视点的水准尺分别用黑面和红面各进行一次读数，测得两次高差，相互进行检核。若同一水准尺黑面读数（加常数后）与红面之差不超过3mm，且两次高差之差又未超过5mm，则取其平均值作为该测站观测高差。否则，需要检查原因，重新观测。

3. 成果检核

测站检核只能检核一个测站上是否存在错误或误差超限，对于一条水准路线来说，还不足以说明所求水准点的高程精度是否符合规范要求。由于温度、风荷载、大气折光、尺垫下沉和仪器下沉等外界条件引起的误差，尺子倾斜和估读的误差，以及水准仪本身的误差等，虽然在一个测站上反映不出来，但随着测站数的增多使误差积累，有时也会超过规定的限差。因此，还必须进行整个水准路线的成果检核，以保证测量资料满足使用要求。其检核方法有如下几种：

（1）附合水准路线

如图2–37所示，从已知高程的水准点*BM*1出发，沿各个待定高程的点1、2、3、4进行水准测量，最后附合到另一已知水准点*BM*2上，这种水准路线称为附合水准路线。

理论上，附合水准路线各段高差的代数和应等于终点与起点的高程之差，即：

$$\sum h_{理}=H_2-H_1 \tag{2-19}$$

由于观测过程中不可避免地存在测量误差，使得上式并不成立，其差值即为高差闭合差，用符号f_h表示，即：

$$f_h=\sum h_{测}-(H_2-H_1) \tag{2-20}$$

高差闭合差可用来衡量测量成果的精度，如果高差闭合差不超过容许值，说明观测成果符合要求，否则须重测。不同等级水准测量有不同的高差闭合差容许值，如图根水准测量的高差闭合差规范规定：

$$平地：f_{h容}=\pm 40\sqrt{L}$$

$$山地：f_{h容}=\pm 12\sqrt{n} \tag{2-21}$$

式中　L——水准路线长度，km；

　　　n——测站数。

（2）闭合水准路线

如图2–38所示，从已知高程的水准点*BM*3出发，沿环线待定高程点1、2、3、4、5进行水准测量，最后回到原水准点*BM*3上，这种水准路线称为闭合水准路线。

理论上，闭合水准路线各段高差的代数和应等于零，即：

$$\sum h_{理}=0$$

由于观测过程中不可避免地存在测量误差，必然会产生高差闭合差，即：

$$f_h=\sum h_{测} \tag{2-22}$$

若高差闭合差不超过容许值，则认为观测成果符合要求，否则须重测。

（3）支水准路线

如图 2–38 所示，从已知高程的水准点 *BM*3 出发，沿待定点 6 和 7 进行水准测量，既不附合到另外已知高程的水准点上，又不回到原来的水准点上，这种水准路线称为支水准路线。支水准路线应进行往返观测，以资检核。往返高差的代数和理论值应为零，其高差闭合差为：

$$f_{\text{h}}=\sum h_{往}+\sum h_{返} \tag{2-23}$$

若高差闭合差不超过容许值，则认为观测成果符合要求，否则须重测。

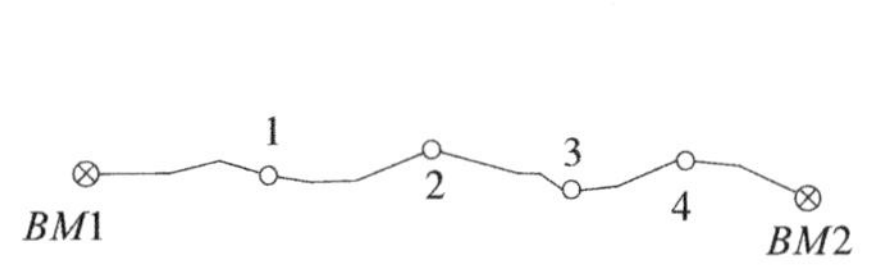

图 2–37 附合水准路线

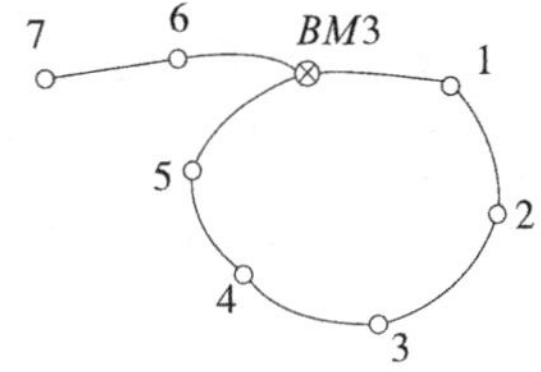

图 2–38 闭合水准路线与支水准路线

2.6 水准测量的内业

水准测量内业计算前，首先要检查外业观测手簿，计算各点间高差，经检核无误后再根据观测高差计算高差闭合差。若闭合差符合规定的要求，则调整闭合差，然后计算各点的高程。

2.6.1 闭合水准测量成果计算

如图 2–39 所示，水准点 *BMA* 的高程为 44.856m，1、2、3 点为待定高程点。各段高差及测站数均注于图中，图中箭头表示水准测量进行方向。

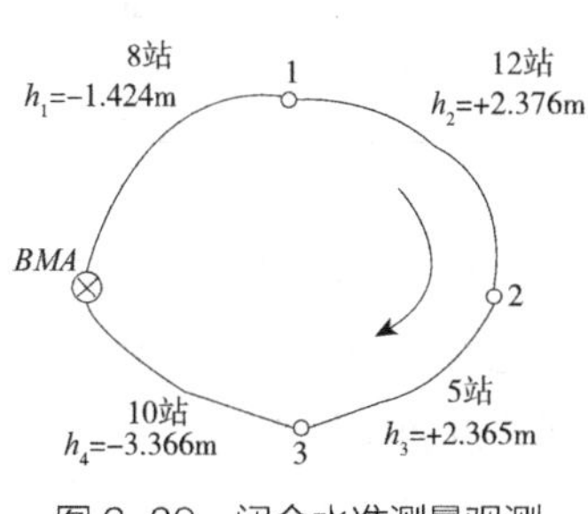

图 2–39 闭合水准测量观测成果略图

1. 填写观测数据

按高程推算顺序将各点号、测站数、实测高差及已知高程填入表 2–3。

2. 计算高差闭合差

闭合水准路线的起、终点为同一点，因此路线上各段高差代数和的理论值应为零，即 $\sum h_{理}=0$。实际上由于各测站高差存在误差，致使观测高差往往不为零，其值即为闭合差，即：

$$f_{\text{h}}=\sum h_{测}=-0.049\text{m}$$

设为山地，故：

$$f_{\text{h容}}=\pm 12\sqrt{n}=\pm 12\sqrt{35}=\pm 71\text{mm}$$

$|f_h|<|f_{h容}|$，其精度符合要求。

3. 高差闭合差的调整

高差闭合差的调整与测站数（或测段长度）成正比，反其符号改正到各相应的测段上，得到改正后的高差，即：

$$\begin{cases} v_i = \dfrac{-f_h}{\sum n} \cdot n_i \\ v_i = \dfrac{-f_h}{\sum L} \cdot L_i \end{cases} \tag{2-24}$$

$$h_{i改} = h_{i测} + v_i \tag{2-25}$$

式中　v_i、$h_{i改}$——第 i 测段的高差改正数与改正后的高差；

$\sum n$、$\sum L$——路线总测站数与总长度；

n_i、L_i——第 i 测段的测站数与总长。

闭合水准路线计算表　　　　表 2-3

测段编号	点号	测站数	实测高差（m）	改正数（m）	改正后的高差（m）	高程（m）	备注
	BMA					44.856	
1		8	−1.424	+0.011	−1.413		
	1					43.443	
2		12	+2.376	+0.017	+2.393		
	2					45.836	
3		5	+2.365	+0.007	+2.372		
	3					48.208	
4		10	−3.366	+0.014	−3.352		
	BMA					44.856	
Σ		35	−0.049	+0.049	0		

将各测段高差改正数分别填入第 5 栏内并检核，改正数的总和与所求的高差闭合差的绝对值相等、符号相反。将各测段改正后的高差分别填入第 6 栏内并检核，改正后的高差总和应等于零。

4. 计算待定点高程

由已知高程水准点 *BMA* 开始，将各测段改正后的高差逐一相加，即得各待定点高程，并填入第 7 栏内。推算的 H_A 应等于该点的已知高程，以此作为计算的检核。必须指出，若闭合水准测量起始点的高程抄录错误，根据其计算的待定点的高程也是错误的，因此应注意检查。

2.6.2 附合水准测量成果计算

如图 2-40 所示，*BMA*、*BMB* 为两个水准点，*BMA* 点的高程为 65.376m，*BMB* 点的

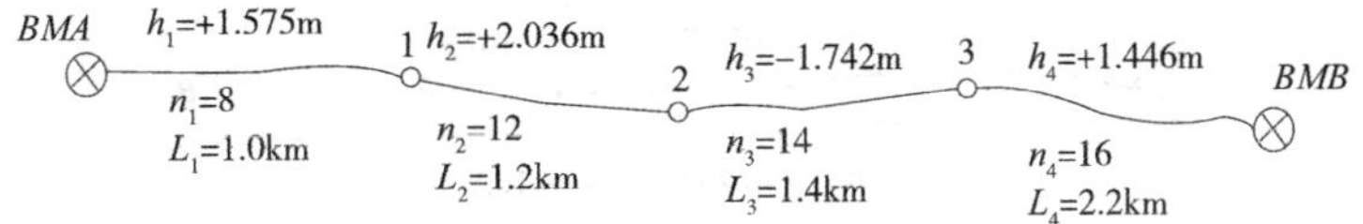

图 2-40 附合水准测量观测成果略图

高程为 68.623m，1、2、3 为待定高程点，各测段测站数、路线长度及高差均注于图中。

1. 填写观测数据

按推算顺序将各点号、测段长度、测站数、实测高差及已知高程填入表 2-4。

2. 计算高差闭合差

在附合水准路线上，线路各段高差代数和的理论值为 $\sum h_{理}=H_B-H_A$。实际上由于各测站高差存在误差，致使观测高差之和往往不等于 $\sum h_{理}$，其差值即为闭合差，即：

$$f_h=\sum h_{测}-(H_B-H_A)=3.315-(68.623-65.376)=0.068\text{m}$$

设为平地，故：

$$f_{h容}=\pm 40\sqrt{L}=\pm 40\sqrt{5.8}=\pm 96\text{mm}$$

$|f_h|<|f_{h容}|$，其精度符合要求。

附合水准路线计算表 表 2-4

测段编号	点号	测段长度（km）	测站数	实测高差（m）	改正数（m）	改正后的高差（m）	高程（m）	备注
	BMA						65.376	
1		1.0	8	+1.575	−0.012	+1.563		
	1						66.939	
2		1.2	12	+2.036	−0.014	+2.022		
	2						68.961	
3		1.4	14	−1.742	−0.016	−1.758		
	3						67.203	
4		2.2	16	+1.446	−0.026	+1.420		
	BMB						68.623	
		5.8	50	+3.315	−0.068			

3. 高差闭合差的调整

高差闭合差的调整原则和方法同闭合水准路线，计算见表 2-4。

4. 计算待定点高程

由已知高程水准点 *BMA* 开始，逐一加各测段改正后的高差，即得各待定点高程，并填入高程栏内。推算出的 *BMB* 高程应等于该点的已知高程，以此作为计算的检核。

2.6.3 支线水准测量成果计算

如图 2-41 所示，对支线水准路线进行往返观测。已知点 *A* 的高程为 86.785m，求 *B* 点的高程。

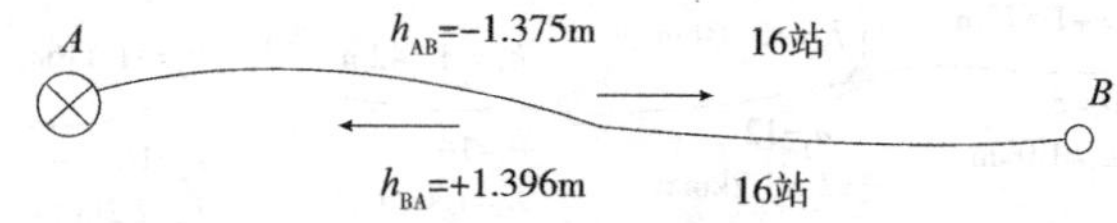

图 2-41　支线水准测量观测成果略图

1. 求往返观测高差闭合差

$$f_{h容}=\pm 12\sqrt{n}=\pm 12\sqrt{16}=\pm 48\text{mm}$$

$$f_h=\sum h_{往}+\sum h_{返}=-1.375+1.396=+0.021\text{m}$$

$|f_h|<|f_{h容}|$，其精度符合要求。

2. 求改正后高差

支线水准路线各测段往返测得的高差平均数即为改正后高差，其符号以往测为准，即：

$$h_{AB(往)}=(h_{往}-h_{返})/2=(-1.375-1.396)/2=-1.386\text{m}$$

3. 计算待定点高程

待定点 B 的高程为：

$$H_B=H_A+h_{AB(往)}=86.785-1.386=85.399\text{m}$$

必须指出，若支线水准测量起始点的高程抄录错误，根据其计算的待定点的高程也是错误的，因此应注意检查。

2.7　水准仪的检验与校正

2.7.1　水准仪应满足的几何条件

1. 倾斜式水准仪应满足的几何条件

倾斜式水准仪上的几何轴线有圆水准轴 $L'L'$、水准管轴 LL、视准轴 CC 和竖轴 VV，如图 2-42 所示。根据水准测量原理，水准仪必须提供一条水平视线，才能正确地测出两点间的高差。为此，倾斜式水准仪应满足以下条件：

（1）圆水准轴 $L'L'$ 应平行于竖轴 VV；

（2）十字丝中丝（横丝）应垂直于仪器竖轴 VV；

（3）水准管轴 LL 应平行于视准轴 CC。

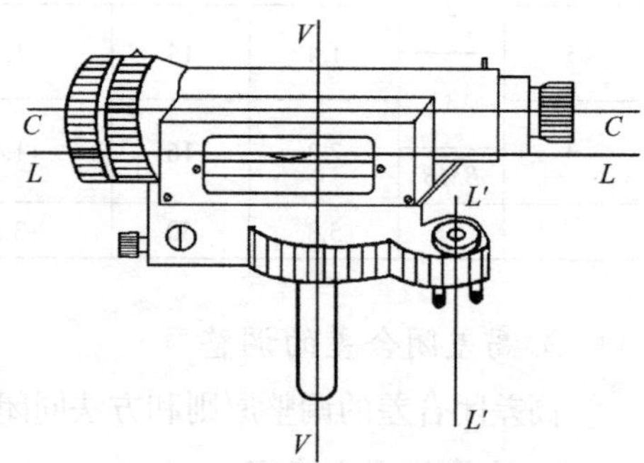

图 2-42　微倾式水准仪的轴线关系

水准仪轴线间的几何关系是否满足要求，对水准测量成果有极为重要的影响。水准仪出厂时一般都进行了严格的检查，各部分轴线都是正确的，但是在长期使用过程中，由于振动等原因致使仪器各轴线间的关系发生了变化，因此使用之前必须对仪器进行检验与校正。

2. 自动安平水准仪的检验与校正

自动安平水准仪没有管水准器，它用补偿器替代了管水准器，即使仪器视准轴倾斜一个小角度，仍然能够读出视线水平时的正确读数。自动安平水准仪应满足下列基本条件：

（1）圆水准轴 $L'L'$ 应平行于竖轴 VV；

（2）十字丝中丝（横丝）应垂直于仪器竖轴 VV；

（3）视准轴误差的检验与校正（即视准线 i 角误差的检验与校正）；

（4）补偿器补偿功能正确性的检验；

（5）补偿器的补偿范围大于等于 ±8′；

（6）补偿器的补偿误差，对 DS3 级水准仪应小于等于 ±0.5″。

2.7.2　微倾式水准仪的检验与校正

1. 圆水准轴应平行于仪器竖轴的检验与校正

（1）检验

在任何位置调整圆水准器使气泡居中，将仪器旋转 180°，若气泡偏离圆圈，如图 2–43（*a*）所示，则需要校正。

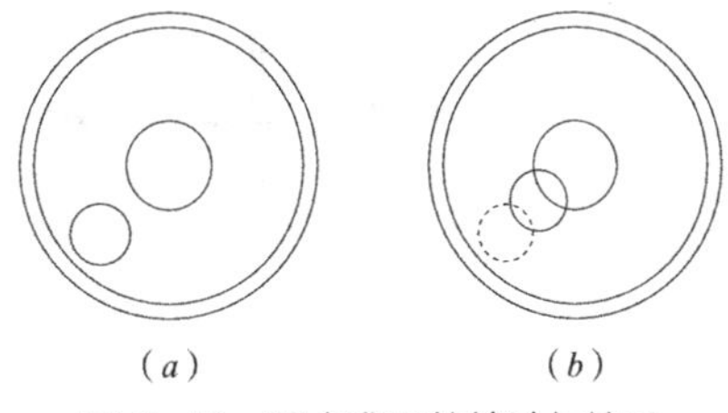

图 2–43　圆水准器的检验与校正

（2）校正

如图 2–43（*b*）所示，调整圆水准器底部的校正螺钉，使气泡向居中方向退回偏离量的一半，再用脚螺旋使气泡居中。如此反复检校直到圆水准器转到任何位置气泡都居中为止。

2. 十字丝中丝（横丝）应垂直于竖轴的检验与校正

（1）检验

如图 2–44（*a*）所示，仪器整平后，用横丝一端对准一个明显的点状目标 M，然后固定制动螺旋，转动水平微动螺旋，如果标志点 M 不离开横丝，如图 2–44（*b*）所示，则说明横丝垂直于竖轴，不需要校正。否则，如图 2–44（*c*）、图 2–44（*d*）所示，则需要校正。

（2）校正

校正方法因所用仪器十字丝分划板座装置的形式不同而异。对于微倾式水准仪，如图 2–44（*e*）所示，用螺丝刀松开分划板座的 3 个固定螺钉，转动分划板座，改正偏离量的一半即满足条件。如此反复进行检校，直到条件满足要求为止。

3. 视准轴平行于水准管轴的检验与校正

（1）检验

此项检验、校正亦称为 i 角（视准轴和水准管轴不平行，在竖直面内的投影值称为

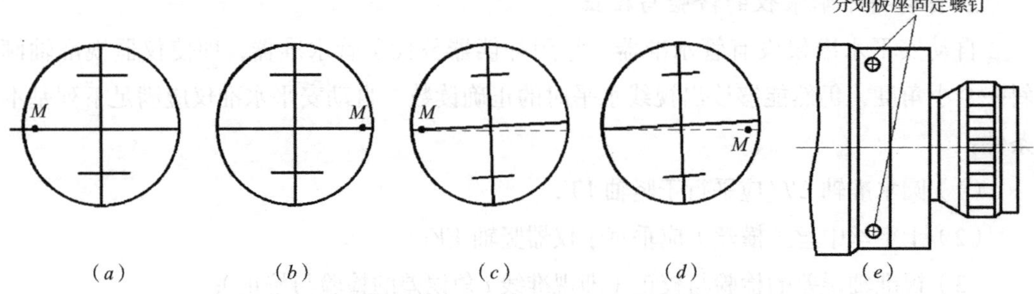

图 2-44　十字丝横丝垂直于竖轴的检验与校正

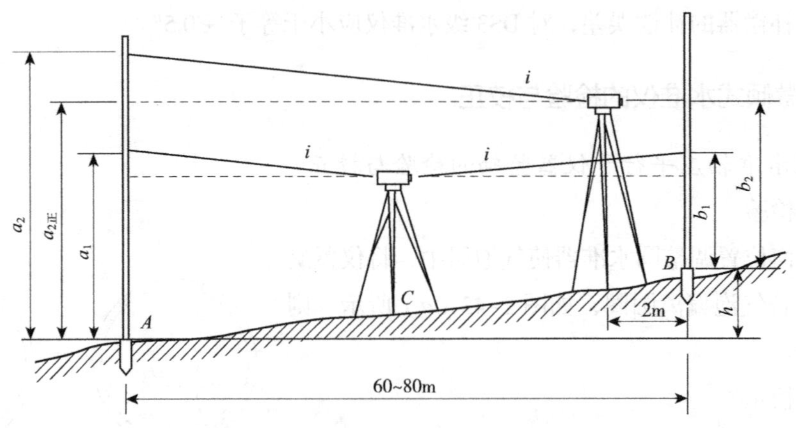

图 2-45　视准轴平行与水准管轴的检验与校正

i 角）的检验与校正。如图 2-45 所示，在相距 60~80m 的 A、B 两点等距离处 C 点安置仪器，用变动仪器高法两次测得 A、B 的高差，若其差值不大于 3mm，则取其平均值作为两点间的正确高差，用 $h_{AB正}$表示。

把仪器放置在 B 点附近（离 B 点约 2~3m），精平后读 A、B 点水准尺读数，设为 a_2 和 b_2，再根据 A、B 两点的正确高差算出 A 尺上应有读数 $a_{2正}=b_2+h_{AB正}$，与 A 尺上的读数 a_2 比较，得误差为 $\Delta h=a_2-a_{2正}$，由此计算 i 角值为：

$$i=\frac{\Delta h}{D_{AB}}\times\rho \tag{2-26}$$

式中　D_{AB}——为 A、B 两点间的距离；

ρ——常数，其值为 206265″。

（2）校正

转动微倾螺旋，使十字丝的中丝对准 A 尺上的正确读数 $a_{2正}$，这时水准管气泡必然不居中，如图 2-46 所示，用拨针拨动水准管一端上、下两个校正螺钉，使气泡居中。反复检校，直到 i 不超过 ±20″ 为止。

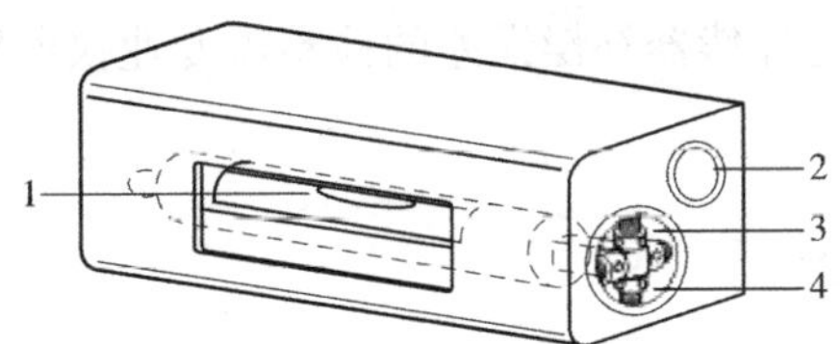

图 2-46 水准管的校正

1—管水准器；2—管水准气泡观察窗；3—上校正螺钉；4—下校正螺钉

2.7.3 自动安平水准仪的检验与校正

1. 圆水准轴平行于竖轴的检验与校正

与微倾式水准仪相同。

2. 十字丝横丝垂直于竖轴的检验与校正

此项检校实际上是看横丝的水平度。检验方法与微倾式水准仪相同。

3. 视准轴误差的检验与校正（*i* 角误差的检验与校正）

检验方法与微倾式水准仪相同，校正方法与微倾式水准仪不同。自动安平水准仪的校正是通过调整十字丝的位置，直到视准轴的 *i* 角误差符合规范要求为止。

不同厂家生产的仪器校正位置不同，如图 2–47（*a*）所示，对于这种结构仪器的校正，应先卸去十字丝分划板外罩，调整图中的校正螺钉，使十字丝横丝对准标尺上的正确读数即可。

图 2–47（*b*）为另一种结构的自动安平水准仪，在外壳目镜一端的下方有一个孔，孔内有分划板校正螺钉，可用 2.5mm 内六角扳手松动或拧紧分划板校正螺钉，使十字丝横丝对准标尺上的正确读数即可。

4. 补偿器补偿功能正确性的检验

安置仪器，瞄准水准尺并读数，对于有补偿器检查按钮的自动安平水准仪可按一下该按钮，对于没有该按钮的自动安平水准仪可用手轻拍一下脚架，若看到十字丝产生振动、物像上下摆动，但很快能稳定下来，并且横丝仍瞄准原来的读数，则说明补偿器补偿功能正常。

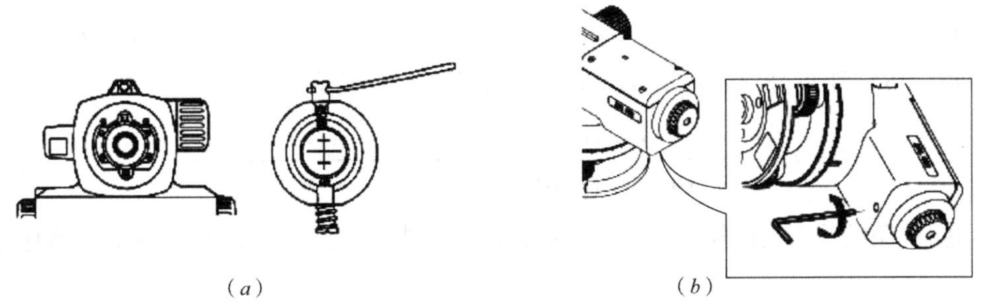

（*a*）　　（*b*）

图 2–47 自动安平水准仪视准线误差的校正

有关补偿器补偿范围与补偿器补偿误差的检验需专业仪器维修人员进行，在此不再赘述。

2.7.4 数字水准仪的检定

数字水准仪是在自动安平水准仪的基础上发展起来的，其光学、机械和补偿器部分与自动安平水准仪基本相同。因此，自动安平水准仪的一些检验内容同样适用于数字水准仪。例如，圆水准器、十字丝的检校，补偿功能、自动安平精度的测定和光学视准轴的检验等都需要进行，且与自动安平水准仪的检验方法相同。但是，由于数字水准仪采用了 CCD 传感器和电子读数方法，使用的是电子视准轴，故还必须进行电子视准轴（i 角）的检验。

在数字水准仪上，当用肉眼观测水准标尺时，不经过电子光路，此时视准轴是自动安平水准仪的视准轴，其 i 角是自动安平水准仪的 i 角；当利用电子视准轴观测时，条码尺的影像经过 CCD 传感器获得测量信号而得到电子读数所产生的 i 角，称为数字水准仪电子 i 角，亦称为电子照准误差，这两个 i 角基本无关联。光学视准轴的检校与自动安平水准仪 i 角的检校一样。

数字水准仪电子 i 角的检验通常用富式法（Foerstner），如图 2–48 所示。

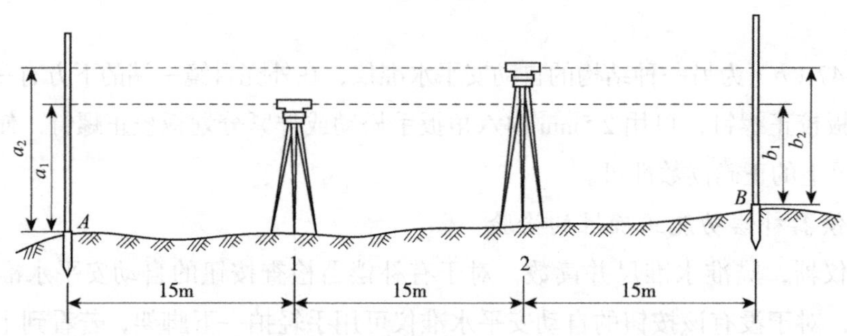

图 2–48 Foerstner 数字水准仪电子 i 角检验示意图

在相距 45m 的地段两端固定标尺 A、B，将 A、B 分成 3 等份，在距标尺 15m 处设测站 1 和测站 2。仪器分别安置在 1、2 测站，在 A、B 尺上读数 a_1、b_1、a_2、b_2，设 $A1$、$1B$、$A2$、$2B$ 的距离分别为 d_{A1}、d_{1B}、d_{A2}、d_{2B}，则电子 i 角为：

$$i=\arctan\frac{(a_1-b_1)-(a_2-b_2)}{(d_{A1}-d_{1B})-(d_{A2}-d_{2B})}\approx\frac{(a_2-b_2)-(a_1-b_1)}{30}\rho \tag{2-27}$$

电子 i 角的校正是由仪器内置软件完成的，不同厂家生产的仪器使用的校正程序是不同的。

下面介绍国产某型号 DS1 级数字水准仪电子照准误差（电子 i 角）的检校：

（1）如图 2-48 所示，在距离为 45m 的地点放置两把水准尺，尺 *A* 和尺 *B*，将距离 *AB* 分成三等份，将仪器分别摆放在测站 1 和测站 2，分别在两个测站测量两把尺子的读数。

（2）如图 2-49（*a*）所示，按红色 [Power] 键开机后，仪器先显示开机界面，然后进入主菜单。

（3）如图 2-49（*b*）所示，选择〈配置〉或按数字键“2”进入配置菜单。按向下方向键选择“3. 校正”或按数字键“3”进入校正模式。

（4）如图 2-49（*c*）所示，屏幕显示旧值 / 新值，选择地球曲率改正、大气折射改正开或关（白色表示关，黑色表示开），按 [←┘] 键继续。

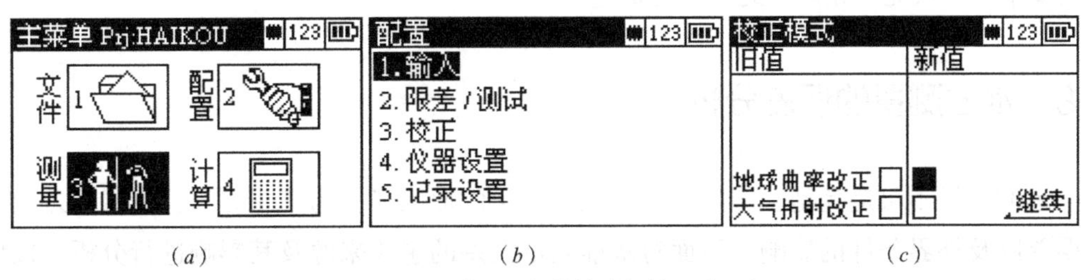

（*a*） （*b*） （*c*）

图 2-49 电子 *i* 角的检验与校正（一）

（5）如图 2-50（*a*）所示，仪器显示提示信息，选择“是”继续校正，或选择“否”退出校正。（注：当完成校正后，不能继续已有的水准线路。）

（6）如图 2-50（*b*）所示，仪器架设在测站 1 上，瞄准 *A* 尺按 [MEAS] 键测量。

（7）如图 2-50（*c*）所示，仪器调转方向，瞄准 *B* 尺按 [MEAS] 键测量。

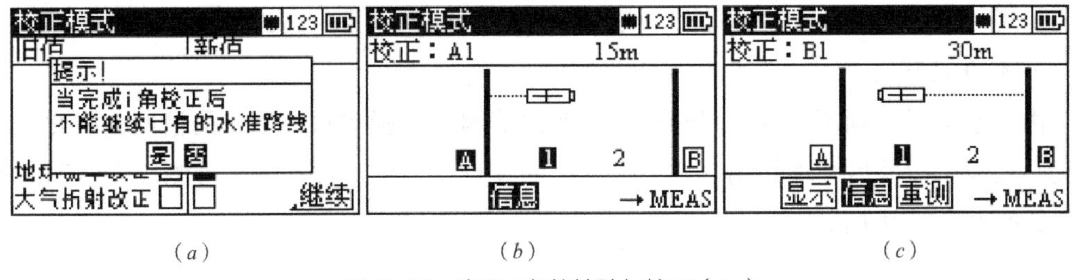

（*a*） （*b*） （*c*）

图 2-50 电子 *i* 角的检验与校正（二）

（8）如图 2-51（*a*）所示，仪器架设在测站 2 上，瞄准 *B* 尺按 [MEAS] 键测量。

（9）如图 2-51（*b*）所示，仪器调转方向，瞄准 *A* 尺按 [MEAS] 键测量。

（10）如图 2-51（*c*）所示，至此，校正程序结束，仪器显示校正测量结果。选择“是”确定保存校正结果并退出校正程序界面，选择“否”不保存校正结果直接退出校正程序界面。

（11）将 *A* 尺的另一面转过来，用十字丝中丝读出标尺上的读数，若此读数与电子读

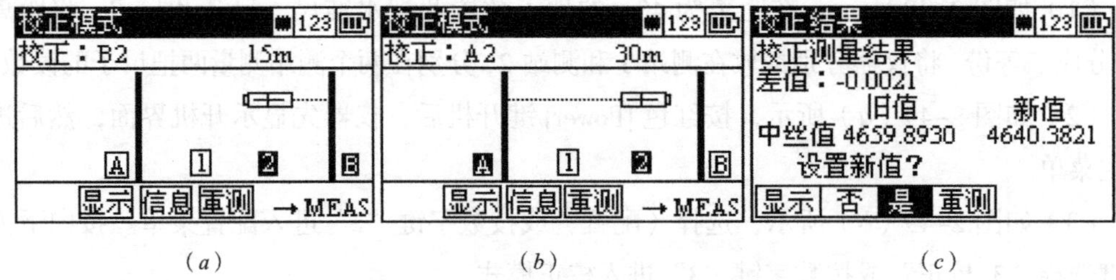

（*a*）　（*b*）　（*c*）

图 2-51　电子 *i* 角的检验与校正（三）

数之差超过 2mm，则还需校正光学读数的误差，光学照准误差的检验与校正方法与普通自动安平水准仪完全相同，此处不再赘述。

2.8　水准测量的误差分析

水准测量不可避免地会产生误差，误差产生的原因可分为三个方面：仪器误差、观测误差以及外界条件的影响。下面对水准测量误差的主要来源及其影响进行分析，以便在观测过程中采取措施消除或减弱其影响。

2.8.1　仪器误差

1. 仪器校正后的残余误差

微倾式水准仪观测的主要条件是视准轴平行于水准管轴，当管水准气泡居中时，视准轴处于水平位置；自动安平水准仪的视准轴应处于水平位置。当视准轴倾斜时，其与水平轴线的交角称为 i 角，i 角的存在将引起读数误差。这种误差的影响与距离成正比，只要观测时注意使前、后视距离相等或大致相等，就可以消除或减弱此项误差的影响。

2. 水准尺误差

由于水准尺刻画不准确、尺长变化、弯曲等因素会影响水准测量的精度，因此，水准尺必须经过检验后才能使用。至于水准尺的零点差，可通过在一水准测段中使测站数为偶数的方法予以消除。

2.8.2　观测误差

1. 微倾式水准仪水准管气泡居中误差

设水准管分划值为 τ，居中误差一般为 $\pm 0.15\tau$，采用符合式水准器时，气泡居中精度可以提高一倍，故居中误差为：

$$m_\tau = \pm \frac{0.15\tau}{2\rho} D \tag{2-28}$$

式中　D——水准仪到水准尺的距离。

2. 读数误差

在水准尺上估读毫米数的误差，与人眼的分辨能力、望远镜的放大倍率以及视线长度有关，通常按下式计算：

$$m_{\mathrm{V}}=\frac{60''}{V}\cdot\frac{D}{\rho} \tag{2-29}$$

3. 视差影响

当存在视差时，水准尺影像与十字丝平面不重合，若眼睛观察的位置不同，便会读出不同的读数，因而也会产生读数误差。在观测过程中，应注意消除视差。

4. 水准尺倾斜影响

水准尺倾斜将使尺上读数增大，因此在水准测量中，水准尺必须竖直，竖立水准尺时必须使尺身上的圆气泡居中，必要时还应给水准尺增加尺撑。

2.8.3 外界条件的影响

1. 仪器下沉的影响

仪器下沉指的是在一个测站上读完后视读数 a，未读前视点读数 b 之前，仪器发生的下沉。如图 2-52 所示，下沉后的读数是 b'，下沉前的读数是 b。显然 b 大于 b'，所以 a 减 b' 求出的高差 h 就变大了。由于仪器下沉所引起的误差为 $x=b-b'$。为避免和减小仪器下沉，安置仪器时要选择在比较坚实的地面上，而且要踩实三脚架，尽量减小振动。若采用“后、前、前、后”的观测程序，可减弱其影响。

2. 尺垫下沉的影响

尺垫下沉指的是在前一测站读出水准尺读数后，在下一测站读该尺读数前，尺垫因自身和水准尺质量以及土质松软等原因而产生的下沉。如图 2-53 所示，设转点处尺垫由 2 点下沉到 2′ 点，下沉量为 x。此时，所测得的高差不是 2 点到 3 点的高差 h，而是 2′ 点到 3 点的高差 h'，从图中可以看出：

$$h'=a'-b=(a+x)-b=a-b+x=h+x \tag{2-30}$$

从式中可以看出，尺垫下沉将使高差增大，导致高程也相应增大。所以，扶尺人员必须选择坚实的地方放置尺垫；在土质松软的地方要把尺垫用力踩实；水准尺要轻拿轻放。

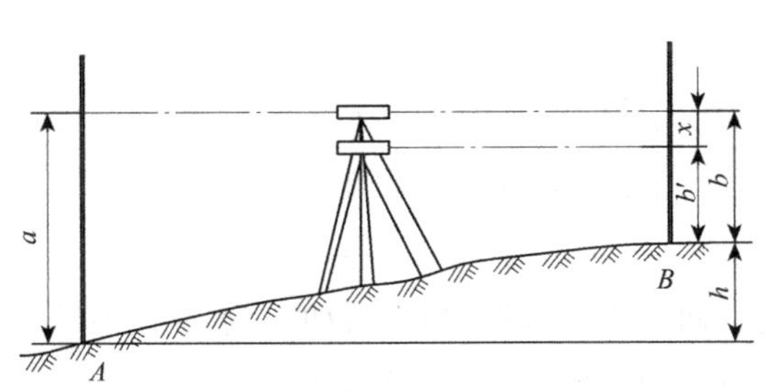

图 2-52 仪器下沉对读数的影响

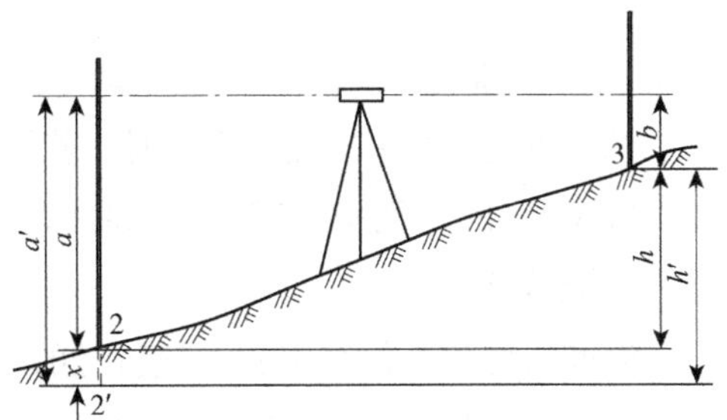

图 2-53 尺垫下沉对读数的影响

3. 地球曲率和大气折光的影响

如图 2–54 所示，水准面是一个曲面，而水准仪观测时是用一条水平视线来代替本应与大地水准面平行的曲线进行读数，因此会产生由地球曲率所导致的误差影响 c。由于地球半径较大，可以认为：当水准仪前、后视距相等时，用水平视线代替平行于水准面的曲线，对前、后尺产生的读数误差相等。

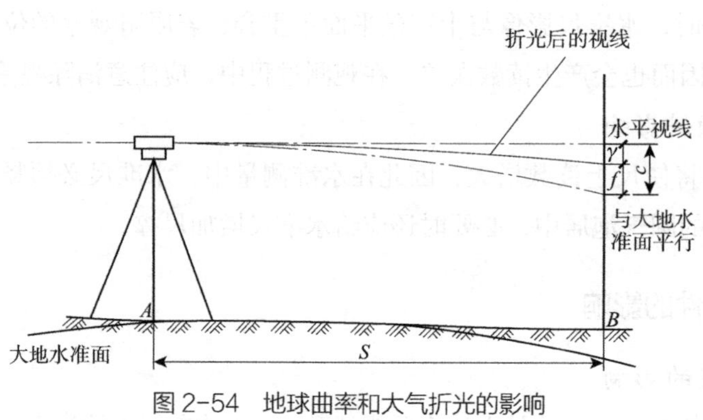

图 2–54　地球曲率和大气折光的影响

由式（1–7）可知，用水平视线代替水准面在尺上读数产生的误差为 Δh，则：

$$c=\Delta h=\frac{S^2}{2R} \tag{2-31}$$

另外，由于大气密度不均匀，会产生大气折光的影响，视线会发生弯曲，其曲率半径约为地球曲率半径的 7 倍，则大气折光给读数带来的影响为：

$$\gamma=\frac{S^2}{2\times 7R} \tag{2-32}$$

大气折光的影响与视距长度的平方成比例，前、后视距相等可消除或削弱大气折光影响，但视线离地面太近时，大气抖动会影响水准测量精度。地球曲率与大气折光对水准尺读数的综合影响为：

$$f=c-\gamma=\frac{S^2}{2R}-\frac{S^2}{14R}=0.43\frac{S^2}{R} \tag{2-33}$$

式中　f——球气差改正，简称两差改正。

综上所述，在水准测量作业时，若控制视线离地面的高度（大于 0.3m），并尽量保持前、后视距相等，可大大减弱地球曲率和大气折光对测量结果的影响。

4. 温度影响

温度的变化不仅会引起大气折光的变化，而且当烈日照射水准仪时，水准仪内部视准轴的位置会发生改变，影响读数的准确性，所以观测时应注意撑伞遮阳。

【本章小结】

水准测量原理是利用水准仪提供的水平视线和水准尺直接测定地面上两点间的高差，然后根据已知点的高程计算待定点的高程。根据水准仪的发展历史，可分为微倾式水准仪、自动安平水准仪、精密光学水准仪和数字水准仪，学生应该重点掌握数字水准仪和自动安平水准仪的原理和使用方法。水准测量路线包括附合水准路线、闭合水准路线和支线水准路线。通过实践教学掌握等外水准测量外业观测和内业计算方法。水准测量误差来源于仪器误差、观测误差和外界条件的影响。

【思考与练习题】

1. 名词解释：视准轴、水准管轴、视差、补偿器。
2. 从水准仪的生产历史来看，水准仪分为哪几种？
3. 试述微倾式水准仪与自动安平水准仪的区别。
4. 何为转点？转点在水准测量中起什么作用？
5. 在水准测量中，测站校核和成果检核的基本方法有哪些？
6. 将图 2–55 中的水准测量观测数据填入记录手簿中（表 2–5），并计算出各点的高差和 *B* 点的高程，同时进行计算检核。

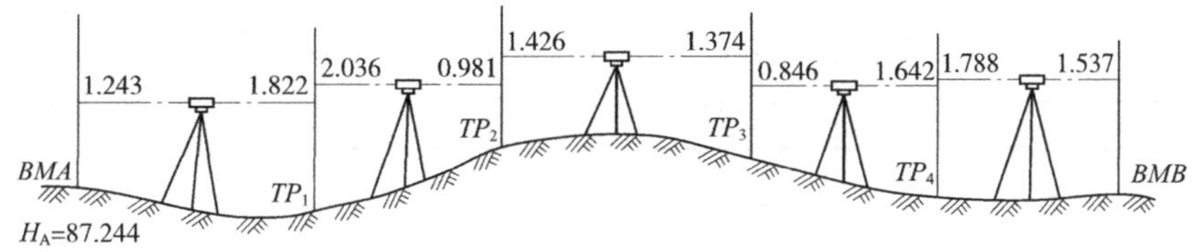

图 2–55 水准测量观测示意图

7. 在支线水准测量中，已知水准点 *A* 的高程为 48.305m，从 *A* 点往测到 1 点的高差为 +2.456m，从 1 点返测到 *A* 点的高差为 –2.478m。*A*、1 两点间的水准路线长度为 1.6km。计算高差闭合差、高差闭合差的容许值以及 1 点的高程。
8. 自动安平水准仪有哪些特点？
9. 电子水准仪有哪些特点？
10. 微倾式水准仪有哪些轴线？应满足哪些几何条件？
11. 水准测量中容易产生哪些误差？如何消除或减小误差？
12. 在水准测量中前、后视距离相等或大致相等可以消除或减弱哪些误差的影响？
13. 计算表 2–6 中附合路线等外水准测量观测成果，并求出各点的高程。

水准记录手簿 表 2–5

测站	测点	水准尺读数		高差		高程（m）	备注
		后视（a）	前视（b）	+	–		
Ⅰ	*BMA*					87.244	
	1						
Ⅱ							
	2						
Ⅲ							
	3						
Ⅳ							
	4						
Ⅴ							
	BMB						
计算校核							

水准测量成果计算 表 2–6

测段编号	点号	测站数	实测高差（m）	改正数（mm）	改正后高差（m）	高程（m）	备注
	BMA					57.967	
A–1		7	+4.363				
	1						
1–2		3	+2.413				
	2						
2–3		4	–3.121				
	3						
3–4		5	+1.263				
	4						
4–5		6	+2.716				
	5						
5–*B*		8	–3.715				
	BMB					61.819	
Σ							
辅助计算							

14. 设 *A*、*B* 两点相距 80m，水准仪安置于中点 *C*，测得 *A* 点尺上读数 a_1=1.321m，*B* 点尺上读数 b_1=1.117m，仪器搬至 *B* 点附近，又测得 *B* 点尺上读数 b_2=1.466m，*A* 点尺上读数 a_2=1.695m。试问该仪器水准管轴是否平行于视准轴？如不平行，应如何校正？

第 3 章　角度测量

【本章要点及学习目标】

本章主要介绍角度测量原理，光学经纬仪和电子经纬仪的基本构造，经纬仪的安置，水平角度和垂直角度观测方法，经纬仪的检验与校正，角度测量误差分析等。通过本章的学习，学生应掌握电子经纬仪的构造与使用方法，结合实践教学掌握测回法、方向法水平角测量，掌握中丝法竖直角测量。

角度测量是测量的基本工作之一，在确定地面点的位置时，常常要进行角度测量，角度测量最常用的仪器是经纬仪。角度测量分为水平角测量与竖直角测量。水平角测量用于求算点的平面位置，竖直角测量用于测定高差或将倾斜距离改化成水平距离。

3.1　角度测量原理

3.1.1　水平角测量原理

设 A、O、B 为地面上任意三点，O 为测站点，A、B 为目标点，则从 O 点观测 A、B 的水平角为 OA、OB 两方向线垂直投影在水平面 Q 上所形成的 $\angle A_1O_1B_1$，如图 3-1 所示。也可以说，地面上一点到两目标的方向线间所夹的水平角，就是过这两方向线所作两竖直面间的二面角。

为了测出水平角的大小，以过铅垂线上任一点 O 为中心，水平地放置一个带有刻度的圆盘，通过 OA、OB 各作一竖直面，设这两个竖直面在刻度盘上截取的读数分别为 a 和 b，则所求水平角 β 的值为：

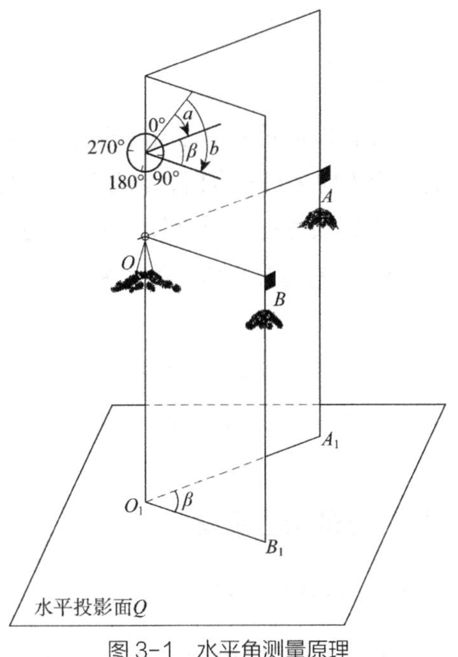

图 3-1　水平角测量原理

$$\beta=b-a \tag{3-1}$$

根据以上分析，经纬仪须有一刻度盘和在刻度盘上读数的指标。观测水平角时，刻度盘中心应安放在过测站点的铅垂线上，并能使之水平。为了瞄准不同方向，经纬仪的望远镜应能沿水平方向转动，也能高低俯仰。当望远镜高低俯仰时，其视准轴应划出一竖直面，这样才能使得在同一竖直面内高低不同的目标有相同的水平刻度盘读数。

3.1.2 竖直角测量原理

在同一竖直面内，某目标方向视线与水平线的夹角 α，称为竖直角（垂直角）。如图 3–2 所示，目标在水平线的上方，α 为正，称为仰角；目标在水平线的下方，α 为负，称为俯角。竖直角的值域为 0°~ ± 90°。

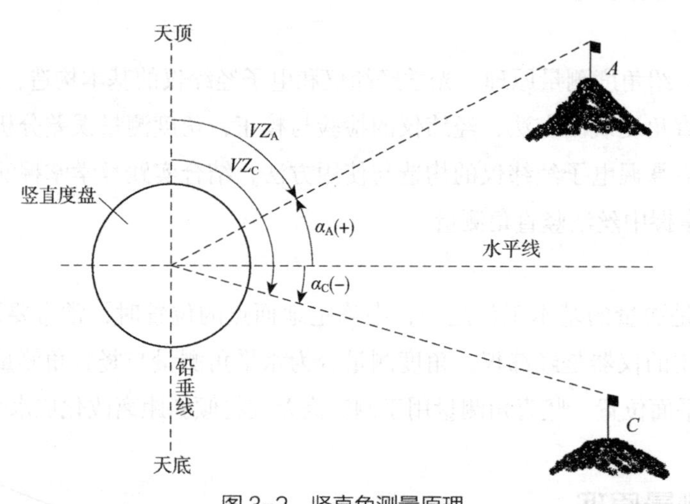

图 3–2　竖直角测量原理

竖直角是同一竖直面内的两个方向之间的夹角，但其中一个方向是固定的水平方向，另一个方向为目标方向，因此每一个观测目标都对应有一个竖直角。

由天顶方向（铅垂线反方向）到目标方向视线的角度 VZ，称为天顶距，其值域为 0°~180°。它与竖直角的关系为：

$$VZ=90°-\alpha \tag{3-2}$$

其实，任何光学经纬仪、电子经纬仪和全站仪都无法直接测出竖直角，它们测出的都是天顶距，竖直角是根据天顶距与其关系计算出来的。

3.2 光学经纬仪

3.2.1 经纬仪的种类及分级

根据经纬仪的生产历史，按读数系统可分成游标经纬仪、光学经纬仪和电子经纬仪。游标经纬仪是 19 世纪的产品，光学经纬仪是 20 世纪的产品，进入 2000 年国产电子经纬仪在我国得到了普及和应用，由于电子经纬仪其价格是光学经纬仪的一半，光学经纬仪已很少有人购买。现在使用的大多是电子经纬仪，它较游标经纬仪和光学经纬仪有精度高、体积小、质量轻、密封性能良好、价格低等优点。

根据国家计量检定规程《光学经纬仪》JJG 414—2011，光学经纬仪分为如下等级：DJ_{07}、DJ_1、DJ_2、DJ_6、DJ_{30}。其中 D、J 分别为“大地测量”和“经纬仪”的汉语拼音首字母；07、1、2、6 等数字表示该仪器所能达到的精度指标。如 DJ_{07} 和 DJ_6 分别表示水平方向测量一测回的方向中误差不超过 ±0.7″ 和 ±6″。国外生产的仪器可依其所能达到的精度，纳入相应级别。本节主要介绍国产 DJ_6 级和 DJ_2 级光学经纬仪的构造和使用。

3.2.2　DJ_6 级光学经纬仪

1. 一般构造

经纬仪主要由基座、水平度盘和照准部三部分组成，如图 3–3 所示。图 3–4 为国产 DJ_6 级光学经纬仪，各部件名称见图中的注记。

（1）基座

基座用来支承整个仪器，并借助脚架上的中心螺旋使经纬仪与脚架结合。基座上有三个脚螺旋，用来整平仪器。竖轴轴套与基座固连在一起。基座轴套固定螺旋拧紧后，可将照准部固定在基座上，使用仪器时切勿松动该螺旋，以免照准部与基座分离而坠落。

（2）水平度盘

水平度盘是由光学玻璃制成的精密刻度盘，分划从 0°~360°，按顺时针方向注记，每格 1°，用以测量水平角。水平度盘的转动由水平度盘变换器来控制，以此可以设定度盘在起始目标方向的水平度盘读数。早期的国产 DJ_6 级光学经纬仪采用的是复测扳手，目前采用复测扳手的光学经纬仪已被淘汰。

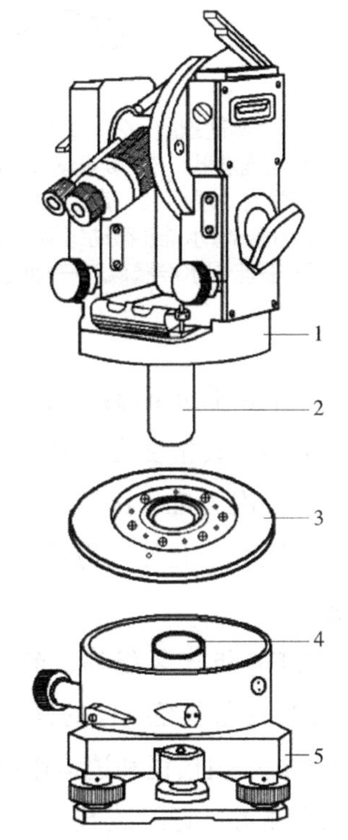

图 3–3　经纬仪的基本结构
1—照准部；2—竖轴；3—水平度盘；4—竖轴轴套；5—基座

（3）照准部

照准部主要由望远镜、竖直度盘、水准器和读数设备等组成。

望远镜用于瞄准目标，其构造与水准仪望远镜相似，现今的望远镜均是正像望远镜，早期的倒像望远镜已被淘汰。望远镜与横轴连在一起，安置在支架上，支架上装有望远镜制动螺旋和望远镜微动螺旋，以控制望远镜在竖直方向的转动。

竖盘结构有水准管竖盘结构和补偿器竖盘结构两种。图 3–4 所示的光学经纬仪属于水准管竖盘结构，竖直度盘固定在横轴的一端，用于测量竖直角。竖盘随望远镜一起转动，而竖盘读数指标不动。竖盘读数指标要处于正确位置，则要通过调整竖盘指标管水准器微动螺旋，让竖盘指标管水准器气泡居中即可。

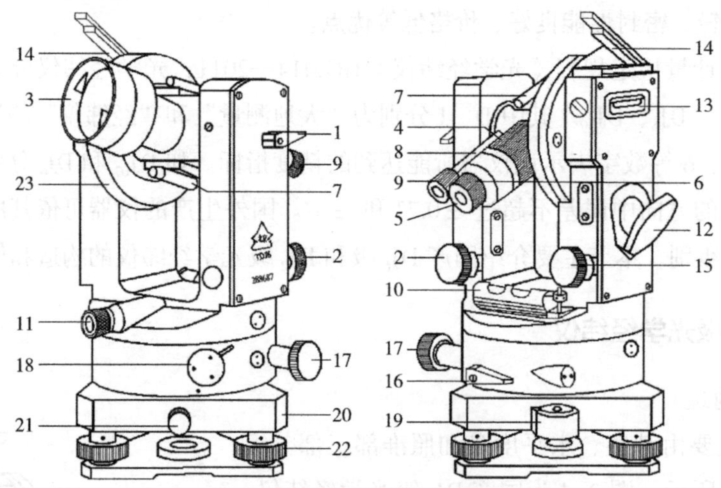

图 3-4　国产 DJ_6 级光学经纬仪

1—望远镜制动螺旋；2—望远镜微动螺旋；3—物镜；4—物镜调焦螺旋；5—目镜；6—目镜调焦螺旋；7—光学粗瞄准器；8—度盘读数显微镜；9—度盘读数显微镜调焦螺旋；10—照准部管水准器（长气泡）；11—光学对中器；12—度盘照明反光镜；13—竖盘指标管水准器；14—竖盘指标管水准器观察反射镜；15—竖盘指标管水准器微动螺旋；16—水平制动扳手；17—水平微动螺旋；18—水平度盘变换器与保护卡；19—基座圆水准器；20—插轴式基座；21—基座轴套固定螺旋；22—基座脚螺旋；23—竖直度盘

照准部管水准器，亦称为长气泡，其精度为30″，是用来精确整平仪器的；基座圆水准器，其精度为8′或10′，用作粗略整平，由于长气泡的精度高于圆气泡，因此整平以长气泡为准。读数设备包括一个度盘读数显微镜、测微尺以及光路上一系列的棱镜和透镜等。此外，为了控制照准部水平方向的转动，装有水平制动扳手和水平微动螺旋。

2. DJ_6 级光学经纬仪的读数系统

DJ_6 级光学经纬仪的读数系统包括水平度盘、竖直度盘、光路系统和测微器等。当光线通过一组棱镜和透镜作用后，将度盘上的分划放大成像于望远镜旁的读数显微镜内，因此观测者可通过读数显微镜读取度盘读数，图 3-5 为 DJ_6 级光学经纬仪光路示意图，该仪器的望远镜为倒像望远镜，如果是正像望远镜，则在望远镜光路中十字丝和调焦镜中间还要加入正像棱镜，仪器的竖盘构造是补偿器竖盘构造。

DJ_6 级光学经纬仪的读数系统一般采用分微尺读数装置。分微尺测微器的结构简单、读数方便，具有一定的读数精度，故广泛应用于 DJ_6 级光学经纬仪。这类仪器的度盘分划值为1°，按顺时针方向注记。其读数设备是由一系列光学零件所组成的光学系统。外来光线分为两路：一路是竖盘光路，另一路是水平度盘光路。

读数的主要设备为读数窗上的分微尺，如图 3-6 所示。水平度盘与竖直度盘上 1° 的分划间隔，成像后与分微尺 0′ 到 60′ 的分划间隔刚好相等。上面的窗格里是水平度盘（或注记有“H”）及其分微尺的影像，下面的窗格里是竖直度盘（或注记有“V”）及其分微尺的影像。分微尺分成 60 等份，格值 1′，可估读到 0.1′，即 6″。

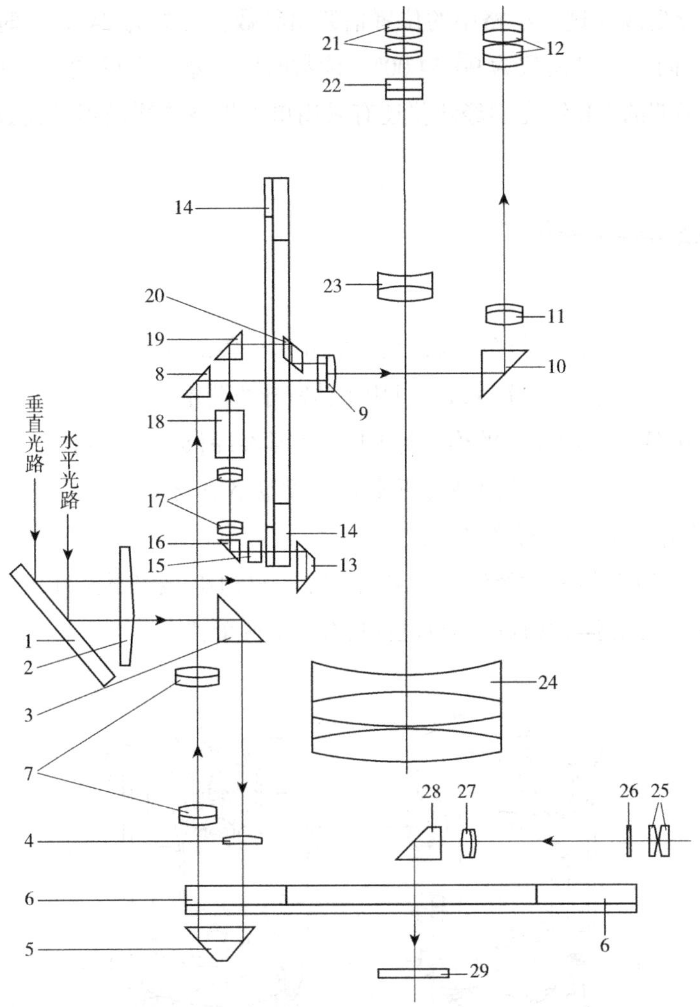

图 3-5 DJ_6 级光学经纬仪光路示意图

1—反光镜；2—进光窗；3—转向棱镜；4—聚光镜；5—底棱镜；6—水平度盘；7—水平度盘成像物镜组；8—水平盘转向棱镜；9—读数窗；10—横轴棱镜；11—读数物镜；12—读数目镜；13—底棱镜；14—竖直度盘；15—小平板；16—转向棱镜；17—竖盘成像物镜组；18—补偿器活动平板玻璃；19—竖盘转向棱镜；20—菱形棱镜；21—望远镜目镜；22—十字丝分划板；23—望远镜调焦镜；24—望远镜物镜；25—对点器目镜；26—对点器十字丝分划板；27—对点器物镜；28—对点器转向棱镜；29—保护玻璃

读数时，首先看度盘的那一条分划线是否落在分微尺的 0 到 6 注记之间，如果是那么度数就由该分划线的注记读出。如图 3-6 所示的水平读数窗口，261° 的分划线位于分微尺 0 到 6 注记之间，故该方向读数的度数为 261°。分数就是这条分划线所指向的分微尺上的读数，图 3-6 中水平度盘分划线在分微尺第 5 根分划线和第 6 根分划线之间，所以分微尺上可精确读到 05′。读秒的时候要将分微尺上的一小格用目估的方法分为 10 等份，每一等份为 0.1′，即 6″。

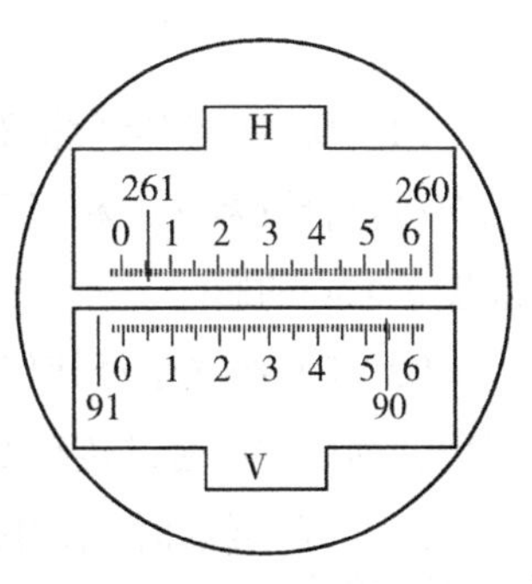

图 3-6 分微尺测微器读数装置

然后根据度盘分划线在这一小格中的位置估读出秒数，此处为 24″，此时水平度盘读数为 261°05′24″。同理竖盘读数为 90°54′00″。读数时应注意一个问题：秒的读数应该是 6 的整倍数。更早期的 DJ_6 级光学经纬仪还有采用单平板玻璃测微器的读数方法，现已被淘汰。

3.2.3 DJ_2 级光学经纬仪

1. 一般构造

图 3–7 是国产 DJ_2 级光学经纬仪，仪器的外形、各部件的名称如图所注。它的测量精度比 DJ_6 级光学经纬仪高一个等级，可用于精密导线测量、三、四等三角测量和较精密的工程测量。DJ_2 级光学经纬仪的构造与 DJ_6 级光学经纬仪基本相同，主要特点是望远镜的放大倍数较大、照准部水准管的灵敏度较高、度盘格值较小。

2. DJ_2 级光学经纬仪的读数系统

图 3–8 为国产 DJ_2 级光学经纬仪光路图。DJ_2 级与 DJ_6 级光学经纬仪的主要区别为读数设备不同，DJ_2 级光学经纬仪的读数设备具有如下两个特点：

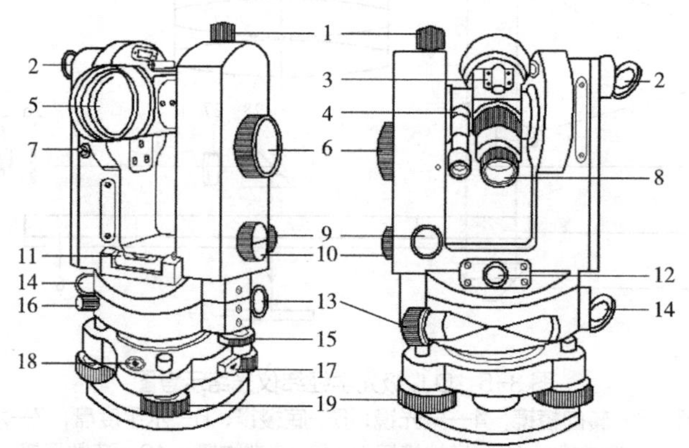

图 3–7 国产 DJ_2 级光学经纬仪

1—望远镜制动螺旋；2—竖盘照明镜；3—粗瞄准镜；4—读数显微镜；5—物镜；6—测微轮；7—补偿器检查按钮；8—目镜；9—望远镜微动螺旋；10—度盘换像手轮；11—管水准器；12—光学对中器；13—水平微动螺旋；14—水平盘照明镜；15—水平度盘位置变换手轮；16—水平制动螺旋；17—基座锁定钮；18—基座圆水准器；19—脚螺旋

（1）DJ_6 级光学经纬仪采用单指标读数，会受度盘偏心的影响。DJ_2 级光学经纬仪采用对径重合读数法，相当于利用度盘上相差 180° 的两个指标读数并取其平均值，从而消除度盘偏心的影响。

（2）DJ_2 级光学经纬仪的读数显微镜中，只能看到水平度盘或竖直度盘中的一种度盘影像，读数时可通过转动度盘换像手轮，选择所需要的度盘影像。

J2–1 光学经纬仪采用的是双光楔光学测微器。光楔测微的原理是利用光楔的直线运动，使通过它的度盘分划影像产生位移，位移量与光楔运动量成正比，以此测微。在光路上设置一个固定光楔组和一个活动光楔组，活动光楔组与测微尺相连。度盘对径影像通过此光楔组反映到读数显微镜中，使度盘对径分划线成像在同一平面上，并被一横线分开，呈正字像（简称正像）和倒字像（简称倒像），如图 3–9 所示。该度盘分划值为 20′，图中左小窗中为测微尺影像，从 0′ 到 10′，最小分划值为 1″。当转动测微轮使测微尺由 0′ 转到 10′ 时，度盘的正、倒像分划线向相反的方向各移动半格（相当于 10′），上、下影像的相对移动量则是一格。其读数方法如下：

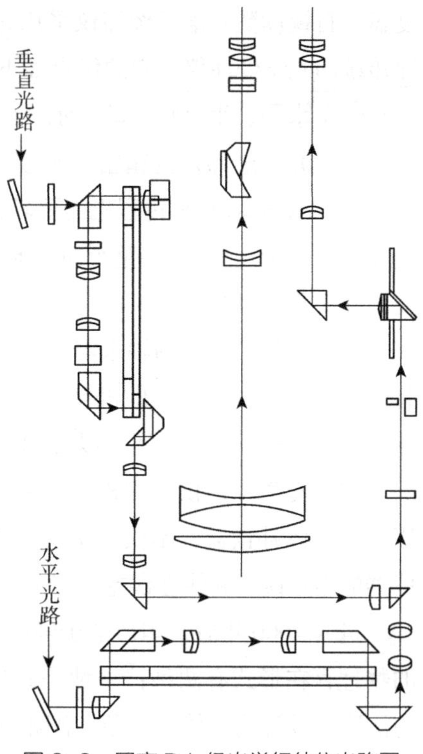

图 3–8 国产 DJ_2 级光学经纬仪光路图

转动测微轮，使度盘对径影像相对移动，直至上下分划线精确重合，读数应按正像在左、倒像在右且相距最近的一对注有度数的对径分划线进行。正像分划线所注度数即为所要读出的度数，正像分划线和对径的倒像分划线间的格数乘以度盘分划值的一半即为应读的整 10′ 数，不足 10′ 的余数则在分微尺上读得。如图 3–9 所示，度数为 163°，整 10′ 数按正像 163° 和倒像 343° 之间的格数 2 格乘以度盘格值的一半（10′），即得大窗读数为 163°20′，加上测微尺读数 7′32.5″，总读数为 163°27′32.5″。

现今，国产 DJ_2 级光学经纬仪均采用数字化读数，即度盘正倒像分划线重合之后，整 10′ 数由中间的小窗直接显示，其他不变。如图 3–10 所示，读数为 74°47′16″。

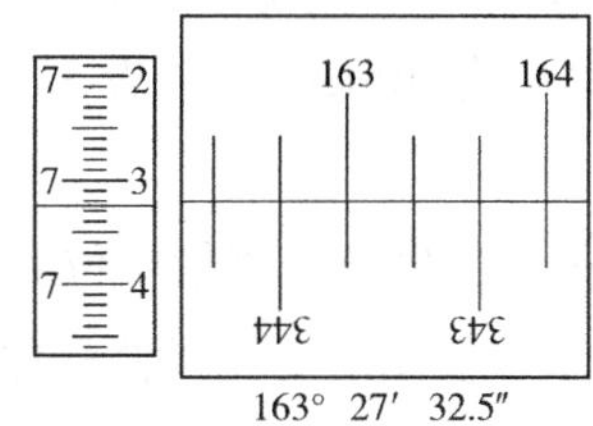

图 3–9 DJ_2 级光学经纬仪读数窗口

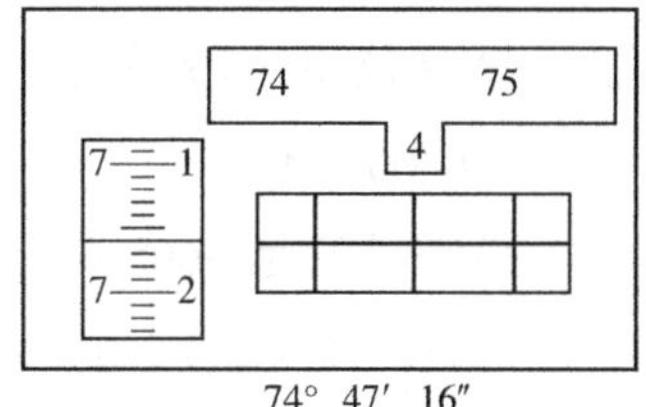

图 3–10 DJ_2 级光学经纬仪数字化读数窗口

3.3 电子经纬仪

3.3.1 电子经纬仪的构造与特点

电子经纬仪是一种集光、机、电为一体的新型测角仪器，电子经纬仪与光学经纬仪的根本区别在于它用微机控制的电子测角系统代替光学读数系统。光学经纬仪采用光学度盘、目视读数；电子经纬仪采用光电扫描度盘、自动显示系统（角—码转换系统）。相比传统的光学经纬仪，它的优点如下：

（1）水平、垂直角自动显示，一般最小显示为1″，有的可达0.1″，没有读数误差。

（2）光学经纬仪的精密整平使用长气泡，长气泡容易受振动影响，以至于调整螺钉松动使气泡偏离，整平过程也需要较长时间。而如今越来越多的电子经纬仪去掉了长气泡，直接采用电子气泡，仪器整平时的倾斜量有的用数字显示，也有的用图形和数字同时显示，使用起来非常方便。

（3）光学经纬仪的轴系误差，如视准轴误差、竖盘指标差、横轴误差、竖轴误差等，其调整只有一种方法，即机械调整，而这些调整往往要送到专业维修站进行。而电子经纬仪除这一种方法外，还可以使用校正程序进行调整。

（4）光学经纬仪采用机械式补偿器，对垂直角进行补偿。而如今的电子经纬仪则采用电子液体补偿器，不仅对垂直角进行补偿，而且可对水平角进行补偿。除此之外，补偿器的零点误差和线性误差可以通过软件进行调整设置，免除了机械调整的麻烦。

进入2000年后，国产电子经纬仪在国内测绘仪器市场得到了普及，目前电子经纬仪的物理存在形式有两种：一种是只具有测角功能的电子经纬仪；另一种是将电子经纬仪与测距仪设计为一体，测角、测距功能皆具备的整体式全站型电子速测仪，简称全站仪。根据测角精度可分为0.5″、1″、2″、5″等几个等级。

电子经纬仪的外形与光学经纬仪基本相同，各制造商生产的电子经纬仪其构造及性能基本相同，不同之处主要表现在计数系统、电子电路系统、显示及软件系统、数据接口方面的差异及性能的差别。

3.3.2 电子经纬仪（全站仪）的测角单位

测角单位是电子经纬仪、全站仪设置中的一个重要内容，它规定了用户在测量中所使用的角度制式。全站仪里一般提供给用户的角度单位有400gon（哥恩）、360°六十进制、360°十进制、6400密位。

上述单位中，最常见的是360°六十进制和400gon。在我国，测量单位习惯上使用360°六十进制，但是有时候也会用到400gon。如检修单位使用的专用维修程序，会自动把角度设置成400gon。有时计量部门检定仪器时，嫌度的分辨率不够（如有的仪器最小显示为1″），此时可能临时设置成400gon。

3.3.3 电子经纬仪的测角原理

电子经纬仪与光学经纬仪的区别主要在于读数系统不同，它采用光电扫描和电子元件进行自动读数和液晶显示。电子测角虽然仍采用度盘，但它不是按照度盘上的分划线用光学读数法读取角度值，而是从度盘上取得电信号，再将电信号转换为数字并显示角度值。

电子测角的度盘主要有光栅度盘、编码度盘、动态度盘三种形式。因此，电子测角的原理就有光栅度盘测角原理、编码度盘测角原理、动态度盘测角原理三种形式。

1. 光栅度盘测角原理

在电子经纬仪或全站仪中，光栅度盘是一种广泛使用的测角方法。由于这种测角原理方法比较容易实现，所以目前在世界各生产厂家中已被广泛采用。

（1）光栅度盘

在光学玻璃上均匀地刻划出许多等间隔的细线就构成了光栅。刻在直尺上用于直线测量的称为直线光栅，如图 3–11（*a*）所示；刻在圆盘上由圆心向外辐射的等角距光栅称为径向光栅，在电子经纬仪或全站仪中就称为光栅度盘，如图 3–11（*b*）所示。

光栅的基本参数是刻画线的密度和栅距，密度即 1mm 内刻划线的条数，栅距为相邻两栅的间距。如图 3–11（*a*）所示，光栅宽度为 a，缝隙宽度为 b，栅距为 $d=a+b$，通常 $a \approx b$。

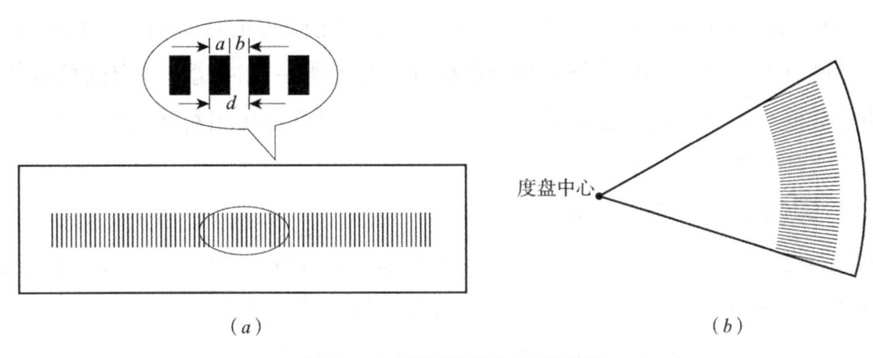

图 3-11　直线光栅与光栅度盘
（*a*）直线光栅；（*b*）光栅度盘（局部）

由于栅线不透光，而缝隙透光，若在光栅度盘的上下对称位置分别安装光源和光电接收管，则可将光栅盘是否透光的信号转变为电信号。当光栅度盘与光线产生相对移动（转动）时，可利用光电接收管的计数器，累计求得所移动的栅距数，从而得到转动的角度值。这种靠累计计数而无绝对刻度数的读数系统，称为增量式读数系统。由此可见，光栅度盘的栅距就相当于光学度盘的分划，栅距越小，则角度分划值越小，即测角精度越高。例如在 80mm 直径的光栅度盘上，刻划有 12500 条细线（刻线密度为 50 条 /mm），栅距分划值为 1′44″。要想再提高测角精度，必须对其作进一步细分。然而，这样小的栅距，无论是再细分或计数都不易准确。所以，在光栅度盘测角系统中采用了莫尔条纹技术。

（2）莫尔干涉条纹

当该原理用来测角时，将度盘圆周刻成径向光栅（即度盘光栅），同时在读数指标上也刻一段同样栅距的径向光栅（称为分析光栅）。通过光学系统，将两片径向光栅重

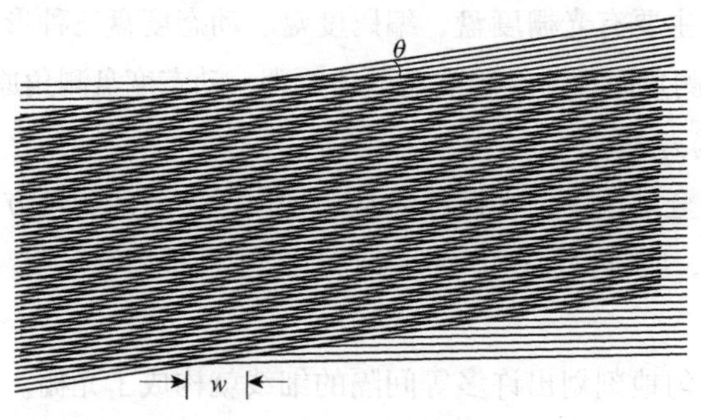

图 3-12 莫尔干涉条纹

叠在一起，并使两光栅刻线的辐射中心略为偏离，使之形成莫尔干涉条纹（图 3-12）。当分析光栅随仪器望远镜转动时，随着分析光栅相对于度盘光栅的角移，便产生了莫尔干涉条纹在径向的移动，这种移动使得在某固定点上接收到的莫尔条纹的光强呈现正弦形变化。若在该点上设置光电探测器进行光电转换，则会输出正弦电信号。正弦信号一周即为一个莫尔条纹宽 m，这相当于分析光栅和度盘光栅间相对移动一个栅距 d。将正弦电信号经过放大、整形并由微分电路变成脉冲信号，则一脉冲就与一定的角度值相当，计算脉冲个数便可得到角度。由此看出，光栅度盘的测角是在相对运动中读出角度的变化量，因此这种测角方式属于“增量法”的测角。

根据光学原理，莫尔条纹有如下特点：

① 两光栅之间的倾角越小，条纹越宽，则相邻明条纹或暗条纹之间的距离越大。

② 在垂直于光栅构成的平面方向上，条纹亮度按正弦规律周期性变化。

③ 当光栅在垂直于刻线的方向上移动时，条纹顺着刻线方向移动。光栅在水平方向上相对移动一条刻线，莫尔条纹则上下移动一个周期，即移动一个纹距 w。

④ 纹距 w 与栅距 d 之间满足如下关系式：

$$w=\frac{d}{\theta}\rho \tag{3-3}$$

式中 θ——两光栅（图 3-12 中的分析光栅和度盘光栅）之间的倾角。

其中，$\rho=3438'$。

例如，当 $\theta=20'$ 时，纹距 $w=172d$，即纹距比栅距放大了 172 倍。这样就可以对纹距进一步细分，以达到提高测角精度的目的。

为了判别测角时照准部旋转的方向，采用光栅度盘的电子经纬仪或全站仪，其电子线路中还必须有判向电路和可逆计数器。判向电路用于判别照准时旋转的方向，若顺时针旋转，则计数器累加；若逆时针旋转，则计数器累减。

2. 编码度盘测角原理

利用编码度盘进行测角是电子经纬仪或全站仪中采用较早、较为普遍的电子测角方法。它以二进制为基础，将光学度盘分成若干区域，每一区域用一个二进制编码来表示，当照准方向确定以后，方向的投影落在度盘的某一区域上并与某一个二进制编码相对应。通过发光二极管和接收二极管，将编码度盘上的二进制编码信息转换成电信号，再通过模拟数字转换，得到一个角度值。由于每一个方向单值对应一个编码输出，不会由于停电或其他原因而改变这种对应关系。另外，利用编码度盘不需要基准数据，即没有基准读数方向值的影响，就可以得出绝对方向值。因此，把这种测角方法称为绝对式测角方法。

（1）纯二进制码盘

将光学度盘刻上分划，制成透光与不透光两种状态，分别看作是二进制代码的逻辑“1”和“0”。纯二进制可以表示任何状态并由计算机来识别，二进制位数越多，所能表达的状态也越多。纯二进制码是按二进制数的大小依次构成编码度盘的各个不同状态。

如图 3-13 所示，度盘一周为 360°，如果分成两半，即可确定两种状态：0°~180° 与 180°~360°，换句话说，角度的分辨率为 180°（图 3-13*a*）。如果角度的分辨率提高到 90°，首先必须把度盘分成四等份，然后再加上一圈，并以二进制规则刻制（图 3-13*b*）。用纯二进制码来代替这四种状态为 00、01、10、11，对应的角度分别为 0°~90°、90°~180°、180°~270° 和 270°~360°。这里一圈称为一个编码轨道，图 3-13（*b*）度盘共有两个编码轨道，并且其二进制构成的数值是依次相邻安排的。为了提高角度分辨率，就必须增加度盘的等份数和相应的编码轨道数。若编码轨道数为 n，则整个编码度盘表示的状态数为：

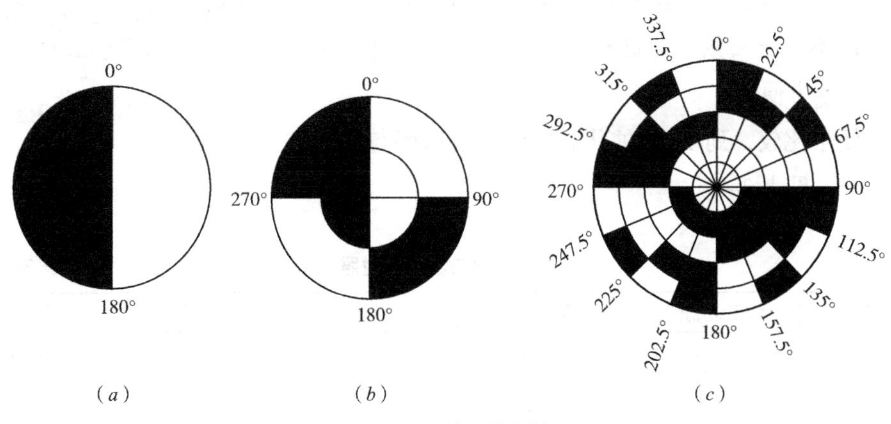

图 3-13　纯二进制编码

$$S=2^n \tag{3-4}$$

分辨率为：

$$\delta=\frac{360°}{2^n} \tag{3-5}$$

如图 3-13（*c*）所示，度盘被分成 16 等份，即所能表示的状态数 $S=16$，要求的编码轨道数 $n=4$，分辨率 $\delta=22.5°$。

码盘上刻制的圆环（码道）数目，取决于对码盘角度分辨率的精度要求。例如，若码盘的分辨率为 10′，则按 10′=360°/2″ 反求，可得 2″=2160，因此码道数 $n \approx 11$。码道的尺寸是有限的，码盘下面对应着 n 个码道，排列着 n 个传感元件，它们都有一定的几何尺寸，相应的码道必须更宽些。因此，增加码道数只能到某一个限度，要进一步提高电子测角的精度，则有赖于电子测微技术。

（2）葛莱码盘

普通二进制码容易读错大数，当十进制数从一位变到另一位时，二进制代码有多位在变，由于度盘刻制工艺存在公差或光电接收管安置不严格，有时会使测量出现大的误差。例如，当光电检测阵列位于 A 码区内时，正确读数为 0111，当最高位的传感元件有误差时，它的检测不是“0”，而是“1”，则此时由光电检测器件阵列输出的是 1111，译成十进制为 15，与正确读数 7 相差 8，对应的角度误差为 180°。码道越多，这种可能产生差错的机会就越大。鉴于此，许多仪器的编码度盘通常采用另一种形式的二进制代码“葛莱码”（Grey code）。

葛莱码是由 H.T.Gray 于 1953 年发明的。如图 3–14 所示，它使整个编码度盘的相邻码区只有一个码道发生变化，因此从任何数变到相邻数时，码道下的多个传感器中只有一个传感器的电平有变化。因此，当某种误差原因使该变的没有变，那么最大可能读数差错仅是十进制中的 1，这就排除了采用普通二进制码可能出现大差错的问题。但它不像普通二进制码那样每一码道都有固定的圈，所以不便于阅读，但这种编码在计算机中进行代码转换是十分方便的。

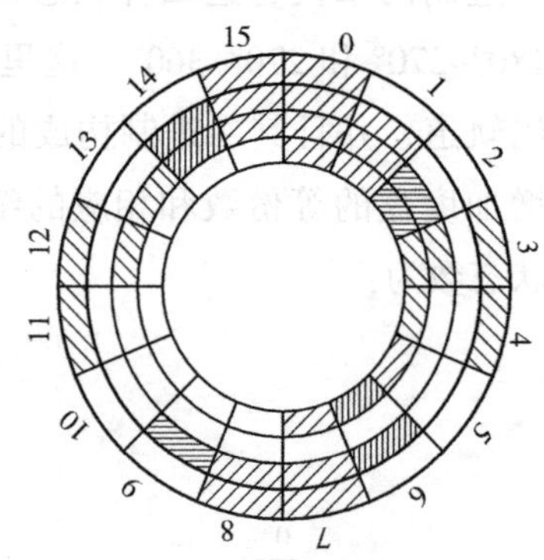

图 3–14　葛莱码盘

为了便于比较，列出 16 种状态的纯二进制码与葛莱码进行对照，见表 3–1。

纯二进制码与葛莱码对照　　表 3–1

状态	纯二进制码	葛莱码	状态	纯二进制码	葛莱码
0	0000	0000	8	1000	1100
1	0001	0001	9	1001	1101
2	0010	0011	10	1010	1111
3	0011	0010	11	1011	1110
4	0100	0110	12	1100	1010
5	0101	0111	13	1101	1011
6	0110	0101	14	1110	1001
7	0111	0100	15	1111	1000

注：本书中“编码度盘”与“码盘”表意相同，“编码轨道”与“码道”表意相同。

（3）矩阵码盘

由于全站仪度盘的实际尺寸会受到一定的限制，也就是说，编码轨道数是有限的，即分辨率有限。要提高分辨率，可以采用角度测微技术，也可以缩小光电接收管的尺寸，还可以改进编码度盘的设计方案。这里简要介绍另一种编码度盘——矩阵码盘。

所谓矩阵码是将编码度盘分成若干个区域，每一个区域上刻有相当于纯二进制编码或葛莱码的不同位数的编码轨道，利用若干个读数头获取按矩阵排列的电信号，经过矩阵编码器处理成纯二进制码。

纯二进制码和葛莱码的一个编码轨道只能输出一位，而矩阵码的一个编码轨道可以输出若干位。如第一码道有 n_1 位、第二码道有 n_2 位，……，最后一个码道有 n_k 位，则其所能表示的总的状态为：

$$2^{n_1}\times 2^{n_2}\times\cdots\times 2^{n_k}=2^{(n_1+n_2+\cdots+n_k)} \tag{3-6}$$

因此，k 个编码轨道数的矩阵码，相当于（$n_1+n_2+\cdots+n_k$）个编码轨道数的纯二进制码和葛莱码，这样大大减少了编码轨道数，从而有利于缩小度盘直径和提高角度分辨率。

矩阵编码度盘的实际工作原理，这里不再赘述。

值得指出的是，在实际仪器中，往往是将各种编码方法组合在一起，随着编码度盘刻制技术和读数系统的改进，在新型仪器中还出现了一些变异的编码度盘。同时，为了提高测角精度，还必须采用角度测微技术。

3. 动态度盘测角原理

在前面介绍的电子测角原理中，无论是编码度盘还是光栅度盘，其度盘相对于电子经纬仪或全站仪的水平轴和垂直轴固定不变，测角时仅仅用到度盘的一部分，测角精度会受到度盘上编码或光栅位置分划误差的影响，为了提高测角精度，必须通过适当的角度测微技术来提高测角分辨率。

另一种与之相反的测角技术，是在测角时仪器的度盘分别绕垂直轴和横轴恒速旋转，称为动态式。如图 3–15 所示，该动态测角系统是对角度扫描系统的一个重大突破，它建立在计时扫描绝对动态测角原理的基础上。测角系统由绝对式光栅度盘及驱动系统、与底座连接在一起的固定光栅探测器、与照准部连接在一起的活动光栅探测器以及数字测微系统等组成。

旋转的玻璃度盘是此扫描系统的核心，在测角过程中，度盘以特定的速度旋转，并用对径读数的中数消除度盘偏心差，更重要的是测量时是对度盘上所有的刻划进行计算。两个对径的光栅扫描度盘的分划，每周分别进行 512 次角度测量，然后取平均数作为观测结果，彻底消除了度盘刻划误差和偏心误差，大大提高了测量精度。

以某型号的仪器为例，该仪器的度盘直径为 52mm，在度盘上刻有 1024 条分划，且一般刻划线（不透光）的宽度为刻划间隔（透光）宽度的两倍，则每一分划区间（包含一条透光和一条不透光部分）所对应的角度值 φ_0 为：

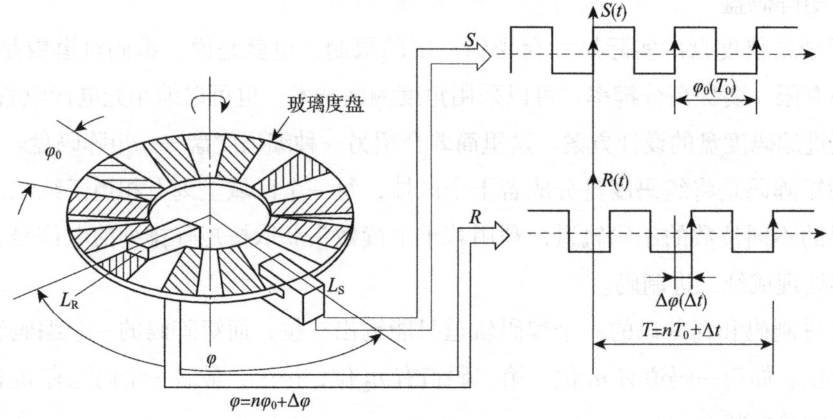

图 3-15 动态测角系统

$$\varphi_0=\frac{360°}{1024}=21'05.625''$$

该仪器的角度信息是通过光电信号的扫描来获取的。其光电扫描装置（读数头）示意图如图 3-16 所示。

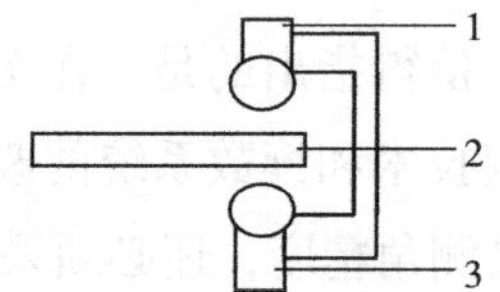

图 3-16 光电扫描装置（读数头）示意图

1—发光二极管；2—光栅度盘；3—接收二极管

可见，光电扫描装置都是由一个发光二极管和一个接收二极管构成。其中发光二极管持续发出红外线，接收二极管接收穿过度盘的光线。

当仪器的度盘绕水平轴和垂直轴分别以恒定的速度旋转时，由安置在度盘上对径位置的两组光电传感器（图 3-15 中只画出一组）分别在度盘转动时获得度盘信息。图 3-15 中 L_S 为固定传感器，相当于角度值的起始方向；L_R 为可随望远镜转动的可动传感器，相当于提供目标方向。这两个光电传感器之间的夹角 φ 就是我们要测定的角度值。显然，φ 值包括 $n\varphi_0$ 和不足一个 φ_0 的角度值 $\Delta\varphi$，即：

$$\varphi=n\varphi_0+\Delta\varphi \tag{3-7}$$

这样动态测角就包括粗测（$n\varphi_0$）、精测（$\Delta\varphi$）两部分，只有在仪器完成角度的粗测（$n\varphi_0$）、精测（$\Delta\varphi$）之后，由微处理器进行衔接，才能得到完整的 φ 值。

（1）粗测

粗测 $n\varphi_0$ 中的 φ_0 为已知值，n 值的测定是利用不同的编码刻划 A、B、C、D 实现的。如图 3-17 所示，当度盘旋转一周时，A、B、C、D 分别经过 L_S 和 L_R 一次。L_S 和 L_R 发出的信号依次为 RA、

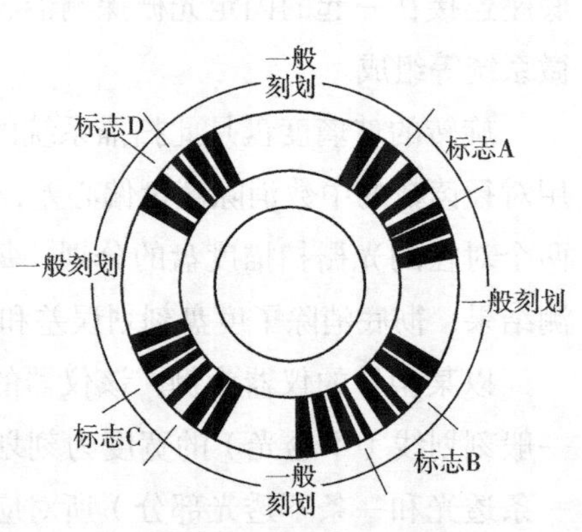

图 3-17 度盘示意图

SA、RB、SB、RC、SC、RD、SD。A 刻划由 L_S 转到 L_R 所对应的时间为 T_A，则待测角 φ 中所含的 φ_0 个数 n_A 可由下式给出：

$$n_A = \frac{T_A}{T_0}（取整） \tag{3-8}$$

同理，对于编码刻划 B、C、D 依次测量的 n 值，有：

$$n_i = \frac{T_i}{T_0}（取整，i=B，C，D） \tag{3-9}$$

微处理器将一周内测出的 4 个 n 值加以比较，若有差异，则自动重复测量一次，以保证 n 值的正确性。

（2）精测

在图 3–15 中，由 L_S 和 L_R 波形的前沿存在一个时间延迟 Δt。它和 $\Delta\varphi$ 的变化范围相对应，Δt 的变化范围为 0~T_0，其中 T_0 为一个刻划周期。

由于马达的转速一定，所以光栅度盘的转速也一定，故有：

$$\Delta\varphi_i = \frac{\Delta t_i}{T_0}\varphi_0 \tag{3-10}$$

其中，i=1，2，3，…，n，n 为度盘刻划总数。t_i 可用脉冲填充的方法精确测定，T2000 中的微处理器按照上式计算出 $\Delta\varphi_i$ 后，再用下式计算 $\Delta\varphi$：

$$\Delta\varphi = \frac{[\Delta\varphi_i]}{n}（i=1，2，3，…，n） \tag{3-11}$$

计算整周多次测量的平均值，作为最后的结果，实现对光栅度盘的全周测角，消除度盘刻划误差和度盘偏心差的影响。

光栅度盘扫描完成后，T2000 的微处理器将 $\Delta\varphi$ 和 $n\varphi_0$ 衔接后，得到 φ 的角度值。

3.3.4 角度的电子测微技术

无论是编码度盘还是光栅度盘，直接测定角度值的精度很低，主要是由于受到度盘直径、度盘刻制技术和光电读数系统的尺寸限制。如将一个度盘刻成 8 个编码轨道已是很不简单了，而其分辨率仅为 $360°/2^8=1.4°$，这样的分辨率远达不到角度的测量要求，光栅度盘亦是如此。因此，在测量角度时，无论采用什么格式的电子度盘，都必须采用适当的角度电子测微器技术，提高角度分辨率，这样才能满足角度测量的精度要求。

角度的电子测微器技术是运用电子技术对交变的电信号进行内插，从而提高计数脉冲的频率，达到细分的效果。角度的电子测微技术主要有：四倍频直接测微法、正弦比内插测微法、光学测微电子重合读数法、分散细分小因子内插法等。

比如正弦比内插测微法，这是一种利用类似于测距系统中测量相位来进行角度内插测微的方法。即将获得的光强与发光二极管发射的光强信号比较，叠加后获得信号的相

位差 φ。由于测定相位 φ 的计数器具有 $2\pi/1000$ 的分辨率，即相当于把一个周期的正弦值细分为 1000 等份，这样就大大提高了测角分辨率。

3.3.5 电子测角的读数系统

1. 光栅度盘的读数系统

光栅度盘的读数系统采用发光二极管和光电接收二极管进行光电探测，如图 3-18 所示。在光栅度盘的一侧安置一个发光二极管；而在另一侧正对位置安放光电接收二极管。当两光栅度盘相对移动时，就会出现莫尔条纹的移动，莫尔条纹正弦信号被光电二极管接收，并通过整形电路转换成矩形信号，该信号变化的周期数可由计数器得到。计数器的二进制输出信号通过总线系统输入存储器，并由数字显示单元以十进制数字显示出来。

另外，在光栅度盘的读数系统中还需要注意以下几个问题：

（1）为了消除光栅度盘刻制误差的影响，通常在对径位置安放光电探测器扫描。

（2）为了提高测角精度，必须采用角度测微技术。

（3）为了实现正确计数，必须进行计数方向判别。

如果照准部瞄准一个目标，顺时针方向旋转时计数累加，转过目标后，还必须按逆时针方向旋转回到这一目标，这样计数系统应从总数中减去逆时针旋转的计数。因此，该计数系统必须具备方向判别功能，才能得到正确的角度值。

2. 编码度盘的读数系统

在用编码度盘的电子经纬仪和全站仪时，通过光电探测器获取特定度盘的编码信息，并由微处理器译码，最后将编码信息转换成实际的角度值。如图 3-19 所示，在编码度盘的每一个编码轨道上方安置一个发光二极管，在度盘的另一侧，正对发光二极管的位置安放接收器件。当望远镜照准目标时，由发光二极管和光电接收器件构成的光电探测器正好位于编码度盘的某一区域，发光二极管照射到由透光和不透光部分构成的编码器，光电接收器件就会产生电压输出或者零信号，即二进制的逻辑“1”和逻辑“0”。这些二进制编码的输出信号通过总线系统输入存储器，然后通过译码器并由数字显示单元以十进制数字显示出来。

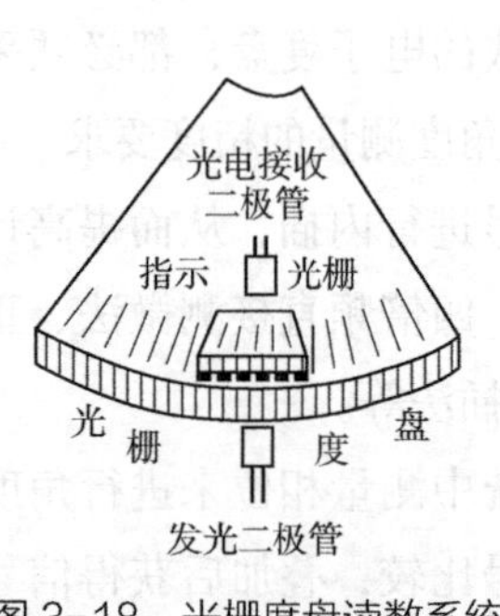

图 3-18　光栅度盘读数系统

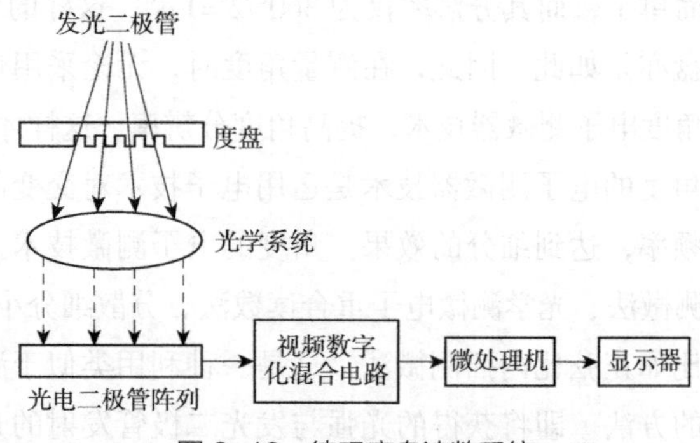

图 3-19　编码度盘读数系统

3.3.6　垂直角度测量模式

1. 天顶距（竖盘读数）模式（*VZ*）

仪器开机并初始化后，垂直角测量模式自动为天顶距模式（*VZ*）；显示角度范围为0°~360°，天顶为0°，如图3-20（*a*）所示。

2. 坡度模式（*V*%）

显示坡度值范围为-100%~100%，水平方向为0，相应的角度值范围为-45°~45°，如果超出范围，则显示“超出范围！！”（Over range！！），如图3-20（*b*）所示。

3. 垂直角（高度角）模式（*VH*）

垂直角（高度角）模式如图3-20（*c*）所示。

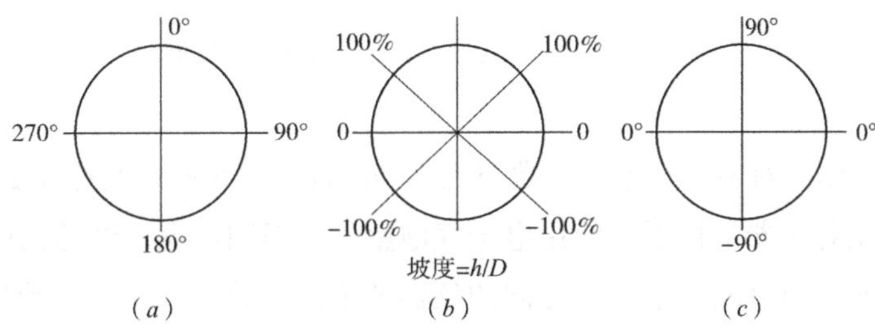

图3-20　垂直角（高度角）模式
（*a*）天顶距（竖盘读数）模式；（*b*）坡度模式；（*c*）垂直角（高度角）模式

3.3.7　电子经纬仪的使用

1. 经纬仪构造

如图3-21所示，为国内某仪器公司生产的DJ_2级电子经纬仪，仪器的外形、各部件的名称如图所注。

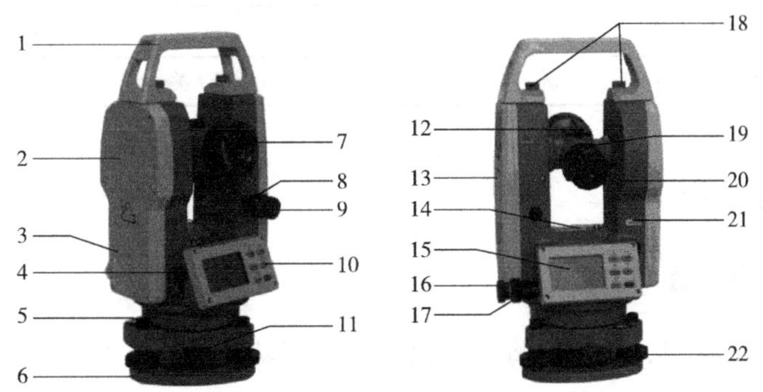

图3-21　DJ_2级电子经纬仪
1—提手；2—仪器中心标志；3—仪器型号；4—通信端口；5—圆水准器；6—基座；7—物镜；8—垂直制动螺旋；9—垂直微动螺旋；10—面板按键；11—基座锁紧钮；12—粗瞄准镜；13—电池；14—长水准器；15—显示屏；16—水平微动螺旋；17—水平制动螺旋；18—提手锁紧螺旋；19—望远镜调焦螺旋；20—目镜；21—仪器号码；22—脚螺旋

2. 经纬仪显示屏与键盘设置

如图 3–22 所示，为国产某型号电子经纬仪的显示屏和按键，各按键的功能见表 3–2。对于电子经纬仪，仪器的度盘读数会自动显示在显示屏上，不用人工读数。

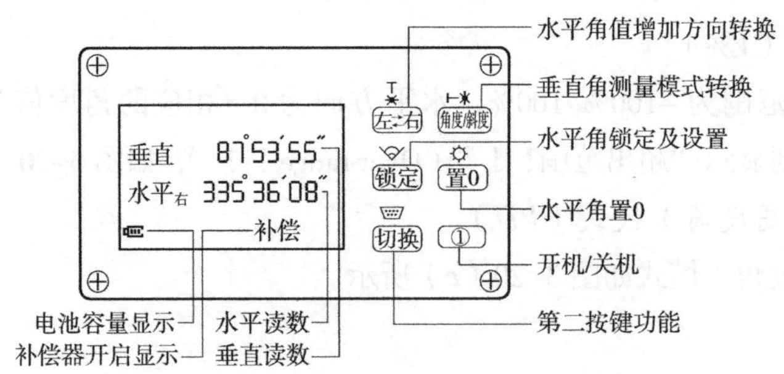

图 3–22　国产某型号电子经纬仪的显示屏和按键

电子经纬仪操作的对中、整平、读数与光学经纬仪基本相同。其操作更加简单快速，对中一般使用激光对中器；整平可使用电子气泡整平，但国产电子经纬仪的电子气泡一般是单轴电子气泡，即只能调整一个方向的仪器整平；读数为显示屏自动显示，没有读数误差，各功能按键输入操作极为简便。

电子经纬仪的按键功能　　　　表 3–2

序号	名称	无切换时	切换状态时
1	左⇄右	左、右角增量方式	激光对点器开启 / 关闭
2	角度 / 斜度	角度斜度显示方式	
3	锁定	水平角锁定	水平角重复测量
4	置 0	水平角置 0	显示屏和分划板照明 打开 / 关闭补偿器（长按）
5	切换	键功能切换	测量数据输出
6	⏻	电源开 / 关	

3.4　水平角观测

3.4.1　经纬仪的安置

在进行角度测量时，首先应将经纬仪安置在测站（角顶点）上，然后再进行观测。安置包括对中和整平，观测包括瞄准和读数。

1. 对中

对中的目的是使仪器的中心与测站点位于同一铅垂线上。对中的方法有锤球对中、光学对点器对中和激光对点器对中三种，锤球对中方法现已淘汰。光学对中器和激光对中器的对中误差一般不大于 ±1mm，对中的方法亦基本相同。

光学对中器设在照准部或基座上，用它对准地面点时，仪器的竖轴必须竖直。打开仪器配套的三脚架，调节三脚架至适当的高度，将三脚架安置在测站上，先目估大致对中，三脚架架头平面基本水平；将仪器用三脚架上的中心螺钉连接，旋紧中心螺钉；整平仪器，旋转光学对中器的目镜使分划板的刻划圈清晰，再旋转对点器调焦螺旋，使地面点标志成像清晰；松开中心螺钉，但不要全部松开，然后在架头上平移仪器直到地面标志中心与对中器的刻划圈中心重合，最后旋紧连接螺旋。

这时要检查照准部水准管气泡是否居中，如有偏离要再次整平，然后再检查对中情况反复进行调整。

2. 整平

整平是利用基座上三个脚螺旋使照准部水准管气泡居中，从而使竖轴竖直、水平度盘水平。经纬仪的基座上有圆水准器，照准部上有照准部水准管，即长气泡。由于圆水准器的精度低，长气泡的精度高，因此整平以长气泡为准。经纬仪的整平分下列两步实现：

（1）粗平基座：根据圆水准气泡偏离中心的情况，按左手拇指规则转动脚螺旋，使圆气泡居中，方法与水准仪的粗平相同。

（2）精平照准部：如图 3–23 所示，转动照准部，使照准部水准管平行于任意一对脚螺旋的连线，两手同时向内（或向外）转动脚螺旋 1 和 2，如图 3–23（*a*）所示，使长气泡居中。气泡运动方向与左手大拇指运动方向一致，将仪器绕竖轴转动 90°，如图 3–23（*b*）所示，使水准管垂直于原来两只脚螺旋的连线，转动第三只脚螺旋，使气泡居中。如此反复进行，直到仪器转到任何方向，气泡中心不偏离水准管零点一格为止。

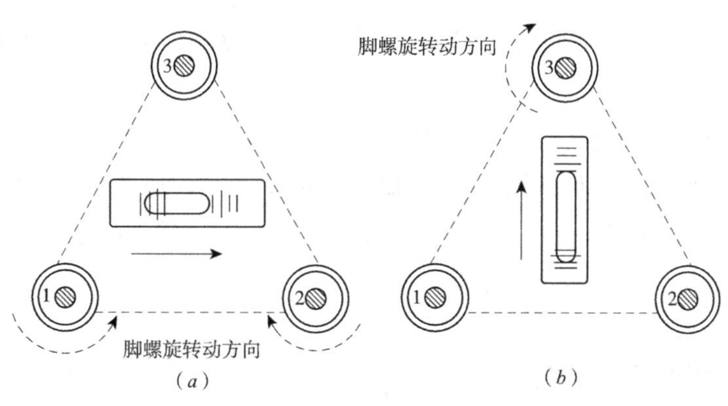

图 3–23　经纬仪整平

整平后，应检查对点器是否还对准测站点，否则要再对中、再整平，直到仪器既对中又整平为止。

快速对中整平法有以下两种：

（1）用光学对点器快速对中整平法，其操作步骤如下：

1）松开三脚架，调节三脚架腿至合适的高度，将三脚架安置于测站上，使高度适当，架头大致水平，尽可能地将脚架面中心对准该地面测站点；

2）用中心连接螺钉将电子经纬仪或全站仪连接在三脚架上，平移三脚架，使光学对点器的十字丝中心大致对准测站点（让测站点在对点器的视场里即可）；

3）转动脚螺旋使对点器中心准确对准测站点；

4）调节三脚架的伸缩脚架腿使圆气泡居中；

5）使用脚螺旋精平长气泡；

6）稍松开中心连接螺钉，在架头上平移仪器再次准确地对准测站点；

7）再次精平长气泡，如此反复地精平、平移，只需 2~3 次即可完成对中整平操作。

（2）用激光对中器快速对中整平法，其操作步骤如下：

1）松开三脚架，调节三脚架腿至合适的高度，将三脚架安置于测站上，使高度适当，架头大致水平，尽可能地将脚架面中心对准该地面测站点；

2）用中心连接螺钉将电子经纬仪或全站仪连接在三脚架上，旋紧中心连接螺旋；

3）仪器开机，如果倾斜补偿器打开，激光对中器会自动激活，然后对中 / 整平界面会出现；或打开对中整平界面，开启激光对中，调节激光亮度至适中；

4）转动基座脚螺旋，使激光点对准地面标志点；

5）调节三脚架的伸缩脚架腿使圆水准器气泡居中；

6）根据长水准器及电子水准器的指示，转动基座脚螺旋以精确整平仪器；

7）松开中心螺钉，移动三脚架上的基座，将激光点精确对准地面标志点，然后旋紧中心螺旋；

8）重复第 6、7 步，如此反复地精平、平移，需 2~3 次即可完成对中整平操作。

3. 瞄准

瞄准的步骤为：先松开望远镜制动螺旋和水平制动螺旋，将望远镜指向天空，调节目镜使十字丝清晰（这项工作不需要每次瞄准都做）；然后，通过望远镜上的粗瞄准器瞄准目标，使目标成像在望远镜视场中近于中央部位，旋紧望远镜制动螺旋和水平制动螺旋，转动物镜对光螺旋，使目标成像清晰并注意消除视差；最后，用望远镜微动螺旋和水平微动螺旋精确瞄准目标。

瞄准目标时，应尽量瞄准目标底部，使用纵丝的中间部分平分或夹准目标，如图 3-24 所示。注意，测水平角时用竖丝瞄准，测垂直角时用横丝的单丝瞄准。

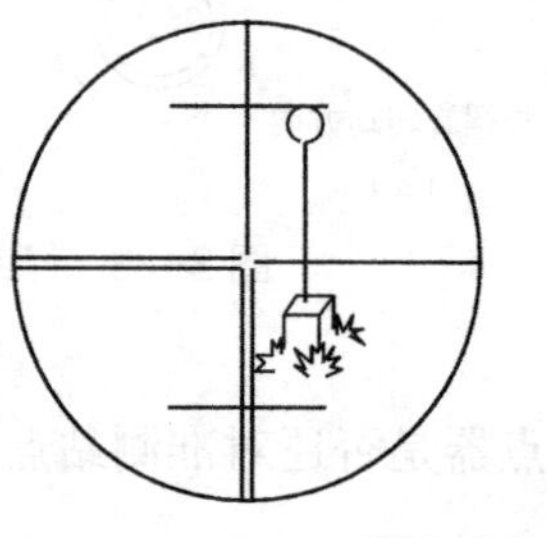
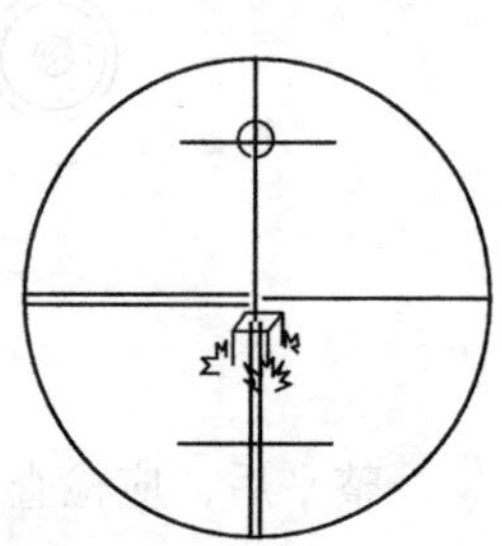

图 3-24　瞄准目标

3.4.2 水平角观测方法

水平角观测方法一般根据测量工作要求的精度、使用的仪器、观测目标的多少而定。工程上常用的水平角观测方法有测回法和方向观测法。

1. 测回法

这种方法用于观测两个方向之间的单角。如图 3–25 所示，欲测量 OA 与 OB 间的水平角，先在测站点 O 安置仪器，在 A、B 两点设置观测标志，具体观测步骤如下：

图 3–25 测回法水平角测量

（1）盘左位置（竖盘在望远镜左边，又称正镜）用前述方法精确瞄准左方目标点 A，读取水平度盘读数，如 0°12′00″，记入测回法观测手簿（表 3–3）第 5 栏的相应位置。分微尺读数估读到 6″（即 0.1′）。

（2）松开水平制动螺旋，转动照准部，同法瞄准右方目标点 B，读取水平度盘读数，如 91°45′00″，同样记入手簿第 5 栏。以上称上半测回。上半测回水平角值 β_L=91°45′00″–0°12′00″=91°33′00″，记入第 6 栏。

（3）松开望远镜制动螺旋，纵转望远镜成盘右位置（竖盘在望远镜右边，亦称倒镜），按上述方法先瞄准右方目标点 B，读取水平度盘读数 271°45′00″，再逆时针转动照准部瞄准左方目标点 A，读取水平度盘读数 180°11′30″。将读数分别记入手簿第 5 栏。以上称下半测回。其角值 β_R=271°45′00″–180°11′30″=91°33′30″，记入手簿第 6 栏。

上、下半测回合称一测回。一测回角值为：

$$\beta=\frac{1}{2}(\beta_L+\beta_R) \tag{3-12}$$

本例中，$\beta=\frac{1}{2}$（91°33′00″+91°33′30″）=91°33′15″。

同一测回中，上、下半测回角值之差和各测回间角值之差均不应大于相应规范所规定的容许值，否则应重测。如各角值之差合乎要求，则分别取平均值记入表 3–3 的第 7、8 栏。

测回法观测手簿　　表 3–3

测站	测回数	竖盘位置	目标	度盘读数	半测回角值	一测回角值	各测回平均角值
1	2	3	4	5	6	7	8
O	Ⅰ	左	*A*	0°12′00″	91°33′00″	91°33′15″	91°33′12″
			B	91°45′00″			
		右	*A*	180°11′30″	91°33′30″		
			B	271°45′00″			
O	Ⅱ	左	*A*	90°11′24″	91°33′06″	91°33′09″	
			B	181°44′30″			
		右	*A*	270°11′48″	91°33′12″		
			B	1°45′00″			

当测角精度要求较高时，往往要观测几个测回，为了减少度盘分划误差的影响，各测回间应根据测回数 n，按 $\frac{180°}{n}$ 变换水平度盘位置。例如，要观测三个测回，则第一测回的起始方向读数可安置在略大于 0° 处；第二测回起始方向读数应安置在略大于 180°/3=60° 处，第三测回则安置在略大于 120° 处。

变换水平度盘位置的方法因仪器构造的不同而异。对于光学经纬仪可使用度盘变换器，先瞄准起始方向，拨动度盘变换器将起始方向调到需要的角度，再关上度盘变换器即可。

对于国产电子经纬仪，将仪器转到需要的度数，按 [锁定] 键，仪器显示的水平角将不随经纬仪的转动而变化，瞄准起始方向，再按 [锁定] 键解锁即可；对于全站仪，先瞄准起始方向，按 [置盘] 键，输入你需要的角度，按 [确认] 键即可。

2. *方向观测法*

方向观测法简称方向法，适用于观测两个以上的方向。当方向多于三个时，每半测回都从一个选定的起始方向（零方向）开始观测，在依次观测所需的各个目标之后，应再次观测起始方向（称为归零），称为全圆方向法。其操作步骤如下：

（1）如图 3–26 所示，安置经纬仪于 *O* 点，盘左位置，瞄准起始方向 *A*，将度盘置于略大于 0° 处，读取水平度盘读数 *a*（0°02′12″）记入表 3–4 的第 4 栏。

（2）顺时针方向转动照准部，依次瞄准 *B*、*C*、*D* 各点，分别读取读数 *b*（37°44′15″）、*c*（110°29′04″）、*d*（150°14′51″），同样记入表 3–4 的第 4 栏。

（3）为了校核再次瞄准目标 *A*，读取读数 *a*′（0°02′18″），此次观测称归零。读数记入第 4 栏。*a* 与 *a*′ 之差的绝对值称上半测回归零差，归零差不超过表 3–5 的规定，则进行下半测回观测，如归零差超限，上半测回应全部重测。

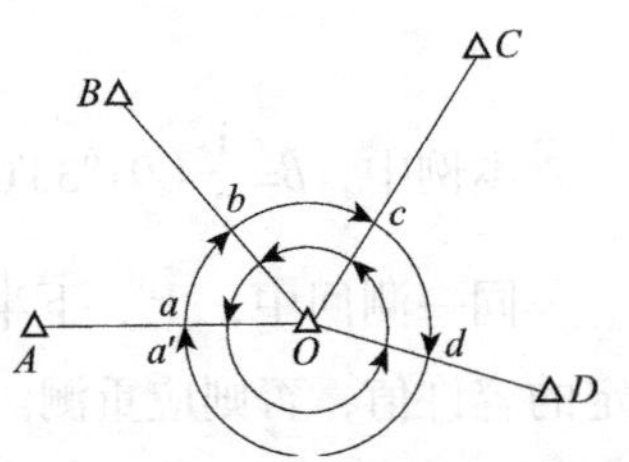

图 3–26　方向观测法水平角测量

上述操作称上半测回。

（4）纵转望远镜成盘右位置。逆时针方向依次瞄准 A、D、C、B、A 各点，并将读数记入表 3–4 的第 5 栏，称下半测回。

上、下半测回合称一测回。

如需观测几个测回，则各测回仍按 $\frac{180°}{n}$ 变动水平度盘起始位置。

现就表 3–4 说明全圆方向法的计算步骤：

（1）计算两倍照准差（$2c$）值

$$2c=\text{盘左读数}-(\text{盘右读数}\ \pm 180'') \tag{3–13}$$

上式中盘右读数大于 180° 时取“–”号，盘右读数小于 180° 时取“+”号。按各方向计算 $2c$ 并填入第 6 栏。根据《城市测量规范》CJJ/T 8—2011，方向观测法各项限差要求见表 3–5，超过限差时，应在度盘位置上重测。

（2）计算各方向的平均读数

$$\text{平均读数}=\frac{1}{2}[\text{盘左读数}+(\text{盘右读数}\ \pm 180°)] \tag{3–14}$$

计算结果称为方向值，填入第 7 栏。起始方向有两个平均值，应将此两数值再次平均，所得的值作为起始方向的方向值，填入第 7 栏上方，并括以括号，如本例中的（0°02′10″）及（90°03′24″）。

（3）计算归零后的方向值

将各方向的平均读数减去起始方向的平均读数（括号内），即得各方向的归零方向值，填入第 8 栏。起始方向的归零值为零。

（4）计算各测回归零后方向值的平均值

取各测回同一方向归零后的方向值的平均值作为该方向的最后结果，填入第 9 栏。在取平均值之前，应计算同一方向归零后的方向值各测回之间的差数有无超限，如果超限，则应重测。

（5）计算各目标间水平角值

将第 9 栏中相邻两方向值相减即可求得，绘图注于表 3–4 的下方。

方向观测法观测手簿 表 3–4

测站	测回数	目标	水平度盘读数		2c=左–（右±180°）	平均读数=[左+（右±180°）]/2	归零后的方向值	各测回归零方向值的平均值
			盘 左	盘 右				
1	2	3	4	5	6	7	8	9
						（0°02′10″）		
O	I	A	0°02′12″	180°02′00″	+12″	0°02′06″	0°00′00″	0°00′00″
		B	37°44′15″	217°44′05″	+10″	37°44′10″	37°42′00″	37°42′04″

续表

测站	测回数	目标	水平度盘读数		2c=左－（右±180°）	平均读数=[左＋（右±180°）]/2	归零后的方向值	各测回归零方向值的平均值
			盘　左	盘　右				
1	2	3	4	5	6	7	8	9
O	Ⅰ	C	110°29′04″	290°28′52″	+12″	110°28′58″	110°26′48″	110°26′52″
		D	150°14′51″	330°14′43″	+8″	150°14′47″	150°12′37″	150°12′33″
		A	0°02′18″	180°02′08″	+10″	0°02′13″		
			$\Delta_{左}$=−6″	$\Delta_{右}$=−8″				
O	Ⅱ					（90°03′24″）		
		A	90°03′30″	270°03′22″	+8″	90°03′26″	0°00′00″	
		B	127°45′34″	307°45′28″	+6″	127°45′31″	37°42′07″	
		C	200°30′24″	20°30′18″	+6″	200°30′21″	110°26′57″	
		D	240°15′57″	60°15′49″	+8″	240°15′53″	150°12′29″	
		A	90°03′25″	270°03′18″	+7″	90°03′22″		
			$\Delta_{左}$=+5″	$\Delta_{右}$=+4″				
略图及角值								

方向观测法各项限差见表 3–5。

方向观测法各项限差　　表 3–5

仪器	半测回归零差	一测回内 2c 互差	同一方向值各测回互差
DJ_2	8″	13″	9″
DJ_6	18″		24″

3.5 竖直角观测

竖直角与水平角一样，其角值也是度盘上两个方向读数之差，不同的是竖直角的两个方向中必有一个是水平方向。任何类型的经纬仪，当望远镜视准轴水平时，其竖盘读数的理论值是个固定值，即盘左时为 90°，盘右时为 270°。因此，在观测竖直角时，只要观测目标点一个方向并读取竖盘读数便可算出该目标点的竖直角，而不必观测水平方向。

3.5.1 竖直度盘的构造

竖直度盘的构造有两种形式，水准管竖盘构造与补偿器竖盘构造。由于水准管竖盘构造的仪器在测量竖直角时还要调竖盘指标水准管气泡使其居中，测量速度慢，而补偿器竖盘构造的仪器没有这一步操作，因此无论是光学经纬仪还是电子经纬仪都采用补偿器竖盘构造，只不过光学经纬仪采用的是机械式补偿器，电子经纬仪和全站仪采用的是电子补偿器。

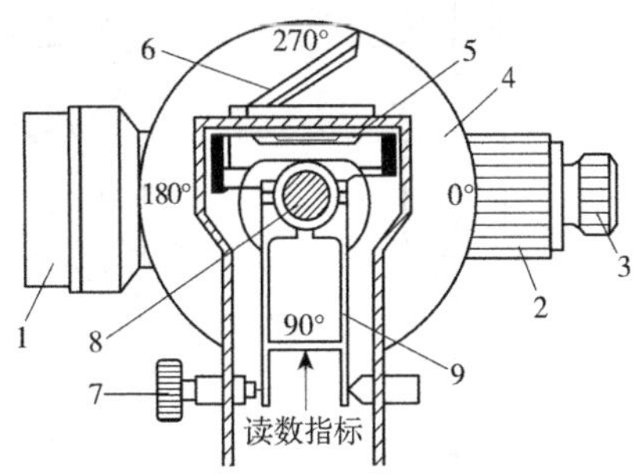

图 3-27　水准管竖盘构造

1—物镜；2—望远镜调焦螺旋；3—目镜；4—竖直度盘；5—竖盘指标水准管；6—竖盘指标水准管反光镜；7—竖盘指标水准管微动螺旋；8—仪器横轴；9—竖盘指标水准器支架

1. 水准管竖盘构造

如图 3-27 所示，水准管竖盘构造包括竖直度盘、竖盘指标水准管、竖盘指标水准管反光镜、竖盘指标水准管微动螺旋和读数系统。

竖盘固定在横轴的一端，随望远镜一起在竖直面内转动。测微尺的零分划线是竖盘读数的指标，可以把它看成是与竖盘指标水准管连成一体的。指标水准管气泡居中，指标即处于正确位置，当望远镜视准轴水平，盘左竖盘读数则为 90°，盘右竖盘读数为 270°，这两个读数称始读数。当望远镜转动时，竖盘随之转动而指标不动，因而可读得望远镜不同位置的竖盘读数，以计算竖直角。光学经纬仪的竖盘是由玻璃制成的，现今所有经纬仪竖盘的刻划都是按顺时针刻划。

2. 补偿器竖盘构造

观测竖直角时，为使指标处于正确位置，每次读数都要将竖盘指标水准管的气泡调至居中，这很不方便。所以有些光学经纬仪在竖盘光路中安装补偿器，用以取代水准管，使仪器在一定倾斜范围内能读得相当于指标水准管气泡居中时的读数，称竖盘指标自动归零。

对于光学经纬仪要实现竖盘指标自动归零，只需将指标线与竖盘之间的某一个（或组）光学零件进行悬吊。当仪器倾斜了 α 角，指标线位移到 A' 点，望远镜视准轴水平后，只要 A' 的像能位于 90° 处，即仍能读出正确读数，则实现了自动归零。竖盘补偿装置的构造有多种，图 3-28（*a*）所示是其中的一种，它在指标 A 和竖盘间悬吊一透镜，当视线水平时，指标 A 处于铅垂位置，通过透镜 O 读出正确读数，如 90°。当仪器稍有倾斜，因无水准管指示，指标处于不正确位置 A' 处，但悬吊的透镜因重力作用而由 O 移到 O' 处。此时，指标 A' 通过透镜 O' 的边缘部分折射，仍能读出 90° 的读数，从而达到竖盘指标自动归零的目的，如图 3-28（*b*）所示。

图 3-28（*c*）所示为悬吊平板玻璃补偿装置，在仪器竖盘成像光路上加挂一块厚的平板玻璃，采用 V 形悬吊，以扩大平板玻璃转动的角度。当仪器顺时针方向倾斜 α 角后，

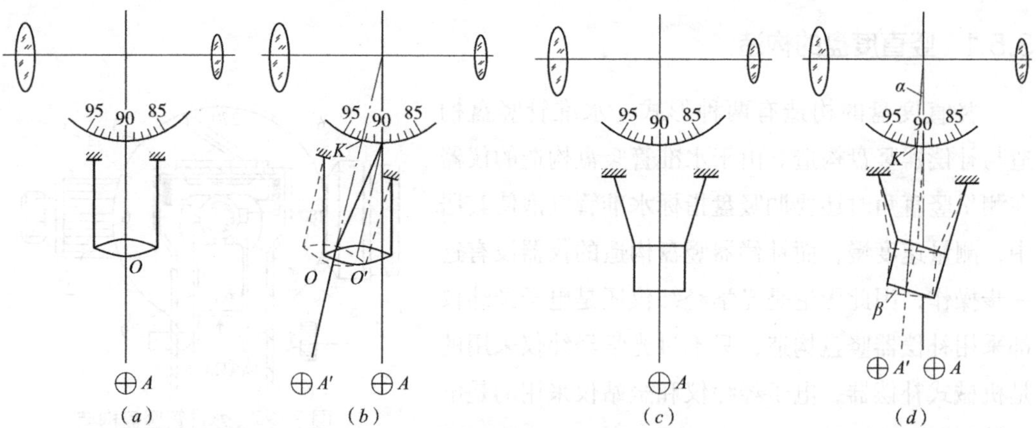

图 3-28　竖盘指标自动归零的补偿装置

（a）悬吊透镜补偿装置——指标处于铅垂位置；（b）悬吊透镜补偿装置——仪器倾斜 α 角；
（c）悬吊平板玻璃补偿装置——指标处于铅垂位置；（d）悬吊平板玻璃补偿装置——仪器倾斜 α 角

平板玻璃若是固定在仪器上，它将随仪器倾斜至虚线位置，A' 垂直地通过它成像于 K。但平板玻璃是用柔丝进行 V 形悬吊，由于重力作用摆至实线位置，相对于固定位置转动了 β 角，β、α 角为同一方向，指标线 A' 通过转动后的平板玻璃产生一段平移，成像于竖盘 90° 处，如图 3-28（d）所示。如某国产 DJ_6 级光学经纬仪就采用悬吊平板玻璃作为补偿元件，其结构如图 3-29 所示。

竖盘指标自动归零的补偿范围一般为 ±3′。在光学经纬仪上一般采用的都是机械式补偿器，电子经纬仪和全站仪采用的是电子液体式补偿器，全站仪补偿器的有关内容参见 5.2。

3.5.2　竖直角的观测和计算

竖直角的观测和计算方法如下：

（1）仪器安置于测站点上，盘左瞄准目标点 M，使十字丝中丝精确地切于目标顶端，如图 3-30 所示。

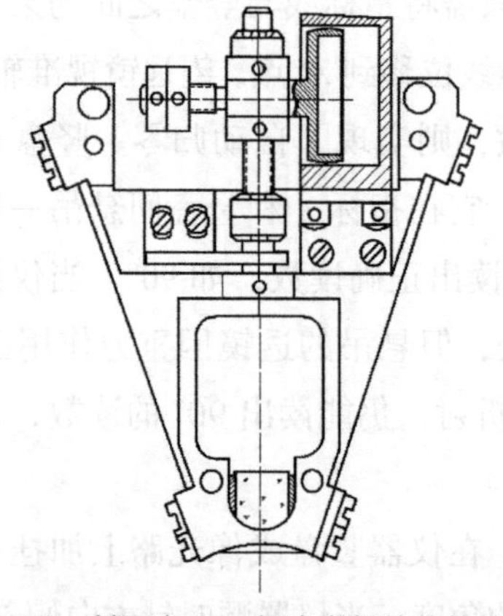
图 3-29　某国产 DJ_6 级光学经纬仪的补偿器

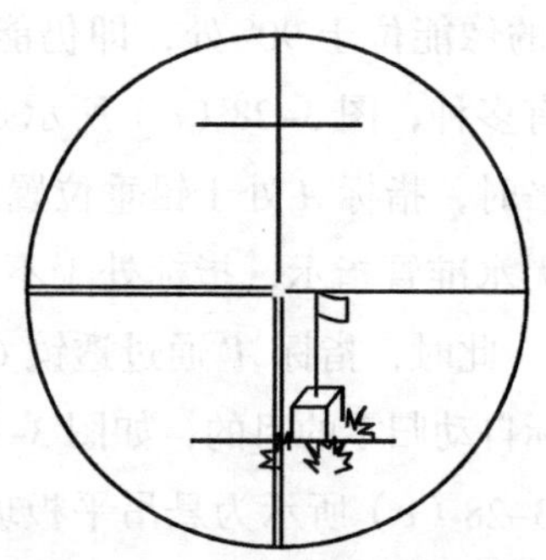
图 3-30　竖直角测量的瞄准方法

（2）转动竖盘指标水准管微动螺旋，使竖盘指标水准管气泡居中，读取竖盘读数 L（如 81°18′42″），记入竖直角观测手簿（表 3–6）第 4 栏。

（3）盘右，再瞄准 M 点，并调节竖盘指标水准管气泡使其居中，读取竖盘读数 R（如 278°41′30″），记入表 3–6 第 4 栏。

竖直角观测手簿 **表 3–6**

测站	目标	竖盘位置	竖盘读数	半测回竖直角	指标差	一测回竖直角
1	2	3	4	5	6	7
O	*M*	左	81°18′42″	+8°41′18″	+6″	+8°41′24″
		右	278°41′30″	+8°41′30″		
	N	左	124°03′30″	–34°03′30″	+12″	–34°03′18″
		右	235°56′54″	–34°03′06″		

（4）计算竖直角 α

由于光学经纬仪和电子经纬仪的竖盘都是顺时针刻划的，如图 3–31 所示。对这种刻划形式的竖盘，计算公式为：

$$\alpha_L=90°-L \tag{3-15}$$

$$\alpha_R=R-270° \tag{3-16}$$

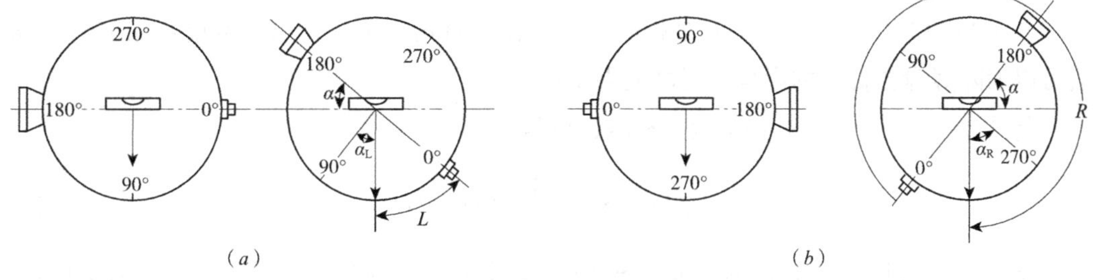

图 3–31 竖直角计算公式判定示意图
（*a*）盘左；（*b*）盘右

由于存在测量误差，实测值 α_L 常不等于 α_R，取一测回竖角为：

$$\alpha=\frac{1}{2}(\alpha_L+\alpha_R)=\frac{1}{2}(R-L-180°) \tag{3-17}$$

计算结果分别填入表 3–6 的第 5、第 7 栏。

低处目标 N 的观测、计算方法与此相同。

3.5.3 竖盘指标差

上述竖直角的计算是认为指标处于正确位置上，此时盘左始读数为 90°，盘右始读数为 270°。事实上此条件常不满足，指标不恰好指在 90° 或 270°，而与正确位置相差一个小角度 x，x 称为竖盘指标差。如图 3–32 所示，盘左始读数为 $90°+x$，则正确的竖直角应为：

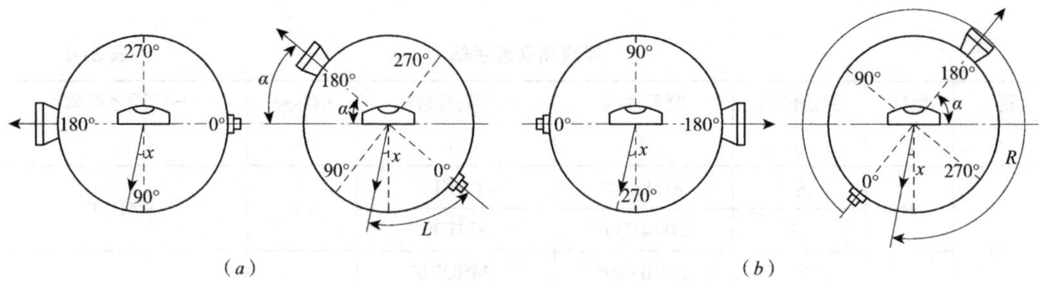

图 3–32　竖盘指标差及其对竖直角影响示意图
（a）盘左；（b）盘右

$$\alpha=(90°+x)-L=(90°-L)+x=\alpha_L+x \tag{3–18}$$

同样，盘右时正确的竖直角应为：

$$\alpha=R-(270°+x)=(R-270°)-x=\alpha_R-x \tag{3–19}$$

将式（3–18）和式（3–19）相加并除以 2，得：

$$\alpha=\frac{1}{2}(\alpha_L+\alpha_R) \tag{3–20}$$

式（3–20）与式（3–17）完全相同。可见在竖直角观测中，用正倒镜观测取其平均值可以消除竖盘指标差的影响，提高成果质量。

将式（3–18）、式（3–19）两式相减，可得：

$$x=\frac{1}{2}(\alpha_R-\alpha_L)=\frac{1}{2}(L+R-360°) \tag{3–21}$$

指标差 x 可用来检查观测质量。根据国家计量检定规程《光学经纬仪》JJG 414—2011 的规定，对于 DJ_1 级经纬仪，当 x 超过 ±12″ 时；对于 DJ_2 级经纬仪，当 x 超过 ±16″ 时；对于 DJ_6 级经纬仪，当 x 超过 ±20″ 时，则需校正。

3.6　经纬仪的检验与校正

3.6.1　经纬仪的轴线与关系

光学经纬仪与电子经纬仪的构造基本相同，两者的几何轴线完全一样。不同的是光学经纬仪的对点器一般采用光学对点器，而电子经纬仪普遍采用激光对点器，光学对点器与激光对点器的校正方法不同；光学经纬仪的补偿器为机械式补偿器，而电子经纬仪采用的是电子补偿器。

经纬仪的轴线如图 3–33 所示，VV 为仪器竖轴，LL 为水准管轴，HH 为横轴，CC 为视准轴，$L'L'$ 为圆水准器轴。根据水平角和垂直角观测原理，经纬仪应满足下列几何条件和其他条件：

（1）照准部水准管轴应垂直于竖轴（$LL \perp VV$）。

（2）视准轴应垂直于横轴（$CC \perp HH$）。

（3）横轴应垂直于竖轴（$HH \perp VV$）。

（4）圆水准器轴应平行于竖轴（$L'L' /\!/ VV$）。

（5）十字丝竖丝应垂直于横轴。

（6）竖盘指标差应小于规范规定的数值。

（7）对点器的光学垂线应与竖轴重合。

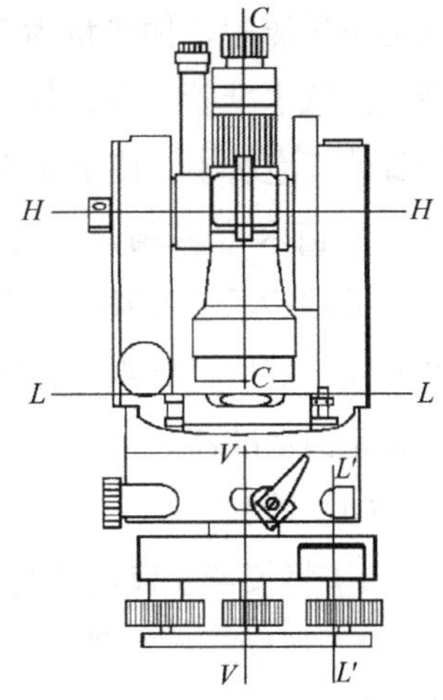

图 3–33　经纬仪的轴线

经纬仪只有满足上述条件才能得到正确的角度观测值或便于操作，因此在使用经纬仪前应进行检验，必要时要进行校正。经纬仪的检验与校正是有顺序的，检校时不得打乱下述顺序。

3.6.2　光学经纬仪与电子经纬仪的检验与校正

1. 照准部水准管轴垂直于竖轴的检验与校正

（1）检验

如图 3–34（a）所示，将仪器大致整平，转动照准部使水准管平行于一对脚螺旋的连线，转动该对脚螺旋使气泡严格居中；将照准部旋转 180°，若气泡仍居中，说明条件满足，若气泡中点偏离水准管零点超过一格，则需校正。

（2）校正

用拨针拨动水准管一端的校正螺钉，先松后紧，使气泡退回偏离量的一半，再转动脚螺旋使气泡居中。如此反复检校，直到水准管在任何位置气泡都无明显偏离为止。

校正的原理如图 3–34（b）所示，设 LL 与 VV 不垂直，相差一个 α 角，当调节脚螺旋使气泡居中后，LL 轴水平，VV 偏离铅垂方向 P 一个 α 角，如图中 Ⅰ 的位置；照准部转动 180° 后，LL 轴绕 VV 旋转至图中 Ⅱ 的位置，此时 LL 轴将偏离水平方向 Q 一个 2α 角，

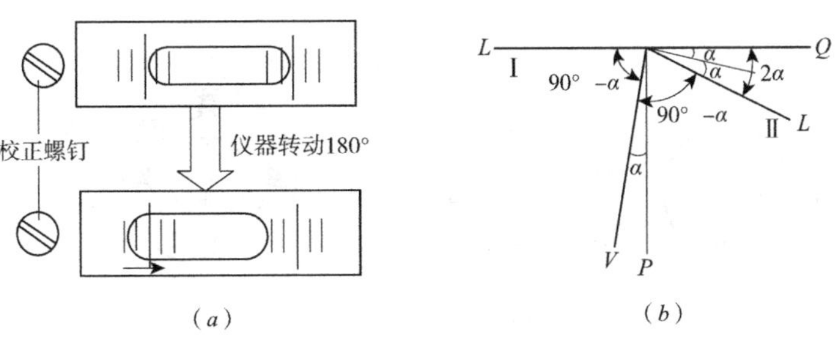

图 3–34　照准部水准管的检验与校正

气泡不再居中，偏离量为 2α。所以校正时，先用校正针拨动水准管一端的校正螺钉，升高或降低水准管一端，使气泡向中间位置移动偏离量的一半（即改正一个 α），再调节脚螺旋使气泡居中，使 V 轴至铅垂位置 P，L 轴至水平位置 Q，达到 $LL \perp VV$ 的目的。

2. 圆水准器轴应平行于竖轴的检验与校正

此项检验应在第一项检校后进行，由于管水准器的精度高于圆水准器，所以当管水准器校正好后，圆水准器应该是居中的。如果圆水准器不居中，且只是圆水准器有问题，需校正圆水准器。

（1）检验

1）将仪器在稳定的装置上安放并固定好，用管水准器将仪器精确整平；

2）观察圆水准器气泡是否居中，如果气泡居中，则无需校正；如果气泡不居中且移出范围，则需进行校正。

（2）校正

1）将仪器在稳定的装置上安放并固定好，用管水准器将仪器精确整平；

2）如图 3–35 所示，用校正针调整圆水准器侧下方小缝中的两个校正螺钉，使气泡居于圆水准器的中心即可。

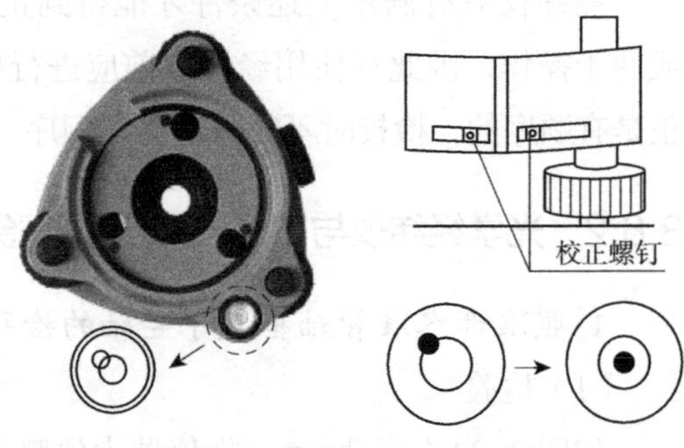

图 3–35　圆水准器的检校

3. 十字丝竖丝应垂直于横轴的检验与校正

（1）检验

如图 3–36（a）（b）所示，用十字丝交点瞄准一清晰的点状目标 P，上、下微动望远镜，若 P 点始终不偏离竖丝，该条件满足，否则需要校正。

（2）校正

旋下目镜端十字丝分划板护盖，松开四个十字丝分划板固定螺钉，如图 3–36（c）所示，转动十字丝分划板座，使竖丝与 P 点重合，反复检校，直到该条件满足为止。校正完毕，应旋紧外环固定螺钉，并旋上护盖。

4. 视准轴垂直于横轴的检验与校正

该项检校又称为视准轴误差的检校，或称 c 角误差的检校。根据水平角测量原理，

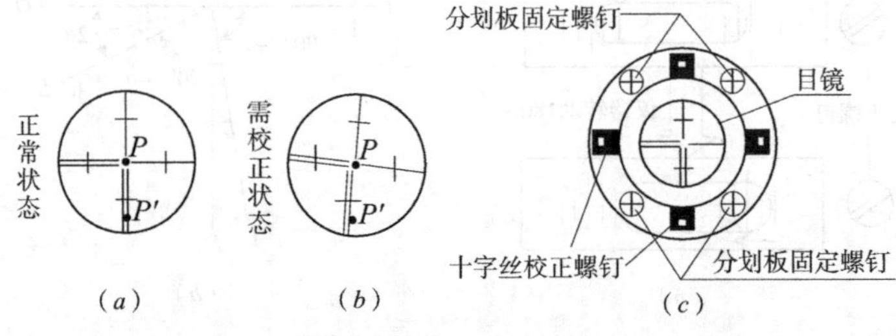

图 3–36　十字丝竖丝垂直于横轴的检验与校正

对水平角的要求是盘左盘右水平角其理论值应相差 180°。其差值除以 2 就是 c 角误差。检校的方法有四分之一法和读数法。四分之一法主要用于 DJ_6 级光学经纬仪的检校，读数法适用于 DJ_2 级光学经纬仪和电子经纬仪的检校。此处只介绍读数法的检验与校正。

（1）检验

选择一与仪器同高的目标点 P，盘左、盘右观测其水平角，则 $2c=L-(R\pm180°)$，根据国家计量检定规程《光学经纬仪》JJG 414—2011 的规定，对于 DJ_1 级经纬仪，当 c 超过 ±6″；对于 DJ_2 级经纬仪，当 c 超过 ±8″；对于 DJ_6 级经纬仪，当 c 超过 ±10″ 时，则需校正。

（2）校正

仪器仍处于盘右位置，首先计算盘右的正确读数，$R_{正确}=R+c$，转动水平微动螺旋使度盘读数为 $R_{正确}$，这时目标偏离十字丝，如图 3-36（c）所示，用拨针拨动十字丝左、右两个校正螺钉，一松一紧，使十字丝交点与目标点重合即可。校正之后再做一次检验，至无显著误差或达到检定规程的要求为止。

5. 横轴垂直于仪器竖轴的检验与校正

该项检校又称为横轴误差的检校，或高低差的检校。

（1）检验

如图 3-37 所示，在距墙约 30m 处安置仪器（用皮尺量出该距离 D），盘左瞄准墙上一高目标点 P（竖直角大约 30°），并观测计算出竖直角 α，再将望远镜大致放平，将十字丝交点投在墙上定出 A 点；纵转望远镜盘右，同法又在墙上定出 B 点，若 A 与 B 重合，该条件满足，否则按下式计算出横轴误差 i：

$$i=\frac{AB\times\cot\alpha}{2\times D}\times\rho \tag{3-22}$$

根据国家计量检定规程《光学经纬仪》JJG 414—2011 的规定，对于 DJ_1 级经纬仪，当 i 超过 ±10″；对于 DJ_2 级经纬仪，当 i 超过 ±15″；对于 DJ_6 级经纬仪，当 i 超过 ±20″ 时，则需校正。

（2）校正

此项校正是通过调节横轴的校正机构，升高或降低横轴的一端来实现的。经纬仪的横轴是封闭的，此项校正应使用专用设备——高低差校正仪，由专业修理人员进行。在经纬仪受到较大的振动或仪器摔到地上后，应重点检验此项。

6. 竖盘指标差的检验与校正

根据竖直角测量原理，对竖盘读数的要求是同一目标盘左读数加盘右读数其理论值应等于 360°，此时竖盘的指标差 $x=0$。光学经纬仪与电子经纬仪的校正方法不同，光学经纬仪对于水准管竖盘结构是校正竖盘水准管，对于补偿器结构是校正光路中的平板玻璃；电子经纬仪则是用程序给予校正。

（1）检验

盘左、盘右观测同一目标点 P，按式（3-21）计算出竖盘指标差。

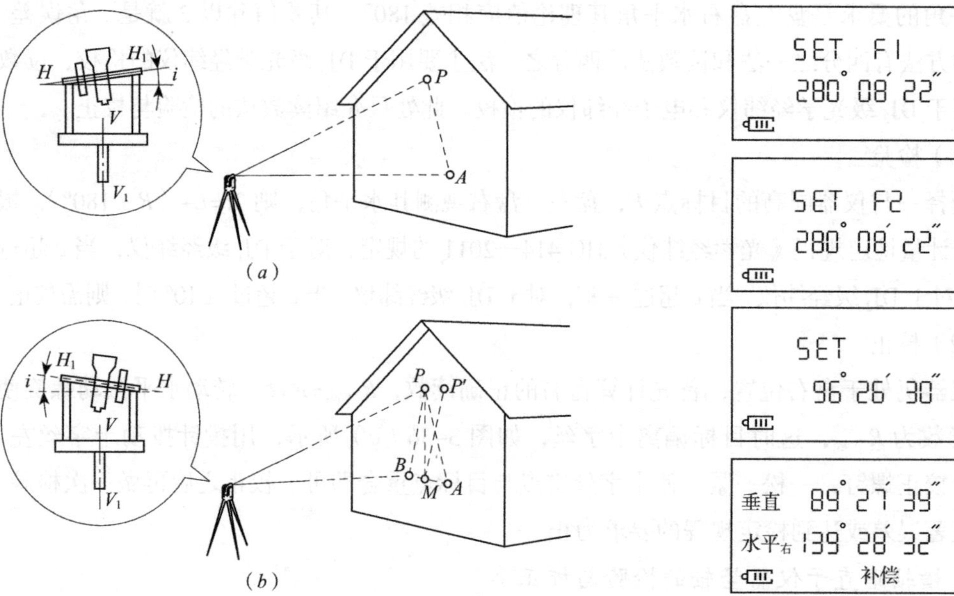

图 3-37 横轴垂直于仪器竖轴（高低差）的检验

图 3-38 电经竖盘指标差校正步骤

根据国家计量检定规程《光学经纬仪》JJG 414—2011 的规定，对于 DJ_1 级经纬仪，当 x 超过 ±12″ 时；对于 DJ_2 级经纬仪，当 x 超过 ±16″ 时；对于 DJ_6 级经纬仪，当 x 超过 ±20″ 时，则需校正。

（2）校正

1）光学经纬仪的校正

对于水准管竖盘结构的仪器，仪器仍处于盘右位置不变，仍以盘右瞄准目标点 P，转动竖盘指标水准管微动螺旋使竖盘读数为 $R-x$，这时气泡必然偏离，用拨针松紧竖盘水准管一端的校正螺钉使气泡居中。反复校正直到 x 不超过限差为止。

对于补偿器结构的仪器，仪器仍处于盘右位置不变，仍以盘右瞄准目标点 P，调整竖盘光路中平板玻璃的调整螺钉，使竖盘读数为 $R-x$ 即可，反复校正直到 x 不超过限差为止。

2）电子经纬仪竖盘指标差的校正

如图 3-38 所示，将仪器安置于三脚架或仪器校正台上并精确整平。

①按住 [ⓘ] 键不放，然后按 [角度 / 斜度] 键，当听到“嘀”的一声后释放所有按键，仪器进入指标差校正程序界面，屏幕上方显示“SET F1”，下方显示垂直角度数，如图 3-38 所示；

②仪器正镜照准平行光管十字丝或远处目标（建议 100m 以上，目标处于仪器天顶距 90° ± 10° 左右），按 [左⇄右] 键，屏幕显示“SET F2”；

③旋转仪器，在倒镜位置重新照准上一步骤中的目标，按 [左⇄右] 键，屏幕显示“SET”；

④按[左⇄右]键，仪器保存校正新值并退出指标差校正界面，回到仪器正常测量界面。

7. 对点器的检验与校正

对点器检校的目的是使对点器的垂线与竖轴重合。

（1）检验

整平仪器并将仪器对准地面上一点，将仪器旋转180°，若对点器仍对准该点，则满足条件，否则需校正。

（2）校正

1）光学对点器的校正

如图3–39（*a*）（*b*）所示，拧下对点目镜护盖或对点器校正盖板，用校针调整4个校正螺钉，如图3–39（*c*）所示，使地面十字丝标志在分划板上的影像向中心移动其偏离量的一半，反复进行，直到其偏离不超过±1mm为止。

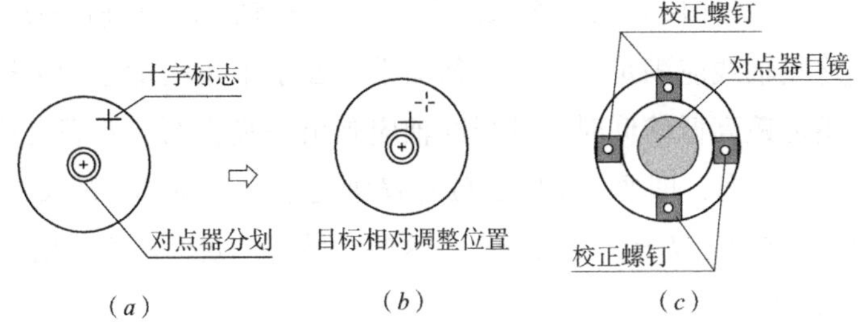

图3–39 光学对点器的检校

2）激光对点器的校正

①如图3–40（*a*）所示，将仪器从三爪基座上卸下，将仪器底部的三颗保护盖螺钉卸下，拿掉对点器保护盖；

②将仪器重新安装在三爪基座上；

③将仪器架设在三脚架上，整平仪器，仪器高度最好在1.5m左右；

④打开激光对点器，在激光对点投射到地面的红点中心做一个标志；

⑤将仪器水平转动180°，如果激光中心与地面标志重合则不需校正，否则需要校正，校正时采用仪器随机工具包内的1.5mm内六角扳手调整两颗调整螺钉，如图3–40（*b*）所示，使地面激光中心向地面标志中心移动偏离量的一半即可；

⑥重复步骤④、⑤，直至任意方向转动仪器，地面标志中心与激光中心始终重合为止。

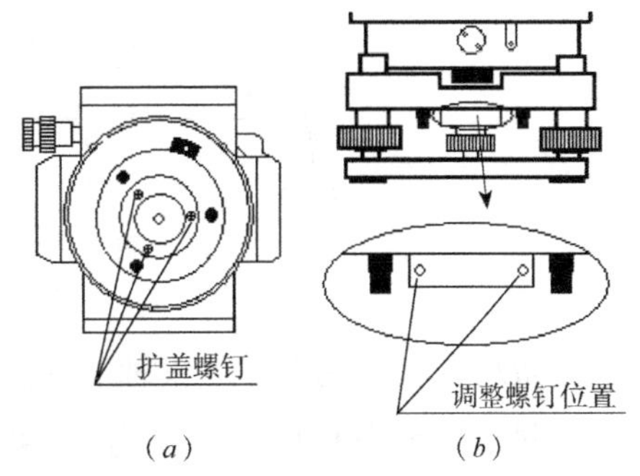

图3–40 激光对点器的校正

从以上检校步骤可以看出，光学经纬仪和电子经纬仪的前五项检校完全相同，后两项检校内种经纬仪是不同的。

经纬仪的每项校正需要反复进行，不过要让校正完全满足理论上提出的要求是困难的，一般只要求达到实际作业所需要的精度即可，因此必然存在残余误差，这些残余误差如果采用合理的观测方法，大部分是可以相互抵消的。

3.7 水平角测量的误差

水平角观测存在许多误差，研究这些误差的成因及性质从而找出削弱其影响的方法，以提高水平角观测成果的质量，是测量工作的一个重要内容。水平角测量误差来源于三个方面：仪器误差、观测误差和外界条件的影响。

3.7.1 仪器误差

如图 3–33 所示，经纬仪有照准部水准管轴 *LL*、竖轴 *VV*、横轴 *HH* 及视准轴 *CC* 等几条主要轴线，这些轴线应满足一定的几何关系。在水平角测量原理中提到，经纬仪能置平，且置平后望远镜高低俯仰时，其视准轴应画出一竖直面。要满足这些基本条件则必须：竖轴处在竖直状态，即要求 $VV \perp LL$；横轴处于水平位置，故又有 $HH \perp VV$；视准轴垂直于横轴，即 $CC \perp HH$。下面分析当这些条件不满足时所产生的误差。

1. 视准轴误差

望远镜视准轴不垂直于横轴时，其偏离垂直位置的角值 c 称为视准轴误差或照准差。如图 3–41 所示，经纬仪整置后，*LL* 水平、*VV* 竖直、*HH* 水平。当视准轴位置正确时，旋转望远镜，它将画出一竖直面 *OAa*；如其位置不正确，则视准轴画出的是一个圆锥面。如果用该仪器观测同一竖直面内不同竖角的目标，将有不同的水平度盘读数。

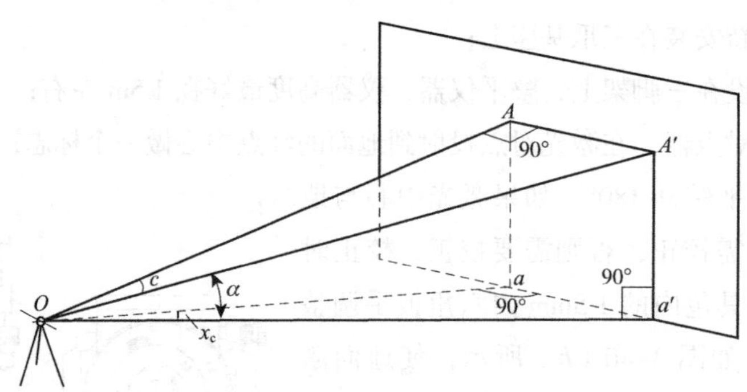

图 3–41　视准轴误差对水平角的影响

AO 为垂直于横轴的视准轴，由于存在视准轴误差 c，视准轴实际瞄准了 A'，此时 A、A' 两点同高，竖直角为 α，a、a' 为 A、A' 两点在水平位置上的投影，则 $aa'=AA'$。$\angle aoa'=x_c$，即为 c 角误差引起的目标 A 的读数误差。

由 Rt△OAA' 得：

$$AA'=OA' \cdot \sin c \tag{3-23}$$

由 Rt△$A'a'O$ 得：

$$Oa'=OA' \cdot \cos\alpha \tag{3-24}$$

由 Rt△Oaa' 得：

$$\sin x_c=\frac{aa'}{Oa'}=\frac{OA' \cdot \sin c}{OA' \cdot \cos\alpha}=\frac{\sin c}{\cos\alpha} \tag{3-25}$$

考虑到 x_c 和 c 均为小角，得：

$$x_c=\frac{c}{\cos\alpha} \tag{3-26}$$

此值随竖直角 α 而改变，α 越大，则 x_c 越大，当 $\alpha=0$ 时，$x_c=c$。水平角是由两个水平方向的读数之差算得的，故视准轴误差对水平角的影响为两个方向 x_c 值之差。现规定，盘左时视准轴物镜端向左偏斜 c 值为正，向右偏斜为负，则对于同一目标，若盘左观测时 c 为正（负），盘右观测则为负（正），而 α 值不变，故盘左、盘右的 x_c 值绝对值相等而符号相反。所以，视准轴误差的影响可用正倒镜观测取其平均值来消除。

2. 横轴误差（支架差）

横轴误差对水平角的影响如图 3-42 所示。H 为横轴水平（H_1H_1 位置）时视准轴照准的目标，h 为 H 点的水平投影，此时平面 HOh 为一竖直面。若横轴倾斜一个 i 角至 A_1A_1 位置，竖面 HOh 将随之倾斜一个 i 角为倾斜面 AOh，此时水平位置 Oh 不发生变动。A 点即为横轴倾斜时视准轴照准的目标，a 为 A 点的水平位置投影。$\angle hOa=x_i$ 即为横轴倾斜 i 角而产生的水平方向读数影响。

由 Rt△Aah 得：

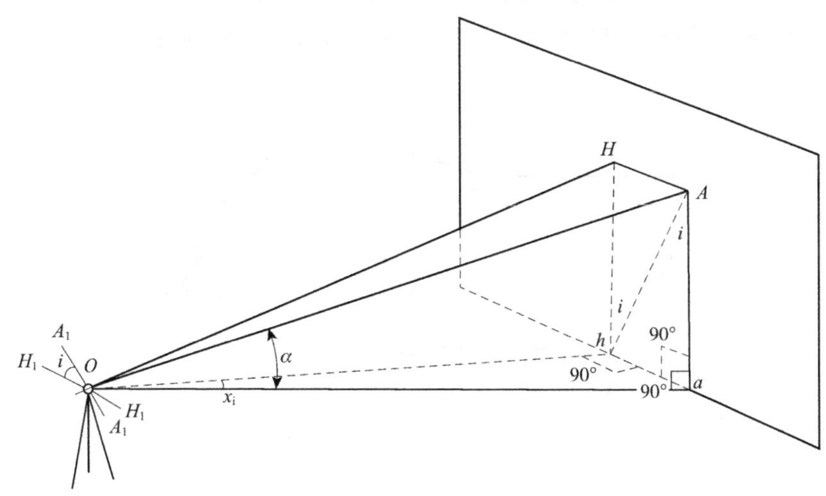

图 3-42　横轴误差对水平角的影响

$$ah=Aa \cdot \tan i \tag{3-27}$$

由 Rt △ AaO 得：

$$aO=\frac{Aa}{\tan\alpha} \tag{3-28}$$

由 Rt △ ahO 得：

$$\sin x_i=\frac{ah}{aO}=\frac{Aa \cdot \tan i}{\frac{Aa}{\tan\alpha}}=\tan i \cdot \tan\alpha \tag{3-29}$$

考虑到 x_i 和 i 均为小角，得：

$$x_i=i \cdot \tan\alpha \tag{3-30}$$

今规定，盘左时横轴左端低于另一端的 i 为正，高于另一端为负，则对于同一目标，在竖轴是竖直的情况下，因横轴不垂直于竖轴所引起的横轴倾斜，盘左观测时 i 为正（负），盘右观测时 i 即为负（正），故盘左、盘右的 x_i 绝对值相等而符号相反，取两者的平均值即可消除横轴误差。

3. 竖轴误差

观测水平角时，仪器竖轴不处于铅垂方向，而偏离一个角度 v，称为竖轴误差。竖轴不垂直于照准部水准管轴，或安置仪器时没有严格整置照准部水准管使气泡居中都会产生竖轴误差。竖轴误差主要影响横轴水平，其对水平角的影响也可用式（3-30）分析，但其 v 值是随横轴的位置而变化的，其范围为 0~v。

如图 3-43 所示，OT 为处于竖直位置的竖轴，此时横轴必在水平面 P 上，OT' 为倾斜了 v 角的竖轴位置，此时横轴必在倾斜平面 P' 上。由几何学可知，P、P' 两平面的交线 O_1O_2 与平面 TOT' 垂直，若横轴位于 O_1O_2 处，则无论 v 有多大，它也始终保持水平，即横轴倾斜误差为 0。除此以外，横轴在平面 P' 上任何位置均将产生不同大小的倾斜，其中以垂直于 O_1O_2 的 ON' 位置的倾斜角最大，并等于竖轴的倾斜角 v。

任取一横轴位置 OR'，其倾斜角为 i_v，作 $R'N' \perp ON'$，将 N'、R' 两点投影在平面 P 上得

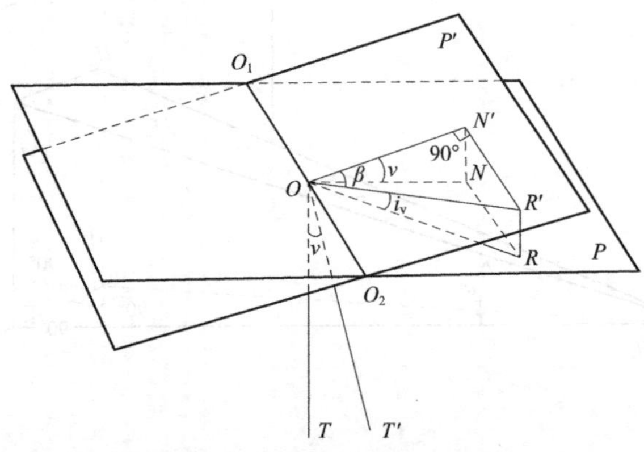

图 3-43　竖轴误差对水平角的影响

N、R，则有 $R'R=N'N$，令 $\angle N'OR'=\beta$。

由 Rt △ $N'NO$ 得：

$$N'N=ON'\sin\nu \tag{3-31}$$

由 Rt △ $R'N'O$ 得：

$$OR'=\frac{ON'}{\cos\beta} \tag{3-32}$$

由 Rt △ $R'RO$ 得：

$$\sin i_{\mathrm{v}}=\frac{NN'}{OR'}=\frac{ON'\sin\nu}{\dfrac{ON'}{\cos\beta}}=\sin\nu\cdot\cos\beta \tag{3-33}$$

考虑到 ν 和 i_{v} 均为小角，得：

$$i_{\mathrm{v}}=\nu\cdot\cos\beta \tag{3-34}$$

将式（3-34）代入式（3-30），得竖轴倾斜对目标的读数影响 x_{v} 为：

$$x_{\mathrm{v}}=\nu\cdot\cos\beta\cdot\tan\alpha \tag{3-35}$$

必须指出，当竖轴虽已竖直而横轴不垂直于竖轴，此为横轴误差；当横轴垂直于竖轴，但竖轴并不竖直，此为竖轴倾斜误差，实际应用时应注意区分。由于竖轴倾斜方向正倒镜相同，所以竖轴误差不能用正倒镜观测取平均值的办法消除。因而，观测前应检校仪器，观测时应严格保持照准部水准管气泡居中，偏离量不得超过一格。经纬仪的视准轴误差、横轴误差、竖轴误差总称为经纬仪的三轴误差。

4. 照准部偏心差

水平度盘刻划中心 O 与照准部旋转中心 O' 不重合而产生的误差称为照准部偏心差。如图 3-44 所示，设 O、O' 重合时瞄准目标 A 的盘左正确读数为 α_{L}，不重合时则盘左读数 α'_{L} 将比正确读数 α_{L} 大 Δ；盘右读数 α'_{R} 比正确读数 α_{R} 小 Δ，这对于 DJ_6 单指标读数类型的仪器，同一目标盘左、盘右观测取平均值即可消除照准部偏心差的影响。对于 DJ_2 双指标度盘对径分划符合读数类型的仪器，一个盘位读取度盘对径 180° 方向读数的平均值，就可消除照准部偏心差的影响。

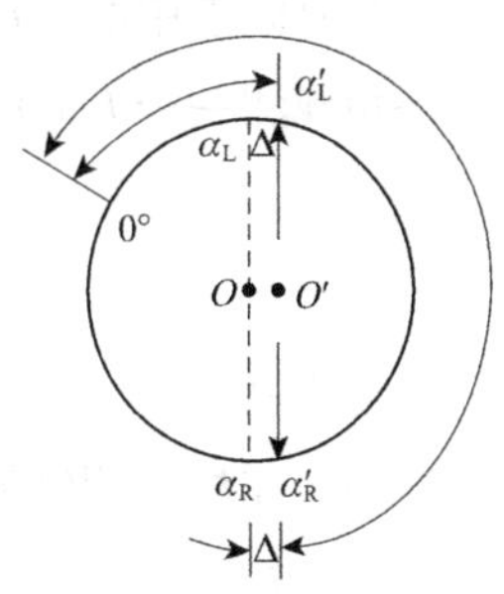

图 3-44　照准部偏心差

仪器误差还有许多项，比如度盘刻划不均匀的误差可通过均匀分配度盘位置，即变换度盘位置削弱其影响。

3.7.2　观测误差

1. 对中误差

观测水平角时，对中不准确，使得仪器中心与测站点的标志中心不在同一铅垂线上即是对中误差，也称测站偏心。如图 3-45 所示，B 为测站点，A、C 为目标点，B' 为仪器中心在水平面上的投影位置。BB' 为对中误差，其长度以 e 表示，称偏心距。由图可知，观测角值 β' 与正确角值 β 存在下式关系：

$$\beta=\beta'+(\varepsilon_1+\varepsilon_2) \tag{3-36}$$

因 ε_1、ε_2 很小，可写成：

$$\varepsilon_1=\frac{\rho}{D_1}\times e\sin\theta \tag{3-37}$$

$$\varepsilon_2=\frac{\rho}{D_2}\times e\sin(\beta'-\theta) \tag{3-38}$$

对中误差对水平角的影响为：

$$\varepsilon=\varepsilon_1+\varepsilon_2=\rho e[\frac{\sin\theta}{D_1}+\frac{\sin(\beta'-\theta)}{D_2}] \tag{3-39}$$

由上式可知，对中误差的影响 ε 与偏心距 e 成正比，与边长 D 成反比。

当 β=180°、θ=90° 时，ε 角值最大，即：

$$\varepsilon=\rho e(\frac{1}{D_1}+\frac{1}{D_2}) \tag{3-40}$$

设 e=3mm，D_1=D_2=100m，则 ε=12.4″。边越短，其 ε 值越大，这项误差不能靠观测方法清除，所以对中应当仔细，尤其是对于短边更是如此。

2. 目标偏心误差

目标偏心误差是由瞄准中心偏离标志中心所引起的误差。如图 3-46 所示，A 为测站点，B 为标志中心，B' 为瞄准中心，B'' 为 B' 的投影，e 为目标偏心差，x 为目标偏心对水平角观测一个方向的影响，则：

$$x=\frac{e}{d}\rho=\frac{l\cdot\sin\alpha}{d}\rho \tag{3-41}$$

由上式可知，x 与目标倾斜角 α、目标长度 l 成正比，与边长 d 成反比。需要指出的是，当以花杆、测钎等作观测目标时，必须竖直地立于点的中心，并尽量照准目标底部，当边长 d 较小时，应尽可能照准标志中心。

3. 瞄准误差

人眼分辨两个点的最小视角约为 60″，通常以此作为眼睛的鉴别角。当使用放大倍率

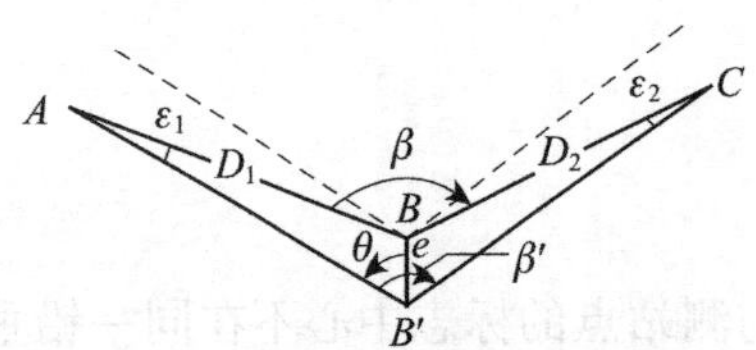

图 3-45　对中误差对水平角的影响

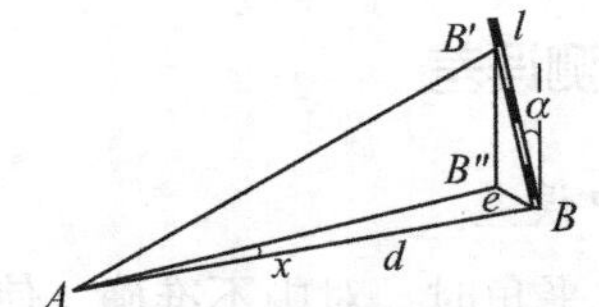

图 3-46　目标偏心误差对水平角的影响

为 V 的望远镜瞄准目标时，鉴别能力可提高 V 倍，这时该仪器的瞄准误差为：

$$m_V = \pm\frac{60''}{V} \tag{3-42}$$

DJ_6 级经纬仪，一般 V=26，则 $m_V = \pm 2.3''$。

瞄准误差无法消除，只能从照准目标的形状、大小、颜色、亮度及照准方法上改进，并仔细瞄准以减小其影响。

4. 读数误差

在使用 DJ_6 级光学经纬仪时，用分微尺测微器读数，可估读到最小格值的十分之一，以此作为读数误差 m_0。

$$m_0 = \pm 0.1t \tag{3-43}$$

t 为分微尺最小格值，设 $t=1'$，则读数误差 $m_0 = \pm 0.1'$。在使用电子经纬仪时，由于读数是自动显示的，因此电子经纬仪没有读数误差。

3.7.3 外界条件的影响

观测是在一定的外界条件下进行的，外界条件对观测质量有直接影响，如松软的土壤和大风影响仪器的稳定；日晒和温度变化影响水准管气泡的运动；大气层受地面热辐射的影响会引起目标影像的跳动等，这些都会给观测水平角带来误差。因此，要选择目标成像清晰稳定的有利时间观测，设法克服或避开不利条件的影响，以提高观测成果的质量。

【本章小结】

掌握经纬仪的基本构造、经纬仪的轴线和几何关系，是学好角度测量的基础。角度测量可使用的仪器有光学经纬仪、电子经纬仪和全站仪。光学经纬仪正逐渐退出测绘仪器市场，所以应重点掌握电子经纬仪和全站仪测角模式的使用方法，正确理解电子测角的原理，结合实践教学熟练掌握经纬仪的快速对中整平方法，掌握水平角和垂直角的测量、记录和计算方法。正确理解各项误差对角度测量的影响，对做好角度测量工作是必要的。

【思考与练习题】

1. 名词解释：水平角、竖直角、竖盘指标差、三轴误差。
2. 观测水平角和竖直角有哪些相同点和不同点？竖盘的构造分为哪两种？
3. 经纬仪按精度分为哪几个等级？其脚标代表什么意义？

4. 观测水平角时，对中和整平的目的是什么？试述电子经纬仪快速对中整平的步骤。

5. 从经纬仪的生产历史看，经纬仪分为哪几种类型？光学经纬仪的构造分为哪三个部分？

6. 观测水平角时，起始方向的水平度盘读数要对准 0°00′00″ 或略大于 0°，使用电子经纬仪和全站仪如何操作？

7. 试述用测回法观测水平角的步骤。

8. 整理表 3–7 用测回法观测水平角的记录。

测回法水平角观测手簿　　表 3–7

测站	测回数	竖盘位置	目标	度盘读数	半测回角值	一测回角值	各测回平均角值
O	I	左	1	0°00′03″			
			2	78°48′54″			
		右	1	180°00′36″			
			2	258°49′06″			
O	Ⅱ	左	1	90°00′12″			
			2	168°49′06″			
		右	1	270°00′30″			
			2	348°49′12″			

9. 同一目标的盘左水平角与盘右水平角有什么关系？盘左竖盘读数与盘右竖盘读数又有什么关系？

10. 电子经纬仪的主要特点是什么？它与光学经纬仪的根本区别在哪里？电子经纬仪的测角原理有哪些？

11. 整理表 3–8 用方向法观测水平角的记录。

方向法水平角观测手簿　　表 3–8

测站	测回数	目标	水平度盘读数		$2c$= 左 −（右 ± 180°）	平均读数 =[左 +（右 ± 180°）]/2	归零后的方向值	各测回归零方向值的平均值
			盘左	盘右				
O	I							
		A	0°02′36″	180°02′36″				
		B	70°23′36″	250°23′42″				
		C	228°19′24″	48°19′30″				
		D	254°17′54″	74°17′54″				
		A	0°02′30″	180°02′36″				

续表

测站	测回数	目标	水平度盘读数		2c=左－（右±180°）	平均读数=[左+（右±180°）]/2	归零后的方向值	各测回归零方向值的平均值
			盘左	盘右				
O	Ⅱ							
		A	90°03′12″	270°03′12″				
		B	160°24′06″	340°23′54″				
		C	318°20′00″	138°19′54″				
		D	344°18′30″	164°18′24″				
		A	90°03′18″	270°03′12″				
略图及角值								

12. 整理表 3-9 的竖直角观测记录。

中丝法垂直角观测手簿 **表 3-9**

测站	目标	竖盘位置	竖盘读数	半测回竖直角	指标差	一测回竖直角
O	1	左	72°18′18″			
		右	287°42′00″			
	2	左	96°32′48″			
		右	263°27′30″			

13. 经纬仪有哪些主要轴线？它们之间应满足什么几何条件？光学经纬仪的检验与校正要做哪几项？

14. 在水平角观测中，盘左、盘右观测取平均值可以消除哪些误差的影响？

15. 在检验 $CC \perp HH$ 时，为什么目标要选得与仪器同高？在检验 $HH \perp VV$ 时，为什么目标要选得高些？按本书所述方法，这两项检验顺序是否可以颠倒？

16. 对中误差、目标偏心差引起的水平角观测误差与哪些因素有关？

第 4 章　距离测量与直线定向

【本章要点及学习目标】

本章主要介绍距离测量的基本原理和方法，包括钢尺量距、视距测量和光电测距，直线定向、方位角的推算、坐标计算原理等。通过本章的学习，学生应了解钢尺量距和视距测量的原理与方法；掌握光电测距的基本原理与方法；结合实践教学，掌握全站仪测距技术；熟练掌握方位角的推算，坐标正、反算。

距离测量是测量的基本工作之一，所谓距离是指两点间的水平长度。如果测得的是倾斜距离，还必须改算为水平距离。按照所用仪器、工具的不同，距离测量的方法有钢尺量距、视距测量、光电测距和 GPS 卫星测距等。本章介绍前三种测量方法。

4.1　钢尺量距

4.1.1　量距工具

1. 钢尺

钢尺也称钢卷尺，尺身一般由宽度约为 10~15mm、厚度 0.2~0.4mm 的钢带制成，长度有 20m、30m、50m 等几种。钢尺有卷放在圆盘形尺壳内的，也有卷放在金属或塑料尺架上的，图 4–1 为尼龙包覆 50m 钢卷尺。

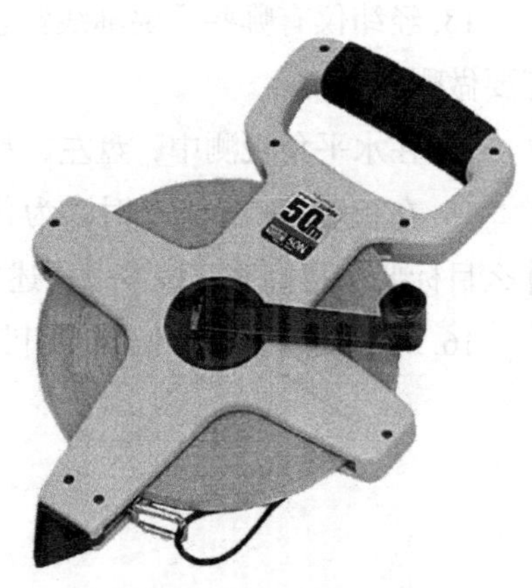

图 4–1　尼龙包覆 50m 钢卷尺

钢尺全尺段以毫米为基本分划。根据钢尺精度和用途的不同，钢尺具有不同的注记形式，根据钢尺零点位置注记形式的不同，可分为端点尺和刻线尺两种。端点尺以尺身拉环的最外端作为尺的零点，如图 4–2（*a*）所示，因拉环易变形，故端点尺的丈量精度不高；刻线尺以尺前端的某一刻线作为尺的零点，相对端点尺而言，刻线尺可取得较高的丈量精度，如图 4–2（*b*）所示。

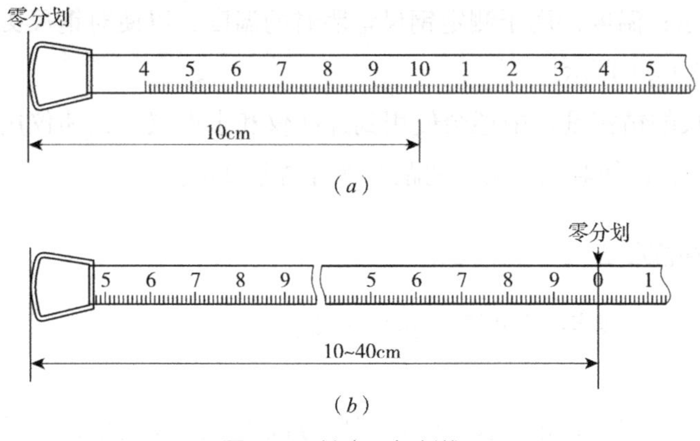

图 4-2 端点尺与刻线尺
(*a*)端点尺;(*b*)刻线尺

2. 辅助工具

钢尺量距的辅助工具有测钎、花杆、锤球、弹簧秤和温度计等。

(1)测钎

测钎一般由直径为 5mm 左右的粗铁丝磨尖制成，长度为 30~40mm，用来标记所量尺段的起止点，并可查记尺段数，如图 4-3(*a*)所示。

(2)花杆

花杆由铝合金制成，长度一般为 2~3m，可伸缩，涂有 20cm 红白相间的油漆，可用于低精度的距离丈量，也可在长距离丈量时用于直线定线，如图 4-3(*b*)所示。

(3)锤球

锤球是用金属制成的圆锥体，顶部用有线绳的悬挂装置把锤球悬挂起来，用于在不平坦的地面进行距离丈量时将钢尺的读数端点垂直投影到地面，如图 4-3(*c*)所示。

(4)弹簧秤和温度计

在精密钢尺量距时，还要有弹簧秤、温度计等。弹簧秤用于对钢尺施加规定的拉力，

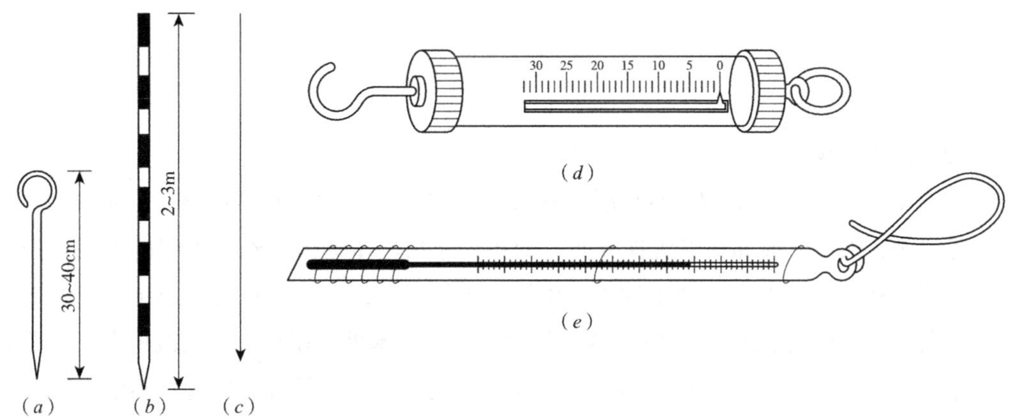

图 4-3 钢尺量距的辅助工具
(*a*)测钎;(*b*)花杆;(*c*)锤球;(*d*)弹簧秤;(*e*)温度计

如图 4–3（*d*）所示；温度计用于测定钢尺量距时的温度，以便对钢尺丈量的距离进行温度改正，如图 4–3（*e*）所示。

另外，在钢尺的精密量距中还会使用到经纬仪和水准仪，经纬仪用于定线，水准仪用于测定尺段高差，以便对钢尺丈量的距离进行高差改正。

4.1.2 钢尺量距的方法

钢尺量距通常分直线定线和距离丈量两个步骤。

1. 直线定线

当测量距离较长或地面起伏较大时，就要分段进行距离丈量，为了不使所测线段偏离直线方向，要在直线方向上设立若干标记点（如插上花杆或测钎），这种把多根标杆标定在已知直线上的工作称为直线定线。钢尺量距的一般方法可采用目估定线，钢尺量距的精密方法可采用仪器定线。

（1）目估定线

如图 4–4 所示，欲测定 *A*、*B* 两点之间的距离，在 *A*、*B* 两点上各竖立一根花杆，观测者甲位于 *A* 点之后 1~2m 处，单眼目估 *AB* 视线，指挥中间持花杆者乙左右移动花杆至 *AB* 直线上。同法定位其他各点。两点间定线一般应由远到近，即先定 1 点，再定 2 点。定线时，相邻点之间的距离稍短于一整尺长，地面起伏较大时则宜更短。对于平坦地区，这项工作常与丈量同时进行，即边定线、边丈量。

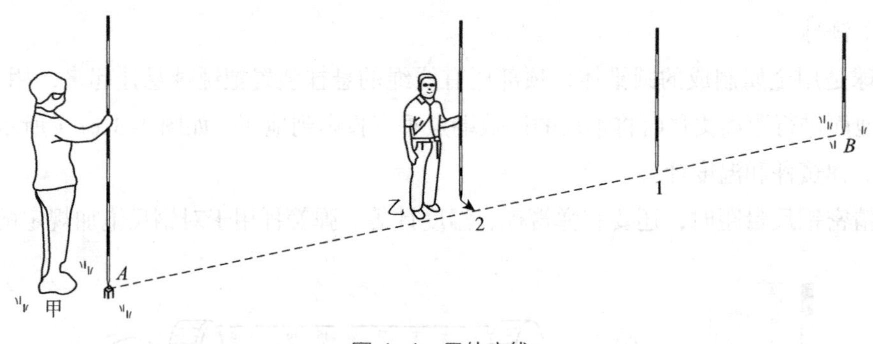

图 4–4 目估定线

（2）仪器定线

如图 4–5 所示，设 *A*、*B* 两点互相通视，欲精密丈量直线 *AB* 的距离，首先清除直线上的障碍物，然后将经纬仪安置在 *A* 点，对中整平后用望远镜竖丝精确照准 *B* 点，松开望远镜制动螺旋，可上下转动望远镜，用钢尺进行概量，每尺段长度略小于钢尺的名义长度，在视线上依次定出 *A*1、12、23 等尺段，并打下木桩。在每一个尺段桩上，仪器观测员指挥另一个人在木桩顶面画出十字，表示尺段点位。如果目标较远看不清定线或尺段桩位置低洼看不见定线时，可将仪器搬至已确定的尺段桩上设站，然后按上述方法定线。此方法常用于钢尺精密量距。

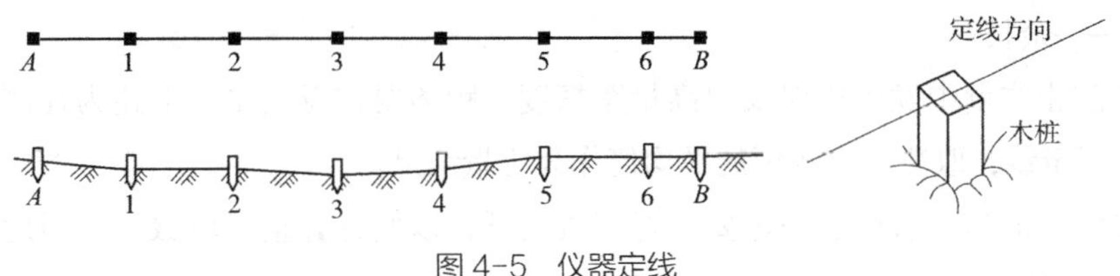

图 4-5　仪器定线

在两点的延长线上定线，方法与上述相同，但应尽量避免两点间距离过短而延长线却很长的情况，因为这样定线不精确。

（3）测量桩顶高程

在精密量距测量中，丈量的每一尺段长度是该尺段的倾斜距离，为了改算成水平距离，要用水准测量方法测出各桩顶的高程，以便进行倾斜改正。水准测量宜在量距前或量距后往、返各观测一次，以便检核。相邻两桩顶往、返所测高差之差一般不得超过 ±10mm，如在限差以内，取其平均值作为观测成果。

2. 距离丈量

（1）距离丈量的一般方法

丈量前，先将待测距离的两个端点 *A*、*B* 用木桩（桩上钉一小钉）标志出来，然后在端点的外侧各立一根花杆，如图 4-6 所示。

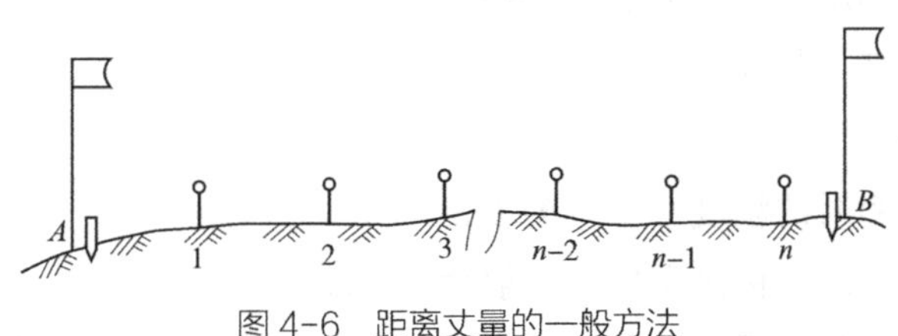

图 4-6　距离丈量的一般方法

丈量工作一般由两人进行，后尺手手持钢尺的零端位于 *A* 点，并在 *A* 点上插一测钎。前尺手手持钢尺的末端和一组测钎沿 *AB* 方向前进，行至一个整尺段处停下，后尺手以手势指挥前尺手将钢尺拉在 *AB* 直线方向上，后尺手以尺的零点对准 *A* 点，当两人同时把钢尺拉紧、拉平和拉稳后，前尺手在尺的末端刻划线处竖直地插下一测钎，得到点 1，这样便量完了一个尺段。随之，后尺手拔起 *A* 点上的测钎与前尺手共同举尺前进，同法量出第二尺段。如此继续丈量下去，直到最后不足一整尺段（*n*—*B*）时，前尺手将尺上某一整数分划线对准 *B* 点，由后尺手对准 *n* 点在尺上读数，两数相减，即可求得不足一尺段的余长，设为 q，则 *AB* 的水平距离可按下式计算：

$$D_{AB}=n \cdot l+q \tag{4-1}$$

式中　n——尺段数；

　　l——钢尺长度；

q——余长。

为了防止丈量中发生错误及提高量距精度，距离要往返丈量。上述为往测，返测时要重新进行定线，取往、返测距的平均值作为丈量结果。

需要注意的是，后尺手一定要注意回收测钎，以便计算整尺段数目。当地面为水泥地面无法插测钎时，也可用记号笔在地面做记号。

（2）距离丈量的精密方法

1）丈量方法

当量距精度要求达到1/40000~1/10000时，需采用精密量距方法。首先用经纬仪进行直线定线，然后用水准仪测出相邻两桩顶之间的高差，以便进行倾斜改正。量距时所用钢尺应经过检定，且丈量每一尺段距离时均需在尺端用弹簧秤施加标准拉力，并记录丈量时钢尺的温度。

2）钢尺的尺长方程式

钢尺在制造时有刻划误差，使用时由于拉力不同及温度的影响，致使钢尺实际长度与其标注的名义长度往往不一致。因此，丈量之前必须对钢尺进行检定，求出它在标准拉力和标准温度下的实际长度，以便对丈量结果加以改正。钢尺检定后，应给出尺长随温度变化的函数式，通常称为尺长方程式。尺长方程式的一般形式为：

$$l_t=l_0+\Delta l+\alpha l_0(t-t_0) \tag{4-2}$$

式中 l_t——钢尺在温度t℃时的实际长度；

l_0——钢尺的名义长度；

Δl——尺长改正数；

t——钢尺量距时的温度，单位为℃；

t_0——钢尺检定时的标准温度，一般为20℃；

α——钢尺的线膨胀系数，一般为1.15×10^{-5}~1.25×10^{-5}/℃（即温度每变化1℃钢尺单位长度变化量）。

钢尺在使用前一般需要经过检定，可由计量单位或测绘单位检定，也可将待检钢尺与标准长度进行比长检查，并得出方程式，以便计算钢尺在不同条件下的实际长度。

3）成果处理

精密量距的结果应该根据尺长方程归算到标准温度、标准拉力下的实际长度，并把斜距距离改算为水平距离。所以，量得的长度需经过尺长、温度、倾斜改正。设钢尺丈量两点的距离结果为l，对其进行的三项改正为：

①尺长改正

钢尺在标准拉力、标准温度下的检定长度l'与钢尺的名义长度l_0往往不一致，其差数$\Delta l=l'-l_0$，即为整尺段的尺长改正。每量1m的尺长改正数$\Delta l_{d1}=\dfrac{l'-l_0}{l_0}$，任一尺段$l$的尺长改正数$\Delta l_d$为：

$$\Delta l_d = \frac{l' - l_0}{l_0} l \tag{4-3}$$

②温度改正

设钢尺在检定时的温度为 t_0℃，丈量时的温度为 t℃，钢尺的线膨胀系数为 α（一般为 1.15×10^{-5}~1.25×10^{-5}/℃），则某尺段 l 的温度改正 Δl_t 为：

$$\Delta l_t = \alpha(t - t_0) l \tag{4-4}$$

③倾斜改正

如图 4-7 所示，设 l 为量得的斜距，h 为尺段两端间的高差，现要将 l 改算成水平距离 d'，故要加倾斜改正数 Δl_h，从图 4-7 可以看出：

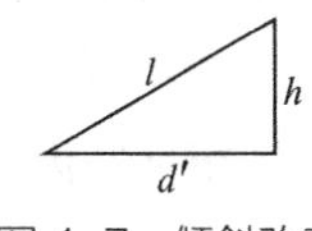

图 4-7　倾斜改正

$$\Delta l_h = d' - l = (l^2 - h^2)^{\frac{1}{2}} - l = l(1 - \frac{h^2}{l^2})^{\frac{1}{2}} - l \tag{4-5}$$

将$(1 - \frac{h^2}{l^2})^{\frac{1}{2}}$展成级数代入得：

$$\Delta l_h = l(1 - \frac{h^2}{2l^2} - \frac{h^4}{8l^4} - \ldots) - l \approx -\frac{h^2}{2l} \tag{4-6}$$

综上所述，每一尺段改正后的水平距离 d 为：

$$d = l + \Delta l_d + \Delta l_t + \Delta l_h \tag{4-7}$$

4.1.3　精度评定

无论是一般方法量距还是精密方法量距，由于客观条件限制总会产生不可避免的误差。为了避免错误发生并提高成果精度，一般要求往、返丈量，并用相对误差来衡量成果精度。相对误差的计算公式为：

$$K = \frac{|D_{往} - D_{返}|}{D_{平均}} = \frac{1}{M} \tag{4-8}$$

式（4-8）中：

$$D_{平均} = \frac{D_{往} + D_{返}}{2} \tag{4-9}$$

相对误差 K 要化为分子为 1 的分数，同时分母 M 一般凑成整百数的形式。若 K 不超过限差要求，则取往、返测长的平均值作为最后结果，相对误差作为成果的精度；若 K 超过限差要求，则应重新丈量。

例如，AB 往测长为 327.45m，返测长为 327.35m，则相对误差为：

$$K = \frac{327.45 - 327.35}{(327.45 + 327.35)/2} = \frac{0.10}{327.40} \approx \frac{1}{3200}$$

一般情况下，平坦地区一般量距方法的相对误差为 1/3000~1/1000，精密量距方法的相对误差为 1/40000~1/10000。

4.2 视距测量

视距测量是一种根据几何光学原理，用简便的操作迅速地同时测出两点之间距离和高差的测量方法。

视距测量是一种间接测距方法，视距测量所用的视距装置是测量仪器望远镜内十字丝分划板上的视距丝。视距丝是与十字丝横丝平行且间距相等的上、下两根丝，如图 4-8 所示。视距测量就是利用十字丝分划板上的上丝和下丝和刻有厘米分划的视距尺（如塔尺、普通水准尺等），根据几何光学原理，测定两点间的水平距离和高差。

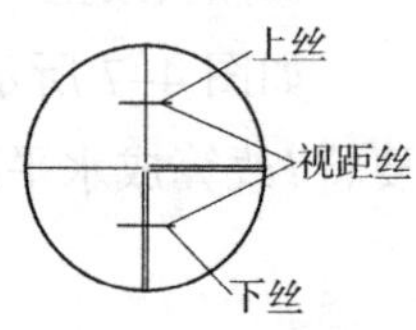

图 4-8　视距装置

在水准仪、经纬仪的望远镜十字丝分划板上刻有视距装置。其测距相对误差为 1/300~1/100，远远低于钢尺量距；测定高程的精度也远远低于水准测量。过去其被广泛应用于地形测量和其他低精度的距离测量。

4.2.1 视准轴水平时的视距计算公式

如图 4-9 所示，欲测定 *A*、*B* 两点间的水平距离。在 *A* 点安置仪器，在 *B* 点竖立视距标尺。当望远镜视线水平时，视准轴与标尺垂直，经调焦后，通过上、下两条视距丝 *m*、*n* 就可读得尺上 *M*、*N* 两点处的读数，两读数的差值 *l* 称为视距间隔或尺间隔。*f* 为物镜焦距，*p* 为视距丝间隔，*δ* 为物镜中心至仪器中心的距离。由图 4-9 可知，*A*、*B* 点之间的水平距离为：

$$D=d+f+\delta \tag{4-10}$$

其中，*d* 由两相似三角形△*MNF* 和△*m'n'F* 求得，由$\dfrac{d}{f}=\dfrac{l}{p}$，可得$d=\dfrac{f}{p}l$，因此，式（4-10）可写为：

$$D=\frac{f}{p}l+f+\delta \tag{4-11}$$

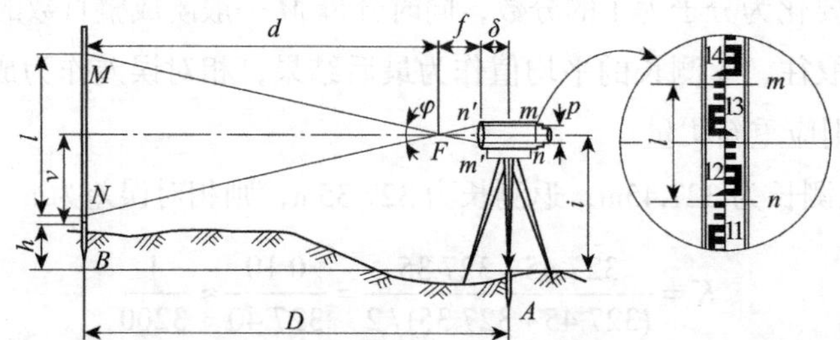

图 4-9　视线水平时视距测量原理

令$K=\frac{f}{p}$，称为视距乘常数；令 $C=f+\delta$，称为视距加常数，则有：

$$D=Kl+C \tag{4-12}$$

在设计望远镜时适当选择相关参数后，可使 $K=100$、$C\approx 0$。于是，视线水平时的视距公式为：

$$D=Kl \tag{4-13}$$

两点间的高差为：

$$h=i-v \tag{4-14}$$

式中　i——仪器高，即桩顶到仪器横轴中心的高度；

v——目标高或切尺高，即十字丝中丝在标尺上的读数。

在水准测量过程中视线是水平的，前、后视距就是利用式（4–13）这个原理得到的。

4.2.2　视准轴倾斜时的视距计算公式

在地面起伏较大的地区进行视距测量时，必须使视线倾斜才能读取视距间隔，如图 4–10 所示，由于视线不垂直于视距尺，故不能直接应用视线水平时的视距公式。如果能将视距间隔 MN 换算为与视线垂直的视距间隔 $M'N'$，这样就可按公式（4–13）计算倾斜距离 L，再根据 L 和竖直角 α 算出水平距离 D 及高差 h，因此解决这个问题的关键在于求出 MN 与 $M'N'$ 之间的关系。

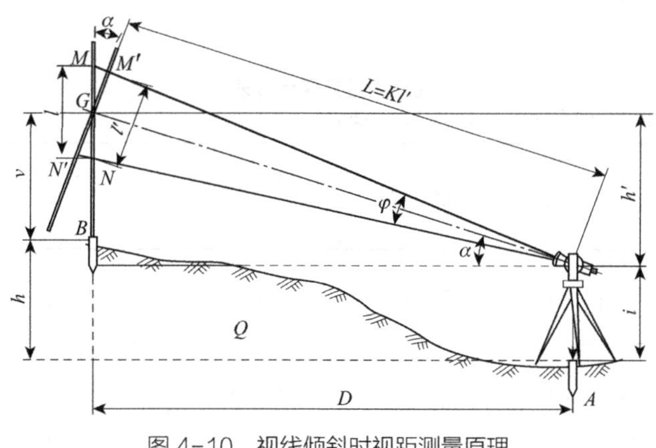

图 4–10　视线倾斜时视距测量原理

图中 φ 角很小，约为 34′，故可把 ∠ $GM'M$ 和 ∠ $GN'N$ 近似地视为直角，而 ∠ $M'GM$= ∠ $N'GN$=α，因此由图可看出 MN 与 $M'N'$ 的关系如下：

$$\begin{aligned} M'N' &= M'G+GN' = MG\cos\alpha + GN\cos\alpha \\ &= (MG+GN)\cos\alpha = MN\cos\alpha \end{aligned} \tag{4-15}$$

设 $M'N'$ 为 l'，则：

$$l'=l\cos\alpha \tag{4-16}$$

根据式（4–13）得倾斜距离：

$$L=Kl'=Kl\cos\alpha \tag{4-17}$$

所以 A、B 的水平距离为：

$$D=L\cos\alpha=Kl\cos^2\alpha \tag{4-18}$$

由图 4–10 可知，A、B 间的高差 h 为：

$$h=h'+i-v \tag{4-19}$$

由图 4–10 可知，$h'=L\sin\alpha=Kl\cos\alpha\sin\alpha=\frac{1}{2}Kl\sin2\alpha$ 或者 $h'=D\tan\alpha$。h' 称为初算高差或高差主值，将其代入式（4–19），可得：

$$h_{AB}=h'+i-v=\frac{1}{2}Kl\sin2\alpha+i-v=D\tan\alpha+i-v \tag{4-20}$$

4.2.3 视距测量的实施

施测时，如图 4–10 所示，安置经纬仪于 A 点，进行对中、整平，并量取仪器高 i，调节仪器成盘左状态，照准 B 点上的视距标尺，调节竖盘指标微动螺旋使竖盘指标水准管气泡居中或打开竖盘指标补偿器，分别读取上、下、中三丝的读数 M、N、V，计算尺间隔 $l=M-N$。再读取竖盘读数并计算竖直角 α，然后按式（4–18）和式（4–20）用计算器计算出水平距离和高差。用经纬仪进行视距测量的记录和计算，见表 4–1。

视距测量记录计算表 表 4–1

测站：KZ07　　测站高程：100.500m　　仪器高：1.420m

照准点号	下丝读数 / 上丝读数	视距间隔	中丝读数 v	竖盘读数	竖直角 α	水平距离 D（m）	高差 h（m）	高程 H（m）
1	1.768 / 0.934	0.834	1.350	92°45′06″	−2°45′06″	83.21	−3.93	96.57
2	2.182 / 0.660	1.522	1.420	95°27′36″	−5°27′36″	150.82	−14.42	86.08
3	2.440 / 1.862	0.578	2.150	88°25′00″	+1°35′00″	57.76	+0.87	101.37

4.3 光电测距

电磁波测距（Electro–magnetic Distance Measuring，简称 EDM）是用电磁波作为载波传输测距信号以测量两点间距离的一种方法。

电磁波测距仪分为以微波为载波的微波测距仪、以激光为载波的激光测距仪和以砷化镓（GaAs）发光二极管发出的不可见红外光为载波的红外测距仪。其中以光波（激光和红外光）为载波的测距仪又称为光电测距仪。

1948年，世界上第一台电磁波测距仪研制成功，它采用白炽灯发射的光波作载波，应用了大量的电子管元件，仪器相当笨重且功耗大。为避开白天太阳光对测距信号的干扰，只能在夜间作业，测距操作和计算都比较复杂。

1960年，世界上第一台红宝石激光器和第一台氦—氖激光器研制成功，1962年砷化镓半导体激光器研制成功。与白炽灯相比，激光的优点是发散角小、穿透力强、传输的距离远、不受白天太阳光干扰、基本上可以全天候作业。

随着半导体技术的发展，从20世纪60年代末70年代初起，采用砷化镓发光二极管作发光元件的红外测距仪逐渐在世界上流行起来。与激光测距仪相比，红外测距仪有体积小、质量轻、功耗小、测距快、自动化程度高等优点。由于红外光的发散角比激光大，所以红外测距仪的测程一般小于15km。现在的光电测距仪已经和电子经纬仪及计算机软硬件制造在一起，形成了全站仪，并向自动化、智能化和利用蓝牙技术实现测量数据的无线传输方向飞速发展。

光电测距仪按测程划分为短程（3km以内）、中程（3~15km）和远程（15km以上）。按测量精度划分为Ⅰ级、Ⅱ级和Ⅲ级。Ⅰ级测距中误差小于±（$1\text{mm}+1\times10^{-6}D$），Ⅱ级测距中误差小于±（$3\text{mm}+2\times10^{-6}D$），Ⅲ级测距中误差小于±（$5\text{mm}+5\times10^{-6}D$），大于±（$5\text{mm}+5\times10^{-6}D$）的则为等外级（《中、短程光电测距规范》GB/T 16818—2008）。

4.3.1　测距仪的精度指标

测距仪的测距精度是仪器的重要技术指标之一。测距仪的测距精度为：

$$m_D=\pm(a+b\times D) \tag{4-21}$$

式中　m_D——测距中误差，以“mm”为单位；

a——固定误差，以“mm”为单位；

b——比例误差，以“mm/km”为单位；

D——距离，以“km”为单位。

固定误差的单位为“mm”，它主要由仪器加常数的测定误差、对中误差、测相误差等引起。固定误差与测量的距离长短无关，即不管实际测量距离多长，全站仪将存在不大于该值的固定误差。全站仪的这部分误差一般在1~5mm之间；b和D的乘积形成比例误差。一旦距离确定，则比例误差部分就会确定。

固定误差与比例误差的绝对值之和，再冠以偶然误差±号，即构成全站仪测距精度。如徕卡TPS1100系列全站仪测距精度为±（$2\text{mm}+2\times10^{-6}D$）。当被测距离为1km时，仪器测距精度为±4mm，换句话说，全站仪1km的最大测距误差不大于±4mm；

当被测距离为 2km 时，仪器测距精度则为 ±6mm，全站仪 2km 的最大测距误差不大于 ±6mm。

特别需要指出的是，上述测距仪的测距精度亦称为全站仪的标称精度，是一种误差限差的概念，也就是说每台全站仪测距误差不得超过生产厂家提供的标称精度指标。所谓不得超过，可能出现的情况是有的仪器实际误差接近于这个限差，也可能有的小于或远小于这个限差，因此决不能把某台仪器的标称精度当作该仪器的实际精度，每台全站仪的实际测距精度是多少，要由计量部门检定后才能确定。

4.3.2 光电测距的基本原理

电磁波测距的基本原理是利用电磁波在空气中传播的速度已知这一特性，测定电磁波在被测距离 D 上往返传播的时间 t_{2D} 来求得距离值。如图 4–11 所示，当 A 点仪器发射的电磁波经 B 点棱镜反射后仍回到 A 点，则 AB 间的距离 D 为：

$$D=\frac{1}{2}c\times t_{2D}=\frac{1}{2}\frac{c_0}{n_g}t_{2D} \tag{4–22}$$

式中 c——光在大气中的传播速度；

c_0——光在真空中的传播速度，测得的精确值为 299792458 ± 1.2m/s；

t_{2D}——光在 AB 间往返传播的时间；

n_g——大气折射率（$n_g \geqslant 1$），它是光的波长 λ、大气温度 t 和气压 p 的函数。

由于 $n_g \geqslant 1$，所以 $c \leqslant c_0$，也即光在大气中的传播速度要小于其在真空中的传播速度。

由此可见，只要测出往返时间，即可计算出待测距离 D。但是，这种直接测距的方法实现起来非常困难，主要是对测定时间的精度要求很高，对电子元器件性能要求亦很高，在实践中往往是做不到的。但是，人们可以根据此原理采取改进的方法进行测距。在测距仪实际生产中，测量距离 D 的方法不是很多，按测定时间 t_{2D} 的方法，电磁波测距仪主要分为以下两种类型：

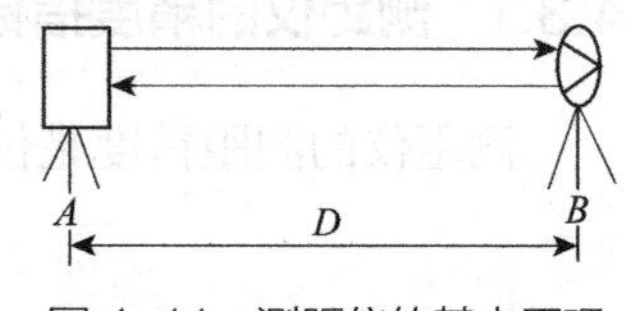

图 4–11 测距仪的基本原理

（1）脉冲式测距仪

它是直接测定仪器发出的脉冲信号往返于被测距离的传播时间 t，进而按式（4–22）求得距离值的一类测距仪。

（2）相位式测距仪

它是测定仪器反射测距信号往返于被测距离的滞后相位 φ 来间接推算信号的传播时间 t，从而求得所测距离的一类测距仪。

根据式（4–22），取 $c=3\times10^8$m/s，f=15MHz，当要求测距误差小于 1cm 时，通过计算可知：用脉冲法测距时，计时精度须达到 0.667×10^{-10}s；而用相位法测距时，测定相位的精度达到 0.36° 即可。目前，欲达到 10^{-10}s 的计时精度困难较大，而达到 0.36° 的测量相位精度则易于实现。所以，当前电磁波测距仪中相位式测距仪居多。

4.3.3　脉冲法测距原理

如图 4–12 所示，脉冲法测距使用的光源为激光器，它发射一束极窄的光脉冲射向目标，同时输出一电脉冲信号，打开电子门让标准频率发生器产生的时标脉冲通过并对其进行计数。光脉冲被目标反射后回到发射器，同样产生一电脉冲，关闭电子门终止时标脉冲通过。电子门开关的时间，即测距光脉冲往返的时间 t_{2D}。若其间通过的时标脉冲个数为 n，则：

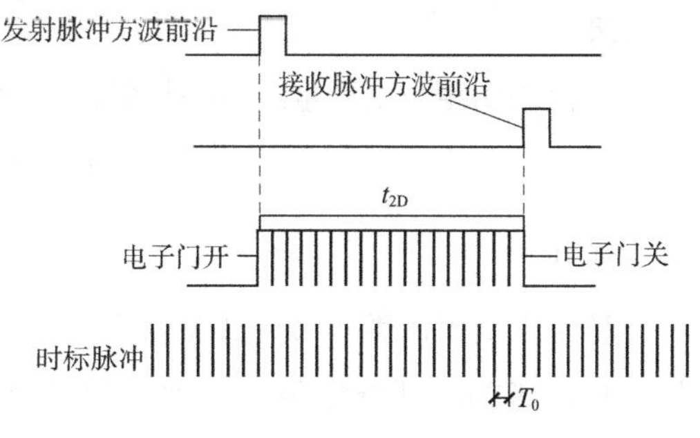

图 4–12　脉冲法测距原理

$$t_{2D}=n\times\frac{1}{f} \tag{4–23}$$

$$D=\frac{c}{2}\times\frac{n}{f}=\frac{\lambda}{2}\times n \tag{4–24}$$

式中　f——时标脉冲的频率；

$1/f$——周期；

λ——波长。

显然，$\lambda/2$ 即一个时标脉冲所代表的距离。

我们知道，波长与频率的乘积等于波每秒传播的距离，即波速 $c=\lambda\times f$。当电磁波频率等于 150MHz 时，其波长等于 2m，则一个时标脉冲代表的距离为 1m。当知道时标脉冲的个数时，待测距离就会很容易求出。脉冲法测距精度直接受到时间测定精度的限制，例如，如果要求测距精度 $\Delta D\leqslant$ 1cm，则要求时间测定的精度为：

$$\Delta t\leqslant 2\times\Delta D/c\approx 2/3\times 10^{-10}\text{s}$$

这就要求时标脉冲的频率 f 达到 15000MHz，目前的计数频率一般达到 150MHz 或 30MHz，计时精度只能达到 10^{-8}s 量级，即测距精度仅达到 1m 或 0.5m。

20 世纪 90 年代，随着脉冲测距技术的迅速发展，许多利用脉冲测距技术的全站仪都可达到毫米级精度。

4.3.4　相位法测距原理

相位法是当前使用最为广泛的测距方法。由于红外光的频率非常高，故直接测量其相位是不可能的。具体实现方法是对测距光波进行调制，使其幅度随着调制信号按正弦波形进行变化，从而形成调制光波即载波。测距时，电路对接收和发射时刻的载波相位进行比较 [即通过一定电路将载波的调制信号（包络线）取出来进行比较]，求

出其相位差 φ。将距离与时间的关系变成距离与相位的关系，通过测定相位差来求得距离。这种方法测量距离的精度可以达到厘米级，若采用超高频调制，精度可达毫米级。

相位法测距与钢尺量距有些相似，用尺长为 l 的钢尺丈量 AB 的距离 D 时可得：

$$D = Nl + \Delta l = l(N + \Delta N) \tag{4-25}$$

其中：

$$\Delta N = \Delta l / l \tag{4-26}$$

N 为所量得的整尺数，ΔN 为不足整尺的比例数。相位法测距就好像是以一种调制光波作尺子，尺子刻度用相位表示，仪器通过测量相位来测距离，测距结果自动显示。

在砷化镓（GaAs）发光二极管上加了频率为 f 的交变电压（即注入交变电流）后，它发出的光强就随注入的交变电流呈正弦变化，如图 4-13 所示，这种光称为调制光。

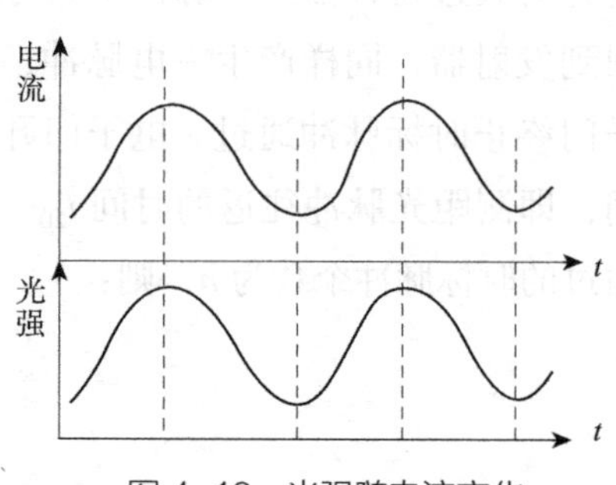

图 4-13　光强随电流变化

如图 4-14 所示，测距仪在 A 点发出调制光，该调制光在待测距离上传播，为了便于说明问题，将图中反光镜 B 返回的光波沿测线方向展开画出，调制光经反射镜反射后被接收器所接收，然后用相位计将发射信号与接收信号进行比较，由显示器显示出调制光在待测距离往、返传播所引起的相位移为 φ，图中所示的相位移为 φ，相应地代表了光波走过的往返距离 $2D$。

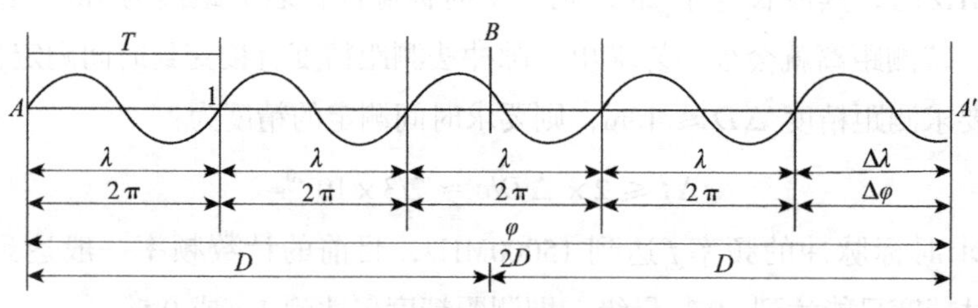

图 4-14　相位法测距原理图

$$\varphi = 2\pi N + \Delta\varphi = 2\pi\left(N + \frac{\Delta\varphi}{2\pi}\right) = 2\pi \times (N + \Delta N) \tag{4-27}$$

式中　N——φ 中 2π 的整周期数；

$\Delta\varphi$——不足整周期的尾数，$\Delta\varphi < 2\pi$；

ΔN——不足整周期的比例数，$\Delta N = \dfrac{\Delta\varphi}{2\pi} < 1$。

由物理学知，调制波在传播过程中产生的相位移 φ 等于调制波的角频率 ω 乘以时间 t，即 $\varphi = \omega \times t$。而角频率 ω 又等于调制波的频率 f 乘以 2π，即 $\omega = 2\pi \times f$，则：

$$t=\frac{\varphi}{\omega}=\frac{\varphi}{2\pi f} \tag{4-28}$$

将式（4–28）代入式（4–22），则得：

$$D=\frac{1}{2}ct=\frac{1}{2}c\frac{\varphi}{2\pi f}=\frac{c}{2f}\frac{\varphi}{2\pi} \tag{4-29}$$

光传播过程中波速（c）、波长（λ）和频率（f）的关系为：

$$c=f\lambda \tag{4-30}$$

令式（4–29）中$\frac{c}{2f}=\frac{\lambda}{2}=\mu$，并将式（4–27）代入式（4–29）有：

$$D=\frac{c}{2f}\frac{\varphi}{2\pi}=\frac{\lambda}{2}(N+\Delta N)=\mu(N+\Delta N) \tag{4-31}$$

式（4–31）是光电测距仪的基本公式。由该式可以看出，c、f为已知值，只要知道相位移的整周期数N和不足一个整周期的相位移$\Delta\varphi$，即可求得距离值。将式（4–31）与式（4–25）相比，把半波长$\frac{\lambda}{2}$当作光“测尺”的长度，亦称为单位长度，在测距中可以把它当作一把量距的尺子，简称为“光尺”或“电尺”，亦称为测尺长度，则距离D也像钢尺量距一样，成为N个整测尺长度与不足一个整测尺长度之和。测尺长度与调制频率（概值）的关系见表4–2。

不同调制频率对应的测尺长　　　　表4–2

测尺长度（$\frac{\lambda}{2}$）	1m	1.5m	10m	20m	100m	1km	2km	10km
测尺频率	150MHz	100 MHz	15MHz	7.5MHz	1.5MHz	150kHz	75kHz	15kHz
精度	1mm	1.5mm	1cm	2cm	10cm	1m	2m	10m

式（4–31）中，μ为：

$$\mu=\frac{\lambda}{2}=\frac{c}{2f}=\frac{c_0}{2n_g f} \tag{4-32}$$

式中　c_0——光在真空中传播的速度c_0=299792458 ± 1.2m/s；

n_g——大气折射率，它是载波波长、大气温度、气压的函数。

在使用式（4–31）时，仪器上的测相装置只能分辨0~2π之间的相位值，即只能测出不足一个全周期的相位差$\Delta\varphi$，测不出全周期N。仪器测相精度为1/1000，1km的测尺精度只能达到米级，测尺越长、精度越低。目前测距仪常采用多个调制频率（即几个测尺）进行测距，用短测尺（精尺）测定精确小数，用长测尺（粗尺）测定距离大数。如同钟表上用时、分、秒针相互配合来确定精确的时刻一样。

例如，某测距仪以10m作精测尺，显示米位及米位以下距离值，以2000m作为粗测尺，显示千米位、百米位、十米位距离值。如实测距离为1382.658m，则精测显示2.658m，粗测显示1380m，仪器显示的距离为1382.658m。

4.3.5 光电测距新技术

1. 先进的超高频测距高频信号处理技术

前面提到测距仪为了求出完整的距离，采用多把测尺也就是多个调制频率的方法来解决问题。测尺最短的调制信号频率称为精测频率，简称“精尺”；测尺最长的调制信号频率称为粗测频率，简称“粗尺”。如果待测距离超出千米，还需增加第三把测尺，因此每台测距仪都是根据仪器的测程范围来设置调制频率的个数的。

显然，测尺越短，频率越高，测距精度越高，但由于测相器的分辨率和精度有限，以及全站仪电路噪声、背景噪声等原因，大幅度提高精测频率的技术难度很大。

目前，世界上最高的测距信号频率达到了150MHz，并在国产全站仪上亦得到了应用，这对提高国产全站仪的测距精度起到了决定性的作用。

大量测试结果表明，这种利用高频技术测距的全站仪工作稳定、数据离散不大、受环境条件的影响小，其测距精度远高于全站仪本身的标称精度，从而充分证明了高频测距技术的成熟性、可靠性和先进性。

2. 先进的动态测距频率校正技术

测距频率是决定测距精度的重要因素，它的稳定与否直接关系着测距仪比例误差的大小。测距频率由石英晶体振荡器产生，它的频率稳定度一般只能达到 $\pm 5\times 10^{-5}$。实际测距时，环境气象条件的变化，特别是温度的变化，将直接影响晶体振荡器的稳定，因此生产厂家采取很多措施来保证晶体振荡器的频率稳定度，如采用被动“保姆”式的温补测距频率稳定技术。还有的厂家采取晶振器件老化的方法保证晶体振荡器的频率稳定度。一般来说器件使用初期老化进程最快，为了不把这种变化带给用户，工厂在仪器制造时先进行晶体老化工作，这样在仪器投入使用后老化进程将变得极为缓慢。

对测距频率的控制除晶振器件老化外，还可使用另外一种独特的方法，即动态频率校正技术。下面简述其工作原理。

一般来说，从作用和所代表的意义来划分，测距仪具有三种不同类型的频率：

（1）标称频率（Nominal Frequency），即仪器的标称精测频率。

（2）发射频率，或称实际频率（Effective Frequency），即来自晶体振荡器的调制频率。

（3）计算频率（Calculated Frequency），它用来对发射频率进行校正，但这种校正并不直接应用于发射频率，而是通过自动测相环节的计算过程来进行。

在生产过程中除对晶体进行老化外，还可对晶体在整个温度范围内的变化进行严格的测试，得出其在标准温度下的频率 F_0，同时测出在其他温度状态下的三个温度系数 K_1、K_2、K_3，求出晶体随温度变化的多项式函数曲线和表达式，即：

$$f(t)=F_0+K_1t+K_2t^2+K_3t^3 \tag{4-33}$$

其工作原理如图 4-15 所示。

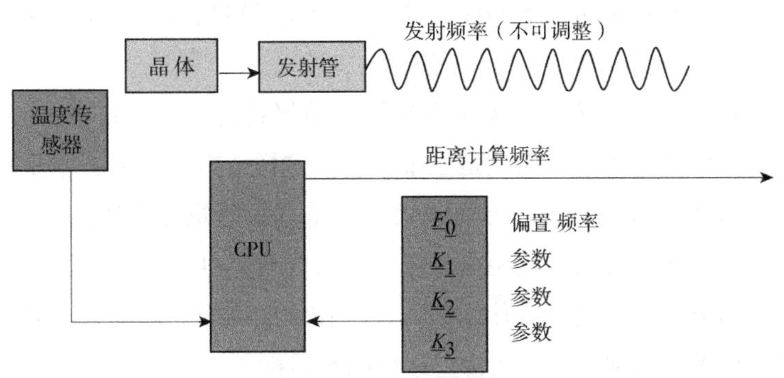

图 4-15 动态频率校正技术原理

测距仪工作时，将受到环境、自身元器件运作时发热等温度的影响。因此，晶体振荡器频率即测距频率必然会产生变化。测距仪内部的温度传感器适时地测出此时晶体附近的温度，将其传送至 CPU，代入 K_1、K_2、K_3 所组成的温度表达式对 F_0 进行校正，得出该温度状态下的计算频率和测尺来参与最终距离解算。由于这一过程与发射、接收过程同步进行，动态地对测尺进行校正，因此可以有效地保证实际测距频率参与计算的准确性和可靠性，从而大大提高了距离测量的精度。

3. 无棱镜相位式激光测距技术

无棱镜测距又叫作无接触测距，指的就是测距仪光束经自然表面反射后直接测距。

在一台全站仪的测距头里，安装有两个光路同轴的发射管，提供两种测距方式。一种方式为 IR，它可以发射利用棱镜和反射片进行测距的红外光束，具有 780nm 的波长，单棱镜可测距离达 3000m，精度为 ±（$2mm+2\times10^{-6}D$）；另一种方式为 RL，它可以发射可见的红色激光束，其波长为 670nm，不用反射（或反射片）可测距离达 80m，精度为 ±（$3mm+2\times10^{-6}D$）。这两种测量方式的转换可通过仪器键盘上的操作控制内部光路来实现，由此引起的不同的常数改正会由系统自动修正到测量结果上。但是，无论使用哪种测距方式，其原理均为相位法测距原理。其精测频率为 100MHz，相应的精测尺长为 1.5m，粗测尺长最大可达 12km。

通常脉冲法测距具有测程远的优势，而相位法测距则有精度高的优势。脉冲法用测量发射和接收信号之间的时间间隔来计算距离，多次测量得出平均距离；相位法则使用连续信号，以不同的频率来调制基本信号，测出发射和接收信号之间的相位差，从而求出被测距离。

无棱镜相位式激光测距是把经过正弦电信号幅度调制的激光束照射到被测目标，解调出被测目标反射光信号中的电信号，并与调制前的电信号进行相位比较，从而计算出光束传播时间，得到测试仪器与测试目标间的距离。

无棱镜相位式激光测距采用激光管作为信号源，这将提供更强的信号功率来进行无棱镜测距。这种无棱镜测距方式不仅可在近距离测量中使用，还可以进行远距离测量。当使用单棱镜时，测程最远可达 5000m，其测距精度仍然是 ±（$3mm+2\times10^{-6}D$）。现今，该测距技术已在大多数国产全站仪得到应用。

对测量无法接触的点位来讲，无反射棱镜全站仪具有巨大的先进性，使用它可以很容易地获得被测点的位置信息，而且是三维信息。这样一方面省去了作业员的奔波之苦，作业强度和危险性大大降低，另一方面也对一些重要的建筑（比如文物）起到了一定的保护作用。在无棱镜相位式激光测距中，还可以打开可见红激光束来提供目标点的位置，激光点打在什么地方，仪器就测到什么地方，这在坑道剖面测量或室内测量时特别有用，因为当测量的环境条件不利时其可代替望远镜瞄准目标。

4.3.6 全反射棱镜

光电测距一般需要在测线另一端安置反射器，反射器分为全反射棱镜和反射片两种，前者用于较长距离的精密测距，如图 4–16 所示；后者用于较近距离测距，如图 4–17（*d*）所示。

全反射棱镜（简称棱镜）是用光学玻璃磨制的直角三棱锥体，如同从正方体上切下的一角，如图 4–16（*a*）（*b*）所示，切割面垂直于正方体的对角线。三个直角面为反射面，要求严格相互垂直。入射光线经过三个垂直面的三次全反射后，出射光线与入射光线平行，且不同光线在棱镜内部不同反射路径的光程相等。棱镜实物加工时，磨去切割面上的三个棱角，装上棱镜外框，仅露出切割面，如图 4–16（*c*）所示。

由于光在玻璃中的折射率为 1.5~1.6，即光在玻璃中的传播要比在空气中慢，因此光在棱镜中传播所用的超量时间会使所测距离增大某一数值，称为棱镜常数。棱镜常数的大小与棱镜直角玻璃锥体的尺寸和玻璃的类型有关，棱镜常数一般在厂家所附的说明书

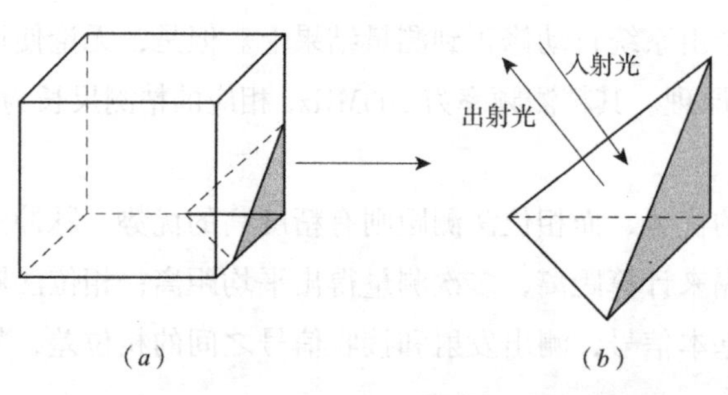

(*c*)

图 4–16 反射棱镜构造

或棱镜上标出，供测距时使用。

反射棱镜安置在基座和对中杆脚架上，通过基座上的光学对中器和长气泡可以实现严格的对中整平，通过对中杆脚架上的圆气泡可实现对中杆基本垂直。基座用于高精度测距，对中杆脚架用于较低精度的测距，如图 4–17（*a*）（*b*）（*c*）所示。

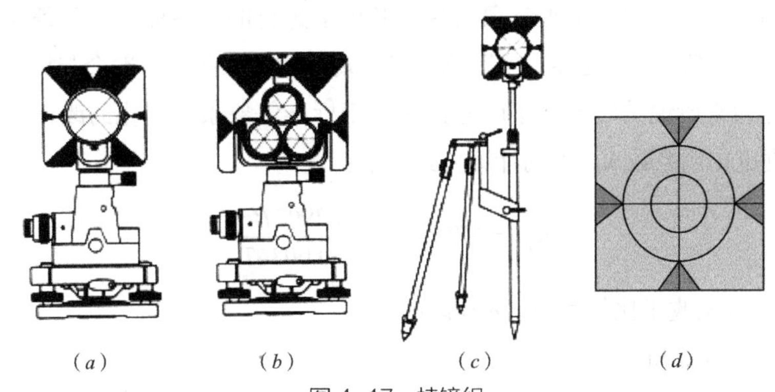

（*a*）　（*b*）　（*c*）　（*d*）

图 4-17　棱镜组

（*a*）单棱镜组；（*b*）三棱镜组；（*c*）对中杆棱镜组；（*d*）60mm × 60mm 反光片

4.3.7　测距边长的改正

设测距仪测定的是斜距，并且也未预置仪器常数，因而需对所测斜距进行仪器加常数、乘常数和气象改正，求得改正后的倾距，最后进行倾斜改正，求得水平距离。

现在全站仪都可进行改正数预置，测量时自动进行改正，无须计算。

1. 加常数改正

加常数是由发光管的发射面、接收面与仪器中心不一致，反光镜的等效反射面与反光镜中心不一致，内光路产生相位延迟及电子元件的相位延迟等因素的影响所致，其单位为“mm”，用 ΔD_1 表示。新出厂的仪器，厂家已测定其加常数并预置到仪器内部，测距时自动改正。

2. 乘常数改正

仪器的测尺长度与仪器振荡频率有关，仪器经过一段时间使用，晶体会老化，致使测距时仪器的晶体振荡频率与设计时的频率有偏移，因此产生与测量距离成正比例的系统误差，其比例因子称为乘常数 K，其单位是 10^{-6}mm/km。如晶振有 15Hz 误差，会产生 1×10^{-6}mm/km 的系统误差，1km 的距离将产生 1mm 误差。每台仪器均存在乘常数，只是大小不同而已。一般大的有十几个 10^{-6}mm/km，小的则有零点几个 10^{-6}mm/km，甚至可以忽略不计。用户可根据测量任务对精度的要求，来决定是否在数据处理时加上这项改正。乘常数的改正用 ΔD_2 表示。

全站仪的加常数和乘常数由国家法定计量单位在仪器检定证书上给出。

3. 气象改正

全站仪在测距作业中必须进行气象改正，即通过测量作业现场的温度 T（Temperature）、气压 P（Pressure）及湿度 H（Humidity，该项仅在高精度测量时使用），按照一定的气象改正公式，求出气象改正比例系数 K_{PT} 以及距离改正数 ΔD_3。不同厂家的全站仪，其气象改正公式不同。

全站仪的气象改正是在标准气象条件的基础上进行的。在标准气象条件下，全站仪的气象改正比例系数 K_{PT} 值为零。实际测量时，现场的气象条件一般会与标准气象条件有所不同，因此通常所说的气象改正就是指相对于标准气象条件变化的改正。国产某型号全站仪气象改正比例系数 K_{PT} 值的计算公式如下：

$$K_{PT}=278.960-\frac{0.2902P}{1+0.0036T} \tag{4-34}$$

式中 K_{PT}——气象改正比例系数，mm/km；

P——气压，hPa；

T——温度，℃。

在全站仪的使用手册中，关于气象改正比例系数的获得方法一般有三种：

（1）用户直接输入温度 T、气压 P，由全站仪自动算出。

（2）根据气象改正图表，由用户查出相应的气象改正比例系数值。

（3）厂家提供气象改正公式，由用户通过计算机或计算器算出。

在全站仪上设有输入对话框，不但可以直接输入温度 T、气压 P，对测得的距离自动进行气象改正，还可以将通过查表或其他方式得出的气象改正比例系数值直接输入进行改正。

4. 测距边长的改正计算

斜距的改正计算公式如下：

$$S=S^1+\Delta D_1+\Delta D_2+\Delta D_3 \tag{4-35}$$

式中 S——斜距改正后值；

S^1——仪器显示的斜距值；

ΔD_1——加常数改正，mm；

ΔD_2——乘常数改正，$\Delta D_2=K\cdot S^1$，K 的单位为 mm/km，S^1 的单位为 km；

ΔD_3——气象改正，$\Delta D_3=K_{PT}\cdot S^1$，$K_{PT}$ 的单位为 mm/km，S^1 的单位为 km，气象改正以仪器说明书为准。

在全站仪的使用中，仪器新出厂时，加常数改正数已预置到仪器内部，测距时自动改正；乘常数改正可以忽略不计；气象改正在测距前通过输入温度、气压，测距时自动改正。因此，测距时只要加上气象改正，得出的斜距就是正确的斜距值。

5. 倾斜改正

测距仪经过前几项改正后的距离是测距仪几何中心到反光镜几何中心的斜距，要改算成平距还应进行倾斜改正。全站仪测距时可测出天顶距 VZ，计算出竖直角 α，并用下式计算平距：

$$D = S\sin VZ = S\times\cos\alpha \tag{4-36}$$

式中 S——斜距改正后的值；

VZ——竖盘读数，即天顶距；

α——视线倾角，即垂直角度。

4.4 直线定向与坐标计算原理

4.4.1 直线定向

确定地面上两点之间的相对位置，仅知道两点之间的水平距离是不够的，还必须确定此直线与标准方向之间的水平夹角，确定直线与标准方向之间的水平角度称为直线定向。

1. 标准方向的种类

（1）真子午线方向

通过地球表面某点的真子午线的切线方向，称为该点的真子午线方向，其北端所示方向称为真北方向。真北方向是用天文测量方法或用陀螺经纬仪（或陀螺全站仪）测定的。

（2）磁子午线方向

磁子午线方向是磁针在地球磁场作用下，磁针自由静止时其轴线所指的方向，其北端所指方向称为磁北方向。磁北方向可用罗盘仪测定。

（3）坐标纵轴方向

第 1 章已述及，我国采用高斯平面直角坐标系，每一 6° 带或 3° 带内都以该带的中央子午线作为纵轴，因此该带内直线定向就用该带的坐标纵轴方向作为标准方向，坐标纵轴（X 轴）正向所示方向称为坐标北方向。如采用假定坐标系，则用假定的坐标纵轴（X 轴）作为标准方向。同一平面直角坐标系内各点的坐标北方向都是相互平行的。

在测量工作中，通常把以上三个基本方向合称为“三北方向”。

2. 表示直线方向的方法

测量工作中，采用方位角来表示直线的方向。由标准方向的北端起，顺时针方向量到某直线的夹角称为该直线的方位角，角值为 0°~360°。

如图 4–18 所示，若标准方向 ON 为真子午线方向，并用 A 表示真方位角，则 A_1、A_2、A_3、A_4 分别为直线 $O1$、$O2$、$O3$、$O4$ 的真方位角。若 ON 为磁子午线方向，则各角分别为相应直线的磁方位角，磁方位角用 A_m 表示。若 ON 为坐标纵轴方向，则各角分别为相应直线的坐标方位角，用 α 表示。

3. 几种方位角之间的关系

（1）真方位角与磁方位角之间的关系

由于地磁南北极与地球南北极并不重合，因此，过地面上某点的真子午线方向与磁子午线方向常不重合，两者之间的夹角称为磁偏角，如图 4–19 中的 δ。磁针北端偏于真子午线以东称东偏，偏于真子午线以西称西偏。直线的真方位角与磁方位角之间可用下式进行换算：

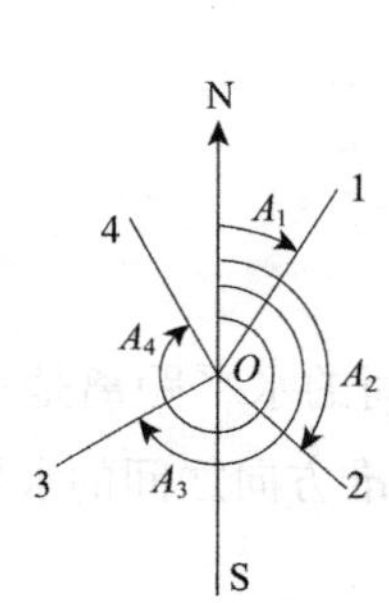

图 4-18　表示直线方向的方法

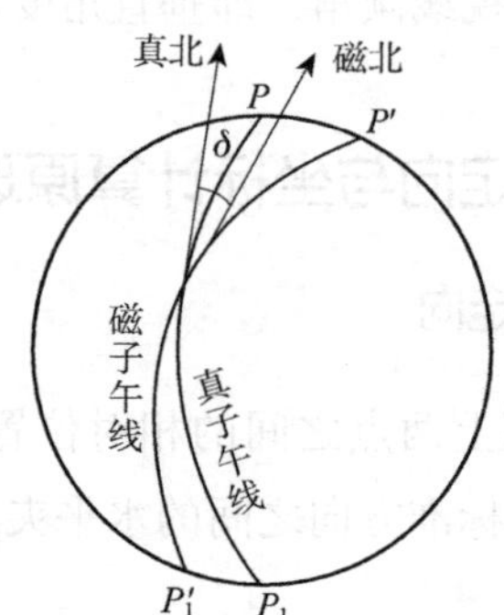

图 4-19　真方位角与磁方位角

$$A = A_m + \delta \tag{4-37}$$

式（4–37）中的 δ，东偏取正值，西偏取负值。我国磁偏角的变化大约在 –10°~6° 之间。

（2）真方位角与坐标方位角之间的关系

中央子午线在高斯平面上是一条直线，作为该带的坐标纵轴，而其他子午线投影后为收敛于两极的曲线，如图 4–20 所示。图中地面点 M、N 等点的真子午线方向与中央子午线之间的夹角称为子午线收敛角，用 γ 表示，γ 角有正有负。在中央子午线以东地区，各点的坐标纵轴偏在真子午线的东边，γ 为正值；在中央子午线以西地区，各点的坐标纵轴偏在真子午线的西边，γ 为负值。真方位角与坐标方位角之间的关系如图 4–21 所示，可用下式进行换算：

$$A_{12} = \alpha_{12} + \gamma \tag{4-38}$$

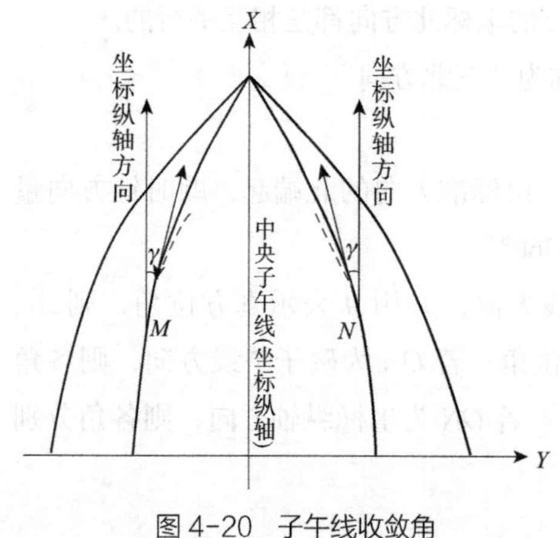

图 4-20　子午线收敛角

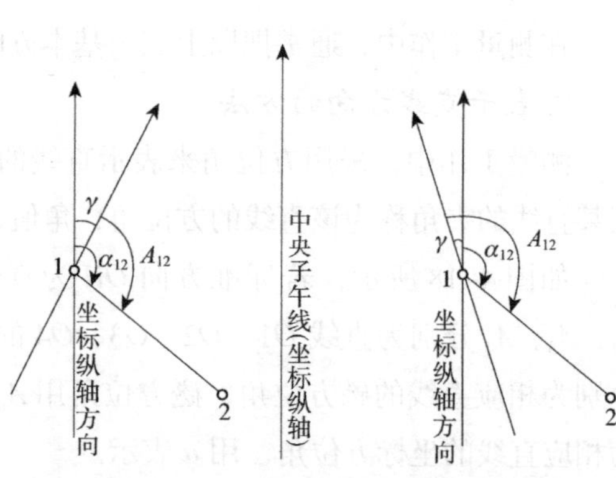

图 4-21　真方位角与坐标方位角

（3）坐标方位角与磁方位角之间的关系

若已知某点的磁偏角 δ 与子午线收敛角 γ，则坐标方位角与磁方位角之间的换算式为：

$$\alpha = A_m + \delta - \gamma \tag{4-39}$$

4.4.2　用罗盘仪测定磁方位角

1. 罗盘仪的构造

罗盘仪是测量直线磁方位角的仪器，如图 4–22 所示。该仪器构造简单、使用方便，但精度不高，外界环境对仪器的影响较大，如钢铁建筑和高压电线都会影响其精度。当测区内没有国家控制点可用，需要在小范围内建立假定坐标系的平面控制网时，可用罗盘仪测量磁方位角，作为该控制网起始边的坐标方位角。罗盘仪的主要部件有磁针、刻度盘、望远镜和基座。

（1）磁针：磁针用人造磁铁制成，磁针在度盘中心的顶针尖上可以自由地转动。为了减轻顶针尖的磨损，在不用时，旋紧位于底部的固定螺旋，升高杠杆，将磁针固定在玻璃盖上。

（2）刻度盘：用钢或铝制成的圆环，随望远镜一起转动，每隔 10° 有一注记，按逆时针方向从 0° 注记到 360°，最小分划为 1° 或 30′。刻度盘内装有一个圆水准器或两个相互垂直的管水准器，气泡调至居中，使罗盘水平。

（3）望远镜：与经纬仪的望远镜结构基本相似，也有物镜对光螺旋、目镜对光螺旋和十字丝分划板等，望远镜的视准轴与刻度盘 0° 分划线共面，如图 4–23 所示。

（4）基座：采用球臼结构，松开球臼接头螺旋，可摆动刻度盘，使水准气泡居中，度盘处于水平位置，然后拧紧接头螺旋。

2. 罗盘仪的使用

如图 4–23 所示，欲测直线 *AB* 的磁方位角，将罗盘仪安置在直线起点 *A*，挂上垂球对中，松开球臼接头螺旋，用手摆动刻度盘，使水准气泡居中，拧紧球臼接头螺旋，使仪器处于对中和整平的状态。松开磁针固定螺旋，让它自由转动，然后转动罗盘，用望远镜照准目标 *B* 点标志，待磁针静止后，按磁针北端所指的度盘分划值读数，即为 *AB* 边的磁方位角值。

使用罗盘仪时，要避开高压电线和避免铁质物体接近罗盘，在测量结束后，要旋紧固定螺旋将磁针固定。

4.4.3　正、反坐标方位角及推算

在测量工作中，任何直线都是有方向的。如图 4–24 所示，直线以 *A* 为起点，*B* 为终点。过起点 *A* 坐标纵轴的北方向与直线 *AB* 的夹角 α_{AB} 称为直线 *AB* 的正方位角，过终点 *B* 坐标纵轴的北方向与直线 *BA* 的夹角 α_{AB} 称为直线 *AB* 的反方位角。

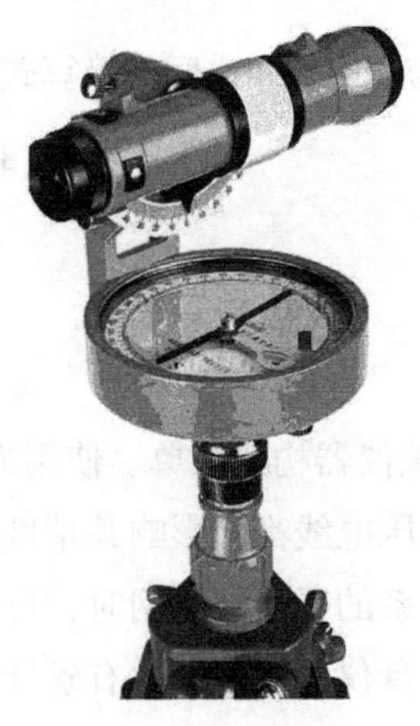

图 4-22 罗盘仪

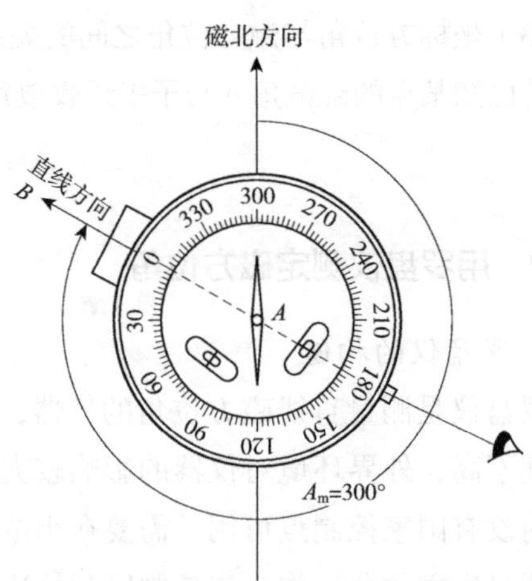

图 4-23 用罗盘仪测定磁方位角

由于坐标北方向是平行的，所以一条直线的正、反坐标方位角相差 180°，即有：

$$\alpha_{正} = \alpha_{反} \pm 180° \tag{4-40}$$

由于真子午线的不平行性，以及磁子午线方向随不同地点而变化，而坐标北方向是相互平行的，因此在测量工作中通常采用坐标方位角来表示直线的方向。

在测量工作中，几乎所有直线的坐标方位角都不是直接测定的，而是通过与已知边的连测，用与相邻边的水平夹角推算得出的。

在图 4-25 中，β 为 AB 边与 BC 边的水平夹角（转折角），若已知 AB 边的坐标方位角 α_{AB}，利用测定的转折角 β，可求得 BC 边的坐标方位角 α_{BC}。若 β 角位于推算路线 $A \rightarrow B \rightarrow C$ 前进方向的左侧，称为左角。

$$\alpha_{BC} = \alpha_{AB} \pm 180° + \beta_{左} \tag{4-41}$$

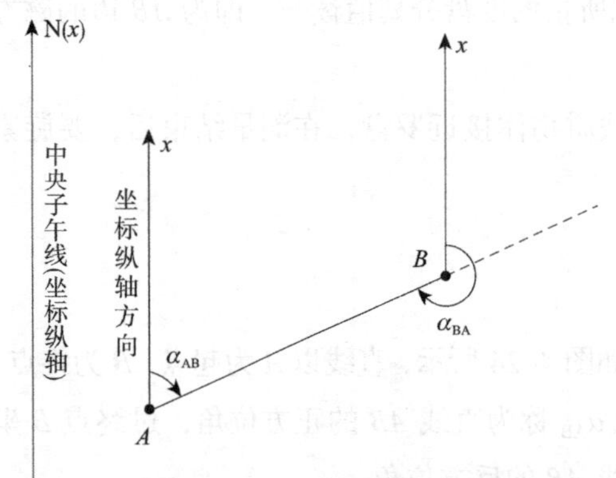

图 4-24 正、反坐标方位角

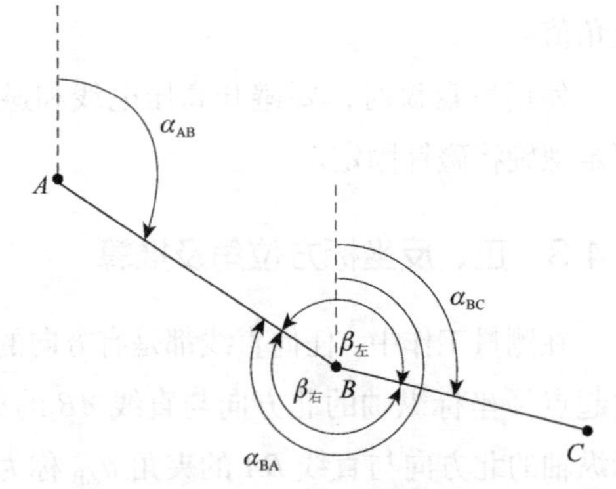

图 4-25 方位角的推算

若 β 角位于推算路线 $A \rightarrow B \rightarrow C$ 前进方向的右侧，称为右角。

$$\alpha_{BC}=\alpha_{AB}\pm 180°-\beta_{右} \tag{4-42}$$

推算坐标方位角的规律可概括为：

$$\alpha_{前}=\alpha_{后}\pm 180°\pm\beta_{右}^{左} \tag{4-43}$$

前一边的坐标方位角等于后一边的坐标方位角加左角（减右角），再 ± 180°。在计算中，若计算结果大于 360° 应减去 360°，计算结果为负值时应加上 360°。

4.4.4 象限角

在测量工作中，也可以用象限角表示直线的方向。从基本方向的北端或南端起，顺时针或逆时针计算到某直线的夹角称为象限角，角值从 0°~90°，用 R 表示，如图 4–26 所示。

平面直角坐标系分为四个象限，以Ⅰ、Ⅱ、Ⅲ、Ⅳ表示。由于象限角可以自北端或南端量起，所以表示直线方向时，不仅要注明其角度的大小，还要注明其所在的象限。方位角与象限角的换算关系见表 4–3。

方位角与象限角的换算关系 **表 4–3**

直线方向	由方位角推算象限角	由象限角推算方位角
第一象限Ⅰ	$R_1=\alpha_1$	$\alpha_1=R_1$
第二象限Ⅱ	$R_2=180°-\alpha_2$	$\alpha_2=180°-R_2$
第三象限Ⅲ	$R_3=\alpha_3-180°$	$\alpha_3=180°+R_3$
第四象限Ⅳ	$R_4=360°-\alpha_4$	$\alpha_4=360°-R_4$

4.4.5 坐标正算与反算

1. 平面直角坐标系

如图 4–27 所示，点的平面位置是以点到纵横轴的垂直距离来表示的。点到坐标横轴的距离叫作该点的纵坐标，以 X 来表示；点到坐标纵轴的距离叫作该点的横坐标，以 Y 来表示。象限的编号按顺时针进行。

2. 坐标增量

两点的坐标之差称为坐标增量，用 ΔX、ΔY 表示。A 至 B 点的坐标增量为：

$$\begin{aligned}\Delta X_{AB}&=X_B-X_A=X_{终点}-X_{起点}\\ \Delta Y_{AB}&=Y_B-Y_A=Y_{终点}-Y_{起点}\end{aligned} \tag{4-44}$$

反之 B 至 A 点的坐标增量为：

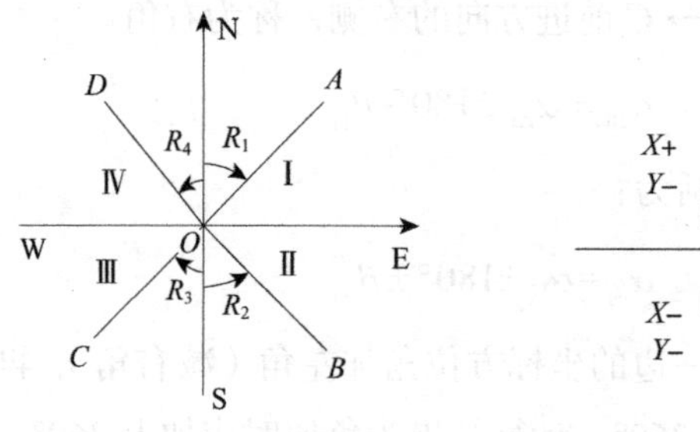

图 4-26　象限角　　　　图 4-27　平面直角坐标系

$$\begin{aligned}\Delta X_{BA} &= X_A - X_B \\ \Delta Y_{BA} &= Y_A - Y_B\end{aligned} \quad (4\text{–}45)$$

A 至 B 和 B 至 A 的坐标增量绝对值相等、符号相反，可见一直线坐标增量的正负决定于直线的方向。

在测量工作中，应用 ΔX、ΔY 解决两类问题。

（1）正算：依直线起点的坐标和线段长度、方位角求直线终点的坐标。

（2）反算：依直线起点和终点的坐标计算直线的水平距离和方位角。

3. 坐标正算

如图 4–28 所示，1 点至 2 点的坐标增量为：

$$\begin{aligned}\Delta X_{1,2} &= D_{1,2} \times \cos\alpha_{1,2} \\ \Delta Y_{1,2} &= D_{1,2} \times \sin\alpha_{1,2}\end{aligned} \quad (4\text{–}46)$$

则 2 点坐标为：

$$\begin{aligned}X_2 &= X_1 + \Delta X_{1,2} = X_1 + D_{1,2} \times \cos\alpha_{1,2} \\ Y_2 &= Y_1 + \Delta Y_{1,2} = Y_1 + D_{1,2} \times \sin\alpha_{1,2}\end{aligned} \quad (4\text{–}47)$$

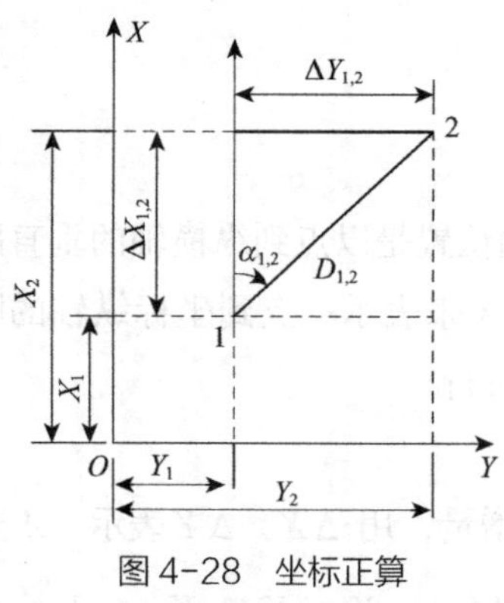

图 4–28　坐标正算

坐标增量的正负取决于直线方位角的大小和它所在的象限，图 4–29 表示了在四个象限中坐标增量的正负情况。

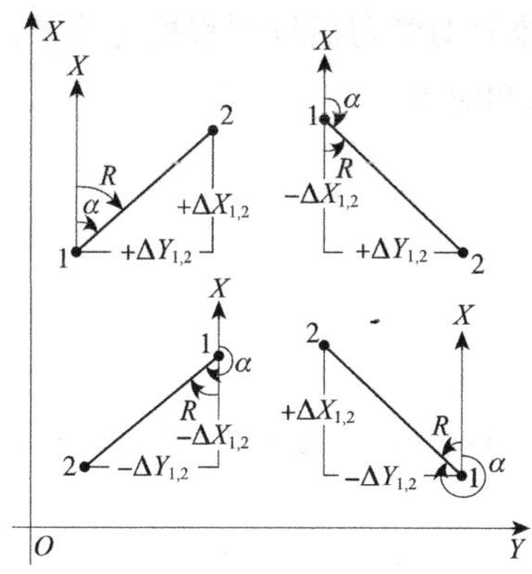

图 4-29　坐标增量的正负情况

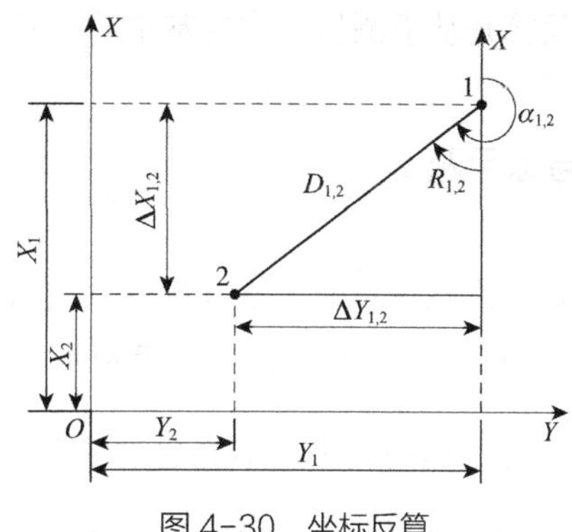

图 4-30　坐标反算

4. 坐标反算

如图 4-30 所示，根据三角原理有：

$$\Delta X_{1,2}=X_2-X_1$$
$$\Delta Y_{1,2}=Y_2-Y_1$$
$$\alpha_{1,2}=\tan^{-1}\frac{\Delta Y_{1,2}}{\Delta X_{1,2}}=\tan^{-1}\frac{Y_2-Y_1}{X_2-X_1} \tag{4-48}$$
$$D_{1,2}=\sqrt{\Delta X_{1,2}^2+\Delta Y_{1,2}^2}=\frac{\Delta Y_{1,2}}{\sin\alpha_{1,2}}=\frac{\Delta X_{1,2}}{\cos\alpha_{1,2}}$$

【例 4-1】已知 X_1=1234.57m，Y_1=7654.32m，$\alpha_{1,2}$=221°16′，$D_{1,2}$=246.28m，求 X_2、Y_2。

【解】$\Delta X_{1,2}=246.28\times\cos 221°16' =-185.12\text{m}$

$\Delta Y_{1,2}=246.28\times\sin 221°16' =-162.44\text{m}$

$X_2=X_1+\Delta X_{1,2}=X_1+D_{1,2}\times\cos\alpha_{1,2}=1234.57-185.12=1049.45\text{m}$

$Y_2=Y_1+\Delta Y_{1,2}=Y_1+D_{1,2}\times\sin\alpha_{1,2}=7654.32-162.44=7491.88\text{m}$

【例 4-2】已知 X_1=1234.765m，Y_1=8059.887m，X_2=990.683m，Y_2=7974.371m，求 $\alpha_{1,2}$、$D_{1,2}$。

【解】
$$\alpha_{1,2}=\tan^{-1}\frac{\Delta Y_{1,2}}{\Delta X_{1,2}}=\tan^{-1}\frac{Y_2-Y_1}{X_2-X_1}=\tan^{-1}\frac{7974.371-8059.887}{990.683-1234.765}=\tan^{-1}\frac{-85.516}{-244.082}=199°18'30''$$
$$D_{1,2}=\sqrt{\Delta X_{1,2}^2+\Delta Y_{1,2}^2}=\frac{\Delta Y_{1,2}}{\sin\alpha_{1,2}}=\frac{\Delta X_{1,2}}{\cos\alpha_{1,2}}=\sqrt{(-85.516)^2+(-244.082)^2}=258.629\text{m}$$

【本章小结】

距离测量的方法有钢尺量距、视距测量和光电测距，在我国由于全站仪的普及，光电测距已成为主要的距离测量方法。本章应重点掌握光电测距的原理，测距边长的改正计算。结合实践教学，熟练掌握全站仪测距模式的操作技术。

建立直线定向的概念，熟练掌握坐标方位角的推算对学习后续课程极为重要，坐标正算与反算是从事测量工作的基本功，必须正确理解和应用。

【思考与练习题】

1. 试述距离测量的方法有哪些？其精度如何？

2. 用钢尺往、返丈量了一段距离，其平均值为 184.26m，要求量距的相对误差为 $\frac{1}{5000}$，问往、返距离之差不能超过多少？

3. 用钢尺丈量 AB 两点间的距离，往测为 233.35m，返测为 233.43m，试计算量距的相对误差。

4. 试述光电测距仪的测距原理有哪几种？测距边长应加哪几项改正？

5. 试述光电测距仪相位法的测距原理。

6. 光电测距仪为什么需要"精尺"和"粗尺"？

7. 什么叫直线定向？标准方向的种类有哪几种？

8. 什么叫方位角？什么叫象限角？方位角与象限角的关系如何？

9. 计算坐标方位角时，在什么情况下需要加减 360°？在什么情况下需要加减 180°？

10. 某电磁波测距仪的标称精度为 ±（$2\text{mm}+2\times10^{-6}D$），用该仪器测得 500m 距离，如不顾及其他因素影响，则产生的测距中误差为多少？

11. 已知 A 点的磁偏角为西偏 21′，过 A 点的真子午线与中央子午线之间的收敛角为 +3′，直线 AB 的坐标方位角 α=64°21′，求直线 AB 的真方位角与磁方位角，并绘图说明。

12. 如图 4–31 所示，五边形的各内角为：β_1=95°，β_2=130°，β_3=65°，β_4=128°，β_5=122°，1–2 边的坐标方位角为 30°，试计算其他各边的坐标方位角。

13. 如图 4–32 所示，已知 α_{12}=65°，β_2 和 β_3 的角值均注于图上，试求 2–3 边的正坐标方位角和 3–4 边的反方位角。

14. 如图 4–33 所示，已知 X_A=2000m，Y_A=2000m，X_B=1648m，Y_B=2402m，β=38°46′17″，D_{BP}=206.337m，试求 P 点坐标 X_P、Y_P（计算至毫米位）。

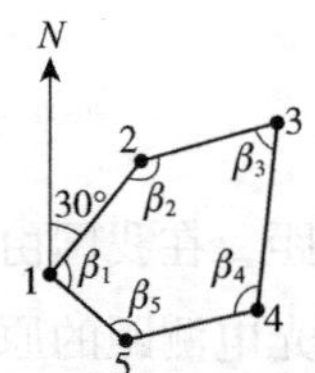

图 4–31　思考与练习题 12 图

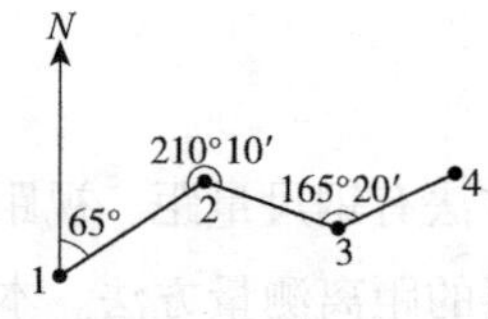

图 4–32　思考与练习题 13 图

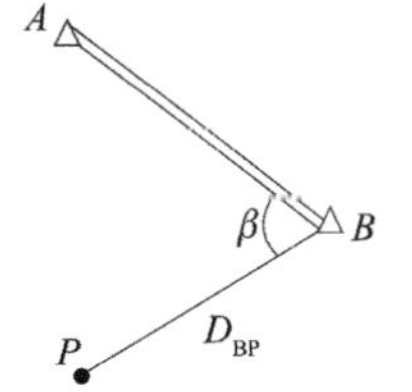

图 4-33　思考与练习题 14 图

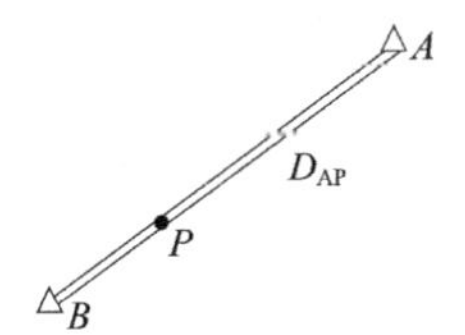

图 4-34　思考与练习题 15 图

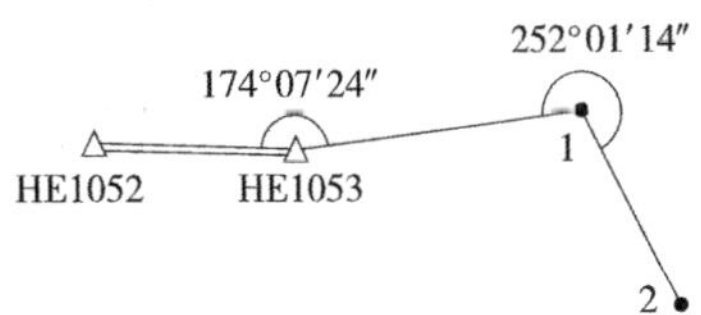

图 4-35　思考与练习题 17 图

15. 如图 4-34 所示，已知 X_A=2000m，Y_A=2000m，X_B=1500m，Y_B=1500m，P 点是直线 AB 上的一点，D_{AP}=500m，试求 P 点的坐标值（计算至毫米位）。

16. 已知 X_A=218674.627m，Y_A=196317.280m，X_B=218789.221m，Y_B=196323.482m，试反算 D_{BA}，α_{BA}（距离计算至毫米位，角度计算至秒）。

17. 控制点已知数据见表 4-4，观测数据如图 4-35 所示，试求 α_{1-2}。

控制点数据表　　　　**表 4-4**

点名	等级	纵坐标 X（m）	横坐标 Y（m）	高程 H（m）
HE1052	一级导线	218619.901	195733.680	2.975
HE1053	一级导线	218616.761	195998.001	3.616

第5章 全站仪测量

【本章要点及学习目标】

理解全站仪标称精度的含义、全站仪的测角与测距原理、全站仪补偿器的作用及全站仪坐标测量的原理，掌握全站仪基本测量模式的使用、数据采集菜单的使用及放样菜单的使用。

全站仪的测角原理参见3.3节；全站仪的测距原理参见4.3节；全站仪放样测量的原理参见12.4节。

5.1 全站仪的概念

5.1.1 全站仪的概念及应用

1. 全站仪的概念

由于电子测距仪、电子经纬仪及微处理机的生产与性能不断完善，在20世纪60年代末出现了把电子测距、电子测角和微处理机结合成一个整体，能自动记录、存储并具备某些固定计算程序的电子速测仪。因该仪器在一个测站点能快速进行三维坐标测量、定位和自动数据采集、处理、存储等工作，较完善地实现了测量和数据处理过程的电子化和一体化，所以称为“全站型电子速测仪”，通常又称为“电子全站仪”或简称“全站仪”。

早期的全站仪由于体积大、质量大、价格昂贵等因素，其推广应用受到了很大的限制。自20世纪80年代起，由于大规模集成电路和微处理机及半导体发光元件性能的不断完善和提高，使全站仪进入了成熟与蓬勃发展阶段。其表现特征是小型、轻巧、精密、耐用，并具有强大的软件功能。特别是1992年以来，新颖的电脑智能型全站仪进入世界测绘仪器市场，使操作更加方便快捷、测量精度更高、内存量更大、结构造型更精美合理。

2. 全站仪的应用

全站仪的应用范围已不仅局限于测绘工程、建筑工程、交通与水利工程、地籍与房地产测量，而且在大型工业生产设备和构件的安装调试、船体设计施工、大桥水坝的变形观测、地质灾害监测及体育竞技等领域中都得到了广泛应用。

全站仪的应用具有以下特点：

（1）在地形测量过程中，可以将控制测量和地形测量同时进行。

（2）在施工放样测量中，可以将设计好的管线、道路、工程建筑的位置测设到地面上，实现三维坐标快速施工放样。

（3）在变形观测中，可以对建（构）筑物的变形、地质灾害等进行实时动态监测。

（4）在控制测量中，导线测量、前方交会、后方交会等程序功能操作简单、速度快、精度高；其他程序测量功能方便、实用且应用广泛。

（5）在同一个测站点，可以完成全部测量的基本内容，包括角度测量、距离测量、高差测量，实现数据的存储和传输。

（6）通过传输设备，可以将全站仪与计算机、绘图机相连，形成内外一体的测绘系统，从而大大提高地形图测绘的质量和效率。

5.1.2 全站仪的基本组成

全站仪由电子测角、电子测距、电子补偿、微机处理装置四大部分组成，它本身就是一个带有特殊功能的计算机控制系统，其微机处理装置由微处理器、存储器、输入部分和输出部分组成。

由微处理器对获取的倾斜距离、水平角、竖直角、竖轴倾斜误差、视准轴误差、竖直度盘指标差、棱镜常数、气温、气压等信息加以处理，从而获得各项改正后的观测数据和计算数据。在仪器的只读存储器中固化了测量程序，测量过程由程序完成。仪器的设计框架如图 5-1 所示。其中：

（1）电源部分是可充电电池，为各部分供电。

（2）测角部分为电子经纬仪，可以测定水平角、竖直角，设置方位角。

（3）补偿部分可以实现仪器竖轴倾斜误差对水平、垂直角度测量影响的自动补偿改正。

（4）测距部分为光电测距仪，可以测定两点之间的距离。

（5）中央处理器接收输入指令、控制各种观测作业方式、进行数据处理等。

（6）输入、输出包括键盘、显示屏、双向数据通信接口。

从总体上看，全站仪的组成可分为两大部分：

（1）为采集数据而设置的专用设备，主要有电子测角系统、电子测距系统、数据存

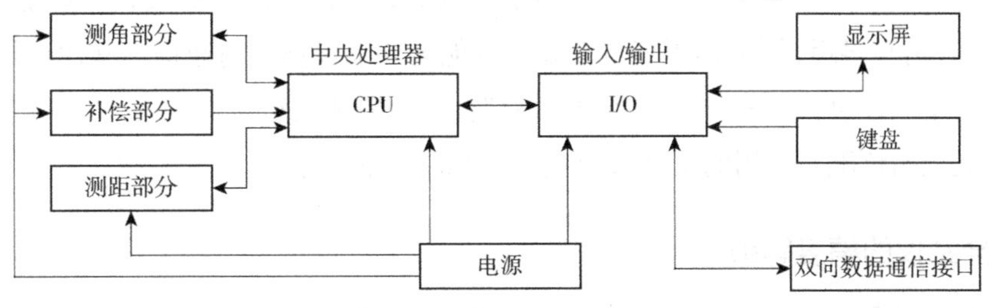

图 5-1 仪器的设计框架

储系统、自动补偿设备等。

（2）测量过程的控制设备，主要用于有序地实现上述每一专用设备的功能，包括与测量数据相连接的外围设备及进行计算、产生指令的微处理机等。

只有上面两大部分有机结合才能真正体现“全站”功能，既要自动完成数据采集，又要自动处理数据和控制整个测量过程。

5.1.3　全站仪的基本结构

全站仪按其结构可分为组合式（积木式）与整体式两种。

1. 组合式全站仪

组合式全站仪由测距头、光学经纬仪或电子经纬仪、电子计算部分拼装组合而成。早期的全站仪都采用这种结构，这种仪器也称为半站仪，如图 5-2 所示。在 20 世纪 90 年代，半站仪是市场上的主流仪器产品，进入 2000 年后逐渐在我国市场上被淘汰。

2. 整体式全站仪

整体式全站仪是在一个机器外壳内含有电子测距、测角、补偿、记录、计算、存储等部分，如图 5-3 所示。

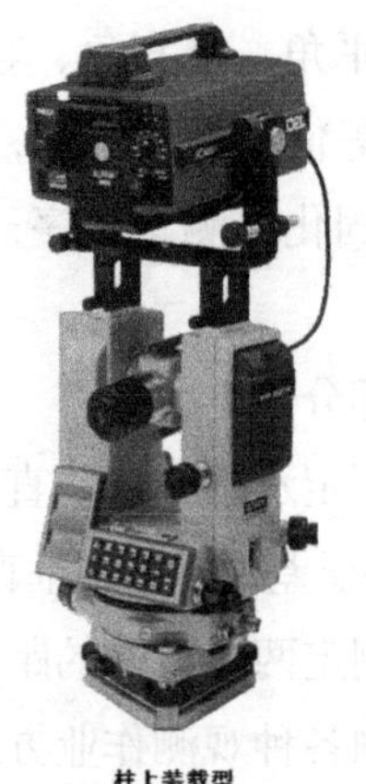

图 5-2　组合式全站仪

图 5-3　整体式全站仪

在全站仪的望远镜中，瞄准目标用的视准轴和光电测距仪的发射、接收光轴是同轴的，称为同轴望远镜，其光路结构如图 5-4 所示。因此，一次瞄准目标棱镜，即能同时测定水平角、垂直角和斜距，测量结果能自动显示并能与外围设备双向通信。其优点是体积小、结构紧凑、操作方便、精度高，现今的全站仪都采用整体式结构。

整体式全站仪配套使用的叉架式单棱镜组如图 5-5 所示。

5.1.4　全站仪的精度等级

根据国家计量检定规程《光电测距仪》JJG 703—2003，全站仪的测距部分准确度等

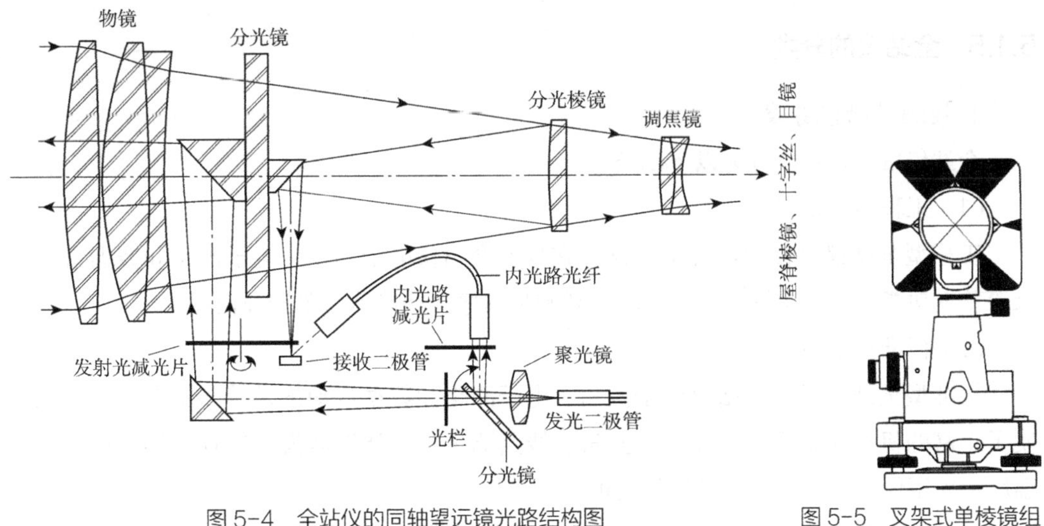

图 5-4　全站仪的同轴望远镜光路结构图

图 5-5　叉架式单棱镜组

级按出厂标称标准差，归算到 1km 的测距标准差来计算，见表 5-1。

全站仪测距准确度等级　　　　表 5-1

准确度等级	测距标准偏差	
	中、短程测距仪	长程测距仪
Ⅰ	$m_d \leqslant (1+D)$ mm	$m_d \leqslant (5+D)$ mm
Ⅱ	$(1+D)$ mm $< m_d \leqslant (3+2D)$ mm	
Ⅲ	$(3+2D)$ mm $< m_d \leqslant (5+5D)$ mm	
Ⅳ（等外级）	$m_d > (5+5D)$ mm	

注：m_d 为测距标准偏差，单位为 mm；D 为测量距离，单位为 km。

根据国家计量检定规程《全站型电子速测仪》JJG 100—2003，全站仪的测角部分准确度等级以仪器的标称标准偏差来划分，见表 5-2。

全站仪测角准确度等级　　　　表 5-2

仪器等级	Ⅰ		Ⅱ		Ⅲ			Ⅳ
标称标准偏差	0.5″	1.0″	1.5″	2.0″	3.0″	5.0″	6.0″	10.0″
各级标准差范围	$m_\beta \leqslant 1.0''$		$1.0'' < m_\beta \leqslant 2.0''$		$2.0'' < m_\beta \leqslant 6.0''$			$6.0'' < m_\beta \leqslant 10.0''$

注：m_β 为测角标准偏差。

Ⅰ、Ⅱ级仪器为精密型全站仪，主要用于高等级控制测量及变形观测等；Ⅲ、Ⅳ级仪器主要用于道路和建筑场地的施工测量、电子平板数据采集、地籍测量和房地产测量等。

5.1.5 全站仪的分类

1. 按测量功能分类

全站仪按测量功能分为以下四类：

（1）工程型全站仪

工程型全站仪也称为常规全站仪，它具备全站仪电子测角、电子测距和数据自动记录等基本功能，可以运行厂家开发的机载测量程序，补偿器为单轴补偿器。

（2）标准型全站仪

标准型全站仪具备全站仪电子测角、电子测距和数据自动记录等基本功能，厂家开发了丰富的机载测量程序，如导线测量、线路测量等，补偿器为双轴补偿器，仪器外置温度、气压传感器，自动进行气象改正。

（3）无合作目标型全站仪

无合作目标型全站仪是指在无反射棱镜的条件下，可对一般的目标直接测距的全站仪。因此，对不便安置反射棱镜的目标进行测量，无合作目标型全站仪具有明显优势，在建（构）筑物的倾斜观测、变形观测等特种测量中使用无合作目标型全站仪极为方便、高效。

（4）智能型全站仪

智能型全站仪为测量人员提供了创新、完善、集成的野外测绘数字化解决方案。

2. 按测距仪测程分类

全站仪按光电测距测程分类，分为短程、中程、长程。测程小于 3km 为短程全站仪，3~15km 为中程全站仪，15~60km 为长程全站仪。

由于目前国家控制网及工程控制网一般采用全球定位系统（GPS）测量，所以目前的全站仪主要以中、短程为主。

5.1.6 全站仪的发展现状及前景

近几年，全球定位 RTK 技术在测绘领域和一些工程领域得到了极大地普及与应用，主要是由于 RTK 技术操作简单，一般人员通过简单的培训很快就可以掌握其使用方法，但 RTK 技术的精度属于厘米级，而全站仪的精度可达毫米级，因此，那些认为 RTK 将取代全站仪的说法是错误的。

全站仪作为最常用的测量仪器之一，它的发展正改变着我们的测量作业方式，极大地提高了生产效率。在测绘领域和大多数工程领域中全站仪发挥着极其重要的作用，因为它有 GPS 接收机所不具备的一些优点，如不需对天通视、选点和布点灵活、特别适用于带状地形及隐蔽地区、价格相对较低、观测数据直观、数据处理简单、操作方便、精度高等。因此，全站仪的发展现状及前景正朝着全自动、多功能、高精度、开放性、智能型、标准化方向发展，它将在地形测量、工程测量、工业测量、建筑施工测量和变形观测等领域发挥越来越重要的作用。

5.2　全站仪补偿器的原理

5.2.1　全站仪的轴系误差

全站仪的视准轴误差、横轴误差、竖轴误差统称为仪器的三轴误差，对于视准轴误差和横轴误差，在测量工作中可以采用盘左盘右取中数的方法抵消对水平角测量的影响。而对于竖轴误差，对水平方向值的影响不仅与竖轴倾斜角 v 有关，还随照准目标的垂直角和观测目标的方位不同而不同。在测量工作中，采取盘左、盘右取中数的方法不能消除竖轴倾斜误差对水平角和垂直角的影响。

5.2.2　竖轴倾斜误差对竖直度盘和水平度盘读数的影响

竖轴发生倾斜实际上有两种：一种是在望远镜的纵转方向（X 轴）的倾斜，另一种是在与 X 轴垂直的横轴方向（Y 轴）的倾斜。若不是正对 X 轴和 Y 轴倾斜，根据几何关系可以将倾斜方向解析到 X 轴和 Y 轴方向，如图 5-6 所示。

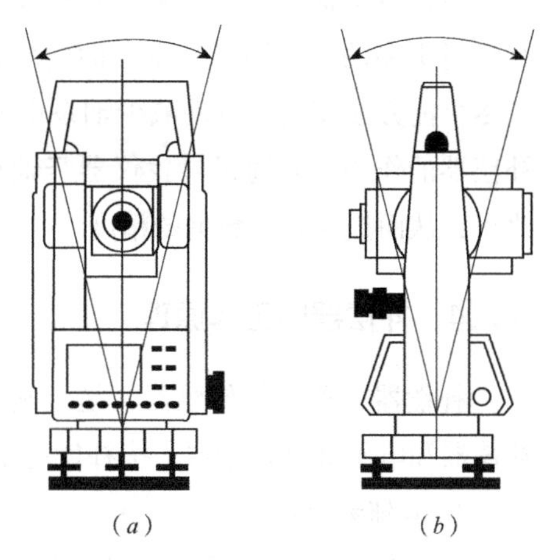

图 5-6　倾斜示意图
（a）横向倾斜；（b）纵向倾斜

纵向（X 轴）倾斜将引起垂直角的误差，垂直轴纵向的倾斜将引起 1∶1 的垂直角误差。横向（Y 轴）的倾斜影响水平角的测量。

设测量中发生仪器竖轴在 X 轴的倾斜为 φ_x，Y 轴的倾斜为 φ_y。那么存在以下函数关系：

$$
\begin{aligned}
&\text{天顶距的误差} = \varphi_x \\
&\text{水平盘读数的误差} = \varphi_y \times \cot V_{\mathrm{k}} \\
&V_{\mathrm{k}} = V_0 + \varphi_x
\end{aligned}
\tag{5-1}
$$

式中　φ_x——竖轴倾斜在视准轴方向（X 轴）的分量；

φ_y——竖轴倾斜在横轴方向（Y 轴）的分量；

V_{k}——仪器显示的天顶距；

V_0——电子度盘测得的天顶距。

从式（5-1）可看出，水平角的误差与测得的天顶距有关。先假设 Y 轴的倾斜为一个定量，则水平角的误差随着望远镜的转动而变化。在天顶距接近 90°（水平方向）时，根据式（5-1）可以知道水平角的误差趋近于 0，也就是说此时没有误差；但接近天顶（0°）

但未达到天顶时，此时的误差较大。

根据式（5-1），当转动的角度相同时，Y轴的倾斜量越大（即 φ_y 越大），水平角的误差就越大。比如，若Y轴倾斜 30″ 即 $\varphi_y=30''$，当望远镜转动到天顶距为 25° 位置时，水平角的误差大约为 64″，即大约有 1′ 的误差。另外，$\cot V_k$ 又是奇函数，当从水平方向向下转动望远镜时，误差数值仅改变符号，接近天底就会有较大的误差。

5.2.3 补偿器的目的和作用

在测量工作中，有许多方面的因素影响测量的精度，其中竖轴、横轴和视准轴的不正确安装或整置常常是诸多误差源中最重要的因素。为了减少测量误差，人们常常采用盘左、盘右求平均的测量方法，但是这个过程比较麻烦，常常需要多花费一些时间，且容易导致操作上的错误。在许多应用工程中，测量精度的要求相对低些，例如建筑工地，对某点进行单面测量就能够满足精度要求；另外，担任许多定位和测量任务的人员，没有经过更多的有关测量技术方面的培训，这就给仪器生产提出了更高的要求，即其产品应尽可能方便使用，自动减少轴系误差的影响，而补偿器就是为了这个目的应运而生的。补偿器的作用就是通过寻找仪器竖轴在X轴和Y轴方向的倾斜信息，自动对测量值进行改正，从而提高采集数据的精度。

5.2.4 补偿器的工作原理

补偿器又称倾斜传感器，是全站仪的一个重要部分。补偿器按构造可划分为机械式补偿器和电子液体补偿器，按补偿范围可划分为单轴补偿器和双轴补偿器。

1. 单轴补偿器

在光学经纬仪上通常采用单轴补偿的方法来补偿竖轴倾斜而引起的竖盘读数误差。光学经纬仪一般采用簧片式补偿器和吊丝补偿器，这些补偿器均属于机械式补偿器。

图 5-7 是国内某厂采用的电容式单轴液体补偿器，当仪器倾斜的时候，将引起气泡运动，从而导致电容变化，只要测量极板间的电容变化，就可以测出仪器的倾斜量。

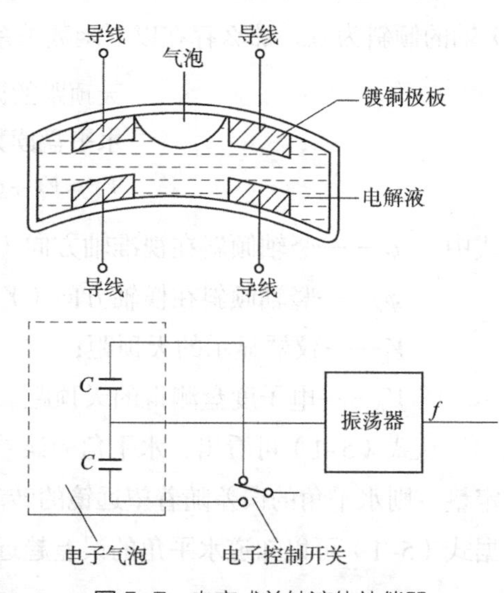

图 5-7 电容式单轴液体补偿器

2. 双轴倾斜补偿器

双轴倾斜补偿器的功能是，仪器竖轴倾斜时能自动改正由于竖轴倾斜对竖盘和水平度盘读数的影响。目前，绝大部分具有双轴补偿的仪器均采用液体补偿器。

双轴补偿技术目前被各品牌厂家广泛采用，而现有的大多数国产仪器的双轴补偿技术均是采用两个垂直放置的单轴补偿器来实现。电容式单轴补偿器通过测定气泡在长水准管中的位置从而推断出仪器在各轴上的倾斜角度进行补偿。

（1）双轴液体补偿器

图 5-8 所示为光电式双轴液体补偿器。其液体表面 4 为补偿器基准面，液体装在一封闭玻璃补偿器 5 中，一直径为 100μm 的光源 1 经物镜 2 和棱镜 3 后，在液体表面 4 形成全反射，经物镜 6 聚焦，在一大幅面光电二极管 7 上成像，从光电二极管上可以获得成像的具体位置，借助于一多项式实现其数字化，获得竖轴倾斜在视准轴方向和横轴方向的倾斜分量。

（2）新型电子液体补偿器

新型电子液体补偿器在光路上更加紧凑，并用一线性 CCD 阵列解决上述双轴的补偿问题。该补偿器精密而小巧的结构，使液体补偿器可以安装在水平度盘中心上方的竖轴轴线上，即使照准部快速旋转，补偿器液体镜面也可瞬间平静如常。

如图 5-9 所示，棱镜上的三角线状分划板 1 被发光二极管 7 照亮，在液体表面 2 上经过两次反射后经成像透镜 4 在线性 CCD 阵列 6 上形成影像 5。通过三角线状分划板影像线间距的变化信息求得纵向倾斜量，横向倾斜量则由分划板影像中心在线性 CCD 阵列中的位移变化求得。因此，用一个一维线性接收器就能获取纵、横两个倾斜量。

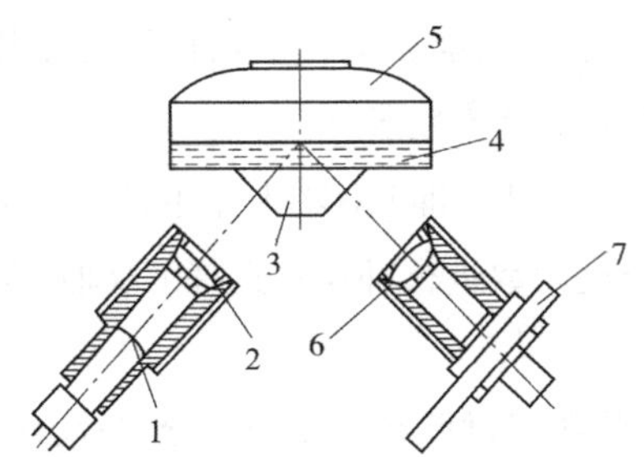

图 5-8　光电式双轴液体补偿器
1—光源；2—物镜；3—棱镜；4—液体表面；
5—封闭玻璃补偿器；6—物镜；7—光电二极管

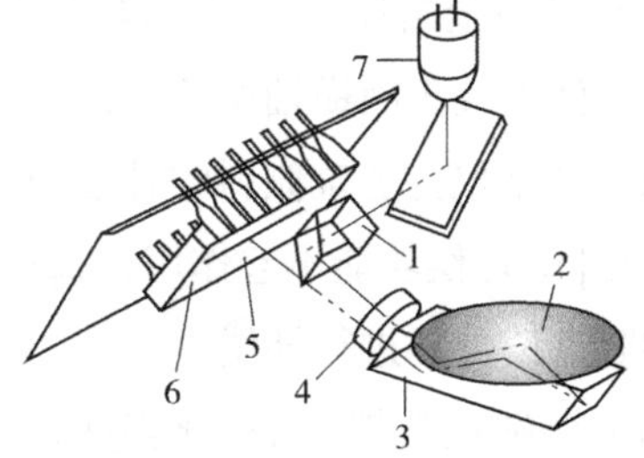

图 5-9　新型电子液体补偿器光路图
1—棱镜分划板；2—液体表面；3—偏转透镜；
4—成像透镜；5—分划板影像；6—线性 CCD 阵列；
7—发光二极管

5.2.5　补偿器的零位误差及调整

补偿器的零位误差是补偿器与铅垂方向不一致的误差，也称补偿器指标差。当仪器的竖轴绝对垂直时，补偿器的零位也处于绝对垂直位，那么当竖轴发生倾斜时，补偿器的自动改正量才是完全正确的。

若补偿器零位不正确，那么在进行照准误差、横轴误差、竖盘指标差预置校正时，其校正后的余量值就包含了补偿器的零位误差量。也就是说，改正的结果包含误差。为了消除补偿器零位误差，厂商在用户程序中均向用户提供了“补偿器零位改正”功能。

请注意，在厂商的用户程序中，有的厂商是“补偿器零位改正”和“竖盘指标差改正”分开校正，有的厂商是“补偿器零位改正”和“竖盘指标差改正”在同一程序一次校正完成。

5.2.6 补偿器的应用

（1）有的技术人员在使用全站仪时，当水平制动螺旋制动、转动望远镜时，水平盘读数会不断变化，这显然不符合常理，便百思不得其解，其实这正是全站仪自动补偿改正的结果。

单轴补偿只能对垂直度盘读数进行改正，没有改正水平度盘读数的功能。当照准部水平方向固定、上下转动望远镜时，水平角度读数不会变化。

（2）由于显示的度盘读数中已经包含了轴系误差的影响，因此在放样时需要特别注意。例如，放样一条直线时，不能采取与传统光学经纬仪相同的方法，只纵转望远镜，而应采取旋转照准部 180° 的方法来测设。放样一条竖线时，应使用水平微动螺旋，使其水平度盘显示的读数完全一致，而不能只简单地转动望远镜。

（3）有些全站仪提供了电子整平功能，当电子气泡居中，X、Y 分量值（即竖轴倾斜分量）均为零时，竖轴即位于铅垂位置。从理论上讲，此时转动望远镜水平角读数就不会发生变化，但有些仪器在进行上述操作后水平角还会发生变化，为什么呢？这是因为这些智能型全站仪增加了视准轴误差和横轴误差的改正功能，即该全站仪还可以用机内计算软件来改正因横轴误差和视准轴误差引起的水平度盘读数误差。

（4）全站仪为竖轴倾斜的补偿功能提供了三种选择模式，即 [双轴]、[单轴]、[关]。选择 [关] 即补偿功能不起作用；选择 [单轴] 即对竖盘读数进行补偿；选择 [双轴] 即对水平和竖盘读数均进行补偿。

（5）全站仪补偿器的补偿范围一般为 ±3′，整平度超过此范围时起不到补偿作用。在天顶距接近天顶、天底 2° 范围内，电子补偿器的补偿功能不起作用。

5.3 全站仪的数据处理原理

全站仪的数据处理由仪器内部微处理器接收控制命令后按观测数据及内置程序自动完成。

5.3.1 数据存储器的基本结构

要解决数据的自动传输与处理，首先要解决数据的存储方法，所以存储器是关键，它是信息交流的中枢，各种控制指令、数据的存储都离不开它。存储的介质有电子存储介质和磁存储介质，目前使用的大多是磁存储介质，因为它所构成的存储器在断电后存储的信息仍能保留。

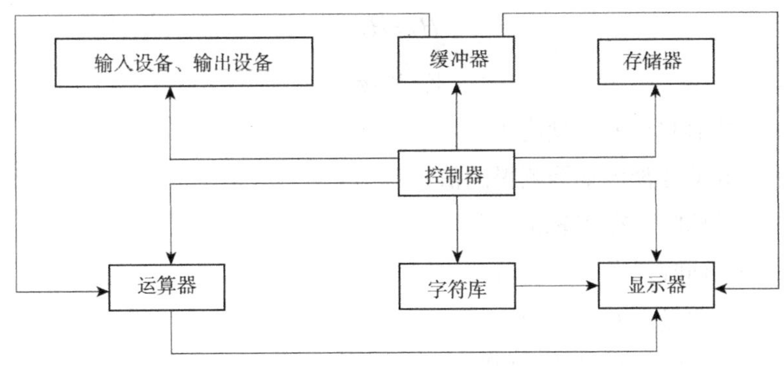

图 5-10 数据存储器的基本结构

数据存储器由控制器、缓冲器、运算器、存储器、输入设备、输出设备、字符库、显示器等部分组成，如图 5-10 所示。

5.3.2 全站仪的观测数据

全站仪的原始观测数据只有电子测距仪测量的仪器到棱镜之间的倾斜距离 *SD*（斜距）；电子经纬仪测得的仪器到目标点的水平方向值 *HR*、仪器到目标点的天顶距 *VZ*。

电子补偿器检测的是仪器竖轴倾斜在 *X* 轴（视准轴方向）和 *Y* 轴（水平轴方向）上的分量，并通过程序计算自动改正由于竖轴倾斜对水平角度和垂直角度的影响。

所以，全站仪的原始观测数据是 *HR*、*VZ*、*SD*。仪器上显示的其他数据，如平距、三维坐标等，是通过观测者输入仪器的测站坐标、仪器高、棱镜高等已知数据和仪器内置的程序间接计算并显示出来的，称为计算数据。

需要注意的是，所有观测数据和计算数据都只是半个测回的数据，因此在等级控制测量中不能用内存功能，手动记录水平角、天顶距、倾斜距离这三个原始数据是十分必要的。

5.3.3 全站仪的度盘读数计算公式

具有视准轴误差和横轴误差改正功能的全站仪用下述公式来计算并显示水平度盘读数：

$$H_{ZT}=H_{Z0}+\frac{c}{\sin V_k}+(\varphi_y+i)\times\cot V_k \qquad (5\text{-}2)$$

$$V_k=V_0+\varphi_x$$

在双轴补偿的情况下，式（5-2）变为：

$$H_{ZT}=H_{Z0}+\varphi_y\times\cot V_k \qquad (5\text{-}3)$$

$$V_k=V_0+\varphi_x$$

在单轴补偿的情况下，式（5-2）变为：

$$
\begin{aligned}
H_{ZT}&=H_{Z0} \\
V_k&=V_0+\varphi_x
\end{aligned} \tag{5-4}
$$

式中 H_{ZT}——显示的水平度盘读数；

H_{Z0}——电子度盘传感器测得的值；

φ_x——竖轴倾斜在 X 轴的分量；

φ_y——竖轴倾斜在 Y 轴的分量；

V_k——仪器显示的天顶距；

V_0——电子度盘测得的天顶距；

i——横轴误差；

c——视准轴误差。

下面对以上各式进行如下讨论：

（1）从式（5–4）可以得出，对于只能对竖盘读数进行单轴补偿的全站仪来说，没有改正水平盘读数的功能。当照准部固定上下转动望远镜时，水平盘读数都不变化，并不是因为这种仪器稳定可靠，其实是仪器没有能力进行这方面改正的缘故。

（2）对于仅有双轴补偿器的仪器来说，可以改正竖轴倾斜引起的竖盘和水平盘读数误差，从式（5–3）可以得出，当照准部固定上下转动望远镜时，水平盘读数必然发生变化。当补偿器关闭以后，无论如何转动望远镜，水平盘读数也不会变化。

（3）智能型全站仪是在双轴补偿器的基础上，用机内计算软件来改正因横轴误差和视准轴误差引起的水平度盘读数误差。由式（5–2）可以看出，即使不旋转照准部（H_{Z0} 不变），只上下纵转望远镜，显示的水平度盘读数 H_{ZT} 仍会有较大的变化。

5.3.4 全站仪坐标测量原理

坐标测量就是通过输入同一坐标系中测站点和后视点（定向点）的坐标、测站点的仪器高和未知点（棱镜点）的棱镜高，可以测量出未知点（棱镜点）在该坐标系中的三维坐标。

由 5.3.2 知道，任何仪器都不能直接测出点的三维坐标，全站仪的原始观测数据是 *HR*、*VZ*、*SD*。仪器上显示的其他数据，如平距、三维坐标等，是仪器内置的程序间接计算并显示出来的，称为计算数据。平面坐标 X、Y 是按极坐标原理、高程是按三角高程测量原理计算出来的。

如图 5–11 所示，A、B 为控制点，B 为测站点，A 为后视点，两点坐标为（X_B，Y_B，Z_B）和（X_A，Y_A，Z_A），求测点 1 坐标。

在测站点 B 架好仪器，量取测站 B 的仪器高 i，首先输入测站 B 的三维坐标和仪器高，再输入后视点（定向点）A 的坐标，仪器即刻算出测站到后视点的方位角，操作仪器对准后视点 A 后按“是”，即完成了定向工作。此时水平度盘读数 *HR* 就与坐标方位角一致，当用仪器瞄准 1 点，显示的水平度盘读数 *HR* 就是测站至 1 点的坐标方位角；在 1 点安置

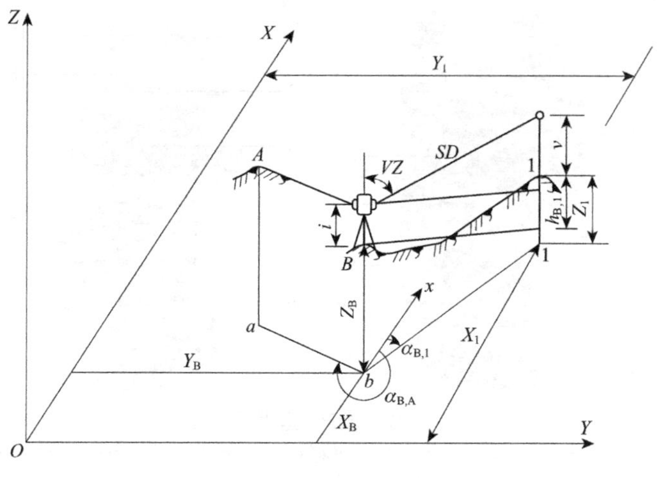

图 5-11　坐标测量原理

棱镜，输入棱镜高，测出测站至 1 点的斜距 *SD*、天顶距 *VZ*、方位角 *HR*，1 点的坐标可按下式算出：

$$\begin{cases} X_1 = X_B + SD \times \sin VZ \times \cos HR \\ Y_1 = Y_B + SD \times \sin VZ \times \sin HR \\ Z_1 = Z_B + SD \times \cos VZ + i - v + f \end{cases} \tag{5-5}$$

式中 （X_1，Y_1，Z_1）——测点坐标；

（X_B，Y_B，Z_B）——测站点坐标；

SD——测站点至测点的斜距；

HR——测站点至测点方向的坐标方位角；

VZ——测站点至测点的天顶距；

v——目标高（棱镜高）；

f——两差改正；

i——仪器高。

对于两差改正，若在全站仪的设置中选择了两差改正系数，仪器就会加上两差改正，若没有选择两差改正系数，则在高程的计算中不会加上两差改正。

5.4　全站仪的基本测量功能

5.4.1　构造与键盘设置

1. 全站仪的构造

国产某型号全站仪的构造和各部件名称如图 5-12 所示。

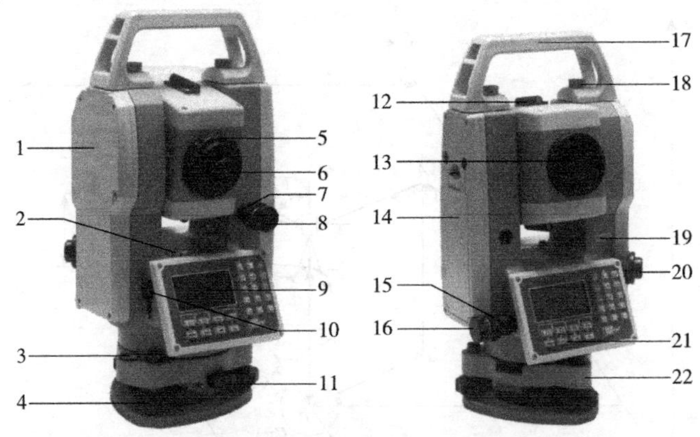

图 5-12　国产某型号全站仪

1—横轴中心；2—长水准器；3—圆水准器；4—脚螺旋；5—调焦手轮；6—目镜；7—望远镜制动螺旋；8—望远镜微动螺旋；9—显示屏；10—RS232C 接口；11—基座锁紧钮；12—粗瞄准器；13—物镜；14—电池；15—水平制动螺旋；16—水平微动螺旋；17—提手；18—提手固定螺旋；19—仪器号码；20—下对点；21—按键；22—基座

2. 显示屏

显示屏采用点阵图形式液晶显示（LCD, S 系列）或自发光图形式液晶显示（OLCD），可显示 4 行，每行 8 个汉字；测量时第一、第二、第三行显示测量数据，第四行显示对应测量模式中的按键功能。仪器显示分测量模式与菜单模式两种，各显示符号的意义见表 5-3。

全站仪各显示符号的意义　　表 5-3

显示符号	意　义	显示符号	意　义
VZ	天顶距	PT#	点号
VH	高度角	ST/BS/SS	测站 / 后视 / 碎部点标识
V%	坡度	Ins.Hi（I.HT）	仪器高
HR/HL	水平角（顺时针增 / 逆时针增）	Ref.Hr（R.HT）	棱镜高
SD/HD/VD	斜距 / 平距 / 初算高差	ID	编码登记号
N	北向坐标	PCODE	编码
E	东向坐标	P1/P2/P3	第一 / 二 / 三页
Z	高程		

3. 全站仪的键盘设置

国产某型号全站仪的键盘设置如图 5-13 所示，键盘功能见表 5-4。

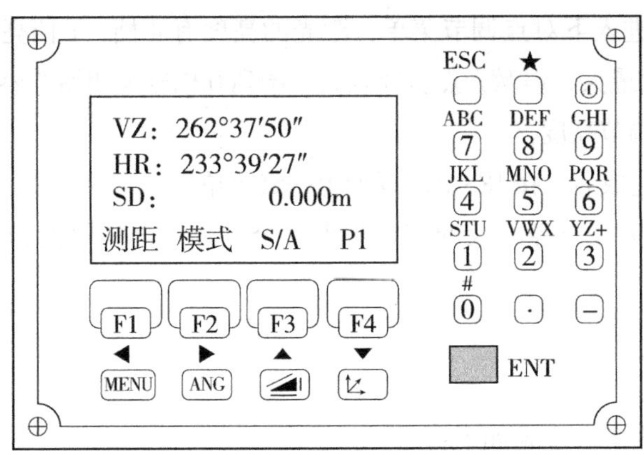

图 5-13 国产某型号全站仪的键盘设置

键盘功能 表 5-4

按 键	第一功能	第二功能
F1~F4	对应于第四行显示的功能	功能参考显示屏最下面一行所显示的信息
0~9	输入相应的数字	输入字母或特殊符号
ⓘ	电源开 / 关	
★	星键，进入快捷设置模式	
ESC	退出键，退出各种菜单功能	
MENU	进入仪器主菜单	字符输入时光标向左移 内存管理中查看数据上一页
ANG	切换至角度测量模式	字符输入时光标向右移 内存管理中查看数据下一页
◢	切换至距离测量模式	向前翻页 内存管理中查看上一点数据
⊾	切换至坐标测量模式	向后翻页 内存管理中查看下一点数据
ENT	确认数据输入	

5.4.2 全站仪的安置

仪器的安置包括整平与对中，全站仪的对中器有光学和激光对中器两种，在此介绍激光对中器的使用方法。

（1）仪器开机后，按 [★] 键进入星键模式，如图 5-14 所示。

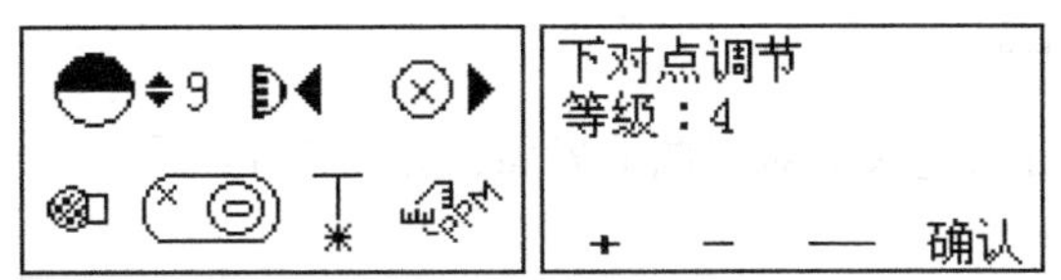

图 5-14 激光对中器的使用方法

（2）按 [F3] 键进入下对点调节菜单，激光的亮度有 4 档，1 档亮度最低，但激光点直径较小，4 档亮度最大，但激光点直径较大，调到 0 档则关闭激光器。按 [F1] 向上调节亮度，按 [F2] 向下调节亮度。

（3）对中整平完成后，按 [ESC] 键返回上一级菜单。

全站仪的安置步骤与经纬仪的安置步骤完全一致，全站仪的快速对中整平法参见 3.4.1。

5.4.3　星键模式

星键模式设置内容和步骤如下：

（1）调节显示屏对比度

按向上 [▲] 或向下 [▼] 方向键，数字改变的同时，屏幕显示对比度也同时改变，如图 5-15 所示。

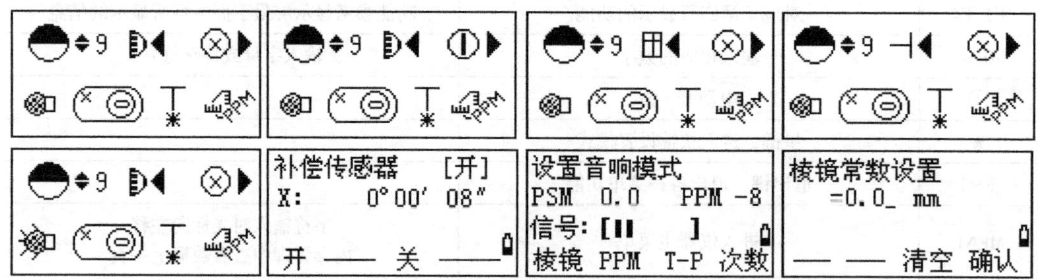

图 5-15　星键模式

（2）设置测距反射介质

按向左 [◀] 方向键，测距反射介质将在棱镜测距、反射片测距和无棱镜测距（110R）模式之间切换，图标也会发生改变。

（3）设置激光指向开关

按向右 [▶] 方向键，可以开启 / 关闭激光指向功能，图标也会发生改变。

（4）设置液晶屏背光

按软键 [F1] 键，可以打开 / 关闭显示屏背光。

（5）设置补偿器

按软键 [F2] 键，可以进入补偿传感器设置界面，按 [F1] 键打开补偿器，按 [F3] 键关闭补偿器。

（6）设置激光对中器

按软键 [F3] 键，可以进入下对点调节界面，如图 5-14 所示。

（7）设置音响模式

按软键 [F4] 键，进入设置音响模式。

（8）回光信号查看

仪器照准棱镜后，可以查看回光信号强度，同时蜂鸣器会发出响声。

（9）设置棱镜常数

按软键 [F1]（棱镜）键，进入棱镜常数设置界面，显示当前棱镜常数值。输入修改的棱镜常数后，按 [F4]（确认）键保存设置。

（10）设置气象改正

按软键 [F3]（T–P）键，进入温度和气压设置界面，如图 5–16 所示，仪器显示当前的设置值。按 [▲]、[▼] 键将光标上下移动来切换温度或气压的输入。输入正确的温度、气压值后，按 [F4]（确认）键保存设置。

（11）设置测距次数

按软键 [F4]（次数）键，进入测距次数设置界面，如图 5–16 所示，仪器显示当前的测距次数设置。输入需要的测距次数，按 [F4]（确认）键保存设置。测距次数的设置范围为 1~99。

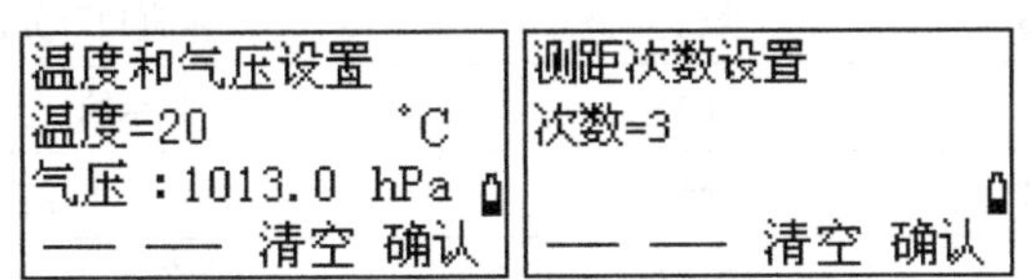

图 5–16　设置气象改正与测距次数

5.4.4　常规测量模式

开机即进入常规测量角度测量模式界面，如图 5–17 所示，在显示屏下面有三个按键可以切换常规测量模式。

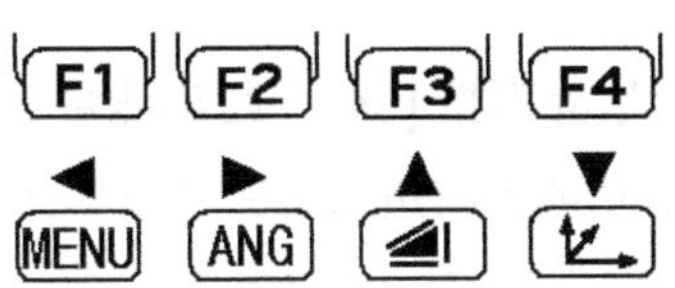

图 5–17　切换常规测量模式按键

[ ]：坐标测量模式。在设站、定向、输入仪器高、棱镜高完成的情况下，这里可以测得正确的目标点三维坐标。

[ ]：距离测量模式。该界面可以显示天顶距、水平角、斜距、平距和高差。

[ANG]：角度测量模式。显示水平角和天顶距。

常规测量中得到的测量结果只能查看，不能保存到仪器内存中，如果要保存较多的测量数据，请使用数据采集测量模式。

5.4.5 角度测量模式

在常规测量界面按 [ANG]（角度测量）键进入角度测量模式，各软键功能见表 5–5。

翻到测角模式第三页，按 [F2]（左右）按键，水平角在 *HR* 与 *HL* 间切换，*HR* 为水平角顺时针旋转递增，*HL* 为水平角逆时针旋转递增，两者关系为 *HR*+*HL*=360°。

角度测量模式各软键功能 表 5–5

页数	软键	显示符号	功 能
1	F1	置 0	水平角设置为 0°00′00″
	F2	锁定	水平角度数锁定
	F3	置盘	通过键盘输入数字设置水平角
	F4	P1	显示第二页软功能键
2	F1	补偿	进入补偿设置
	F2	复测	角度重复测量模式
	F3	坡度	垂直角百分比坡度显示
	F4	P2	显示第三页软功能键
3	F1	蜂鸣	设置水平角直角蜂鸣开关
	F2	左右	水平角右 / 左计数方向的转换
	F3	竖角	垂直角显示格式
	F4	P3	显示第一页软功能键

5.4.6 距离测量模式

距离测量模式有斜距测量模式和平距测量模式两种显示界面，在斜距测量模式界面显示屏显示天顶距、水平角和斜距；在平距测量模式界面显示屏显示水平角、平距和高差。

如图 5–18 所示，在常规测量界面按 [◢]（距离测量）功能键一次进入距离测量模式界面，再次按 [◢]（距离测量）功能键将进入平距测量模式界面，各软键功能见表 5–6。

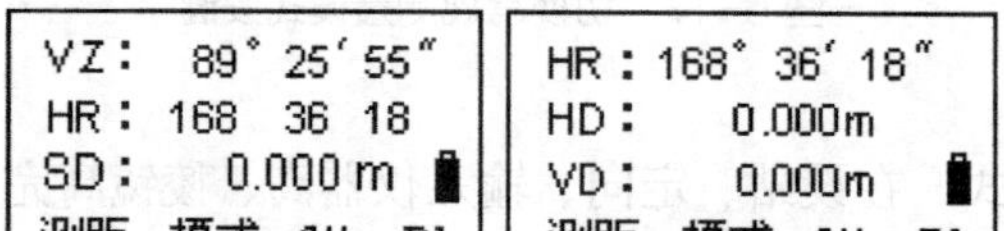

VZ： 89° 25′ 55″	HR：168° 36′ 18″
HR： 168 36 18	HD： 0.000m
SD： 0.000 m	VD： 0.000m
测距 模式 S/A P1	测距 模式 S/A P1
斜距测量界面	平距测量界面

图 5–18 距离测量模式

进行距离测量前应首先完成以下设置：测距模式；反射器类型；棱镜常数改正值；大气改正值；回光信号检测。

距离测量模式各软键功能 表 5-6

页数	软键	显示符号	功能
1	F1	测距	启动距离测量
	F2	模式	设置测距模式
	F3	S/A	进入设置音响模式
	F4	P1	显示第二页软功能键
2	F1	偏心	进入偏心测量
	F2	放样	进入距离放样模式
	F3	m/f/i	距离单位米与英寸之间的转换
	F4	P2	显示第一页软功能键

1. 测距信号检测

测距信号检测功能用于确认经目标反射回来的测距信号强度是否足以进行距离测量，对远距离测量尤为适用。

（1）仪器精确照准目标。

（2）在星键模式下可以查看测距回光信号。

参见 5.4.3，“星键（★键）模式”第 8 步回光信号查看。

该信号值越大表示返回的信号越强，当回光信号较强时，信号会自动调整到 20~40 内。

（3）按 [ESC] 键结束测距信号检测，返回距离测量模式。

2. 测距模式设置

（1）在常规测量界面按 [◢] 键进入距离测量模式，如图 5-19 所示。

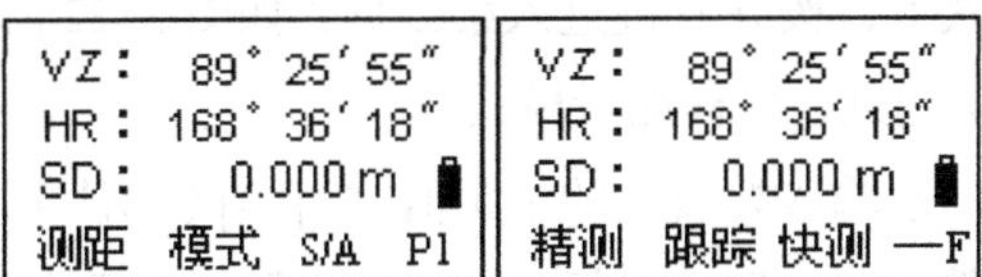

图 5-19 测距模式设置

（2）在测距模式第一页，按 [F2]（模式）键，仪器最下面一行软键出现变化，F1~F3 对应精测、跟踪、快测三种测距模式。

（3）选择测距模式后，仪器返回第一页。

①测距模式设置为精测，即精确测量，则最后显示的距离值为距离测量的平均值。平均测量的次数为 [S/A] 音响模式里设置的测距次数。

②测距模式设置为跟踪，即跟踪测量。启动跟踪测量后，仪器的 EDM 一直处于工作状态，当按下 [ESC]（退出）键后，EDM 才会停止工作。跟踪测量测距速度快，但显示的距离值只精确到小数点后两位。

③测距模式设置为快测，即快速测量，则仪器不停地进行距离测量，测距速度快，

但显示的距离值只精确到小数点后两位，退出快测按下 [ESC]（退出）键即可。

3. 设置音响模式

在设置音响模式下，可以输入棱镜常数改正值、温度和气压设置大气改正乘常数及测距次数。参见“5.4.3 星键模式”第 7 步。

4. 距离和角度测量

仪器可以同时对距离和角度进行测量。

（1）仪器照准目标棱镜中心，按 [F1]（测距）键开始距离测量，如图 5-20 所示。

VZ： 89°25′55″
HR： 168°36′18″
SD* [r] m
测距 模式 S/A P1
VZ： 89°25′55″
HR： 168°36′18″
SD： 88.888 m
测距 模式 S/A P1
HR：168°36′18″
HD： 88.884 m
VD： 0.881 m
测距 模式 S/A P1

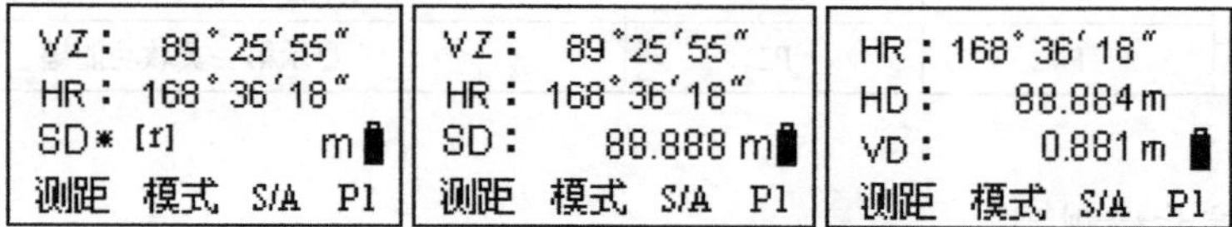

图 5-20 距离和角度测量

（2）测距开始后，仪器闪动显示测距模式。一声短响后屏幕上显示出斜距，垂直角和水平角的测量值，测距结束后，再次按 [◢] 键，平距和高差值会显示在屏幕上。

（3）在测距过程中如需中断，按 [ESC] 键停止距离测量即可。

5. 偏心测量和测距单位的改变

（1）有关偏心测量的内容请参见仪器说明书。

（2）如图 5-21 所示，在测距模式下，翻到第二页，按 [F3]（m/f/i）键，可以改变距离的计量单位。

6. 距离放样测量

（1）在平距测量模式下，按 [F4] 键进入第二页，如图 5-22 所示。

（2）按 [F2]（放样）键进入放样测量模式。

（3）按 [F1]（平距）键，输入要放样的平距值，按 [F4]（确认）键回到平距模式第二页。

（4）按 [F4] 键返回第一页，照准目标按 [F1]（测距）键开始测距。

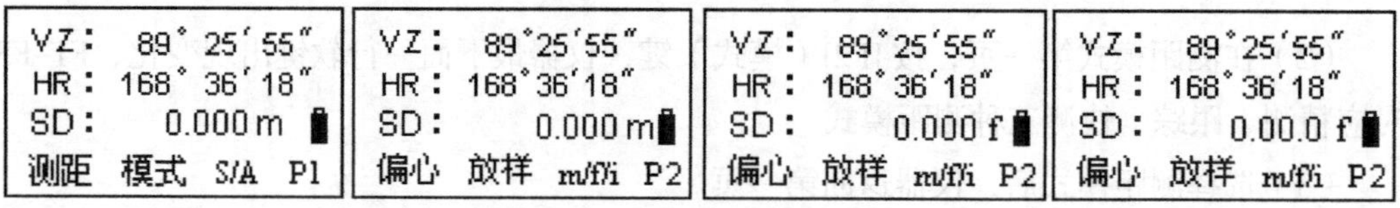

VZ： 89°25′55″
HR： 168°36′18″
SD： 0.000 m
测距 模式 S/A P1
VZ： 89°25′55″
HR： 168°36′18″
SD： 0.000 m
偏心 放样 m/f/i P2
VZ： 89°25′55″
HR： 168°36′18″
SD： 0.000 f
偏心 放样 m/f/i P2
VZ： 89°25′55″
HR： 168°36′18″
SD： 0.00.0 f
偏心 放样 m/f/i P2

图 5-21 测距单位的切换

HR： 168°36′18″
HD： 0.000 m
VD： 0.000 m
偏心 放样 m/f/i P2
放样
HD: 0.000m
平距 高差 斜距 —
放样
HD = 20.000_ m
— — 清空 确认
HR： 168°36′18″
dHD： -12.357 m
VD： 0.000 m
偏心 放样 m/f/i P2

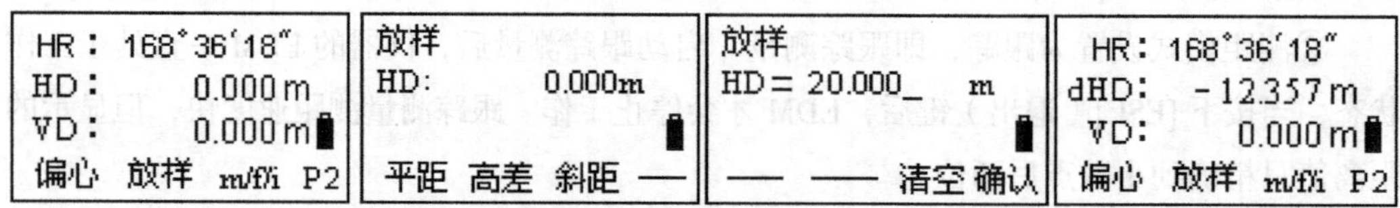

图 5-22 距离放样测量

（5）显示值（*dHD*）= 观测的距离值 – 标准（预置）的距离。差值为正时向仪器方向移动，差值为负时向远离仪器方向移动。仪器可以进行各种距离模式放样，如平距（*HD*）、高差（*VD*）、斜距（*SD*）的放样。

（6）如果需要恢复到正常测量模式，可以将放样距离设为 0m 或关机即可。

5.4.7　坐标测量模式

在常规测量界面按 [⇲]（坐标测量）功能键进入坐标测量模式。坐标测量模式各软键功能见表 5–7。

坐标测量模式各软键功能　　表 5–7

页数	软键	显示符号	功能
1	F1	测距	启动距离测量
	F2	模式	设置测距模式
	F3	S/A	设置音响模式
	F4	P1	显示第二页软功能键
2	F1	镜高	输入棱镜高
	F2	仪高	输入仪器高
	F3	测站	输入测站坐标
	F4	P2	显示第三页软功能键
3	F1	偏心	进入偏心测量
	F2	后视	输入后视坐标
	F3	m/f/i	距离显示单位切换
	F4	P3	显示第一页软功能键

国产某型号全站仪的坐标测量模式不能将测量的坐标存入仪器。坐标测量的步骤如下：

（1）在开始坐标测量前，首先做好与测距有关的设置工作，如测距模式的选择，在 [S/A] 设置音响模式下，查看棱镜常数的输入是否正确，大气改正是否得到正确的实施，设置测距次数等。

（2）在坐标测量模式第一页，按 [F4]（P1）键，翻到第二页，如图 5–23 所示。

（3）按 [F3]（测站）键，输入测站点三维坐标。

（4）按 [F2]（仪高）键，输入测站仪器高。

（5）按 [F1]（镜高）键，输入目标点棱镜高。

（6）按 [F4]（P2）键，翻到坐标测量模式第三页。

（7）按 [F2]（后视）键，输入后视点坐标，确认后仪器算出测站到后视点的方位角，然后转动仪器照准部瞄准后视点，按 [F3]（是）键，仪器即完成定向工作。

N：　0.000 m E：　0.000 m Z：　0.000 m 镜高 仪高 测站 P2	N：　1000.000 m E：　1000.000 m Z＝ 3.000_　m — — 清空 确认	仪器高输入 仪高 =1.450_　m — — 清空 确认	棱镜高输入 镜高 =1.400_　m — — 清空 确认
N：　0.000 m E：　0.000 m Z：　0.000 m 偏心 后视 m/fi P3	N：　2000.000 m E：　1000.000 m Z＝ 3.000_　m — — 清空 确认	方位角设置 HR：　0°00′00″ >照准？　是 否	N：　1024.256 m E：　995.378 m Z：　3.159 m 测距 模式 S/A P1

图 5-23　坐标测量

（8）按 [F4]（P3）键，翻到坐标测量模式第一页。

（9）照准待定点的棱镜，按 [F1]（测距）键，即可测出待定点的三维坐标。

5.5　全站仪的数据采集测量

国产某型号全站仪数据采集操作步骤如下：

（1）选择数据采集文件，仪器所采集的测量数据存储在该文件中。

（2）进入数据采集设置菜单，做好跟数据采集有关的设置。

（3）选择坐标数据文件，可进行测站坐标数据及后视坐标数据的调用（当无需调用已知点坐标数据时，可省略此步骤），当在数据采集的设置菜单里设置坐标自动计算时，仪器计算的测点坐标亦存储在该坐标文件里。

（4）设置测站点，包括仪器高和测站点号及坐标。

（5）设置后视点，输入后视点坐标，通过测量后视点进行定向，确定方位角。

（6）设置待测点的棱镜高，开始采集，存储数据。

5.5.1　选择数据采集文件

在此选择或输入的文件为测量文件，数据采集得到的数据将存储在该测量文件名下。

（1）在基本测量模式下，按 [MENU] 键进入主菜单显示，如图 5-24 所示。

（2）按 [F1] 键进入数据采集选择测量文件界面，按 [F2]（列表）键可以调用已存储在仪器内的测量文件。

（3）按 [F1]（输入）键输入需要存储的测量文件名 1ZU，按 [F4]（确认）键确认。

（4）进入数据采集菜单，显示数据采集菜单第一页。

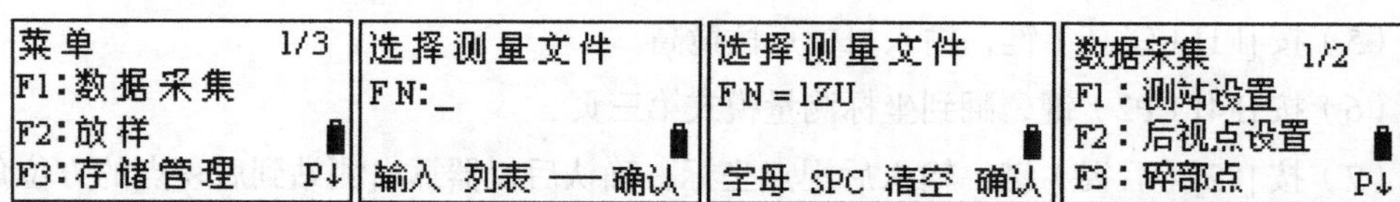

图 5-24　选择数据采集测量文件

5.5.2 数据采集设置菜单

（1）使仪器处于数据采集菜单界面第二页，如图 5-25 所示。

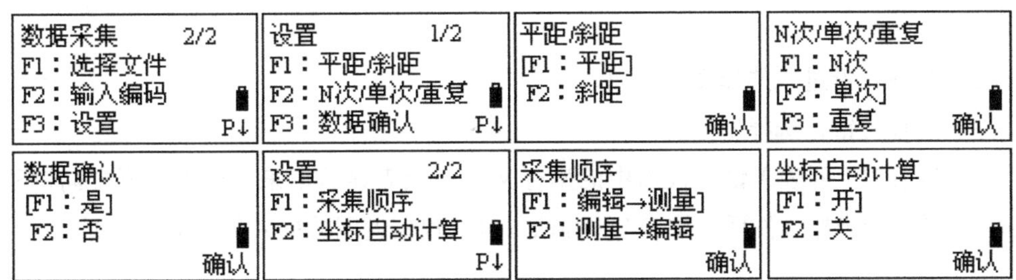

图 5-25 数据采集设置菜单

（2）按 [F3]（设置）键进入设置菜单界面第一页。

（3）按 [F1] 键进入距离显示设置界面，[ ] 内选项表示当前屏幕显示的距离模式，按 [F1] 键选定显示为“平距”，按 [F2] 键选定显示为“斜距”，设置完成按 [F4]（确认）键，返回设置菜单第一页。建议选择 [F1]（平距）。

（4）按 [F2] 键进入测距模式设置界面，[ ] 内选项表示当前设置的测距模式，按 [F1] 键选定测距模式为 *N* 次测量，按 [F2] 键选定为单次测量，按 [F3] 键选定为重复精测，设置完成按 [F4]（确认）键，返回设置菜单第一页。建议选择 [F2]（单次精测）。

（5）按 [F3] 键进入数据确认设置界面，按 [F1] 键表示数据采集完成后需要确认再记录，按 [F2] 键表示无需确认直接记录，设置完成按 [F4]（确认）键，返回设置菜单第一页。建议选择 [F1]（是）。

（6）在设置菜单第一页，按 [F4] 键翻到设置菜单第二页。

（7）按 [F1] 键进入采集顺序设置界面，按 [F1] 键表示先编辑后测量，按 [F2] 键表示先测量后编辑，设置完成按 [F4]（确认）键，返回设置菜单第二页。建议选择 [F1]（编辑→测量）。

（8）按 [F2] 键进入坐标自动计算设置界面，按 [F1] 键表示打开坐标自动计算功能，按 [F2] 键表示关闭坐标自动计算功能，设置完成后，仪器自动退出。建议选择 [F1]（开）。

当打开坐标自动计算功能后，数据采集过程中仪器会自动计算所测碎部点的坐标数据，并存储到选定的坐标文件中，可以作为控制点进行调用或下载。

5.5.3 选择坐标文件

若需要调用坐标数据文件中的坐标作为测站点或后视点坐标用，则预先应选择一个坐标文件，否则仪器不知道去哪里调用坐标。

（1）确认仪器处于数据采集菜单第二页，如图 5-26 所示。

图 5-26 选择坐标文件

（2）按 [F1] 键进入选择文件界面。

（3）按 [F2] 键，选择坐标文件。

（4）按 [F2]（列表）键，仪器中的坐标文件将列表显示出来，按上、下方向键移动光标，选择一个坐标文件后，按 [F4]（确认）键。仪器返回数据采集菜单第二页。

5.5.4 测站设置

在设置测站过程中，测站坐标和点号可以人工通过键盘输入，也可以在仪器内存中读取，另外还要输入编码、仪器高。

1. 利用内存中的坐标快速设置测站（坐标文件已选定）

如果观测者能够记住已知控制点的点号，可以快速设置测站信息，其步骤如下：

（1）使仪器处于数据采集菜单第一页，如图 5-27 所示。

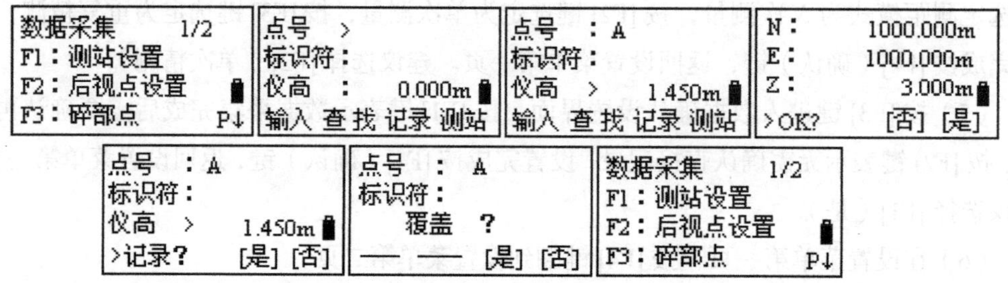

图 5-27 利用内存中的坐标数据设置测站

（2）按 [F1] 键进入测站设置，显示测站点输入界面。

（3）将光标上、下移动输入测站点号、编码（编码可以不输）和仪器高，按 [F3]（记录）键。

（4）仪器显示内存里的测站坐标，正确则按 [F4]（是）键。

（5）仪器再次进入测站点输入界面，提示是否记录测站信息，没有问题则按 [F3]（是）键。

（6）仪器提示是否覆盖 *A* 点坐标信息，按 [F4]（否）键。

（7）仪器记录测站信息返回数据采集菜单第一页。

2. 利用键盘手动直接输入测站坐标

（1）使仪器处于数据采集菜单第一页，如图 5-28 所示。

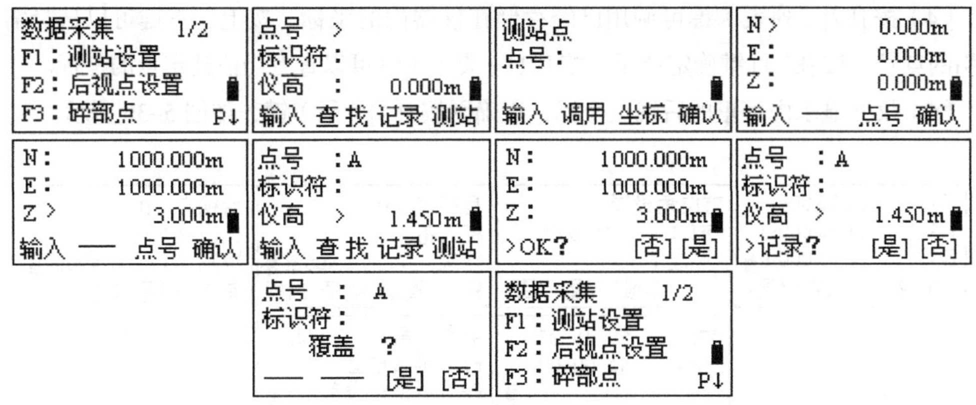

图 5-28　利用键盘手动设置测站

（2）按 [F1] 键进入测站设置，显示测站点输入界面。

（3）按 [F4]（测站）键，进入测站点输入界面。

（4）按 [F3]（坐标）键进入测站坐标输入界面，现在可以手动通过键盘输入测站点坐标。

（5）通过键盘输入 N 坐标按 [F4]（确认）键，输入 E 坐标按 [F4]（确认）键，输入 Z 坐标按 [F4]（确认）键。

（6）仪器进入测站点号输入界面，上下移动光标，输入测站点号、编码和仪器高（编码可以不输），按 [F3]（记录）键。

（7）仪器再次显示输入的测站坐标，正确则按 [F4]（是）键。

（8）仪器再次进入输入测站点界面，没有问题则按 [F3]（是）键，仪器记录测站信息。

（9）仪器提示是否覆盖 A 点坐标信息，按 [F4]（否）键。

（10）仪器退出测站设置界面，返回数据采集界面第一页。

5.5.5　后视点设置

后视点设置亦即测站定向，所有测量值和坐标计算都与测站定向有关。在定向过程中，可以通过手动方式输入后视点信息，也可调用内存中的点输入后视点信息。

1. 利用内存中的坐标设置后视点（坐标文件已选定）

（1）使仪器处于数据采集界面第一页，如图 5-29 所示。

（2）按 [F2] 键进入后视点设置，显示后视点输入界面。

（3）按 [F4]（后视）键进入后视点点号输入界面。

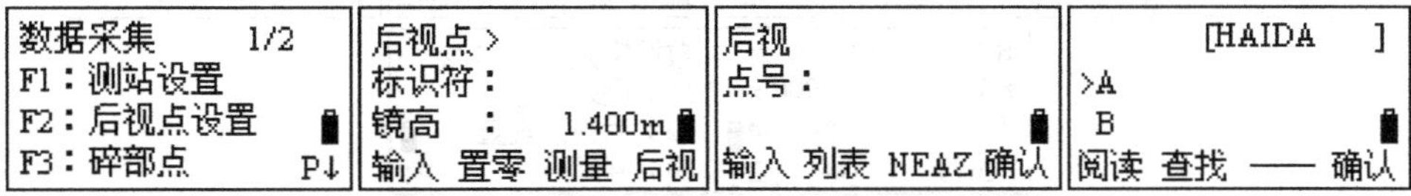

图 5-29　利用内存中的坐标数据设置后视点（一）

（4）按 [F2]（列表）键可调用已经存储在仪器内的坐标，按上、下键可以选择需要调用的点号，按 [ENT] 键确定调用。按 [F1]（阅读）键可以查看当前选定点的坐标。

（5）仪器显示内存里的后视点坐标，正确则按 [F4]（是）键，如图 5-30 所示。

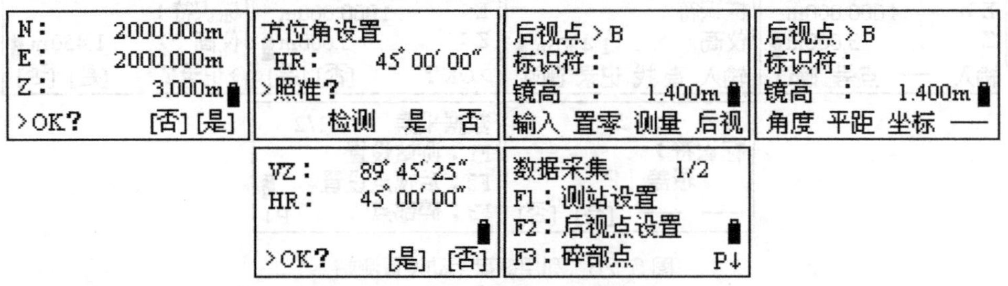

图 5-30　利用内存中的坐标数据设置后视点（二）

（6）仪器即刻算出测站到后视点的方位角，转动照准部照准后视点后按 [F3]（是）键。

（7）仪器进入输入后视点界面，光标下移可以输入后视点编码和棱镜高。

（8）按 [F3]（测量）键，最下面一行软键发生变化，提示复测后视点的角度、平距或坐标。

①按 [F1]（角度）键，仅对后视点的角度进行复测，仪器复测的水平角应与测站到后视点的方位角一致。

②按 [F2]（平距）键，对后视点的角度和平距进行复测，仪器复测的水平角应与测站到后视点的方位角一致，水平距离应与测站到后视点的平距一致。

③按 [F3]（坐标）键，对后视点的坐标进行复测，仪器复测出的后视点坐标应与已知的后视点坐标一致。

（9）按 [F1]（角度）键复测后视点角度，复测结束，正确按 [F3]（是）键。

（10）仪器退出后视点设置界面，返回到数据采集界面第一页。

2. 利用键盘手动直接输入后视点信息

（1）使仪器处于数据采集界面第一页，如图 5-31 所示。

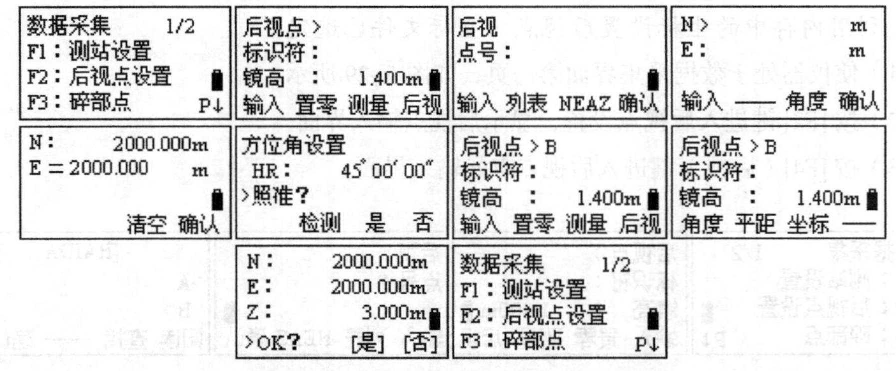

图 5-31　利用键盘手动设置后视点

（2）按 [F2] 键，进入后视点设置，显示后视点输入界面。

（3）按 [F4]（后视）键，进入后视点号输入界面。

（4）按 [F3]（NEAZ）键，可以通过键盘输入后视点的坐标。

（5）通过键盘输入 *N* 坐标按 [F4]（确认）键，输入 *E* 坐标按 [F4]（确认）键。

（6）仪器即刻算出测站到后视点的方位角，转动照准部照准后视点后按 [F3]（是）键。

（7）仪器进入输入后视点界面，上下移动光标，输入后视点号、编码和棱镜高（编码可以不输）。

（8）按 [F3]（测量）键。最下面一行软键发生变化，提示复测后视点的角度、平距或坐标。

（9）按 [F3]（坐标）键复测后视点坐标，复测结束，正确按 [F3]（是）键。

（10）仪器退出后视点设置界面，返回到数据采集菜单第一页。

5.5.6　碎部点数据的测量与存储

（1）使仪器处于数据采集菜单界面第一页，并已完成测站和后视点的设置，如图 5-32 所示。

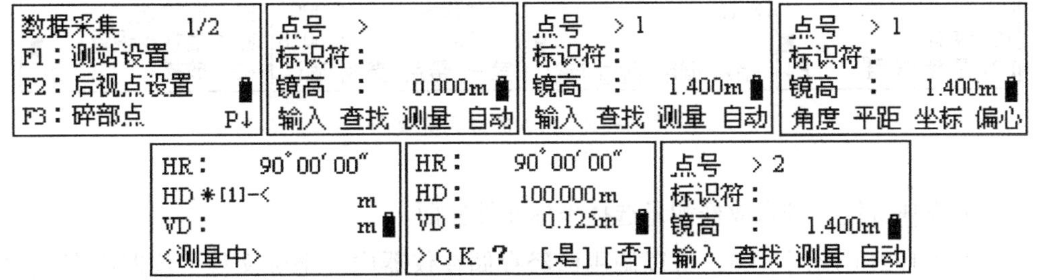

图 5-32　碎部点数据的测量与存储

（2）按 [F3] 键进入碎部点测量界面。

（3）按 [F1]（输入）键，依次输入点号、编码、棱镜高。

（4）按 [F3]（测量）键，仪器最下面一行软键发生变化。

①角度：采集碎部点的角度数据，即 *VZ*、*HR*。

②平距：采集碎部点的角度距离数据，即 *VZ*、*HR*、*HD*、*VD*。

③坐标：采集碎部点的坐标数据，即 *N*、*E*、*Z*。

④偏心：进入偏心测量。

按 [F1]~[F4] 选择采集数据的格式。

（5）按 [F2]（平距）键，仪器开始测量碎部点的角度距离数据。

（6）测量完成后，显示测量结果，提示是否记录，按 [F3]（是）键，仪器完成对待测点的测量并自动记录数据。

（7）仪器返回下一点测量界面，点号自动加 1，上下移动光标可以输入编码和棱镜高，按 [F4]（自动）键测量，仪器采集的数据格式默认为上次选定的格式。按 [F4]（自动）键后，仪器在采集数据时，点号自动加 1，属性清空，棱镜高保持不变，根据需要输入。

当设置坐标自动计算后，数据采集过程中所测碎部点数据则存储到测量数据文件中，同时仪器会自动计算每一个碎部点的坐标数据，并存储到指定的坐标数据文件中，可以作为控制点进行调用或数据下载。推荐设置为坐标自动计算，在数据采集时采集碎部点的角度距离数据，这样一来就有两套碎部点的数据，一套是存储在测量数据中的 *VZ*、*HR*、*HD*、*VD* 等，另一套是存储在坐标数据文件中碎部点的三维坐标数据。这样做的好处是当测量出错时便于查找错误，或利用数据下载软件重算坐标数据，以免返工。

5.6 全站仪的放样测量

5.6.1 进入放样测量

（1）在基本测量模式下，按 [MENU] 键进入菜单，如图 5-33 所示。

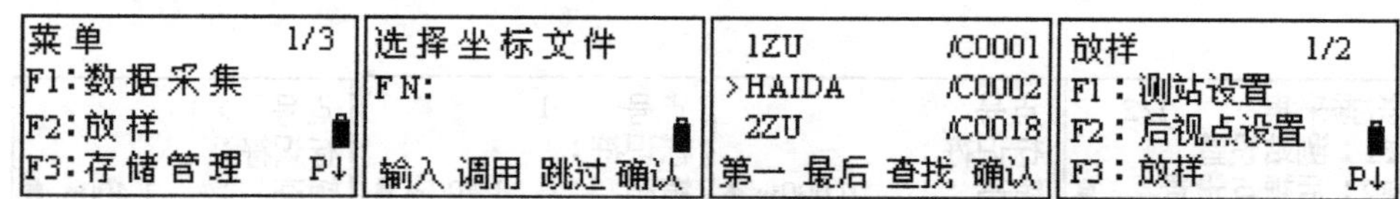

图 5-33 进入放样测量模式

（2）按 [F2] 键，进入放样测量选择坐标文件界面。

（3）按 [F2]（调用）键，可以调用已经存储在仪器内的坐标文件。仪器内存里的坐标文件将列表显示，按向上、向下方向键选择坐标文件，选中文件后，按 [F4]（确认）键。按 [F3]（跳过）键可以跳过输入或调用坐标文件，存储的数据无法被调用。按 [F1]（输入）键，输入坐标文件名，按 [F4]（确认）键。

（4）进入放样菜单界面第一页。

5.6.2 测站设置

1. 利用内存中的坐标设置测站（坐标文件已选定）

（1）使仪器处于放样菜单第一页，如图 5-34 所示。

（2）按 [F1] 键，进入测站设置，显示点号选择界面。

（3）按 [F2]（调用）键，可以调用已经存储在仪器内存里的坐标，按上、下键可以选择需要调用的点号，按 [F4]（确认）键调用。按 [F1]（阅读）键可以查看当前选定点的坐标。阅读后按 [ESC] 退出键即可。

（4）仪器显示调用的测站坐标，按 [F4]（是）键仪器保存测站坐标和点名。

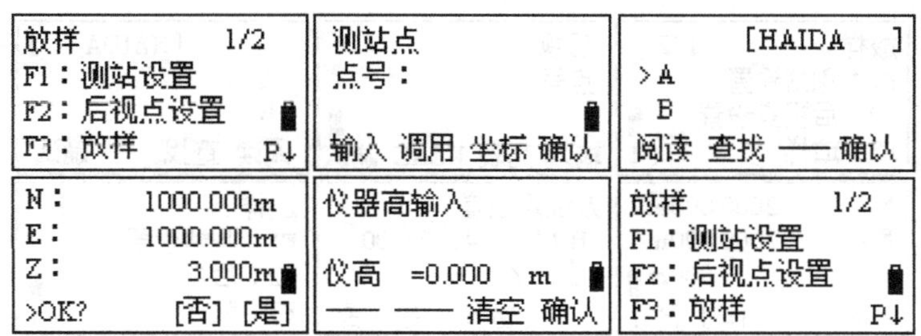

图 5-34 利用内存中的坐标数据设置测站

（5）仪器进入仪器高输入界面，输入仪器高后按 [F4]（确认）键。

（6）仪器返回放样菜单界面第一页。

2. 利用键盘手动直接输入测站坐标

（1）使仪器处于放样菜单第一页，如图 5-35 所示。

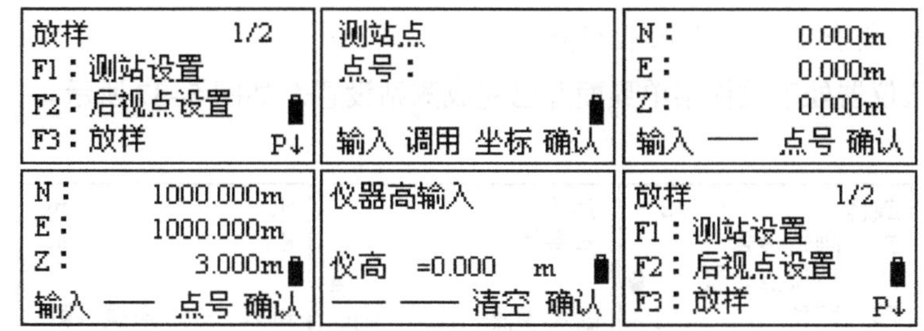

图 5-35 利用键盘手动设置测站

（2）按 [F1] 键，进入测站设置，显示点号选择界面。

（3）按 [F3]（坐标）键，可以不调取而直接输入测站点的坐标。

（4）通过键盘输入 N 坐标按 [F4]（确认）键，输入 E 坐标按 [F4]（确认）键，输入 Z 坐标按 [F4]（确认）键。

（5）仪器进入仪器高输入界面，输入仪器高后按 [F4] 键确认。

（6）仪器返回放样菜单界面第一页。

5.6.3 后视点设置

在放样菜单下的后视点设置与数据采集的后视点设置基本一样，只是少了复测后视点这一步。

1. 利用内存中的坐标设置后视点（坐标文件已选定）

（1）确认仪器处于放样菜单第一页并已完成测站设置，如图 5-36 所示。

（2）按 [F2] 键进入后视点设置，显示点号选择界面。

（3）按 [F2]（列表）键可以调用已经存储在仪器内存里的坐标，按上、下键可以选择需要调用的点号，按 [F4]（确认）键调用。按 [F1]（阅读）键可以查看当前选定点的坐

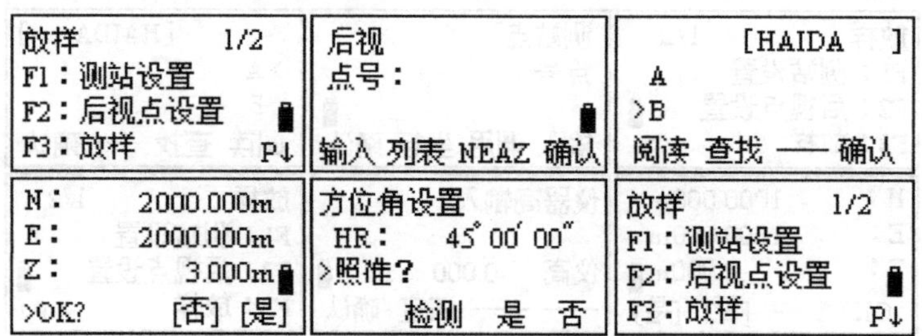

图 5-36 利用内存中的坐标数据设置后视点

标。阅读后按 [ESC] 退出键即可。

（4）仪器显示内存里的后视点坐标，正确则按 [F4]（是）键。

（5）仪器进入定向界面，即方位角设置。仪器即刻显示测站到后视点的方位角，转动仪器照准后视点，按 [F3]（是）键。

（6）仪器退出后视点设置界面，返回放样菜单第一页。

2. 利用键盘手动直接输入后视点信息

（1）确认仪器处于放样菜单界面并已完成测站设置，如图 5-37 所示。

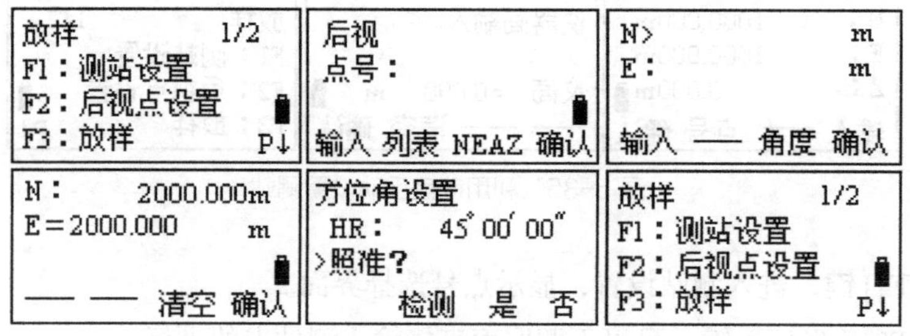

图 5-37 利用键盘手动设置后视点

（2）按 [F2] 键进入后视点设置，显示点号选择界面。

（3）按 [F3]（NEAZ）键，进入后视点坐标输入界面。

（4）通过键盘输入 N 坐标按 [F4]（确认）键，输入 E 坐标按 [F4]（确认）键。

（5）仪器进入定向界面，即方位角设置。仪器即刻显示测站到后视点的方位角，转动仪器照准后视点，按 [F3]（是）键。

（6）仪器返回放样菜单界面第一页。

5.6.4 实施放样

（1）确认仪器处于放样菜单第一页，并已完成测站设置和后视点设置，如图 5-38 所示。

（2）按 [F3] 进入放样测量，显示放样点号输入界面。

（3）按 [F2]（调用）键可以调用已经存储在仪器内的坐标。按 [F3]（坐标）键可以不调取而直接通过键盘输入放样点的坐标。通过键盘输入 N 坐标按 [F4]（确认）键，输入

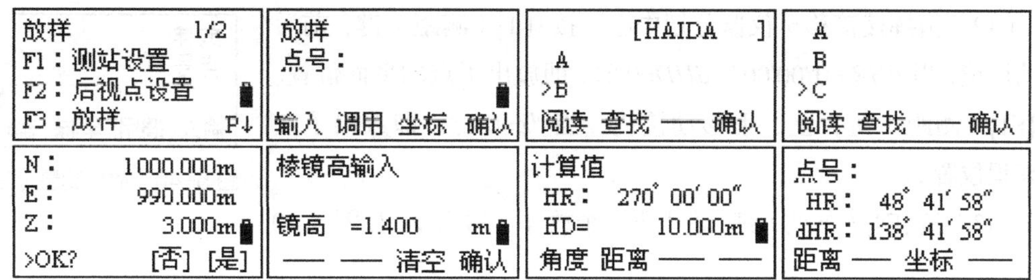

图 5-38 放样测量（一）

E 坐标按 [F4]（确认）键，输入 *Z* 坐标按 [F4]（确认）键。

（4）按上、下键选择需要调用的点，按 [F4]（确认）键调用。按 [F1]（阅读）键可以查看当前选定点的坐标。阅读完成按 [ESC] 退出键即可。

（5）仪器显示内存里放样点的坐标，正确则按 [F4]（是）键。

（6）仪器进入棱镜高输入界面，输入正确的棱镜高，按 [F4]（确认）键。如果只测量放样点的平面位置，可以不输入棱镜高。

（7）仪器进入极坐标法放样界面，显示计算值。

① *HR* 为测站至放样点的方位角。

② *HD* 为测站至放样点的水平距离。

（8）按 [F1]（角度）键，进入极坐标法放样的角度部分。

① *HR* 为当前水平方向值，即测站到棱镜点的水平方向值（方位角）。

② *dHR* 为对准放样点仪器应转动的水平角，*dHR*= 当前水平方向值 – 计算水平方向值。当计算值为负时，加 360°。

（9）转动仪器，当 *dHR*=0°00′00″ 时，即表示放样角度正确。具体操作时，当 *dHR* 接近 0° 时，锁紧水平制动螺旋，调水平微动螺旋使 *dHR* 为 0°00′00″。这时仪器在水平方向应当固定，但望远镜可以上、下转动，如图 5-39 所示。

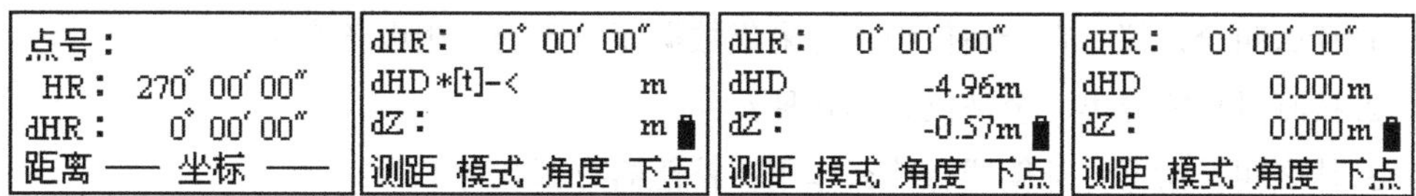

图 5-39 放样测量（二）

（10）按 [F1]（距离键）启动 EDM 测距。

（11）仪器这时测距只精确到厘米，若要测距精确到毫米，按 [F2]（模式）键，选择精测测距模式，就可以准确到毫米。

① *dHD* 为对准放样点尚差的水平距离，*dHD*= 实测平距 – 计算平距。

② *dZ* 为对准放样点尚差的高差，*dZ*= 实测高差 – 计算高差。

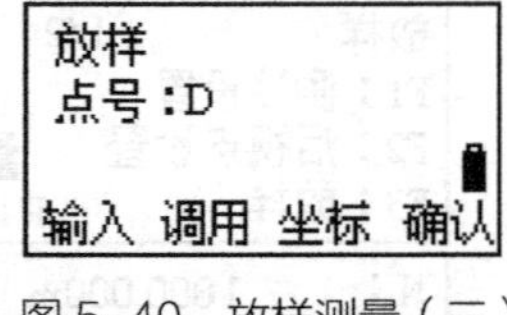

图 5-40 放样测量（三）

（12）指挥棱镜移至仪器分划中心。按 [F1]（测距）键，前后移动棱镜，当 dHR= 0°00′00″，dHD=0 时，即放出了点的平面位置。按 [F1]（测距）键，上、下移动棱镜，当 dZ=0 时，即放出了点的高程位置。

（13）按 [F4]（下点）键，进入下一个放样点的测设，如图 5–40 所示。

5.6.5 全站仪放样注意事项

（1）为了在野外作业时方便快捷地调用坐标数据，最好将控制点和放样点的坐标数据录入全站仪的内存里，数据的录入可以手动用仪器的键盘录入，也可以通过数据通信软件上载到仪器的内存里。

（2）做好跟测距有关的设置，如测距模式、棱镜常数、大气改正、测距次数等。

（3）如果只放样点的平面位置，对仪器高和棱镜高可以不设置。

（4）当坐标格网因子被设定后，将用于包括放样在内所有的涉及坐标的测量程序，在绝大多数情况下，格网因子为 1，最好关闭格网因子。

【本章小结】

本章主要介绍全站仪测量的相关知识，让学生对全站仪的测量原理、结构和测量使用方法有一定的了解。只有在理解全站仪的测角、测距、补偿器、坐标测量、放样测量原理的基础上，才能熟练地掌握和用好全站仪。学生应重点掌握的内容是：角度测量、距离测量、坐标测量模式，数据采集菜单的使用方法和放样菜单的使用方法。

【思考与练习题】

1. 什么叫全站仪？在全站仪中，为采集数据而设置的专用设备有哪些？

2. 按测量功能分类，全站仪有哪几种？

3. 什么叫补偿器？补偿器有什么作用？补偿器有哪几种？

4. 对于双轴补偿器，当仪器在水平方向制动后，望远镜上下转动时发现水平度盘角度发生变化，这是为什么？在实际工程中如何处理？

5. 试问全站仪能测量点的三维坐标吗？如果不能，全站仪测量的原始观测数据是什么？全站仪的坐标是如何得出的？

6. 试问全站仪测量出来的三维坐标，其平面坐标和高程是根据什么原理得出的？

7. 试述全站仪坐标测量的原理。

8. 试述全站仪坐标测量模式的测量步骤。

9. 在全站仪测量中什么叫定向？实现定向的方法有哪三种？如果定向发生错误，在数据采集测量中，测出的点或图形会发生什么错误？

10. 试述全站仪数据采集的步骤。

11. 试述全站仪放样测量的步骤。

12. 在全站仪测量中，什么叫左角？什么叫右角？左角与右角是什么关系？为什么在数据采集、放样、坐标测量和其他应用程序测量中必须使用右角模式？

13. 在全站仪放样测量中，当完成应用程序准备后，输入放样点的坐标，仪器即刻显示 *HR* 和 *HD* 的计算值，试问此处 *HR* 和 *HD* 代表什么意义？

第6章　测量误差的基本知识

【本章要点及学习目标】

通过学习本章，学生应熟悉测量误差的来源、分类、特性及处理方法，中误差的概念，误差传播定律及其应用；掌握等精度和不等精度平均值的计算及精度评定，权的概念及单位权中误差，测量平差原则。

6.1　测量误差概述

6.1.1　观测及观测误差

测量是人们认识自然、认识客观事物的必要手段和途径。测量即观测，是指用一定的仪器、工具、传感器或其他手段获取反映地球空间实体分布信息的工作。通过测量获得的数据称为测量数据或观测数据，按观测量与未知量之间的关系可分为直接观测和间接观测，被观测量就是所求未知量本身，称为直接观测，观测值称为直接观测值；通过被观测量与未知量的函数关系来确定未知量的观测称为间接观测，观测值称为间接观测值。

若各观测量之间无任何依存关系，是相互独立的观测，称为独立观测，观测值称为独立观测值。若观测量之间存在一定的几何或物理条件约束，则称为非独立观测，观测值称为非独立观测值。

在实际测量工作中，大量实践表明，当对某一未知量进行多次观测时，不论测量仪器有多精密，观测进行得多么仔细，测得的观测值之间总是存在差异。例如，往、返丈量某段距离若干次，或重复观测某一角度，观测结果都不会一致。再如，测量某一平面三角形的三个内角，其观测值之和常常不等于180°。这些现象都说明了测量结果不可避免地存在误差。

由于任何测量工作都是由观测者使用某种仪器、工具，在一定的外界条件下进行的，所以观测误差来源于以下三个方面：观测者的视觉鉴别能力和技术水平；仪器、工具的精密程度；观测时外界条件的好坏。通常我们把这三个方面综合起来称为观测条件。在相同观测条件下进行的一系列观测称为等精度观测；在不同观测条件下进行的一系列观测称为非等精度观测。观测条件将影响观测成果的精度：若观测条件好，则测量误差小，测量的精度高；反之，则测量误差大，精度低；若观测条件相同，则可认为精度相同。

由于在测量的结果中含有误差是不可避免的，因此，研究误差理论的目的不是为了去消灭误差，而是要对误差的来源、性质及其产生和传播的规律进行研究，以便解决测量工作中遇到的一些实际问题。例如，在一系列观测值中，如何确定观测量的最可靠值，如何来评定测量的精度以及如何确定误差的限度等。所有这些问题，运用测量误差理论均可得到解决。

6.1.2 系统误差

在相同的观测条件下，对某一未知量进行一系列观测，若误差出现的符号和大小均相同或按一定的规律变化，这种误差称为系统误差。例如，由于水准仪的视准轴与水准管轴不平行而引起的读数误差，与视线的长度成正比且符号不变；经纬仪因视准轴与横轴不垂直而引起的方向误差，随视线竖直角的大小而变化且符号不变；距离测量尺长不准产生的误差随尺段数成比例增加且符号不变。这些误差都属于系统误差。

系统误差主要来源于仪器工具上的某些缺陷；来源于观测者某些习惯的影响，例如有些人习惯地把读数估读得偏大或偏小；还有来源于外界环境的影响，如风荷载、温度及大气折光等的影响。

系统误差的特点是具有累积性，对测量结果影响较大。但是，由于系统误差的符号和大小有一定的规律，可以用以下方法进行处理：

（1）用计算的方法加以改正。找出系统误差产生的原因和规律,对测量结果加以改正。例如在钢尺量距中，可对测量结果加尺长改正和温度改正。

（2）用一定的观测方法加以消除。在观测方法和观测程序上采取一定的措施来消除或减弱系统误差的影响。例如在水准测量中，保持前视和后视距离相等，来消除微倾式水准仪视准轴与水准管轴不平行所产生的误差。

（3）将系统误差限制在允许范围内。有的系统误差既不便于计算改正，又不能采用一定的观测方法加以消除。例如，经纬仪照准部管水准器不垂直于仪器竖轴的误差对水平角的影响。对于这类系统误差，则只能按规定的要求对仪器进行精确检校，并在观测中仔细整平，将其影响减小到允许范围内。

6.1.3 粗差

在观测结果中，有时还会出现错误。例如读错、测错或记错等，统称为粗差。粗差在观测结果中是不允许出现的。为了杜绝粗差，除认真仔细作业外，还必须采取必要的检核措施。例如，对距离进行往、返测量；对角度进行重复观测；对几何图形进行必要的多余观测，用一定的几何条件来进行检核。

6.1.4 偶然误差

在相同的观测条件下，对某一未知量进行一系列观测，若误差出现的符号和大小均不一定，这种误差称为偶然误差。例如在水平角测量中照准目标时，可能稍偏左也可能稍偏右，偏差的大小也不一样；又如在水准测量或钢尺量距中估读毫米数时，可能偏大也可能偏小，其大小也不一样，这些都属于偶然误差。

产生偶然误差的原因很多，主要是由于仪器或人的感觉器官能力的限制，如观测者的估读误差、照准误差等，以及测量环境中不能控制的因素，如不断变化的温度、风荷载等外界环境。

在测量成果中，错误可以发现并剔除，系统误差能够加以改正，而偶然误差是不可避免的，它在测量成果中占主导地位，所以测量误差理论主要是处理偶然误差的影响。

6.1.5 偶然误差的特性

偶然误差在测量过程中是不可避免的，从单个误差来看，其大小和符号没有一定的规律性，但就大量偶然误差总体来看，则具有一定的统计规律，而且随着观测次数的增加，偶然误差的统计规律越明显。

例如，对一个三角形的三个内角进行观测，由于观测存在误差，三角形各内角的观测值之和 l 不等于其真值 180°。用 X 表示真值，则 l 与 X 的差值 Δ 称为真误差，可由下式计算：

$$\Delta = l - X = \text{观测值} - \text{真值} \tag{6-1}$$

偶然误差的特点是具有随机性，所以它是一种随机误差。偶然误差就单个而言具有随机性，但在总体上具有一定的统计规律，是服从于正态分布的随机变量。

在测量实践中，根据偶然误差的分布，我们可以明显地看出它的统计规律。例如，在相同的观测条件下，观测了 217 个三角形的全部内角，已知三角形内角之和等于 180°，这是三内角之和的理论值即真值 X，实际观测所得的三内角之和即观测值 l，由于各观测值中都含有偶然误差，因此各观测值不一定等于真值，其差即为真误差 Δ。以下用两种方法来分析：

（1）表格法

由式（6-1）计算可得 217 个内角和的真误差，按其大小和一定的区间（本例为 $d\Delta=3''$），分别统计在各区间正负误差出现的个数 k 及其出现的频率 k/n（$n=217$），列于表 6-1 中。

从表 6-1 中可以看出，该组误差的分布表现出如下规律：小误差出现的个数比大误差多；绝对值相等的正、负误差出现的个数和频率大致相等；最大误差不超过 27″。

实践证明，对大量测量误差进行统计分析，都可以得出上述同样的规律，且观测的个数越多，这种规律就越明显。

三角形内角和真误差统计表　　表 6-1

误差区间 dΔ	正误差		负误差		合计	
	个数 k	频率 k/n	个数 k	频率 k/n	个数 k	频率 k/n
0″~3″	30	0.138	29	0.134	59	0.272
3″~6″	21	0.097	20	0.092	41	0.189
6″~9″	15	0.069	18	0.083	33	0.152
9″~12″	14	0.065	16	0.073	30	0.138
12″~15″	12	0.055	10	0.046	22	0.101
15″~18″	8	0.037	8	0.037	16	0.074
18″~21″	5	0.023	6	0.028	11	0.051
21″~24″	2	0.009	2	0.009	4	0.018
24″~27″	1	0.005	0	0	1	0.005
27″ 以上	0	0	0	0	0	0
合 计	108	0.498	109	0.502	217	1.000

（2）直方图法

为了更直观地表现误差的分布，可将表 6-1 的数据用较直观的频率直方图来表示。如图 6-1 所示，以真误差的大小为横坐标，以各区间内误差出现的频率 k/n 与误差区间 dΔ 的比值为纵坐标，在每一区间上根据相应的纵坐标值画出一矩形，则各矩形的面积等于误差出现在该区间内的频率 k/n。图 6-1 中有斜线的矩形面积，表示误差出现在 +6″~+9″ 之间的频率，等于 0.069。显然，所有矩形面积的总和等于 1。

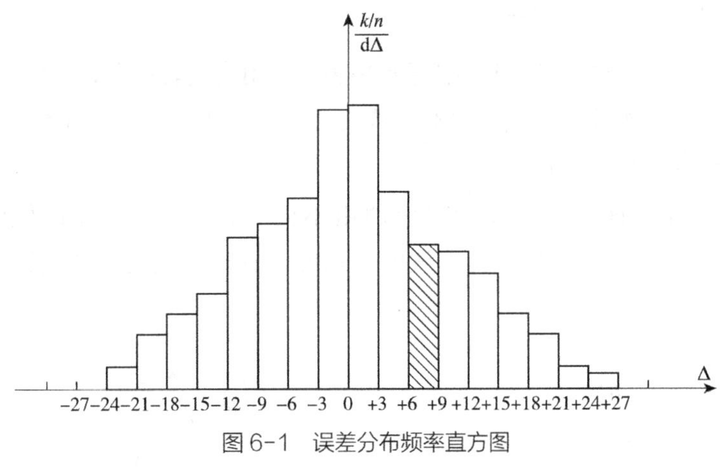

图 6-1　误差分布频率直方图

可以设想，如果在相同的条件下，所观测的三角形个数不断增加，则误差出现在各区间的频率就趋向于一个稳定值。当 $n \to \infty$ 时，各区间的频率也就趋向于一个完全确定的数值——概率。若无限缩小误差区间，即 $d\Delta \to 0$，则图 6-1 各矩形的上部折线，就趋向于一条以纵轴为对称轴的光滑曲线，如图 6-2 所示，称为误差概率分布曲线，简称误差分布曲线。在数理统计中，它服从于正态分布，该曲线的方程式为：

$$f(\Delta)=\frac{1}{\sigma\sqrt{2\pi}}\mathrm{e}^{-\frac{\Delta^2}{2\sigma^2}} \tag{6-2}$$

式中　Δ——偶然误差；

σ（>0）——为与观测条件有关的一个参数，称为误差分布的标准差，它的大小可以反映观测精度的高低。

$$\sigma=\lim_{n\to\infty}\sqrt{\frac{[\Delta\Delta]}{n}} \tag{6-3}$$

在图 6–1 中各矩形的面积是频率 *k*/*n*。由概率统计原理可知，频率即真误差出现在区间 dΔ 上的概率 *P*（Δ），记为：

$$P(\Delta)=\frac{k/n}{\mathrm{d}\Delta}\mathrm{d}\Delta=f(\Delta)\mathrm{d}\Delta \tag{6-4}$$

根据上述分析，可以总结出偶然误差具有如下四个特性：

（1）有限性：在一定的观测条件下，偶然误差的绝对值不会超过一定的限值。

（2）单峰性：即绝对值较小的误差比绝对值较大的误差出现的概率大。

（3）对称性：绝对值相等的正误差和负误差出现的概率相同。

（4）抵偿性：当观测次数无限增多时，偶然误差的算术平均值趋近于零。即：

$$\lim_{n\to\infty}\frac{[\Delta]}{n}=0 \tag{6-5}$$

式中　$[\Delta]=\Delta_1+\Delta_2+\cdots+\Delta_n=\sum_{i=1}^{n}\Delta_i$

在数理统计中，也称偶然误差的数学期望为零，用公式表示为 *E*（Δ）=0。

图 6–2 中的误差概率分布曲线是对应着某一观测条件的，当观测条件不同时，其相应误差分布曲线的形状也将随之改变。

如图 6–3 所示，曲线Ⅰ、Ⅱ为对应两组不同观测条件得出的两组误差分布曲线，它们均属于正态分布，但从两曲线的形状可以看出两组观测的差异。当 Δ=0 时，

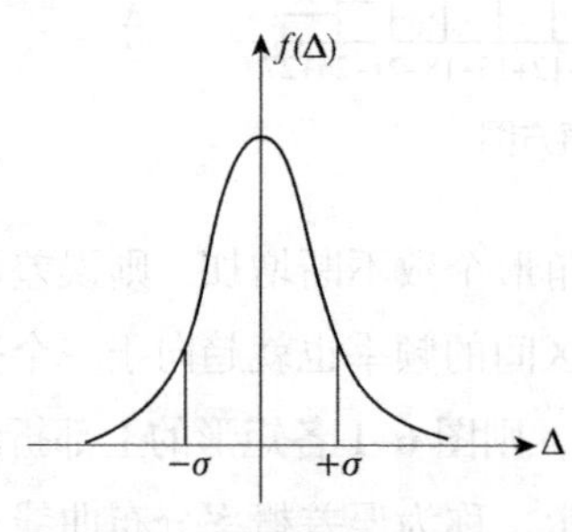

图 6–2　误差概率分布曲线

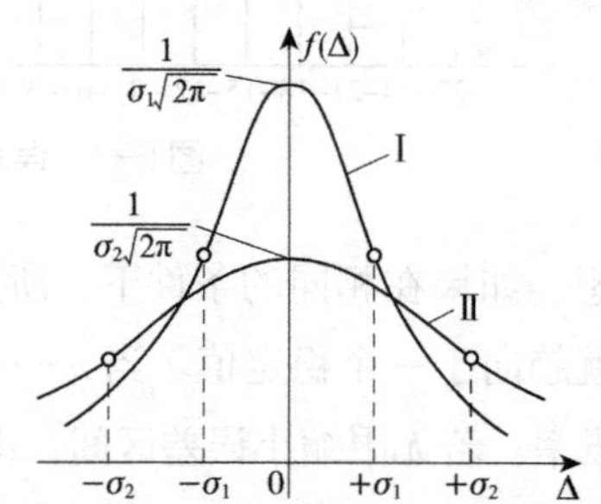

图 6–3　不同精度的误差分布曲线

$f_1(\Delta)=\frac{1}{\sigma_1\sqrt{2\pi}}$，$f_2(\Delta)=\frac{1}{\sigma_2\sqrt{2\pi}}$。$\frac{1}{\sigma_1\sqrt{2\pi}}$、$\frac{1}{\sigma_2\sqrt{2\pi}}$是这两误差分布曲线的峰值，其中曲线Ⅰ的峰值较曲线Ⅱ的高，即$\sigma_1<\sigma_2$，故第Ⅰ组观测小误差出现的概率较第Ⅱ组的大。由于误差分布曲线到横坐标轴之间的面积恒等于1，所以当小误差出现的概率较大时，大误差出现的概率必然要小。因此，曲线Ⅰ表现为较陡峭，即分布比较集中，或称离散度较小，因而观测精度较高。而曲线Ⅱ相对来说较为平缓，即离散度较大，因而观测精度较低。

6.2 评定精度的指标

研究测量误差理论的主要任务之一是要评定测量成果的精度，所谓精度就是指误差分布的密集与离散程度。在图6–3中，从两组观测的误差分布曲线可以看出：凡是分布较为密集即离散度较小的，表示该组观测精度较高；而分布较为分散即离散度较大的，则表示该组观测精度较低。用分布曲线或直方图虽然可以比较出观测精度的高低，但这种方法既不方便也不实用。因此在实际测量问题中并不需要求出它的分布情况，而需要有一个数字特征能反映误差分布的离散程度，用它来评定观测成果的精度。在测量中评定精度的指标有下列四个。

6.2.1 中误差

由式（6–3）定义的标准差是衡量精度的一种指标，但那是理论上的表达式。在测量实践中观测次数不可能无限多，因此在实际应用中，以有限次观测个数n计算出标准差的估值，定义为中误差m，作为衡量精度的一个指标，计算公式为：

$$m=\pm\hat{\sigma}=\pm\sqrt{\frac{[\Delta\Delta]}{n}} \tag{6-6}$$

【例6–1】甲、乙两组各自用相同的条件观测了六个三角形的内角，得三角形的闭合差（即三角形内角和的真误差）分别为：

甲：+3″、+1″、–2″、–1″、0″、–3″；

乙：+6″、–5″、+1″、–4″、–3″、+5″。

试分析两组的观测精度。

【解】用中误差公式（6–6）计算得：

$$m_{甲}=\pm\sqrt{\frac{[\Delta\Delta]}{n}}=\pm\sqrt{\frac{3^2+1^2+(-2)^2+(-1)^2+0^2+(-3)^2}{6}}=\pm2.0''$$

$$m_{乙}=\pm\sqrt{\frac{[\Delta\Delta]}{n}}=\pm\sqrt{\frac{6^2+(-5)^2+1^2+(-4)^2+(-3)^2+5^2}{6}}=\pm4.3''$$

从以上两组结果中可以看出，甲组的中误差较小，所以观测精度高于乙组。而直接从观测误差的分布来看，也可看出甲组观测的小误差比较集中，离散度较小，因而观测精度高于乙组。所以在测量工作中，普遍采用中误差来评定测量成果的精度。

注意：在一组同精度的观测值中，尽管各观测值的真误差出现的大小和符号各异，但观测值的中误差却是相同的，因为中误差反映观测的精度，只要观测条件相同，则中误差不变。

在式（6–2）中，如果令 $f(\Delta)$ 的二阶导数等于0，可求得曲线拐点的横坐标 $\Delta=\pm\sigma\approx m$。也就是说，中误差的几何意义即为偶然误差分布曲线两个拐点的横坐标。从图6–3也可看出，两组观测条件不同的误差分布曲线，其拐点的横坐标值也不同：离散度较小的曲线Ⅰ，其观测精度较高，中误差较小；反之离散度较大的曲线Ⅱ，其观测精度较低，中误差则较大。

6.2.2 极限误差

由偶然误差的特性一可知，在一定的观测条件下，偶然误差的绝对值不会超过一定的限值，这个限值就是极限误差。在一组等精度观测值中，绝对值大于 m（中误差）的偶然误差，其出现的概率为31.7%；绝对值大于 $2m$ 的偶然误差，其出现的概率为4.5%；绝对值大于 $3m$ 的偶然误差，出现的概率仅为0.3%。

根据式（6–2）和式（6–4）有：

$$P(-\sigma<\Delta<\sigma)=\int_{-\sigma}^{+\sigma}f(\Delta)\mathrm{d}\Delta=\frac{1}{\sigma\sqrt{2\pi}}\int_{-\sigma}^{+\sigma}\mathrm{e}^{-\frac{\Delta^2}{2\sigma^2}}\mathrm{d}\Delta\approx0.683$$

上式表示真误差出现在区间（$-\sigma$，$+\sigma$）内的概率等于0.683，或者说误差出现在该区间外的概率为0.317。同法可得：

$$P(-2\sigma<\Delta<2\sigma)=\int_{-2\sigma}^{+2\sigma}f(\Delta)\mathrm{d}\Delta=\frac{1}{\sigma\sqrt{2\pi}}\int_{-2\sigma}^{+2\sigma}\mathrm{e}^{-\frac{\Delta^2}{2\sigma^2}}\mathrm{d}\Delta\approx0.955$$

$$P(-3\sigma<\Delta<3\sigma)=\int_{-3\sigma}^{+3\sigma}f(\Delta)\mathrm{d}\Delta=\frac{1}{\sigma\sqrt{2\pi}}\int_{-3\sigma}^{+3\sigma}\mathrm{e}^{-\frac{\Delta^2}{2\sigma^2}}\mathrm{d}\Delta\approx0.997$$

以上三式的概率含义是：在一组等精度观测值中，绝对值大于 σ 的偶然误差，其出现的概率为31.7%；绝对值大于 2σ 的偶然误差，其出现的概率为4.5%；绝对值大于 3σ 的偶然误差，其出现的概率仅为0.3%。

在测量工作中，要求对观测误差有一定的限值。若以 m 作为观测误差的限值，则将有近32%的观测会超过限值而被认为不合格，显然这样的要求过分苛刻。而大于 $3m$ 的误差出现的机会只有3‰，在有限的观测次数中，实际上不大可能出现。所以可取 $3m$ 作为偶然误差的极限值，称极限误差，即：

$$\Delta_{极}=3m \tag{6–7}$$

6.2.3　容许误差

在实际测量工作中，是在极限误差范围内利用容许误差对偶然误差的大小进行限制的。在测量规范中，常以 3 倍或 2 倍中误差作为偶然误差的容许值，称为容许误差，即：

$$\Delta_{容}=3m \tag{6-8}$$

或

$$\Delta_{容}=2m \tag{6-9}$$

式（6-8）要求较宽，式（6-9）要求较严。如果观测值中出现大于所规定容许误差的偶然误差，则认为该观测值不可靠，应舍去不用或重测。

6.2.4　相对误差

有时只有中误差还不能完全判断观测结果的好坏。例如，用钢尺丈量长度分别为 100m 和 200m 的两段距离，若观测值的中误差都是 ±2cm，虽然两者的中误差相同，但就单位长度而言，两者的精度并不相同，显然后者要比前者的精度高。此时，衡量精度应采用相对中误差，相对中误差 K 等于观测值的中误差与观测值之比。它是一个不名数，常用分子为 1 的分式表示，即：

$$K=\frac{|m|}{D}=\frac{1}{\frac{D}{|m|}} \tag{6-10}$$

在上例中用相对中误差来衡量，则两段距离的相对中误差分别为 1/5000 和 1/10000，后者精度较高。在距离测量中，还常用往返测量结果的较差率来进行检核。较差率为：

$$\frac{|D_{往}-D_{返}|}{D_{平均}}=\frac{|\Delta D|}{D_{平均}}=\frac{1}{\frac{D_{平均}}{|\Delta D|}} \tag{6-11}$$

较差率是真误差的相对误差，它只反映往返测量的符合程度，以作为检核。显然，较差率越小，观测结果越可靠。与相对误差相对应，真误差、中误差、极限误差均称为绝对误差。

6.3　误差传播定律

有些未知量往往不能直接测得，而是由某些直接观测值通过一定的函数关系间接计算而得。例如在水准测量中，高差是由前、后视读数求得，即 $h=a-b$；又如两点间的水平距离是由直接测得的斜距 S 及天顶距 VZ，通过函数关系 $D=S\cdot\sin VZ$ 间接计算的，前者的函数形式为线性函数，后者为非线性函数。

由于直接观测值含有误差，因而它的函数必然要受其影响而存在误差，阐述观测值中误差与观测值函数中误差之间关系的定律，称为误差传播定律。

6.3.1 和差函数中误差

设函数为：

$$z=x\pm y \tag{6-12}$$

式中，z 是 x、y 的和或差的函数，x、y 为独立观测值，它们的中误差为 m_x、m_y，现在求 z 的中误差 m_z。

如果观测值 x 和 y 各产生真误差 Δx 和 Δy，则函数 z 也产生真误差 Δz，即：

$$z+\Delta z=(x+\Delta_x)\pm(y+\Delta_y) \tag{6-13}$$

两式相减，得：

$$\Delta_z=\Delta_x\pm\Delta_y \tag{6-14}$$

当对 x 和 y 均观测了 n 次，则：

$$\Delta_{zi}=\Delta_{xi}\pm\Delta_{yi}\ (i=1,\ 2,\ \cdots,\ n) \tag{6-15}$$

将上述 n 个公式两边平方，然后相加得：

$$[\Delta_z^2]=[\Delta_x^2]+[\Delta_y^2]\pm 2[\Delta_x\Delta_y] \tag{6-16}$$

将上式两边除 n，得：

$$\frac{[\Delta_z^2]}{n}=\frac{[\Delta_x^2]}{n}+\frac{[\Delta_y^2]}{n}\pm 2\frac{[\Delta_x\Delta_y]}{n} \tag{6-17}$$

由于 Δx 和 Δy 均为相互独立的偶然误差，则 $[\Delta_x\Delta_y]$ 也具有偶然误差的特性。由偶然误差特性 4 可知，$\lim\limits_{n\to\infty}\frac{[\Delta_x\Delta_y]}{n}=0$。

根据中误差的定义，得：

$$\frac{[\Delta_z^2]}{n}=m_z^2,\ \frac{[\Delta_x^2]}{n}=m_x^2,\ \frac{[\Delta_y^2]}{n}=m_y^2 \tag{6-18}$$

故

$$m_z^2=m_x^2+m_y^2 \tag{6-19}$$

或

$$m_z=\pm\sqrt{m_x^2+m_y^2} \tag{6-20}$$

当函数 z 为 n 个独立观测值的代数和时，即：

$$z=x_1\pm x_2\pm\cdots\pm x_n \tag{6-21}$$

按上述的推导方法，可得出函数 z 的中误差为：

$$m_z=\pm\sqrt{m_{x1}^2+m_{x2}^2+\cdots+m_{xn}^2} \tag{6-22}$$

式中，m_{xi} 是观测值 x_i 的中误差。当观测值 m_i 为同精度观测时，即各观测值的中误差均为 m，$m_1=m_2=\cdots=m_n$，则式（6–22）可写成：

$$m_z=\sqrt{n}m \tag{6–23}$$

【例 6–2】设在两点间进行水准测量，已知一次读数的中误差 $m_{读}=\pm2\text{mm}$，求观测 n 站所得高差的容许误差（取 $\Delta_{容}=2m$）为多少？

【解】水准测量一站的高差为：$h_{站}=a-b$

一站高差的中误差为：$m_{站}=\pm\sqrt{m_{读}^2+m_{读}^2}=\pm\sqrt{2}m_{读}=\pm\sqrt{2}\times2\approx\pm2.8\text{mm}$

观测 n 站所得总高差 Σh 为：$\Sigma h=h_1+h_2+\cdots+h_n$

观测 n 站所得高差 Σh 的中误差为：$m_{\Sigma h}=\pm\sqrt{n}m_{站}=\pm2.8\sqrt{n}$ mm

观测 n 站所得高差 Σh 的容许误差为：$m_{\Sigma h容}=\pm2m_{\Sigma h}=\pm2\times2.8\sqrt{n}\approx\pm5.6\sqrt{n}$ mm

需要指出的是：上述分析仅仅考虑了读数误差，不能作为实际测量中的限差要求。

6.3.2 倍数函数中误差

设函数为：

$$z=kx \tag{6–24}$$

式中，z 为观测值 x 的函数，k 为常数。当观测值 x 含有真误差 Δx，则函数 z 也将会有真误差 Δz，即：

$$z+\Delta z=k(x+\Delta x) \tag{6–25}$$

两式相减，得：

$$\Delta z=k\Delta x \tag{6–26}$$

若对 x 共观测了 n 次，则：

$$\Delta z_i=k\Delta x_i\ (i=1,\ 2,\ \cdots,\ n) \tag{6–27}$$

将上述 n 个公式两边平方，然后相加得：

$$[\Delta_z^2]=k^2[\Delta_x^2] \tag{6–28}$$

上式两边除 n，得：

$$\frac{[\Delta_z^2]}{n}=k^2\frac{[\Delta_x^2]}{n} \tag{6–29}$$

按中误差定义，将上式写成：

$$m_z^2=k^2m_x^2 \tag{6–30}$$

或

$$m_z=km_x \tag{6–31}$$

【例 6–3】在 1∶1000 比例尺地形图上，量得某直线长度 d=234.5mm，中误差 $m_d=\pm0.1$mm，求该直线的实地长度 D 及中误差 m_D。

【解】实地长度：D=1000×d=1000×234.5=234500mm=234.5m

中误差：m_D=1000×m_d=1000×（±0.1）=±100mm=±0.1m

最后结果：D=234.5m±0.1m

6.3.3 线性函数中误差

设线性函数为：

$$z=k_1x_1 \pm k_2x_2 \pm \cdots \pm k_nx_n \tag{6-32}$$

式中，x_1、x_2，…，x_n 均为独立观测值，k_1、k_2，…，k_n 为常数，则按推求式（6-19）和式（6-30）相同的方法，可以得到：

$$m_z^2 = k_1^2m_1^2 + k_2^2m_2^2 + \cdots + k_n^2m_n^2 \tag{6-33}$$

$$m_z = \pm\sqrt{k_1^2m_1^2 + k_2^2m_2^2 + \cdots + k_n^2m_n^2} \tag{6-34}$$

式中，m_i 是观测值 x_i 的中误差。

【例 6-4】设有某线性函数$z=\frac{1}{4}x_1+\frac{1}{5}x_2+\frac{1}{6}x_3$，式中 x_1、x_2，x_3 分别为独立观测值，中误差分别为 m_1、m_2，m_3，求函数 z 的中误差。

【解】由线性函数中误差的关系式有：

$$m_z = \pm\sqrt{\frac{1}{16}m_1^2 + \frac{1}{25}m_2^2 + \frac{1}{36}m_3^2}$$

6.3.4 一般函数中误差

设函数为：

$$z=f(x_1, x_2, \cdots, x_n) \tag{6-35}$$

式中，x_i（i=1，2，…，n）为独立观测值，中误差为 m_i（i=1，2，…，n），现在求函数 z 的中误差 m_z。

上述函数的全微分表达为：

$$\mathrm{d}z = \frac{\partial f}{\partial x_1}\mathrm{d}x_1 + \frac{\partial f}{\partial x_2}\mathrm{d}x_2 + \cdots + \frac{\partial f}{\partial x_n}\mathrm{d}x_n \tag{6-36}$$

由于真误差 Δ 均为小值，故可用真误差替代微分量，得：

$$\Delta z = \frac{\partial f}{\partial x_1}\Delta x_1 + \frac{\partial f}{\partial x_2}\Delta x_2 + \cdots + \frac{\partial f}{\partial x_n}\Delta x_n \tag{6-37}$$

式中，$\frac{\partial f}{\partial x_i}$（$i$=1，2，…，$n$）是函数对各个变量的偏导数，将观测值 x_i（i=1，2，…，n）代入可算出其数值。因此上式相当于线性函数真误差的关系式，按式（6-33）、式（6-34）可得：

$$m_z^2=(\frac{\partial f}{\partial x_1})^2m_1^2+(\frac{\partial f}{\partial x_2})^2m_2^2+\cdots+(\frac{\partial f}{\partial x_n})^2m_n^2 \tag{6-38}$$

$$m_z=\pm\sqrt{(\frac{\partial f}{\partial x_1})^2m_1^2+(\frac{\partial f}{\partial x_2})^2m_2^2+\cdots+(\frac{\partial f}{\partial x_n})^2m_n^2} \tag{6-39}$$

式（6–39）为误差传播定律的一般形式，而式（6–22）、式（6–31）、式（6–34）都可以看成是上式的特例。

应用误差传播定律求观测值函数的精度时，可归纳为如下三步：

（1）根据要求列出函数式。

（2）对函数式求全微分，得出函数的真误差与观测值真误差之间的关系式。

（3）写出函数中误差与观测值中误差之间的关系式。将数值代入式中计算时，必须注意各项的单位要统一。

必须指出，在由真误差关系式写成中误差关系式之前，首先必须判断式中各变量是否误差独立。所谓误差独立，是指各变量间不含有共同误差。如有误差不独立的情况，则应通过误差代换、同类项合并或移项等方法，使所求量的误差表达成独立误差的函数，再应用误差传播定律转换成中误差关系式。

6.3.5　误差传播定律应用举例

误差传播定律在测绘领域应用十分广泛，利用它不仅可以求得观测值函数的中误差，而且还可以研究确定容许误差值。下面举例说明其应用方法。

1. 角度测量的精度分析

DJ_2 级光学经纬仪标称精度为 $\pm 2''$，是指一测回方向中误差为 $\pm 2''$，即同一方向盘左、盘右方向观测值中数的中误差为 $\pm 2''$，设盘左（或盘右）位置观测该方向的中误差为 $m_{方}$。

同一方向盘左、盘右方向观测值中数 $L=\dfrac{L_{左}+(L_{右}\pm180°)}{2}$

由误差传播定律可知 $2''=\dfrac{m_{方}}{\sqrt{2}}$，那么 $m_{方}=\pm2''\sqrt{2}$。

（1）半测回角值中误差。半测回角值 $\beta_{半}$ 等于两个方向盘左（或盘右）位置方向观测值之差，即 $\beta_{半}=b-a$，故半测回角值中误差为：

$$m_{\beta半}=m_{方}\sqrt{2}=\pm4''$$

（2）上、下两个半测回角值较差的限差。上、下两个半测回角值较差 $\Delta\beta_{半}$ 等于两个半测回角值之差，其中误差为：

$$m_{\Delta\beta半}=\pm m_{\beta半}\sqrt{2}=\pm4\sqrt{2}\approx\pm5.6''$$

取两倍中误差为允许误差，并考虑其他因素的影响，则上、下两个半测回角值较差为：

$$\Delta\beta_{半允}=\pm11.2''$$

（3）一测回角值的中误差。因为水平角一测回角值是取上、下两个半测回角值的平均值，即$\beta=\dfrac{\beta_{上}+\beta_{下}}{2}$，故一测回角值中误差为：

$$m_{\beta}=\pm\frac{m_{\beta半}}{\sqrt{2}}=\pm\frac{4''}{\sqrt{2}}\approx\pm2.8''$$

（4）测回差的限差。同一角度两个测回角值之差称为测回差 $\Delta\beta$，它的中误差为：

$$m_{\Delta\beta}=\pm m_{\beta}\sqrt{2}=\pm2.8''\sqrt{2}\approx\pm4.0''$$

取两倍中误差为允许误差，则测回差的限差为：

$$m_{\Delta\beta允}=\pm8''$$

2. 水准测量的精度分析

（1）水准尺上一次读数的中误差。影响水准尺读数的因素很多，其中产生较大影响的有管水准气泡整平误差、照准误差及估读误差。

设图根水准测量使用DS3级微倾式水准仪，望远镜放大率v不应小于28倍，符合水准器水准管分划值为τ=20″/2mm，视距不应超过100m。由经验公式可知：

管水准气泡整平误差：$m_{平}=\pm\dfrac{0.15\tau}{2\rho}D=\pm0.7\text{mm}$

照准误差：$m_{照}=\dfrac{60}{v\rho}D=\pm1.0\text{mm}$

上两式中ρ=206265″，60为人眼的极限分辨率，单位为“″”，将数据代入上两式中计算得：$m_{平}=\pm0.7\text{mm}$，$m_{照}=\pm1.0\text{mm}$。

估读误差：$m_{估}=\pm1.5\text{mm}$

综合上述影响得$m_{读}=\sqrt{m_{平}^2+m_{照}^2+m_{估}^2}=\pm1.9\text{mm}$，取$\pm2.0\text{mm}$。

（2）一个测站高差的中误差。由于$h=a-b$，a、b的读数误差均为$m_{读}$，所以：

$$m_{站}=\pm\sqrt{2}m_{读}=\pm2.8\text{mm}，取\pm3.0\text{mm}$$

（3）水准路线的高差中误差及允许误差。设在A、B两点间进行水准测量，共观测了n个测站，测得两点间高差为h，用h_i（i=1，2，⋯，n）表示测站高差，则：

$$h_{AB}=h_1+h_2+\cdots+h_n$$

设每个测站高差中误差均为$m_{站}$，h_{AB}的中误差为：

$$m_h=\pm\sqrt{n}m_{站}=\pm3\sqrt{n}\text{ mm}$$

对于平坦地区，一般每千米水准路线不会超过15站，L千米水准路线测站数n不超过15L站，则：

$$m_h=\pm3\sqrt{15L}\approx\pm12\sqrt{L}$$

以三倍中误差作为限差，并考虑其他因素的影响，规范规定图根水准测量高差闭合差的允许值为：

$$f_{h允}=\pm 12\sqrt{n}\text{mm}（山地）$$

$$f_{h允}=\pm 40\sqrt{L}\text{mm}（平地）$$

【例 6-5】在斜坡上丈量距离，其斜距为 L=247.50m，中误差 $m_L=\pm 0.05$m，并测得倾斜角 α=10°34′，其中误差 $m_\alpha=\pm 3'$，求水平距离 D 及其中误差 m_D。

【解】首先列出函数式 $D=L\cos\alpha$，水平距离 $D=247.50\times\cos 10°34'=243.303$m。

这是一个非线性函数，所以对函数式进行全微分，先求出各偏导数值如下：

$$\frac{\partial D}{\partial L}=\cos\alpha=\cos 10°34'=0.9830$$

$$\frac{\partial D}{\partial \alpha}=-L\cdot\sin\alpha=-L\cdot\sin 10°34'=-247.50\times\sin 10°34'=-45.3\,864$$

写成中误差形式：

$$m_D=\pm\sqrt{\left(\frac{\partial D}{\partial L}\right)^2 m_L{}^2+\left(\frac{\partial D}{\partial \alpha}\right)^2 m_\alpha{}^2}$$

$$=\pm\sqrt{0.9830^2\times 0.05^2+(-45.3864)^2\times\left(\frac{3'}{3438'}\right)^2}=\pm 0.063\text{m}$$

在以上计算中，$\frac{m_\alpha}{\rho}$是将角值化成弧度，又因 m_D 是以“m”为单位，所以 D 也应以“m”为单位，以使整个式子的单位统一。故得 D=243.30m ± 0.063m。

3. 注意事项

应用误差传播定律应注意以下两点：

（1）要正确列出函数式

【例 6-6】用长 30m 的钢尺丈量了 10 个尺段，若每尺段的中误差为 $m_l=\pm 5$mm，求全长 D 及其中误差 m_D。

全长 $D=10l=10\times 30=300$m，$D=10l$ 为倍乘函数，但实际上全长应是 10 个尺段之和，故函数式应为 $D=l_1+l_2+\cdots+l_{10}$（为和差函数）。

【解】用和差函数式求全长中误差，因各段中误差均相等，故得全长中误差为：

$$m_D=\sqrt{10}m_l=\pm 16\text{ mm}$$

若按倍数函数式求全长中误差，将得出：

$$m_D=10m_l=\pm 50\text{mm}$$

按实际情况分析用和差公式是正确的，而用倍数公式则是错误的。

（2）在函数式中各个观测值必须相互独立，即互不相关。

【例 6-7】设有函数 $z=x+y$，式中 $y=5x$，已知 x 的中误差为 m_x，求 y 和 z 的中误差。

【解 1】由 $y=5x$ 可得：$m_y=5m_x$；

由 $z=x+y$ 可得 z 的中误差为：

$$m_z=\pm\sqrt{m_x^2+m_y^2}=\pm\sqrt{m_x^2+25m_x^2}=\sqrt{26}m_x$$

【解 2】由 $y=5x$ 可得：$m_y=5m_x$；

由 $z=x+y$ 及 $y=5x$ 可得：$z=6x$

z 的中误差为：$m_y=6m_x$

分析：上述解 2 正确。由于 x 与 y 不是独立观测值，必须合并后把 z 化成独立观测值的函数，再求 z 的中误差。

6.3.6 平差原则

测量平差的基本内容是要消除由于观测值误差所引起的不符值，同时要使消除不符值以后的结果是被观测量的最或然值。消除不符值，求最或然值的依据就是最小二乘原理，最小二乘原理是在掌握偶然误差规律的基础上建立起来的。

【例 6–8】测得三角形三个内角的观测值为 $a=46°32'15''$，$b=69°18'45''$，$c=64°08'42''$，其闭合差 $f=a+b+c-180°=-18''$。

【解】为了消除闭合差，求得各角的最或然值，需分别将三角形各个内角观测值加上改正数，即：

$$(a+v_a)+(b+v_b)+(c+v_c)-180°=0$$

则：

$$v_a+v_b+v_c=18''$$

满足上式的改正数可以有无限多组，见表 6–2。

各组改正数 表 6–2

改正数	第 1 组	第 2 组	第 3 组	第 4 组	第 5 组	…
v_a	+6	+4	–4	+3	+6	…
v_b	+6	+20	+6	–1	+7	…
v_c	+6	–6	+16	+16	+5	…
$[vv]$	108	452	308	266	110	…

那么，用哪一组最合理呢？根据最小二乘原理，应选 $[vv]=\min$ 的那一组。

综上所述，所谓按最小二乘原理求最或然值，就是按下述两个要求求出最或然改正数和最或然值。

（1）只用一组改正数 v_i（$i=1，2，…，n$）消除不符值。

（2）在同精度观测的情况下，改正数应满足：

$$[vv]=v_1^2+v_2^2+\cdots+v_n^2=\min \tag{6–40}$$

在不同精度观测的情况下，改正数应满足：

$$[\frac{vv}{m^2}] = \frac{v_1^2}{m_1^2} + \frac{v_2^2}{m_2^2} + \cdots + \frac{v_n^2}{m_n^2} = \min \tag{6-41}$$

即：

$$[Pvv]=\min \tag{6-42}$$

通常把这种按最小二乘原理求最或然值所进行的计算工作称为按最小二乘法进行平差，而把平差应满足的上述两个条件称为平差的原则。

6.4　等精度直接观测平差

当测定一个角度、一点高程或一段距离的值时，按理说观测一次就可以获得。但仅有一个观测值，测的对错精确与否都无从知道，如果进行多余观测，就可以有效地解决上述问题，提高观测成果的质量，也可以发现和消除错误。重复观测会形成多余观测，也就会产生观测值之间互不相等这样的矛盾。如何由这些互不相等的观测值求出观测值的最佳估值，同时对观测质量进行评估，即是“测量平差”所研究的内容。

对一个未知量的直接观测值进行平差，称为直接观测平差。根据观测条件，有等精度直接观测平差和不等精度直接观测平差。平差的结果是得到未知量最可靠的估值，它最接近真值，平差中一般称这个最接近真值的估值为“最或然值”或“最可靠值”，一般用 x 表示。本节将讨论如何求等精度直接观测值的最或然值及其精度的评定。

6.4.1　等精度直接观测值的最或然值

等精度直接观测值的最或然值即是各观测值的算术平均值。设对某未知量进行了一组等精度观测，其观测值分别为 l_1，l_2，…，l_n，该量的真值设为 X，各观测值相应的真误差为 Δ_1，Δ_2，…，Δ_n，则：

$$\begin{cases} \Delta_1 = l_1 - X \\ \Delta_2 = l_2 - X \\ \cdots \\ \Delta_n = l_n - X \end{cases} \tag{6-43}$$

将上式取和再除以观测次数 n，得：

$$\frac{[\Delta]}{n} = \frac{[l]}{n} - X = L - X \tag{6-44}$$

式中，L 为算术平均值。

显然，从上式可得：

$$L = \frac{[l]}{n} = \frac{[\Delta]}{n} + X \tag{6-45}$$

根据偶然误差的第四个特性$\lim\limits_{n\to\infty}\frac{[\Delta]}{n}=0$，有：

$$\lim_{n\to\infty}L=\lim_{n\to\infty}(\frac{[\Delta]}{n}+X)=\lim_{n\to\infty}\frac{[\Delta]}{n}+X=X \tag{6-46}$$

由此可见，当观测次数 n 趋近于无穷大时，算术平均值就趋向于未知量的真值。当 n 为有限值时，算术平均值最接近于真值，因此在实际测量工作中，将算术平均值作为观测的最后结果，增加观测次数则可提高观测结果的精度。

6.4.2 精度评定

1. 观测值的中误差

（1）由真误差计算

当观测量的真值已知时，由观测值的真误差来计算其中误差，即：

$$m=\pm\sqrt{\frac{[\Delta\Delta]}{n}} \tag{6-47}$$

（2）由改正数计算

在实际工作中，观测量的真值除少数情况外一般是不易求得的。因此在多数情况下，我们只能按观测值的最或然值来求观测值的中误差。

1）改正数及其特征

最或然值 x 与各观测值 l_i 之差称为观测值的改正数，其表达式为：

$$v_i=x-l_i\ (i=1,2,\cdots,\ n) \tag{6-48}$$

在等精度直接观测中，最或然值 x 即是各观测值的算术平均值，即：

$$x=L=\frac{[l]}{n} \tag{6-49}$$

显然可得：

$$[v]=\sum_{i=1}^{n}(L-l_i)=nL-[l]=0 \tag{6-50}$$

上式是改正数的一个重要特征，用于检核计算是否正确。

2）公式推导

在实际应用中，多利用观测值的改正数 v 来计算中误差。由 v_i 和 Δ_i 的定义知：

$$\begin{cases}v_1=L-l_1\\v_2=L-l_2\\\cdots\\v_n=L-l_n\end{cases} \tag{6-51}$$

$$
\begin{cases}
\Delta_1 = l_1 - X \\
\Delta_2 = l_2 - X \\
\cdots \\
\Delta_n = l_n - X
\end{cases}
\tag{6-52}
$$

以上两组式对应相加得：

$$
\begin{cases}
\Delta_1 + v_1 = L - X \\
\Delta_2 + v_2 = L - X \\
\cdots \\
\Delta_n + v_n = L - X
\end{cases}
\tag{6-53}
$$

设 $L-X=\delta$，则：

$$
\begin{cases}
\Delta_1 = -v_1 + \delta \\
\Delta_2 = -v_2 + \delta \\
\cdots \\
\Delta_n = -v_n + \delta
\end{cases}
\tag{6-54}
$$

对上面各式两端取平方，然后求和得：

$$[\Delta\Delta] = [vv] - 2\delta[v] + n\delta^2 \tag{6-55}$$

由于 $[v]=0$，故有：

$$[\Delta\Delta] = [vv] + n\delta^2 \tag{6-56}$$

即：

$$\frac{[\Delta\Delta]}{n} = \frac{[vv]}{n} + \delta^2 \tag{6-57}$$

但是，

$$\delta = L - X = \frac{[l]}{n} - X = \frac{[l-X]}{n} = \frac{[\Delta]}{n} \tag{6-58}$$

故：

$$
\begin{aligned}
\delta^2 &= \frac{[\Delta]^2}{n^2} = \frac{1}{n^2}(\Delta_1^{\ 2} + \Delta_2^{\ 2} + \cdots + \Delta_n^{\ 2} + 2\Delta_1\Delta_2 + 2\Delta_2\Delta_3 + \cdots + 2\Delta_{n-1}\Delta_n) \\
&= \frac{[\Delta\Delta]}{n^2} + \frac{2(\Delta_1\Delta_2 + \Delta_2\Delta_3 + \cdots + \Delta_{n-1}\Delta_n)}{n^2}
\end{aligned}
\tag{6-59}
$$

由于 Δ_1，Δ_2，…，Δ_n 是彼此独立的偶然误差，故 $\Delta_1\Delta_2$，$\Delta_2\Delta_3$，…，$\Delta_{n-1}\Delta_n$ 也具有偶然误差的性质。当 $n\to\infty$ 时，上式的第二项趋近于零；当 n 为较大的有限值时，其值远比第一项小，故可忽略不计。于是式（6–57）可写为：

$$\frac{[\Delta\Delta]}{n} = \frac{[vv]}{n} + \frac{[\Delta\Delta]}{n^2} \tag{6-60}$$

根据中误差的定义，上式可写为：

$$m^2=\frac{[vv]}{n}+\frac{m^2}{n} \tag{6-61}$$

即：

$$m=\pm\sqrt{\frac{[vv]}{n-1}} \tag{6-62}$$

式（6–62）即为利用观测值的改正数计算观测值中误差的公式，又称“白塞尔公式”。

2. 最或然值的中误差

一组等精度观测值为 l_1，l_2，…，l_n，其中误差均相同设为 m，最或然值 x 即为各观测值的算术平均值，则有：

$$x=\frac{[l]}{n}=\frac{1}{n}l_1+\frac{1}{n}l_2+\cdots+\frac{1}{n}l_n \tag{6-63}$$

根据误差传播定律，可得出算术平均值的中误差 M 为：

$$M^2=\left(\frac{1}{n^2}m^2\right)\cdot n=\frac{m^2}{n} \tag{6-64}$$

故：

$$M=\frac{m}{\sqrt{n}} \tag{6-65}$$

将式（6–62）代入式（6–65），算术平均值的中误差也可表达如下：

$$M=\frac{m}{\sqrt{n}}=\pm\sqrt{\frac{[vv]}{n(n-1)}} \tag{6-66}$$

【例 6–9】对某角等精度观测 6 次，其观测值见表 6–3。试求观测值的最或然值、观测值的中误差以及最或然值的中误差。

【解】由本节可知，等精度直接观测值的最或然值是观测值的算术平均值。

根据式（6–48）计算各观测值的改正数 v_i，利用式（6–50）进行检核，计算结果列于表 6–3 中。

等精度直接观测平差计算 **表 6–3**

观测值	改正数 v	vv
L_1=75°32′13″	2.5″	6.25
L_2=75°32′18″	−2.5″	6.25
L_3=75°32′15″	0.5″	0.25
L_4=75°32′17″	−1.5″	2.25
L_5=75°32′16″	−0.5″	0.25
L_6=75°32′14″	1.5″	2.25
x=[l]/n=75°32′15.5″	[v]=0	[vv]=17.5

根据式（6–62）计算观测值的中误差为：

$$m=\pm\sqrt{\frac{[vv]}{n-1}}=\pm\sqrt{\frac{17.5}{6-1}}=\pm1.87''$$

根据式（6–65）计算最或然值的中误差为：

$$M=\frac{m}{\sqrt{n}}=\pm\frac{1.87}{\sqrt{6}}=\pm0.76''$$

由式（6–65）可以看出，算术平均值的中误差为观测值中误差的$\frac{1}{\sqrt{n}}$倍，因此增加观测次数可以提高算术平均值的精度。例如，设观测值的中误差 m=1 时，算术平均值的中误差 M 与观测次数 n 的关系如图 6–4 所示。由该图可以看出，当 n 增加时，M 减小；但当 n 达到一定数值后（例如 n=10），再增加观测次数，工作量增加，但提高精度的效果就不太明显了。故不能单纯靠增加观测次数来提高测量成果的精度，而应设法提高观测值本身的精度。如采用精度较高的仪器，提高观测技能或在较好的外界条件下进行观测。

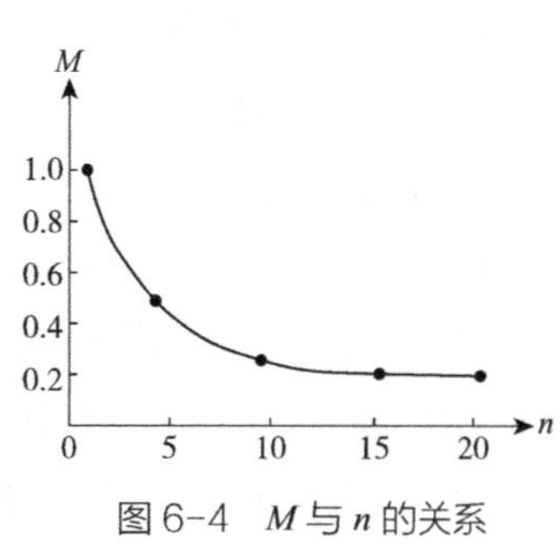

图 6–4　M 与 n 的关系

6.5　不等精度直接观测平差

6.5.1　权的概念

在测量实践中，除了同精度观测以外，还有不同精度观测。在对某量进行不同精度观测时，各观测结果的中误差不同。显然，不能将具有不同可靠程度的各观测结果简单地取算术平均值作为最或然值并评定精度。此时，需要选定某一个比值来比较各观测值的可靠程度，此比值称为权。

权是权衡轻重的意思，其应用比较广泛，在测量工作中是一个表示观测结果质量可靠程度的相对性数值，用 P 来表示。

1. 权的定义

一定的观测条件，对应着一定的误差分布，而一定的误差分布对应着一个确定的中误差。对不同精度的观测值来说，显然中误差越小，精度越高，观测结果越可靠，因而其权应当越大，故可以用中误差来定义权。

设一组不同精度观测值为 l_i，相应的中误差为 m_i（i=1，2，…，n），选定任一大于零的常数 λ，定义权为：

$$P_i=\frac{\lambda}{m_i^2} \tag{6–67}$$

可见权与中误差的平方成反比，称 P_i 为观测值 l_i 的权。对一组已知中误差的观测值而言，选定一个 λ 值，就有一组对应的权。由式（6–67）可以定出各观测值权之间的比例关系为：

$$P_1 : P_2 : \cdots : P_n = \frac{\lambda}{m_1^2} : \frac{\lambda}{m_2^2} : \cdots : \frac{\lambda}{m_n^2} = \frac{1}{m_1^2} : \frac{1}{m_2^2} : \cdots : \frac{1}{m_n^2} \tag{6–68}$$

由此可知，对于一组观测值，其权之比等于相应中误差平方的倒数之比，这就表明，中误差较小的，其权较大；或者说，精度越高，其权越大。因此，从精度的这一意义上来看，权也能比较观测值之间的精度高低。

2. 权的性质

由式（6–67）、式（6–68）可知，权具有如下性质：

（1）权和中误差都是用来衡量观测值精度的指标，但中误差是绝对性数值，表示观测值的绝对精度；权是相对性数值，表示观测值的相对精度。

（2）权与中误差的平方成反比，中误差越小，权越大，表示观测值越可靠，精度越高。

（3）权始终取正号。

（4）由于权是一个相对性数值，对于单一观测值而言，权无意义。

（5）权的大小随 λ 的不同而不同，但权之间的比例关系不变。

（6）在同一个问题中只能选定一个 λ 值，不能同时选用几个不同的 λ 值，否则就破坏了权之间的比例关系。

6.5.2 测量中常用的确权方法

1. 同精度观测值的算术平均值的权

设一次观测的中误差为 m，由式（6–65）可得 n 次同精度观测值的算术平均值的中误差 $M = \pm\frac{m}{\sqrt{n}}$。由权的定义并设 $\lambda=m^2$，则一次观测值的权为：

$$P = \frac{\lambda}{m^2} = \frac{m^2}{m^2} = 1 \tag{6–69}$$

算术平均值的权为：

$$P_{\mathrm{L}} = \frac{\lambda}{\frac{m^2}{n}} = \frac{m^2}{\frac{m^2}{n}} = n \tag{6–70}$$

由此可知，取一次观测值之权为 1，则 n 次观测的算术平均值的权为 n，故算术平均值的权与观测次数成正比。

在不同精度观测中引入“权”的概念，可以建立各观测值之间的精度比值，以便更合理地处理观测数据。例如，设一次观测值的中误差为 m，其权为 P_0，并设 $\lambda=m^2$，则：

$$P_0 = \frac{m^2}{m^2} = 1 \tag{6-71}$$

等于 1 的权称为单位权，而权等于 1 的中误差称为单位权中误差，一般用 μ 表示。对于中误差为 m_i 的观测值（或观测值的函数），其权的另一表达式 P_i 为：

$$P_i = \frac{\mu^2}{m_i^2} \tag{6-72}$$

则相应的中误差的另一表达式可写为：

$$m_i = \mu\sqrt{\frac{1}{P_i}} \tag{6-73}$$

2. 水准测量中的权

在水准测量中，由于实际上存在水准路线越长、测站数越多，观测结果的可靠程度越低的情况，因此可以取不同的水准路线长度 L_i 的倒数或测站数 N_i 的倒数来做权，可记作：

$$P_1 = \frac{C}{L_1}, P_2 = \frac{C}{L_2}, \cdots, P_n = \frac{C}{L_n} \tag{6-74}$$

或

$$P_1 = \frac{C}{N_1}, P_2 = \frac{C}{N_2}, \cdots, P_n = \frac{C}{N_n} \tag{6-75}$$

证明过程如下：设水准测量每千米的高差中误差为 m_0，按误差传播定律可得各条水准路线的高差中误差为：

$$\begin{cases} m_1 = m_0\sqrt{L_1} \\ m_2 = m_0\sqrt{L_2} \\ \cdots \\ m_n = m_0\sqrt{L_n} \end{cases}$$

由权的定义$P_i = \dfrac{\lambda}{m_i^2}$得：

$$P_1 = \frac{\lambda}{m_0^2 L_1}, \quad P_2 = \frac{\lambda}{m_0^2 L_2}, \quad \cdots, \quad P_n = \frac{\lambda}{m_0^2 L_n}$$

令 $\lambda = Cm_0^2$，则：

$$P_1 = \frac{C}{L_1}, \quad P_2 = \frac{C}{L_2}, \quad \cdots, \quad P_n = \frac{C}{L_n}$$

同理可得：

$$P_1 = \frac{C}{N_1}, \quad P_2 = \frac{C}{N_2}, \quad \cdots, \quad P_n = \frac{C}{N_n}$$

3. 距离丈量中的权

设每千米的丈量中误差为 m，则长度为 s 千米的丈量中误差为$m_s = m\sqrt{s}$。取长度为

c 千米的丈量中的误差为单位权中误差，即$\mu=m\sqrt{c}$，则得距离丈量的权为：

$$P_s=\frac{\mu^2}{m_s^2}=\frac{c}{s} \tag{6-76}$$

式（6–76）说明距离丈量的权与长度成反比。

从上述几种定权公式中可以看出，在定权时，并不需要预先知道各观测值中误差的具体数值。在确定了观测方法后，权就可以预先确定。这一点说明可以事先对最后观测结果的精度给予估算，在实际工作中具有很重要的意义。

6.5.3 求不同精度直接观测值的最或然值——加权平均值

对某一未知量进行一组不等精度观测，观测值为 l_1，l_2，…，l_n，其中误差为 m_1，m_2，…，m_n，观测值的权为 P_1，P_2，...，P_n。设未知量的最或然值（加权平均值）为 L，观测值的改正数为 v_1，v_2，…，v_n，则改正数分别为：

$$\begin{cases} v_1=L-l_1 \\ v_2=L-l_2 \\ \cdots \\ v_n=L-l_n \end{cases} \tag{6-77}$$

为了求得未知量（加权平均值）L 的最或然值，按最小二乘法原理，根据式（6–42），必须满足 $[Pvv]$=min。将上式代入该式，并对未知量 L 取一阶导数，令其 =0，即：

$$\frac{\mathrm{d}[Pvv]}{\mathrm{d}L}=2\sum_{i=1}^{n}P_i(L-l_i)=0 \tag{6-78}$$

解之得未知量的最或然值（加权平均值）L 为：

$$L=\frac{P_1l_1+P_2l_2+\cdots+P_nl_n}{P_1+P_2+\cdots+P_n}=\frac{[Pl]}{[P]} \tag{6-79}$$

由于同一个量的各个观测值数值都相近似，取其相同部分为 l_0，差别部分为 Δl_i，即：

$$l_i=l_0+\Delta l_i \tag{6-80}$$

则计算加权平均值的式（6–79）可以写成：

$$L=l_0+\frac{[P\Delta l]}{[P]} \tag{6-81}$$

根据同一个量的 n 次不等精度观测值，计算其加权平均值后，用下式计算各个观测值的改正值：

$$v_i=L-l_i \tag{6-82}$$

将等式两边乘以相应的权：

$$P_iv_i=P_iL-P_il_i \tag{6-83}$$

相加得：

$$[Pv]=[P]L-[Pl] \tag{6-84}$$

$$[Pv]=0$$

上式可以用作计算中的检核。

6.5.4 不同精度直接观测值的精度评定

1. 最或然值的中误差

由式（6–79）知不同精度观测值的最或然值为：

$$L=\frac{[Pl]}{[P]}=\frac{P_1}{[P]}l_1+\frac{P_2}{[P]}l_2+\cdots+\frac{P_n}{[P]}l_n \tag{6-85}$$

按中误差传播定律公式，最或然值 L 的中误差为：

$$M^2=\frac{1}{[P]^2}(P_1^2m_1^2+P_2^2m_2^2+\cdots+P_n^2m_n^2) \tag{6-86}$$

式中，m_1，m_2，⋯，m_n 为相应观测值的中误差。

将式（6–72）代入式（6–86），得：

$$M^2=\frac{P_1}{[P]^2}\mu^2+\frac{P_2}{[P]^2}\mu^2+\cdots+\frac{P_n}{[P]^2}\mu^2=\frac{\mu^2}{[P]} \tag{6-87}$$

则：

$$M=\pm\frac{\mu}{\sqrt{[P]}} \tag{6-88}$$

式（6–88）为不同精度观测值的最或然值中误差计算公式。

2. 单位权中误差

由式（6–72）知：

$$\begin{cases}\mu^2=m_1^2P_1\\ \mu^2=m_2^2P_2\\ \cdots\\ \mu^2=m_n^2P_n\end{cases} \tag{6-89}$$

相加得：

$$n\mu^2=m_1^2P_1+m_2^2P_2+\cdots+m_n^2P_n=[Pmm] \tag{6-90}$$

则：

$$\mu=\sqrt{\frac{[Pmm]}{n}} \tag{6-91}$$

当 $n\to\infty$ 时，用真误差 Δ 代替中误差 m，衡量精度的意义不变，则上式改写为：

$$\mu = \sqrt{\frac{[P\Delta\Delta]}{n}} \tag{6-92}$$

式（6–92）为用真误差计算单位权观测值中误差的公式。类似公式（6–62）的推导，可以求得用观测值改正数来计算单位权中误差的公式为：

$$\mu = \sqrt{\frac{[Pvv]}{n-1}} \tag{6-93}$$

将式（6–93）代入式（6–88）得：

$$M = \pm\sqrt{\frac{[Pvv]}{(n-1)[P]}} \tag{6-94}$$

【例 6–10】如图 6–5 所示，在水准测量中，从三个已知高程点 A、B、C 出发，测得 K 点三个高程值，L_i 为各水准路线的长度，求 K 点高程的最或然值及其中误差。

【解】取各水准路线长度的倒数乘以 C 为权，并令 C=6，计算见表 6–4。

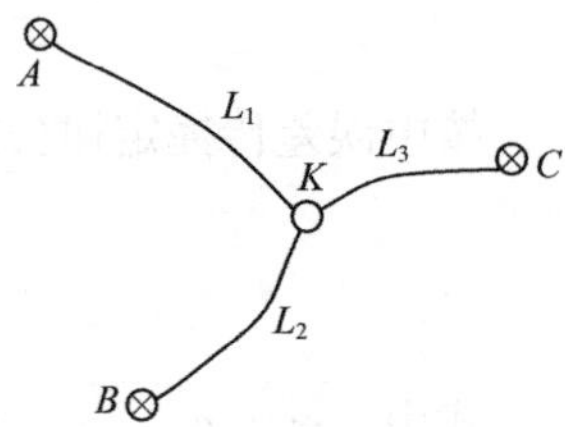

图 6–5　水准测量线路示意图

水准测量计算表　　表 6–4

测段	高程观测值（m）	水准路线长度 L_i（km）	权 $P_i=6/L_i$	$v_i=L-l_i$	Pv	Pvv
A—K	29.142	6	1	+8	8	64
B—K	29.157	3	2	–7	–14	98
C—K	29.148	2	3	+2	6	12
			$[P]$=6		$[Pv]$=0	$[Pvv]$=174

K 点高程的最或然值（加权平均值）为：

$$H_K = \frac{[Pl]}{[P]} = \frac{1\times29.142+2\times29.157+3\times29.148}{1+2+3} = 29.150\,\text{m}$$

单位权观测值中误差为：

$$\mu = \pm\sqrt{\frac{[Pvv]}{n-1}} = \pm\sqrt{\frac{174}{3-1}} = \pm9.3\text{mm}$$

最或然值（加权平均值）的中误差为：

$$M = \pm\frac{\mu}{\sqrt{[P]}} = \pm\sqrt{\frac{[Pvv]}{(n-1)[P]}} = \pm\sqrt{\frac{174}{(3-1)\times6}} = \pm3.8\,\text{mm}$$

【本章小结】

（1）测量误差的来源可归纳为三个方面：仪器误差、观测误差和外界条件误差。

（2）测量误差按性质可分为系统误差和偶然误差。偶然误差具有有界性、单锋性、对称性及抵偿性等统计规律。算术平均值是最可靠值，也称最或然值。

（3）衡量精度的标准包括：中误差、容许误差、极限误差和相对误差。

（4）误差传播定律是阐述观测值中误差与其函数中误差之间关系的定律，包括观测值的和差函数中误差、倍数函数中误差、线性函数中误差、一般函数中误差等。

（5）等精度直接观测平差与算术平均值的计算；不等精度直接观测平差与加权平均值的计算，权的定义与计算。

【思考与练习题】

1. 什么叫系统误差？什么叫偶然误差？偶然误差有哪些特性？

2. 什么叫真误差？什么叫改正数？其计算公式如何？

3. 什么叫一测回方向中误差？如一测回方向的中误差为 ±6″，则一测回测角中误差为多少？若要求测角中误差小于 ±3″，需测几个测回？

4. 在相同的观测条件下，观测了 10 个三角形，其闭合差为：＋2″、＋4″、−5″、−5″、＋8″、−4″、＋7″、−8″、−9″、＋8″，试计算一次观测值中误差 m，并回答如下问题：

（1）这 10 个三角形中每个三角形其闭合差的中误差 m 是否相同？

（2）根据中误差 m 计算极限误差 Δ，这 10 个三角形中是否有超过极限误差的三角形？

（3）由三角形的一次观测中误差，计算一个角的测角中误差。

5. 用 DJ_6 级经纬仪观测某个水平角四个测回，其观测值为：68°32′18″、68°31′54″、68°31′42″、68°32′06″，试求观测一测回的中误差、算术平均值及其中误差。

6. 某一矩形场地量得其长度 a=156.34 ± 0.10m，宽度 b=85.27 ± 0.05m，计算该矩形场地的面积 A 及其面积中误差 m_A。

7. 对某直线丈量了六次，观测值为：246.535m、246.548m、246.520m、246.529m、246.550m、246.537m，试求其算术平均值、算术平均值的中误差及其相对误差。

8. 设有一 n 边形，每个角的观测值中误差为 m= ± 10″，试求该 n 边形内角和的中误差。

9. 量得一圆的半径 R=31.3mm，其中误差为 ±0.3mm，求圆的面积及其中误差。

10. 已知四边形各内角的测角中误差为 ±20″，容许误差为测角中误差的 2 倍，求该四边形闭合差的容许误差。

11. 如图 6–6 所示，测得 a=150.11 ± 0.05m，∠ A=64°24′ ± 1′，∠ B=35°10′ ± 2′，试计算边长 c 及其中误差。

12. 何为不等精度观测？何为权？权有何实用意义？

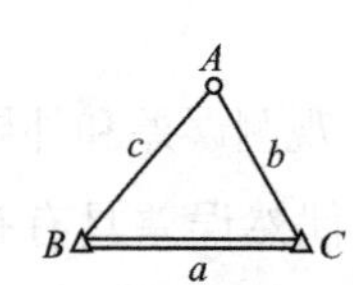

图 6-6 思考与练习题 11 图

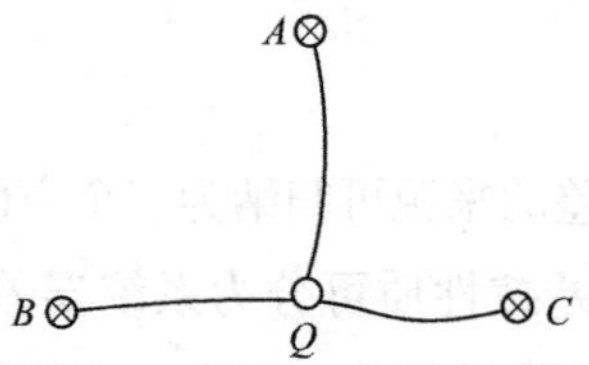

图 6-7 思考与练习题 13 图

13. 如图 6-7 所示，为求得 Q 点的高程，从 A、B、C 三个水准点向 Q 点进行同等级的水准测量，其结果列于表 6-5 中，各段高差的权与路线长成反比，试求 Q 点的高程及其中误差。

高程测量表 **表 6-5**

测段	水准点高程（m）	观测高差（m）	水准路线长度 L_i（km）
A—Q	20.145	+1.538	2.5
B—Q	24.030	−2.330	4.0
C—Q	19.898	+1.782	2.0

第 7 章　小地区控制测量

【本章要点及学习目标】

本章主要介绍控制测量的作用及其布网原则，常用控制测量的方法及布设流程包括平面导线测量，用于控制网点加密的交会测量，三、四等水准测量，三角高程测量等。通过本章的学习，学生应了解控制测量的作用及布网原则，掌握基本平面与高程控制测量的外业工作与内业计算步骤，结合实践教学，掌握常规控制测量的施测技术。

7.1　控制测量概述

测量工作必须遵守“从整体到局部，先控制后碎部”的原则，即进行任何测量工作，首先都要建立控制网，然后根据控制网进行碎部测量或测设工作。控制网分为平面控制网和高程控制网两种，测定控制点平面位置（x，y）的工作称为平面控制测量，测定控制点高程 H 的工作称为高程控制测量。

7.1.1　控制测量及其布设原则

控制测量的实质是测量控制点的平面位置（x，y）和高程 H。

1. 控制网的概念

在测区范围内选择若干有控制意义、埋设稳固的基准点（称为控制点），按一定规律和要求构成网状几何图形，称为控制网。

从测区范围上来讲，控制网可分为国家控制网、城市控制网以及用于工程建设的小区域专用控制网。根据测量阶段来分，其又可以分为基本控制网和为直接满足测图需要的图根控制网。

2. 控制测量的作用

控制测量是各项测量工作的基础，具有控制全局的作用，并能限制测量误差的传递和积累，保证必要的精度和速度。

为了在建网和使用过程中最大限度地节约人力、资源和时间，满足不同地区经济建设对控制网的不同需求，同时满足我国国家控制网对全国定位起到全局的、整体的、统一的基准作用，一般控制网的建设遵循如下原则：

（1）先整体、后局部，分级布网、逐级控制。

（2）要有足够的精度。

（3）要有足够的密度。

（4）要有统一的规格。

3. 平面控制测量

建立平面控制网的传统的测量方法有三角测量、边角测量、导线测量和交会法等，所建立的控制网分别为三角网、边角网和导线网。三角网是将控制点组成连续的三角形，观测所有三角形的水平内角以及至少一条三角边的长度，从而可以根据边角关系推算待定点的坐标；同时观测三角形内角和边长的称为边角网；测定相邻控制点间边长，并测定相邻折线间水平角，以计算控制点坐标的称为导线网。

随着 GNSS 卫星定位测量技术的不断发展和完善，GNSS 控制网不仅在精度方面能够达到毫米级，相对精度能达到 10^{-8}，而且其三维坐标系统是建立在具有严格动态定义、先进的、国际公认的 ITRF 框架内，为我国的经济和社会持续发展提供基础测绘保障。因此，GNSS 控制测量已经逐渐代替三角测量和精密导线测量，成为现阶段测绘工作中控制网布设的主要方法。

4. 高程控制测量

建立高程控制网的主要方法是水准测量，布设的原则也是从高级到低级，从整体到局部，逐级加密。在山区也可以采用三角高程测量的方法建立高程控制网，这种方法不受地形高低起伏的限制，工作速度快，效率高，但其精度比水准测量低。随着电子全站仪的普及，使得电磁波测距三角高程测量可以代替四等和等外水准测量。

7.1.2 国家基本控制网

在全国范围内建立的控制网，称为国家控制网。它是全国各种比例尺测图的基本控制，并为确定地球形状和大小提供研究资料。

1. 国家平面控制网

国家平面控制网是用精密测量仪器和方法，依照施测精度按一等、二等、三等、四等四个等级建立的。其中，一等网精度最高，逐级降低；低级点受高级点逐级控制。

我国原有的国家平面控制网首先是一等天文大地网。一等三角网一般称为一等三角锁，在全国范围内大致沿经线和纬线方向布设，形成间距约 200km 的格网，三角形的平均边长约 20km，是国家平面控制网的骨干。

在一等三角锁环的格网中间可以利用下一级二等全面网来填充，其平均边长约为 13km，一、二等三角网构成全国的全面控制网。具体网形如图 7-1 所示。

随后用平均边长约为 8km 的三等网和边长稍短的四等网逐级加密，在某些采用三角测量有困难的地区可布设同等级的导线网。其中，一、二等导线测量又称为精密导线测量。

全球导航卫星定位系统（GNSS）技术的应用和普及，使得GNSS网逐步代替了国家等级的平面控制网和城市各级平面控制网。按照国家标准《全球定位系统（GPS）测量规范》GB/T 18314—2009，其构网形式基本上仍为三角形网或多边形格网（闭合环或附合线路）。我国国家级的GNSS大地控制网按其控制范围和精度分为A、B、C、D、E共五个等级。其中A、B级网相当于国家一、二等三角点，C、D级相当于城市三、四等，并可以通过联合处理将GNSS成果与传统大地控制网归于一个坐标参考框架，形成紧密的联系体系，从而满足现代测量技术对地心坐标的需求，同时为完善我国新一代的2000国家大地坐标系打下坚实的基础。

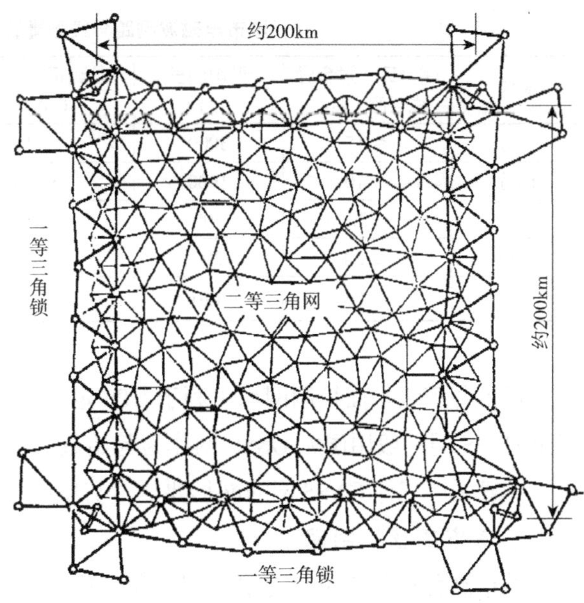

图7-1 国家一、二等三角网示意图

2. 国家高程控制网

为了统一全国高程系统，采用1985年国家高程基准，按照国家水准测量规范，在全国范围内建立起来的高程控制网，称为国家水准网。国家水准测量按精度划分为一、二、三、四等，逐级布设。一、二等水准测量称为精密水准测量。一等水准网是国家最高等级的高程控制骨干，在全国范围内沿主要干道和河流等布设成格网形的高程控制网。二等水准网为一等网的加密，是国家高程控制的全面基础，作为全国各地的高程控制。三、四等水准网为进一步加密网，按各地区的测绘需要而布设。

7.1.3 城市控制网

在城市建设地区，为了测绘1∶2000~1∶500的大比例尺地形图，进行城市工程建设的施工放样、变形观测和市政工程等，需要在国家控制网的统一控制下，布设密度更大的控制网，称为城市控制网。

1. 城市平面控制网

城市平面控制网分为二等、三等、四等三角网和一级、二级、三级小三角网，或三等、四等导线网和一级、二级、三级导线网。根据国家行业标准《城市测量规范》CJJ/T 8—2011，城市电磁波测距导线测量的主要技术指标见表7-1。为了满足大比例尺地形图测绘的需要，还要在城市各等级控制网的基础上布设加密图根控制网，作为测绘地形图的直接依据。

城市电磁波测距导线测量的主要技术指标　　表 7–1

等级	闭合环或附合导线长度（km）	平均边长（m）	测距中误差（mm）	测角中误差（″）	全长相对闭合差
三等	≤ 15	3000	≤ 18	≤ 1.5	≤ 1/60000
四等	≤ 10	1600	≤ 18	≤ 2.5	≤ 1/40000
一级	≤ 3.6	300	≤ 15	≤ 5	≤ 1/14000
二级	≤ 2.4	200	≤ 15	≤ 8	≤ 1/10000
三级	≤ 1.5	120	≤ 15	≤ 12	≤ 1/6000

城市各等级平面控制网均可利于 GPS 定位技术，采用静态或快速静态方式进行测量。城市 GNSS 网一般用国家 GNSS 网作为起始数据，由若干个独立闭合环构成或构成附合线路，一般城市三等 GNSS 网的网形要尽量与城市导线网类似。

2. 城市高程控制网

城市高程控制测量分为水准测量和三角高程测量。水准测量的等级依次分为二、三、四等。城市首级高程控制网不应低于三等水准，电磁波测距三角高程测量可代替四等水准测量。一个城市只应建立一个统一的高程系统。城市高程控制网的高程系统应采用 1985 国家高程基准。

根据国家行业标准《城市测量规范》CJJ/T 8—2011，城市二、三、四等城市高程控制网的设计规格应满足表 7–2 的规定。各等级水准测量的主要技术指标应符合表 7–3 的规定。根据城市的大小及所在地区国家水准点的分布情况，从某一等级开始布设，在四等水准以下再布设直接为测绘大比例尺地形图所用的图根水准网。

各等级城市高程控制网的设计要求（km）　　表 7–2

高程控制点间距离（测段长度）	建筑区	1~2
	其他地区	2~4
环线或附合于高级点间路线的最大长度	二等	400
	三等	45
	四等	15

各等级水准测量的主要技术指标（mm）　　表 7–3

等级	每千米高差中数中误差		测段、区段、路线往返测高差不符值	测段、路线的左右路线高差不符值	附合路线或环线闭合差		检测已测测段高差之差
	偶然中误差 M_Δ	全中误差 M_W			平原丘陵	山区	
二等	≤ 1	≤ 2	$\pm 4\sqrt{L_S}$	—	$\pm 4\sqrt{L}$		$\pm 6\sqrt{L_i}$
三等	≤ 3	≤ 6	$\pm 12\sqrt{L_S}$	$\pm 8\sqrt{L_S}$	$\pm 12\sqrt{L}$	$\pm 15\sqrt{L}$	$\pm 20\sqrt{L_i}$
四等	≤ 5	≤ 10	$\pm 20\sqrt{L_S}$	$\pm 14\sqrt{L_S}$	$\pm 20\sqrt{L}$	$\pm 25\sqrt{L}$	$\pm 30\sqrt{L_i}$

注：① L_S——测段、区段或路线长度（km）；L——附合路线或环线长度（km）；L_i——检测测段长度（km）。
②山区指路线中最大高差大于 400m 的地区。

7.1.4 工程控制网

1. 平面控制网

对于种类繁多、测区面积相差悬殊的工程测量，国家或城市控制网的等级、密度等往往显得不适应。工程控制网是指针对某项具体工程建设的测图、施工或管理需要，在一定区域内布设的平面控制网和高程控制网。工程控制网建立一般采用《工程测量标准》GB 50026—2020 及相关专业测量规范作为技术标准。就控制网建立的范围而言，对比城市等范围，基本上工程区域都不大，因此控制网基本符合小区域控制网的布设。

在面积小于 15km^2 范围内建立的平面控制网，称为小区域平面控制网。在这个区域范围内，可以忽略地球曲率的影响，小地区平面控制网应根据测区面积大小按精度要求分级建立。

建立小地区平面控制网时，应尽量与国家（或城市）已建立的高级控制网联测，将高级控制点的坐标和高程作为小地区平面控制网的起算和校核数据。如果周围没有国家或城市控制点，或附近有这种国家控制点而不便于联测时，可以建立独立控制网，此时控制网的起算坐标与高程可自行假定，坐标方位角可用测区中央的磁方位角代替。

2. 高程控制网

在较小区域或工程范围内建立高程控制网，应根据测区面积的大小和工程要求，采用分级布设的方法建立。一般情况下，是以国家或城市高等级高程控制点为基础，在整个测区范围内建立三、四等水准路线或水准网，再以此测定图根点的高程。对于地形起伏大的山区，可采用三角高程测量的方法建立高程控制网。

7.2 导线测量

7.2.1 导线测量概述

在平面控制网中，导线网是常用的布网方法。由于导线的布设和观测比较简单，精度能够保证，观测速度又快，所以被广泛采用，尤其是在地物分布较复杂的建筑区、视线障碍较多的遮蔽区和带状地区。

将测区内相邻控制点连成直线而构成的折线，称为导线。这些控制点，称为导线点。导线测量就是依次测定各导线边的长度和各转折角值，根据起始点坐标和坐标方位角推算各边的坐标方位角，从而求出各导线点的坐标。一般采用全站仪测定，称为电磁波测距导线。根据国家行业标准《城市测量规范》CJJ/T 8—2011，图根电磁波测距导线测量的主要技术指标见表 7-4。

图根电磁波测距导线测量的主要技术指标　　表 7-4

比例尺	附合导线长度（m）	平均边长（m）	导线全长相对闭合差	测回数 DJ_6	方位角闭合差（″）	仪器类别	方法与测回数
1：500	900	80	≤ 1/4000	1	$\leqslant \pm 40\sqrt{n}$	Ⅱ级	单程观测 1
1：1000	1800	150					
1：2000	3000	250					

注：n 为测站数。

根据测区的不同情况和要求，导线可以布设成下列几种形式：

（1）闭合导线

起讫于同一已知点的导线，称为闭合导线。如图 7-2 所示，导线由已知高级控制点 A 为起始点，以已知坐标方位角 α_{AB} 为起始边方位角，经过若干未知点的连续折线仍回到点 A，形成一个闭合多边形。一般在小范围的独立地区布设，由于图形闭合，具有检核观测成果的作用。

（2）附合导线

布设在两已知点间的导线，称为附合导线。如图 7-3 所示，导线由已知控制点 A 和已知方向 α_{AB} 出发，经过若干点后终止于另一个高级控制点 C 和已知方向 α_{CD} 上。这种布设形式，具有检核观测成果的作用。

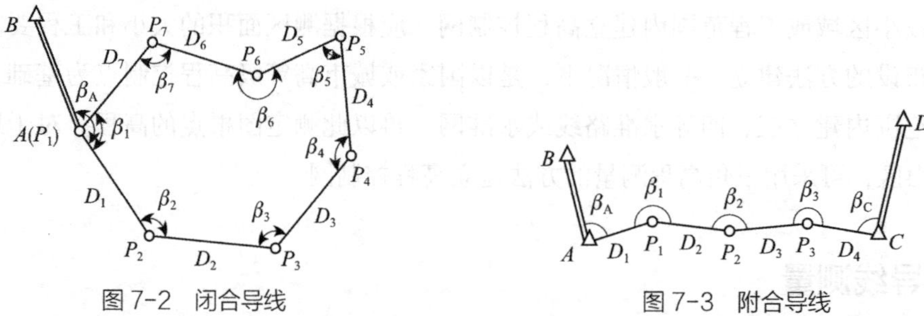

图 7-2　闭合导线　　图 7-3　附合导线

（3）支导线

由某已知点和已知边的方向开始，形成自由延伸的导线，即一端连接在高一级的控制点上，而另一端不与任何高级控制点相连，称为支导线，如图 7-4 所示。

由于支导线只具有必要起算数据，没有附合（闭合）到已知控制点上，在测量时如果发生错误，缺少对观测数据的检核，因此，只限于在图根导线和通视条件特别困难的情况下使用，并且对于图根导线一般要求支导线中未知点的点数不超过 3 个。

（4）无定向导线

工程现场因条件有限，会出现一些比较特殊的导线图形，比较常见的是无定向导线。即起算时没有方向检核的导线，从一个已知点出发而闭合到另一个已知点上，没有定向点。由于没有方向检核，闭合到一个已知点上只有一个坐标检核条件，精度比附合导线要低，

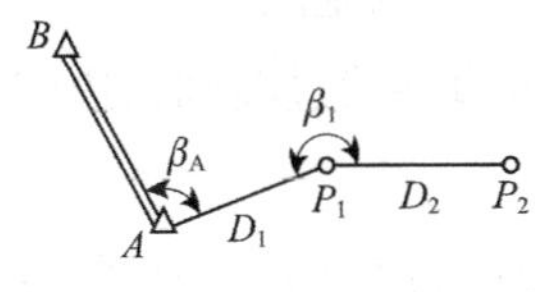

图 7-4 支导线

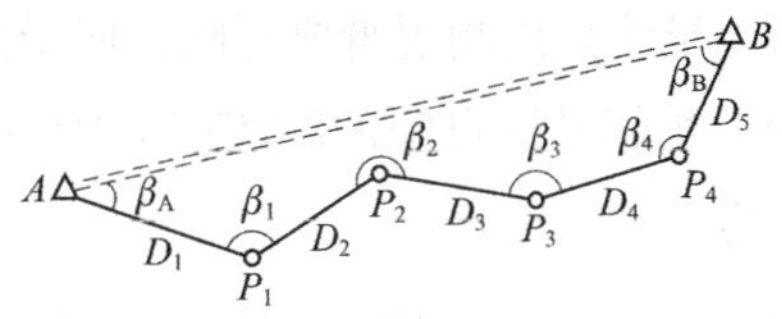

图 7-5 无定向导线

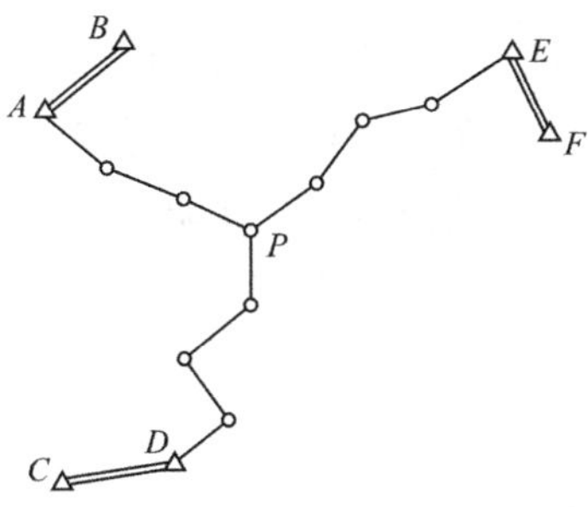

图 7-6 单结点导线网

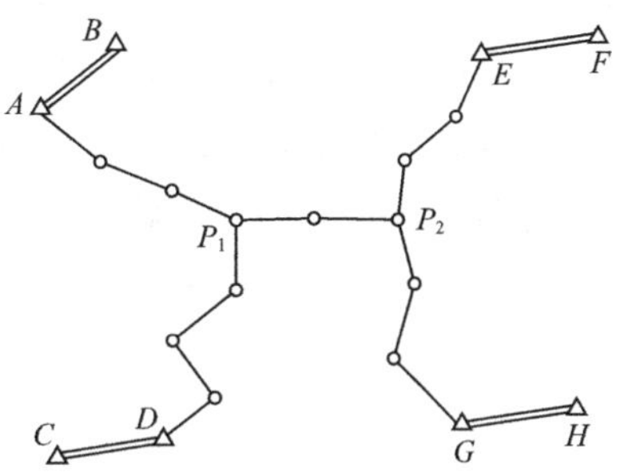

图 7-7 双结点导线网

但比支导线精度要高。其形式如图 7–5 所示。

（5）单结点导线网

如图 7–6 所示，从三个或更多的已知控制点开始，几条导线汇合于一个结点。

（6）两个及以上结点或两个及以上闭合环的导线网

如图 7–7 所示为双结点（P_1、P_2）导线网。如图 7–8 所示为三个闭合环的导线网。

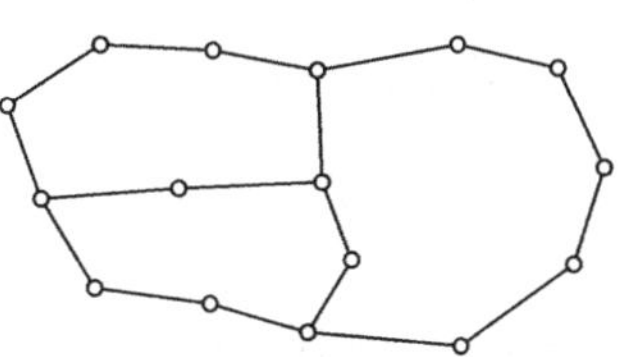

图 7-8 三个闭合环的导线网

7.2.2 导线测量的外业工作

导线测量的外业工作包括：踏勘选点及建立标志、导线转折角测量、导线边长测量及导线连测。

1. 踏勘选点及建立标志

在进行外业工作之前，首先应调查收集本测区已有的地形图等成果资料，了解测区及其附近高级控制点的分布、测区的范围及地形起伏情况。然后，按坐标将已知点展绘到原有的地形图上，并在图上拟定导线测量的布设方案。同时对所使用的仪器进行检验校正。

准备工作完成后，到野外实地踏勘，核对已知点位，必要时修改设计方案，落实点位。如果测区没有地形图资料，则需详细踏勘现场，根据已知控制点的分布、测区地形条件及测图和施工需要等具体情况，合理地选定导线点的位置。实地选点时，应注意以下几点：

（1）相邻导线点之间要相互通视良好，便于测角量边。

（2）点位应选择在土质坚实、便于安置仪器、并能长期保存点位的地方。

（3）导线点周围视野要开阔，便于低级点的加密和碎部点的施测。

（4）相邻导线点间的距离应大致相等，尽量避免从短边突然过渡到长边或从长边过渡到短边。

（5）导线点应均匀的布设在测区内，数量应足够，以便控制整个测区和进行细部测量。

导线点位选定后，根据现场条件，用木桩、混凝土标石或大铁钉等标志点位。对于一般导线点，可在地面打入木桩，在桩顶钉一小钉以示点位，作为临时性标志，如图 7–9 所示。对于需要长期保存的导线点，应埋设混凝土桩或石桩，作为永久性标志，如图 7–10 所示。导线点设置好以后，应进行统一编号。为了便于在观测和使用时寻找，应量出导线点与其附近若干固定且明显地物特征点的距离，统一绘出草图，注明尺寸，即绘制点之记。点之记是一张控制点的点位略图，如图 7–11 所示。

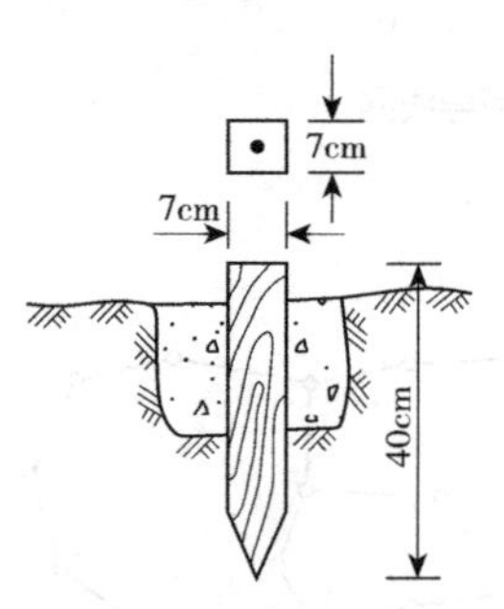

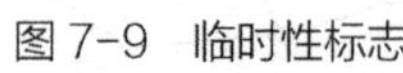
图 7–9　临时性标志

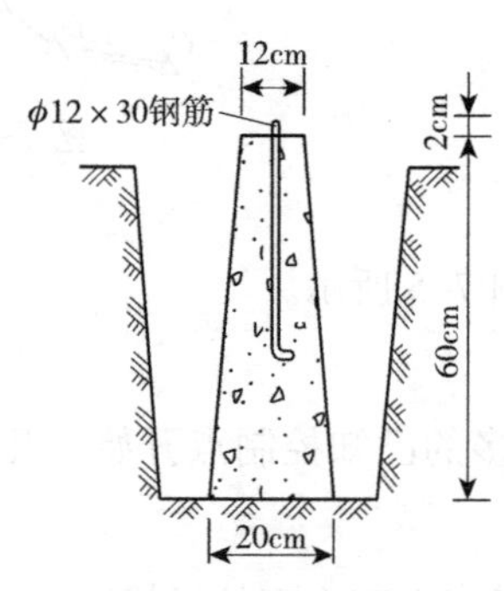

图 7–10　永久性标志

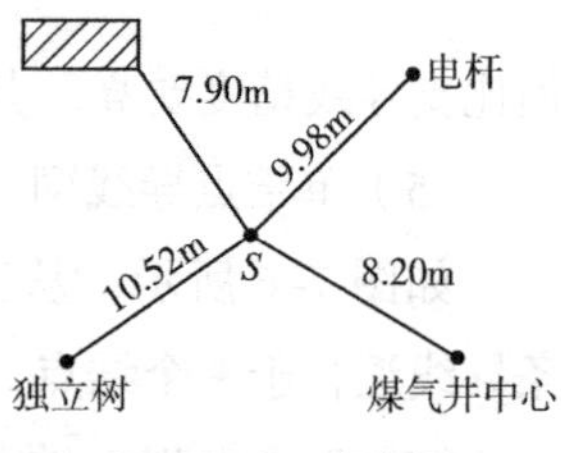

图 7–11　点之记

2. 导线转折角测量

导线的转折角即相邻导线边的夹角。导线的转折角常用测回法进行观测。在导线的结点处观测方向数多于两个时，应采用方向观测法测量水平角。

导线的转折角有左、右角之分，位于导线前进方向左侧的水平角称为左角，右侧的水平角称为右角。一般在附合导线中测量导线的左角，对于闭合导线通常观测多边形的内角。导线测量的相关技术要求可参照表 7–1、表 7–4。对于图根导线，一般用 DJ_6 级或 5″ 级全站仪观测一个测回，盘左、盘右测得角值的较差不超过 ±40″，取其平均值作为最后角值。

测角时，为了便于瞄准，可在观测方向点上架设对中杆脚架、带觇牌的单棱镜组或其他简易标杆。角度观测外业工作结束后，应仔细检查外业记录和计算是否符合规范要求，精度是否在限差以内。

3. 导线边长测量

导线边长一般用全站仪观测斜距，同时观测垂直角一测回，再将斜距化为平距。一般在采用全站仪测定导线转折角后，即可测量导线边长。

4. 导线连测

导线连测是指新布设的导线与高级控制点的连接测量。与已知边相连的水平角称为连接角。如图 7–2 中的 β_A，图 7–5 中的 β_A 和 β_B，目的是传递坐标和方位角，以取得新布设导线的起算数据。

如果附近没有高级控制点，则应用罗盘仪施测导线起始边的磁方位角，并假定起始点坐标作为起算数据。

7.2.3 导线测量的内业计算

导线测量内业工作的目的是计算出各导线点的坐标（x，y）。

对于闭合导线和附合导线来说，由于已知的高级点相对于导线点来说，其坐标是无误差的标准值，即在计算时不考虑已知点的误差。这样在计算时就存在三个几何条件：一是方位角闭合条件，二是纵坐标闭合条件，三是横坐标闭合条件。这三个条件是导线观测值的检核条件，是进行导线坐标计算与调整的基础。

在进行导线内业计算之前，应先全面检查导线测量的外业手簿是否有漏记、错记、错算及外业成果是否符合精度要求，如果发现有不符合要求的情况，要先进行补测；然后绘制导线略图，注明各观测角值、实测边长、起点的坐标和起算边的方位角等，以便进行导线的坐标计算。

对于城市与工程低等级导线，如二、三级导线和图根导线，可采用近似平差方法。首先，单独处理坐标方位角条件，将角度闭合差反符号（附合导线观测右角时，为同符号）平均分配到各转折角中；其次，处理纵、横坐标闭合条件，以改正后的角度推算各边的方位角，根据各边方位角和边长计算坐标增量及坐标增量闭合差，再将坐标增量闭合差反符号按与边长成比例分配到各个坐标增量中；最后，根据改正后的坐标增量计算各待定点的坐标。

1. 闭合导线计算

闭合导线是由折线组成的多边形，因而，闭合导线应满足三个几何条件：一是多边形内角和条件，二是纵坐标闭合条件，三是横坐标闭合条件。即从起始点开始，逐点推算导线点的坐标，最后推算到起始点，推算出的坐标应该等于该点的已知坐标。现以图 7–12 中的实测数据为例，说明闭合导线的计算步骤。

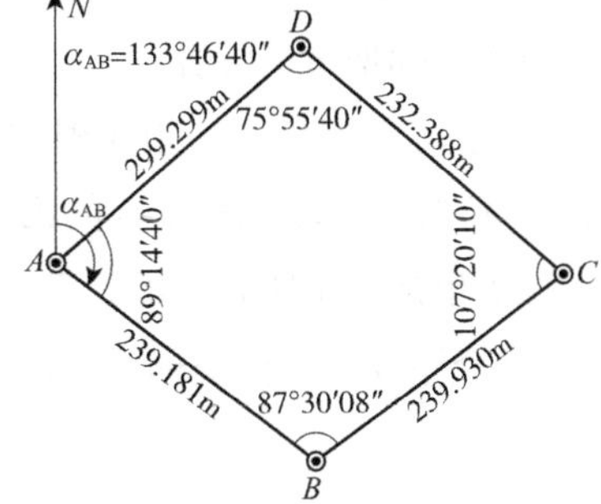

图 7–12 闭合导线略图

（1）准备工作

将校核过的外业观测数据及起算数据填入“闭合导线坐标计算表”中，起算数据用加黑表示，见表 7–5。

（2）角度闭合差的计算与调整

n 边形闭合导线内角和的理论值为：

$$\sum \beta_{理} = (n-2) \times 180° \tag{7-1}$$

因观测角不可避免地含有误差，致使实测的内角之和$\sum\beta_{测}$不等于理论值，而产生角度闭合差f_β，为：

$$f_\beta=\sum\beta_{测}-\sum\beta_{理} \quad (7\text{-}2)$$

角度闭合差f_β的大小在一定程度上说明角度观测的质量。图根电磁波测距导线角度闭合差的容许值$f_{\beta容}$见表7-4。如果$f_\beta>f_{\beta容}$，则说明所测角度精度不符合规范要求，应重新检测角度。若角度闭合差符合规范要求，即$f_\beta\leqslant f_{\beta容}$，可将闭合差反符号平均分配到各观测角值中。

改正之后的内角和应为（n-2）×180°，本例应为360°，以作计算校核。

（3）用改正后的导线左角或右角推算各边的坐标方位角

根据起始边的已知坐标方位角及改正后角值按下列各式推算其他各导线边的坐标方位角。

$$\alpha_{前}=\alpha_{后}+180°+\beta_{左}\text{（适用于测左角）} \quad (7\text{-}3)$$

$$\alpha_{前}=\alpha_{后}+180°-\beta_{右}\text{（适用于测右角）} \quad (7\text{-}4)$$

本例观测左角，按式（7-3）推算出导线各边的方位角，列入表7-5的第5栏。闭合导线最后推算出的起始边坐标方位角，应与原有的已知坐标方位角值相等，否则应重新检查计算。

在推算过程中必须注意：

1）如果算出的$\alpha_{前}>360°$，则应减去360°。

2）用式（7-4）计算时，如果计算出的值为负，则应加上360°。

3）闭合导线最后推算出的起始边坐标方位角，应与原有的已知坐标方位角值相等，否则应重新检查计算。

（4）坐标增量的计算及闭合差的调整

1）坐标增量的计算

欲求待定点坐标，须先根据坐标正算公式求解坐标增量。坐标增量即是直线两端点的坐标值之差。填入表7-5的第7、9栏。

2）坐标增量闭合差的计算与调整

闭合导线纵、横坐标增量代数和的理论值应为0，即：

$$\begin{cases}\Sigma\Delta x_{理}=0\\ \Sigma\Delta y_{理}=0\end{cases} \quad (7\text{-}5)$$

实际上由于量边的误差和角度闭合差调整后的残余误差，往往使$\sum\Delta x_{测}$、$\sum\Delta y_{测}$不等于零，而产生纵坐标增量闭合差f_x与横坐标增量闭合差f_y，即：

$$\begin{cases}f_x=\Sigma\Delta x_{测}\\ f_y=\Sigma\Delta y_{测}\end{cases} \quad (7\text{-}6)$$

从图 7-13 中明显看出，由于f_x、f_y的存在，使导线不能闭合，A—A'的长度f_D称为导线全长闭合差，并用下式计算：

$$f_D = \pm\sqrt{f_x^2+f_y^2} \tag{7-7}$$

导线全长闭合差f_D主要是由量边误差引起的，仅从f_D值的大小还不能显示导线测量的精度。因此，通常采用导线全长闭合差f_D与导线全长$\sum D$的比值，称为导线全长相对闭合差，来评定导线测量的精度，以K表示，即：

$$K = \frac{f_D}{\Sigma D} = \frac{1}{\dfrac{\Sigma D}{f_D}} \tag{7-8}$$

不同等级的导线全长相对闭合差的容许值$K_{容}$，见表 7-1、表 7-4。若$K>K_{容}$，则说明成果不合格，应先检查内业计算有无错误，再检查外业观测成果，必要时重测；如果$K \leqslant K_{允}$，则说明符合精度要求，可进行闭合差的调整，即将f_x、f_y反符号按与边长成正比分配到各边的纵、横坐标增量中去。以V_{xi}，V_{yi}分别表示第i边的纵、横坐标增量改正数，即：

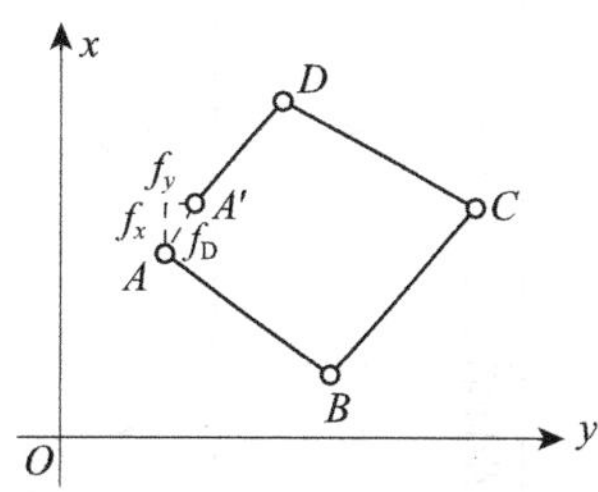

图 7-13　导线全长闭合差

$$\begin{cases} V_{xi} = -\dfrac{f_x}{\Sigma D} D_i \\ V_{yi} = -\dfrac{f_y}{\Sigma D} D_i \end{cases} \tag{7-9}$$

纵、横坐标增量改正数之和应满足下式：

$$\begin{cases} \Sigma V_x = -f_x \\ \Sigma V_y = -f_y \end{cases} \tag{7-10}$$

算出的各增量、改正数（取位到 mm）填入表 7-5 的第 7、9 栏。

各边增量值加改正数，即得各边改正后增量，填入表 7-5 的第 8、10 栏。

改正后纵、横坐标增量的代数和应分别为零，以作校核。

（5）导线点的坐标计算

由起始点的已知坐标和改正后的坐标增量，可依次推算各导线点的坐标：

$$\begin{cases} x_{前}=x_{后}+\Delta x_{改} \\ y_{前}=y_{后}+\Delta y_{改} \end{cases} \tag{7-11}$$

算得的坐标值填入表 7-5 的第 11、12 栏。按上式推算出闭合导线最后一个点的坐标后，还应再推算出起始点的坐标，如果推算出的坐标与已知坐标相等，则说明计算正确无误，否则应分析原因，予以检查纠正。

2. 附合导线内业计算

附合导线坐标计算步骤与闭合导线计算基本相同，由于附合导线的几何形式与闭合

闭合导线坐标计算表 表 7–5

点号	观测角值（左角）	改正数	改正后角值	坐标方位角	边长 D（m）	坐标增量及改正数（m）				坐标（m）	
						V_{xi} Δx_i	$\Delta x_{改}$	V_{yi} Δy_i	$\Delta y_{改}$	X（m）	Y（m）
1	2	3	4	5	6	7	8	9	10	11	12
A										8540.000	5500.000
				133°46′40″	239.181	0.031 −165.480	−165.449	−0.006 172.696	172.690		
B	87°30′08″	−9″	87°29′59″							8374.551	5672.690
				41°16′39″	239.930	0.032 180.313	180.345	−0.006 158.283	158.277		
C	107°20′10″	−10″	107°20′00″							8554.896	5830.967
				328°36′39″	232.388	0.030 198.378	198.408	−0.006 −121.039	−121.045		
D	75°55′40″	−10″	75°55′30″							8753.304	5709.922
				224°32′09″	299.299	0.040 −213.344	−213.304	−0.007 −209.915	−209.922		
A	89°14′40″	−9″	89°14′31″							8540.000	5500.000
				133°46′40″							
B											
Σ	360°00′38″		360°00′00″		1010.798	−0.133	0	+0.025	0		

计算公式：

$f_\beta = 360°00'38'' - 360° = +38''$

$f_{\beta允} = \pm 40\sqrt{4} = \pm 80''$

$f_x = -0.133\text{m}$ $f_y = +0.025\text{m}$

$f_D = \pm\sqrt{f_x^2 + f_y^2} = \pm 0.135\text{m}$

$K = \frac{f_D}{\sum D} = \frac{0.135}{1010.798} \approx \frac{1}{7487} < K_{容}$

$K_{容} = \frac{1}{4000}$

导线不同，造成角度闭合差和坐标增量闭合差的计算稍有不同，下面就这两个不同方面着重介绍。

（1）角度闭合差的计算

设有附合导线如图 7–14 所示，用式（7–3）根据起始边已知坐标方位角 α_{BA} 及观测的左角（包括连接角 β_A 和 β_C）可以推算出终边 CD 的坐标方位角 α'_{CD}：

$$\alpha'_{CD}=\alpha_{BA}+6\times 180°+\sum\beta_{测}$$

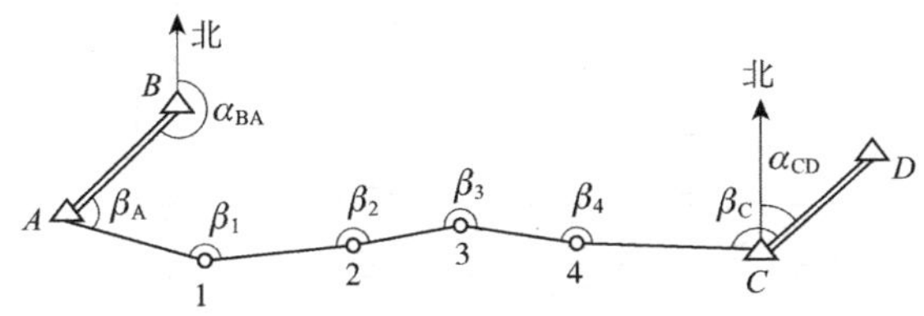

图 7–14　附合导线

写成一般公式，为：

$$\alpha'_{终}=\alpha_{始}+n\cdot 180°+\sum\beta_{测} \tag{7–12}$$

若观测右角，则按下式计算：

$$\alpha'_{终}=\alpha_{始}+n\cdot 180°-\sum\beta_{测} \tag{7–13}$$

角度闭合差 f_β 用下式计算：

$$f_\beta=\alpha'_{终}-\alpha_{终} \tag{7–14}$$

角度闭合差 f_β 的调整：当用左角计算 $\alpha_{终}$时，改正数与 f_β 反号；当用右角计算 $\alpha_{终}$时，改正数与 f_β 同号。

（2）坐标增量闭合差的计算

按附合导线的要求，各边坐标增量代数和的理论值应等于终、始两点的已知坐标值之差，即：

$$\begin{cases}\sum\Delta x_{理}=x_{终}-x_{始}\\ \sum\Delta y_{理}=y_{终}-y_{始}\end{cases} \tag{7–15}$$

计算各边的 $\Delta x_{测}$、$\Delta y_{测}$，则纵、横坐标增量闭合差按下式计算：

$$\begin{cases}f_x=\Sigma\Delta x_{测}-(x_{终}-x_{始})\\ f_y=\Sigma\Delta y_{测}-(y_{终}-y_{始})\end{cases} \tag{7–16}$$

附合导线的导线全长闭合差、全长相对闭合差和容许相对闭合差的计算以及增量闭合差的调整，与闭合导线相同。附合导线坐标计算全过程见表 7–6 的算例。

3. 支导线内业计算

支导线一端与已知点相连，而另一端不闭合（或附合）到任何已知点上，没有任何

附合导线坐标计算表　　　　**表 7–6**

点号	观测角（左角）	改正数	改正后角值	坐标方位角	边长 D（m）	坐标增量及改正数（m）				坐标值（m）	
						V_{xi} Δx_{ii}	$\Delta x_{i改}$	V_{yi} Δy_i	$\Delta y_{改}$	X（m）	Y（m）
1	2	3	4	5	6	7	8	9	10	11	12
B											
				237°59′30″							
A	99°01′00″	+6″	99°01′06″							2507.687	1215.630
				157°00′36″	225.85	+0.020 −207.911	−207.891	−0.025 +88.210	+88.185		
1	167°45′36″	+6″	167°45′42″							2299.796	1303.815
				144°46′18″	138.93	+0.013 −113.486	−113.473	−0.015 +80.140	+80.125		
2	123°11′24″	+6″	123°11′30″							2186.323	1383.940
				87°57′48″	172.57	+0.016 +6.133	+6.149	−0.019 +172.461	+172.442		
3	189°20′36″	+6″	189°20′42″							2192.472	1556.382
				97°18′30″	100.07	+0.009 −12.730	−12.721	−0.011 +99.257	+99.246		
4	179°59′18″	+6″	179°59′24″							2179.751	1655.628
				97°17′54″	102.48	+0.009 −13.019	−13.010	−0.012 +101.650	+101.638		
C	129°27′24″	+6″	129°27′30″							2166.741	1757.266
				46°45′24″							
D											
Σ	888°45′18″	+36″	888°45′54″		739.90	−341.013	−340.946	541.718	+541.636		

辅助计算式

$$\alpha_{BA} = 237°59'30''$$
$$\alpha_{AB}+\Sigma\beta_{测} = 1126°44'48''$$
$$-6\times180° = 1080°$$
$$\alpha'_{CD} = 46°44'48''$$
$$-\alpha_{CD} = 46°45'24''$$
$$f_\beta = -36''$$
$$f_{\beta容} = \pm40''\sqrt{6} = \pm97''$$

$$f_x = \Sigma\Delta x_{测} - (x_C - x_A) = -341.013-(-340.946)$$
$$f_x = -0.067\text{m}$$
$$f_y = \Sigma\Delta y_{测} - (y_C - y_A) = 541.718-541.636$$
$$f_y = +0.082\text{m}$$

导线全长闭合差 $f_D = \sqrt{f_x^2 + f_y^2} = \pm0.106\text{m}$

导线全长相对闭合差 $K = \dfrac{0.106}{739.90} = \dfrac{1}{6980} < K_{容}$

导线全长容许相对闭合差 $K_{容} = \dfrac{1}{4000}$

几何条件约束，因而其坐标计算就不必进行角度闭合差和坐标增量闭合差的计算与调整，可直接根据观测的转角推算各边的坐标方位角，进而由各边的边长和坐标方位角计算坐标增量，最后依次计算出各导线点的坐标。

4. 查找导线测量错误的方法

在导线测量计算中，如果发现闭合差超限（$f_\beta>f_{\beta容}$或 $K>K_{容}$），应首先检查导线测量外业观测记录、内业计算的数据抄录和计算过程，如果没有发现错误，说明导线外业观测的边长或角度值存在错误，应去现场返工重测。如果重测前能通过分析找出错误可能发生的位置，则可提高工作效率。

（1）一个转折角测错的查找方法

如图 7-15 所示，设附合导线 3 点的转折角 β_3 发生了错误，该角度值可能测小了，也可能测大了，使角度闭合差超限。按支导线的计算方法，由左边向右边计算各点的坐标，即沿 $B\rightarrow1\rightarrow2\rightarrow3\rightarrow4\rightarrow M$ 方向计算；再由右边向左边计算各点的坐标，即沿 $M\rightarrow4\rightarrow3\rightarrow2\rightarrow1\rightarrow B$ 方向计算。得到两套坐标值，比较这两套坐标，如果某一个导线点的两套坐标值非常接近，则该点的转折角最有可能测错。闭合导线查找一个错角的方法，则为从同一已知点和同一条已知坐标方位角的边出发，分别沿顺时针和逆时针方向按支导线法计算出各点的两套坐标进行比较，两套坐标值最接近的点的转折角最有可能测错。

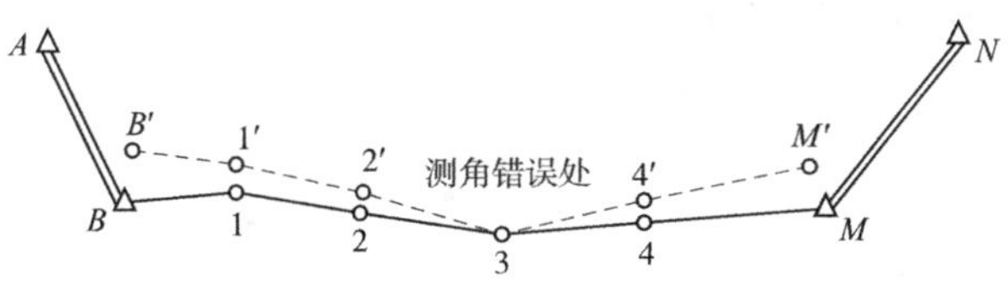

图 7-15　一个转折角测错的查找方法

（2）一条边长测错的查找方法

当 $f_\beta<f_{\beta容}$而 $K>K_{容}$时，说明边长测量有误。如图 7-16（a）（b）所示，查找与闭合边 1—1′、C—C' 平行或大致平行的导线边，则该边发生错误的可能性最大。

也可用下式计算闭合差 1—1′、C—C' 的坐标方位角：

$$\alpha_{\mathrm{f}}=\arctan\frac{f_y}{f_x} \tag{7-17}$$

如果某一导线边的坐标方位角与 α_{f} 接近，则该导线边发生错误的可能性最大。上述查找测错边长和转折角的方法，也仅仅对只有一条边测错或一个转折角测错，其他边、角均未测错时方为有效。

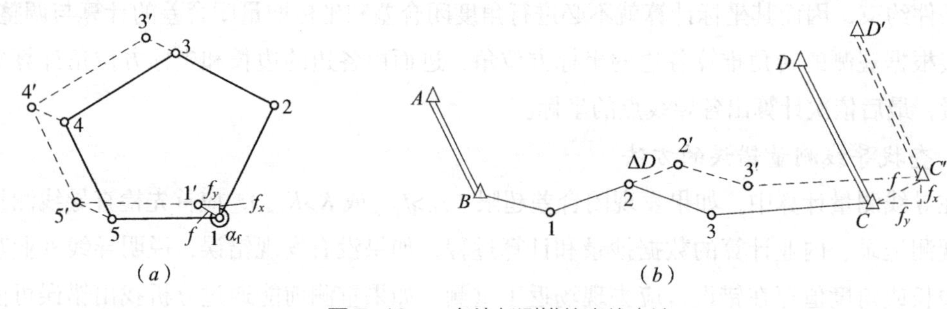

图 7-16　一条边长测错的查找方法

7.3　控制点加密

在工程局部，当已有的控制点不能满足局部施工测量或地形图测绘需求时，可用交会测量的方法增设少量的控制点。交会测量的方法包括前方交会、后方交会、测边交会、边角后方交会等。

7.3.1　前方交会

如图 7-17 所示，在已知点 A、B 分别观测 P 点的水平角 α、β，以推求待定点 P 的坐标，称为前方交会，又称为测角前方交会。为了检核，通常需从三个已知点 A、B、C 分别向 P 点进行角度观测，如图 7-18 所示。

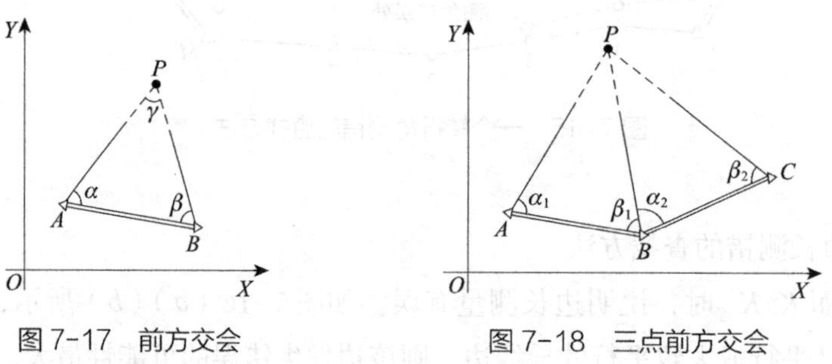

图 7-17　前方交会　　　　图 7-18　三点前方交会

从图 7-17 可得：

$$
\begin{aligned}
x_P - x_A = D_{AP}\cdot\cos\alpha_{AP} &= \frac{D_{AB}\cdot\sin\beta}{\sin(\alpha+\beta)}\cdot\cos(\alpha_{AB}-\alpha) \\
&= \frac{D_{AB}\cdot\sin\beta}{\sin\alpha\cos\beta+\cos\alpha\sin\beta}\cdot(\cos\alpha_{AB}\cos\alpha+\sin\alpha_{AB}\sin\alpha)
\end{aligned}
\tag{7-18}
$$

分子、分母同除以 $\sin\alpha\sin\beta$，得：

$$
\begin{aligned}
&= \frac{\dfrac{D_{AB}\cdot\sin\beta}{\sin\alpha\sin\beta}}{\dfrac{\sin\alpha\cos\beta+\cos\alpha\sin\beta}{\sin\alpha\sin\beta}}\cdot(\cos\alpha_{AB}\cos\alpha+\sin\alpha_{AB}\sin\alpha) \\
&= \frac{D_{AB}\cdot\cos\alpha_{AB}\cdot\cot\alpha+D_{AB}\cdot\sin\alpha_{AB}}{\cot\beta+\cot\alpha} \\
&= \frac{\Delta x_{AB}\cdot\cot\alpha+\Delta y_{AB}}{\cot\beta+\cot\alpha}=\frac{(x_B-x_A)\cdot\cot\alpha+y_B-y_A}{\cot\alpha+\cot\beta}
\end{aligned}
\tag{7-19}
$$

所以，得：

$$
x_P=x_A+\frac{(x_B-x_A)\cdot\cot\alpha+y_B-y_A}{\cot\alpha+\cot\beta} \tag{7-20}
$$

同理可证明 y_P 的计算公式，整理后得：

$$
\begin{cases}
x_P=\dfrac{x_A\cot\beta+x_B\cot\alpha-y_A+y_B}{\cot\alpha+\cot\beta} \\
y_P=\dfrac{y_A\cot\beta+y_B\cot\alpha+x_A-x_B}{\cot\alpha+\cot\beta}
\end{cases}
\tag{7-21}
$$

式（7–21）称为余切公式。在运用余切公式时，应注意 A、B、P 三点必须按逆时针编号。一般在测量工作中，都要求布设有三个已知点的前方交会，如图 7–18 所示。此时，可分两组利用余切公式计算 P 点坐标。若两组坐标差值在允许范围内，取两组坐标的平均值作为 P 点的最后坐标。

由未知点至两相邻已知点间的夹角称为交会角 γ。交会角过大或过小都会影响 P 点位置的精度。在选定 P 点时，最好使交会角 γ 近于 90°，而不应大于 120° 或小于 30°。

如果不便在一个已知点（例如 B 点）安置仪器，可观测一个已知点及待求点上的两个角度 α 和 γ，则同样可以利用余切公式计算 P 点的坐标，这就是角度侧方交会法。此时只要计算出 B 点的 β 角，再应用式（7–21）求解 x_P、y_P。

7.3.2 后方交会

如图 7–19 所示，仪器安置于待定点 P 上，观测 P 至 A、B、C 三个已知点间的夹角 β_1、β_2，求解 P 点坐标，称为后方交会。当待定点距已知点较远或已知点不便于安置仪器时，可采用后方交会确定待定点坐标。后方交会计算工作量较大，计算公式有很多种，这里仅介绍一种常用的公式，其推导过程从略。

1. 计算公式

$$
\begin{cases}
a=(x_A-x_B)+(y_A-y_B)\cot\beta_1 \\
b=-(y_A-y_B)+(x_A-x_B)\cot\beta_1 \\
c=(x_B-x_C)-(y_B-y_C)\cot\beta_2 \\
d=-(y_B-y_C)-(x_B-x_C)\cot\beta_2
\end{cases}
\tag{7-22}
$$

$$K=\frac{a+c}{b+d} \tag{7-23}$$

$$\begin{cases}\Delta x_{BP}=\dfrac{a-Kb}{1+K^2}\\ \Delta y_{BP}=\Delta x_{BP}\cdot K\end{cases} \tag{7-24}$$

则 P 点的坐标为：

$$\begin{cases}x_P=x_B+\Delta x_{BP}\\ y_P=y_B+\Delta y_{BP}\end{cases} \tag{7-25}$$

实际作业时，为了避免发生错误，还要在 P 点上对第四个已知点再进行观测，即再观测 γ 角，如图 7-19 所示。由此组成两组后方交会，分别计算 P 点的两组坐标，求其较差。若较差在允许范围之内，即可取两组坐标的平均值为 P 点的最后坐标。

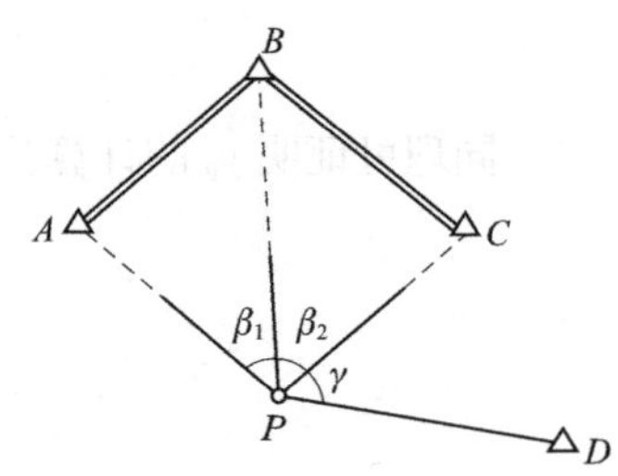

图 7-19　后方交会示意图

2. 危险圆问题

如图 7-20 所示，若 P 点恰好位于 A、B、C 三点所决定的圆周上，无论 P 点在圆周的哪个位置，其与已知三点所构成的水平角都是相等的，则待定点 P 的位置就不能确定。当 P 点落在此圆周近旁时，则求得的 P 点精度很低。通常将过 A、B、C 三点共圆的圆周称作后方交会危险圆。

危险圆按式（7-22）、式（7-23）和下式判别：

$$\begin{cases}a+c=0\\ b+d=0\\ K=\dfrac{0}{0}\end{cases} \tag{7-26}$$

为了避免 P 点落在危险圆及近旁，选点时应注意：P 点的位置最好在三个已知点连成的三角形的重心附近；β 角在 30°~120° 之间；P 点离危险圆的距离不得小于危险圆半径的 1/5；从 A、B、C 三点到 P 点的距离，其最长边与最短边之比不得超过 3 : 1。

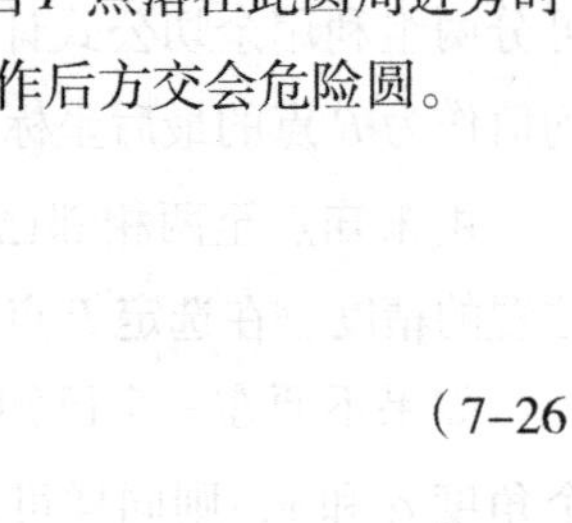

图 7-20　后方交会危险圆

7.3.3　测边交会

如图 7-21 所示，在未知点 P 安置仪器，分别在已知点 A、B 上安置棱镜，测定边长 D_{PA} 和 D_{PB}，以计算 P 点的坐标，称为测边交会法。为了求出 P 点的坐标，测量两条边长就可以了，但为了检核和提高 P 点的精度，通常采用三条边交会，称为三边交会法，如图 7-22 所示。其中两条边长是用来求 P 点坐标的，另一条边长作检核。

如图 7-21 所示，由已知点 A、B 的坐标，可反算出 α_{AB} 和 D_{AB}，在 ΔABP 中，由余弦

定理可反求得∠ A 的大小，进而求得 α_{AP}，最后由 A 点按坐标正算公式求出 P 点坐标值。其计算公式为：

$$\begin{cases}\cos A=\dfrac{D_{AB}^2+D_{PA}^2-D_{PB}^2}{2D_{AB}D_{PA}}\\ \alpha_{AP}=\alpha_{AB}-A\\ x_P=x_A+D_{PA}\cos\alpha_{AP}\\ y_P=y_A+D_{PA}\sin\alpha_{AP}\end{cases} \tag{7-27}$$

对于三边交会（图 7-22）来说，为了提高 P 点的点位精度，一般取两条近似正交的边计算坐标，而取第三条边 D_{PC} 作为检核，这时可以由 C、P 点坐标反算出 PC 边长，即：

$$D_{PC算}=\sqrt{(x_C-x_P)^2+(y_C-y_P)^2} \tag{7-28}$$

PC 的测量边长 $D_{PC测}$与其计算边长 $D_{PC算}$的较差为：

$$\Delta D_{PC}=D_{PC算}-D_{PC测} \tag{7-29}$$

对于地形控制点，当 ΔD_{PC} 不大于比例尺精度的两倍，即 $\Delta D_{PC}\leqslant 2\times 0.1\mathrm{M}$ 时，可认为外业成果合格。一般来说，由于全站仪的测距精度较高，只要观测和计算中没有错误，上式是能够得到满足的。

7.3.4　边角后方交会

将全站仪安置在待定点上，通过对两个以上的已知点进行观测，并输入各已知点的三维坐标，全站仪即可显示待定点的三维坐标，此方法称为边角交会，亦称为自由设站法。

当全站仪进行两点后方交会时，必须观测待定点至两个已知点方向间的夹角和距离。如图 7-23 所示，在 P 点安置仪器，按照全站仪的观测程序，输入已知点 A、B 的三维坐标、棱镜高、测站仪器高；然后分别瞄准 A、B 点，测出水平夹角 β、垂直角、边长 D_{PA}、D_{PB}，利用全站仪内置程序即可算出 P 点的三维坐标。

全站仪可以对最多五个已知点进行后方交会，当观测的已知点数多于两个时，便可由全站仪内置程序按最小二乘法原理计算出待定点的三维坐标平差值。

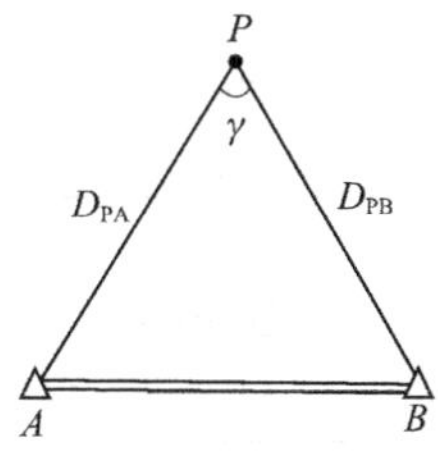

图 7-21　测边交会法

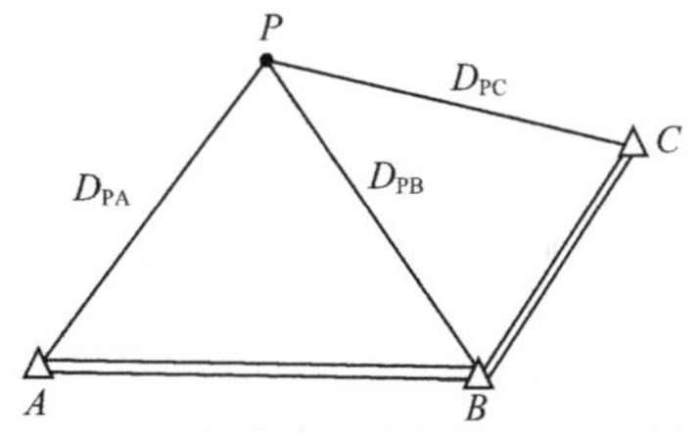

图 7-22　三边交会法

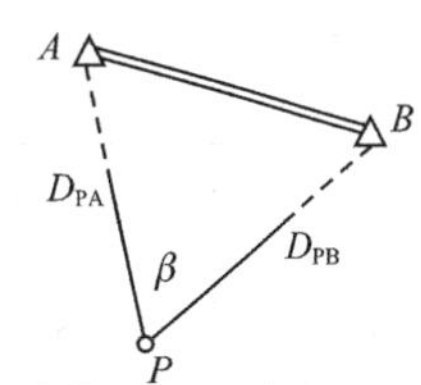

图 7-23　自由设站法

7.4 三、四等水准测量

国家一、二等水准测量为精密水准测量，国家三、四等水准测量为普通水准测量。在小区域地形测量和一般工程测量中，高程控制测量首先布设三等或四等水准测量，再进行图根水准测量加密高程控制点。水准测量的基本方法与原理已经在“第 2 章 水准测量”中介绍过，本节不再赘述。

7.4.1 水准测量作业的一般规定

（1）高程控制测量精度等级的划分，依次为一、二、三、四、五等。各等级高程控制宜采用水准测量的方法，四等及以下等级可采用电磁波测距三角高程测量，五等也可采用 GPS 拟合高程测量。

（2）首级高程控制网的等级应根据工程规模、控制网的用途和精度要求合理选择。首级网应布设成环形网，加密网宜布设成附合路线或结点网。

（3）测区的高程系统宜采用 1985 国家高程基准。在已有高程控制网的地区测量时，可沿用原有的高程系统；当小测区联测有困难时，可采用假定高程系统。

7.4.2 三、四等水准测量的技术要求

三、四等水准测量的线路一般沿道路布设，水准点间距在城市建筑区为 1~2km，在郊区为 2~4km，应选择埋设在地基稳固、能长久保存和便于观测的地点。

根据国家行业标准《城市测量规范》CJJ/T 8—2011 的规定，三、四等水准测量的主要技术指标见表 7–3；采用光学水准仪时视线长度、前后视距差、视线高度的要求见表 7–7，水准测量的测站观测限差见表 7–8。

采用光学水准仪时视线长度、前后视距差、视线高度的要求（m） 表 7–7

等级	仪器类型	视线长度	前后视距差	视距累积差	视线高度
二等	DS1	≤ 50	≤ 1	≤ 3	下丝读数 ≥ 0.3
	DS05	≤ 60			
三等	DS3	≤ 75	≤ 2	≤ 5	三丝能读数
	DS1、DS05	≤ 100			
四等	DS3	≤ 100	≤ 3	≤ 10	三丝能读数
	DS1、DS05	≤ 150			

水准测量的测站观测限差（mm）　　表 7–8

<table>
<tr><th colspan="2" rowspan="2">等级</th><th colspan="2">上下丝读数平均值与中丝读数差</th><th rowspan="2">基辅分划或黑红面读数的差</th><th rowspan="2">基辅分划或黑红面所测高差的差</th><th rowspan="2">单程双转点法观测左右路线转点差</th><th rowspan="2">检测间歇点高差的差</th></tr>
<tr><th>5mm 刻划标尺</th><th>10mm 刻划标尺</th></tr>
<tr><td colspan="2">二等</td><td>1.5</td><td>3.0</td><td>0.4</td><td>0.6</td><td>—</td><td>1.0</td></tr>
<tr><td rowspan="2">三等</td><td>光学测微法</td><td colspan="2" rowspan="2">—</td><td>1.0</td><td>1.5</td><td>1.5</td><td rowspan="2">3.0</td></tr>
<tr><td>中丝读数法</td><td>2.0</td><td>3.0</td><td>—</td></tr>
<tr><td colspan="2">四等</td><td colspan="2">—</td><td>3.0</td><td>5.0</td><td>4.0</td><td>5.0</td></tr>
</table>

7.4.3　三、四等水准测量的观测方法

三、四等水准测量除用于国家高程控制网的加密外，还用于建立小地区首级高程控制网以及建筑施工区内工程测量及变形观测的基本控制。三、四等水准点的高程应从附近的一、二等水准点引测，独立测区可采用闭合水准路线。三、四等水准点应选在土质坚硬、便于长期保存和使用的地方，并应埋设水准标石，亦可利用埋石的平面控制点作为水准点。为了便于寻找，水准点应绘制点之记。

三、四等水准测量的观测应在通视良好、成像清晰稳定的情况下进行。三等水准测量采用中丝读数法，进行往返观测。每站观测顺序为“后—前—前—后”。四等水准测量采用中丝读数法，直读距离，每站观测顺序为“后—后—前—前”。当水准路线为附合路线或闭合环时，采用单程测量。下面介绍双面尺法的观测程序：

（1）每一站的观测顺序

1）后视水准尺黑面，使圆水准器气泡居中，读取上、下丝读数（1）和（2），读取中丝读数（3）。

2）前视水准尺黑面，读取上、下丝读数（4）和（5），读取中丝读数（6）。

3）前视水准尺红面，读取中丝读数（7）。

4）后视水准尺红面，读取中丝读数（8）。

以上（1）（2）……（8）表示观测与记录的顺序，见表 7–9。

这样的观测顺序简称为“后—前—前—后”。其优点是可以大大减弱仪器下沉误差的影响。四等水准测量每站观测顺序可为“后—后—前—前”。

（2）测站计算与检核

1）视距计算

后视距离：（9）=（1）–（2）

前视距离：（10）=（4）–（5）

前、后视距差：（11）=（9）–（10）

三等水准测量的前、后视距差不得超过 2m；四等水准测量的前、后视距差不得超过 3m。

前、后视距累积差：（12）= 上站之（12）+ 本站（11）

三等水准测量的前、后视距累积差不得超过 5m；四等水准测量的前、后视距累积差不得超过 10m。

2）同一水准尺红、黑面中丝读数的检核

同一水准尺红、黑面中丝读数之差应等于该尺红、黑面的常数差 K（4.687 或 4.787），红、黑面中丝读数差按下式计算：

$$(13)=(6)+K-(7)$$

$$(14)=(3)+K-(8)$$

对于（13）（14）的大小，三等水准测量不得超过 2mm；四等水准测量不得超过 3mm。

3）计算黑面、红面的高差（15）（16）

$$(15)=(3)-(6)$$

$$(16)=(8)-(7)$$

$$(17)=(15)-(16)\pm 0.100=(14)-(13)\text{（检核用）}$$

三等水准测量，（17）不得超过 3mm；四等水准测量，（17）不得超过 5mm。式内 0.100 为单、双号两根水准尺红面零点注记之差，以"m"为单位。

4）计算平均高差（18）

$$(18)=\frac{1}{2}\{(15)+[(16)\pm 0.100]\}$$

四等水准测量纪录手簿 **表 7–9**

自 *BM*08 测至 *BM*08 观测者：××× 记录者：××× 仪器型号：×××

2013 年 9 月 20 日 天气：晴 开始 8 时 结束 9 时 成像 清晰稳定

测站编号	点号	后尺 上丝 下丝 后距 视距差 d	前尺 上丝 下丝 前距 Σ	方向及尺号	标尺读数 黑面	标尺读数 红面	K加黑减红	高差中数	备考
		（1）	（4）	后	（3）	（8）	（14）		
		（2）	（5）	前	（6）	（7）	（13）		
		（9）	（10）	后—前	（15）	（16）	（17）	（18）	
		（11）	（12）						K=4787 K=4687
1	*BM*08 | *TP*1	1690	1458	后	1310	6098	−1		
		0930	0680	前	1070	5756	+1		
		76.0	77.8	后—前	+0.240	+0.342	−2	+0.2410	
		−1.8	−1.8						

续表

测站编号	点号	后尺 上丝 下丝 后距 视距差 d	前尺 上丝 下丝 前距 Σ	方向及尺号	标尺读数 黑面	标尺读数 红面	K加黑减红	高差中数	备考
2	$TP1$ | $TP2$	1530	1830	后	1165	5852	0		
		0802	1130	前	1471	6257	+1		
		72.8	70.0	后—前	−0.306	−0.405	−1	−0.3055	
		+2.8	+1.0						
3	$TP2$ | $TP3$	1710	1638	后	1306	6094	−1		
		0900	0870	前	1255	5941	+1		
		81.0	76.8	后—前	+0.051	+0.153	−2	+0.0520	
		+4.2	+5.2						
4	$TP3$ | $BM08$	1649	1622	后	1267	5954	0		
		0886	0882	前	1252	6040	−1		
		76.3	74.0	后—前	+0.015	−0.086	+1	+0.0145	
		+2.3	+7.5						
每页校核		Σ（9）=306.1 Σ（10）=298.6 Σ（9）−Σ（10）=+7.5 =4 站（12） 总视距Σ（9）+Σ（10）=604.7		Σ[（3）+（8）]=29046 Σ[（6）+（7）]=29042 Σ[（3）+（8）]−Σ[（6）+（7）]=+0.004			Σ[（15）+（16）] =+0.004 Σ（18）=+0.002 2Σ（18）=+0.004		

（3）每页计算的校核

1）高差部分

红、黑面后视总和减红、黑面前视总和应等于红、黑面高差总和，还应等于平均高差总和的两倍，即：

$$\sum[(3)+(8)]-\sum[(6)+(7)]=\sum[(15)+(16)]=2\sum(18)$$

上式适用于测站数为偶数。

$$\sum[(3)+(8)]-\sum[(6)+(7)]=\sum[(15)+(16)]=2\sum(18)\pm 0.100$$

上式适用于测站数为奇数。

2）视距部分

后视距离总和减前视距离总和应等于末站视距累积差，即：

$$\sum(9)-\sum(10)=\text{末站}(12)$$

校核无误后，算出总视距：

$$\text{总视距}=\sum(9)+\sum(10)$$

（4）成果整理

三、四等附合或闭合水准路线高差闭合差的计算、调整方法与普通水准测量相同（参见 2.5 节）。高差闭合差应符合表 7–3 的规定，成果合格后方可进行闭合差的分配与调整，最后按调整后的高差计算各水准点的高程。

7.5 三角高程测量

当地面两点间起伏较大而不便于水准测量时，可采用三角高程测量的方法测定两点间的高差，从而求得高程。这种方法简便灵活，但精度较水准测量低，常用作山区或丘陵地带各种比例尺测图的高程控制。目前,全站仪三角高程测量可用来代替四等水准测量。

7.5.1 三角高程测量原理

现今，三角高程测量一般采用全站仪施测。如图 7–24 所示，欲测定地面上 A、B 两点间的高差 h_{AB}，在 A 点安置全站仪，B 点架设单棱镜组或对中杆棱镜，量取仪器高 i 和棱镜高 v。用全站仪照准 B 点棱镜中心，测量斜距 S、天顶距 VZ，则两点间高差 h_{AB} 和高程 H_B 的计算公式为：

$$\begin{cases}\alpha=90°-VZ \\ D=S\times\sin VZ=S\times\cos\alpha \\ h_{AB}=S\times\cos VZ+i-v=D\times\tan\alpha+i-v \\ H_B=H_A+h_{AB}\end{cases} \tag{7–30}$$

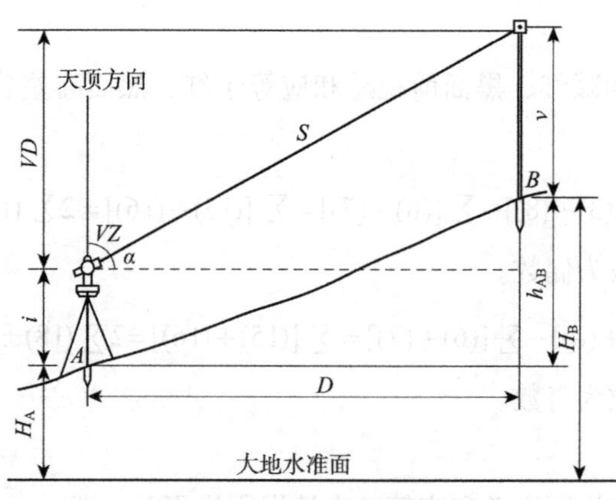

图 7–24　三角高程测量原理

三角高程测量一般应进行往返观测，凡仪器设置在已知高程点，观测该点与未知点之间的高差称为直觇；反之，仪器设置在未知高程点，观测该点与已知高程点之间的高差称为反觇。采用直觇和反觇观测两点的高差称为对向观测。

7.5.2 地球曲率和大气折光对高差的影响

在上述三角高程测量的基本公式中，没有考虑地球曲率和大气折光对高差的影响。当 A、B 两点相距较远时，必须考虑地球曲率和大气折光的影响，二者对高差的影响称为球气差，亦称为两差。

在水准测量中，球气差的影响可用前、后视距离相等来抵消，即使前、后视距离不相等，产生影响的也是两段距离之差引起的那部分。三角高程测量一般采用在两点上分别安置仪器进行对向观测，计算各自所测得的高差并取其绝对值的平均值，这样也可以消除球气差的影响。当采用单向观测，两点又相距较远时，必须考虑球气差对高差的影响。

如图 7–25 所示，地面上两点距离大于 300m 时，就要考虑地球曲率的影响，需要加上地球曲率改正，也称为球差改正。

由于空气密度随着所在位置的高程而变化，越到高空其密度越低，当光线通过由下而上密度逐渐变低的大气层时，光线产生折射，形成一凹向地面的连续曲线，称为大气折射（亦称为大气折光）。它使视线的切线方向向上抬高，测得的竖直角偏大，因此应进行大气折光对高差影响的改正，简称气差改正。

如图 7–25 所示，O 为地球中心，R 为地球曲率半径（R=6371km），A、B 为地面上两点，D 为 A、B 两点间的水平距离，R' 为过仪器高 P 点的水准面曲率半径，PE 和 AF 分别为过 P 点和 A 点的水准面。实际观测竖直角 α 时，水平线交于 G 点，GE 就是由于地球曲率而产生的高程误差，即球差，用符号 c 表示。由于大气折光的影响，来自目标 N 的光沿弧线 PN 进入仪器望远镜，而望远镜却位于弧线 PN 的切线 PM 上，MN 即为大气垂直折光带来的高程误差，即气差，用符号 γ 表示。

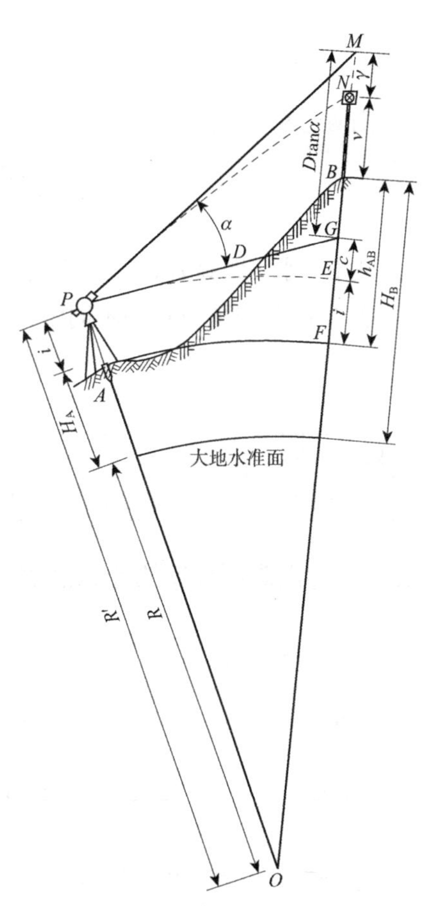

图 7–25 地球曲率和大气折光对高差的影响

由于 A、B 两点间的水平距离 D 与曲率半径 R' 的比值很小，例如当 D=3km 时，其所对的圆心角约为 2.8′，故可以认为 PG 与 OM 近似垂直，则：

$$MG=D\cdot\tan\alpha \tag{7–31}$$

于是，A、B 两点的高差为：

$$h_{AB}=D\cdot\tan\alpha+i-v+c-\gamma \tag{7-32}$$

令 $f=c-\gamma$，则：

$$h_{AB}=D\cdot\tan\alpha+i-v+f \tag{7-33}$$

根据第 1 章可知，地球曲率对高差的影响为：

$$c=\frac{D^2}{2R} \tag{7-34}$$

大气折光对高差的影响，其正确值不易测定，因折射曲线的形状随空气密度的不同而变化，而空气密度除与所在点的高程大小这个因素有关外，还受气温、气压等气候条件的影响。在一般测量工作中近似地把折射曲线看作圆弧，其半径的平均值约为地球半径的 7 倍。根据与 c 值同样的推理可得：

$$\gamma=\frac{D^2}{7\times 2R}=\frac{D^2}{14R} \tag{7-35}$$

则两差改正为：

$$f=c-\gamma=\frac{D^2}{2R}-\frac{D^2}{14R}\approx 0.43\,\frac{D^2}{R}=6.7\times D^2 \tag{7-36}$$

式中，水平距离 D 以“km”为单位。

表 7-10 给出了 1km 内不同距离的两差改正数。

两差改正数 **表 7-10**

D（km）	0.1	0.2	0.3	0.4	0.5	0.6	0.7	0.8	0.9	1.0
f（cm）	0	0	1	1	2	2	3	4	6	7

7.5.3 对向观测高差的计算公式

由 A 向 B 观测：
$$h_{AB}=D\cdot\tan\alpha_{AB}+i_A-v_B+f \tag{7-37}$$

由 B 向 A 观测：
$$h_{BA}=D\cdot\tan\alpha_{BA}+i_B-v_A+f \tag{7-38}$$

取平均：
$$h_{AB}=\frac{h_{AB}-h_{BA}}{2}=\frac{1}{2}[D(\tan\alpha_{AB}-\tan\alpha_{BA})+(i_A-v_B)-(i_B-v_A)] \tag{7-39}$$

式中 α_{AB}——A 点向 B 点观测时测定的垂直角；

α_{BA}——B 点向 A 点观测时测定的垂直角；

i_A、v_B——A 点向 B 点观测时，A 点的仪器高，B 点的棱镜高；

i_B、v_A——B 点向 A 点观测时，B 点的仪器高，A 点的棱镜高。

由式（7-39）可以得出，取对向观测高差的平均值可以抵消两差的影响。所以，三角高程测量一般都采用对向观测。

式（7-33）是单向观测三角高程测量计算高差的基本公式。在实际工作中，为了消除地球曲率、大气折光对高差的影响，三角高程测量应进行往、返观测，即对向观测，或叫直、反觇观测。也就是由已知点 A 观测 B，再由 B 观测 A。往、返所测高差之差不大于限差时，取平均值作为两点间的高差。用三角高程测量作图根高程控制时，应组成闭合或附合三角高程路线。最后用改正后的高差，由已知高程点开始推算各点高程。

7.5.4　电磁波测距三角高程测量的观测与计算

1. 电磁波测距三角高程测量的观测

电磁波测距三角高程测量的观测步骤如下：

（1）在测站上安置全站仪，量取仪器高 i，在目标点安置单棱镜组或对中杆脚架棱镜，量取棱镜高 v。

（2）用望远镜中丝照准觇牌或反光镜中心，用中丝法测量目标点的竖直角。

（3）用全站仪测量两点之间的斜距。

对于三角高程控制测量，一般分为两级，即四等和五等三角高程测量。它们可作为测区首级控制。电磁波测距三角高程测量宜在平面控制网的基础上布设成高程导线网或附合路线、闭合环线高程导线。高程导线各边的高差测定应采用对向观测。代替四等水准的电磁波测距高程导线应起闭于不低于三等的水准点上，其边长不应大于 1km，高程导线的最大长度不应超过四等水准路线的最大长度。

根据国家标准《工程测量标准》GB 50026—2020 的规定，电磁波测距三角高程测量的主要技术要求见表 7-11，电磁波测距三角高程观测的主要技术要求见表 7-12。

电磁波测距三角高程测量的主要技术要求　　　　表 7-11

等级	每千米高差全中误差（mm）	边长（km）	观测方式	对向观测高差较差（mm）	附合或环形闭合差（mm）
四等	10	≤ 1	对向观测	$40\sqrt{D}$	$20\sqrt{\sum D}$
五等	15	≤ 1	对向观测	$60\sqrt{D}$	$30\sqrt{\sum D}$

注：① D 为测距边的长度（km）。
②起讫点的精度等级，四等应起讫于不低于三等水准的高程点上，五等应起讫于不低于四等的高程点上。
③路线长度不应超过相应等级水准路线的总长度。

电磁波测距三角高程观测的主要技术要求　　　　表 7-12

等级	垂直角观测				边长测量	
	仪器精度等级	测回数	指标差较差（″）	测回较差（″）	仪器精度等级	观测次数
四等	2″ 级仪器	3	≤ 7	≤ 7	10mm 级仪器	往返各一次
五等	2″ 级仪器	2	≤ 10	≤ 10	10mm 级仪器	往一次

2. 电磁波测距三角高程测量的计算

根据式（7-33）、式（7-39）进行三角高程测量高差计算，对向观测高差较差满足要求时，取其中数作为高差观测值，符号与直觇相同。在附合或闭合环闭合差满足要求的情况下，将闭合差按与边长成正比分配给各观测高差。下面举例说明三角高程测量的计算过程。

【例 7-1】有附合三角高程路线如图 7-26 所示，图中所示各边高差的计算见表 7-13，图上所注高差为每边往返高差的平均值，试计算 N_1、N_2 点的高程。

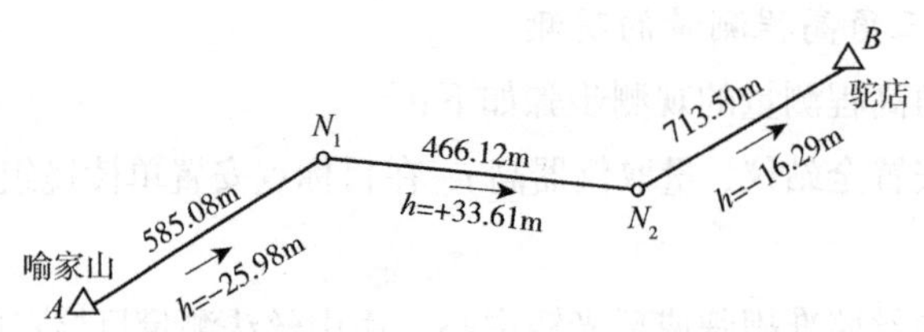

图 7-26　附合三角高程路线示意图

【解】各边高差的计算见表 7-13。

三角高程路线高差计算表　　表 7-13

测站点	喻家山	N_1	N_1	N_2	N_2	驼店
觇点	N_1	喻家山	N_2	N_1	驼店	N_2
觇法	直	反	直	反	直	反
α	−2°28′54″	+2°32′18″	+4°07′12″	−3°52′24″	−1°17′42″	+1°21′52″
D	585.08		466.12		713.50	
$h'=D\tan\alpha$	−25.36	25.94	+33.58	−31.56	−16.13	+16.99
f	+0.02	+0.02	+0.02	+0.02	+0.03	+0.03
i	+1.34	+1.30	+1.30	+1.32	+1.32	+1.28
v	−2.00	−1.30	−1.30	−3.40	−1.50	−2.00
h	−26.00	+25.96	+33.60	−33.62	−16.28	+16.30
高差平均值	−25.98		+33.61		−16.29	

高差计算完毕，若每段高差的往返较差合格，则取其平均值，然后再计算整条线路的高差闭合差：

$$f_{\text{h}}=\Sigma h-(H_{\text{B}}-H_{\text{A}})=-8.66-(422.11-430.74)=-0.03\text{m}$$

$$f_{\text{h容}}=30\sqrt{\Sigma D}=\pm 30\sqrt{1.764}=\pm 40\text{mm}$$

$f_{\text{h}}<f_{\text{h容}}$，成果合格。高差闭合差的调整和各点高程的计算见表 7-14。

三角高程路线成果整理（m） 表 7-14

点号	距离	高差中数	改正数	改正后高差	平差后高程
喻家山					430.74
	585.08	−25.98	+0.01	−25.97	
N_1					404.77
	466.12	+33.61	+0.01	+33.62	
N_2					438.39
	713.50	−16.29	+0.01	−16.28	
驼店	$\sum D$=1764.70		+0.03		422.11

【本章小结】

平面控制测量的常规方法有三角测量、边角测量、导线测量和交会定点，高程控制测量方法有水准测量和三角高程测量。随着 GNSS 的普及，GNSS 控制测量已经成为常见布设方式。本章重点应掌握导线控制测量、交会定点，三、四等水准测量和三角高程测量的基本原理和操作流程。结合实践教学，熟练掌握控制测量的外业操作技术和内业数据计算与检核。

【思考与练习题】

1. 名词解释：平面控制测量、高程控制测量、闭合导线、附合导线、前方交会、后方交会、危险圆、球气差、对向观测。

2. 何谓控制测量？控制测量的目的是什么？控制测量分为哪两类？

3. 建立平面控制网的主要方法有哪些？各有什么特点？

4. 试绘图说明导线的基本布设形式有哪三种？导线外业选点时应该注意哪些问题？导线外业测量的基本工作流程是什么？

5. 前方交会、后方交会、测边交会各需要哪些已知数据？分别适用于什么场合？

6. 试述导线内业计算的目的是什么？计算的基本流程是什么？

7. 三、四等水准测量在一个测站上的观测程序是什么？有哪些限差要求？

8. 试述三角高程测量的基本原理，观测高差应加哪两项改正？何谓直觇，何谓反觇？

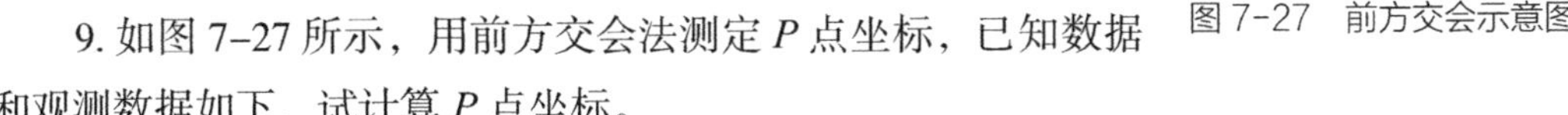

图 7-27 前方交会示意图

9. 如图 7-27 所示，用前方交会法测定 P 点坐标，已知数据和观测数据如下，试计算 P 点坐标。

x_A=4636.45m，y_A=1054.54

x_B=3873.96m，y_B=1772.68

α=35°34′36″，β=47°56′24″

10. 某附合导线观测成果如图 7-28 所示，已知点坐标数据见表 7-15，试完成该附合导线的内业计算工作。

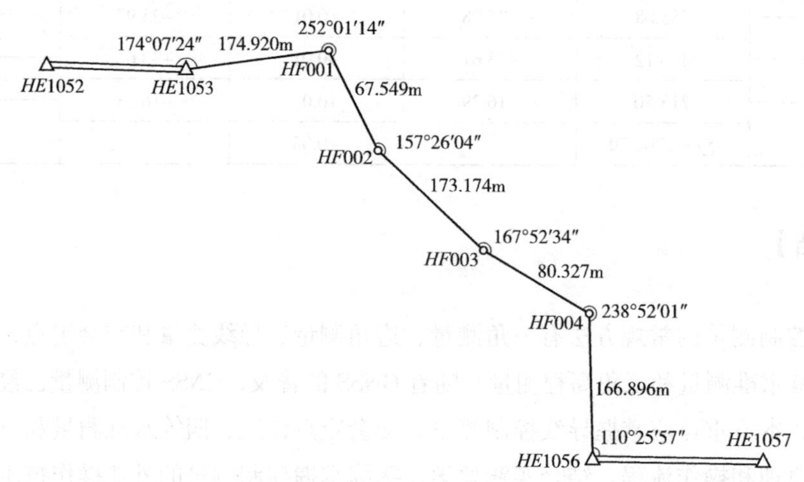

图 7-28　附合导线观测成果图

控制点成果表（m）　　表 7-15

点名	等级	纵坐标 X	横坐标 Y	高程
*HE*1052	一级导线	218619.901	195733.680	2.975
*HE*1053	一级导线	218616.761	195998.001	3.616
*HE*1056	一级导线	218240.052	196387.896	3.482
*HE*1057	一级导线	218125.639	196679.311	3.241

11. 已知 A 点高程为 46.54m，现用三角高程测量方法进行直、反觇观测，观测数据列入表 7-16 中，AP 距离为 413.64m，试求 P 点的高程。

三角高程测量观测数据　　表 7-16

测站	目标	竖直角	仪器高（m）	棱镜高（m）
A	P	+3°36′12″	1.48	2.00
P	A	−3°18′56″	1.50	3.10

第 8 章　卫星定位测量

【本章要点及学习目标】

本章主要介绍卫星定位测量的基本原理和方法，包括 GPS 系统的组成、定位原理、测量原理、静态测量与实时动态测量等。通过本章的学习，学生应了解 GPS 系统的组成和定位的基本原理；掌握 GPS 伪距测量、载波相位测量的原理与方法；熟练掌握 GPS 静态测量和实时动态测量的施测方法。

卫星定位测量具有全天候、高精度、定位速度快、布点灵活和操作方便等特点。因此，卫星定位测量技术在测量学、导航学及其相关学科领域得到了极其广泛的应用。目前，全球导航卫星系统主要有美国的 GPS、俄罗斯的 GLONASS、欧盟的 GALILEO 和中国的北斗卫星导航系统。本章主要介绍 GPS 定位测量原理与方法。

8.1　概述

全球导航卫星系统（Global Navigation Satellite System，GNSS），泛指所有的卫星导航系统，包括全球的、区域的和增强的，如美国的 GPS、俄罗斯的 GLONASS、欧盟的 GALILEO、中国的北斗卫星导航系统以及其他国家的卫星导航系统。目前在轨运行的 GNSS 系统主要有如下几种：

1. GPS 全球定位系统

1973 年 12 月美国国防部批准研制新一代卫星导航系统，即“授时与测距导航 / 全球定位系统”（Navigation Satellite Timing and Ranging/Global Position System），简称全球定位系统（GPS）。1978 年第一颗试验卫星发射成功，1994 年顺利完成了 24 颗卫星的布设。该系统是以卫星为基础的无线电导航定位系统，具有全能性（陆地、海洋、航空和航天）、全球性、全天候、连续性和实时性的导航、定位和定时功能，能为各类用户提供精密的三维坐标、速度和时间。GPS 系统详情将于后续章节介绍。

2. GLONASS 全球导航卫星系统

GLONASS（格洛纳斯）是苏联独立研发的导航卫星系统。苏联海军在 1965 年开始建立 CICADA 卫星导航系统，即第一代卫星导航系统。1978 年苏联开始研制建立全球导航卫星系统（GLONASS），1982 年 10 月开始发射导航卫星。1982~1987 年，共发射了 27 颗试验卫星。该系统由 24 颗卫星组成卫星星座，均匀地分布在 3 个轨道平面内，卫星高度为 19100km，轨道倾角为 64.8°，卫星的运行周期为 11h15min。GLONASS 卫星的这种空间配置保证地球上任何地点、任何时刻均至少可以同时观测 5 颗卫星。

3. GALILEO 全球导航卫星系统

GALILEO（伽利略）系统是由欧洲共同体发起，旨在确定建立一个由国际组织控制的民用全球卫星导航服务系统。1999 年 12 月，西班牙提出了第一套解决方案，历经 1 年多的讨论研究，从 6 个欧洲共同体国家的 15 份解决方案中筛选出目前的 GALILEO 系统。该系统是以独立性、全球性、欧洲人控制卫星为基础的民用导航和定位系统。

GALILEO 前期的表现形式为地区广域差分系统。GALILEO 系统能够与美国的 GPS、俄罗斯的 GLONASS 系统实现多系统内的相互合作，任何用户将来都可以用一个接收机采集各个系统的数据或者各系统数据的组合来实现定位导航的要求。GALILEO 系统可以分发实时的米级定位精度信息，这是现有的卫星导航系统所没有的。同时，GALILEO 系统能够保证在许多特殊情况下提供服务，如果失败也能够在几秒钟内通知用户。对于对安全性有特殊要求的情况，如飞机导航和着陆、铁路安全运行调度、海上运输、陆地车队运输调度、精准农业等。

4. 中国北斗卫星导航系统

中国北斗卫星导航系统（BeiDou Navigation Satellite System，BDS）是中国自行研制的全球卫星导航系统，是我国自主建设、独立运行，并与世界其他卫星导航定位系统兼容的全球卫星导航系统。20 世纪后期，中国开始探索适合国情的卫星导航系统发展道路，逐步形成了三步走发展战略：2000 年年底，建成“北斗一号”系统，向中国提供服务；2012 年年底，建成“北斗二号”系统，向亚太地区提供服务；2020 年，建成北斗三号系统，向全球提供服务。

第一步，建设“北斗一号”系统，又叫北斗卫星导航试验系统，实现卫星导航从无到有。1994 年，“北斗一号”系统建设正式启动。2000 年，发射 2 颗地球静止轨道（GEO）卫星，“北斗一号”系统建成并投入使用。2003 年，又发射了第 3 颗地球静止轨道（GEO）卫星，进一步增强系统性能。“北斗一号”系统的建成迈出了探索性的第一步，初步满足了中国及周边区域的定位、导航、授时需求。

第二步，建设“北斗二号”系统，从有源定位到无源定位，区域导航服务亚太。2004 年，“北斗二号”系统建设启动。“北斗二号”创新构建了中高轨混合星座架构，到 2012 年，完成了 14 颗卫星的发射组网。这 14 颗卫星中，有 5 颗地球静止轨道（GEO）卫星、5 颗倾斜地球同步轨道（IGSO）卫星和 4 颗中圆地球轨道（MEO）卫星。“北斗二号”系统在兼容“北斗一号”有源定位体制的基础上，增加了无源定位体制，“北斗二号”系统的建成不仅服务中国，还可为亚太地区用户提供定位、测速、授时和短报文通信服务。

第三步，建设“北斗三号”系统，实现全球组网。2009 年，“北斗三号”系统建设启动。到 2020 年，完成 30 颗卫星发射组网，全面建成“北斗三号”系统。这 30 颗卫星中，有 3 颗地球静止轨道（GEO）卫星、3 颗倾斜地球同步轨道（IGSO）卫星和 24 颗中圆地球轨道（MEO）卫星。2020 年 6 月 23 日，我国在西昌卫星发射中心成功发射了“北斗三号”系统最后一颗组网卫星，至此“北斗三号”全球星座部署已全面完成。“北斗三号”系统继承了有源定位和无源定位两种技术体制，通过“星间链路”解决了全球组网需要全球布站的问题。“北斗三号”在“北斗二号”的基础上，进一步提升性能、扩展功能，为全球用户提供定位导航授时、全球短报文通信和国际搜救等服务；同时在中国及周边地区提供星基增强、地基增强、精密单点定位和区域短报文通信服务。

目前，北斗卫星导航系统的服务由“北斗二号”系统和“北斗三号”系统共同提供，2020 年后将平稳过渡到以“北斗三号”系统为主提供服务。下一步的计划是到 2035 年，建设完善更加泛在、更加融合、更加智能的国家综合时空体系。

8.2 GPS 系统的构成

GPS 系统由空间星座、地面监控和用户设备三部分构成，如图 8-1 所示。

整个系统的工作原理可描述如下：首先，空间星座部分的各颗卫星向地面发射信号；其次，地面监控部分通过接收、测量各个卫星信号，进而确定卫星的运行轨道，并将卫星的运行轨道信息发射给卫星，让卫星在其发射的信号上传播这些卫星的运行轨道信息；最后，用户设备部分通过接收、测量各颗可见卫星的信号，并从信号中获取卫星的运行轨道信息，进而确定用户接收机自身的空间位置。

8.2.1 空间星座部分

GPS 卫星星座由 24 颗卫星组成（其中，21 颗为工作卫星，3 颗为备用卫星）。如图 8-2 所示，卫星分布在 6 个轨道面内，每个轨道上均匀分布有 4 颗卫星，卫星轨道面相对地球赤道面的倾角约为 55°，各轨道平面升交点的赤经相差 60°。在相邻轨道上，卫星的

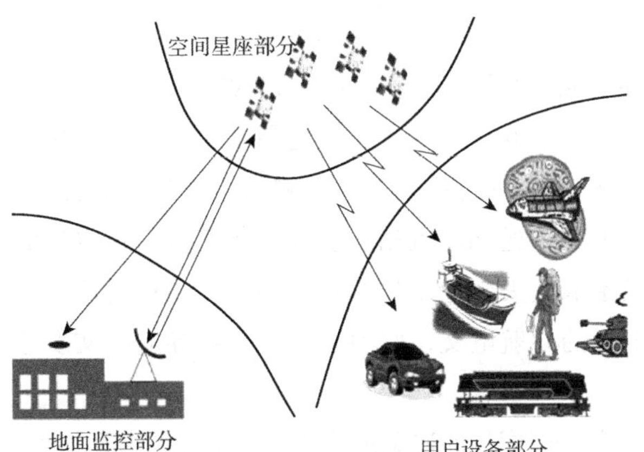

图 8-1 GPS 系统构成

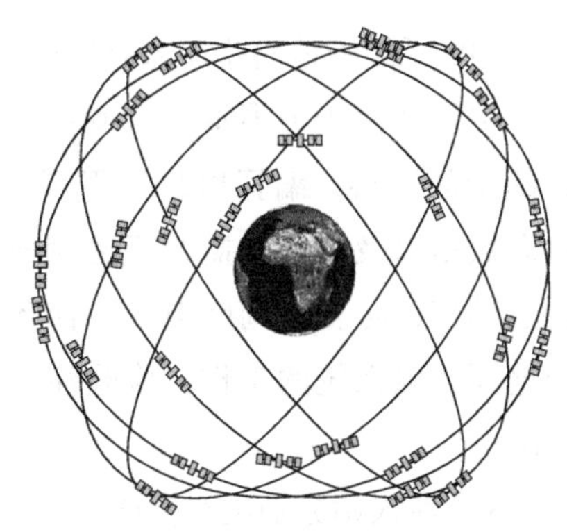
图 8-2 GPS 卫星星座

升交距相差 30°。轨道平均高度约为 20200km，卫星运行周期为 11h58min（恒星是 12h），两个载波频率为 1575.42MHz 和 1227.60MHz。因此，在同一观测站上，每天出现的卫星分布图形相同，但每天提前 4min。每颗卫星每天约有 5h 在地平线以上，位于地平线以上的卫星数目随时间和地点而异，最少为 4 颗，最多可达 11 颗。GPS 卫星空间星座的分布保障了在地球上任何地点、任何时刻至少有 4 颗卫星被同时观测，且卫星信号的传播和接收不受天气的影响，因此，GPS 是一种全球性、全天候的连续实时定位系统。

从 2000 年起美国逐步开始实行 GPS 现代化，陆续发射了一些新型第二代卫星。截至 2016 年 6 月，美国 GPS 系统在轨卫星共计 31 颗，其中 GPSII-R 卫星 12 颗，GPSIIR-M 卫星 7 颗，GPSII-F 卫星 12 颗。

GPS 卫星主体呈圆柱形，直径约为 1.5m，重约 774kg（包括 310kg 燃料），两侧各设有一块四叶太阳能电池翼板，其面积为 $72m^2$，能自动对日定向，以保证卫星正常工作用电。每颗卫星装有 4 台高精度原子钟（2 台铷原子钟和 2 台铯原子钟），这是卫星的核心设备，它将发射标准频率信号，为 GPS 定位提供高精度的时间标准。

GPS 卫星有如下基本功能：

（1）接收和储存由地面监控站发来的导航信息，接收并执行监控站的控制指令。

（2）在地面监控站的指令下，通过推进器调整卫星的姿态和启用备用卫星。

（3）借助于卫星上设有的微处理机进行必要的数据处理工作。

（4）通过星载的高精度铯原子钟和铷原子钟提供精密的时间标准。

（5）向用户发送定位信息。GPSII-A 卫星通过 L1、L2 两个载波向用户发送导航电文和测距码（民用的 C/A 码和军用的 P 码），其中 L2 载波上只有军用的 P 码。在 GPS 现代化以后，新型的 GPSII-R 卫星在 LI、L2 两个载波上都加载 C/A 码和 P 码，GPSII-M 卫星在 GPSII-F 卫星功能的基础上加载了新的军用码（M 码），GPSII-F 卫星在保留 GPSII-R 卫星所有功能的基础上，还进一步强化发射 M 码的功率和增加发射第三民用频率，即 L5 载波。

8.2.2 地面监控部分

GPS 系统的地面监控部分包括 1 个主控站、3 个注入站和 5 个监测站。

主控站位于美国本土科罗拉多州，主控站的任务是收集、处理本站和监测站接收到的全部资料，编算出每颗卫星的星历和 GPS 时间系统，将预测的卫星星历、钟差、状态数据以及大气传播改正编制成导航电文传送到注入站。主控站还负责纠正卫星的轨道偏离，必要时调度卫星，让备用卫星取代失效的工作卫星。另外，还负责监测整个地面监测系统的工作，检验注入给卫星的导航电文，监测卫星是否将导航电文发送给用户。

3 个注入站分别设在大西洋的阿森松岛、印度洋的迪戈加西亚和太平洋的卡瓦加兰。注入站的任务是将主控站发来的导航电文注入相应卫星的存储器。每天注入 3 次，每次注入 14 天的星历。此外，注入站能自动向主控站发射信号，每分钟报告 1 次自己的工作状态。

5 个监测站除了位于主控站和 3 个注入站的 4 个站以外，还在夏威夷设立了 1 个监测站。监测站的主要任务是为主控站提供卫星的观测数据。每个监测站均用 GPS 信号接收机对每颗可见卫星每 6min 进行一次伪距测量和积分多普勒观测，采集气象要素等数据。在主控站的遥控下自动采集定轨数据并进行各项改正，每 15min 平滑一次观测数据，依此推算出每 2min 间隔的观测值，然后将数据发送给主控站。

8.2.3 用户设备部分

用户设备部分即 GPS 接收机，其任务是能够捕获到按一定卫星高度截止角所选择的待测卫星的信号，并跟踪这些卫星的运行，对所接收到的 GPS 信号进行变换、放大和处理，以便测量出 GPS 信号从卫星到接收机天线的传播时间，解译出 GPS 卫星所发送的导航电文，实时地计算出测站的三维位置、三维速度和时间。

静态定位中，GPS 接收机在捕获和跟踪 GPS 卫星的过程中固定不变，接收机高精度地测量 GPS 信号的传播时间，利用 GPS 卫星在轨的已知位置解算出接收机天线所在位置的三维坐标。动态定位则是用 GPS 接收机测定一个运动物体的运行轨迹。承载 GPS 信号接收机的运动物体叫作载体（如航行中的船舰、空中的飞机、行走的车辆等）。载体上的 GPS 接收机天线在跟踪 GPS 卫星的过程中相对地球而运动，接收机用 GPS 信号实时测得运动载体的状态参数（瞬间三维位置和三维速度）。

目前，各种类型的 GPS 接收机体积越来越小，质量越来越轻，便于野外观测。GPS 和其他全球定位系统兼容的接收机已在实际工作中得到应用。

8.3 GPS 定位原理

8.3.1 GPS 坐标和时间系统

1. 坐标系统

GPS 单点定位的坐标以及相对定位中解算的基线向量属于 WGS-84 大地坐标系，因为 GPS 广播星历是以 WGS-84 坐标系为依据而提供的。WGS-84 大地坐标系的几何定义是：原点位于地球质心，Z 轴指向 BIH 1984.0 定义的协议地球极（CTP）方向，X 轴指向 BIH 1984.0 零子午面和 CTP 赤道的交点，Y 轴与 Z 轴、X 轴构成右手坐标系。WGS-84 大地坐标系对应于 WGS-84 椭球。

WGS-84 椭球及有关常数采用国际大地测量（IAG）和地球物理联合会（IUGG）第 17 届大会大地测量常数的推荐值，四个基本常数为：

（1）长半轴：$a=6378137\pm 2\text{m}$。

（2）地心引力常数（含大气层）：$GM=(3986005\pm 0.6)\times 10^8\text{m}^3\cdot\text{s}^{-2}$。

（3）正常化二阶带谐系数：$\overline{C}_{2.0}=-484.16685\times10^{-6}\pm1.30\times10^{-9}$（不用 J_2，而用 $\overline{C}_{2.0}=J_2/\sqrt{5}$ 是为了保持与 WGS-84 的地球重力场模型系数相一致）。

（4）地球自转角速度：$\omega=7292115\times10^{-11}\pm0.1500\times10^{-11}\text{rad}\cdot\text{s}^{-1}$。

利用以上四个基本常数可以计算出其他的椭球常数，如第一、第二偏心率 e^2、e'^2 和 α 分别为：$e^2=0.00669437999013$；$e'^2=0.00673949674227$；$\alpha=1/298.257223563$。

WGS-84 大地水准面高 N 等于由 GPS 定位测定的点的大地高 H_{84} 减该点的正高 $H_{正}$。N 值可以利用球谐函数展开式和一套 $n=m=180$ 阶项的 WGS-84 地球重力场模型系数计算得出；也可以用特殊的数学方式精确计算局部大地水准面高 N。一旦大地水准面高 N 确定之后，便可以利用 $H_{正}=H_{84}-N$ 计算各 GPS 点的正高 $H_{正}$。

WGS-84 坐标系（参考框架）由美国军方于 1987 年建立，用于子午卫星系统（TRANSIT）。美国在发展第二代卫星导航系统 GPS 时，仍采用 WGS-84 坐标系。使用后发现，同一测点 GPS 与 TRANSIT 测定的点位坐标有差异，尤其是在大地高方向存在系统性偏差。经分析，偏差是由 TRANSIT 的局限性造成的。为消除这一偏差，根据 GPS 在全球跟踪网站的观测结果，计算出对 WGS-84 的修正。

2. 时间系统

在 GPS 卫星定位中，时间系统有重要的意义。作为观测目标的 GPS 卫星以每秒几千米的速度运动。对观测者而言卫星的位置（方向、距离、高度）和速度都在不断地迅速变化。因此，在卫星测量中，例如在由跟踪站对卫星进行定轨时，每给出卫星位置的同时，必须给出对应的瞬间时刻。当要求 GPS 卫星位置的误差小于 1cm 时，相应的时刻误差应小于 2.6μs。又如在卫星定位测量中，GPS 接收机接收并处理 GPS 卫星发射的信号，测定接收机至卫星之间的信号传播时间，再乘以光速换算成距离，进而确定测站的位置。因此，要准确地测定观测站至卫星的距离，必须精确地测定信号的传播时间。如果要求距离误差小于 1cm，则信号传播时间的测定误差应小于 0.03ns。所以，任何一个观测量都必须给定取得该观测量的时刻。为了保证观测量的精度，对观测时刻要有一定的精度要求。

时间系统与坐标系统一样，应有其尺度（时间单位）与原点（历元）。只有把尺度与原点结合起来，才能给出时刻的概念。

理论上，任何一个周期运动，只要它的运动是连续的，其周期是恒定的，并且是可观测和用实验复现的，都可以作为时间尺度（单位）。实际上，我们所能得到的（或实用的）时间尺度能在一定的精度上满足这一理论要求。随着观测技术的发展和更加稳定的周期运动的发现，正在不断趋近这一理论要求。实践中，由于所选用的周期运动现象不同，便产生了不同的时间系统。

GPS 系统是测时测距系统。时间在 GPS 测量中是一个基本的观测量。卫星的信号、卫星的运动、卫星的坐标都与时间密切相关。对时间的要求既要稳定又要连续。为此，GPS 系统中卫星钟和接收机钟均采用稳定而连续的 GPS 时间系统。

GPS 时间系统采用原子时 ATI 秒长作为时间基准，但时间起算原点定义在 1980 年 1 月 6 日协调世界时 UTC0 时。启动后不跳秒，保持时间的连续。以后随着时间的积累，GPS 时间与 UTC 时间的整秒以及秒以下的差异通过时间服务部门定期公布。卫星播发的卫星钟差也是相对 GPS 时间系统的钟差，在利用 GPS 直接进行时间校对时应注意到这一问题。

GPS 时间与 ATI 时间在任一瞬间均有一常量偏差：$T_{ATI}-T_{GPS}=19s$。

8.3.2　GPS 定位的基本原理

GPS 定位就是把卫星看成是“飞行”的控制点，根据测量的星站距离，进行空间距离后方交会，确定地面接收机的位置。GPS 卫星发射测距信号和导航电文，导航电文中含有卫星的位置信息。用户用 GPS 接收机在某时刻同时接收 3 颗以上的 GPS 卫星信号，测量出测站点（接收机天线中心）P 至 3 颗以上 GPS 卫星的距离并解算出该时刻 GPS 卫星的空间坐标，据此利用距离交会法解算出测站 P 的位置。如图 8-3 所示，设在时刻 t 在测站点 P 用 GPS 接收机同时测得 P 点至 3 颗 GPS 卫星 1、2、3 的距离 ρ_1、ρ_2、ρ_3、通过 GPS 电文解译出该时刻 3 颗 GPS 卫星的三维坐标分别为（X_i，Y_i，Z_i），i=1，2，3。用距离交会的方法求解 P 点的三维坐标（X，Y，Z）的观测方程为：

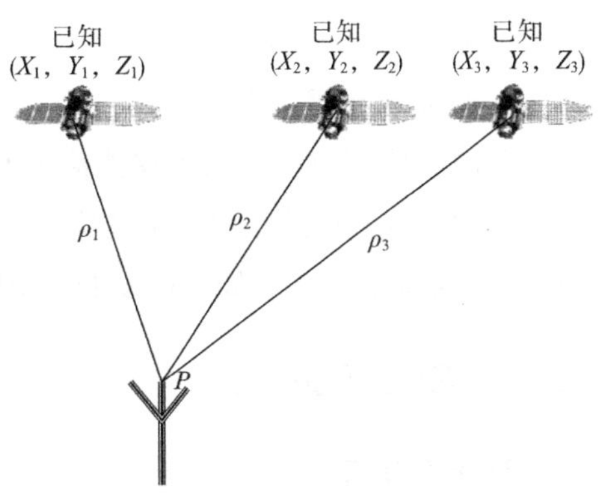

图 8-3　GPS 定位原理

$$
\begin{cases}
\rho_1^2=(X-X_1)^2+(Y-Y_1)^2+(Z-Z_1)^2 \\
\rho_2^2=(X-X_2)^2+(Y-Y_2)^2+(Z-Z_2)^2 \\
\rho_3^2=(X-X_3)^2+(Y-Y_3)^2+(Z-Z_3)^2
\end{cases}
\tag{8-1}
$$

在实际定位测量时，将接收机钟差也作为未知参数来求解，因此，至少需要同时接收 4 颗以上 GPS 卫星信号。GPS 卫星是高速运动的卫星，其坐标值随时间快速变化。需要实时由 GPS 卫星信号测量出测站至卫星之间的距离，实时由卫星的导航电文解算出卫星的坐标值，并进行测站点的定位。

依据测距原理，其定位原理与方法主要有伪距定位、载波相位测量定位以及差分 GPS 定位。对于待定点来说，根据其运动状态可以将 GPS 定位分为静态定位和动态定位。静态定位是指对于固定不动的待定点，将 GPS 接收机安置于其上，观测数分钟乃至更长的时间，以确定该点的三维坐标，又叫绝对定位。若以两台 GPS 接收机分别置于两个固定不变的待定点上，则通过一定时间的观测可以确定两个待定点之间的相对位置，又叫相对定位。动态定位则至少有一台接收机处于运动状态，测定各观测时刻运动中的接收机的点位（绝对点位或相对点位）。

8.4 GPS 测量原理

8.4.1 GPS 观测值

1. 伪距观测值

伪距观测值既可以是 C/A 码伪距，也可以是 P 码伪距。伪距定位的优点是数据处理简单，对定位条件要求低，不存在整周模糊度的问题，可以非常容易地实现实时定位；缺点是观测值精度低，从而导致定位成果精度低。另外，若采用精度较高的 P 码伪距观测值，还存在 AS 的问题。

2. 载波相位观测值

载波相位定位所采用的观测值为 GPS 的载波相位观测值，即 L1、L2 载波或它们的某种线性组合。载波相位定位的优点是观测值的精度高，一般优于 2mm；其缺点是数据处理过程复杂，存在整周模糊度的确定问题。

8.4.2 GPS 测量误差

1. 误差分类

在利用GPS进行定位时,会受到各种因素的影响。GPS测量误差主要来源于以下几方面：

（1）与 GPS 卫星有关的误差

1）SA 政策。SA（Selective Availability）政策，即选择可用性，是美国采取的限制 GPS 定位精度的政策。美国政府从其国家利益出发，通过降低广播星历精度、在 GPS 基准信号中加入高频抖动信号等方法，人为降低普通用户利用 GPS 进行导航定位的精度。

2）卫星星历误差。在进行 GPS 定位时，计算在某时刻 GPS 卫星位置所需的卫星轨道参数是通过各种类型的星历提供的，但不论采用哪种类型的星历，所计算出的卫星位置都会与其真实位置有所差异，这就是所谓的星历误差。

3）卫星钟差。GPS 卫星上所安装的原子钟的钟面时间与 GPS 标准时间之间的误差。

4）卫星信号发射天线相位中心偏差。GPS 卫星上信号发射天线的标称相位中心与真实相位中心之间的差异。

（2）与传播途径有关的误差

1）电离层延迟。由于地球周围的电离层对电磁波的折射效应，使得 GPS 信号的传播速度发生变化，这种变化称为电离层延迟。电磁波所受电离层折射的影响与电磁波的频率以及电磁波传播途径上电子的总量有关。

2）对流层延迟。由于地球周围的对流层对电磁波的折射效应，使得 GPS 信号的传播速度发生变化，这种变化称为对流层延迟。电磁波所受对流层折射的影响与电磁波传播途径上的温度、湿度和气压等有关。

3）多路径效应。由于接收机周围环境的影响，使得接收机所接收到的卫星信号中含有各种反射和折射信号，这就是所谓的多路径效应。

（3）与接收机有关的误差

1）接收机钟差。GPS 接收机所使用的钟面时间与 GPS 标准时间之间的差异。

2）接收机天线相位中心偏差。GPS 接收机天线的标称相位中心与其真实的相位中心之间的差异。

3）接收机软件和硬件造成的误差。在进行 GPS 定位时，定位结果还会受到诸如处理与控制软件和硬件等的影响。

（4）其他误差

1）地球自转的影响。

2）大气折射模型、卫星轨道摄动模型等误差。

2. 消除或削弱 GPS 测量误差影响的措施和方法

上述各项误差对测距的影响可达数十米，有时甚至可超过百米。比观测噪声大几个数量级，因此必须加以消除或削弱。消除或削弱这些误差所造成的影响主要有以下几种方法：

（1）建立误差改正模型

误差改正模型既可以是通过对误差特性、机理以及产生的原因进行研究分析、推导而建立起来的理论公式，也可以是通过对大量观测数据的分析、拟合而建立起来的经验公式。在多数情况下是同时采用两种方法建立的综合模型，各种对流层折射模型则大体上属于综合模型。

由于改正模型本身的误差以及所获取的改正模型各参数的误差，仍会有一部分偏差残留在观测值中，这些残留的偏差通常仍比偶然误差要大得多，严重影响了 GPS 的定位精度。

（2）求差法

仔细分析误差对观测值或平差结果的影响，安排适当的观测纲要和数据处理方法，如同步观测、相对定位等，利用误差在观测值之间的相关性或在定位结果之间的相关性，通过求差来消除或削弱其影响的方法称为求差法。

例如，当两站对同一卫星进行同步观测时，观测值中都包含了共同的卫星钟误差，将观测值在接收机间求差即可消除此项误差。同样，一台接收机对多颗卫星进行同步观测时，将观测值在卫星间求差即可消除接收机钟误差的影响。

又如目前广播星历的误差可达数十米，这种误差属于起算数据的误差，并不影响观测值，不能通过观测值相减来消除。利用相距不太远的两个测站上的同步观测值进行相对定位时，由于两站至卫星的几何图形十分相似，因而星历误差对两站坐标的影响也很相似。利用这种相关性在求坐标差时就能把共同的坐标误差基本消除。

（3）选择较好的硬件和较好的观测条件

有的误差，如多路径误差，既不能采用求差方法来解决，也无法建立改正模型，削弱的唯一办法就是选用较好的天线、仔细选择测站、远离反射物和干扰源。

8.4.3 码伪距绝对定位

1. 码伪距测量

利用测距码进行伪距测量是 GPS 的基本测距方法，是由 GPS 接收机在某一时刻得到 4 颗以上 GPS 卫星的伪距和已知的卫星位置，采用距离交会的方法来求得接收机天线所在点的三维坐标。所测伪距就是由卫星发射的测距码信号到达 GPS 接收机的传播时间乘以光速所得到的测量距离。由于卫星钟、接收机钟的误差以及无线电信号经过电离层和对流层中的延迟，实际测出的距离 ρ' 与卫星到接收机的真实距离 ρ 之间有一定的差值，因此一般称测量出的距离 ρ' 为伪距。用 C/A 码进行测量的伪距为 C/A 码伪距，用 P 码进行测量的伪距为 P 码伪距。

GPS 卫星依据自己的时钟发出某一结构的测距码，该测距码经过 Δt 时间的传播后到达接收机，接收机在自己的时钟控制下产生一组结构完全相同的“复制码”。通过机内的可调延时器将复制码延迟时间 τ，在理想的情况下，延时 τ 就等于卫星信号的传播时间 Δt，将传播速度乘以延迟时间 τ，就可以求得卫星至接收机的距离 ρ'：

$$\rho' = c \cdot \tau \tag{8-2}$$

考虑到接收机钟差 δt_k、卫星钟差 δt^j、电离层和对流层的影响，伪距 ρ' 与 ρ 之间的关系为：

$$\rho = \rho' + \delta\rho_1 + \delta\rho_2 + c\delta t_k - c\delta t^j \tag{8-3}$$

式（8–3）即为所测伪距与真正几何距离之间的关系式。式中，$\delta\rho_1$、$\delta\rho_2$ 分别为电离层和对流层的改正项。δt_k 的下标 k 表示接收机号，δt^j 的上标 j 表示卫星号。

2. 码伪距定位观测方程

从式（8–3）中可以看出，电离层和对流层改正可以按照一定的模型进行计算，卫星钟差 δt^j 可以从导航电文中取得。几何距离 ρ 与卫星坐标（Z_s、Y_s、Z_s）、接收机坐标（X、Y、Z）之间有如下关系：

$$\rho^2 = (X_s - X)^2 + (Y_s - Y)^2 + (Z_s - Z)^2 \tag{8-4}$$

式中，卫星坐标可根据卫星导航电文求得，所以，式中只包含接收机坐标三个未知数。

如果将接收机钟差 δt_k 也作为未知数，则共有四个未知数，接收机必须同时至少测定 4 颗卫星的距离才能解算出接收机的三维坐标值。为此，将式（8–4）代入式（8–3），得：

$$[(X_s^j - X)^2 + (Y_s^j - Y)^2 + (Z_s^j - Z)^2]^{1/2} - c\delta t_k = \rho'^j + \delta\rho_1^j + \delta\rho_2^j - c\delta t^j \tag{8-5}$$

式中，j 为卫星号，j=1，2，3，…，n。式（8–5）即为码伪距定位的观测方程。

3. 绝对定位

绝对定位即在协议地球坐标系中，利用一台接收机来测定该点相对于协议地球质心的位置，也叫单点定位。这里可认为参考点与协议地球质心重合。GPS 定位所采用的协议地球坐标系为 WGS–84 坐标系。因此，绝对定位的坐标最初成果为 WGS–84 坐标。

8.4.4 载波相位相对定位

1. 载波相位测量

上文介绍的利用测距码进行伪距测量的方法其优点是数据处理简单，对定位条件要求低，可以非常容易地实现实时定位；缺点是观测值精度低。C/A 码伪距观测值的精度一般为 3m，而 P 码伪距观测值的精度一般也在 30cm 左右，从而导致定位成果精度低。如果把 GPS 信号中的载波作为测量信号，由于载波的波长短，λ_{L_1}=19cm，λ_{L_2}=24cm，所以就可以达到很高的精度。目前大地型接收机载波相位测量精度一般为 1~2mm，有的精度更高。但是，载波信号是一种周期性的正弦信号，而相位测量又只能测定其不足一个波长的部分，因而存在整周数不确定性的问题，使解算过程变得比较复杂。

在 GPS 信号中由于已用相位调整的方法在载波上调制了测距码和导航电文，因而接收到的载波的相位已不再连续，所以在进行载波相位测量之前，首先要进行解调工作，设法将调制在载波上的测距码和导航电文解调，重新获取载波，这一工作称为重建载波。重建载波一般可采用两种方法：一种是码相关法，另一种是平方法。采用前者，用户可同时提取测距信号和卫星电文，但是用户必须知道测距码的结构；采用后者，用户无须掌握测距码的结构，但只能获得载波信号而无法获得测距码和导航电文。

载波相位测量是通过测量 GPS 卫星发射的载波信号从 GPS 卫星发射到 GPS 接收机的传播路程上的相位变化，从而确定传播距离，因而又称为测相伪距测量。

载波相位测量的观测量是 GPS 接收机所接收的卫星载波信号与接收机本振参考信号的相位差。以 $\varphi^j_k(t_k)$ 表示 k 接收机在接收机钟面时刻 t_k 时所接收到的 j 卫星载波信号的相位值，$\varphi_k(t_k)$ 表示 k 接收机在钟面时刻 t_k 时所产生的本地参考信号的相位值，则 k 接收机在接收机钟面时刻 t_k 时观测 j 卫星所取得的相位观测量可写为：

$$\Phi^j_k(t_k)=\varphi_k(t_k)-\varphi^j_k(t_k) \qquad (8\text{–}6)$$

通常相位或相位差测量只是测出一周以内的相位值。在实际测量中，如果对整周进行计数，则自某一初始取样时刻 t_0 以后就可以取得连续的相位测量值。

如图 8–4 所示，在初始 t_0 时刻，测得小于一周的相位差为 $\Delta\varphi_0$，其整周数为 N^j_0，此时包含整周数的相位观测值为：

$$\Phi^j_k(t_0)=\Delta\varphi_0+N^j_0=\varphi^j_k(t_0)-\varphi_k(t_0)+N^j_0 \qquad (8\text{–}7)$$

接收机继续跟踪卫星信号，不断测定小

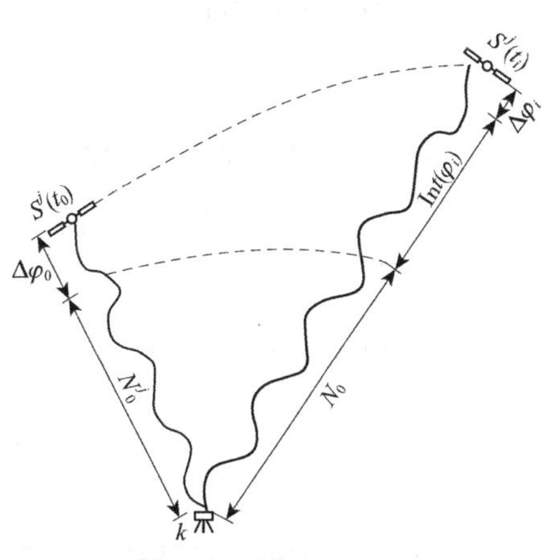

图 8–4 载波相位测量原理

于一周的相位差 $\Delta\varphi(t)$，并利用整波计数器记录从 t_0 到 t_i 时刻内的整周数变化量 $\mathrm{Int}(\varphi)$，只要卫星 S^j 从 t_0 到 t_i 之间信号没有中断，则初始时刻整周模糊度 N_0^j 就为一常数，这样任一时刻 t_i 卫星 S^j 到 k 接收机的相位差为：

$$\Phi_k^j(t_i)=\varphi_k(t_i)-\varphi_k^j(t_i)+N_0^j+\mathrm{Int}(\varphi) \tag{8-8}$$

上式说明，从第一次开始，在以后的观测中，其观测量包括相位差的小数部分和累计的整周数。

2. 观测方程

载波相位测量是接收机（天线）和卫星位置的函数，只有得到它们之间的函数关系才能从观测量中求解接收机（或卫星）的位置。

设在 GPS 标准时刻 T_a（卫星钟面时刻 t_a）卫星 S^j 发射的载波信号相位为 $\varphi(t_a)$，经传输延迟 $\Delta\tau$ 后，在 GPS 标准时刻 T_b（接收机钟面时刻 t_b）到达接收机。

根据电磁波传播原理，T_b 时刻接收到的和 T_a 时刻发射的相位不变，即 $\varphi^j(T_b)=\varphi^j(t_a)$，而在 T_b 时刻，接收机本振产生的载波相位为 $\varphi(T_b)$，在 T_b 时刻，载波相位观测量为：

$$\Phi=\varphi(t_b)-\varphi^j(t_a) \tag{8-9}$$

考虑到卫星钟差和接收机钟差，有 $T_a=t_a+\delta t_a$，$T_b=t_b+\delta t_b$，则有：

$$\Phi=\varphi(T_b-\delta t_b)-\varphi^j(T_a-\delta t_a) \tag{8-10}$$

对于卫星钟和接收机钟，其振荡器频率一般稳定良好，所以其信号的相位与频率的关系可表示为：

$$\varphi(t+\Delta t)=\varphi(t)+f\cdot\Delta t \tag{8-11}$$

式中，f 为信号频率，Δt 为微小时间间隔，φ 以“2π”为单位。

设 f^j 为 j 卫星发射的载波频率，f_i 为接收机本振产生的固定参考频率，且 $f_i=f^j=f$，同时考虑到 $T_b=T_a+\Delta t$，则有：

$$\varphi(T_b)=\varphi^j(T_a)+f\cdot\Delta\tau \tag{8-12}$$

代入式（8-11）和式（8-12），式（8-10）可改写为：

$$\begin{aligned}\Phi&=\varphi(T_b)-f\cdot\delta t_b-\varphi^j(T_a)+f\cdot\delta t_a\\&=f\cdot\Delta\tau-f\cdot\delta t_b+f\cdot\delta t_a\end{aligned} \tag{8-13}$$

传播延迟 Δt 中考虑到电离层和对流层的影响 $\delta\rho_1$ 和 $\delta\rho_2$，则：

$$\Delta\tau=\frac{1}{c}(\rho-\delta\rho_1-\delta\rho_2) \tag{8-14}$$

式中，c 为电磁波传播速度，ρ 为卫星至接收机之间的几何距离。

将式（8–14）代入式（8–13），有：

$$\Phi = \frac{f}{c}(\rho - \delta\rho_1 - \delta\rho_2) + f \cdot \delta t_a - f \cdot \delta t_b \quad (8\text{–}15)$$

考虑到式（8–8），即考虑到载波相位整周数 $N_k^j = N_0^j + \text{Int}(\varphi)$，有：

$$\Phi = \frac{f}{c}(\rho - \delta\rho_1 - \delta\rho_2) + f \cdot \delta t_a - f \cdot \delta t_b \quad (8\text{–}16)$$

此方程即为接收机 k 对卫星 j 载波相位测量的观测方程。

3. 整周未知数 N_0 的确定

在载波相位测量中，初始整周未知数 N_0 的确定是一个关键问题，准确而快速的解算整周未知数对保障定位精度、缩短定位时间、提高 GPS 定位效率都具有极其重要的意义。目前，解算整周未知数的方法很多，如伪距法、平差待定参数法、多普勒法、快速确定整周未知数法等。

4. 相对定位

相对定位是用两台 GPS 接收机分别安置在基线的两端，同步观测相同的卫星，通过两测站同步采集 GPS 数据，经过数据处理以确定基线两端点的相对位置或基线向量。这种方法可以推广到多台 GPS 接收机安置在若干条基线的端点，通过同步观测相同的 GPS 卫星，以确定多条基线向量。相对定位中，需要以多个测站中至少一个测站的坐标值作为基准，利用观测出的基线向量求解其他各站点的坐标值。

相对定位中，在两个或多个观测站同步观测同组卫星的情况下，卫星的轨道误差、卫星钟差、接收机钟差以及大气层延迟误差对观测量的影响具有一定的相关性。利用这些观测量的不同组合，按照测站、卫星、历元三种要素来求差，可以大大削弱有关误差的影响，从而提高相对定位精度。

8.4.5 坐标转换

实际应用中需要将 GPS 点的 WGS–84 坐标转换为地面网的坐标，因此，需要讨论坐标系统之间的转换问题。本节重点介绍不同空间直角坐标系统间的转换。

进行两个不同空间直角坐标系统之间的坐标转换，需要求出坐标系统之间的转换参数。转换参数一般利用重合点的两套坐标值通过一定的数学模型进行计算。当重合点为三个以上时，可以采用布尔莎七参数模型进行转换。

设 X_{Di} 和 X_{Gi} 分别为地面网点和 GPS 网点的参心和地心坐标向量。由布尔莎七参数模型可知：

$$X_{Di} = \Delta X + (1+k)R(\varepsilon_z)R(\varepsilon_y)R(\varepsilon_x)X_{Gi} \quad (8\text{–}17)$$

式中，X_{Di}=（X_{Di}，Y_{Di}，Z_{Di}）、X_{Gi}=（X_{Gi}，Y_{Gi}，Z_{Gi}）、ΔX=（ΔX，ΔY，ΔZ）是平移参数矩阵；k 是尺度变化参数；R（ε_z）、R（ε_y）、R（ε_x）是旋转参数矩阵，具体如下：

$$R(\varepsilon_z)=\begin{bmatrix}\cos\varepsilon_z & \sin\varepsilon_z & 0\\ -\sin\varepsilon_z & \cos\varepsilon_z & 0\\ 0 & 0 & 1\end{bmatrix}\qquad R(\varepsilon_y)=\begin{bmatrix}\cos\varepsilon_y & 0 & -\sin\varepsilon_y\\ 0 & 1 & 0\\ \sin\varepsilon_y & 0 & \cos\varepsilon_y\end{bmatrix}$$

$$R(\varepsilon_x)=\begin{bmatrix}1 & 0 & 0\\ 0 & \cos\varepsilon_x & \sin\varepsilon_x\\ 0 & -\sin\varepsilon_x & \cos\varepsilon_x\end{bmatrix}$$

通常将 ΔX、ΔY、ΔZ、k、ε_x、ε_y、ε_z 称为坐标系间的转换参数。

为了简化计算，当 k、ε_x、ε_y、ε_z 为微小量时，忽略其间的互乘项，且 $\cos\varepsilon\approx 1$，$\sin\varepsilon\approx\varepsilon$，则上述模型变为：

$$\begin{bmatrix}X_{\mathrm{D}i}\\ Y_{\mathrm{D}i}\\ Z_{\mathrm{D}i}\end{bmatrix}=\begin{bmatrix}\Delta X\\ \Delta Y\\ \Delta Z\end{bmatrix}+(1+k)\begin{bmatrix}X_{\mathrm{G}i}\\ Y_{\mathrm{G}i}\\ Z_{\mathrm{G}i}\end{bmatrix}+\begin{bmatrix}0 & \varepsilon_z & -\varepsilon_y\\ -\varepsilon_z & 0 & \varepsilon_x\\ \varepsilon_y & -\varepsilon_x & 0\end{bmatrix}\begin{bmatrix}X_{\mathrm{G}i}\\ Y_{\mathrm{G}i}\\ Z_{\mathrm{G}i}\end{bmatrix}\tag{8-18}$$

令 $R=(\Delta X,\ \Delta Y,\ \Delta Z,\ k,\ \varepsilon_x,\ \varepsilon_y,\ \varepsilon_z)^T$，$C_i=\begin{bmatrix}1 & 0 & 0 & X_{\mathrm{G}i} & 0 & -Z_{\mathrm{G}i} & Y_{\mathrm{G}i}\\ 0 & 1 & 0 & Y_{\mathrm{G}i} & Z_{\mathrm{G}i} & 0 & -X_{\mathrm{G}i}\\ 0 & 0 & 1 & Z_{\mathrm{G}i} & -Y_{\mathrm{G}i} & X_{\mathrm{G}i} & 0\end{bmatrix}$，上式可简写为：

$$X_{\mathrm{D}i}=X_{\mathrm{G}i}+C_iR\tag{8-19}$$

通过上述模型，利用重合点的两套坐标值 $X_{\mathrm{D}i}$ 和 $X_{\mathrm{G}i}$，采用平差的方法可以求得转换参数。求得转换参数后，再利用上述模型进行各点的坐标转换（包括重合点和非重合点的坐标转换）。对于重合点来说，转换后的坐标值与已知值有一差值，其差值的大小反映转换后坐标的精度。其精度与被转换的坐标精度有关，也与转换参数的精度有关。

实际应用中，对于局部 GPS 网还可以应用基线向量求解转换参数的方法。这种方法是先求出各重合点相对地面网原点的基线向量，然后利用基线向量求出转换参数。具体做法如下：

对于地面网原点，由式（8–17）得：

$$X_{\mathrm{D0}}=\Delta X+(1+k)R(\varepsilon_z)R(\varepsilon_y)R(\varepsilon_x)X_{\mathrm{G0}}\tag{8-20}$$

式（8–17）减去式（8–20）得：

$$X_{\mathrm{D}i}=X_{\mathrm{D0}}+(1+k)R(\varepsilon_z)R(\varepsilon_y)R(\varepsilon_x)(X_{\mathrm{G}i}-X_{\mathrm{G0}})\tag{8-21}$$

假定 i=1 为原点。式（8–21）实际上是以 1 为原点，其余点与原点的坐标差——基线向量为已知值的坐标转换式。利用此式可列出误差方程式，求解转换参数（只有三个旋转角和尺度变化参数 k、ε_x、ε_y、ε_z）。实际数据计算表明，第二种方法的精度优于第一种方法。

在实际生产中，还会遇到不同大地坐标系的转换、大地坐标与高斯平面坐标的转换，在此不再赘述。

8.5　GPS 静态测量

8.5.1　GPS 观测网技术设计

1. GPS 控制网的精度指标

根据《全球定位系统（GPS）测量规范》GB/T 18314—2009，GPS 测量按照精度和用途分为 A、B、C、D、E 级。A 级 GPS 网由卫星定位连续运行基准站构成。B、C、D、E 级 GPS 网的精度应不低于表 8-1 中的要求。

B、C、D、E 级 GPS 网的精度要求　　表 8-1

级别	相邻点基线分量中误差		相邻点之间的平均距离（km）
	水平分量（mm）	垂直分量（mm）	
B	5	10	50
C	10	20	20
D	20	40	5
E	20	40	3

根据《卫星定位城市测量技术标准》CJJ/T 73—2019 规定，GNSS 网划分为二、三、四等网和一、二级网，各等级主要技术要求应符合表 8-2 的规定。

GNSS 网的主要技术要求　　表 8-2

等级	平均边长（km）	固定误差 a（mm）	比例误差系数 b（mm/km）	最弱边相对中误差
二等	9	≤ 5	≤ 2	1/120000
三等	5	≤ 5	≤ 2	1/80000
四等	2	≤ 10	≤ 5	1/45000
一级	1	≤ 10	≤ 5	1/20000
二级	<1	≤ 10	≤ 5	1/10000

2. GPS 控制网的图形设计

目前的 GPS 控制测量基本上采用静态相对定位的测量方法，这就需要两台及两台以上的 GPS 接收机在相同的时间段内同时连续跟踪相同的卫星组，即实施同步观测。同步观测时各 GPS 点组成的图形称为同步图形。

（1）基本概念

观测时段：接收机开始接收卫星信号到停止接收，连续观测的时间间隔称为观测时段，简称时段。

同步观测：两台或两台以上接收机同时对同一组卫星进行的观测。

同步观测环：三台或三台以上接收机同步观测所获得的基线向量构成的闭合环。

异步观测环：由非同步观测获得的基线向量构成的闭合环。

（2）多台接收机构成的同步图形

由多台接收机同步观测同一组卫星，此时由同步边构成的几何图形称为同步图形（环），如图 8–5 所示。

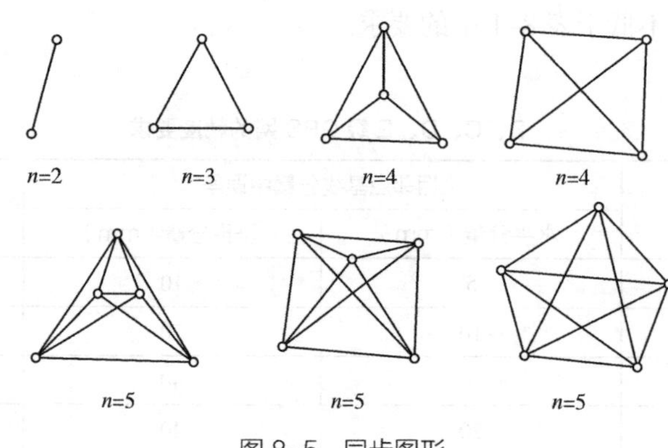

图 8-5　同步图形

同步环形成的基线数与接收机的台数有关，若有 n 台 GPS 接收机，则同步环形成的基线数为：

$$基线总数 =n(n-1)/2 \tag{8-22}$$

其中，独立基线数为 n–1。如三台接收机测得的同步环，其独立基线数为 2，这是由于第三条基线可以由前两条基线计算得到。

（3）多台接收机构成的异步图形设计

当控制网的点数比较多时，此时需将多个同步环相互连接构成 GPS 网。GPS 网的精度和可靠性取决于网的结构（与几何图形的形状，即点的位置无关），而网的结构取决于同步环的连接方式（增加同步观测图形和提高观测精度是提高 GPS 成果精度的基础）。这是由于不同的连接方式将产生不同的多余观测，多余观测多，则网的精度高、可靠性强。但应同时考虑工作量的大小，从而可进一步进行优化设计。

GPS 网的连接方式有点连接、边连接、边点混合连接、网连接等。

①点连接：相邻同步环间仅有一个点相连接而构成的异步网图，如图 8–6（a）所示。

②边连接：相邻同步环间由一条边相连接而构成的异步环网图，如图 8–6（b）所示。

③边点混合连接：既有点连接又有边连接的 GPS 网，如图 8–6（c）所示。

④网连接：相邻同步环间有 3 个以上公共点相连接，相邻同步图形存在相互重叠部分，即某一同步图形的一部分

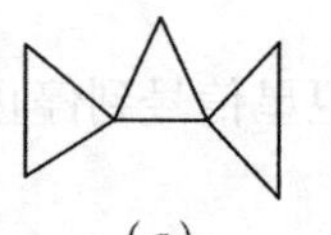

（a）

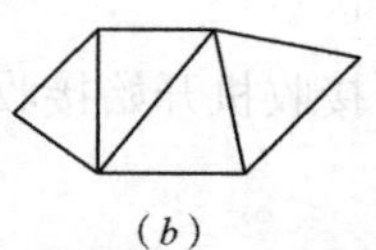

（b）

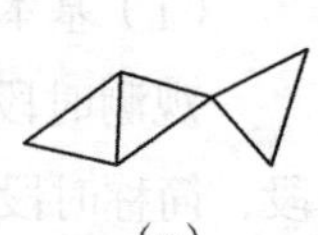

（c）

图 8-6　GPS 网的连接方式

是另一同步图形中的一部分。这种布网方式需要 $n \geqslant 4$，这样密集的布网方法，其几何强度和可靠性指标较高，但其观测工作量及作业经费也较高，仅适用于网点精度要求较高的测量任务。

8.5.2　GPS 观测网选点

GPS 控制点之间不要求必须相互通视，控制网的图形比较灵活，这是 GPS 控制测量的特点。为了有效、顺利完成测量任务，保障测量成果的可靠性和达到技术设计要求的精度，在 GPS 测量选点中需要遵循以下原则：

（1）为了避免电磁场对 GPS 卫星信号的干扰，点位应远离电视台、微波站等大功率无线电发射源，其距离不小于 200m；远离高压输电线路，其距离不小于 50m。

（2）为了避免物体反射引起的多路径效应影响，点位附近不应该有大面积的水面，也不宜选在半山坡和反射强烈的建筑物附近。

（3）为了避免 GPS 信号被屏蔽、遮挡或者吸收，点位周围高度角大于 15° 的上空不应有成片的建筑物或其他障碍物。

（4）为了便于观测和点位的保存，点位应选在地表层基础稳定、交通便利的地方。

（5）为了使其他测量手段可以利用 GPS 控制点确定观测方向，每个点至少应与一个 GPS 点或其他控制点相互通视。

（6）所选定的控制网点应有利于同步观测边、点连接；如果所选点需要进行水准联测，应考虑水准测量线路的施测。

（7）点位选定后，均应按规定绘制点之记，其主要内容应包括点位及点位略图、交通情况等。

8.5.3　外业观测

点位 GPS 观测与常规测量在技术要求上有很大差别，《全球定位系统（GPS）测量规范》GB/T 18314—2009 规定，B、C、D、E 级 GPS 网观测的基本技术要求按表 8-3 有关技术指标执行。

B、C、D、E 级 GPS 网观测的基本技术要求　　表 8-3

项目	级别			
	B	C	D	E
卫星截止高度角（°）	10	15	15	15
同时观测有效卫星数	≥ 4	≥ 4	≥ 4	≥ 4
有效观测卫星总数	≥ 20	≥ 6	≥ 4	≥ 4
观测时段数	≥ 3	≥ 2	≥ 1.6	≥ 1.6
时段长度	≥ 23h	≥ 4h	≥ 60min	≥ 40min
采样间隔（s）	30	10~30	5~15	5~15

根据《卫星定位城市测量技术标准》CJJ/T 73—2019 规定，GNSS 测量各等级作业的基本技术要求应符合表 8-4 的规定。

GNSS 测量各等级作业的基本技术要求　　表 8-4

项目 \ 等级	二等	三等	四等	一级	二级
卫星高度角（°）	≥ 15	≥ 15	≥ 15	≥ 15	≥ 15
有效观测同系统卫星数	≥ 4	≥ 4	≥ 4	≥ 4	≥ 4
平均重复设站数	≥ 2.0	≥ 2.0	≥ 1.6	≥ 1.6	≥ 1.6
时段长度（min）	≥ 90	≥ 60	≥ 45	≥ 30	≥ 30
数据采样间隔（s）	10~30	10~30	10~30	10~30	10~30
PDOP	＜ 6	＜ 6	＜ 6	＜ 6	＜ 6

注：采用基于卫星定位连续运行基准站点观测模式时，可连续观测，但观测时间不应低于表中规定的各时段观测时间的和。

GPS 测量的观测步骤如下：

（1）观测组应严格按规定的时间进行作业。

（2）安置天线：将天线架设在三脚架上，进行整平对中，天线的定向标志线应指向正北。观测前、后应各量一次天线高，两次较差不应大于 3mm，取平均值作为最终成果。

（3）开机观测：用电缆将接收机与天线进行连接，启动接收机进行观测；接收机锁定卫星并开始记录数据后，可按操作手册的要求进行输入和查询操作。

（4）观测记录：GPS 观测记录形式有以下两种：一种是由 GPS 接收机自动记录在存储介质上；另一种是外业观测手簿，在接收机启动前和观测过程中由观测者填写，包括控制点点名、接收机序列号、仪器高、开关机时间等相关测站信息，记录格式参见相关规范。

8.5.4 数据处理

GPS 测量数据处理可以分为数据粗加工和预处理、基线向量解算（相对定位）、GPS 网平差等基本步骤。

1. 数据粗加工和预处理

数据粗加工是将接收机采集的数据通过传输、分流、解译形成相应的数据文件，并通过预处理将各类接收机的数据文件标准化，形成平差计算所需的文件。预处理的主要目的在于：

（1）对数据进行平滑滤波、剔除粗差，删除无效或无用数据。

（2）统一数据文件格式，将各类接收机的数据文件加工成彼此兼容的标准化文件。

（3）GPS卫星轨道方程的标准化，一般用多项式拟合观测时段内的星历数据（广播星历或精密星历）。

（4）诊断整周跳变点，发现并恢复整周跳变，使观测值复原。

（5）对观测值进行各种模型改正。

2. 基线向量解算

基线向量是两台GPS接收机之间的相对位置，可以用某一坐标系下的三维直角坐标增量或大地坐标增量来表示，因此，它是既有长度又有方向的矢量。基线解算一般采用双差模型，有单基线和多基线两种解算模式。

GPS控制测量外业观测的全部数据应经同步环、异步环和复测基线检核，应满足同步环各坐标分量闭合差及环线全长闭合差、异步环各坐标分量闭合差及环线全长闭合差、复测基线长度较差的要求。

3. GPS网平差

GPS网平差的类型有很多种，根据平差的坐标空间维数，可将GPS网平差分为三维平差和二维平差；根据平差时所采用的观测值和起算数据的类型，可将平差分为无约束平差、约束平差和联合平差。

（1）三维平差和二维平差

三维平差：平差在三维空间坐标系中进行，观测值为三维空间中的基线向量，解算出的结果为点的三维空间坐标。GPS网的三维平差一般在三维空间直角坐标系或三维空间大地坐标系下进行。

二维平差：平差在二维平面坐标系下进行，观测值为二维基线向量，解算出的结果为点的二维平面坐标。二维平差一般适用于小范围GPS网的平差。

（2）无约束平差、约束平差和联合平差

无约束平差：GPS网平差时不引入外部起算数据，而是在WGS-84坐标系下进行平差计算。

约束平差：GPS网平差时引入外部起算数据（如北京1954、西安1980及2000坐标系的坐标、边长和方位）所进行的平差计算。

联合平差：平差时所采用的观测值除了GPS观测以外，还采用了地面常规观测值，这些地面常规观测值包括边长、方向和角度等。

8.6 GPS实时动态测量

载波相位实时动态差分定位技术，又称为实时动态（Real Time Kinematic，RTK）定位技术，在一定范围内能实时提供用户点位的三维坐标，并达到厘米级定位精度。

RTK的工作原理如图8-7所示，是在两台接收机间加上一套无线电通信系统，将相对独立的接收机连成一个有机整体；基准站把接收到的伪距、载波相位观测值和基准站

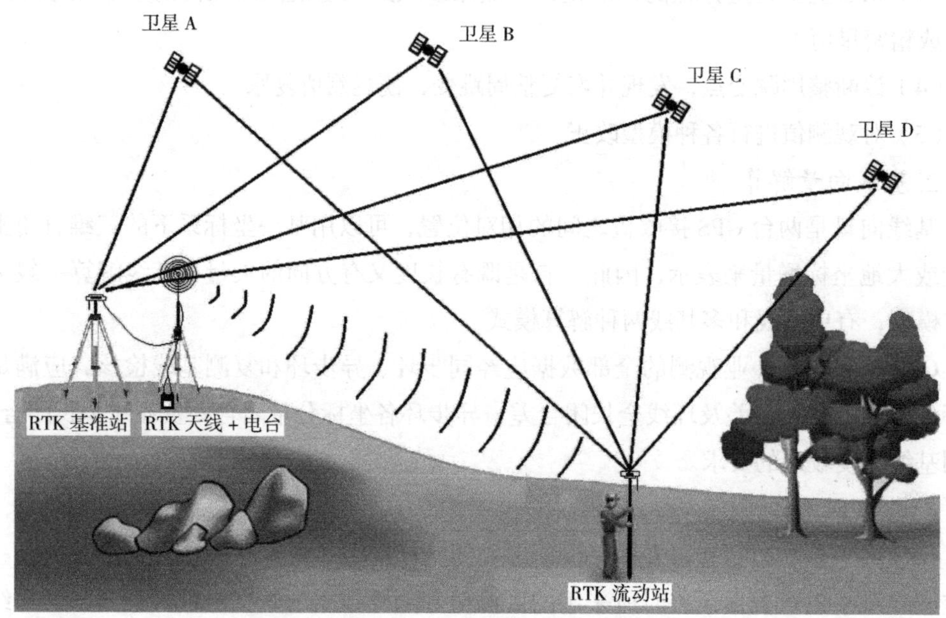

图 8-7　RTK 的工作原理图

的一些信息（如基准站的坐标和天线高等）都通过通信系统传送到流动站；流动站在接收卫星信号的同时，也接收基准站传送来的数据并进行处理；将基准站的载波信号与自身接收到的载波信号进行差分处理，即可实时求解出两站间的基线向量，同时输入相应的坐标、转换参数和投影参数，即可求得未知点坐标。

在 RTK 的动态定位中，要实时确定流动接收机所在位置的坐标，其计算过程如下：

（1）流动站首先进行初始化，静态观测若干历元，快速确定整周未知数。

（2）流动站将接收到的载波相位观测值和基准站的载波相位观测值进行差分处理，类似静态观测的数据处理，即将求出的整周未知数代入双差模型，实时求解出基线向量。

（3）由传输得到的基准站的 WGS-84 地心坐标（x_b，y_b，z_b），就可求得流动站的地心坐标（x_u，y_u，z_u），计算公式如下：

$$\begin{pmatrix} x_u \\ y_u \\ z_u \end{pmatrix}_{84} = \begin{pmatrix} x_b \\ y_b \\ z_b \end{pmatrix}_{84} + \begin{pmatrix} \delta_x \\ \delta_y \\ \delta_z \end{pmatrix} \tag{8-23}$$

（4）利用当地坐标系与 WGS-84 地心坐标系的转换参数（七参数），就可得到当地坐标系的空间直角坐标。当然，也可将流动站的 WGS-84 地心坐标转换为实用的二维平面直角坐标。

一般转换参数未知，则可利用公共点的两套坐标代入上式，反求出转换参数，进而再求出非重合点的坐标。

8.6.1 RTK 作业设置

（1）在基准站安置 GPS 接收机，进行基准站设置，包括基准站接收机模式、坐标系、投影方式、电台通信相关参数、接收机天线高度等。

在基准站设置仪器时，应注意以下问题：

1）基准站上仪器架设要严格对中、整平。

2）GPS 天线、信号发射天线、主机、电源等应连接正确无误。

3）量取基准站接收机天线高，量取 2 次以上，符合限差要求记录均值。

4）基准站接收机的定向指北线应指向正北，偏差不大于 10°。

（2）进行流动站设置，包括流动站接收机模式、电台通信相关参数、接收机天线高度等。

（3）使用流动站在测量范围内至少 3 个已知控制点上进行测量，求 GPS 坐标与实地坐标系间的转换参数（也称为点校正），并进行设置。

（4）实测流动点坐标，将其与检测点的已知坐标进行对比，差值应在允许范围内；

（5）流动接收机继续进行未知点的测量工作。

8.6.2 RTK 地形测量及工程放样

1. RTK 地形测量

RTK 地形测量适用于外业数字测图，包括图根点测量和碎部点测量。现行《全球定位系统实时动态测量（RTK）技术规范》CH/T 2009—2010 中规定了 RTK 地形测量的主要技术要求，见表 8–5。

RTK 地形测量主要技术要求　　表 8–5

等级	图上点位中误差（mm）	高程中误差	与基准站的距离（km）	观测次数	起算点等级
图根点	≤ ±0.1	≤ 1/10 等高距	≤ 7	≥ 2	平面三级、高程等外以上
碎部点	≤ ±0.5	符合相应比例尺成图要求	≤ 10	≥ 1	平面图根、高程图根以上

注：①点位中误差指控制点相对于最近基准站的误差。
②用网络 RTK 测量可不受流动站到基准站间距离的限制，但宜在网络覆盖的有效服务范围内。

（1）RTK 图根点测量

RTK 图根点测量应满足以下要求：

1）图根点标志宜采用木桩、铁桩或其他临时标志，必要时可埋设一定数量的标石。

2）若有已知转换参数，可直接利用已知参数求解测区地方坐标；若无已知转换参数，可自行求解转换参数。求解参数时，应采用两套坐标系成果中不少于 3 点的高等级起算点，所选起算点应分布均匀，且能控制整个测区。转换时应根据测区范围及具体情况对起算点进行可靠性检验，采用合理的数学模型进行多种点组合方式分别计算和优选。

3）RTK 图根点高程的测定，通过流动站测得的大地高减去流动站的高程异常获得。高程异常可以采用数学拟合方法、似大地水准面精化模型内插等方法获取，也可以在测区现场通过点校正的方法获取。

4）流动站观测时应进行三脚架对中、整平，每次观测历元数应大于 20 个。

5）图根点平面坐标转换残差不应大于图上 ±0.07mm，图根点高程拟合残差不应大于 1/10 等高距。

6）图根点平面测量两次测量点位较差不应大于图上 ±0.1mm，高程测量各次测量高程较差不应大于 1/10 等高距，各次结果取中数作为最后成果。

（2）RTK 碎部点测量

RTK 碎部点测量应满足以下要求：

1）测区坐标系转换参数的获取方法同图根点测量，当测区面积较大，采用分区求解转换参数时，相邻分区应不少于 2 个重合点。

2）RTK 碎部点测量平面坐标转换残差不应大于图上 ±0.1mm，碎部点高程拟合残差不应大于 1/10 等高距。

3）RTK 碎部点测量流动站观测时可采用固定高度对中杆对中、整平，观测历元应大于 5 个。

4）连续采集一组地形碎部点数据超过 50 点，应重新进行初始化，并检核一个重合点。当检核点位坐标较差不大于图上 ±0.05mm 时，方可继续测量。

2. RTK 工程放样

目前，GPS-RTK 技术在工程放样中已得到广泛应用。在进行工程放样时，需要先进行坐标系间转换，即点校正，将 WGS-84 坐标系坐标转换为流动站上实时显示的国家坐标系或地方独立坐标系下的坐标。在进行放样之前，根据需要“键入”放样的点、直线、曲线、DTM 道路等各项放样数据。一般当初始化完成后，在 RTK 手簿主菜单上选择“测量”图标，测量方式选择“RTK”，再选择“放样”选项，即可进行放样测量作业。以点位放样为例，事先上传需要放样的坐标数据文件或现场编辑放样数据。选择 RTK 手簿中的点位放样功能，现场输入或从预先上传的文件中选择待放样点的坐标，仪器会计算出 RTK 流动站当前位置和目标位置的坐标差值（ΔX，ΔY），并提示方向，按提示方向前进，即将达到目标点处时，屏幕会有一个圆圈出现，指示放样点和目标点的接近程度。精确移动流动站，使 ΔX 和 ΔY 小于放样精度要求时钉木桩，然后精确投测小钉，即为放样点位。

随着 RTK 技术不断发展，RTK 技术已经逐渐广泛应用到工程测量工作中。通过相应的数据处理程序，可以有效减轻测量人员的内外业劳动强度，因此 RTK 技术在工程测量领域有广阔的应用前景。

8.6.3 网络 RTK 技术

常规 RTK 技术有一定的局限性，使得其在应用中受到限制，主要表现为：用户需要架设本地参考站；误差随距离增长；流动站和参考站的位置和距离受到限制（<15km）；可靠性和可行性随距离降低。

为了解决常规 RTK 存在的缺陷，达到区域范围内厘米级、精度均匀的实时动态定位，网络 RTK 技术应运而生。

CORS 是连续运行参考站（Continuous Operational Reference Station，CORS）的缩写，以 CORS 系统为基础可建立网络 RTK 系统。网络 RTK 系统可以定义为一个或若干个固定的、连续运行的卫星定位系统参考站，利用现代计算机技术、数据通信和互联网（LAN/WAN）技术组成的网络，实时向不同类型、不同需求、不同层次的用户自动提供经过检验的不同类型的卫星定位观测值（载波相位、伪距）、各种改正数、状态信息以及其他有关卫星定位服务项目的系统。网络 RTK 系统由基准站网（CORS 网）、数据处理中心、数据传输系统、定位导航数据播发系统、用户应用系统五部分组成，各基准站与监控分析中心通过数据传输系统连接成一体，形成专用网络。

（1）基准站网：由范围内均匀分布的基准站组成，负责采集 GPS 卫星观测数据，并输送至数据中心，同时提供系统完好性监测服务。

（2）数据处理中心：用于接收各基准站数据，进行数据处理，形成多基准站差分定位用户数据，组成一定格式的数据文件，分发给用户。数据处理中心是 CORS 的核心单元，也是高精度实时动态定位得以实现的关键所在。中心 24h 连续不断地根据各基准站所采集的实时观测数据在区域内进行整体建模解算，自动生成一个对应于流动站点位的虚拟参考站（包括基准站坐标和 GPS 观测值信息），并通过现有的数据通信网络和无线数据播发网，向各类需要测量和导航的用户以国际通用格式提供码相位 / 载波相位差分修正信息，以便实时解算出流动站的精确点位。

（3）数据传输系统：各基准站数据通过光纤专线传输至监控分析中心，该系统包括数据传输硬件设备及软件控制模块。

（4）定位导航数据播发系统：系统通过移动网络、UHF 电台、Internet 等形式向用户播发定位导航数据。

（5）用户应用系统：包括用户信息接收系统、网络型 RTK 定位系统、事后和快速精密定位系统、自主式导航系统和监控定位系统等。按照应用的精度不同，用户服务子系统可以分为毫米级用户系统、厘米级用户系统、分米级用户系统、米级用户系统等；按照用户的应用不同，可以分为测绘与工程用户（厘米、分米级）、车辆导航与定位用户（米级）、高精度用户（事后处理）、气象用户等几类。

【本章小结】

GNSS 卫星定位测量因其自身优势，已广泛用于控制测量和施工测量。熟练掌握 GPS 伪距测量和载波相位测量原理及方法；通过实践教学和实际工程案例更好地掌握 GPS 控制网的设计与施测方法，为提高测量工作效率打下良好的基础。

【思考与练习题】

1. 简述 GPS 全球定位系统的组成以及各部分的作用。
2. GPS 测量中有哪些误差来源？
3. 消除和削弱 GPS 测量各种误差影响的方法有哪些？
4. 何谓伪距绝对定位？何谓载波相位相对定位？
5. 选择 GPS 点位时应该遵循哪些原则？
6. GPS 控制网一般都有哪些布网方式？各有什么特点？
7. 试述实时动态（RTK）定位的工作原理。
8. 试述网络 RTK 系统的组成以及各部分的作用。
9. 与常规 RTK 相比，网络 RTK 有哪些优势？

第 9 章　地形图的基本知识

【本章要点及学习目标】

按一定法则，有选择地在平面上表示地球表面各种自然现象和社会现象的图，通称为地图。按内容，地图可分为普通地图和专题地图。普通地图是综合反映地面上物体和现象一般特征的地图，内容包括各种自然地理要素（例如水系、地貌、植被等）和社会经济要素（例如居民点、行政区划及交通线路等），但不突出表示其中的某一种要素。专题地图是着重表示自然现象或社会现象中的某一种或几种要素的地图，如地籍图、地质图和旅游图等。本章主要介绍地形图，它是普通地图的一种。地形图是按一定的比例尺，用规定的符号表示地物、地貌平面位置和高程的正射投影图。

9.1　地形图的比例尺

地形图上任意一线段的长度与地面上相应线段的实际水平长度之比，称为地形图的比例尺。

地形图的比例尺与地形图描述细节的程度有关，比例尺越大，其表示的地形细节程度越高、描述越详细、精度越高，但是一幅图上所能包含的地面面积有限，因而其覆盖地面面积也越小，测绘工作量将成倍增加。所以，应该按照实际需要选择合适的测图比例尺。

9.1.1　比例尺的种类

1. 数字比例尺

数字比例尺一般用分子为 1 的分数形式表示。设图上某一直线的长度为 d，地面上相应线段的水平长度为 D，则图的数字比例尺为：

$$\frac{d}{D}=\frac{1}{D/d}=\frac{1}{M} \tag{9-1}$$

式中，M 为比例尺的分母，它反映了实地线段的水平投影长度为图上相应线段的倍数，即该 M 值越小，比例尺越大。按规定地形图使用的数字比例尺通常为 1∶500、1∶1000、1∶1 万等形式，只有在特殊用途时才采用任意比例尺。

在测绘工作中，把 1∶500、1∶1000、1∶2000、1∶5000、1∶1 万称为大比例尺；把 1∶2.5 万、1∶5 万、1∶10 万称为中比例尺；小于 1∶10 万的称为小比例尺。大比例地形图为城市和工程建设所需要，一般由全站仪测绘，也可以用更大比例尺地形图缩绘。中小比例尺地形图是国家基本图，由国家测绘部门负责在全国范围内测绘，目前多用数字摄影测量方法成图。

如果已知一幅图的比例尺，根据图上长度就可以求出相应地面的水平长度，同理也可以将地面的水平长度换算成图上长度。

人们还根据比例尺的原理制成了三棱尺，将尺子做成三棱柱体，刻上六种不同比例尺的刻度。使用时根据图的比例尺在三棱尺上找出相应的一面刻划，可直接从尺上读出图上的距离或实地距离，使用很方便。

2. 图示比例尺

图示比例尺是指在地形图上绘制的表示实地标准长度的分划尺。最常见的图示比例尺又叫作直线比例尺，一般印刷在图纸的下方，便于用分规直接在图上量取直线段或两点间的水平距离，并可以抵消大部分由于图纸伸缩变形带来的对长度测量的影响。

图 9–1 是 1∶1000 直线比例尺，绘制时先在图上绘两条平行线，再把它分成若干相等的线段，称为比例尺的基本单位，一般为 2cm；将左端的一段基本单位又分成 10 等份，每等份的长度相当于实地 2m，而每一基本单位所代表的实地长度为 20m。

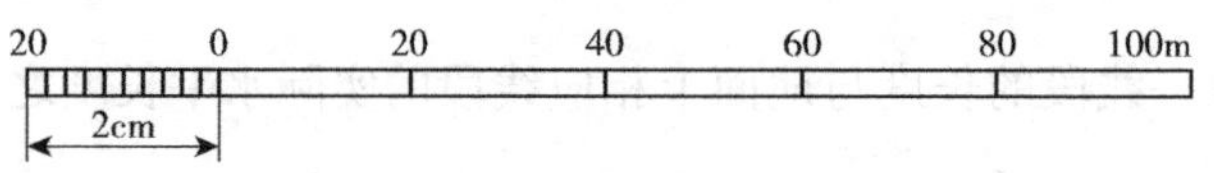

图 9–1　1∶1000 直线比例尺

3. 地形图测图比例尺的选择

在城市和工程建设的规划、设计、施工以及运营管理中，需要用到不同比例尺的地形图，各种比例尺的用途可按表 9–1 选择。

地形图比例尺的选择　　表 9–1

比例尺	用途
1∶1 万	城市总体规划、厂址选择、区域布置、方案比较
1∶5000	
1∶2000	城市详细规划及工程项目初步设计
1∶1000	
1∶500	建筑设计、城市详细规划、工程施工设计、竣工图

9.1.2 比例尺精度

一般认为，人的肉眼能分辨的图上最小距离是 0.1mm，因此通常把地形图上 0.1mm 所表示的实地水平距离称为比例尺精度，即：

$$地形图比例尺精度 = 0.1mm \times M \tag{9-2}$$

M 为比例尺的分母。1∶1 万 ~1∶500 的地图比例尺精度见表 9-2。

比例尺精度　　表 9-2

比例尺	1∶500	1∶1000	1∶2000	1∶5000	1∶1 万
比例尺精度（m）	0.05	0.1	0.2	0.5	1

从表 9-2 可以看出，不同比例尺的地形图其比例尺精度也不同。地形图的比例尺精度与比例尺有关，比例尺越大，其比例尺精度也越高，图上反映的地物、地貌越详细、准确；相反，比例尺越小，图上表示的地物、地貌越简略。

比例尺精度的概念对地形图的测图和用图有重要意义。根据地形图比例尺精度可以确定在测图时量距应精确到什么程度，例如测图比例尺为 1∶1000 时，实地量距的精度只需到 0.1m，小于 0.1m 在图上表示不出来。另外，当设计规定需在图上能量出的实地最短长度时，根据比例尺精度可以确定测图比例尺。例如，若要求在图上能反映量距精度为 ±5cm 的细节，则所选用地形图的比例尺不应小于 0.1mm/0.05m=1∶500。

9.2 地形图的分幅和编号

地形图的量词是“幅”，一张地形图称为一幅地形图。图幅指图的幅面大小，即一幅图所测绘地貌、地物范围。我国地域广大，各种比例尺地形图的数量很大，不同比例尺所表示的地表面积也不一样。为了便于测绘、使用和管理地形图，需要将大面积的各种比例尺的地形图进行统一分幅和编号，这样就必须按一定的面积进行图幅划分，并给予每幅图一个固定的编号。地形图的分幅和编号原则是由国家测绘行政主管部门统一制定的。地形图的分幅方法主要有两种：梯形分幅和矩形分幅。

9.2.1 梯形分幅与编号

所谓梯形分幅由国际统一规定，是按一定的经差和纬差确定图幅范围，并以经线为图幅的东、西边界，纬线为图幅的南、北边界。由于各条经线（子午线）向南、北极收敛，这种分幅方法使整个图幅的形状近似梯形，故称为梯形分幅，也称为国际分幅法。

梯形分幅用于中、小比例尺的国家基本图的分幅，可以保证地表面所有图幅紧密结合而不产生重叠或漏缺。其划分的方法和编号随比例尺的不同而不同，为了适应计算机管理和检索，2012 年 6 月国家质量监督检验检疫总局、国家标准化管理委员会发布了《国家基本比例尺地形图分幅和编号》GB/T 13989—2012，自 2012 年 10 月 1 日起实施。

1. 国际 1∶100 万比例尺地形图的分幅与编号

1∶100 万比例尺地形图的分幅与编号是国际统一的，故称国际分幅编号。

如图 9-2 所示，国际分幅编号规定由经度 180° 起，自西向东、逆时针按经差 6° 成 60 个纵列，并依次用阿拉伯数字 1~60 编号；由赤道起向南北两级分别按纬差 4° 各分成 22 个横行，由低纬度到高纬度分别以英文字母 A~V 表示。这样每幅 1∶100 万地形图就由经差 6° 和纬差 4° 组成的梯形分幅。每幅图的编号由该图幅所在的横行字母与纵列号数组成。在图幅编号字母前加 N、S 字母来区分南北半球，但由于我国实际地理位置所处北半球，所以 N 字母省去不写。如首都北京所在的 1∶100 万地形图的图幅编号为 J50（图中阴影线部分）；上海某地地理坐标为北纬 31°16′40″、东经 121°31′30″，则其所在的图幅号为 H51。

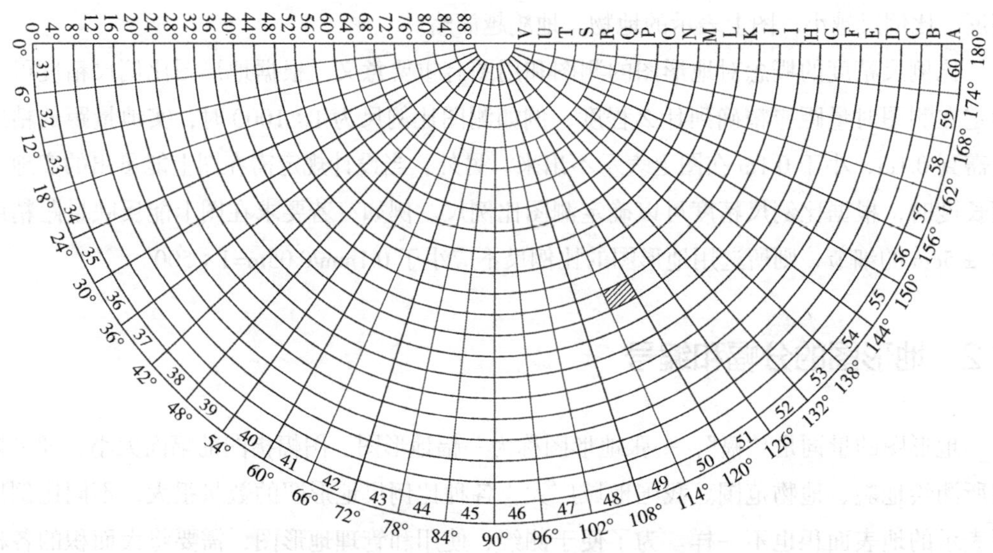

图 9-2 东半球北纬 1∶100 万比例尺地形图的国际分幅和编号

2. 1∶50 万 ~1∶5000 比例尺地形图的分幅与编号

1∶50 万 ~1∶5000 比例尺地形图的分幅是在 1∶100 万比例尺地形图的基础上加密划分而成的，编号也是以 1∶100 万地形图编号为基础，采用代码行列编号方法，由其所在的 1∶100 万比例尺地形图的图号、比例尺代码和图幅的行列号共十位数码组成，分别为：编号第一位表示 1∶100 万地形图图幅行号；第二、三位表示其列号；第四位是比例尺代码，具体编号见表 9-3；第五、六、七位表示图幅行号；第八、九、十位表示图幅列号。所有地形图在新的国家标准下，行、列编号均由 5 个元素 10 位编码组成，如图 9-3 所示。

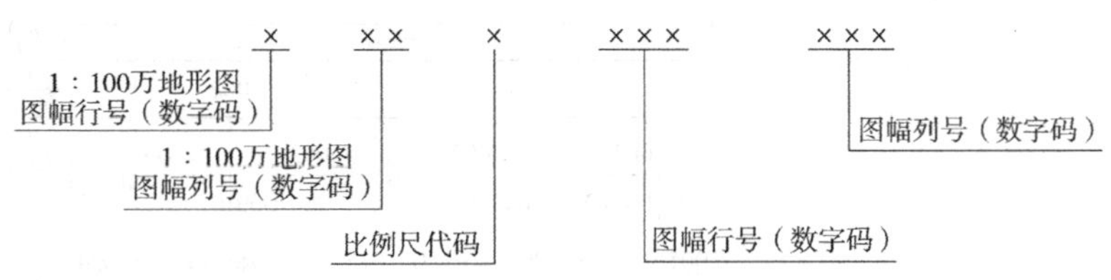

图 9-3　1：50 万 ~1：5000 地形图图号的构成

地形图比例尺代码表　　表 9-3

比例尺	1：500000	1：250000	1：100000	1：50000	1：25000	1：10000	1：5000
代码	B	C	D	E	F	G	H
示例	J50B001002	J50C003003	J50D010010	J50E017016	J50F034002	J50G104152	J50H051087

每幅 1：100 万比例尺地形图划分为 2 行、2 列，共 4 幅 1：50 万比例尺地形图，每幅图的分幅为经差 3°，纬差 2°。继续划分，可以分成 12 行、12 列，共 144 幅 1：10 万比例尺地形图，因此，每幅 1：10 万的地形图的纬差为 20′，经差为 30′。其余各种比例尺地形图均由 1：100 万地形图划分而来，现行国家基本比例尺地形图分幅编号关系见表 9-4，分幅的图幅范围、行列数量关系可从表中查取。

现行国家基本比例尺地形图分幅编号关系表　　表 9-4

比例尺		1：100 万	1：50 万	1：25 万	1：10 万	1：5 万	1：2.5 万	1：1 万	1：5000
图幅大小	纬差	4°	2°	1°	20′	10′	5′	2′30″	1′15″
	经差	6°	3°	1°30′	30′	15′	7′30″	3′45″	1′52.5″
图幅数量关系		1	4	16	144	576	2304	9216	36864
行列数量	行数	1	2	4	12	24	48	96	192
	列数	1	2	4	12	24	48	96	192
某地所在图幅现行国家标准编号		J51	J51B 001001	J51C 001002	J51D 001005	J51E 001010	J51F 002020	J51G 003040	J51H 005090

1：100 万 ~1：5000 地形图的行、列编号如图 9-4 所示。

例如，1：50 万地形图编号如图 9-5 所示，图中阴影线所示图号为 J50B001002。1：25 万地形图编号如图 9-6 所示，图中阴影线所示图号为 J50C003003。

9.2.2　矩形分幅与编号

地形图的矩形分幅是针对大比例尺地形图的，通常采用平面直角坐标的纵、横坐标格网线来分幅。图幅的大小一般为 50cm × 50cm、50cm × 40cm 和 40cm × 40cm，每幅图中又以 10cm × 10cm 为基本方格，通常是为了满足工程设计和施工要求，适用于小范围的大比例尺地形图或者用于城市大比例尺图的分幅。

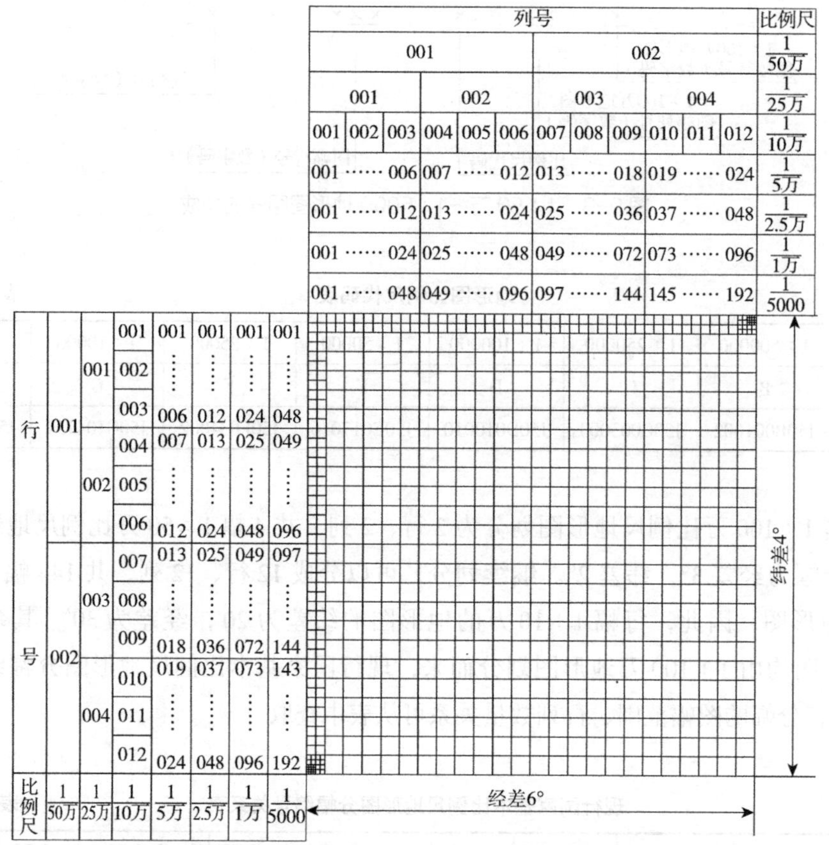

图 9-4　1：100 万 ~1：5000 地形图的行、列编号

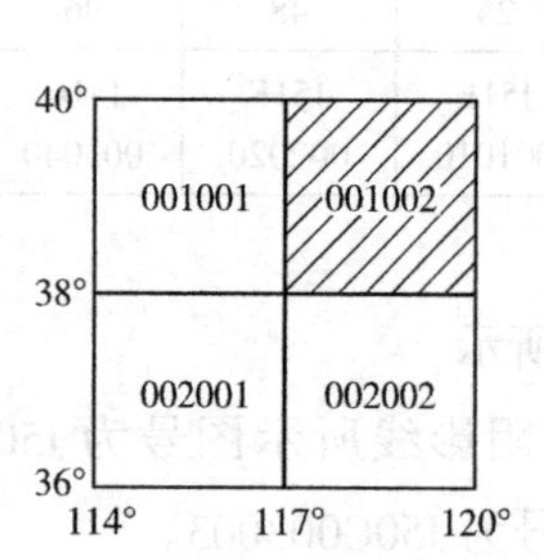

图 9-5　1：50 万地形图编号

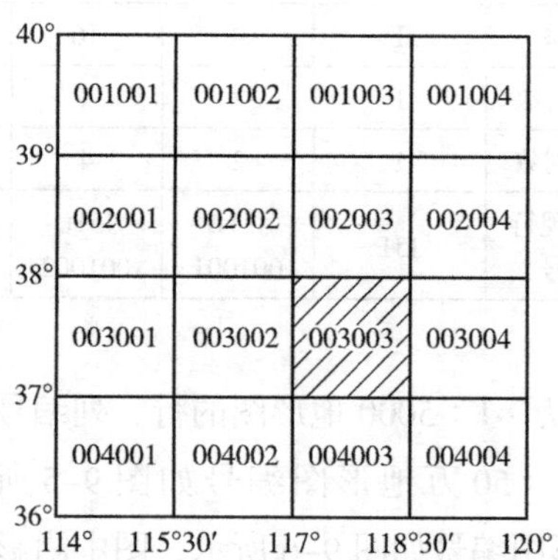

图 9-6　1：25 万地形图编号

一幅 1：5000 的地形图图幅，采用纵横各为 40cm 的分幅，其实地对应为 2km × 2km，包括 4 幅 1：2000 的地形图；一幅 1：2000 的地形图又包括 4 幅 1：1000 的地形图；一幅 1：1000 的地形图同样可以分成 4 幅 1：500 的地形图。图幅编号与测区坐标值联系在一起，便于按坐标查找图幅。正方形图廓的规格见表 9-5。

正方形图廓的规格　　表 9–5

测图比例尺	图廓大小（cm×cm）	实地面积（km^2）	一幅 1：5000 地形图中包含的图幅数	图廓西南角坐标（m）
1：5000	40×40	4	1	1000 的整倍数
1：2000	50×50	1	4	1000 的整倍数
1：1000	50×50	0.25	16	500 的整倍数
1：500	50×50	0.0625	64	50 的整倍数

常用的矩形图幅的编号有以下三种方法：

（1）坐标编号法

以每幅图的图幅西南角坐标值的千米数作该图幅的编号，编号由下列两项组成：

1）图廓所在投影带的中央子午线经度。

2）图廓西南角的纵横坐标值，以“km”为单位。

例如，“117°–3810.0–43.0”表示该图幅所在的中央子午线经度为 117°，图幅西南角坐标为 x=3810km，y=43km。

（2）数字顺序编号法

对于带状测区和小面积测区，可按数字顺序方法进行编号，一般从左到右、从上到下，如图 9–7 所示。

（3）列编号法

一般以代号（如 A，B，C，D，…，Z）为横行，由上到下，以数字（如 1，2，3，…，n）为代号的纵列，从左到右来编定，先行后列，如图 9–8 所示。

图 9–7　顺序编号法

A–2　A–3　A–4　A–5
B–1　B–2　B–3　B–4
C–2　C–3　C–4　C–5

图 9–8　行列编号法

大比例尺地形图主要是供工程设计和施工使用，因此在分幅问题上要从实际出发，根据用图的方便灵活采用，采用的图廓尺寸可以是 40cm×50cm 或 40cm×60cm 等。另外，为了减少图幅数量，更加便于用图，还可以按任意坐标线分幅。

9.3　地形图图廓与图外注记

9.3.1　图名和图号

图幅的名字和编号是其特有的信息基础。地形图的图名通常用本图幅内最大的城镇、村庄或明显地物、地貌的名称来表示，并注记在图幅上方中央。在保管、使用地形图时，为使图纸有序存放和检索，要将地形图进行统一编号，称为地形图图号。图号标注在北图廓上方的中央，图名和图号的示例如图 9-9 所示。

9.3.2 接图表

接图表是本幅图与相邻图幅之间位置关系的示意图，为了供查找相邻图幅之用。接图表的位置是在图幅左上方（图 9-9），绘有九个小格，中间绘斜线的小格为本图的位置，并标出本幅与相邻四幅图的图名，以此来表示与本幅图的邻接关系。图纸右上角为其保密等级。

9.3.3 图廓与图外注记

1. 1：2000~1：500 地形图的图廓与图外注记

图廓分为内图廓和外图廓。内图廓线是测绘地形图的边界线，图内的地物、地貌测至该边线为止。对于跨幅的重要地物，内外图廓之间应予以注记说明。内图廓之内绘有 10cm 间隔互相垂直交叉的短线（1cm 长），称为坐标格网。格网点的坐标可以根据图廓四角的坐标确定。在与格网点相应的图廓内侧位置留有 5mm 长的短线。1：2000~1：500 地形图的图廓与图外注记示意图如图 9-9 所示。

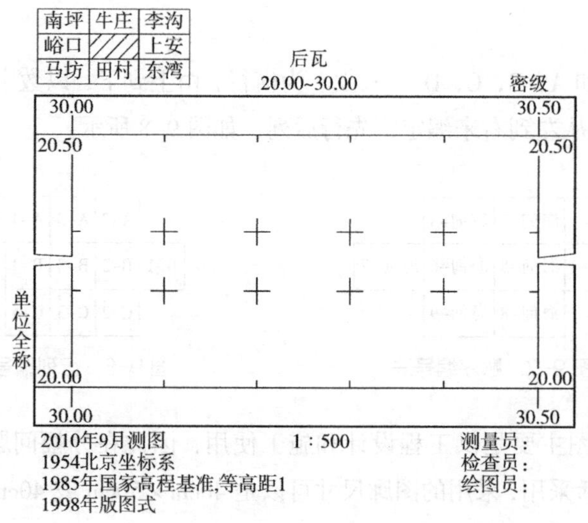

图 9-9 1：2000~1：500 地形图的图廓与图外注记示意图

2. 1：100 万 ~1：5000 地形图的图廓与图外注记

1：100 万 ~1：5000 地形图的图廓与图外注记与上述 1：2000~1：500 地形图类似，不同之处主要表现在以下几个方面：

（1）内图廓是经线和纬线围成的梯形，也是图幅的边界线，如图 9-10 所示。

（2）在内、外图廓之间还有分图廓。分图廓绘制成若干黑白相间等长的线段，每段

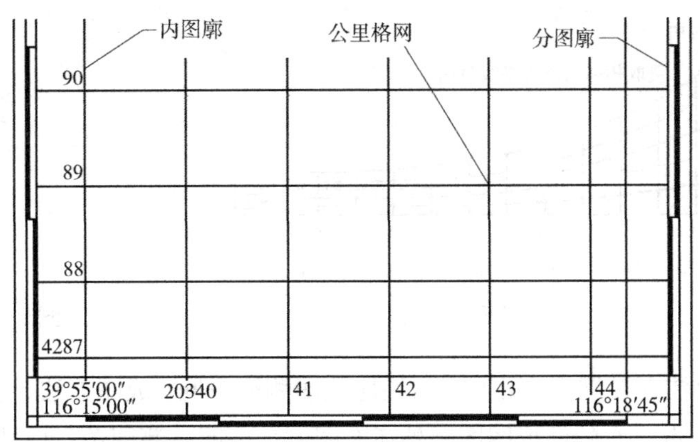

图 9-10　中、小比例尺地形图的图廓与格网示意图

其长度为经差或纬差 1′，连接上下或左右同名分段点可构成由子午线和平行纬线组成的梯形经纬线格网。依据经纬线格网可确定图上各点的地理坐标。

（3）在分图廓和内图廓之间，四角注有经纬度。如图 9-10 所示，其西图廓经线为东经 116°15′00″，南图廓纬线为北纬 39°55′00″。

（4）图幅内绘有间隔 1km 的坐标格网，也称为公里格网，并在分图廓和内图廓之间，图幅四周公里格网对应处注有通用坐标。由公里格网可确定图上各点的高斯坐标。

（5）在南、北图廓线上，绘有地磁标志点 P 和 P'，两点的连线即为该图幅的磁子午线方向，据此利用罗盘即可对地形图进行实地定向。

（6）在南外图廓外下方绘有图示坡度尺，如图 9-11 所示。图示坡度尺是一种在地形图上量取地面坡度和倾角的图解工具，纵轴为等高线平距 d，横轴为地面倾角 α 和对应的地面坡度 i，其关系为：

$$i = \tan\alpha = \frac{h}{d \cdot M} \tag{9-3}$$

式中　h——等高距；

M——比例尺分母。

当用分规卡出图上相邻等高线的平距后，在图示坡度尺上使分规的两针尖下面对准底线，上面对准曲线，即可在坡度尺上直接读出地面倾角 α 和地面坡度 i（通常为百分比值）。

除了按基本等高距绘制的坡度尺外，有的还同时加绘有按 n 倍等高距算得的坡度线，可以直接在图上量取间隔 n 条等高线间的平距坡度和倾角。

（7）在南外图廓外下方，绘有真北 N、磁北 N′ 和坐标北之间的角度关系图（称为三北方向图）。如图 9-12 所示，根据三北方向图可知：在该图幅中，磁偏角为 δ=−2°45′（西偏），子午线收敛角 γ=−0°15′（西偏），而磁子午线则偏于坐标纵轴以西 2°30′，由此可以进行不同坐标方位角间的换算。

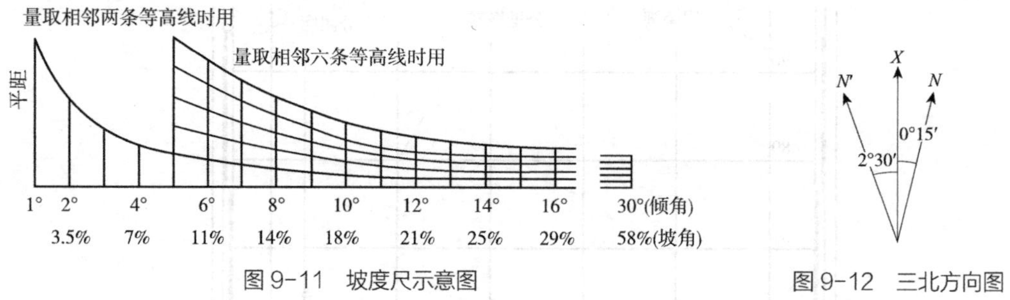

图 9-11 坡度尺示意图

图 9-12 三北方向图

另外，比例尺注在图廓下方正中央，还应注明测绘时间、成图方法、坐标和高程系统、等高距以及图式版本，有的地形图图廓外还有图例、说明、测图单位以及人员等。

9.4 地物符号

地形是地物和地貌的总称。地物表示地面上自然或人工形成的物体，如河流、森林、房屋、道路、水库、边界、通信和输电线路等。人们通过地形图去了解地形信息，那么地面上的不同地物、地貌就必须按统一规范的符号在地形图上表示，具体参见国家质量监督检验检疫总局、国家标准化管理委员会统一制定颁发的《国家基本比例尺地图图式第 1 部分：1∶500 1∶1000 1∶2000 地形图图式》GB/T 20257.1—2017。该规范中的符号分为地物符号、地貌符号和注记符号三大类。其中地物符号根据地物的大小、测图比例尺和描绘方法的不同，可以分为比例符号、非比例符号、半比例符号、地物注记四类。

9.4.1 比例符号

比例符号即按照测图比例尺将地物轮廓缩小，用规定的符号绘于图纸，例如房屋、湖泊、旱田、林地等。它不仅能反映出地物的平面位置，而且能反映出地物的形状和大小。表 9–6 中，4.2.16、4.3.3、4.3.4、4.8.1 等都是比例符号。

9.4.2 非比例符号

当某些地物的轮廓很小或无轮廓，以致无法将其形状和大小按测图比例尺缩小，但又因其重要性必须表示时，可以不考虑其实际尺寸，采用规定的符号表示，称为非比例符号，如控制测量点、界址点、里程碑、独立树、水井、电杆等。

该类符号不仅物体的形状和大小不按比例绘制，而且符号中心位置和实地中心位置的关系也随着不同地物而有所差异，可分为以下几种：

（1）规则的几何图形（圆形、正方形、三角形等），图形几何中心点代表对应地物的中心位置。

（2）宽底符号（如烟囱、塔亭等），以符号底部中心为实地地物的中心位置。

（3）底部为直角形的符号（如独立树、路标等），以符号的直角顶点为实地地物的中心位置。

（4）几种图形组合符号（路灯、消火栓等），以符号下方图形的几何中心为实地地物的中心位置。

（5）下方没有底线的符号（如山洞、窑洞等），以符号下方两端点连线的中心点为实地地物的中心位置。

各种符号均按直立方向描绘，即与南图廓垂直。

9.4.3　半比例符号

对于一些狭长的带状延伸地物（如管线、道路、通信线路等），其长度和走向可以按比例尺缩绘表示，而宽度无法按比例尺表示，即为半比例尺符号，其中心线即为实地地物的中心线。

上述三种符号的使用不是固定的，同一种地物在大比例尺图上采用比例符号，而在中小比例尺上可能采用非比例符号或半比例符号。

9.4.4　地物注记

用文字、数字或特有符号对地物加以说明的，称为地物注记。注记包括地名注记和说明注记。地名注记主要包括行政区划、居民地、道路、河流、湖泊、水库的名称等。说明注记包括文字和数字注记，主要用以补充说明对象的质量和数量属性。如房屋的层数、管线性质、等高线高程、控制点的点位注记等。地形图常见图式符号见表 9–6。

地形图常见图式符号　　　　**表 9–6**

编号	符号名称	图例	编号	符号名称	图例
4.1	定位基础		4.2	水系	
4.1.1	三角点 a. 土堆上的	3.0 张湾岭 156.718 a 5.0 黄土岗 203.623	4.2.1	地面河流	0.15 清 0.5 江 1.0 3.0 a b
4.1.3	导线点 a. 土堆上的	2.0 I 16 84.46 a 2.4 I 23 94.40	4.2.8	沟堑 a. 已加固的 b. 未加固的 2.6—比高	2.6 a b
4.1.6	水准点	2.0 Ⅱ京石5 32.805	4.2.10	坎儿井 a. 竖井	a 0.3 1.0 4.0

续表

编号	符号名称	图例	编号	符号名称	图例
4.1.7	卫星定位连续运行站点	3.2 14 495.266	4.2.16	湖泊	龙湖 (咸)
4.3	居民地及设施		4.4	交通	
4.3.3	棚房 a. 四边有墙的 b. 一边有墙的 c. 无墙的	a 1.0 b 1.0 c 1.0 1.0 0.5	4.4.1	标准轨铁路 a. 地面上的 a_1. 电杆 b. 高架的 c. 高速的 c_1. 高架的 d. 建筑中的	0.2 10.0 8.0 a 0.6 a_1 1.0 0.4 b c 2.0 c_1 0.6 d 8.0
4.3.4	破坏房屋	破 2.0 1.0	4.4.4	高速公路 a. 隔离带 b. 临时停车点	0.4 0.2 (G5) 0.4 b a
4.3.6	廊房（骑楼）、飘楼 a. 廊房 b. 飘楼	a 混3 1.0 2.5 0.5 b 混3 2.5 0.5	4.4.16	内部道路	1.0 1.0
4.3.8	露天采掘场、乱掘地	石 土	4.4.23	加油站 加气站	油
4.5	管线		4.6	境界	
4.5.1	高压输电线 1. 架空的 a. 电杆 35—电压(kV) 2. 地面下的 a. 电缆标	1 a 35 4.0 2 a 8.0 1.0 4.0	4.6.2	省级行政区界限和界标 a. 已定界 b. 未定界 c. 界桩	a C 0.6 4.5 4.5 1.0 b 1.5 4.5
4.5.4	变电室（所） a. 室内的 b. 露天的	a b 3.2 1.6	4.6.4	地级行政区域界线 a. 已定界和界标 b. 未定界	a 0.5 3.5 1.0 4.5 1.0 1.5 b 0.5 3.5 4.5
4.7	地貌		4.8	植被与土质	
4.7.1	等高线及注记	e 1000 5~12 1.0	4.8.1	稻田	0.2 a 10.0 2.5 10.0

续表

编号	符号名称	图例	编号	符号名称	图例
4.7.2	示坡线	0.8	4.8.2	旱地	1.3 2.5 10.0 10.0
4.7.5	特殊高程点及其注记	1.6 洪113.5/1986.6	4.8.3	菜地	b 2.5 1.0 10.0 10.0
4.7.7	独立石	a 2.4 b 2.4	4.8.7	成林	1.6 松6
4.7.25	斜坡 a. 未加固的 a_1. 天然的 a_2. 人工的 b. 加固的	2.0 4.0 a a_1 a_2 b	4.9.1.1	地级以上政府驻地	唐山市 粗等线体（7.5）

9.5 地貌符号——等高线

地貌是指地表面的高低起伏形态，包括山地、丘陵和平原等。在图上表示地貌的方法很多，在测量工作中通常用等高线来表示。用等高线表示地貌不仅能表示出地面的起伏形态，而且还能科学地表示地面的坡度和地面点的高程。但对峭壁、冲沟、梯田等特殊地貌，不便用等高线表示时，则绘制特定的符号。

9.5.1 等高线的概念

等高线是地面上高程相同的相邻点连接而成的闭合曲线，也即一定高度的水平面横截地面所形成的截痕线。如图 9–13 所示，设想有一小山，若从山底到山顶，被一系列高差间隔相等的静止水平面 P_1、P_2、P_3 相截，则每个水平面上各得到一条闭合曲线，每条闭合曲线上所有点的高程必定相等。若将这些曲线沿铅垂线方向投影到同一水平面 H 上，并按测图比例尺缩绘到图纸上，便得到能表示该小山形状的等高线。地形图上的等高线比较客观地反映了地表高低起伏的空间形态，而且因为等高线上的数字代表等高线的高程，还具有量度性。

9.5.2 等高距和等高线平距

等高线是一定高度的水平面与地面相截的截线，水平面的高度不同，等高线表示的地面高程也不同。地形图上相邻等高线之间的高差称为等高距，常以 h 表示。图 9–13 中的等高距为 5m，在同一幅地形图上，等高距是相同的。

相邻两等高线间的水平距离称为等高线平距，常以 d 表示。由于同一幅地形图中等高距是相同的，故等高线平距的大小将反映地面坡度的变化，等高距与等高线平距的比值就是地面坡度。如图 9-14 所示，地面上 CD 段的坡度大于 BC 段，其等高线平距 cd 就比 bc 小；相反，CD 段的坡度小于 AB 段，其等高线平距就比 AB 段大。由此可见，等高线平距越小，地面坡度就越大；平距越大，则坡度越小；坡度相同（图上 AB 段）平距相同。因此，可以根据地形图上等高线的疏密来判定地面坡度的缓、陡。

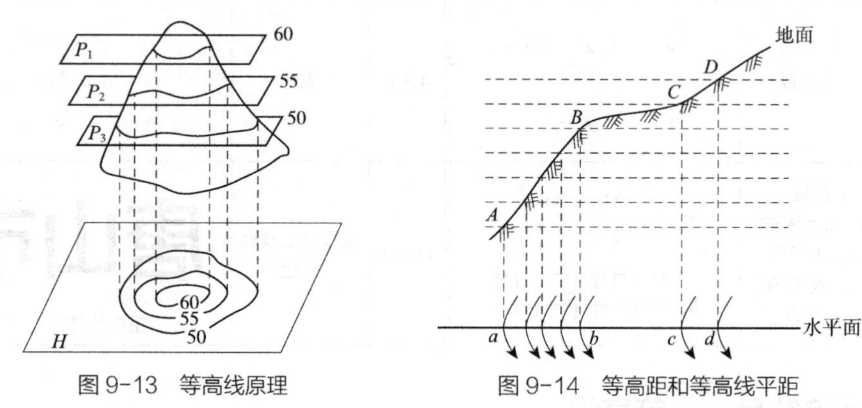

图 9-13　等高线原理　　图 9-14　等高距和等高线平距

同时可以发现，测绘地形图时，等高距选得太小，会使图上地貌显示过于详细，等高线数量过多且密集，这不仅增加了野外测图的工作量，还会影响图面的清晰，反而不便使用；但若等高距选得太大，则图上等高线越稀疏，所表现的地貌又会太粗略。在实际工作中，应根据测区的地形情况、测图比例尺和用图目的等因素，合理选择基本等高距。国家测绘部门在大比例尺地形测量规范中规定了不同地形类别和比例尺测图等高距，见表 9-7。

在同一幅地形图上，各处的等高距应相同。但在大面积测区且地面起伏相差较大时，可允许以图幅为单位采用不同的等高距。同时还规定等高线的高程必须是所用等高距的整倍数，而不能是任意高程的等高线。例如，若使用的等高距为 2m，则等高线的高程必须是 2m 的整倍数，如 60m、62m、64m，而不能为 61m、63m 或 60.5m、62.5m 等。

不同地形类别和比例尺测图等高距　　**表 9-7**

地形类别 / 比例尺	平地（m）	丘陵地（m）	山地（m）	高山地（m）
1：500	0.5	0.5	1	1
1：1000	0.5	1	1	1 或 2
1：2000	0.5	1	2	2
1：5000	1	2	5	5

9.5.3　典型地貌的等高线

由于地球成因与结构的不同（内力作用）以及自然侵蚀作用（外力作用），形成了现在比较复杂的地表自然形态。地貌尽管千姿百态、错综复杂，但其基本形态可归纳为以下几种典型地貌，了解和熟悉用等高线表示典型地貌的特征，将有助于识读、应用和测绘地形图。

1. 山丘和洼地（盆地）

山丘和洼地的等高线表示方法在地形图中比较常见，多呈现出间隔比较平均的一组等高线，它们在外形上非常相似。其区别在于：山丘地貌是内圈的等高线高程大，洼地地貌是外圈的等高线高程大。为了方便区分，可在某些等高线上沿斜坡下降方向绘制一短线，来表示坡度走向，叫作示坡线。图 9–15（*a*）为山丘及其等高线，图 9–15（*b*）为洼地及其等高线。

示坡线用来指示高程降低的方向，因而一端与等高线连接并垂直于等高线表示此端地形高，不与等高线连接端地形低。并且示坡线通常不需要在每条等高线上描述，只要能明显地表示出坡度方向即可。

2. 山脊与山谷

山脊是沿着一个方向延伸的高地，山脊的最高棱线称为山脊线。山脊等高线表现为一组凸向低处的曲线。山谷是沿着一个方向延伸的洼地，位于两山脊之间。贯穿山谷最低点的连线称为山谷线。山谷等高线表现为一组凹向高处的曲线。雨水以山脊为界流向两侧坡面，则称为分水线。同理在山谷中，雨水由两侧山坡流向谷底，则称为集水线。山脊线和山谷线都属于地性线，因此等高线都是垂直于地性线的。图 9–16 为山脊与山谷的等高线。

3. 鞍部

鞍部是相邻两山头之间呈马鞍形的低凹部位，鞍部及其等高线如图 9–17 所示。其中心位于分水线的最低位置或集水线的最高位置上，鞍部等高线的特点是在一圈大的闭合

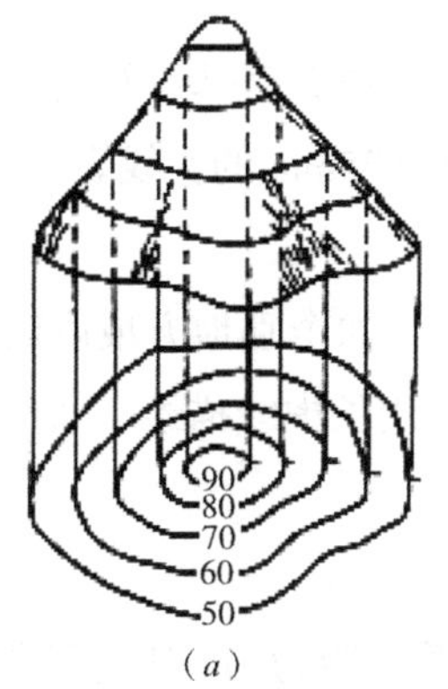

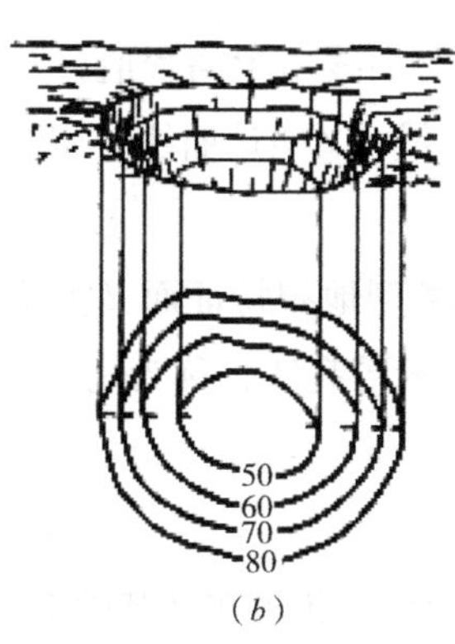

图 9–15　山丘与洼地的等高线图

图 9–16　山脊与山谷的等高线

曲线内套有两组小的闭合曲线。

4. 陡坡和悬崖

陡坡是坡度在 70° 以上的陡峭崖壁，有石质和土质之分，图 9–18（*a*）为石质陡坡及其等高线，图 9–18（*b*）为土质陡坡及其等高线。在陡坡处等高线非常密集，绘在图上几乎呈重叠状，为了便于绘图和识图，地形图图式中专门列出表示此类地貌的符号。

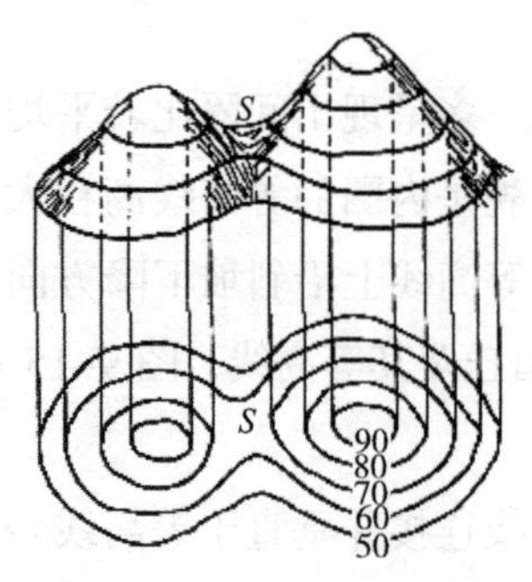

图 9–17 鞍部及其等高线

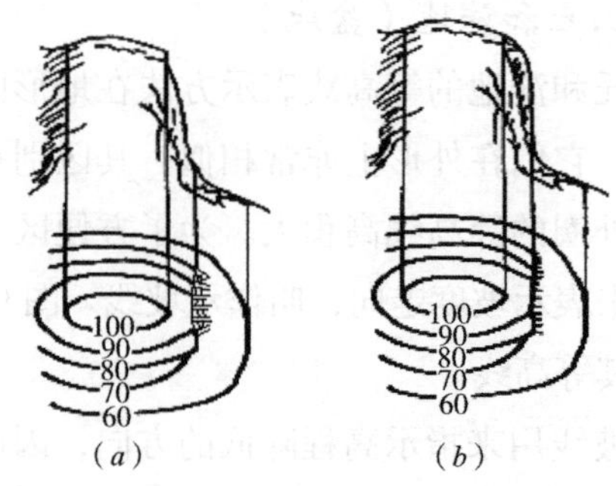

图 9–18 陡坡及其等高线

悬崖是上部突出，下部凹进的地貌，这种地貌的等高线如图 9–19 所示，其等高线出现相交，俯视时隐蔽的等高线用虚线表示。

还有某些特殊地貌，如冲沟、滑坡、雨裂等，其表示方法参见地形图图式。

9.5.4 等高线的分类

为了更好地显示地貌特征，便于识图和用图，地形图上主要采用下列四种等高线，如图 9–20 所示。

1. 首曲线

按表 9–5 选定的等高距，称为基本等高距。在图上按规定的基本等高距描绘的等高线称为基本等高线，又叫首曲线。大比例尺地形图上用线划宽度为 0.15mm 的细实线描绘。

2. 计曲线

为了用图和读图方便，便于查看等高线所示高程值，凡是高程能被 5 倍基本等高距整除的等高线加粗描绘，称为加粗等高线，又叫计曲线。用线划宽度 0.25mm 的实线表示。

3. 间曲线

当用首曲线不足以显示某些局部微型地貌特征而又需要表示时，如个别地方坡度较平缓，可加绘等高距为 1/2 基本等高距的等高线，称为间曲线，一般用长虚线描绘。间曲线可以仅绘出局部线段。

4. 助曲线

若用间曲线仍无法显示局部地貌变化，还可在其基础上再加绘等高距为 1/4 基本等高距的等高线，称为助曲线，一般用短虚线描绘。

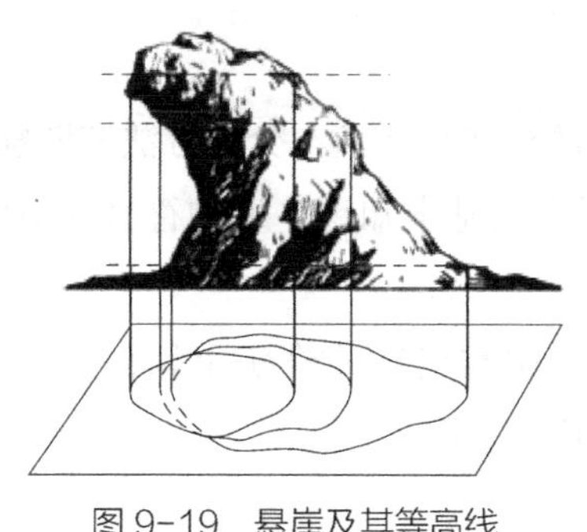

图 9-19 悬崖及其等高线

42
40
38
首曲线
42
41
40
39
38.5
38
助曲线
间曲线
计曲线

图 9-20 等高线的分类

了解和掌握典型地貌等高线后，就不难读懂综合地貌的等高线图。图 9-21 是某一地区综合地貌及其等高线，读者可以自行对照阅读。

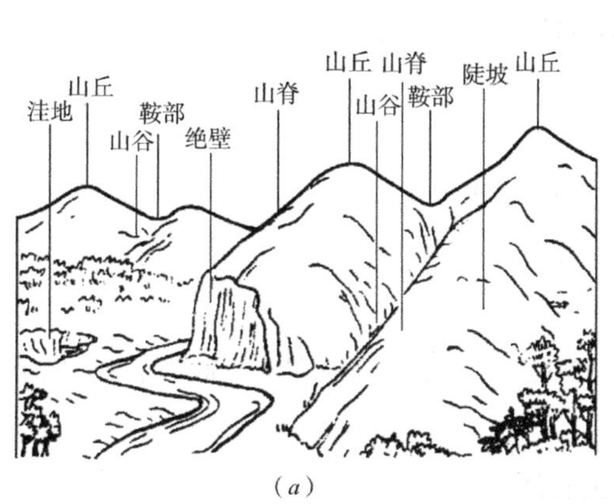

(*a*)

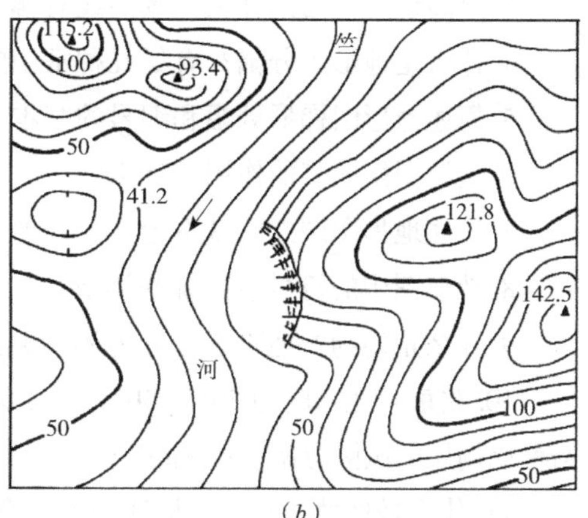

(*b*)

图 9-21 某一地区综合地貌及其等高线

9.5.5 等高线的特性

为了掌握用等高线表示地貌时的规律，依据等高线原理，可以归纳如下几条等高线的特性：

（1）在同一条等高线上的各点高程都相等。

（2）等高线是连续闭合曲线，如果不在本图幅内闭合，则必在图幅外闭合。

（3）除绝壁和悬崖处外，等高线在图上不能重合或相交。

（4）等高线平距的大小与地面坡度的大小成反比。

（5）等高线与山脊线、山谷线等地性线成正交。表示山谷的等高线应凸向高处，表示山脊的等高线应凸向低处。

【本章小结】

本章主要介绍地形图的基本知识，包括地形图的比例尺、基本分幅方法和图廓图号、地形图符号等。通过本章的学习，学生应掌握地形图的基本知识、地物符号和地貌符号的基本内容，掌握等高线的概念与地形图分幅编号的技术。

建立地形图比例尺的概念，熟练掌握地形图的分幅和编号对学习后续课程极为重要，识图与绘图是从事测量工作的基本功，必须正确理解和应用。

【思考与练习题】

1. 何为地形图比例尺？我国常用的比例尺系统是什么？

2. 什么是比例尺精度？ 1 : 2000 地形图的比例尺精度是多少？

3. 等高线的定义是什么？等高线有哪些特征？

4. 什么是地形图分幅？有哪几种常用的分幅方法？

5. 简述地形图梯形分幅和编号的基本方法。

6. 地形图接图表的作用是什么？

7. 试述地形图图式的基本定义，地形图图式的作用是什么？

8. 地形图中的符号包括哪些类型？

9. 什么是地物？地物符号分为哪几类？

10. 北京某地纬度为 39°56′40″，经度为 116°23′32″，试计算该地在 1 : 50 万、1 : 1 万两种比例尺的国际分幅的图幅编号。

11. 什么是地性线？具体描述一下山脊线与山谷线。

12. 什么是等高距？什么是等高线平距和坡度？三者之间的关系如何？

13. 已知某 1 : 5000 比例尺地形图的国际分幅编号为 J50H092084，试计算该图的图幅范围。

第 10 章　大比例尺地形图的测绘

【本章要点及学习目标】

本章主要介绍地形图测绘的基本原理和方法，包括传统方法测图和数字测图技术。通过本章的学习，学生应了解碎部测量和地形图绘制的原理与方法，掌握数字测图的基本原理与方法；结合实践教学，掌握全站仪碎部测量技术，掌握地形图测量和绘制的基本流程。

控制测量工作结束后，就可以根据各等级控制点和图根控制点测定地物、地貌特征点的平面位置和高程，并按规定的比例尺和符号缩绘成地形图。测绘地形图的方法有传统方法测图、数字测图、数字摄影测量方法测图和编绘法测图等。本章主要介绍传统方法测图和数字测图技术。

10.1　大比例尺地形图的传统测绘方法

大比例尺地形图的传统测绘方法有：大平板仪测绘法、经纬仪测绘法、小平板仪与经纬仪联合测绘法、电子平板测绘法和摄影测量等方法。本节主要介绍经纬仪测绘法。

10.1.1　测图前的准备工作

在正式测图之前应认真做好各项准备工作。准备工作包括：技术资料的收集与抄录、仪器和工具的准备、图纸的准备、绘制坐标格网、展绘图廓点及控制点等。如果测绘 1∶5000 比例尺的地形图且需要进行梯形分幅时，还要查取和展绘图幅的图廓点平面直角坐标。如果采用聚酯薄膜进行测图时，可以省去绘制坐标格网的工作。

1. 技术资料的收集与抄录

测图前应收集有关测区的自然地理和交通情况资料，了解委托方对所测地形图的专业要求，收集测区的各级平面和高程控制点的成果资料。对收集的各种成果资料应仔细核对，确认无误后方可使用。测图前还应取得有关测量规范、图式等。组织测绘作业人员学习，根据地形图测绘委托合同或协议书编制技术设计书等。

2. 仪器和工具的准备

用于地形测图的平板仪、经纬仪、水准仪等必须经鉴定取得计量鉴定证书，每次测图前都必须进行细致的检查和必要的校正，并做好记录。特别是应对竖直度盘指标差进行经常的检验与校正。

3. 图纸的准备

图纸可采用白色绘图纸或聚酯薄膜绘图纸。采用白色绘图纸测图，后续还要绘制坐标格网，展绘控制点；采用商品化的聚酯薄膜，其图纸上已打好方格，因此可以省去绘制坐标格网的步骤。

聚酯薄膜图纸是采用厚度为0.07~0.1mm、伸缩变形率小于0.02%的经热定形处理的聚酯薄膜片。在常温时变形小，不影响测图精度。膜片是透明图纸，测图前在膜片与测图板之间衬以白纸，并用透明胶带纸粘贴或铁夹固定。聚酯薄膜相比绘图纸具有伸缩性小、耐湿、耐磨、耐酸、透明度高、抗张力强和便于保管的优点。薄膜图纸弄脏后可以水洗，便于野外作业。清绘着墨后的地形图可以直接晒图或制版印刷。但其缺点是高温下易燃、易变形、易折损，所以在使用和保管时应注意防火、防折。

4. 绘制坐标格网

大比例尺地形图平面直角坐标方格网是由边长10cm的正方形组成。绘制方格网根据所用工具不同，其绘制方法主要包括：普通直尺对角线法、坐标格网尺法和绘图机输出打印法。下面仅介绍用普通直尺对角线法绘制坐标方格网的步骤：

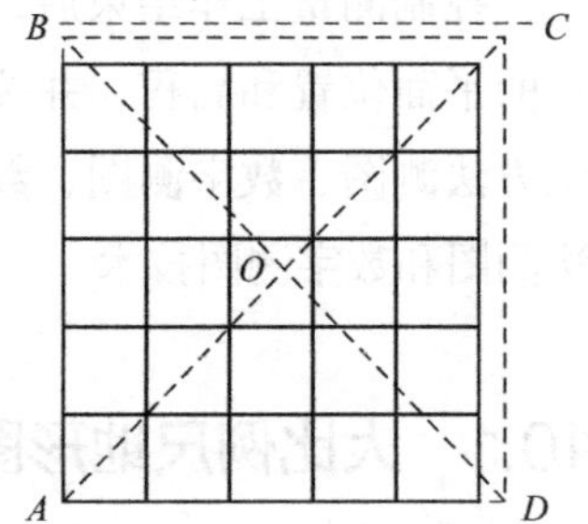

图 10–1　直尺绘制坐标格网

（1）如图10–1所示，先在图纸的四角用普通直尺轻轻绘出两条对角线 *AC* 和 *BD*，其交点为 *O*。

（2）以交点 *O* 为圆心，以适当长度为半径，分别在直线的两端画短弧，得 *A*、*B*、*C*、*D* 四个交点，依次连接各点，得矩形 *ABCD*。

（3）分别由 *A* 和 *B* 点起，沿 *AD* 和 *BC* 边以10cm间隔截取分点；又由 *A* 和 *D* 点起沿 *AB* 和 *DC* 边以10cm间隔截取分点。

（4）连接上下各对应分点及左右各对应分点，这样便构成了每边为10cm的正方形方格网。

（5）在纵横线两端按比例尺注记相应的坐标值，即为所要的坐标方格网。

（6）绘制出的坐标方格网的精度直接影响以后展绘各级控制点和测绘地形图的精度，因此必须对所绘出的坐标方格网进行检查。用直尺检查各格网的交点是否在同一直线上（如图10–1中 *AB* 直线），其偏差不应超过0.2mm。用比例尺检查10cm小方格网的边长，其误差不应超过0.2mm。图廓线及对角线长度误差不应超过0.3mm。如超过限差，应重新绘制。

5. 展绘图廓点及控制点

展点就是把控制点和图廓点（当用梯形分幅时）依照坐标及测图比例尺绘到具有坐标方格网的图纸上。首先，根据已拟定的测区地形图分幅编号，根据图幅在测区内的位置确定坐标格网左下角坐标值，并将此值注记在内、外图廓之间所对应的坐标格网处，其他纵横向格网点的坐标值也注记到内、外图廓之间所对应的坐标格网处（图 10–2）。下面介绍人工展点方法。

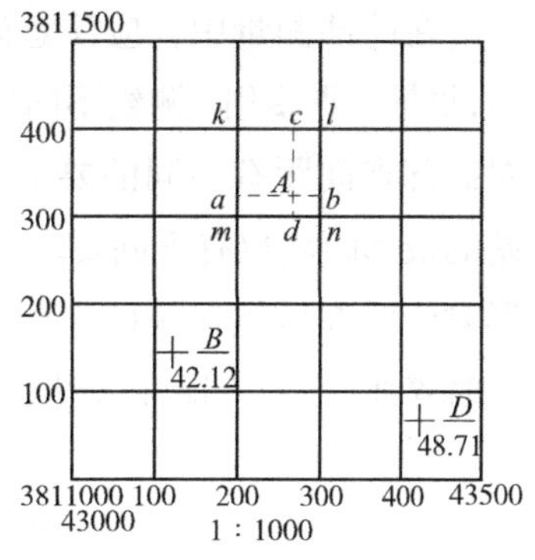

图 10–2　控制点的展绘

如图 10–2 所示，设控制点 A 的坐标为 x_A= 3811317. 110m，y_A=43272.850m，展点时首先要确定该点所在的方格，根据 A 点坐标及纵横方格线可判断出 A 点在 *klnm* 方格内；然后分别从 m 和 n 点向上量取 17.11/M（M 为比例尺分母），得 a、b 两点；再分别从 k、m 两点向右用比例尺量取 72.85/M，得 c、d 两点，ab 与 cd 两连线的交点即为 A 点的图上位置。图幅内的所有控制点展绘完后，如为梯形分幅时，还应将图廓点按同样的方法展绘在图纸上。展完全部点后，还必须进行认真的检查。检查的方法是用比例尺在图上量取各相邻点间的距离，然后与实地边长比较，其最大误差不应超过图上的 0.3mm，否则须重新展绘。展绘完控制点平面位置并检查合格后，擦去图幅内多余线划，图纸上只留下图廓线、四角坐标、图号、比例尺以及方格网十字交叉点处 5mm 长的相互垂直的短线，并根据需要按地形图图式规定的符号绘制和注记控制点点号、等级和高程。

10.1.2　碎部测量的基本方法

碎部测量就是测定碎部点的平面位置和高程，下面分别介绍碎部点的选择和测定碎部点平面位置的基本方法。

1. 碎部点的选择

碎部测量的主要内容就是在图幅内的高级控制点和图根点上安置仪器，测定其周围地物、地貌碎部点的平面位置和高程，并在图纸上根据这些碎部点描绘地物、地貌的形状，从而测绘出地形图。

反映地物轮廓和几何位置的点称为地物特征点，地貌可以看作是由许多大小、坡度方向不同的曲面组成，这些曲面的交线称为地貌特征线，其上的拐点称为地貌特征点，碎部点应选在地物和地貌特征点上。

对于地物，碎部点应选在地物轮廓线的方向变化处，如房角点、道路转折点、交叉点、河岸线转弯点以及独立地物的中心点等。连接这些特征点，便得到与实地相似的地物形状。由于地物形状极不规则，一般规定主要地物凹凸部分在图上大于 0.4mm 均应表示出来，小于 0.4mm 时可用直线连接。

对于地貌来说，碎部点应选在最能反映地貌特征的山脊线、山谷线等地性线上，如山顶、鞍部、山脊、山谷、山坡、山脚等坡度变化及方向变化处，如图 10–3 所示。根据这些特征点的高程勾绘等高线，即可将地貌在图上表示出来。

在碎部测量中，应注意碎部点要分布均匀，尽量一点多用。测绘不同比例尺的地形图，对碎部点间距有不同的要求，对碎部点距测站的最远距离也有不同要求。表 10–1 给出地形测绘时在城镇建筑区采用视距测量方法量距时碎部点最大间距和最大视距的允许值。

图 10–3 碎部点的选择

碎部点最大间距和最大视距（城镇建筑区） 表 10–1

测图比例尺	地形点最大间距（m）	最大视距（m）	
		主要地物点	次要地物和地形点
1 : 500	15	50（量距）	70
1 : 1000	30	80	120
1 : 2000	50	120	200

2. 测定碎部点平面位置的基本方法

测定碎部点平面位置的基本方法有极坐标法、支距法、方向交会法等。

（1）极坐标法

极坐标法是根据一个角度和一段距离确定待定点平面位置的方法。极坐标法适用于测区场地开阔、量距方便的测区，当通视条件达到时，测定碎部点方便易行而成为碎部点测定的主要方法。如图 10–4 所示，A、B 为地面已有控制点，其坐标分别为（X_A，Y_A）、（X_B，Y_B），欲测定 A 点附近的房屋角点 1、2、3。以测站 A 点为极点，在 A 上安置仪器，以 AB 为起始方向（又称后视方向或零方向），通过测定 $A1$、$A2$、$A3$ 连线方向与 AB 的水平夹角 β_1、β_2、β_3，同时量出水平距离 D_1、D_2、D_3，即可确定碎部点 1、2、3 的平面位置，并按测图比例尺在图上绘出该房屋的平面位置。

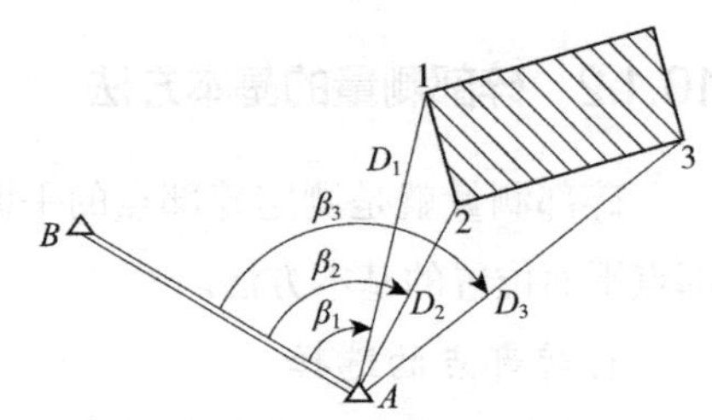

图 10–4 极坐标法测定碎部点

（2）支距法

这种方法是以两已知测站点的连线为基边，测出碎部点至基边的垂直距离和垂足至一测站点的距离，从而确定碎部点的图上位置。

如图 10–5 所示，A、B 为两已知测站点，若要测定房屋的平面位置，可量出屋角 1、2、3、4 点至基边 AB 的垂直距离 11′、22′、33′、44′，再量出 A 至 1′、2′ 点的距离 $A1'$、$A2'$ 以及 B 至 3′、4′ 的距离 $B3'$、$B4'$，即可按测图比例尺在图上绘出房

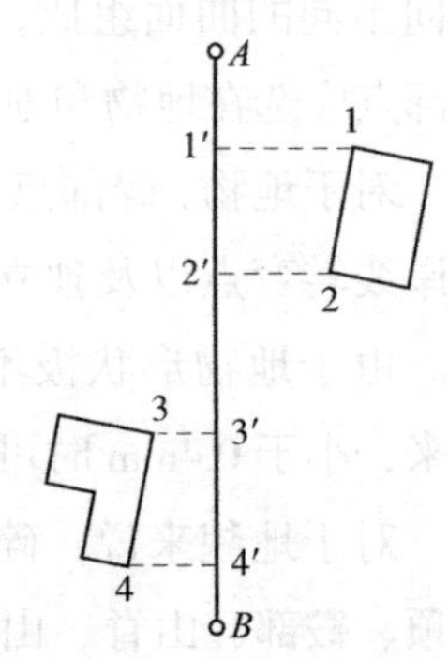

图 10–5 支距法测定碎部点

屋的 1、2、3、4 点。如果再量出房屋的宽度，便可在图上绘出整个房屋的位置。

（3）方向交会法

在通视条件良好、测绘目标明显而又不便立尺的地物点，如烟囱、水塔、水田地里的电杆等，若需测定其平面位置，可用方向交会法。方向交会法分为角度方向交会法和距离方向交会法。

1）角度方向交会法

如图 10–6 所示，M、N 为已知控制点，为确定房角点 1、2 的平面位置，分别安置仪器于 M、N 点上，测出相应房角的水平角 α_1、α_2 及 β_1、β_2，即可在按测图比例尺图上交会确定出房角点 1、2 的平面位置，并根据量得的房屋宽度绘出所测房屋。

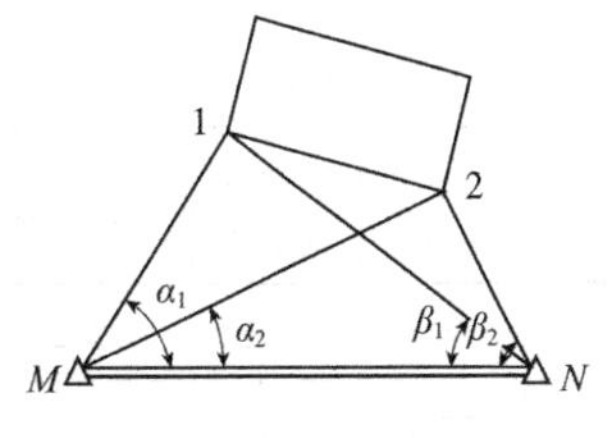

图 10–6　交会法测定碎部点

2）距离方向交会法

如图 10–6 所示，M、N 为已知控制点，为确定房角点 1、2 的平面位置，分别安置仪器于 M、N 点上，分别量出 $M1$、$M2$ 和 $N1$、$N2$ 的水平距离，即可按测图比例尺在图上交会确定出房角点 1、2 的平面位置，并根据量得的房屋宽度绘出所测房屋。

进行方向交会时，交会的两方向线的夹角接近 90° 最好。一般规定此夹角不应小于 30° 或大于 120°。另外，还必须以第三方向作交会的检核。

10.1.3　经纬仪测绘法

经纬仪测绘法的实质是按极坐标法定点进行测图，观测时将经纬仪安置在测站上，绘图板安置于测站旁，用经纬仪测定碎部点的方向与已知方向之间的水平夹角，用视距法（或钢尺丈量）测定控制点至碎部点的水平距离和碎部点的高程；然后根据测量数据用量角器和比例尺把碎部点的位置展绘在图纸上，并在点的右侧注记高程，再对照实地描绘地形。此法操作简单灵活，适用于各类地区的地形图测绘。操作步骤如下：

（1）安置仪器。如图 10–7 所示，将经纬仪安置在测站点 A 上，对中、整平，并量取仪器高 i，填入记录手簿。

（2）定向。经纬仪置于盘左位置，照准相邻任一图根点，置水平度盘读数为 0°00′00″，作为起始方向读数。

（3）立尺。立尺人员应根据测图范围和实地情况，与观测员、绘图员共同商定跑尺路线，选定立尺点，依次将塔尺立在特征点上。

（4）观测。转动照准部，瞄准点 1 的标尺，读视距间隔 l、中丝读数 v、竖盘读数 L 及水平角 β。

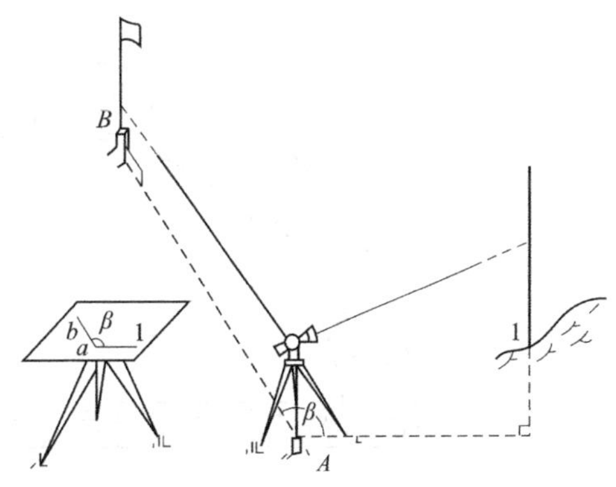

图 10–7　经纬仪测绘法

（5）记录。将测得的视距间隔、中丝读数、竖盘读数及水平角依次填入手簿，见表10–2。有些手簿也将视距间隔写为视距 Kl，由观测者直接读出视距值。对于具有特殊意义的碎部点，应在备注中加以说明。

（6）计算。依视距 Kl、竖盘读数 L 或竖直角 α，按 4.2.2 节所述方法用计算器计算出碎部点的水平距离和高程。

碎部测量手簿　　表 10–2

测站：A　后视点：B　仪器高 i=1.42m　指标差 x=0　测站高程 H_A=207.4m

点号	视距（m）	中丝读数（m）	竖盘读数 L	竖直角 α	高差 h（m）	水平距离（m）	高程（m）	水平角 β	备注
1	76.0	1.42	93°28′	−3°28′	−4.59	75.7	202.81	114°00′	山脚
2	75.0	2.42	93°00′	−3°00′	−4.92	74.8	202.48	132°30′	山脚
3	51.4	1.42	91°45′	−1°45′	−1.57	51.4	205.83	147°00′	鞍部
4	25.7	1.42	87°26′	+2°34′	+1.15	25.6	208.55	178°25′	山顶

（7）展绘碎部点。如图 10–8 所示，用细针穿过量角器的圆心插在图上测站点 a 处，转动量角器，将量角器上等于 β 角值（碎部点 1 为 114°00′）的刻划线对准起始方向线 ab，此时量角器的零方向线便是碎部点 1 的方向线；然后用测图比例尺按测得的水平距离（碎部点 1 为 75.7m）在该方向上定出点 1 的位置，并在点的右侧注记高程（碎部点 1 为 202.81m）。

同法，测出其余各碎部点的平面位置和高程，绘于图上。参照地面情况，用地物符号将碎部点连接起来，根据碎部点高程绘出表示地貌的等高线，直至完成一个测站的测图工作。

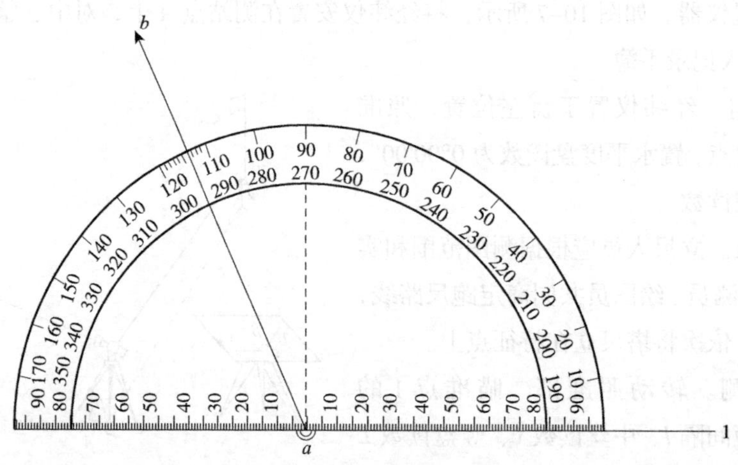

图 10–8　展绘碎部点

为了检查测图质量，仪器搬到下一测站时应先观测前站所测得的某些明显碎部点，以检查由两个测站测得该点的平面位置和高程是否相符。如相差较大应查明原因、纠正错误，再继续进行测绘。

10.2　地形图的绘制

在外业工作中，将碎部点展绘，就可对照实地随时描绘地物和等高线。若测区面积较大，可分成若干图幅分别测绘，还应及时对各图幅衔接处进行拼接检查，经过检查与整饰才能获得合乎要求的地形图。

10.2.1　地形图的测绘内容

1. 定位基础

定位基础包括数学基础和测量控制点。数学基础主要指图廓线、经纬线、坐标格网线等。各级测量控制点在图上必须精确表示，图上各控制点符号的几何中心就是相应控制点的图上位置，控制点点名和高程以分式表示，分子为点名，分母为高程，分式注在符号的右侧。水准点和经水准点引测的三角点、小三角点的高程一般注至0.001m，三角高程测量的控制点的高程一般注至0.01m。

2. 水系

水系包括河流、沟渠、湖泊、水库、海洋、水利要素及附属设施。江、河、湖、海、水库、池塘、沟渠、泉、井及其他水利设施均应准确表示，有名称的加注名称。河流、溪流、湖泊、水库等水涯线宜按测图时的水位测定。河流在图上用宽度小于0.5mm、沟渠在图上用宽度小于1mm（1：2000地形图小于0.5mm）的单线表示。海岸线以平均大潮高潮的痕迹所形成的水陆分界线为准。

3. 居民地及设施

居民地及设施包括居民地、工矿、农业、公共服务、名胜古迹、宗教、科学观测站、其他建筑物及其附属设施。依比例尺表示的，应实测其外部轮廓，填绘符号；不依或半依比例尺表示的，应准确测定其定位点或定位线，用不依或半依比例尺符号表示。

居民地中的各类建筑物、构筑物及主要附属设施应准确测绘实地外围轮廓和如实反映建筑结构特征。房屋的轮廓应以墙基外角为准，并按建筑材料和性质分类，注记层数。建筑物和围墙轮廓凸凹在图上小于0.4mm，简单房屋小于0.6mm时，可用直线连接。

测绘垣栅应类别清楚，取舍得当。城墙按城基轮廓依比例尺表示，城门、城楼、豁口均应实测。围墙、栅栏、栏杆等可根据其永久性、规整性、重要性等综合考虑取舍。

4. 交通

交通包括铁路、城际公路、城市道路、乡村道路、道路构造物、水运、航道、空运及其附属设施。对于交通及附属设施的测绘，图上应准确反映陆地道路的类别和等级，附属设施的结构和关系；正确处理道路的相交关系及与其他要素的关系；正确表示水运和海运的航行标志，河流的通航情况及各级道路的通过关系。

铁路应实测轨道中心线，在 1：500、1：1000 比例尺测图时应按比例尺描绘轨宽。铁路上的高程应测轨面高程（曲线部分测内轨面），但标高仍注在中心位置。公路也必须按实际位置测绘，特征点可选在路面中心或路的一侧，按实际路面宽度依比例尺描绘，在公路符号上应注明路面材料，如沥青、碎石等。

5. 管线

管线包括输电线、通信线、各种管道及其附属设施，包括地上、地下和空中的各种管道、电力线、通信线等。管道应测定其交叉点、转折点的中心位置，并分别依比例尺符号或非比例尺符号表示。架空管线在转折处的支架塔柱应实测，而位于直线部分的可用图解法求出。塔柱上有变压器时，其位置按其与塔柱的位置关系绘出。

6. 境界

境界包括国界、省界、地级界、县界、乡界、村界及其他界线等。当两级以上境界重合时，按高一级境界表示。国家内部各种境界遇有行政隶属不明确地段，用未定界符号表示。境界线的转角处不应有间断，应在转角上绘出点或线。

7. 地貌

地貌包括等高线、高程注记点、水域等值线、水下注记点、自然地貌及人工地貌等。

8. 植被与土质

植被与土质包括农林用地、城市绿地及土质等。植被是地面各类植物的总称，如森林、果园、耕地、草地、苗圃等。植被的测绘主要是测绘各类植被的边界，以地类界点绘出面积轮廓，并在其范围内充填相应的符号；对耕地的轮廓测绘还应区分是旱田还是水田等；如果地类界与道路、河流等重合，则可不绘出地类界，但与高压线、境界线重合时，地界类应移位绘出。田埂宽度在图上大于 1mm 的应用双线表示，小于 1mm 的用单线表示。田块内应测注有代表性的高程。

9. 注记

注记包括地理名称注记、说明注记和各种数字注记等。地图中所使用的汉语文字应符合国家通用语言文字的规范和标准。

10.2.2 地物的绘制

1. 地物绘制的一般原则

地物描绘必须根据测图比例尺，按地形测量规范和地形图图式要求，经综合取舍，将各种地物表示在图上。地物测绘主要是将地物的形状特征点（即碎部点）准确地测绘到图上，例如地物的转折点、交叉点、曲线上的弯曲变换点等。连接这些特征点，便可得到与实地相似的地形图。

凡能依比例尺表示的地物就应将其水平投影位置的几何形状测绘到地形图上，如房屋、双线河流、球场等，或是将它们的边界位置表示在图上，其内再充填绘入相应的地物符号，如森林、草地等。对于不能依比例尺表示的地物，则测绘地物的中心位置并以相应的地物符号表示，如水塔、烟囱、小路等。

2. 地物测绘中跑尺的方法

测图时立尺员依次在各碎部点立尺的作业，通常称为跑尺。立尺员跑尺的好坏直接影响测图速度和质量，从某种意义上说，立尺员起指挥测图的作用。立尺员除须正确选择地物特征点外，还应结合地物分布情况，采用适当的跑尺方法，尽量做到不漏测、不重测。一般按下述原则跑尺或立尺：

（1）地物较多时应分类立尺，以免绘图员连错，不应单纯为立尺员方便而随意立尺。例如立尺员可沿道路立尺，测完道路后，再按房屋立尺。当一类地物尚未测完，不应转到另一类地物上去立尺。

（2）当地物较少时，可从测站附近开始，由近及远采用螺旋形跑尺路线跑尺，待迁测站后，立尺员再由远到近，以螺旋形跑尺路线回到测站。

（3）若有多人跑尺，可以测站为中心划成几个区，采取分区专人包干的方法立尺，也可按地物类别分工立尺。

10.2.3 地貌的绘制

地貌千姿百态，但从几何的观点分析，可以认为是由许多不同形状、方向、倾角和大小的面组合而成，这些面的相交棱线称为地性线。地性线有两种：一种是由两个不同走向的坡面相交而成的棱线，称为方向变换线，如山脊线和山谷线；另一种是由两个不同倾斜的坡面相交而成的棱线，称为坡度变换线，如陡坡和缓坡的交界线、山坡与平地交界的坡麓线等。在实际地貌测绘中，确定地性线的空间位置时，只要测定各棱线交点的空间位置即可，这些棱线的交点称为地貌特征点。测定地貌特征点并以地性线构成地貌骨架，地貌的形态就可以很容易表示出来了。因此地貌的测绘主要就是测绘这些地貌特征点及其地性线。

1. 地貌的测绘方法

地貌的测绘分为如下几步：测绘地貌特征点、连接地性线、确定等高线的通过点和按实际地貌勾绘等高线。

（1）测绘地貌特征点

地貌特征点包括山的最高点、洼地的最低点、谷口点、鞍部的最低点、地面坡度和方向的变换点等。测定地貌特征点首先要恰当地选择地貌特征点，如果选择不当或漏测了某些重要的地貌特征点，将不能准确、真实地反映地表形态。为此，测绘人员要认真观察地貌变化，找出恰当的地貌特征点立尺，然后测出其图上位置，并在其点旁注记高程，高程点一般注记到0.1m，1：500、1：1000可根据需要注记到0.01m。

（2）连接地性线

当绘出一定数量的地貌特征点后，绘图员应及时依照实际情况用铅笔轻轻在图上连接地性线，待勾绘完等高线后再将地性线擦掉。如图 10–9（*b*）所示，实线代表山脊线，虚线代表山谷线。在实际工作中地性线应随着地貌特征点的陆续测定而随时连接。

（3）确定等高线的通过点

根据图上地性线描绘等高线，须确定各地性线上等高线的通过点。由于地性线上所有坡度变换点在测定地貌时已确定，故同一条地性线相邻两地貌特征点间可认为是等倾斜的。在选择了一定等高距的条件下，图上等高线通过点的间距应是相等的，由此可以按高差与平距成比例的关系来确定等高线在地性线上的通过点。确定等高线通过点的方法有解析法、目估法和图解法。

1）解析法

如图 10–9（*a*）所示，地面上两碎部点 *C* 和 *A* 的高程分别为 202.8m 及 207.4m，若取基本等高距为 1m，则其间有 203m、204m、205m、206m 及 207m 五条等高线通过，再进一步确定图上 *cm*、*mn*、*no*、*op*、*pq*、*qa* 的长度。根据高差与平距成正比关系可知：

$$cm=\frac{ca}{h_{CA}}h_{CM},\quad qa=\frac{ca}{h_{CA}}h_{QA}$$

h_{CA}=207.4–202.8=4.6m，*ca*=21mm，h_{CM}=203–202.8=0.2m，h_{QA}=207.4–207=0.4m，代入上式计算得：*cm*=0.91mm；*qa*=1.83mm。

根据计算数据在图上由 *c* 点沿 *ca* 截取 0.91mm，得地性线上 203m 等高线通过点 *m*；再由 *a* 点沿 *ac* 截取 1.83mm，即为 207m 等高线的通过点 *q*；再将 *mq* 线段四等分，得 *n*、*o*、*p* 三点，它们分别就是 204m、205m、206m 三条等高线在地性线上的通过点。随着其他地性线的不断绘出，用上述同样的方法又可确定出其他地性线上相邻地貌特征点间的等高线通过点。

2）目估法

同样如图 10–9（*a*）所示，根据高差与平距成正比关系，先目估定出高程为 203m 的

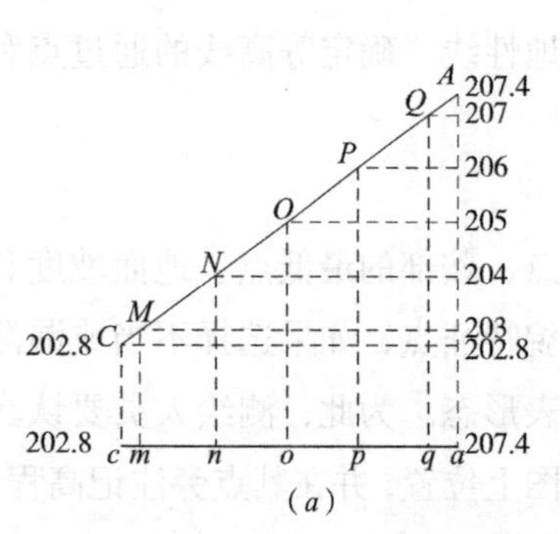

（*a*）

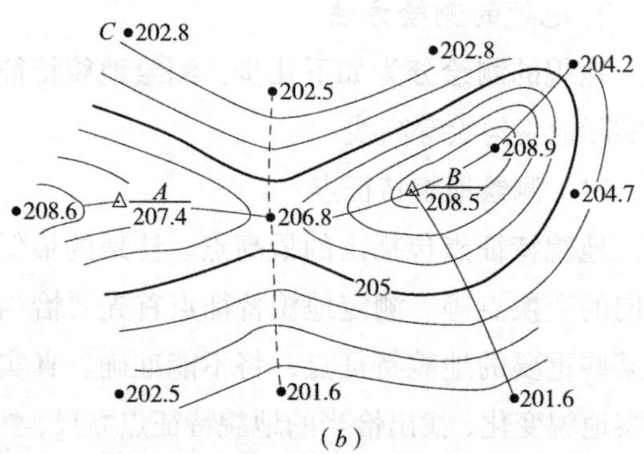

（*b*）

图 10–9　等高线勾绘

m 点和高程为 207m 的 q 点，然后将 mq 的距离四等分，定出高程为 204m、205m、206m 的 n、o、p 点。同法定出其他相邻两碎部点间等高线应通过的位置。将高程相等的相邻点连成光滑的曲线，就得到了这一区域内的等高线。

勾绘等高线时要对照实地情况，先画计曲线、后画首曲线，并注意等高线通过山脊线、山谷线的走向。

3）图解法

图解法内插等高线如图 10-10 所示，即用一张透明纸绘出一组等间距的平行线，平行线两端注上 0~9 的数字，将一张透明纸蒙在测图纸 c、a 点的连线上，使 c 点位于平行线 2.8 处，然后将透明纸绕 c 点转动，使 a 点恰好落在 7、8 两线间的 7.4 处，把 ca 线与各平行线的交点用细针刺于图上，即可得到 203m、204m、205m、206m、207m 等高线在地性线上的通过点。

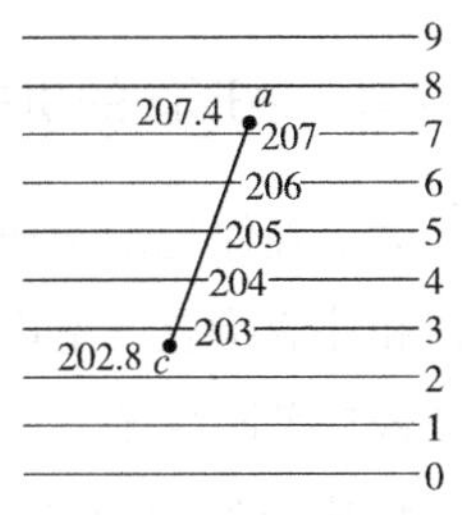

图 10-10　图解法内插等高线

（4）按实际地貌勾绘等高线

在地性线上由内插确定各等高线的通过点后，就可依据实际地貌，用光滑的曲线依次连接各地性线上同名高程点，这样便得到一条等高线。实际作业时等高线是随测随绘的，一般先描绘计曲线，内业时再绘制其他等高线，待等高线勾绘完毕后，所有的地性线应全部擦去。

2. 地貌测绘中立尺点的选择与密度

（1）正确选择地貌特征点

地性线上的地貌特征点选错或漏测，将使绘出的等高线与实地不符。一般来说，地物特征点容易选择，而地貌特征点的选择比较困难。因此，立尺者必须尽早由下而上认定坡度变换点、方向变换点等位置，以免漏测、错测。

（2）注意地貌的综合取舍

地貌千姿百态、千变万化，不可能也不必要将地貌的所有微小变化都测绘出来。因此，在保证地貌总体形态不变的情况下，根据测图比例尺和用图目的对一些微小的变化进行适当的综合取舍。

（3）合理选择地貌特征点的密度

地貌特征点原则上是少而精，特征点的多少取决于地貌繁杂程度、测图比例尺和等高距等。立尺点过少，将使描绘缺乏依据而影响成图质量，立尺点过多，不仅影响测图进度，反而造成图面混乱，影响表现总体的地貌。

3. 测绘山地地貌时的跑尺方法

（1）沿山脊线和山谷线跑尺法

对于比较复杂的地貌，为了绘图连线方便和减少差错，立尺员应从第一个山脊的山脚开始，沿山脊线往上跑尺。到山顶后，沿相邻的山谷线往下跑尺直到山脚。然后跑相邻的第二个山脊线和山谷线，直到跑完为止。采用这种跑尺方法立尺员的体力消耗较大。

（2）沿等高线跑尺

当地貌不太复杂、坡度平缓且变化较均匀时，立尺员按“之”字形沿等高线方向一排排立尺，遇到山脊线或山谷线时顺便立尺。这种跑尺方法既便于观测和勾绘等高线，又易于发现观测、计算中的差错，同时立尺员的体力消耗较小。但勾绘等高线时容易判断错地性线上的点位，所以绘图员要特别注意对于地性线的连接。

10.2.4 地形图的拼接、检查与整饰

为了确保地形图质量，在测完地形图后必须对成图质量作全面检查。检查包括室内检查和外业检查，室内应检查图上有无明显矛盾或可疑之处；外业实地对照，查看地形图是否与实地情况一致，必要时使用全站仪对测区部分地区进行实测抽查。

1. 地形图的检查

地形图的检查包括室内检查和外业检查。

（1）室内检查

室内检查的内容有：图上地物、地貌是否清晰易读；各种符号注记是否正确；等高线与地形点的高程是否相符，有无矛盾可疑之处；图边拼接有无问题等。如发现错误或疑问点，应到野外进行实地检查修改。

（2）外业检查

巡视检查是指根据室内检查的情况，有计划地确定巡视路线，进行实地对照查看。其主要检查地物、地貌有无遗漏；等高线是否逼真合理；符号、注记是否正确。

仪器设站检查是指根据室内检查和巡视检查发现的问题到野外设站检查，除对发现的问题进行修正和补测外，还要对本测站所测地形进行检查，看原测地形图是否符合要求。仪器设站检查量每幅图一般为 10% 左右。

2. 地形图的拼接

测区面积较大时，整个测区必须划分为若干幅图进行施测。这样在相邻图幅连接处，由于测量误差和绘图误差的影响，无论是地物轮廓线还是等高线往往不能完全吻合。图 10–11 表示上、下两幅图相邻边的衔接情况，房屋、河流、等高线都有偏差。拼接时，用宽 5~6cm 的透明纸蒙在上图幅的衔接边上，用铅笔把坐标格网线、地物、地貌描绘在透明纸上，然后再把透明纸按坐标格网线位置蒙在下图幅衔接边上，同样用铅笔描绘地

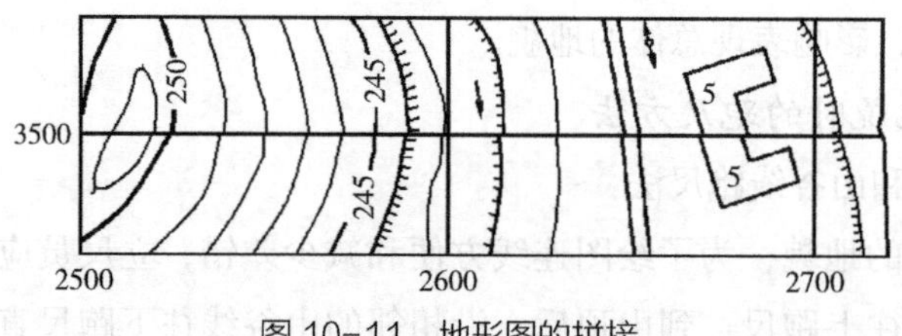

图 10–11 地形图的拼接

物和地貌；若相邻处的地物、地貌偏差不超过表 10–3、表 10–4 中规定的$2\sqrt{2}$倍，则可取其平均位置，并据此改正相邻图幅的地物、地貌位置。

图上地物点点位中误差与间距中误差（图上 mm）　　表 10–3

地形类别	地物点相对于邻近平面控制点的点位中误差	地物点相对于邻近地物点的间距中误差
平地、丘陵地	≤ 0.5	≤ 0.4
山地、高山地	≤ 0.75	≤ 0.6

等高线插求点的高程中误差　　表 10–4

地形类别	平地	丘陵地	山地	高山地
高程中误差（m）	≤ 1/3 × H	≤ 1/2 × H	≤ 2/3 × H	≤ 1 × H

注：H——基本等高距。

3. 地形图的整饰

地形图经过检查、拼接和修改后，还应该进行清绘和整饰，使图面清晰、美观、正确，以便验收和原图的保存。整饰的顺序是先图内后图外、先地物后地貌、先注记后符号。图上的注记、地物以及等高线均按规定的图式进行注记和绘制，但应注意等高线不能通过注记和地物。最后，应按图式要求写出图名、图号、比例尺、坐标系统及高程系统、施测单位、测绘者及测绘日期。

10.3　大比例尺数字化地形图的测绘方法

在传统的图解法纸质测图过程中，点位的精度由于刺点、绘图及图纸伸缩变形等因素的影响会有较大的降低，而且工序多、劳动强度大、质量管理难。特别是在当今信息时代，纸质地形图已难以承载更多的图形信息，图纸更新也极为不便，难以适应现代经济建设的需要。随着科学技术的进步和计算机技术的迅猛发展及其向各个领域的渗透，以及电子全站仪和 GPS-RTK 等先进测量仪器和技术的广泛应用，数字测图技术得到了突飞猛进的发展，并以高自动化、全数字化、高精度的显著优势逐步取代了传统的图解测图方法。

10.3.1　数字测图的概念

20 世纪 90 年代，随着电子全站仪的出现和电子计算机技术在测绘领域的应用，电子全站仪和计算机辅助制图系统的结合逐步形成了一套从野外数据采集到内业制图全过程数字化大比例尺测图方法，即所谓野外数字测图技术，简称数字化测图。数字化测图（Digital Surveying &Mapping，简称 DSM）实质是通过解析法测定地形点的三维坐标，将地形图信息通过测绘仪器转化为数字量输入计算机，以数字形式在计算机中存储，可供计算机传输、处理、多用户共享的数字地形信息。利用数字地形图可以生成电子地图和数字地面模型（DTM），需要时可通过显示屏显示或用绘图仪绘制出纸质地形图。因其数据成果易于存取、便于管理，是建立地理信息系统（GIS）的基础。

从广义上说，数字化测图应包括：利用电子全站仪或其他测量仪器进行野外数字化测图；利用手扶数字化仪或扫描数字化仪对传统方法测绘的原图进行数字化；借助数字摄影测量系统对航空摄影、遥感相片进行数字化测图等技术。

数字化测图系统是以计算机为核心，在外接输入、输出硬件设备和软件的支持下，对地形空间数据及相关属性信息进行采集、传输、处理、编辑、入库管理和成图输出的测绘系统。数字化测图系统主要由地形数据采集系统、数据处理与成图系统、图形输出设备三部分组成。其系统框架如图 10-12 所示。

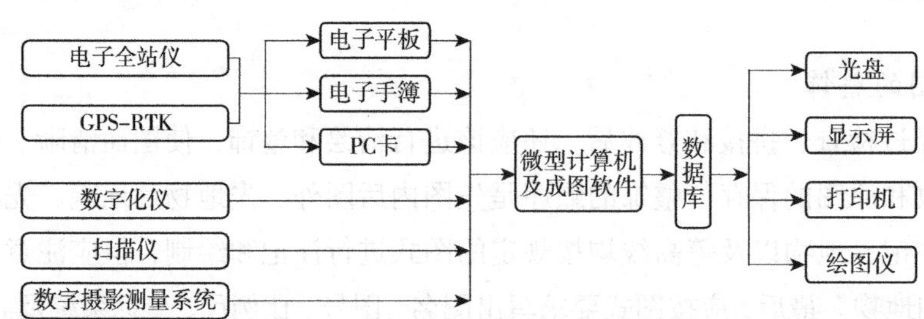

图 10-12　数字化测图系统框架图

数字测图不仅是为了减轻测绘人员的劳动强度，保证地形图绘制质量，提高绘图效率，更具有深远意义的是由计算机进行数据处理，并可以直接建立数字地面模型和电子地图，为建立地理信息系统提供可靠的原始数据，以供国家、城市和行业部门的现代化管理以及工程设计人员进行计算机辅助设计（CAD）使用。

现在最广泛应用的是全站仪数字测图，其系统构成是全站仪在野外直接采集有关地形信息并将其传输到计算机中，经过测图软件进行数据处理形成图形数据文件，最后由绘图仪输出地形图。

10.3.2　数字测图的特点

数字测图相较于传统的测绘地形图方法有明显的优势，主要体现在以下几个方面：

（1）测图劳动强度低、效率高、自动化程度高

由于采用全站仪在野外采集数据，自动记录存储，并可直接传输给计算机进行数据处理、绘制显示图形，不但提高了工作效率，而且减少了测量错误的发生，使绘制的地形图精确、美观、规范，基本实现了测图的自动化。同时，由计算机处理地形信息，建立数据库，并能生成数字地图和电子地图，有利于后续的成果应用和信息管理工作。

（2）地图产品数字化

数字地形图从本质上打破了纸质地形图的种种局限，赋予地形图以新的生命力，提高了地形图的自身价值，扩大了地形图的应用范围，改变了地形图使用的方式；便于成果更新，避免因图纸伸缩带来的各种误差，便于存储、传输和处理，并可供多用户同时使用；方便成果的深加工利用，便于建立地图数据库和地理信息系统（GIS），便于成果的使用和更新。

（3）测量精度高

图解法测图的精度取决于测图的比例尺精度，无论所采用的测量仪器精度有多高、测量方法有多精确都无济于事；数字测图则不然，用高精度测量仪器采集数据，在记录、存储、处理、成图的全过程中可完全保持原始数据的精度。因此，数字测图的精度主要取决于对地形点野外数据采集的精度，其他因素对其影响很小，测点的精度与绘图比例尺大小无关。

（4）使用方便，数据利用率高

数字测图采用解析法测定点位坐标依据的是测量控制点，测量成果的精度均匀一致，并且与绘图比例尺无关。利用分层管理的野外实测数据可以方便地绘制不同比例尺的地形图或不同用途的专题地图，实现一测多用，同时便于地形图的检查、修测和更新。

（5）易于发布和实现远程传输

对于数字地形图产品，随着网络技术和通信技术的不断发展以及网上地形图发布系统的逐步完善，通过计算机网络实现地形图产品的实时发布和远程传输已经成为可能。

10.3.3　数字测图的作业模式

根据数字测图的作业过程不同，数据采集的作业模式可分为数字测记模式（简称“测记式”）和电子平板仪测绘模式（简称“电子平板式”）。

1. 数字测记模式

数字测记模式为野外测记、室内成图，可分为全站仪野外测记法和GPS-RTK测记法两种模式。在野外用全站仪或GPS-RTK测量，仪器内存存储数据，同时配合现场绘制的人工草图，回到室内将野外测量数据从仪器直接传输到计算机，通过成图软件根据编码系统以及草图编辑成图。

数字测记模式分为无码作业（草图法）和有码作业两种方法，如图10-13所示。

无码作业（草图法）是将野外采集的地形数据传输给计算机，结合野外详细绘制的草图，回到室内在计算机屏幕上进行人机交互编辑、修改，生成图形文件或数字地形图。

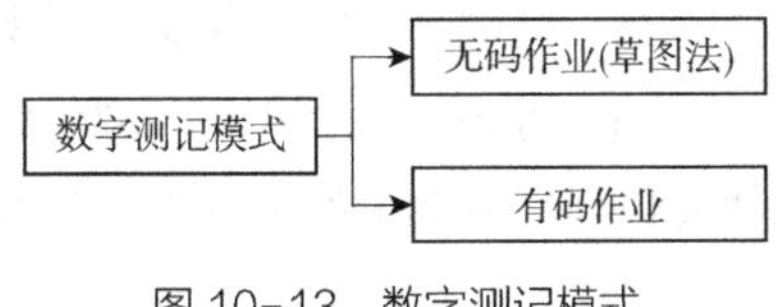

图10-13　数字测记模式

有码作业即用编码法进行测绘，其工作步骤与草图法基本一致，计算机可根据地形编码，识别后转换为地形图符号内部码，以制成地形图。但是，遇有复杂地形时还需绘制草图，以表示真实地形。

现有的测图系统都有地形编码作业方式，但使用的地形编码方法不尽相同。数字测记模式是目前最常用的测图模式，为绝大多数软件所支持。

2. 电子平板测绘模式

电子平板测绘模式就是“全站仪 + 便携机 + 相应测绘软件”实施外业测图的模式。将全站仪测定的碎部点实时地展绘在计算机屏幕（模拟测板）上，用软件的绘图功能边测边绘可以及时发现并纠正测量错误，外业工作完成图也就绘制出来了，实现内外业一体化。目前，许多公司采用 PDA（个人掌上电脑）取代便携机开发了掌上电子平板测图系统，使电子平板作业模式更加方便、实用。

10.3.4 数据编码

数字测图是野外测量数据，由计算机软件自动处理（自动识别、检索、连接，自动调用图式符号等），并在测量者的干预下自动完成地形图的绘制工作。

地形点的点位信息用坐标、高程及点的编号表示，可输入计算机；点的属性信息需要用地形编码表示，因此必须要有使用方便、编码简单、容易记忆的地形编码。计算机就可根据地形信息码识别地物、地貌而成图。

地形编码通常是用按一定规则构成的符号串来表示地物属性和连接关系等信息，这种有一定规则的符号串称为数据编码。数据编码的基本内容包括地物要素编码（或称地物特征码、地物属性码、地物代码）、连接关系码（或称连接点号、连接序号、连接线型）、面状地物填充码等。

1. 数据编码的原则

由于数字化测图采集的数据信息量大、内容多、涉及面广，数据和图形应一一对应，构成一个有机的整体才具有广泛的使用价值，因此必须对其进行科学的编码。编码的方法多种多样，但不管采用何种编码方式，应遵循的一般原则基本相同：

（1）规范性。即图示分类应符合国家标准、测图规范。

（2）一致性。即非二义性，要求野外采集的数据或测算的碎部点坐标数据在绘图时能唯一地确定一个点，并在绘图时符合图式规范。

（3）灵活性。要求编码结构充分灵活，满足多用途数字测绘的需要，在地理信息管理和规划、建筑设计等后续工作中为地形数据信息编码的进一步扩展提供方便。

（4）简易实用性。尊重传统方法，容易为野外作业和图形编辑人员所理解、接收和正确记忆、方便地使用。

（5）高效性。能以尽量少的数据量承载尽可能多的外业地形信息。

（6）可识别性。编码一般由字符、数字或两者组合而成，设计的编码不仅要求能够被人识别，还要求能被计算机用较少的机时加以识别，并能有效地对其进行管理。

2. 数据编码方案

当前主流数据编码方案有全要素编码、块结构编码、简编码等。下面分别以对比的方式对以上编码方案作简单介绍和分析。

（1）全要素编码

全要素编码要求对每个碎部点都要进行详细的说明。通常是由若干个十进制数组成。这种编码是全野外数字测图方法刚开始出现时的一种理论数据编码方式，其优点是各点编码具有唯一性，计算机易识别与处理；缺点是外业编码记忆困难，目前实际测图中很少使用。

（2）块结构编码

块结构编码是将每个地物编码分成几大部分，分别为点号、地形编码、连接点和连接线型四部分，并依次输入。

（3）简编码

简编码就是在野外作业时仅输入简单的提示性编码，经内业识别自动转换为程序内部码。国内某测绘仪器公司开发的数字测图软件系统的有码作业就是一个有代表性的简编码输入方案。简编码结构包括类别码、关系码和独立符号码。

1）类别码

类别码也称地物代码，其符号及含义见表10–5，它是按一定规律设计的，不需要特别记忆。有1~3位，第一位是英文字母，大小写等价，后面是范围为0~99的数字，如代码F0、F1……F6分别表示坚固房、普通房……简易房。F取“房”字的汉语拼音首字母，0~6表示房屋类型由“主”到“次”。

类别码符号及含义　　表10–5

类型	符号及含义
坎类（曲）	K（U）+数（0—陡坎，1—加固陡坎，2—斜坡，3—加固斜坡，4—垄，5—陡崖，6—干沟）
线类（曲）	X（Q）+数（0—实线，1—内部道路，2—小路，3—大车路，4—建筑公路，5—地类界，6—乡、镇界，7—县、县级市界，8—地区、地级市界，9—省界线）
垣栅类	W+数（0，1—宽为0.5m的围墙，2—栅栏，3—铁丝网，4—篱笆，5—活树篱笆，6—不依比例围墙，不拟合，7—不依比例围墙，拟合）
铁路类	T+数[0—标准铁路（大比例尺），1—标准铁路（小比例尺），2—窄轨铁路（大），3—窄轨铁路（小），4—轻轨铁路（大），5—轻轨铁路（小），6—缆车道（大），7—缆车道（小），8—架空索道，9—过河电缆]
电力线类	D+数（0—电线塔，1—高压线，2—低压线，3—通信线）
房屋类	F+数（0—坚固房，1—普通房，2—一般房屋，3—建筑中房，4—破坏房，5—棚房，6—简易房）
管线类	G+数[0—架空（大），1—架空（小），2—地面上的，3—地下的，4—有管堤的]
植被土质	拟合边界 B+数（0—旱地，1—水稻，2—菜地，3—天然草地，4—有林地，5—行树，6—狭长灌木林，7—盐碱地，8—沙地，9—花圃）
	不拟合边界 H+数（同上）

续表

类型	符号及含义
圆形物	Y+ 数（0—半径，1—直径两端点，2—圆周三点）
平行体	P+[X（0~9），Q（0~9），K（0~6），U（0~6），……]
控制点	C+ 数（0—图根点，1—埋石图根点，2—导线点，3—小三角点，4—三角点，5—土堆上的三角点，6—土堆上的小三角点，7—天文点，8—水准点，9—界址点）

2）关系码

关系码也称连接关系码，其符号及含义见表 10-6，共有 4 种符号“+”“–”“P”和“A$”配合来描述测点间的连接关系。其中，“+”表示连接线依测点顺序进行；“–”表示连接线依测点相反顺序进行，“P”表示绘平行体；“A$”表示断点识别符。

关系码符号及含义 **表 10-6**

符号	含义	示例
+	本点与上一点相连，连线依测点顺序进行	“+”　“–”表示连线方向 1 → 2 1(F1)　2(+) 1 ← 2 1(F1)　2(–)
–	本点与下一点相连，连线依测点相反顺序进行	
n+	本点与上 *n* 点相连，连线依测点顺序进行	
n–	本点与下 *n* 点相连，连线依测点相反顺序进行	
P	本点与上一点所在地物平行	
*n*P	本点与上 *n* 点所在地物平行	
+ A$	断点标识符，本点与上点连	
– A$	断点标识符，本点与下点连	

3）独立符号码

对于只有一个定位点的独立地物用独立符号码表示，部分独立地物编码及符号含义见表 10-7。

独立地物编码及符号含义（部分） **表 10-7**

类别	编码及符号含义				
居民地	A16 学校	A17 沼气	A18 卫生所	A19 地上窑洞	A20 电视发射塔
	A21 地下窑洞	A22 窑	A23 蒙古包		
电力设施	A40 变电室	A41 无线电杆、塔	A42 电杆		
军事设施	A43 旧碉堡	A44 雷达站			
道路设施	A45 里程碑	A46 坡度表	A47 路标	A48 汽车站	A49 臂板信号机

续表

类别	编码及符号含义				
独立树	A50 阔叶独立树	A51 针叶独立树	A52 果树独立树	A53 椰子独立树	
公共设施	A68 加油站	A69 气象站	A70 路灯	A71 照射灯	A72 喷水池
	A73 垃圾台	A74 旗杆	A75 亭	A76 岗亭、岗楼	A77 钟楼、鼓楼、城楼

数据采集时现场对照实地输入野外操作码，图 10-14 中点号旁编号内容为输入结果。

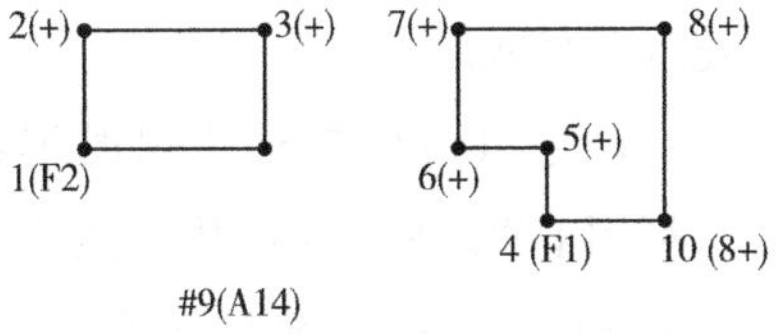

图 10-14　野外实地对照操作码

10.3.5　数字测图的外业

数字测图的外业工作就是利用测量仪器采集数据，野外数据采集的作业模式有全站仪野外测记法模式、GPS-RTK 测记法模式、电子平板法模式等。

1. 全站仪野外测记法模式

全站仪野外测记法模式是用全站仪在野外采集碎部点的三维坐标（x，y，H），用仪器内存或电子手簿存储数据，用手工草图或编码记录绘图信息，将这些信息输入计算机，经人机交互编辑成图。

全站仪野外测记法模式分为草图法和编码法。

（1）草图法

每个作业小组有观测员 1 人、绘草图领尺员 1 人、立尺员 1~2 人，其中绘草图领尺员是作业组的核心、指挥者。其工作步骤如下：

1）测站设置。安置全站仪于测站后，整平、对中，量取仪器高。按仪器菜单要求输入测站点三维坐标、仪器高，完成测站设置。

2）后视点设置。按仪器菜单要求输入后视点三维坐标，输入后视点棱镜高，仪器即刻算出测站到后视点方位角，瞄准后视点完成定向工作；进行后视点坐标检查，测量后视点坐标，若与后视点坐标相符，误差在允许范围，则进入下一步碎部测量，否则要查找原因，进行改正。

3）开始碎部测量。跑尺员选择地形特征点，绘图员绘制草图，观测员瞄准目标点棱镜，按测距键测距后将点位信息存储到仪器内存里。

4）采集碎部点时，观测员与立尺员和绘草图领尺员之间要及时联络，核对仪器记录的点号和草图上标注的点号是否一致。绘草图领尺员必须把所测点的属性标注在草图上，以供内业处理、图形编辑时使用。草图勾绘要清晰、易读、相对位置准确。为了便于草图绘制和内业成图，一般先进行地物点的采集，然后再进行地形点的采集。草图上地物点的点号要一一对应，而地貌点除特征点要一一对应外，其余可按点号区段记录，图 10–15 是外业草图的一部分。一个测站的所有碎部点观测完之后，要找一个已知点重测进行检查，无误后方可搬站进行下一站测量。

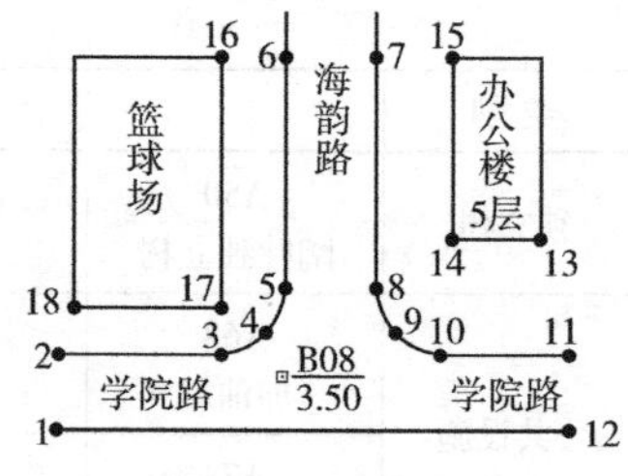

图 10–15　外业草图

（2）编码法

全站仪野外测记法也可用编码法进行测绘，其工作步骤与草图法基本一致。计算机可根据地形编码，识别后转换为地形图符号的内部码，以制成数字地形图。但是遇有复杂地形时，还需绘制草图，以表示真实地形。

2. GPS–RTK 测记法测图模式

利用 RTK 技术进行数字测图，首先要在测区进行点校对，求出坐标转换参数，将 GPS 观测的 WGS–84 坐标转换成当地坐标系下的坐标；测图时将基准站安置在一个合适的地方，完成基准站的设置；另外设置一个或几个流动站，将流动站放置在待测地形点上，接收卫星信号和通过无线电台接收基准站发来的信号，进行差分处理，实时解算出流动站的三维坐标，并自动记录在手簿指定的工作目录下。在建筑物和树木等障碍物较少的地区，采用 RTK 技术进行地形图测绘，其工作效率将明显高于其他方法。

3. 电子平板法模式

电子平板法数字测图就是将装有测图软件的便携机或掌上电脑用专用电缆在野外与全站仪相连，把全站仪测定的碎部点实时地传输到电脑并展绘在计算机屏幕上，用软件的绘图功能现场边测边绘，一目了然，无须绘制草图，不必记编码，可实现数据采集和成图一体化。电子平板法数字测图的特点是直观性强，在野外作业现场“所测即所得”，若出现错误可以及时发现，立即修改。

电子平板法野外数据采集主要是连线绘制平面图，其他工作一般由内业完成。电子平板法野外数据采集主要作业流程包括输入控制点坐标、设置通信参数、测站设置和碎部测图。不同的测图系统有不同的操作方法，国内的测图系统基本都是在 Auto CAD 平台上开发的，其大部分功能类似，既能用测记法采集数据，又能用电子平板法采集数据。现简单介绍国内某测绘仪器公司开发的数字测图软件的电子平板法测图。

数字测图小组由 1 个观测员、1 个操作电脑绘图员和 1~2 个跑尺员组成。

在电子平板测图前，要将测区内的控制点录入全站仪内存和测图系统，以备测图时使用。.

（1）测站准备

1）参数设置。安置全站仪，连接笔记本电脑，建一个坐标文件，将控制点的三维坐标数据录入全站仪内存中。如图 10–16 所示，在窗口中单击【文件】下拉菜单，点击【参数配置】后，出现如图 10–17 的【参数设置】对话框，单击【电子平板】，选定你所使用的全站仪类型，设置通信端口、通信参数，单击【确定】按钮。

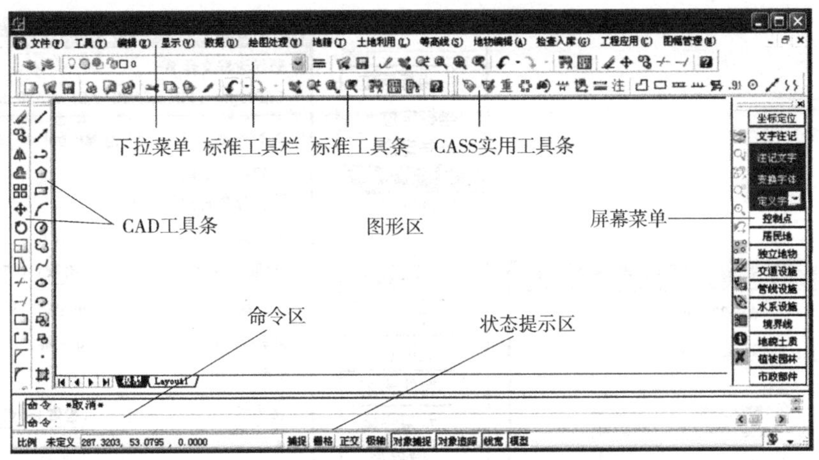

图 10-16　数字测图软件界面

2）展绘已知控制点。在图 10-16 窗口中，单击【绘图处理】下拉菜单，点击【展野外测点点号】选项，选择本测区的坐标数据文件，控制点点号和点位信息即刻展绘在屏幕上；再单击【绘图处理】下拉菜单，点击【展野外测点高程】选项，选择本测区的坐标数据文件，控制点高程信息即刻展绘在屏幕上，按默认方法展点，点号和高程都展于点位的右侧，使用时可先关闭高程的图层。

3）测站设置。如图 10-16 所示，在右侧实用工具条，单击【坐标定位】按钮，选择【电子平板】选项（图 10-18），则显示【电子平板测站设置】对话框，如图 10-19 所示。在测站点、定向点的文本框中输入相应的坐标和高程数值，或点击【拾取】按钮，可在屏幕上抓取测站点和定向点，抓取后其坐标会自动显示在对话框中。量取全站仪的仪器高，输入仪器高文本框中，即可进行测站定向。

经检查点检查符合要求后，即可进行测图工作。

（2）测图

电子平板测图是用窗口右侧的菜单功能，点取相应图层的图标符号进行测图，例如测一钻孔，在软件窗口中的右侧菜单栏单击【独立地物】按钮，选择【矿山开采】选项，弹出【矿山开采】对话框，如图 10-20 所示，再选中钻孔，由全站仪输入钻孔的观测值即可将地物测定在显示屏上。又如测量一栋房屋，先在软件窗口中的右侧菜单栏单击【居民地】按钮，选择【一般房屋】，则弹出【一般房屋】对话框，如图 10-21 所示，选中【四点房屋】并单击【确定】按钮，系统驱动全站仪测量并返回数据，便自动将房屋的符号显示在屏幕上。还可以利用系统的编辑功能，如文字注记、复制、删除等操作；也可以使用【绘图工具】绘制地物。

实际工作时通常采用与全站仪野外测记法相似的作业模式。在利用 RTK 测定地形点坐标的同时，应随测随绘地形草图，注明相应的点位属性信息。数字地图的绘制在计算机上进行，通过专用地形图测图软件来完成。

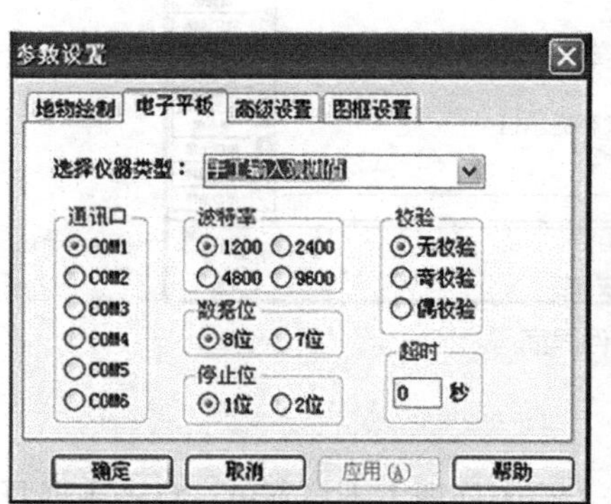

图 10-17 【参数设置】对话框

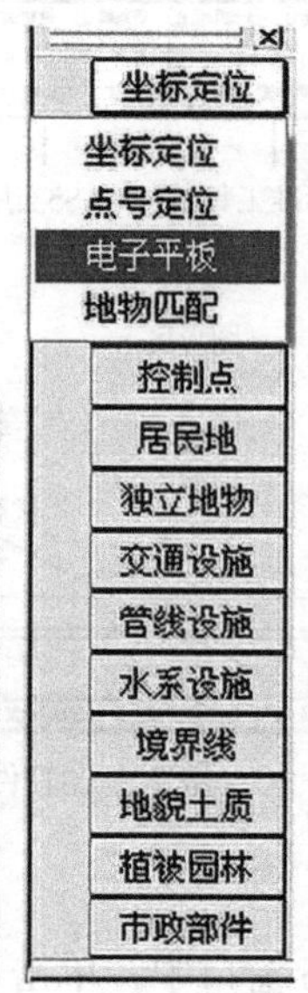

图 10-18 坐标定位

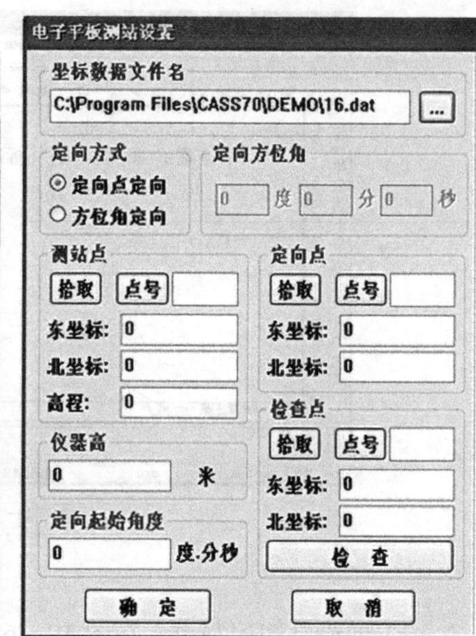

图 10-19 【电子平板测站设置】对话框

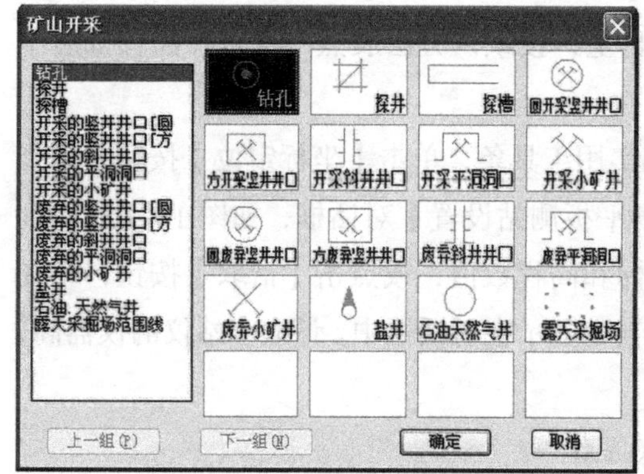

图 10-20 【矿山开采】对话框

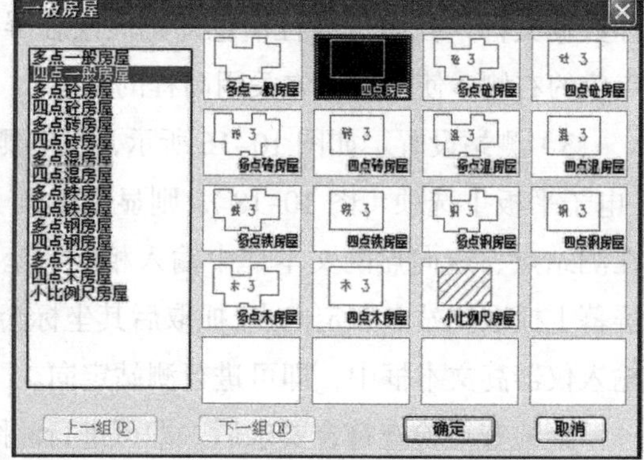

图 10-21 【一般房屋】对话框

10.3.6 数字地面模型的建立与等高线的绘制

在地形图中，等高线是表示地貌起伏的一种重要手段。常规的平板测图，等高线是由手工描绘的，这样等高线可以描绘得比较圆滑，但精度稍低。在数字化自动成图系统中，等高线是在建立数字地面模型的基础上由计算机自动勾绘的，生成的等高线精度相当高。

软件在绘制等高线时，会充分考虑到在等高线通过地性线和断裂线时情况的处理，如陡坎、陡崖等。软件能自动切除通过地物、注记、陡坎的等高线。在绘制等高线之前，必须先将野外测出的高程点建立数字地面模型（DTM），然后在数字地面模型上生成等高线。

1. 建立数字地面模型（构建三角网）

数字地面模型（Digital Terrain Model，DTM），是在一定区域范围内规则格网点或三角网点的平面坐标（x，y）和其地物性质的数据集合，如果此地物性质是该点的高程 Z，则此数字地面模型又称为数字高程模型（DEM）。这个数据集合从微分角度三维地描述了该区域地形、地貌的空间分布。DTM 作为新兴的一种数字产品，与传统的矢量数据相辅相成，在空间分析和决策方面发挥着越来越大的作用。

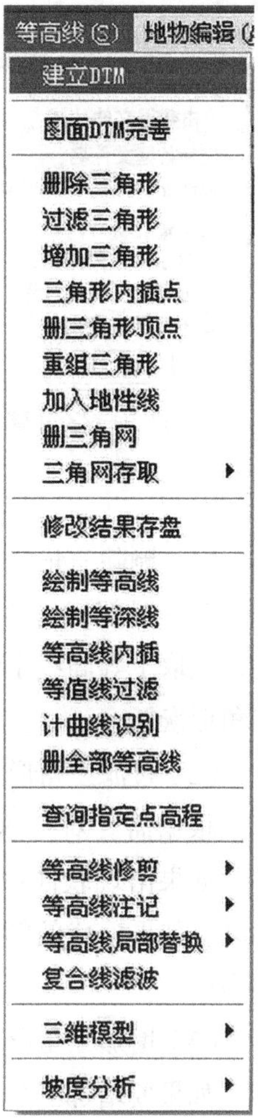

在建立数字地面模型前，应先“定显示区”及“展点”，操作方法同前。以“DGX.DAT”数据文件为例，先用鼠标左键单击【绘图处理】\【定显示区】选项，用数据文件“DGX.DAT”定显示区，然后用鼠标左键单击【绘图处理】\【展高程点】选项，选择打开数据文件后命令区提示：

注记高程点的距离（m）：直接回车，即默认注记全部高程点的高程。这时所有高程点和控制点的高程均自动展绘到图上。如图 10–22 所示，用鼠标左键点取【等高线】\【建立 DTM】选项，即弹出【建立 DTM】对话框，如图 10–23 所示。

此处选择由数据文件生成 DTM，在坐标数据文件名处给出坐标数据文件的路径，在结果显示栏选择“显示建三角网结果”，在建模过程中不考虑陡坎和地性线，输入完成点击“确定”按钮后生成如图 10–24 所示的 DTM 三角网。

说明：“显示三角网结果”是将建立的三角网在屏幕编辑区显示出来，以便编辑。如果不想修改、编辑三角网，可选择“不显示三角网”或选择“显示三角网过程”。若选择“建模过程考虑陡坎”，则在建立 DTM 前系统会自动沿着坎毛的方向插入坎底点（坎底点的高程等于坎顶上已知点的高程减去坎高），这样新建坎底的点便参与三角网组网的计算。因此，选择要考虑陡坎因素时，必须先将陡坎绘出来，还要赋予陡坎各点坎高。地性线是过已知点的复合线，如山脊线、山谷线。如有地性线，可用鼠标逐个点取地性线，如地性线很多，可专门新建一个图层放置，提示选择地性线时选定测区所有实体，再输入图层名将地性线挑出来。

图 10–22　等高线下拉菜单

2. 修改数字地面模型（修改三角网）

一般情况下，由于地形条件的限制，在外业采集的碎部点很难一次性生成理想的等高线，另外还因现实地貌的多样性和复杂性，自动构成的数字地面模型与实际地貌不太一致，这时可以通过修改三角网来修改这些局部不合理的地方。

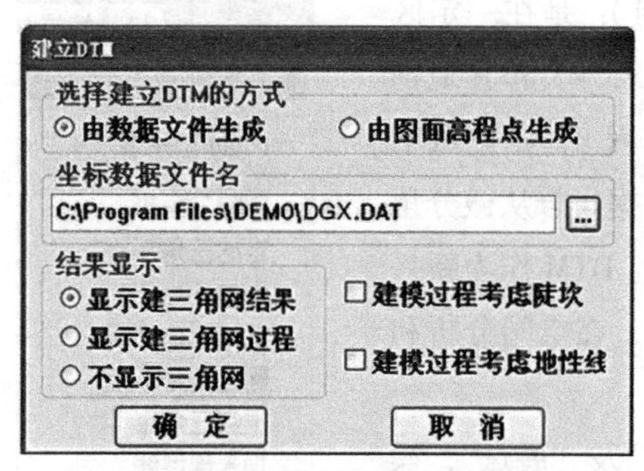

图 10-23 【建立 DTM】对话框

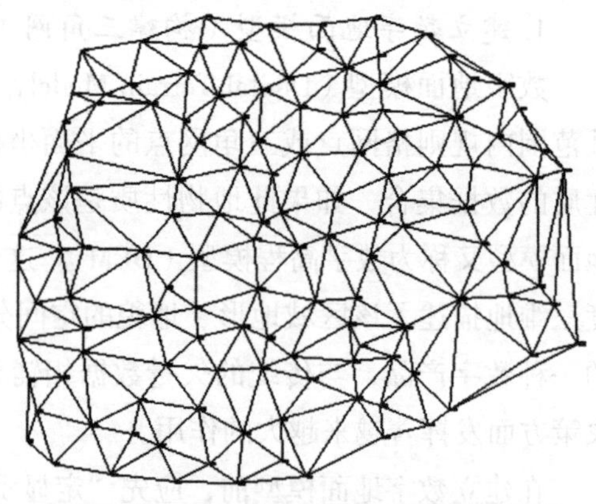

图 10-24 用 DGX.DAT 数据建立的 DTM 三角网

（1）删除三角形

某一局部三角形存在不合理时可进行删除，删除时先将要删除三角形的地方局部放大，点取【等高线】\【删除三角形】命令进行删除。如果误删则用【U】命令将误删的三角形恢复。

（2）过滤三角形

根据需要对三角形设定条件，如三角形的最小角度、最大边长为最小边长的倍数等。如果出现软件在建立三角网后无法绘制等高线，可过滤掉部分形状特殊的三角形。另外，如果生成的等高线不光滑，也可以用此功能将不符合要求的三角形过滤掉再生成等高线。

（3）增加三角形

如果要增加三角形，用鼠标点取【等高线】\【增加三角形】选项，依照屏幕的提示在要增加三角形的地方用鼠标点取，如果点取的地方没有高程点，系统会提示输入高程。

（4）三角形内插点

选择此命令后，可根据提示“输入要插入的点：”在三角形中指定点（可输入坐标或用鼠标直接点取），提示“高程（m）=”时，输入此点高程。通过此功能可将此点与相邻的三角形顶点相连构成三角形，同时原三角形会自动被删除。

（5）删除三角形顶点

用此功能可将所有由该点生成的三角形删除。因为一个点会与周围很多点构成三角形，如果手工删除三角形，不仅工作量较大而且容易出错。这个功能常用在发现某一点坐标错误时，要将它从三角网中剔除的情况下。

（6）重组三角形

指定两相邻三角形的公共边，系统自动将两三角形删除，并将两三角形的另外两点连接起来构成两个新的三角形，这样做可以改变不合理的三角形连接。如果因两三角形的形状特殊无法重组，会有出错提示。

（7）删除三角网

生成等高线后就不再需要三角网了，这时如果要对等高线进行处理，三角网比较碍事，可以用此功能将整个三角网全部删除。

（8）修改结果存盘

通过以上命令修改三角网后，用鼠标选取【等高线】\【修改结果存盘】选项，把修改后的数字地面模型存盘，这样绘制的等高线不会内插到修改前的三角形内。修改三角网后一定要进行此步操作，否则修改无效！

当命令区显示"存盘结束！"表明操作成功。

以此建立数字地面模型的优点是：三角形格网的顶点全部为实测碎部点，地形特征数据得到了充分利用；等高线描绘完全依据碎部高程点的原始数据，几何精度高且算法简单；等高线与碎部点的位置关系与原始数据完全相符，减少了模型错误的发生。

3. 绘制等高线

完成前两步操作后，便可以绘制等高线了。等高线的绘制可以在"在绘平面图"的基础上叠加，也可以在"新建图形"的状态下绘制，如在"新建图形"的状态下绘制等高线，系统会提示输入绘图比例尺。

用鼠标选取【等高线】\【绘制等高线】选项，弹出如图 10–25 所示对话框：

对话框中会显示参加生成 DTM 高程点的最小高程和最大高程值。本例生成多条等高线，在等高距框中输入相邻两条等高线之间的等高距 1m。最后选择等高线的拟合方式，总共有四种拟合方式：不拟合（折线）、张力样条拟合、三次 B 样条拟合和 SPLINE 拟合。本例测点较密且等高线较密，选择三次 B 样条拟合。

当命令区显示"绘制完成！"，便完成绘制等高线的工作，如图 10–26 所示。

4. 等高线的修饰

单击图 10–22 中的【等高线修剪】【等高线注记】【等高线局部替换】等菜单，可对等高线进行修饰，最后完成等高线图。

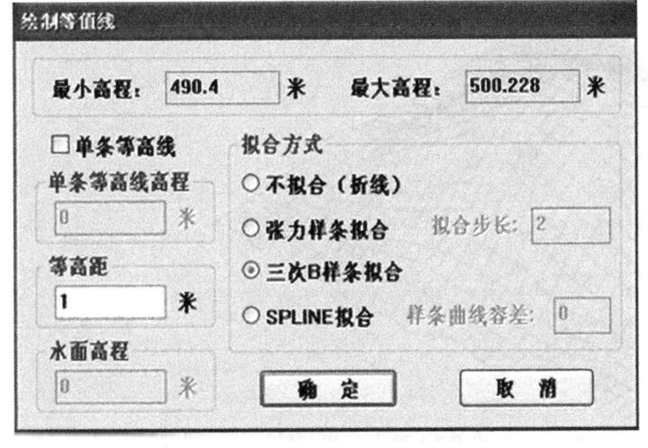

图 10–25 【绘制等值线】对话框

图 10–26　完成绘制等高线的工作

5. 绘制三维模型

建立了 DTM 之后就可以生成三维模型，观察一下立体效果。左键点击【等高线】\【三维模型】\【绘制三维模型】选项，弹出【输入高程点数据文件名】对话框，如图 10-27 所示。给出坐标数据文件的路径，此处选择“Dgx”，单击“打开”按钮。命令区提示：

输入高程点数据文件名
查找范围(I): DEMO
DT YMSJ
Dgx ZHD
Lak STUDY
South WMSJ
文件名(N): Dgx 打开(O)
文件类型(T): *.dat 取消
定位(L) 查找文件(F)...

图 10-27　输入高程点数据文件名对话框

最大高程：43.90m，最小高程：24.37m。

输入高程乘系数 <1.0>：输入 5。

如果用默认值，建成的三维模型与实际情况一致。如果测区内的地势较为平坦，可以输入较大的值，将地形起伏状态放大。因本图坡度变化不大，输入高程乘系数将其夸张显示。命令区提示：

整个区域东西向距离 =276.96m，南北向距离 =224.77m。

输入格网间距 <8.0>：直接回车。

是否拟合？（1）是（2）否，直接回车，默认选（1），拟合。

这时将显示此数据文件的三维模型，如图 10-28 所示。

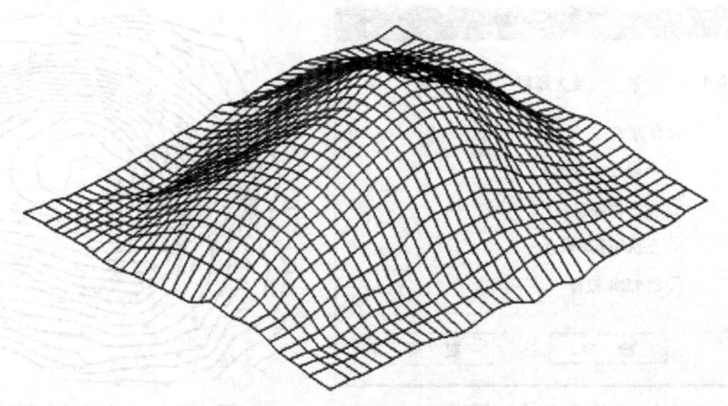

图 10-28　三维效果图

10.3.7　数字测图的内业

数字测图的内业要借助数字测图软件来完成。目前，我国市场上的主流数字化成图软件各有其特点，能测绘地形图、地籍图，并有多种数据采集接口，其成果格式都能为地理信息系统（GIS）所接收，具有丰富的图形编辑功能和一定的图形管理能力，操作界面友好。

外业数据采集的方法不同，其内业成图过程也有所不同。对于电子平板测绘模式，由于绘图工作与数据采集在野外同步进行，因此仅做一些图形编辑与整理工作。

数字测记模式内业数据流程如图 10-29 所示。

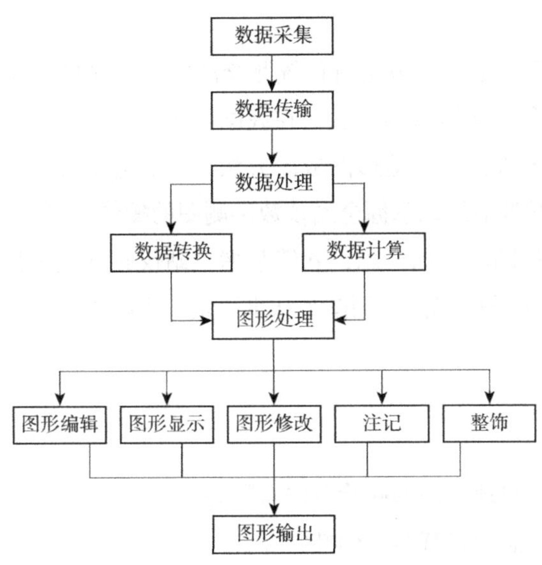

图 10-29　数字测记模式内业数据流程图

1. 数据传输与处理

数据传输主要是指将采集的数据按一定的格式传输到计算机，供内业成图处理使用。数据处理是指将采集的数据处理成成图所需数据的过程，包括数据格式或结构的转换、投影变换、图幅处理、误差检验等内容。数据处理是数字化成图的一个重要环节，它直接影响最后输出的图面质量和数字地形图在数据库中的管理。外业记录的原始数据经计算机处理生成图块文件，在计算机屏幕上显示图形。

2. 图形处理

图形处理就是利用数字测图系统的图形编辑功能菜单，对经过数据处理后所生成的图形文件进行编辑、整理、文字和数字注记、图幅图廓的整饰、填充各种面状地物符号。

对于屏幕上显示的图形，可根据野外实测草图或记录的信息进行检查，若发现问题，用程序可对其进行屏幕编辑和修改，同时按成图比例尺完成各类文字注记、图式符号以及图名、图号、图廓等成图要素的编辑。经检查和编辑修改成为准确无误的图形，软件能自动将其图形定位点的屏幕坐标再转换成高斯坐标，连同相应的信息编码保存在图形数据文件中或组成新的图形数据文件，供自动绘图时调用。

经过图形处理以后，即可得到数字地形图。通过对数字地形图的图层进行分层管理，可以输出各种专题图，以满足不同用户的需求。编辑好的图形可以存盘或用绘图仪输出。

3. 绘图仪自动绘图

野外采集的地形信息经数据处理、图形截幅、屏幕编辑后形成了绘图数据文件，利用这些绘图数据即可由计算机软件控制绘图仪自动输出地形图。

【本章小结】

大比例尺地形图测绘的主要方法有传统测绘法、全站仪数字测图法、GPS-RTK 数字测图法、编绘法成图和数字摄影测量法。在我国由于全站仪的普及，全站仪数字测图已成为工程测量中主要的大比例尺地形图成图方法，重点应掌握碎部测量的基本原理与基本测绘方法，结合实践教学熟练掌握全站仪数字测图的操作技术。

建立大比例尺地形图测绘的概念，熟练掌握全站仪碎部测量技术对学习后续课程极为重要，地形图是重要的测量成果，测图是从事测量工作的基本功，必须正确理解和应用。

【思考与练习题】

1. 试述传统大比例尺地形图的测绘方法有哪些？

2. 控制点展绘后，怎样检查其正确性？

3. 什么叫碎部测量？什么是地物特征点及地貌特征点？

4. 简述用经纬仪测绘法测绘大比例尺地形图的步骤。

5. 什么是数字测图？它有哪些特点？

6. 野外数字测图的方法有哪三种？

7. 数字测图的作业模式有哪几种？

8. 什么是 DTM? 什么是 DEM?

9. 什么叫数据编码？它的基本内容有哪些？

10. 根据图 10-30 上各碎部点的平面位置和高程，勾绘等高距为 1m 的等高线。

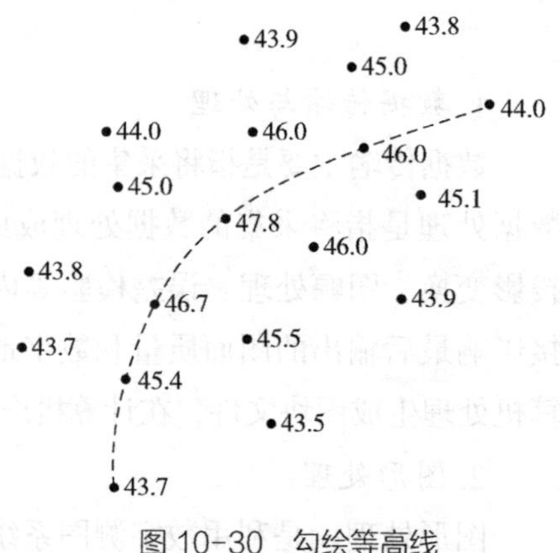

图 10-30　勾绘等高线

第 11 章　地形图的应用

【本章要点及学习目标】

本章主要介绍地形图的应用，包括基本应用和在工程设计中的应用。通过本章的学习，学生应能够识读地形图，能够在地形图上确定点的坐标、高程、两点间的距离等基本内容，能在工程设计中绘制纵断面图、选择路线、进行面积计算、平整场地等。地形图包含丰富的自然地理、人文地理和社会经济信息，是进行建设工程项目规划、设计和施工的重要依据。特别是在规划设计阶段，不仅要以地形图为底图进行总平面布设，还要根据需要在地形图上进行一定的量算工作，以便因地制宜地进行合理的规划和设计。

11.1　地形图的识读

为了能够正确地应用地形图，必须要读懂地形图（即识图）。通过对地形图上各种符号和注记的识读，可以判断地貌的自然形态和地物间的相互关系，在头脑中形成相应的、真实的、客观的立体模型，这也是地形图识读的主要目的。地形图识读包括地形图图廓外注记的识读、地物的识读、地貌的识读等。

11.1.1　图外注记识读

根据地形图图廓外的注记，可全面了解地形的基本情况。例如，由地形图的比例尺可以知道该地形图反映地物、地貌的变化程度；从图廓坐标可以掌握图幅的范围；通过接图表可以了解与相邻图幅的关系。了解地形图的坐标系统、高程系统、等高距、测图方法等，对正确用图有很重要的作用。

11.1.2　地物识读

地物识读的目的是了解地物的大小、种类、位置和分布情况。由于地物是用《地形图图式》中规定的符号、注记表示的，因此，只有熟悉《地形图图式》规定的地物符号和注记，才能正确、迅速地进行地物识读。通常按照先主后次、由大到小，并顾及取舍的内容与标准进行。首先了解主要地物的分布情况，例如大的居民点、主要交通线路及主要水系等；然后识别小的居民点、次要道路、植被和其他地物。同时，了解该地区的社会经济发展情况。

11.1.3 地貌识读

地貌识读的目的是了解图内的地貌情况，主要根据基本地貌的等高线特征和特殊地貌（如陡崖、冲沟等）符号进行，如利用等高线的形状、走向来判定山丘、山脊、山谷、鞍部和洼地等；再根据等高线的疏密及变化方向来判定地面的坡度变化情况，从总体上把握地貌分布特点和变化趋势，形成立体概念。

在识读地形图时，还应注意地面上的地物、地貌不是一成不变的。由于城乡建设事业的迅速发展，地面上的地物、地貌也随之发生变化，因此，在应用地形图进行规划以及解决工程设计和施工中的各种问题时，除了细致地识读地形图外，还需进行实地勘察，以便对建设用地作全面正确的了解。

11.2 地形图应用的基本内容

11.2.1 求图上某点的坐标和高程

1. 在地形图上确定某点的坐标

（1）确定点的地理坐标

如图 11–1 所示，欲求 M 点的地理坐标，可根据地形图四角的经纬度注记和黑白相间的分度带，初步知道 M 点在纬度 38°56′ 线以北，经度 115°16′ 线以东。再以对应的分度带用直尺绘出经纬度为 1′ 的网格，并量出经差 1′ 的网格长度为 57mm，纬差 1′ 的长度为 74mm；过 M 点分别作平行纬线 aM 和平行经线 bM 两直线，量得 aM=23mm，bM=44mm，则 M 点的经纬度按下式计算：

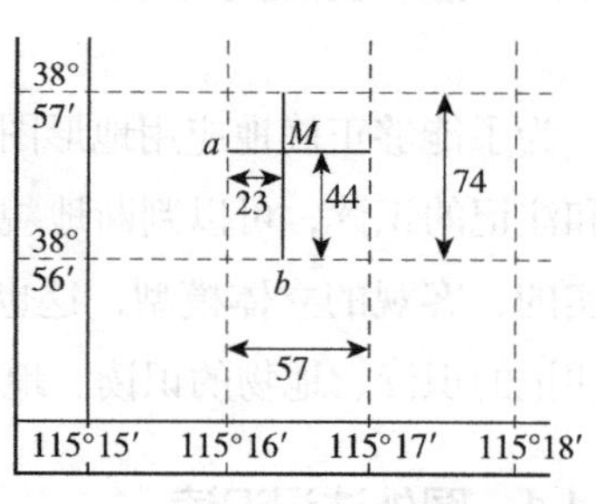

图 11–1 求 M 点地理坐标

$$\lambda_M=115°16'+\frac{23}{57}\times 60''=115°16'24.2''$$

$$\varphi_M=38°56'+\frac{44}{74}\times 60''=38°56'35.7''$$

（2）确定点的平面直角坐标

欲求图 11–2 中 K 点的平面直角坐标，过 K 点分别作平行于 X 轴和 Y 轴的两个线段 ab 和 cd，然后量出 aK 和 cK 的长度，并按比例尺计算其实地长度，设 aK=63.2m，cK=36.1m，则：

$$X_K=4300+63.2=4363.2\text{m}$$

Y_K=13100+36.1=13136.1m

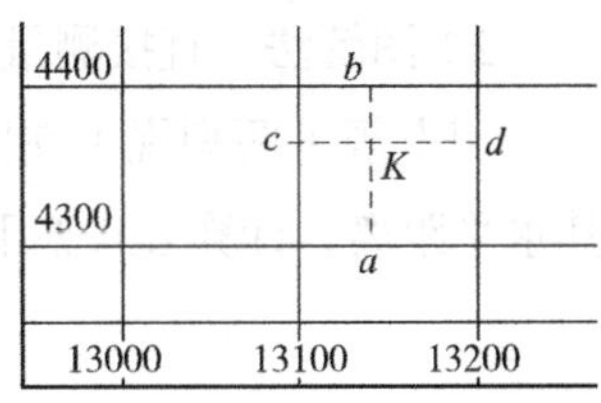

图 11-2 求 *K* 点平面直角坐标

为了检核，还应量出 *ab* 和 *cd* 的长度。由于图纸会产生伸缩，使方格边长往往不等于理论长度 *l*（本例 *l*=100m），为了求得的坐标值精确，考虑图纸伸缩的影响，可采用下式计算 *K* 点的坐标：

$$X_K=x_a+\frac{l}{ab}\times aK \tag{11-1}$$

$$Y_K=y_c+\frac{l}{cd}\times cK \tag{11-2}$$

2. 在图上确定点的高程

（1）点在等高线上

如果所求点恰好位于等高线上，则该点高程等于所在等高线高程。

（2）点不在等高线上

若所求点不在等高线上，可按平距与高差的比例关系求得。如图 11–3 所示，求 *B* 点的高程，可过 *B* 点作一条大致垂直于两条等高线的直线，分别交等高线于 *m*、*n* 两点，分别量 *mn*、*mB* 的长度，则 *B* 点高程 H_B 可按下式计算：

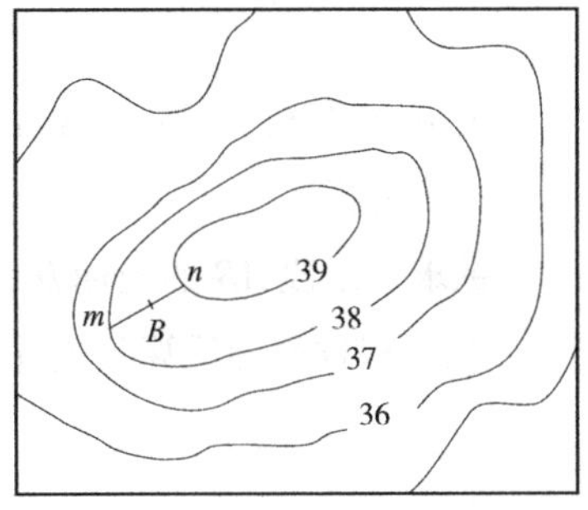

图 11-3 求 *B* 点的高程

$$H_B=H_m+\frac{mB}{mn}h \tag{11-3}$$

式中 H_m——*m* 点的高程，为 38m；

h——基本等高距，为 1m。

设 *mn*=14mm，*mB*=9mm，则 *B* 点的高程为：$H_B=38+\frac{9}{14}\times1=38.64$m。

在图上求某点高程时，通常可根据相邻两等高线的高程目估确定。

11.2.2 确定图上直线的长度、坐标方位角及坡度

1. 在图上确定两点间的距离

（1）两点间的水平距离

1）解析法

设所量线段为 *AB*，先求出端点 *A*、*B* 的直角坐标（x_A、y_A）和（x_B、y_B），然后按距离公式计算线段长度 D_{AB}，如下所示：

$$D_{AB}=\sqrt{(x_B-x_A)^2+(y_B-y_A)^2} \tag{11-4}$$

2）图解法（直接测量）

用卡规（两脚规）在图上直接卡出线段的长度，再与图上的图示比例尺比量，即得其水平距离，计算公式如下：

$$D_{AB}=dM \tag{11-5}$$

式中 d——图上测量长度；

M——比例尺分母。

当精度要求不高时，可用比例尺直接在图上量取。

（2）两点间的倾斜距离

由前述可知，实地倾斜线的长度 D' 可由两点间的水平距离 D 及其高差 h 按下式进行计算：

$$D'=\sqrt{D^2+h^2} \tag{11-6}$$

2. 在图上确定某一直线的坐标方位角

（1）解析法

欲求一线段 AB 的坐标方位角，需先求出两端点 A、B 的直角坐标值（x_A、y_A）和（x_B、y_B），然后根据坐标反算公式计算坐标方位角 α_{AB}，如下所示：

$$\alpha_{AB}=\arctan\frac{y_B-y_A}{x_B-x_A} \tag{11-7}$$

把 AB 两点的坐标值代入上式计算。欲求线段 AB 的磁方位角或真方位角，则可依磁偏角 δ 和子午线收敛角 γ 进行换算。

（2）图解法

如图 11–4 所示，过 A、B 两点分别作平行于纵轴的直线，然后用量角器量出 AB 和 BA 的坐标方位角 α_{AB} 和 α_{BA}，各测量两次并取平均值，α_{AB} 和 α_{BA} 应相差 180°。由于图纸伸缩及测量误差的影响，一般两者不会正好相差 180°，取其中数作为最后结果即可。

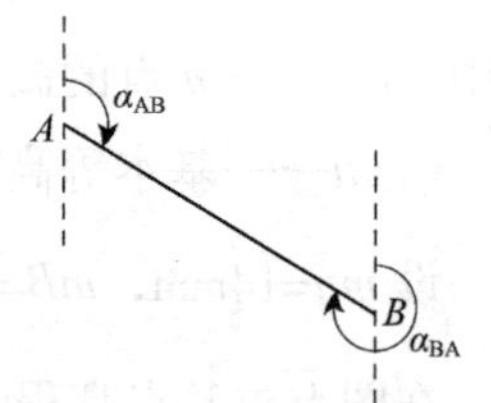

图 11–4 图解法求坐标方位角

3. 在图上确定某一直线的坡度

设地面两点间的水平距离为 D，高差为 h，高差与水平距离之比称为坡度。在地形图上求得直线的长度以及两端点的高程后，可按下式计算该直线的平均坡度 i 或坡度角 α：

$$i=\tan\alpha=\frac{h}{D}=\frac{h}{dM} \tag{11-8}$$

式中 d——两点在图上的长度，m；

M——地形图的比例尺分母。

按上式，在地形图上量出线段的长度及其端点间的高差，便可算出该线段的坡度。

坡度有正负号，"+"表示上坡，"−"表示下坡，坡度常用百分率（%）或千分率（‰）表示，也可用坡度角表示。

11.3　面积量算

面积测算的方法很多，由于数据资料的来源及使用仪器、工具的不同，主要分为解析法和图解法两大类。

11.3.1　解析法

解析法是根据实地测量的坐标数据，通过计算公式求得闭合多边形面积的准确值。它的计算公式是严密的，面积的精度只与界址点的点位精度有关，即与测量界址点时距离测量的精度和水平角测量的精度有关，与成图比例尺无关。

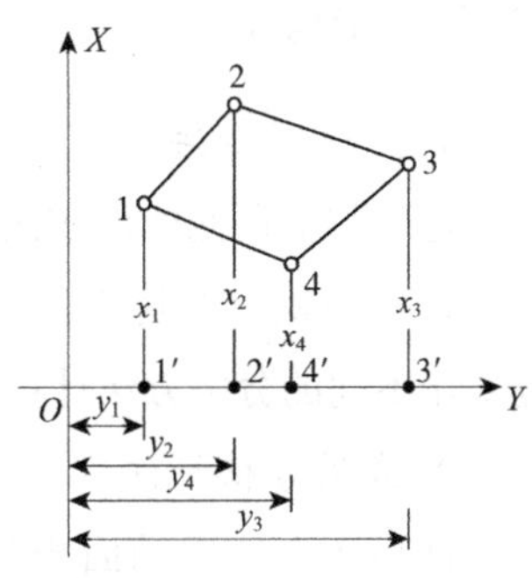

图 11–5　解析法求算面积

利用闭合多边形顶点坐标计算面积的方法，称为解析法。其优点是计算面积的精度很高。如图 11–5 所示，四边形 1234 各顶点坐标分别为：（x_1，y_1）（x_2，y_2）（x_3，y_3）（x_4，y_4）。四边形的面积 S 等于四个梯形面积的代数和：

$$S=S_{122'1'}+S_{233'2'}-S_{144'1'}-S_{433'4'}$$

多边形相邻点 y 坐标之差是相应梯形的高，相邻点 x 坐标之和的一半是相应梯形的中位线，故四边形 1234 的面积为：

$$S=\frac{1}{2}\left[(x_1+x_2)(y_2-y_1)+(x_2+x_3)(y_3-y_2)-(x_1+x_4)(y_4-y_1)-(x_4+x_3)(y_3-y_4)\right]$$

$$=\frac{1}{2}\left[(x_1+x_4)(y_1-y_4)+(x_2+x_1)(y_2-y_1)+(x_3+x_2)(y_3-y_2)+(x_4+x_3)(y_4-y_3)\right]$$

将上式化简并将图形扩充至 n 个顶点的多边形，上式可写成一般式：

$$S=\frac{1}{2}\sum_{i=1}^{n}(x_i+x_{i-1})(y_i-y_{i-1}) \tag{11–9}$$

上式是将各顶点投影于 y 轴算得的。若将各顶点投影于 x 轴，同法可推出：

$$S=-\frac{1}{2}\sum_{i=1}^{n}(y_i+y_{i-1})(x_i-x_{i-1}) \tag{11–10}$$

注意，当 i=1 时，y_{i-1} 用 y_n，x_{i-1} 用 x_n。

i 为多边形各顶点的序号，必须按顺时针编号。式（11–9）和式（11–10）可以互为计算检核。

同样在推导公式时，采用不同的方法可导出如下面积计算公式：

$$S=\frac{1}{2}\sum_{i=1}^{n}x_i\left(y_{i+1}-y_{i-1}\right) \tag{11-11}$$

或

$$S=\frac{1}{2}\sum_{i=1}^{n}y_i\left(x_{i-1}-x_{i+1}\right) \tag{11-12}$$

式（11–11）是将点投影到 x 轴，式（11–12）是将点投影到 y 轴推导出来的。点号仍按顺时针编号，$i=1$ 时，y_{i-1} 用 y_n，x_{i-1} 用 x_n，两公式可以互为计算校核。在用可编程计算器编写面积计算程序时，一般采用式（11–7）进行。

11.3.2 图解法

1. 几何图形法

地形图上所测的面积图形是多边形时，可把它分成若干三角形、梯形等简单几何图形，分别计算面积，求其总和，再乘比例尺分母的平方即可。为了提高测量精度，所量图形应采用不同的分解方法计算两次，两次结果应符合精度要求，取平均值作为最后结果。

2. 透明方格纸法

地形图上所求的面积范围很小，若其边线是不规则的曲线，可采用透明方格纸法。在透明方格纸（方格边长一般为 1mm、2mm、5mm、10mm）或透明胶片上按设定边长画好正方形格网膜片，测量面积时将透明方格纸覆盖在图上并固定，统计出整方格数，目估不完整的方格数，用总方格数乘该比例尺图的方格面积，即得所求图形的面积。透明方格纸法简单易行，适用范围广。

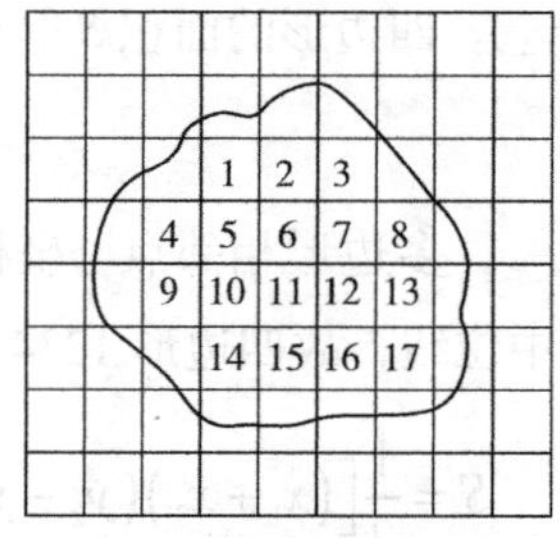

图 11–6　透明方格纸法

【例 11–1】 如图 11–6 所示，方格边长为 1cm，比例尺为 1∶5000，算得整方格数为 17 个，不完整方格数为 7.75 个，共 24.75 个，则该图形所代表的实地面积为：

$$S=24.75\times25\times10^6=618.75\times10^6\text{cm}^2=61875\text{m}^2$$

3. 平行线法

透明方格纸法的量算受到方格凑整误差的影响，为了减少边缘因目估产生的误差，可采用平行线法。如图 11–7 所示，量算面积时，将绘有等距平行线的透明纸覆盖在待算的图形上，使两条平行线与图形边缘相切，则整个图形被平行线切割成若干等高的近似梯形，梯形的高为平行线间距 h，图形截割各平行线的长度为 l_1，l_2，…，l_n，量取其长度，则图形总面积 S 为：

$$S=h\left(l_1+l_2+\cdots+l_n\right)=h\sum_{i=1}^{n}l_i \tag{11-13}$$

最后，再根据图的比例尺将其换算为实地面积。

4. 求积仪法

求积仪是一种专门供图上量算面积的仪器，其优点是操作简便、速度快，适用于任意曲线图形的面积量算，并能保证一定的精度。求积仪有机械式求积仪和电子求积仪两种。机械式求积仪是一种利用积分原理在图纸上测定不规则图形面积的完全机械装置，结构简单，价格低廉，便于使用。机械式求积仪由极臂、描迹臂和计数器三部分组成。电子求积仪是在机械装置动极、动极轴、跟踪臂（相当于机械式求积仪的描迹臂）等的基础上，增加了电子脉冲计数设备和微处理器，能自动显示测量的面积，具有面积分块测定后相加减、多次测定取平均、面积单位换算和比例尺设定等功能。图 11–8 为电子求积仪。

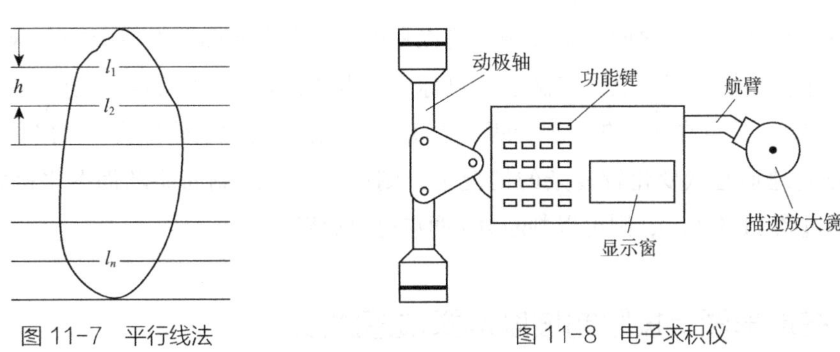

图 11–7　平行线法　　图 11–8　电子求积仪

11.4　在地形图上按一定方向绘制断面图

1. 绘制地形纵断面图

地形纵断面图是指沿某一方向描绘地面起伏状态的竖直面图，可以在实地直接测定，也可根据地形图绘制。绘制断面图时，首先要确定断面图水平方向和垂直方向的比例尺。通常在水平方向采用与所用地形图相同的比例尺，而垂直方向的比例尺通常要比水平方向大 5~20 倍，用以突出地形起伏状况。

如图 11–9（*a*）所示，取水平比例尺 1∶5000，垂直比例尺 1∶500，要求在等高距为 10m、比例尺为 1∶5000 的地形图上，沿 *AB* 方向绘制地形断面图，方法如下：

（1）在地形图上绘出断面线 *AB*，依次交于等高线 1，2，3，…，15，16 点。

（2）在另一张白纸（或毫米方格纸）上绘出水平线 *AB*，过 *A* 点作 *AB* 的垂线作为高程轴线，并作若干平行于 *AB* 等间隔的平行线，间隔大小依竖向比例尺而定，再注记出相应的高程值，如图 11–9（*b*）所示。

（3）把 1、2、3 等交点转绘到水平线 *AB* 上，并通过各点作垂直线，各垂线与相应高程的水平线交点即为断面点。

（4）用平滑曲线连接各断面点，则得到沿 *AB* 方向的断面图，如图 11–9（*b*）所示。

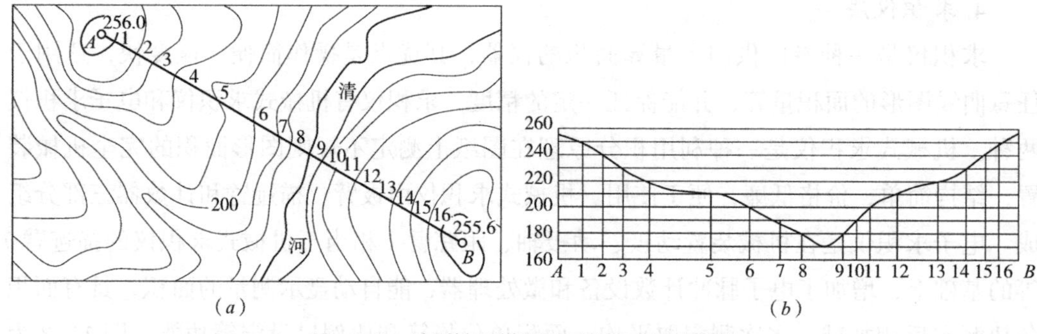

图 11-9　绘制地形纵断面图和确定两点通视

2. 判定两地面点间是否通视

要确定地面上两点之间是否通视，可以根据地形图来判断。在图上判定两点间的通视情况，主要是根据观察点、遮蔽点、目标点三者的位置关系和高程而定。如果两点间地形比较平坦，通过在地形图上观看两点之间是否有阻挡视线的建筑物就可以进行判断；但在两点间地形起伏变化较复杂的情况下，则可以采用绘制简略断面图来确定其是否通视，通过图 11-9（*b*），则可以判断 *AB* 两点可以通视。

11.5　在地形图上按限制坡度选择最短路线

1. 选择最短路线

从斜坡上一点出发，不同方向的地面坡度大小是不同的，其中有一个最大坡度，斜坡的最大坡度线就是垂直于图上等高线的直线，也为最短路线。降雨时，水沿着最大坡度线流向下方。欲求斜坡上的最大坡度线，就要在各等高线间找出连续的最短距离（即等高线间的垂直线），将最大坡度线连接起来，就构成坡面上的最大坡度线。其作法如图 11-10 所示，欲由 *a* 点引一条最大坡度线到河边，则从 *a* 点向下一条等高线作垂线交于 1 点，由 1 点再作下一条等高线的垂线交于 2 点，同法绘出 *B* 点，则 *a*、1、2、*B* 点的连线即为从 *a* 点至河边的最大坡度线。

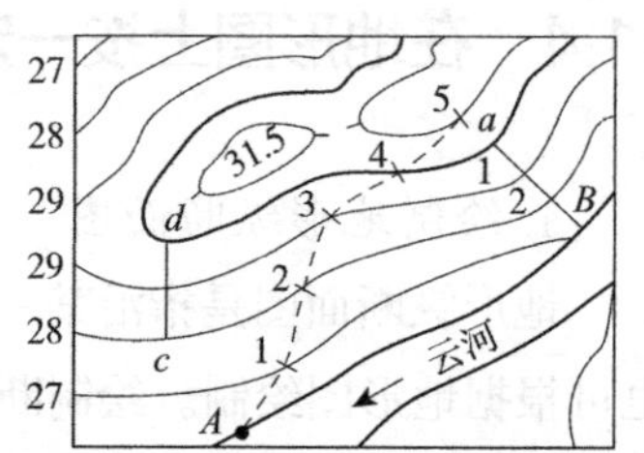

图 11-10　选择最短路线和规定路线

2. 选择规定坡度的路线

在进行线路设计时，往往需要在坡度 *i* 不超过某一数值的条件下选择最短路线。如图 11-10 所示，已知图的比例尺为 1∶1 万，等高距 *h*=1m，需要从河边 *A* 点至山顶修一条坡度不超过 1% 的道路，此时路线经过相邻两等高线间的水平距离 *D*，*D*=*h*/*i*=1/1%=100m，*D* 换算为图上距离 *d*，则 *d*=10mm，然后将两脚规的两脚调至 10mm，自 *A* 点作圆弧交 27m 等高线于 1 点，再自 1 点以 10mm 的半径作圆弧交 28m 等高线于 2 点，如此进行到

5 点（即 a 点）所得的路线符合坡度的要求。如果某两条等高线间的平距大于 10mm，则说明该段地面小于规定的坡度，此时该段路线就可以选择任意方向铺设，最后选用哪条，则主要根据占用耕地、撤迁民房、施工难度及工程费用等因素决定。

11.6　地形图在平整场地中的应用

在各种工程建设中，除对建筑物要作合理的平面布置外，往往还要对原地貌进行必要的改造，以便适于布置各类建筑物，排除地面水以及满足交通运输和敷设地下管线等。这种地貌改造称为平整场地。在平整场地工作中，常需预算土石方的工程量，即利用地形图进行填、挖土（石）方量的概算。其方法有方格网法、等高线法、断面法等。

11.6.1　方格网法

如图 11–11 所示，假设要求将原地貌按挖、填土方量平衡的原则改造成平面，其步骤如下：

（1）在地形图上绘方格网

在地形图上拟建场地内绘制方格网。方格网的大小取决于地形复杂程度、地形图比例尺大小以及土方概算的精度要求。方格网边长的取值范围一般为 5~50m。方格网绘制完成后，根据地形图上的等高线，用内插法求出每一方格顶点的地面高程，并注记在相应方格顶点的右上方，如图 11–11 所示。

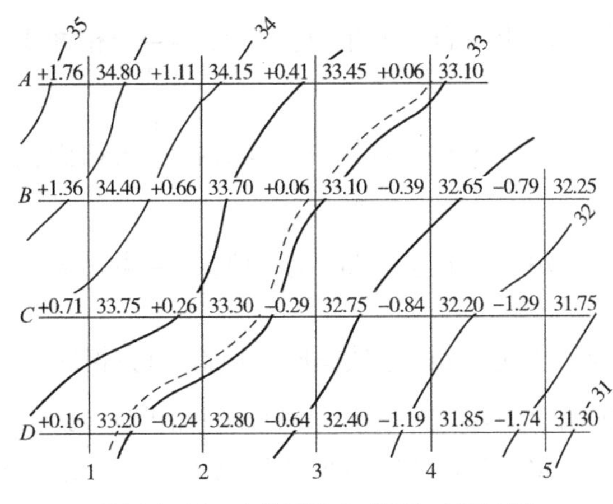

图 11–11　方格网法土（石）方量计算

（2）计算设计高程

如图 11–11 所示，将每个方格顶点的地面高程值相加并除以 4，则得到各方格的平均高程，再把每个方格的平均高程相加除以方格总数就得到设计高程 H_0。H_0 也可以根据工程要求直接给出，其计算公式如下：

$$H_0=\frac{H_1+H_2+\cdots+H_n}{n} \tag{11-14}$$

式中，H_i 为每一方格的平均高程；n 为方格总数。

从设计高程 H_0 的计算方法和图 11–11 可以看出：方格网的角点 $A1$、$A4$、$B5$、$D1$、$D5$ 的高程只用了一次，边点 $A2$、$A3$、$B1$、$C1$、$D2$、$D3$、$D4$、$C5$ 的高程用了两次，拐点 $B4$ 的高程用了三次，而中间点 $B2$、$B3$、$C2$、$C3$、$C4$ 的高程用了四次，因此，设计高程的计算公式可写为：

$$H_0=\frac{(\Sigma H_{角}+2\Sigma H_{边}+3\Sigma H_{拐}+4\Sigma H_{中})}{4n} \tag{11-15}$$

将图 11–11 中方格顶点的高程代入式（11–15），即可计算出设计高程为 33.04m。在图上内插出 33.04m 等高线（图中虚线），称为填挖边界线，亦称为填挖零线。

（3）计算挖、填高度

根据设计高程和方格顶点的高程，可以计算出每一方格顶点的挖（填）高度，即：

$$挖、填高度=地面高程-设计高程 \tag{11-16}$$

将图中各方格顶点的挖、填高度写于相应方格顶点的左上方，正号为挖深，负号为填高。

（4）计算挖、填土（石）方量

1）当某方格内均为挖（填）方时，其方量为四角顶点挖（填）高度的平均值与该方格实地面积的乘积。挖、填土方量可按角点、边点、拐点和中点分别按下式列表计算：

角点：　　挖、填土（石）方量=挖、填高$\times\frac{1}{4}$方格面积

边点：　　挖、填土（石）方量=挖、填高$\times\frac{1}{2}$方格面积

拐点：　　挖、填土（石）方量=挖、填高$\times\frac{3}{4}$方格面积　　（11–17）

中点：　　挖、填土（石）方量=挖、填高$\times 1$方格面积

2）当遇到某方格内存在挖填边界线时，说明该方格既有挖土方又有填土方，此时则需分别计算：首先，把该方格内的挖填边界线视为直线，将该方格划分为两个小多边形（三角形、五边形或梯形）；然后，分别计算出两个小多边形的平均挖或填高度，并在图上量取两个小多边形的实地面积；最后，将小多边形的平均挖（填）高度再乘以各自的实地面积，即得到它们的土（石）方量。

11.6.2 等高线法

如果地形起伏较大，可以采用等高线法计算土（石）方量。首先从设计高程的等高

线开始计算出各条等高线所包围的面积，然后将相邻等高线面积的平均值乘以等高距即得总的填挖方量。

如图 11-12 所示，地形图的等高距为 5m，要求土地平整后的设计高程为 492m。首先在地形图中内插出设计高程为 492m 的等高线（如图中所示虚线），再求出 492m、495m、500m 三条等高线所围成的面积 A_{492}、A_{495}、A_{500}，即可算出每层土（石）方的挖方量为：

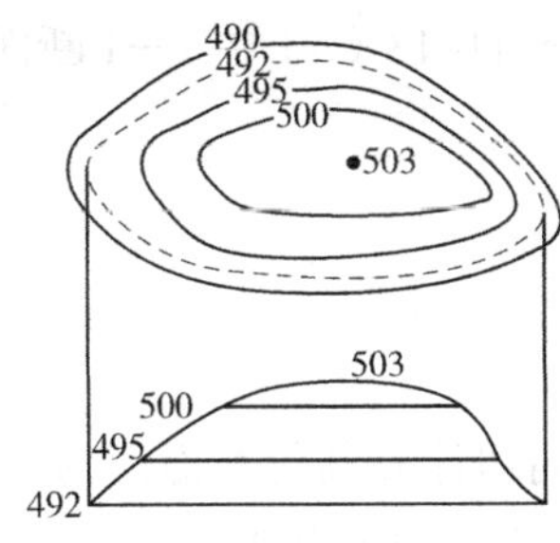

图 11-12　等高线法土（石）方量计算

$$V_{492-495}=\frac{1}{2}(A_{492}+A_{495})\times 3$$

$$V_{495-500}=\frac{1}{2}(A_{495}+A_{500})\times 5$$

$$V_{500-503}=\frac{1}{3}A_{500}\times 3$$

则总的土石方挖方量为：

$$V=V_{492-495}+V_{495-500}+V_{500-503}$$

11.6.3　断面法

在地形起伏较大的地区，可用断面法来估算土（石）方量。在地形图上根据计算土（石）方量的范围，以一定的间距等分施工场地，如 10m、20m 等。利用地形图绘出各断面的地形断面图，并在各个断面图上绘出平整场地后的设计高程线。求出各断面由设计高程线与地面线围成的填、挖面积，然后计算相邻断面间的土（石）方量，最后求和即为总土（石）方量。注意在这一计算过程中，填方和挖方是分开计算的。

如图 11-13（*a*）所示为 1∶1000 地形图，等高距为 1m，施工现场设计标高为 32m，先在地形图上绘出相互平行的、间距为 *l* 的断面方向线 1—1、2—2、3—3、4—4、5—5，如图 11-13（*b*）所示绘出相应的断面图，分别求出各断面的设计高程与地面线包围的填、挖方面积 A_T、A_W，然后计算相邻断面间的填挖方量。

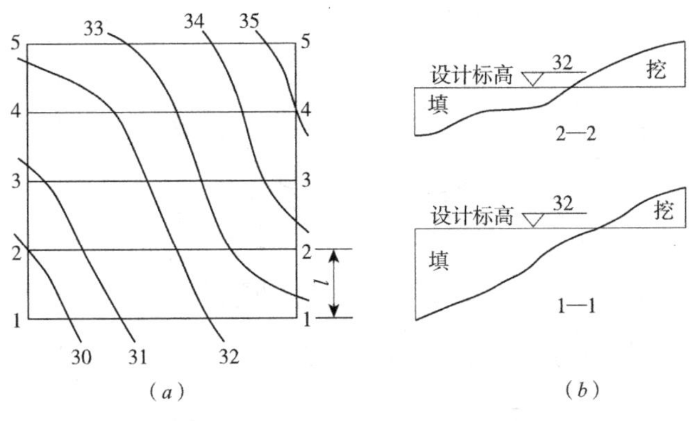

图 11-13　断面法土（石）方量计算

图 11-13（b）中 1—1 断面和 2—2 断面间的填、挖方量为：

$$\begin{cases} 填土 V_{\mathrm{T}} = \dfrac{A_{\mathrm{T1}} + A_{\mathrm{T2}}}{2} l \\ 挖土 V_{\mathrm{W}} = \dfrac{A_{\mathrm{W1}} + A_{\mathrm{W2}}}{2} l \end{cases} \tag{11-18}$$

同理计算其他断面间的土（石）方量，最后将所有的填方量累加，所有的挖方量累加，便得到总的土（石）方量。

【本章小结】

地形图的基本应用包括确定点的坐标、高程、两点间的距离，确定直线的方位角和坡度。地形图在工程设计中的应用包括绘制地形纵断面图、判定两点间是否通视、选择路线、面积量算和土地平整等。

【思考与练习题】

1. 简述地形图识读的基本内容。

2. 根据图 11-14（比例尺为 1∶1 万，等高距为 5m），完成下列工作：

（1）求图上 CD 直线的方位角 α_{CD}。

（2）求图上 C、D 两点高程。

（3）试绘出 CD 直线的纵断面图，要求水平比例尺用 1∶1 万、高程比例尺用 1∶1000。

（4）由图上山底 G 点至山顶 H 点选一条坡度小于 5% 的道路，并在图上标出其位置。

3. 面积测算的方法有哪两种？哪一种的精度高？

4. 在场地平整中，利用地形图计算土（石）方量的方法有哪些？

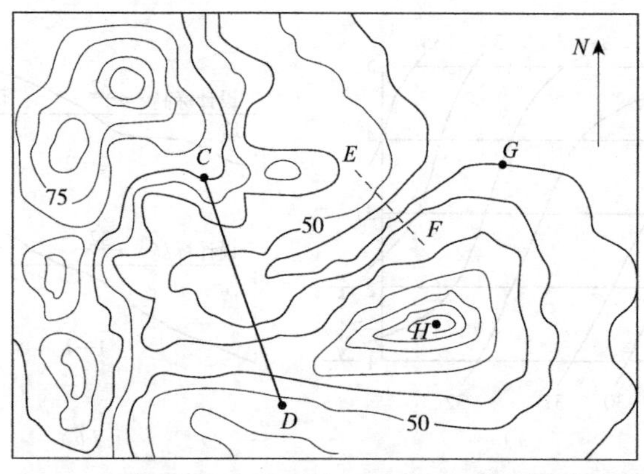

图 11-14　1∶1 万地形图

第 12 章　测设的基本工作

【本章要点及学习目标】

本章主要介绍施工放样的种类和方法，包括水平距离的测设、水平角的测设、高程的测设、点平面位置的测设及坡度线的测设。通过本章的学习，学生应了解常见的放样种类和方法，能按照设计要求使用仪器，以一定的精度把图上设计建筑物或构筑物的平面位置和高程测设在地面上，并设置标志作为施工的依据；同时能在施工过程中进行一系列测量工作，以衔接和指导各工序间的施工。

12.1　施工测量概述

12.1.1　施工测量的特点

1. 测量精度要求

一般情况下，施工测量的精度比测绘地形图的精度要高，而且根据建筑物、构筑物的重要性，根据结构材料及施工方法的不同，对施工测量的精度要求也有所不同。例如，工业建筑的测设精度高于民用建筑，钢结构建筑物的测设精度高于钢筋混凝土建筑物，装配式建筑物的测设精度高于非装配式建筑物，高层建筑物的测设精度高于多层建筑物等。

对同类建筑物或构筑物来说，当测设整个建筑物或构筑物的主轴线以便确定其相对其他地物的位置关系时，其测量精度要求可相对低一些；而测设建筑物和构筑物内部有关联的轴线及在进行构件安装放样时，测量精度要求则相对高一些；如要对建筑物和构筑物进行变形观测，为了发现位置和高程的微小变化量，则测量精度要求更高。

2. 测量与施工的关系

施工测量直接为工程施工服务，一般每道工序施工前都要进行放样测量，为了不影响施工的正常进行，应按照施工进度及时完成相应的测量工作。特别是现代工程项目规模大、机械化程度高、施工进度快，对放样测量的密切配合提出了更高的要求。

在施工现场，各工序经常交叉作业，运输频繁，并有大量土方填挖和材料堆放工作，使测量作业的场地条件受到影响，视线被遮挡，测量桩点被破坏等。所以，各种测量标志必须埋设稳固，并设在不易破坏和碰动的位置，除此之外还应经常检查，如有损坏应及时修复，以满足施工现场测量的需要。

3. 具备工程相关知识

由于施工测量贯穿施工全过程，施工测量工作直接影响工程质量及施工进度，所以测量人员必须了解工程有关知识，并详细了解设计内容、性质及对测量工作的精度要求，熟悉有关图纸，了解施工全过程，密切配合施工进度进行工作。

12.1.2 施工测量的基本原则

1. 先整体后局部

施工测量必须遵循“先整体后局部”的原则。该原则在测量程序上体现为“先控制后碎部”。即首先在测区范围内选择若干点组成控制网，用较精确的测量和计算方法确定出这些点的平面位置和高程，然后以这些点为依据再进行局部地区的测绘工作和放样工作。其目的是控制误差积累，保证测区的整体精度，同时也可以提高工效和缩短工期。

2. 逐步检查

施工测量同时必须严格执行“逐步检查”的原则，随时检查观测数据、放样定线的可靠程度以及施工测量成果所具有的精度。其目的是防止产生错误，保证质量。

12.2 测设的基本内容与方法

12.2.1 已知水平距离的测设

已知水平距离的测设，就是从地面上一个已知点出发，沿给定的方向量出已知（设计）的水平距离，在地面上定出另一端点的位置。

1. 一般方法

如图 12-1 所示，*A* 为地面上已知点，*D* 为已知（设计）水平距离，要在地面上沿给定方向 *AB* 测设出水平距离 *D*，以定出线段的另一端点 *B*。具体方法如下：从 *A* 点开始，沿 *AB* 方向用钢尺拉平丈量，按已知设计长度 *D* 在地面上定出 *B′* 点的位置。为了校核，应再量取 *AB* 之间水平距离 *D′*，若相对误差在容许范围（1/5000~1/3000）内，则将端点 *B′* 加以改正，求得 *B* 点的最后位置，使 *AB* 两点间水平距离等于已知设计长度 *D*。改正数 $\delta=D-D'$。当 δ 为正时，向外改正；反之，则向内改正。

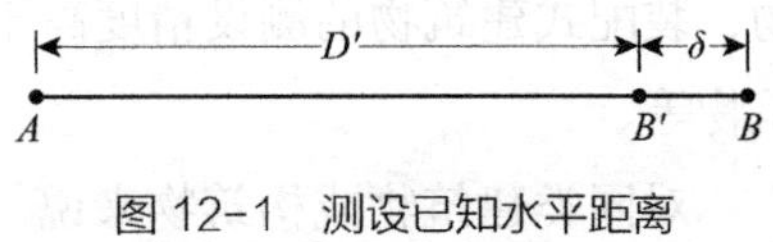

图 12-1 测设已知水平距离

2. 精密方法

当测设精度要求较高时，可按设计水平距离 *D*，用前述方法在地面上概略定出 *B′* 点；然后按前面介绍的精密量距方法，测量 *AB′* 的距离，并加尺长、温度和倾斜三项改正数，求出 *AB′* 的精确水平距离 *D′*。若 *D′* 与 *D* 不相等，则按其差值 $\delta=D-D'$ 沿 *AB* 方向以 *B′* 点为准进行改正。当 δ 为正时，向外改正；反之，向内改正。

另外，精密方法也可以根据已给定的水平距离 D，反求沿地面应量出的 D_0 值。由钢尺的尺长方程式、预计测设时温度 t 以及 AB 两点间的高差 h（需事先测定）可求得三项改正数，则：

$$D_0=D-\Delta l_d-\Delta l_t-\Delta l_h \qquad (12\text{-}1)$$

【例 12-1】 已知设计水平距离 D_{AB} 为 65m，现用 30m 钢尺按精密方法在地面上由 A 点测设 B 点。钢尺的检定实长为 29.996m，检定温度 t_0=20℃，测设时温度 t=8℃，已知 A、B 两点间高差为 -0.51m；钢尺热膨胀系数 α=0.0000125。计算实地应量长度 D_0 值。

【解】 先求三项改正数，具体如下：

尺长改正：$\Delta l_d=\dfrac{l'-l_0}{l_0}D_{AB}=-0.009\text{m}$

温度改正：$\Delta l_t=\alpha(t-t_0)D_{AB}=-0.010\text{m}$

倾斜改正：$\Delta l_h=-\dfrac{h^2}{2D_{AB}}=-0.002\text{m}$

则：$D_0=D-\Delta l_d-\Delta l_t-\Delta l_h=65.021\text{m}$

测设时，只要沿地面给定方向量出 65.021m，即得 B 点。此时 AB 的水平距离就正好为 65m。

3. 用光电测距仪测设已知水平距离

如图 12-2 所示，安置光电测距仪于 A 点，瞄准已知方向。沿此方向移动棱镜位置，使仪器显示值略大于测设的距离 D，定出 B' 点。在 B' 点安置棱镜，测出棱镜的竖直角 α 及斜距 L。计算水平距离 $D'=L\cos\alpha$，求出 D' 与应测设的已知水平距离 D 的差：$\delta=D-D'$。根据 δ 的符号在实地用小钢尺沿已知方向改正 B' 至 B 点，并在木桩上标定其点位。为了检核，可将棱镜安置于 B 点，再实测 AB 的水平距离，与已知水平距离 D 比较，若不符合要求，应再次进行改正，直到测设的距离符合限差要求为止。

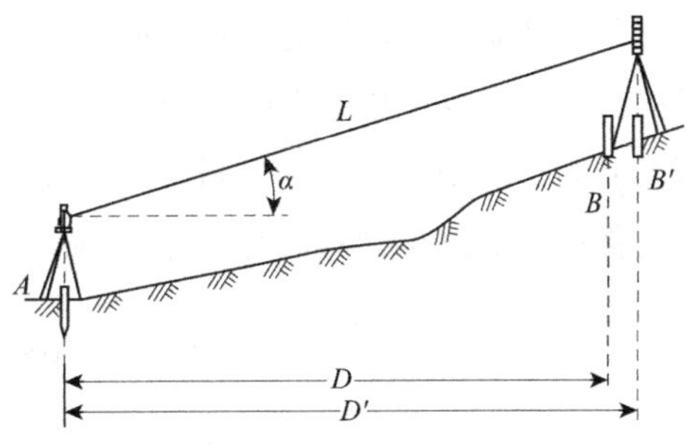

图 12-2　用测距仪测设已知水平距离

12.2.2　已知水平角的测设

已知水平角的测设，就是在已知角顶点根据一条已知方向的边标定出另一方向边，使两方向的水平夹角等于已知角值。

1. 一般方法

当测设水平角精度要求不高时，可用盘左、盘右分中的方法测设，如图 12-3 所示。设地面已知方向 AB，A 为角顶，β 为已知角值，AC 为欲定的方向线。为此，在 A 点安置经纬仪，对中、整平，用盘左位置照准 B 点，调节水平度盘位置变换轮，使水平度盘读数为 0°00′00′，转动照准部使水平度盘读数为 β 值，按视线方向定出 C' 点。然后用盘右位置重复上述步骤，定出 C'' 点。取 $C'C''$ 连线的中点 C，则 AC 即为测设角值为 β 的另一方向线，$\angle BAC$ 即为测设的 β 角。

2. 精确方法

如图 12–4 所示，当测设水平角的精度要求较高时，可先按上述一般方法测设出 AC 方向线，然后对 $\angle BAC$ 进行多测回观测，得到观测值为 β'。记 $\Delta\beta=\beta-\beta'$，根据 $\Delta\beta$ 及 AC 边的长度 D_{AC}，可以按下式计算垂距 CC_0：

$$CC_0 = D_{AC}\tan\Delta\beta = D_{AC}\frac{\Delta\beta}{\rho} \tag{12–2}$$

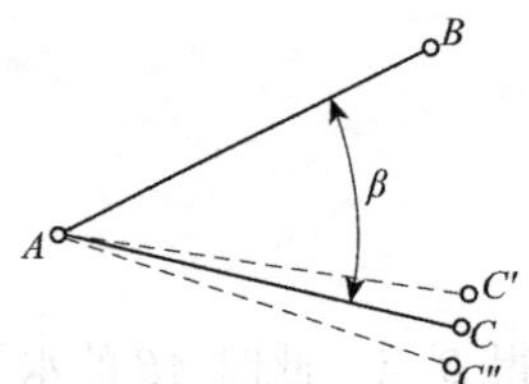

图 12–3　测设已知水平角

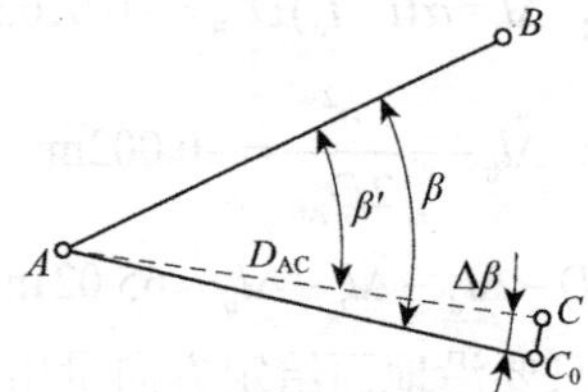

图 12–4　精确测设水平角

从 C 点起沿 AC 边的垂直方向量出垂距 CC_0，定出 C_0 点，则 AC_0 即为测设角值为 β 时的另一方向线。必须注意，从 C 点起向外还是向内量垂距，要根据 $\Delta\beta$ 的正负号来决定。若 $\Delta\beta$ 为正，则从 C 点向外量垂距，反之则向内改正。

例如，$\Delta\beta=\beta-\beta'=+48''$，$D_{AC}=120\text{m}$，

$$CC_0 = 120\times\frac{48''}{206265''} = 0.0279\text{m}$$

综上，过 C 点作 AC 的垂线，在 C 点沿垂直方向向 $\angle BAC$ 外侧量垂距 0.0279m，定出 C_0 点，则 $\angle BAC_0$ 即为要测设的 β 角。

12.2.3　已知高程的测设

已知高程的测设是利用水准测量的方法，根据附近已知水准点，将设计高程测设到地面上。如图 12–5 所示，已知水准点 A 的高程 H_A 为 32.481m，测设于 B 桩上的已知设计高程 H_B 为 33.5m。水准仪在 A 点上的后视读数 a 为 1.842m，则 B 桩的前视读数 b 应为：

$$\begin{aligned} b &= (H_A + a) - H_B \\ &= 32.481 + 1.842 - 33.5 \\ &= 0.823\text{m} \end{aligned}$$

测设时，将水准尺沿 B 桩的侧面上下移动，当水准尺上的读数刚好为 0.823m 时，紧靠尺底在 B 桩上划一红线，该红线的高程 H_B 即为 33.5m。

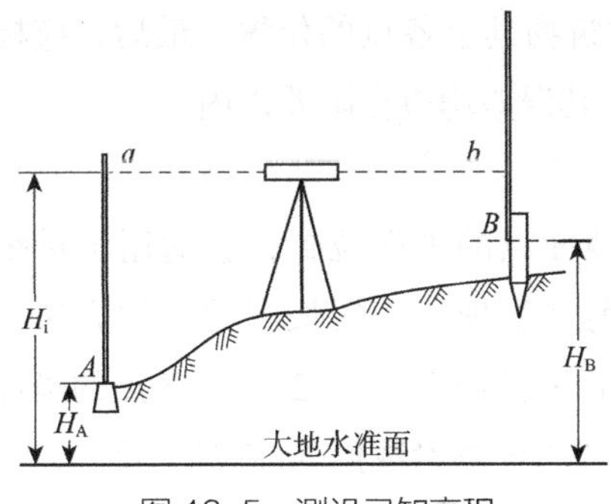

图 12-5 测设已知高程

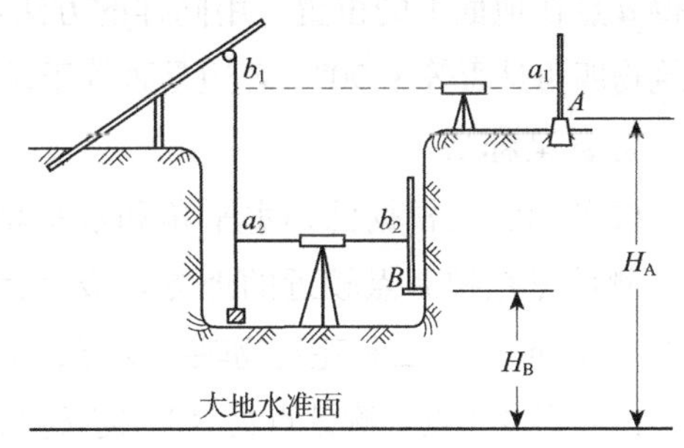

图 12-6 向深基坑测设高程

当向较深的基坑和较高的建筑物测设已知高程时，除使用水准尺外，还需要借助钢尺配合进行。

如图 12-6 所示，设已知水准点 A 的高程为 H_A，要在基坑内侧测出高程为 H_B 的 B 点位置。现悬挂一根带重锤的钢卷尺，零点在下端。先在地面上安置水准仪，后视 A 点读数 a_1，前视钢尺读数 b_1；再在坑内安置水准仪，后视钢尺读数 a_2，当前视读数正好在 b_2 时，沿水准尺底面在基坑侧面钉设木桩（或粗钢筋），则木桩顶面即为 B 点设计高程 H_B 的位置。B 点应读前视尺读数 b_2 为：

$$b_2 = H_A + a_1 - b_1 + a_2 - H_B \qquad (12\text{-}3)$$

12.3 点平面位置的测设方法

测设点平面位置的方法有直角坐标法、极坐标法、角度交会法、距离交会法等。采用哪种方法，应根据施工控制网的形式、控制点的分布情况、地形情况、现场条件及待建建筑物的测设精度要求等因素确定。

1. 直角坐标法

直角坐标法是根据已知点与待定点的纵横坐标之差，测设地面点的平面位置。它适用于施工控制网为建筑方格网或建筑基线的形式，且量距方便的地方。如图 12-7 所示，设Ⅰ、Ⅱ、Ⅲ、Ⅳ为建筑场地的建筑方格网点，a、b、c、d 为需测设的某厂房的四个角点，根据设计图上各点坐标可求出建筑物的长度、宽度及测设数据。现以 a 点为例，说明测设方法。

欲将 a 点测设于地面，首先根据Ⅰ点的坐标及 a 点的设计坐标算出纵横坐标之差：

$$\Delta x = x_a - x_Ⅰ = 620-600=20\text{m}$$

$$\Delta y = y_a - y_Ⅰ = 530-500=30\text{m}$$

然后安置经纬仪于Ⅰ点上，瞄准Ⅳ点，沿Ⅰ、Ⅳ方向测设长度 Δy（30m），定出 m 点；搬仪器于 m 点，瞄准Ⅳ点，向左测设 90° 角，得 ma 方向线，在该方向上测设长度 Δx（20m），

即得 a 点在地面上的位置。用同样的方法可测设建筑物其余各点的位置。最后，应检查建筑物四角是否等于 90°，各边是否等于设计长度，其误差均应在限差以内。

2. 极坐标法

极坐标法是根据已知水平角和水平距离测设地面点的平面位置，它适用于量距方便且测设点距控制点较近的地方。极坐标法是目前施工现场使用最多的一种方法。如图 12–8 所示，1、2 是建筑物轴线交点，A、B 为附近的控制点。1、2、A、B 点的坐标均已知，欲测设 1 点（测站点为 A），需按坐标反算公式求出测设数据 β_1 和 D_1，即：

$$\alpha_{A1} = \arctan\frac{y_1 - y_A}{x_1 - x_A}$$

$$\alpha_{AB} = \arctan\frac{y_B - y_A}{x_B - x_A}$$

$$\beta_1 = \alpha_{AB} - \alpha_{A1}$$

$$D_1 = \sqrt{(x_1 - x_A)^2 + (y_1 - y_A)^2}$$

同理，也可求出 2 点的测设数据 β_2 和 D_2（测站点为 B）。

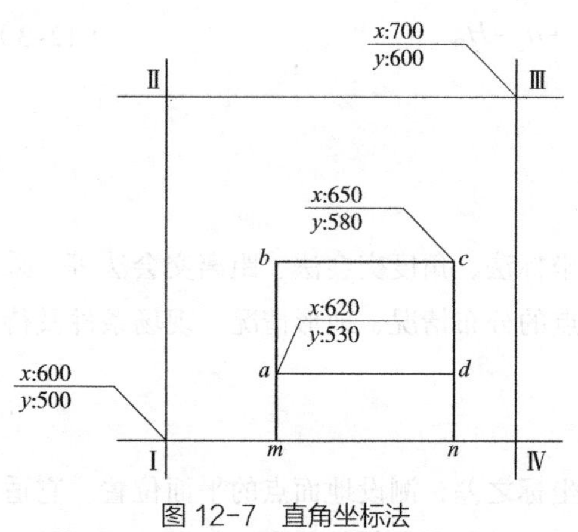

图 12–7　直角坐标法

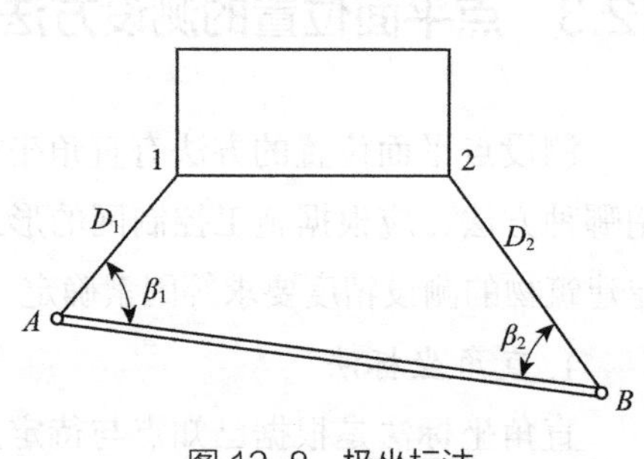

图 12–8　极坐标法

【例 12–2】已知 x_1=370m，y_1=458m，x_A=348.758m，y_A=433.57m，α_{AB}=103°48′48″，现准备在 A 点架设仪器，利用极坐标法来放样 1 点，求测设数据 β_1 和 D_1，并说明放样步骤。

【解】$\alpha_{A1} = \arctan\frac{y_1 - y_A}{x_1 - x_A} = \arctan\frac{458 - 433.57}{370 - 348.758} = 48°59'34''$

$$\beta_1 = \alpha_{AB} - \alpha_{A1} = 103°48'48'' - 48°59'34'' = 54°49'14''$$

$$D_1 = \sqrt{(370-348.758)^2 + (458-433.57)^2} = 32.374\text{m}$$

测设时，在 A 点安置经纬仪，瞄准 B 点，向左测设 β_1 角，定出 $A1$ 视线方向，由 A 点起沿 $A1$ 视线方向测设距离 D_1，定出 1 点。

3. 角度交会法

角度交会法适用于测设点离控制点较远或量距较困难的场合。如图 12-9 所示，测设点 P 和控制点 A、B 的坐标均为已知，根据坐标反算求出测设数据 β_1 和 β_2。

测设时，在 A、B 两点同时安置经纬仪，分别测设出 β_1 和 β_2 角，两视线方向的交点即为测设点 P。为了保证交会点的精度，实际工作中还应从第三个控制点 C 测设 β_3，定出 CP 方向线作为校核。

4. 距离交会法

距离交会法适用于测设点离两个控制点较近（一般不超过一整尺长）且地面平坦，便于量距的场合。如图 12-10 所示，根据测设点 P_1、P_2 和控制点 A、B 的坐标，可求出测设数据 D_1、D_2、D_3 和 D_4。

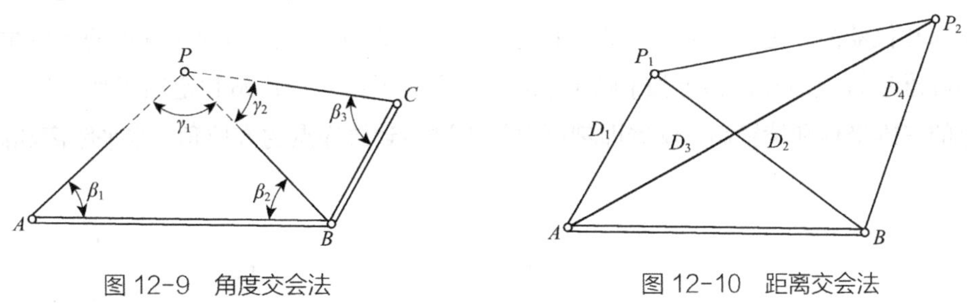

图 12-9　角度交会法

图 12-10　距离交会法

测设时，使用两把钢尺，使各尺的零刻划线分别对准 A、B 点，将钢尺拉平，分别测设水平距离 D_1、D_2，其交点即为测设点 P_1。同法测设 P_2 点。为了校核，实地测量 P_1P_2 水平距离与其设计长度比较，其误差应在限差以内。

12.4　全站仪坐标测设原理

全站仪的普及带来了施工放样的技术进步，大大简化了传统的施工测量方法，使现代施工测量方法变得灵活、方便、精度高、劳动强度小、工作效率高，并带来了施工测量的数字化、自动化和信息化。

对于瑞士出产的全站仪，其放样菜单里包含有三种放样方式，一是极坐标法放样点的三维坐标，这种放样方式是所有全站仪标配的放样模式；二是笛卡尔坐标法放样点的三维坐标，这种放样方式与 RTK 放样的原理是一样的，即先测出立尺点的三维坐标，然后计算坐标差，指挥立尺员向南北方向、东西方向移动，测设出点的平面位置，上下移动棱镜测设出高程；三是正交法放样点的三维坐标，以测站至棱镜点为参考线，计算纵向偏差（沿参考线方向）、横向偏差（与参考线方向垂直）和垂直方向距离偏差来测设点的三维坐标。

1. 极坐标法放样点的三维坐标原理

（1）极坐标法放样数据的计算

极坐标法是根据一个角度和一段距离测设点的平面位置。如图 12–11 所示，A、B 为已知平面控制点，其坐标值分别为（x_A，y_A）、（x_B，y_B），P 为拟放样的点，其坐标为 P（x_P，y_P）。可根据 A、B 两控制点测设 P 点，当设站于 A 点放样 P 点时，放样数据计算公式如下：

$$\beta=\alpha_{AP}-\alpha_{AB}=\arctan\frac{y_P-y_A}{x_P-x_A}-\arctan\frac{y_B-y_A}{x_B-x_A} \tag{12–4}$$

$$D_{AP}=\sqrt{(x_P-x_A)^2+(y_P-y_A)^2} \tag{12–5}$$

（2）极坐标法放样点的三维坐标测设步骤

图 12–12 为极坐标法放样点的三维坐标原理示意图，其平面坐标的放样原理为极坐标法，高程的放样原理为三角高程测量原理。首先进行正确的建站和定向工作，建站即输入测站坐标和仪器高，定向即输入后视点的坐标，仪器即刻算出测站到后视点的方位角，转动仪器瞄准后视点后在仪器上按 [确定] 键，即完成了正确的建站和定向工作。然后输入放样点的三维坐标和棱镜高，仪器即刻可以算出测站到放样点的方位角、水平距离和高差。

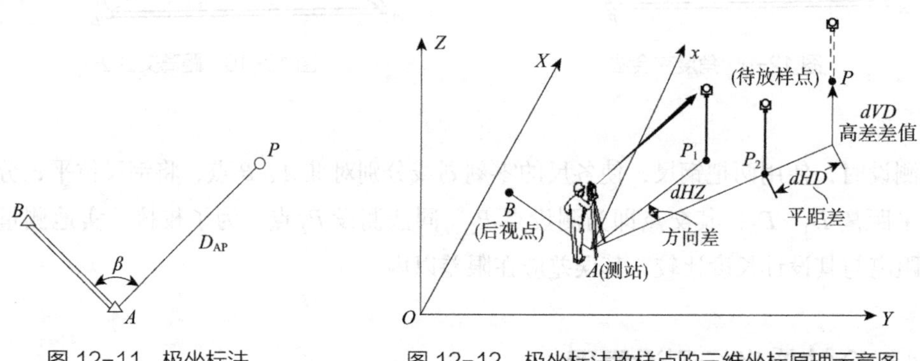

图 12–11　极坐标法　　图 12–12　极坐标法放样点的三维坐标原理示意图

第一步为极坐标法放样时的角度部分，转动仪器当仪器显示 dHZ=0°00′00″ 时，即表明放样方向正确。

第二步为极坐标法放样时的距离部分，瞄准棱镜测距，当 dHD=0.000m 时，即得到待放样点的平面位置。

第三步为极坐标法放样时的高差部分，上、下移动棱镜，当 dVD=0.000m 时，即得到待放样点的高程位置。

当仪器显示的 dHZ、dHD、dVD 均为 0 时，即完成点的三维坐标放样工作。

2. 笛卡尔坐标法放样点的三维坐标原理

笛卡尔坐标法放样点的位置是根据当前测点与拟放样点的坐标差来测设点的三维位置。

如图 12–13 所示，A、B 为已知控制点，其坐标值分别为（x_A，y_A，z_A）、（x_B，y_B，z_B），P 为拟放样点，其坐标为（x_P，y_P，z_P），P_1 为当前测点位置，其坐标为（x_{P_1}，y_{P_1}，z_{P_1}），可根据 A、B 两控制点测设 P 点，计算公式如下：

$$\begin{cases} dX = x_{P_1} - x_P \\ dY = y_{P_1} - y_P \\ dZ = z_{P_1} - z_P \end{cases} \tag{12-6}$$

全站仪将显示当前 dX、dY 和 dZ 的值，调整点位，当 dX、dY 和 dZ 值均显示为 0 时，即完成点的三维放样工作。

3. 正交法放样点的三维坐标原理

图 12–14 为正交法放样点的三维坐标原理示意图。P_0 为测站点，P 为拟放样点，其坐标为（x_P，y_P，z_P），P_1 为当前测点位置，其坐标为（x_{P_1}，y_{P_1}，z_{P_1}），仪器根据测站 P_0 与当前位置 P_1 连线为参考线计算纵向偏差（沿参考线方向）、横向偏差（与参考线方向垂直）和垂直方向距离偏差来测设 P 点的三维坐标。

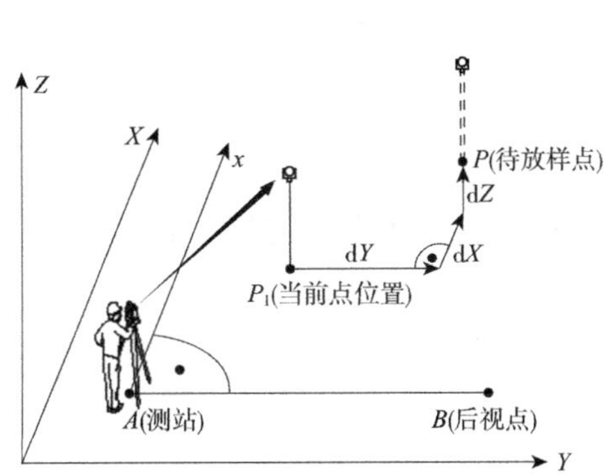

图 12–13　笛卡尔坐标法放样点的三维坐标原理示意图

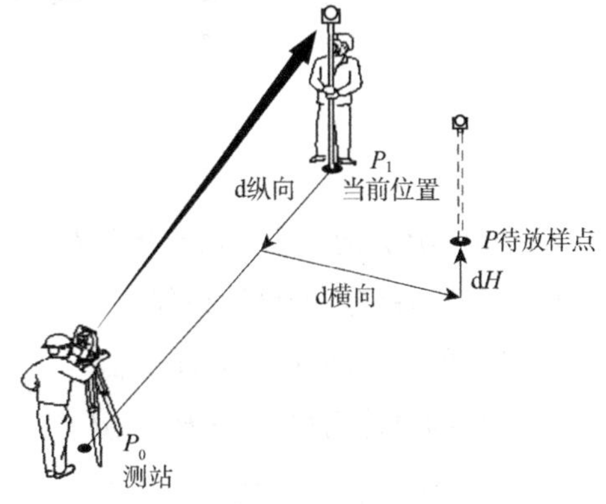

图 12–14　正交法放样点的三维坐标原理示意图

d 纵向：为视线方向的距离偏离值。

d 横向：为视线方向的正交方向距离偏差值。

dH：为垂直方向的距离偏差值。

启动距离测量，仪器将显示当前 d 纵向、d 横向、dH 值，调整点位，当 d 纵向、d 横向、dH 值均为 0 时，即完成点的三维放样工作。

12.5　已知坡度线的测设

在平整场地、铺设管道及修筑道路等工程中，经常需要在地面上测设设计坡度线。坡度线的测设是根据附近水准点的高程、设计坡度和坡度端点的设计高程，应用水准测量的方法将坡度线上各点的设计高程标定在地面上。

测设方法有水平视线法和倾斜视线法两种。

1. 水平视线法

如图 12–15 所示，A、B 为设计坡度线的两端点，其设计高程分别为 H_A、H_B，AB 设计坡度为 i_{AB}。为使施工方便，要在 AB 方向上每隔距离 d 钉一木桩，要在木桩上标定出坡度线。施测方法如下：

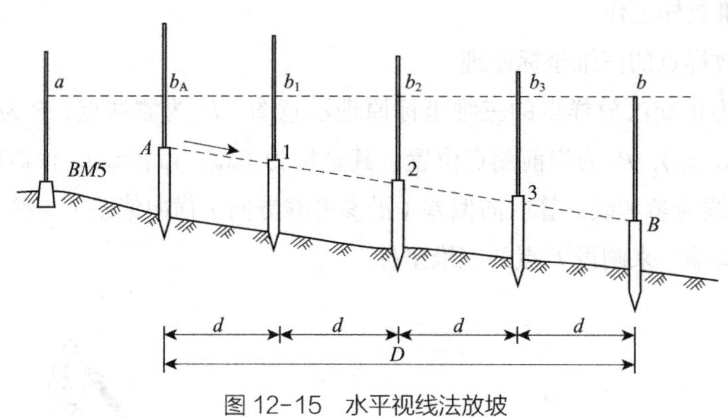

图 12–15　水平视线法放坡

（1）沿 AB 方向，用钢尺定出间距为 d 的中间点 1、2、3 的位置，并打下木桩。

（2）计算各桩点的设计高程：

第 1 点的设计高程：$H_1=H_A+i_{AB}d$

第 2 点的设计高程：$H_2=H_1+i_{AB}d$

第 3 点的设计高程：$H_3=H_2+i_{AB}d$　　（12–7）

B 点的设计高程：$H_B=H_3+i_{AB}d$ 或 $H_B=H_A+i_{AB}D$（检核）

坡度 i 有正有负，计算设计高程时，坡度应连同其符号一并运算。

（3）安置水准仪于水准点附近，后视读数为 a，得仪器视线高程 $H_{视}=H_{BM5}+a$，然后根据各点的设计高程计算测设各点的应读前视尺读数。

$$b_j=H_{视}-H_j\ (j=1,\ 2,\ 3) \tag{12–8}$$

（4）将水准尺分别贴靠在各木桩的侧面，上、下移动水准尺，直至水准尺读数为 b_j 时，便可沿水准尺底面划一横线，各横线连线即为 AB 设计坡度线。

2. 倾斜视线法

如图 12–16 所示，A、B 为坡度线的两端点，其水平距离为 D，A 点的高程为 H_A，要沿 AB 方向测设一条坡度为 i_{AB} 的坡度线，则先根据 A 点的高程、坡度 i_{AB} 及 A、B 两点间的水平距离计算出 B 点的设计高程，再按测设已知高程的方法，将 B 点的高程测设在地面的木桩上。然后将水准仪安置在 A 点上，使基座上一个脚螺旋在 AB 方向上，其

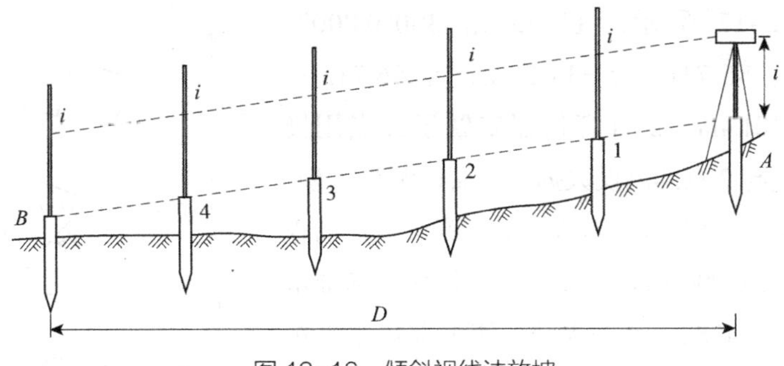

图 12-16　倾斜视线法放坡

余两个脚螺旋的连线与 AB 方向垂直，量取仪器高 i，再转动 AB 方向上的脚螺旋和微倾螺旋，使十字丝中横丝对准 B 点水准尺上的读数，使其等于仪器高 i，此时，仪器的视线与设计坡度线平行。在 AB 方向中间各点的木桩侧面立尺，上、下移动水准尺，直至尺上读数等于仪器高 i 时，沿尺子底面在木桩上画一红线，则各桩红线的连线就是设计坡度线。

如果设计坡度较大，超出水准仪脚螺旋所能调节的范围，则可用经纬仪测设，方法不变。

【本章小结】

测设是工程测量的核心内容，实际工作中的复杂放样都是基于基本的放样种类和方法，所以基本的放样方法应该重点掌握，为后续的施工测量打下坚实的基础。

【思考与练习题】

1. 测设的基本工作有哪几项？

2. 测设点的平面位置有几种方法？各适用于什么情况？

3. 简述全站仪三维极坐标法放样的步骤？

4. 要在坡度一致的倾斜地面上设置水平距离为 126m 的线段，已知线段两端的高差为 3.6m（预先测定），所用 30m 钢尺的鉴定长度是 29.993m，测设时的温度 t=10℃，鉴定时的温度 t_0=20℃，钢尺的线膨胀系数 α=0.000012，试计算用这根钢尺在实地沿倾斜地面应量的长度。

5. 如何用一般方法测设已知数值的水平角？

6. 已测设直角∠AOB，并用多个测回测得其平均角值为 90°00′48″，又知 OB 的长度为 150m，问在垂直于 OB 的方向上，B 点应该向何方向移动多少距离才能得到 90°00′00″ 的角？

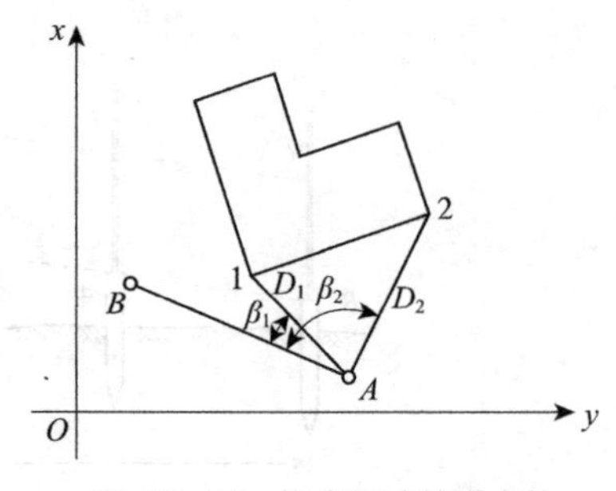

图 12-17　极坐标法放样点位

7. 如图 12-17 所示，已知 $\alpha_{AB}=300°04'00''$，$x_A=14.22m$，$y_A=86.71m$；$x_1=34.22m$，$y_1=66.71m$；$x_2=54.14m$，$y_2=101.4m$。试计算仪器安置于 A 点用极坐标法测设 1 点与 2 点的测设数据，并简述测设过程。

8. 利用高程为 9.531m 的水准点 A，测设设计高程为 9.8m 的室内 ±0.000 标高。架设水准仪后，瞄准水准点 A，读数 $a=1.478m$，求读数 b，使水准仪水平视线对准水准尺读数 b 时，水准尺底部就是 ±0.000 标高位置。

9. 测设和测定有何不同？讨论实际工作中两者的区别。

第 13 章　建筑工程测量

【本章要点及学习目标】

本章主要介绍建筑工程测量的方法与原理，主要包括建筑施工控制网的建立、民用建筑施工测量、高层建筑施工测量、工业厂房施工测量及竣工总平面图的编绘。通过本章的学习，学生应掌握建筑基线的建立方法，了解建筑方格网的建立方法，掌握高层建筑、民用建筑和工业厂房的测设方法，熟悉轴线的竖向投测及高程传递。

13.1　建筑施工控制测量

根据施工测量的基本原则，施工前在建筑场地要建立统一的施工控制网。在勘测阶段所建立的测图控制网往往不能满足施工测量要求，而且在施工现场由于大量的土方填挖，地面变化很大，原来布置的测图控制点往往会被破坏掉。因此，在施工前应在建筑场地重新建立施工控制网，以供建筑物施工放样和变形观测等使用。相对测图控制网来说，施工控制网具有控制范围小、控制点密度大、精度要求高、使用频繁等特点。

施工控制网一般布置成矩形的格网，称为建筑方格网。当建筑物面积不大、结构又不复杂时，只需布置一条或几条基线作平面控制，称为建筑基线。当建立方格网有困难时，常用导线或导线网作为施工测量的平面控制网。

建筑场地的高程控制多采用水准测量。一般用三、四等水准测量方法测定各水准点的高程。当布设的水准点不够用时，建筑基线点、建筑方格网点以及导线点也可兼作高程控制点。

13.1.1　建筑方格网

1. 建筑方格网的设计

在实际建筑工程中应根据建筑设计总平面图上各建筑物、构筑物、道路及各种管线的布设情况，并结合现场情况设计建筑方格网。如图 13–1 所示，设计时应先选定建筑方格网的主轴线 MON 和 COD，再加密一些平行于主轴线的辅轴线，如 C_1D_1、C_2D_2、C_3D_3、C_4D_4、M_1N_1、M_2N_2 等。

现在，建设工程的规划普遍使用 Auto CAD 进行，可以在设计单位提供的 dwg 格式图

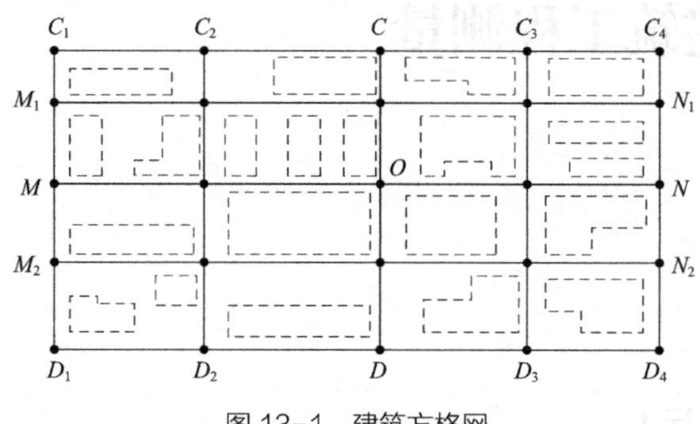

图 13-1 建筑方格网

形文件的基础上，在 Auto CAD 中设计建筑方格网。完成建筑方格网的设计后，应标注出各方格网点的设计坐标及在附近控制点上使用极坐标法测设各方格网点的测设数据，供测设建筑方格网时使用。

2. 建筑方格网的测设

建筑方格网的测设原则是先测设主轴线点 M、O、N、C、D，后测设辅轴线点，如 C_1、C_2 等。

主轴线点的测设一般在附近的控制点上使用极坐标法进行。如图 13-2 所示，图中 1、2 点为测量控制点，M、O、N 点为主轴线点，根据控制点的已知坐标和轴线点的设计坐标反算，或在 Auto CAD 中标注出图中的测设数据 β_1、D_1、β_2、D_2、β_3、D_3 等，测设出主轴线点 M、O、N 的概略位置，并用混凝土桩固定这三点。混凝土桩顶部设置一块 10cm × 10cm 的铁板，供下面调整点位使用。

主轴线点的调整如图 13-3 所示，由于测量误差的影响致使测设出的三个主点 M'、O'、N' 不在同一条直线上。作为检核，应在 O' 点安置经纬仪，精确测量出 $\angle M'O'N'$ 的角值 β，求出其与 180° 的差值为：

$$\Delta\beta = 180° - \beta \tag{13-1}$$

如果 $\Delta\beta$ 超过允许误差时应进行调整。调整方法是将主点的概略测设点位 M'、O'、N' 沿 MON 的垂线方向移动同一个改正距离 δ，使三个主点呈一直线。δ 的计算公式为：

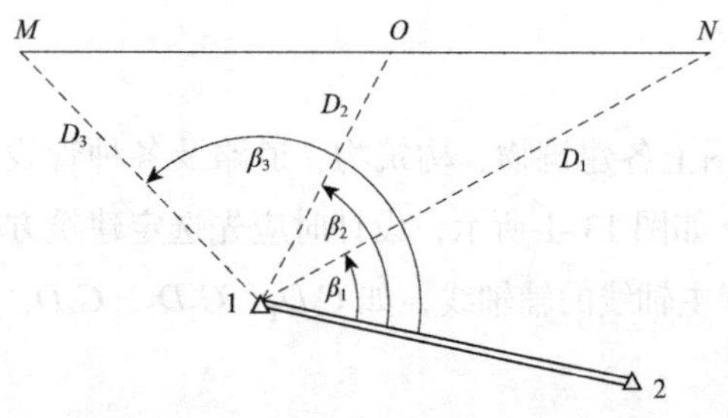

图 13-2 极坐标法测设主轴线图

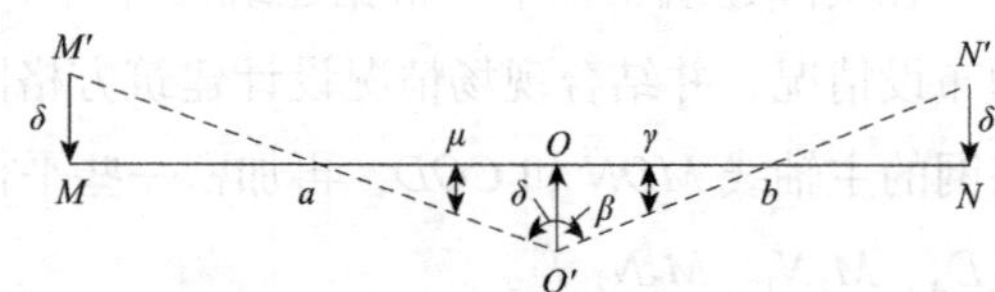

图 13-3 主轴线点 M'、O'、N' 的调整

$$\delta = \frac{ab\Delta\beta}{2(a+b)\rho} \quad (13\text{–}2)$$

式中，a、b 分别为 M'、N' 点至 O' 点的距离。

按计算出的 δ 值移动 M'、O'、N' 三点的位置后，还需要再测量∠ MON 并计算出 $\Delta\beta$，如果 $\Delta\beta$ 仍然超过允许误差，则还需要进行调整，直至在允许范围之内为止。

如图 13–4 所示，完成 M、O、N 点的测设后，就可以在 O 点安置经纬仪，瞄准 M 点，分别向左、向右转 90°，测设出另一主轴线 COD，同样用混凝土桩定出其轴线点的概略位置 C' 和 D'，再精确测量出∠ MOC' 和∠ MOD'，分别计算出它们与 90° 之差 ε_1 和 ε_2，根据式（13–3）求出改正值 l_1 和 l_2。

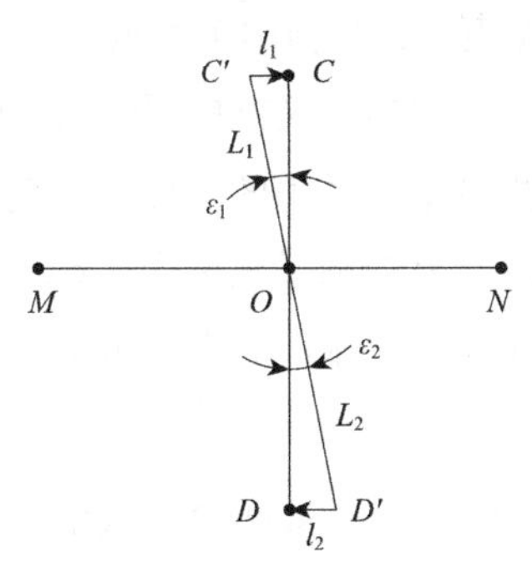

图 13–4 主轴线点 C'、D' 的调整

$$l = L\frac{\varepsilon}{\rho} \quad (13\text{–}3)$$

使用三角板分别从 C' 和 D' 点，沿垂直于 OC' 和 OD' 方向量距 l_1 和 l_2，精确定出 C、D 点，然后精确测量出∠ MOC 和∠ MOD，并计算出 ε_1 和 ε_2，如果它们仍然超过允许误差，则还需要进行调整，直至在允许范围内为止。

最后，在铁板上准确地刻出 M、O、N、C、D 五个主轴线点的点位，使用光电测距仪精确测出 O 至 M、N、C、D 的距离，检查是否等于其设计距离，误差应在允许范围内。

辅轴线点是在主轴线点的基础上进行测设。分别在 M、N、C、D 点上安置经纬仪，均以 O 点为起始方向，分别向左、向右测设出 90° 角，交会出方格网的四个角点。为了进行校核，还要安置经纬仪于方格网点上，测量其角值是否为 90°，并测量各相邻点间的距离，看它是否与设计边长相等，误差均应在允许范围之内。此后再以基本方格网为基础，加密方格网中其余各点。

根据《工程测量标准》GB 50026—2020，建筑方格网测量的主要技术要求见表 13–1。

建筑方格网测量的主要技术要求 表 13–1

等级	边长（m）	测角中误差（″）	边长相对中误差
一级	100~300	5	≤ 1/30000
二级	100~300	8	≤ 1/20000

3. 施工坐标系与测量坐标系的相互变换

如图 13–5 所示，建筑方格网的主轴线方向一般不平行于测量坐标系的纵、横轴。如果要以建筑方格网为基础，采用直角坐标法测设各建筑物的角点，还必须求出设计建筑物各角点在建筑方格网坐标系中的坐标。

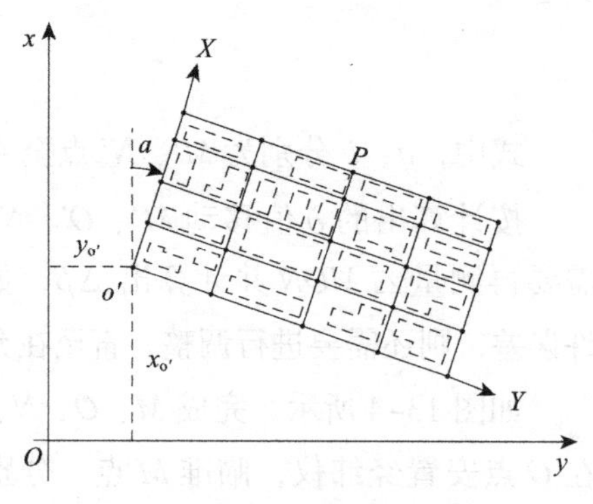

图 13-5　施工坐标系与测量坐标系的关系

建筑方格网坐标系称为施工坐标系，其纵、横轴分别为建筑方格网的两个主轴，其中纵轴用 X 表示，横轴用 Y 表示。

根据建筑方格网的设计图纸，计算出 X 轴在测量坐标系中的坐标方位角 α。假设建筑物任一角点 P 的测量坐标为（x_P，y_P），则按下式计算其在施工坐标系中的坐标 X_P、Y_P 为：

$$\begin{cases} X_P = (y_P - y_{O'})\sin\alpha + (x_P - x_{O'})\cos\alpha \\ Y_P = (y_P - y_{O'})\cos\alpha - (x_P - x_{O'})\sin\alpha \end{cases} \qquad (13\text{-}4)$$

或者，由 X_P、Y_P 计算 x_P，y_P 的公式为：

$$\begin{cases} x_P = x_{O'} + X_P\cos\alpha - Y_P\sin\alpha \\ y_P = y_{O'} + X_P\sin\alpha + Y_P\cos\alpha \end{cases} \qquad (13\text{-}5)$$

13.1.2　建筑基线

建筑基线的布置也是根据建筑物的分布、场地的地形和原有控制点的状况而选定的。建筑基线应靠近主要建筑物，并与其轴线平行，以便采用直角坐标法进行测设，如图 13-6 所示，建筑基线有三点直线形、三点直角形、四点丁字形和五点十字形四种形式。

为了便于检查建筑基线点有无变动，基线点数不应少于三个。

根据建筑物的设计坐标和附近已有的测量控制点，在图上选定建筑基线的位置，求测设数据，并在地面上测设出来。如图 13-7 所示，根据测量控制点 1、2，用极坐标法分别测设出 A、O、B 三个点。然后把经纬仪安置在 O 点，观测 $\angle AOB$ 是否等于 90°，其不

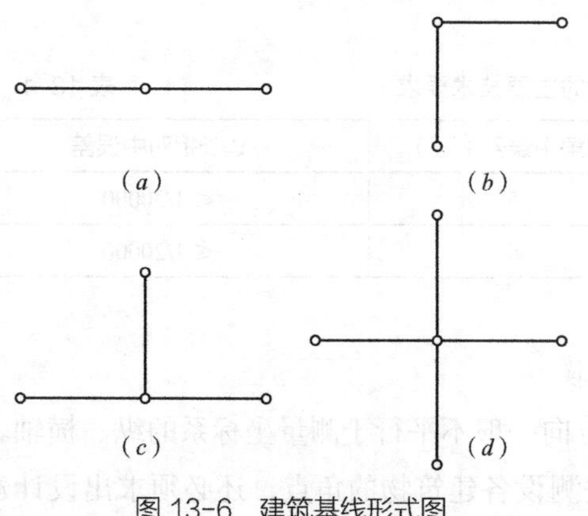

图 13-6　建筑基线形式图

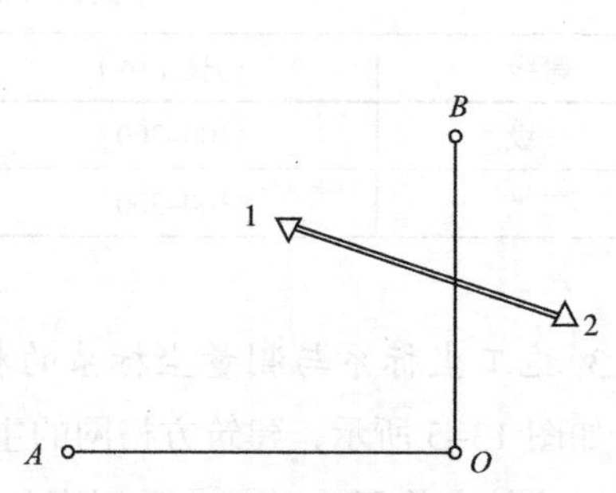

图 13-7　极坐标法测设基线点

符值不应超过 ±24″。丈量 *OA*、*OB* 两段距离，与设计距离相比较，其不符值不应大于 1/10000。否则，应进行必要的点位调整。

13.1.3　高程施工控制网

建筑施工场地的高程控制测量应与国家高程控制系统联测，以便建立统一的高程系统，并在整个施工场地内建立可靠的水准点，形成水准网。水准点应布设在土质坚实、不受振动影响、便于长期使用的地点，并埋设永久标志。水准点亦可布设在建筑基线或建筑方格网点的控制桩面上，并在桩面设置一个突出的半球状标志，场地水准点的间距应小于 1km；水准点距离建筑物、构筑物不宜小于 25m，距离回填土边线不宜小于 15m。水准点的密度（包括临时水准点）应满足测量放线要求，尽量做到设一个测站即可测设出待测点的高程。水准网应布设成闭合水准路线、附合水准路线或结点网形。中小型建筑场地一般可按四等水准测量方法测定水准点的高程；对连续性生产的车间，则需要用三等水准测量方法测定水准点高程；当场地面积较大时，高程控制网可分首级网和加密网两级布设。

13.2　民用建筑施工测量

13.2.1　测设前的准备工作

民用建筑是指住宅、办公楼、食堂、商场、俱乐部、医院和学校等建筑物。它分为单层、多层和高层等各种类型。施工测量的任务是按照设计要求，把建筑物的位置测设到地面上，并配合施工进程进行放样与检测，以确保工程施工质量。在进行施工测量之前，应按照施工测量规范要求选定所用测量仪器和工具，并对其进行检验与校正。与此同时，必须做好以下准备工作。

1. 熟悉设计图纸

设计图纸是施工测量的依据，在测设前应认真阅读设计图纸及其有关说明，了解待施工建筑物与相邻地物间的位置关系，理解设计意图，对有关尺寸应仔细核对，以免出现差错。与测设有关的设计图纸主要有：

（1）建筑总平面图。如图 13–8 所示，建筑总平面图是建筑施工放样的总体依据，建筑物就是根据总平面图上所给的尺寸关系或设计坐标进行定位的。

（2）建筑平面图。如图 13–9 所示，建筑首层平面图给出建筑物各定位轴线间的尺寸关系及室内地坪标高等。

（3）基础平面图。基础平面图给出基础边线和定位轴线的平面尺寸和编号。

（4）基础详图。基础详图给出基础的立面尺寸、设计标高以及基础边线与定位轴线的尺寸关系，这是基础施工放样的依据。

（5）立面图和剖面图。在建筑物的立面图和剖面图中，可以查出基础、地坪、门窗、

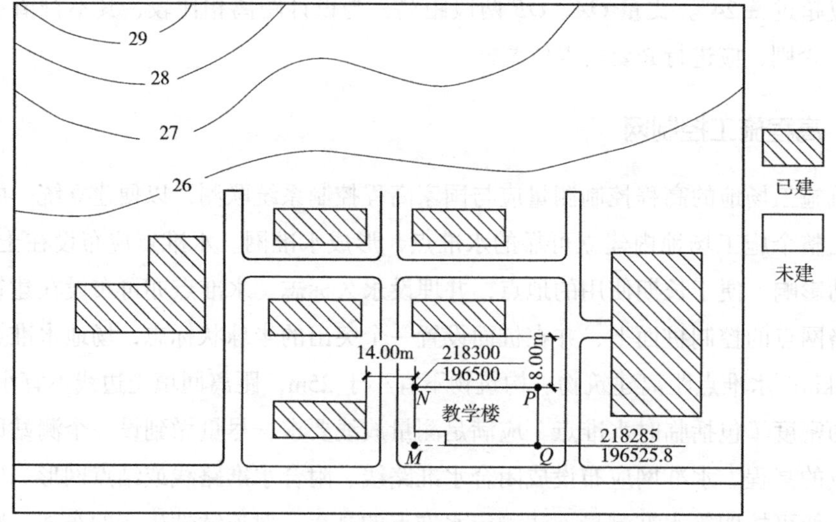

图 13-8　建筑总平面图

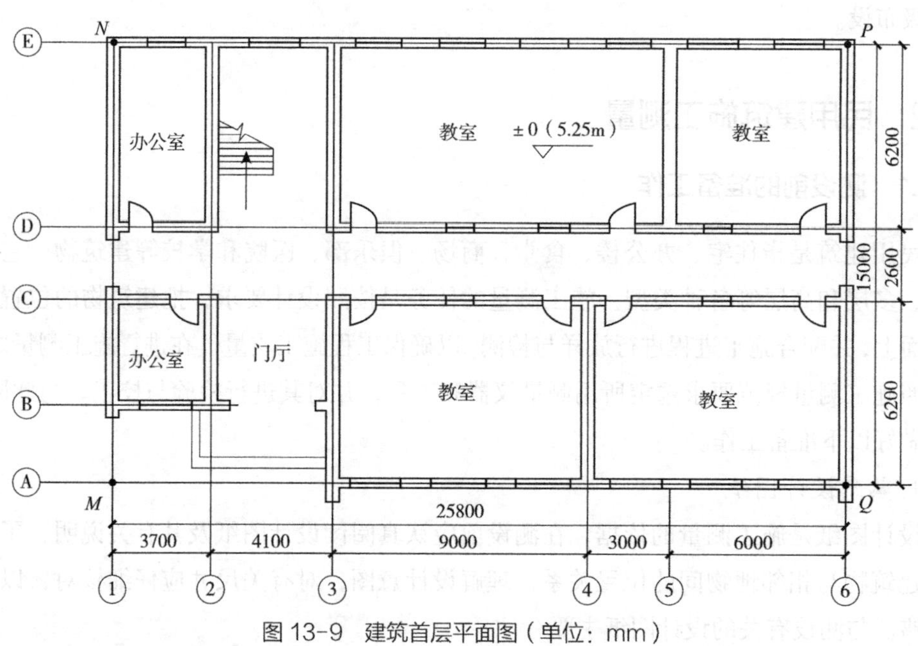

图 13-9　建筑首层平面图（单位：mm）

楼板、屋面等的设计高程，其是高程测设的主要依据。

在熟悉上述主要图纸的基础上，要认真核对各种图纸总尺寸与各部分尺寸之间的关系是否正确，防止测设时出现差错。

2. 现场踏勘

现场踏勘的目的是为了掌握现场的地物、地貌和原有测量控制点的分布情况，明确与施工测量相关的一系列问题，对测量控制点的点位和已知数据进行认真的检查与复核，为施工测量获得正确的测量起始数据和点位做好准备。

3. 制定测设方案

根据建筑总平面图给定的建筑物位置以及现场测量控制点情况，按照建筑设计与测量规范要求拟定测设方案，并绘制施工放样略图。在略图上标出建筑物各轴线间的主要尺寸及有关测设数据，供现场施工放样时使用。

13.2.2 民用建筑物定位

建筑物的定位是根据设计图纸将建筑物外墙的轴线交点（也称角点）测设到实地，作为建筑物基础放样和细部放线的依据。根据施工现场条件、施工平面控制网（建筑基线、方格网、导线等）以及施工图纸，民用建筑物的定位方法主要有以下三种。

1. 根据与原有建筑物的关系定位

在原有建筑群内新建或扩建时，设计图通常给出拟建建筑物与原有建筑物或道路中心线的位置关系数据，建筑物主轴线就可根据给定的数据在现场测设。图 13-10 所表示的是几种常见的情况，画有斜线的为现有建筑物，未画斜线的为拟建的多层建筑物。图 13-10（*a*）中拟建的多层建筑物轴线 *AB* 在现有建筑物轴线 *MN* 的延长线上。测设直线 *AB* 的方法如下：先作 *MN* 的垂线 *MM'* 及 *NN'*，并使 *MM'*=*NN'*，然后在 *M'* 处架设经纬仪作 *M'N'* 的延长线 *A'B'*（使 $N'A'=d_1$），再在 *A'*、*B'* 处架设经纬仪作垂线可得 *A*、*B* 两点，其连线 *AB* 即为所要确定的直线。

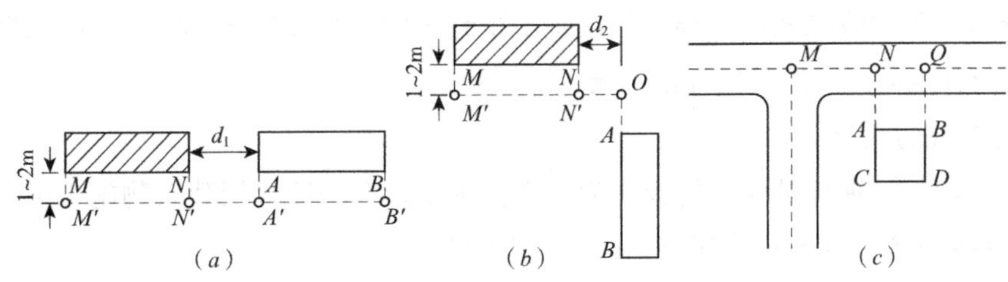

图 13-10 根据与原有建筑物关系定位新的建筑物

一般也可以用线绳紧贴 *MN* 进行穿线，在线绳的延长线上定出 *AB* 直线。图 13-10（*b*）是按以上方法定出 *O* 点后转 90°，根据有关数据定出 *AB* 直线。图 13-10（*c*）中，拟建的多层建筑物平行于原有的道路中心线，其测设方法是先定出道路中心线位置，然后用经纬仪测设垂线和量距，定出拟建建筑物的主轴线。

2. 根据建筑方格网或建筑基线定位

在建筑场地上已建立建筑方格网，且设计建筑物轴线与方格网边线平行或垂直时，则可根据设计的建筑物拐角点和附近方格网点的坐标，用直角坐标法在现场测设。如图 13-11 所示，由 *A*、*B*、*C*、*D* 点的坐标值可算出建筑物的长度 *AB*=*a* 和宽度 *AD*=*b*，以及 *MA'*、*B'N* 和 *AA'*、*BB'* 的长度。测设建筑物定位点 *A*、*B*、*C*、*D* 时，先把经纬仪安置在方格网点 *M* 上，照准 *N* 点，沿视线方向自 *M* 点用钢尺量取 *MA'* 得 *A'* 点，量取 *A'B'*=*a*

得 B' 点，再由 B' 点沿视线方向量取 $B'N$ 长度以作校核。然后安置经纬仪于 A' 点，照准 N 点，向左测设 90°，并在视线上量取 $A'A$ 得 A 点，再由 A 点沿视线方向继续量取建筑物的宽度 b 得 D 点。安置经纬仪于 B' 点，同法定出 B、C 点。为了校核，用钢尺丈量 AB、CD、BC、AD 的长度，看其是否等于建筑物的设计长度；测量∠ A、∠ C 是否等于 90°。

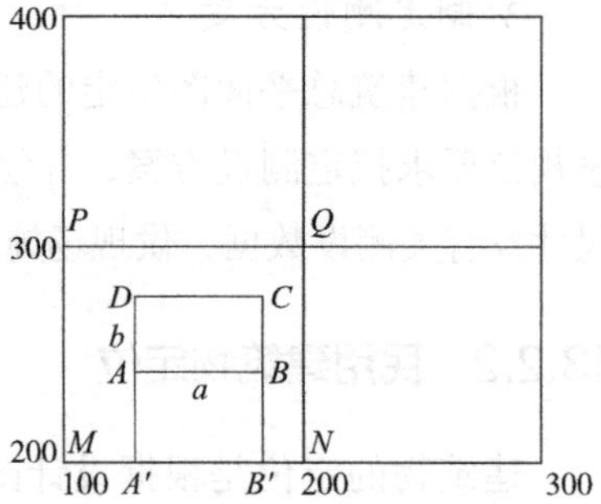

图 13-11　根据建筑方格网定位

3. 根据控制点的坐标定位

在建筑场地附近如果有测量控制点可以利用，应根据控制点坐标及建筑物定位点的设计坐标反算出测设数据，然后采用极坐标法或角度交会法将建筑物测设到地面上。

民用建筑物定位完成后，应对建筑物的 4 个内角及边长进行检核，与设计值比较，长度相对误差不应超过 1/5000，角度误差不应超过 ±40″。

13.2.3　轴线控制桩的设置与龙门板的设置

1. 房屋基础放线

在建筑物主轴线的测设工作完成之后，应立即将主轴线的交点用木桩标定于地面上，并在桩顶钉小钉作为标志，再根据建筑物平面图将其内部开间的所有轴线都一一测出；然后检查房屋各轴线之间的距离，其误差不得超过轴线长度的 1/2000；最后根据中心轴线，用石灰在地面上撒出基槽开挖边线，以便开挖。

2. 龙门板的设置

施工开槽时，轴线桩要被挖掉。为了方便施工，在一般多层建筑物施工中，常在基槽外一定距离（至少 1.5m）钉设龙门板，如图 13-12 所示。

钉设龙门板的步骤为：先钉设龙门桩，再根据建筑场地的水准点在每个龙门桩上测设 ±0 高程线；然后沿龙门桩上测设的 ±0 高程线钉设龙门板，龙门板高程的测定容许误差为 ±5mm；最后根据轴线桩用经纬仪将墙、柱的轴线投到龙门板顶面上并钉小钉标明，所钉之小钉称为轴线钉。投点容许误差为 ±5mm。在轴线钉之间拉紧钢丝，可吊垂球随时恢复轴线桩点，如图 13-12（b）所示。

3. 轴线控制桩的测设

龙门板由于在挖槽施工时不易保存，目前已很少采用。现在多采用在基槽外各轴线的延长线上测设轴线控制桩的方法，如图 13-12（a）所示，作为开槽后各阶段施工中确定轴线位置的依据。另外，即使采用龙门板，为了防止被碰动，也应测设轴线控制桩。

房屋轴线的控制桩又称引桩。在多层建筑物施工中，引桩是向上层投测轴线的依据。引桩一般钉在基槽开挖边线 2m 以外的地方，在多层建筑物施工中，应将引桩设置在较远的地方，以方便向上投点，如附近有固定建筑物，最好把轴线投测在建筑物上。在一般

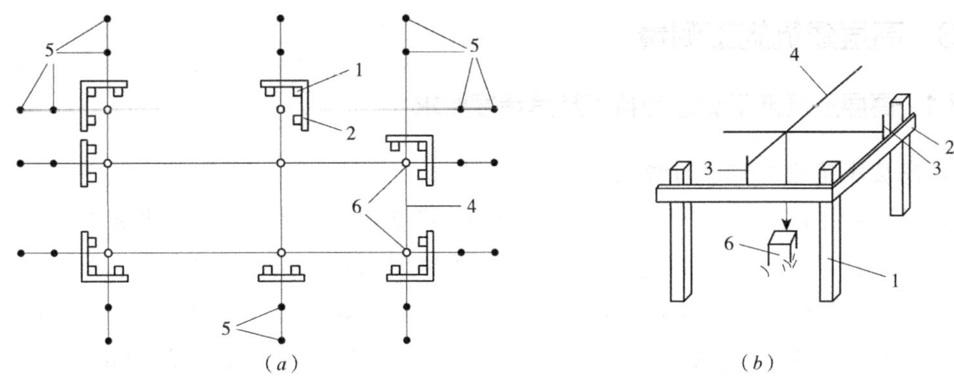

图 13-12 龙门板与轴线控制桩

1—龙门桩；2—龙门板；3—轴线钉；4—线绳；5—轴线控制桩；6—轴线桩

小型建筑物放线中，引桩多根据轴线桩测设；在大型建筑物放线时，为了保证引桩的精度，一般都是先测引桩，再根据引桩测设轴线桩。

13.2.4 基础施工测量

1. 放样基槽开挖边线

按照基础大样图上的基槽宽度，再加上口放坡的尺寸，计算出基槽开挖边线的宽度。由轴线向两边各量取基槽开挖边线宽度的一半，做记号。在两个对应的记号点之间拉线，在拉线位置撒上白灰就可以按照白灰线位置开挖基槽。

2. 基槽标高测设

为了控制基槽的开挖深度，当基槽挖到一定深度后，用水准测量的方法在基槽壁上、离坑底设计高程 0.3~0.5m 处、每隔 2~3m 和拐点位置，设置一些水平桩，如图 13-13 所示。基槽开挖完成后，应在基坑底设置垫层标高桩，使桩顶面的高程等于垫层设计高程，作为垫层施工的依据。

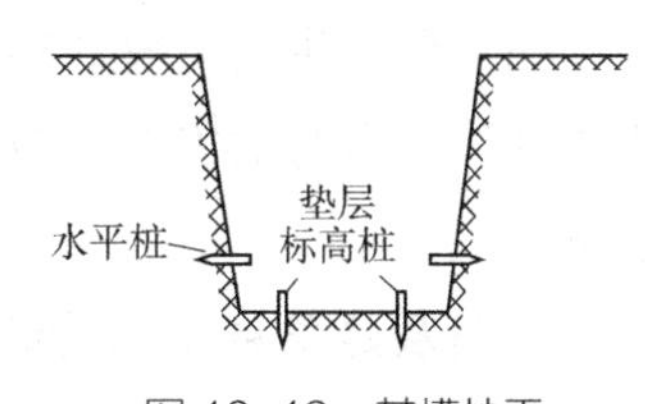

图 13-13 基槽抄平

基槽开挖完成后，应根据控制桩或龙门板复核基槽宽度和槽底标高，合格后方可进行垫层施工。

3. 垫层中线测设

垫层施工完成后，根据龙门板上的轴线钉或轴线控制桩，用经纬仪把轴线投测到垫层上，然后在垫层上用墨线弹出轴线和基础墙边线，以便砌筑基础。

4. 防潮层抄平与轴线投测

当基础墙砌筑到 ±0 标高下一层砖时，使用水准仪测设防潮层的标高，其测量限差为 ±5mm。防潮层做好后，根据龙门板上的轴线钉或轴线控制桩进行轴线投测，限差为 ±5mm。然后将墙轴线和墙边线用墨斗弹在防潮层面上，并把这些线延伸画到基础墙立面上，以便于下一步墙身砌筑。

13.3 高层建筑施工测量

13.3.1 高层建筑施工测量的特点及其精度要求

1. 高层建筑施工测量的特点

高层建筑由于层数多、高度大、结构复杂，设备和装修标准高以及建筑平面、立面造型新颖多变，所以高层建筑施工测量较多层民用建筑施工测量有如下特点：

（1）高层建筑施工测量应在开工前制定合理的施测方案、选用合适的仪器设备、进行严密的施工组织与人员分工，并经有关专家论证和上级有关部门审批后方可实施。

（2）高层建筑施工测量的主要问题是控制竖向偏差（垂直度），故施工测量中要求轴线竖向投测精度高，应结合现场条件、施工方法及建筑结构类型选用合适的投测方法。

（3）高层建筑施工放线与抄平精度要求高，测量精确至毫米，并应将测量误差控制在总偏差值以内。

（4）高层建筑由于工程量大、工期长且大多为分期施工，不仅要求有足够精度与足够密度的施工控制网（点），而且还要求这些施工控制网（点）能稳固地保存到工程竣工，有些还应能够在工程竣工后继续使用。

（5）高层建筑施工项目多，又为立体交叉作业，且受天气变化、建材的性质、不同施工方法等影响，使施工测量时干扰大，故施工测量必须精心组织、充分准备，快、准、稳地配合各个工序的施工。

（6）高层建筑一般基础基坑深、自身荷载大、施工周期较长，为了保证施工期间周围环境与自身的安全，应按照国家有关规范要求，在施工期间进行相应项目的变形监测。

2. 高层建筑施工测量的精度要求

根据《高层建筑混凝土结构技术规程》JGJ 3—2010 有关规定，有关技术要求和测量限差见表 13–2~ 表 13–4。

（1）建筑物平面控制网的主要技术要求（见表 13–2）

建筑物平面控制网的主要技术要求 表 13–2

等级	测角中误差	边长相对中误差
一级	$7''/\sqrt{n}$	1/30000
二级	$15''/\sqrt{n}$	1/20000

注：n 为建筑结构的跨数。

（2）轴线竖向投测限差（见表 13–3）

轴线竖向投测限差（允许偏差）　　表 13-3

项目		限差（mm）
每层（层间）		±3
建筑总高（全高）H（m）	$H \leqslant 30$	±5
	$30<H \leqslant 60$	±10
	$60<H \leqslant 90$	±15
	$90<H \leqslant 120$	±20
	$120<H \leqslant 150$	±25
	$150<H$	±30

（3）标高竖向传递限差（见表 13-4）

标高竖向传递限差（允许偏差）　　表 13-4

项目		限差（mm）
每层（层间）		±3
建筑总高（全高）H（m）	$H \leqslant 30$	±5
	$30<H \leqslant 60$	±10
	$60<H \leqslant 90$	±15
	$90<H \leqslant 120$	±20
	$120<H \leqslant 150$	±25
	$150<H$	±30

13.3.2　桩位放样及基坑标定

1. 桩位放样

在软土地基区的高层建筑常用桩基，一般都采用预应力管桩或钢筋混凝土方桩。由于高层建筑的上部荷载主要由预应力管桩或钢筋混凝土方桩承受，所以对桩位要求较高，其定位偏差不得超过有关规范的要求，为此在定桩位时必须按照建筑施工控制网，实地定出控制轴线，再按设计的桩位图中所示尺寸逐一定出桩位，如图 13-14 所示，对定出的桩位之间的尺寸必须再进行一次校核，以防止定错。

2. 基坑标定

高层建筑由于采用箱形基础和桩基础较多，所以其基坑较深，有时深达 20m。在开挖此类基坑时，应当根据规范和设计所规定的（高程和平面）精度完成基坑轮廓线的标定。

对于基坑轮廓线的标定，常用的方法有以下几种：

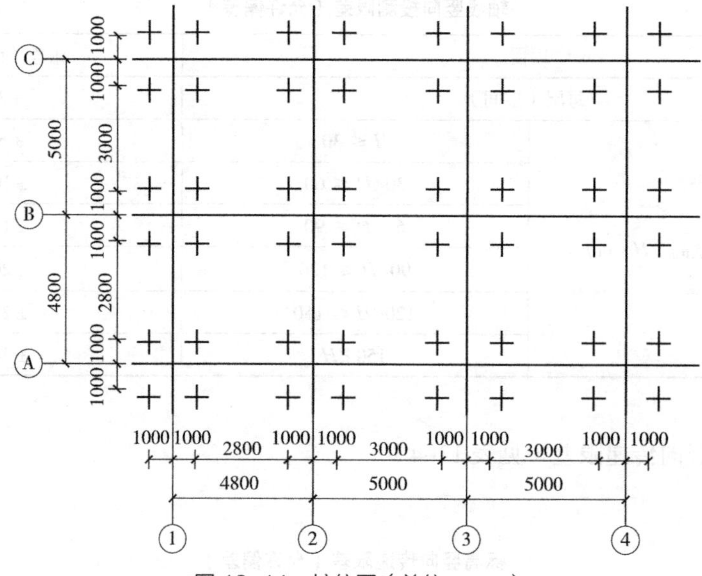

图 13-14　桩位图（单位：mm）

（1）投影交会法

根据建筑物的轴线控制桩，利用经纬仪投影交会测设出建筑物所有外围的轴线桩，然后按设计图纸用钢尺定出其开挖基坑的边界线。

（2）主轴线法

建筑方格网一般都确定一条或两条主轴线，主轴线有 L 形、T 字形或十字形等布置形式，这些主轴线将作为建筑物施工的主要控制依据。因此，当建筑物放样时，按照建筑物柱列线或基坑轮廓线与主轴线的关系，在建筑场地上定出主轴线后，根据主轴线逐一定出建筑物的基坑轮廓线。

（3）极坐标法

由于高层建筑物的造型格调从单一的矩形向多面体形等复杂的几何图形发展，这样给建筑物的放样定位带来了一定的复杂性，极坐标法是比较灵活的放样定位方法。具体做法是：首先按设计要素，如轮廓坐标与施工控制点的关系，计算其方位角及边长，在控制点上按其计算所得的方位角和边长逐一测定点位。将建筑物的所有轮廓点位定出后，再检查是否满足设计要求。

总之，根据施工场地的具体条件和建筑物几何图形的繁简情况，测量人员可选择最合适的方法进行放样定位，再根据测设出的建筑物外围轴线定出其开挖基坑的边界线。

13.3.3　高层建筑物的轴线投测

高层建筑物施工测量中的主要问题是控制垂直度，就是将建筑物的轴线准确地向高层引测，并保证各层相应的轴线位于同一竖直面内，控制竖向偏差，轴线向上投测的偏差值不应超过表 13-3 的规定。高层建筑物的轴线投测方法主要有经纬仪引桩投测法和激

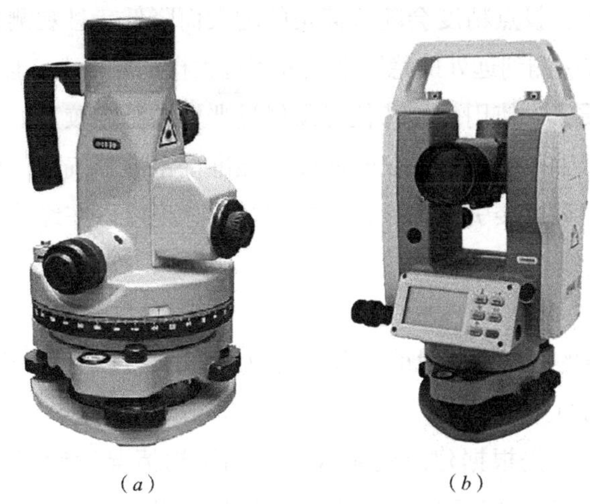

图 13-15　激光垂准仪与激光电子经纬仪

光垂准仪投测法两种。使用的仪器主要是电子经纬仪、激光电子经纬仪、激光垂准仪等。图 13-15 为国内某仪器公司生产的激光垂准仪和激光电子经纬仪。

1. 经纬仪引桩投测法

经纬仪引桩投测法又称为外控法，是在建筑物外部利用经纬仪根据建筑物的轴线控制柱来进行轴线的竖向投测。如图 13-16（*a*）所示，某高层建筑物的两条中心轴线（主轴线）分别为③轴和Ⓒ轴，在测设主轴线轴线控制桩时，应将这两条中心轴线的控制桩 3、3′、*c*、*c*′ 设置在距离建筑物尽可能远的地方，以减小向上引测时的仰角 α。

高层建筑物的基础工程完工后，用经纬仪安置在轴线控制桩上，将③轴和Ⓒ轴精确地投测到建筑物底部并设立标志，如图 13-16（*b*）中的 *a*、*a*′、*b*、*b*′ 点，以供下一步施工与向上投测之用。随着建筑物的升高，要逐步将轴线向上投测传递。外控法向上投测建筑物轴线时，是将经纬仪安置在远离建筑物的轴线控制柱上，分别以正倒镜两次投测，取两个投测点的中点为最后点位。在楼面上，纵、横轴线点连线构成的交点即是该层楼面的施工控制点。

如图 13-16（*c*）所示，当建筑物楼层增至相当高度（一般为 10 层以上）时，经纬仪

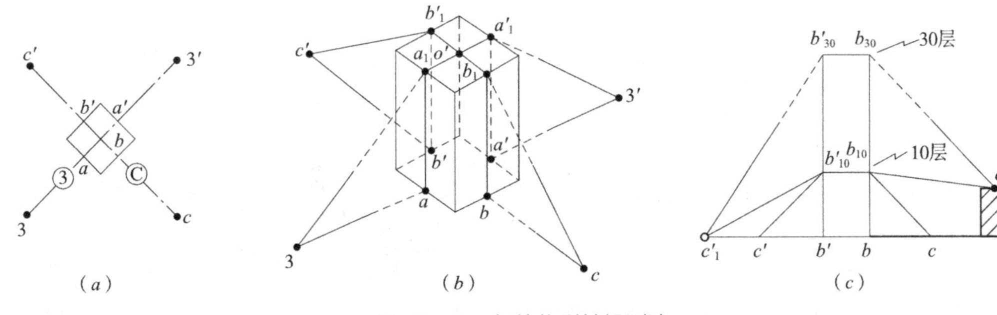

图 13-16　经纬仪引桩投测法

向上投测的仰角增大，投点精度会随着仰角的增大而降低，且观测操作也不方便。因此必须将主轴线控制桩引测到远处的稳固地点或附近大楼的屋面上，以减小仰角。

为了保证投测质量，使用的经纬仪必须经过严格的检验校正，尤其是照准部水准管轴应严格垂直仪器竖轴。安置经纬仪时必须使照准部水准管气泡严格居中。当向远处增设轴线控制桩或向附近大楼引测轴线控制桩困难时，也可以在经纬仪目镜上加装弯管目镜来向上引测中心轴线。

2. 激光垂准仪投测法

高层建筑物轴线的竖向投测目前大多采用激光垂准仪投测法，此法又称为内控法。

（1）投测点位的布置

如图 13–17 所示，先根据建筑的轴线分布和结构情况设计好投测点位，投测点位到最近轴线的距离一般为 0.5~0.8m，投测点的数量不得少于 3 个。基础施工完成后，将设计投测点位准确地测设到地坪层上，以后每层楼板施工时都应在投测点位处预留 30cm × 30cm 的垂准孔，以供垂准仪照准及安放接收靶或有机玻璃板之用。

（2）激光垂准仪投测法

垂准仪又称铅垂仪，置平仪器上的水准管气泡后，仪器的视准轴即处于铅垂位置，可以据此进行向上或向下投点。

如图 13–18 所示，将激光垂准仪安置在首层投测点位上，在投测楼层的垂准孔处可见一束激光；在预留孔上覆盖一块有机玻璃板并固定住；调节激光垂准仪上的调焦螺旋，使激光点变为最小，用钢笔在激光点中心标记一个点，将垂准仪旋转 180° 再用钢笔在激光点中心标记一个点，取这两点的中心作为最后的点位。亦可以用垂准仪在水平角为 0°、90°、180°、270° 四个位置向上投测出四个点位，取这四个点的交叉中心为投测点位。各地面投测点投测完毕后，即可弹出投测点位控制线。根据投测点位控制线和定位轴线的关系即可弹出各定位轴线。

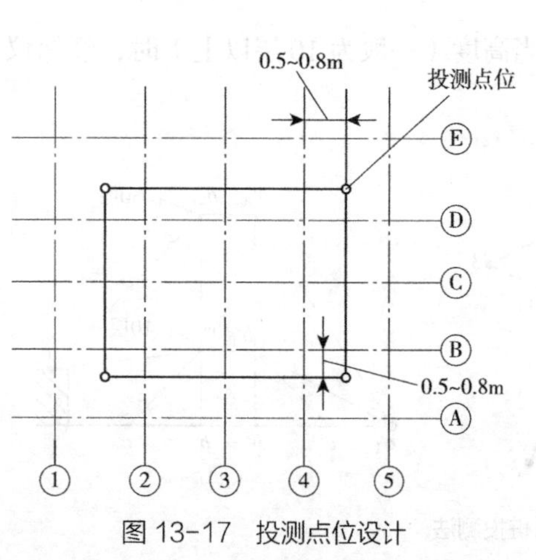

图 13–17　投测点位设计

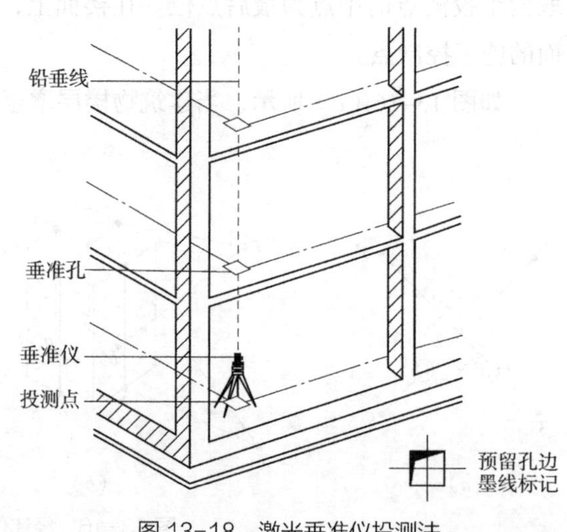

图 13–18　激光垂准仪投测法

使用激光电子经纬仪或全站仪加上弯管目镜亦可进行内控法投测，但需要注意的是仪器的竖盘指标差必须很小，竖盘指标差 $x \leqslant \pm 5''$。

13.3.4 高程传递

高层建筑物施工中，要由下层楼面向上层传递高程，使上层楼板、门窗口、室内装修等工程的高程符合设计要求。高程传递一般可采用以下几种方法：

（1）利用皮数杆传递高程：±0.000 高程和门窗口、过梁、楼板等构件的高程都已在皮数杆上标明。一层楼砌好后，再从第二层立皮数杆，一层一层往上接。

（2）利用钢尺直接丈量：在高程精度要求较高时，可用钢尺沿某一墙角自 ±0.000 起向上直接丈量，把高程传递上去。然后根据由下面传递上来的高程立皮数杆，作为该层墙身砌筑和安装门窗、过梁及室内装修、地坪抹灰时掌握高程的依据。

（3）悬吊钢尺法：在楼梯间悬吊钢尺（钢尺零点朝下），用水准仪读数，把下层高程传到上层。如图 13-19 所示，二层楼面高程 H_2 可根据一层楼面高程 H_1 计算求得：

$$H_2=H_1+a+(c-b)-d \tag{13-6}$$

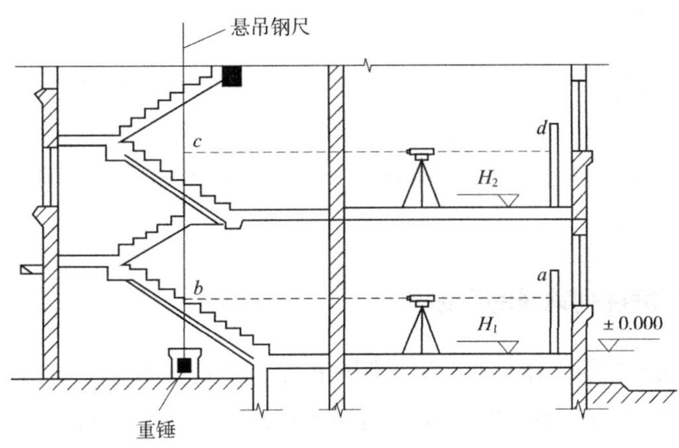

图 13-19 悬吊钢尺法传递高程

（4）普通水准测量法：使用水准仪和水准尺，按普通水准测量方法沿楼梯间也可将高程传递到各层楼面。

13.4 工业厂房施工测量

13.4.1 工业厂房控制网的测设

工业厂房一般都应建立厂房矩形控制网作为厂房施工放样的依据。下面着重介绍依据建筑方格网，采用直角坐标法进行定位的方法。

如图 13-20 所示，1、2、3、4 四点是厂房的房角点，从设计图上可知其坐标。在设计图上基坑开挖范围以外布置厂房矩形控制网的四个角点 P、Q、R、S，此四点称为厂房控制点。根据已知数据可计算出 P、Q、R、S 与邻近的建筑方格网点之间的关系，再利用全站仪测设出厂房矩形控制网 P、Q、R、S 四点，并用大木桩标定。最后，检查四边形 $PQRS$ 的四个内角是否等于 90°，四条边长是否等于其设计长度。

对于一般厂房来说，角度误差不应超过 ±10″，边长误差不得超过 1/10000。

对于小型厂房，也可采用民用建筑的测设方法，即直接测设厂房四个角点，然后将轴线投测至轴线控制桩或龙门板上。

对于大型或设备基础复杂的厂房，应先测设厂房控制网的主轴线，再根据主轴线测设厂房矩形控制网。如图 13–21 所示，以定位轴线Ⓑ轴和⑤轴为主轴线，P、Q、R、S 是厂房矩形控制网的四个控制点。

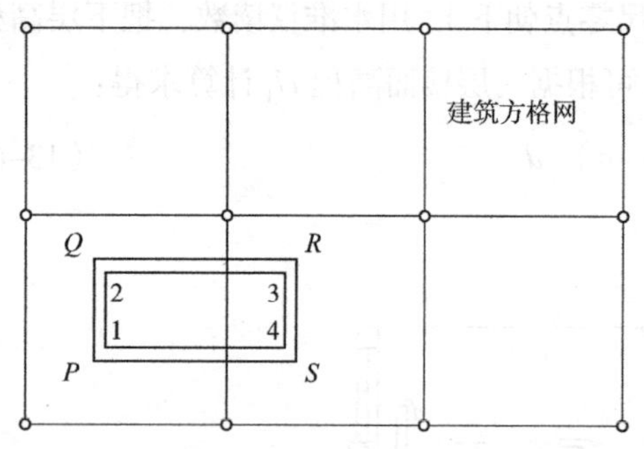

图 13–20　用建筑方格网测设厂房矩形控制网

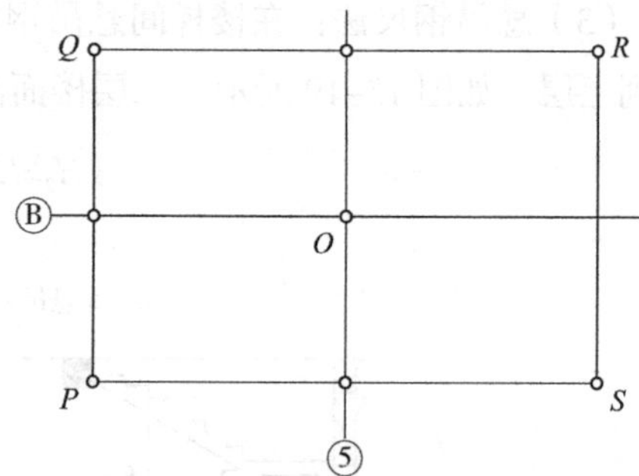

图 13–21　大型厂房控制网的测设

13.4.2　工业厂房柱列轴线的测设

厂房柱列轴线的测设工作是在厂房控制网的基础上进行的。

如图 13–22 所示，P、Q、R、S 是厂房矩形控制网的四个控制点，Ⓐ、Ⓑ、Ⓒ和①、②…⑨等轴线均为柱列轴线，其中定位轴线Ⓑ轴和⑤轴为主轴线。检查厂房矩形控制网的精度符合要求后，即可根据柱间距和跨间距用钢尺沿矩形网四边量出各轴线控制桩的位置，并打入木桩、钉上小钉，作为测设基坑和施工安装的依据。

13.4.3　工业厂房柱基施工测量

1. 柱基的测设

柱基测设就是根据基础平面图和基础大样图的有关尺寸，把基坑开挖的边线用白灰标示出来以便开挖。为此，安置两台经纬仪在相应的轴线控制桩（如图 13–22 中的Ⓐ、Ⓑ、Ⓒ和①、②…⑨点）上，交出各柱基的位置（即定位轴线的交点）。

如图 13–23 所示，是杯型基础基坑大样图。按照基础大样图尺寸，用特制的角尺在定位轴线Ⓐ和⑤上放出基坑开挖线，用石灰标明开挖范围，并在基坑边缘外侧一定距离

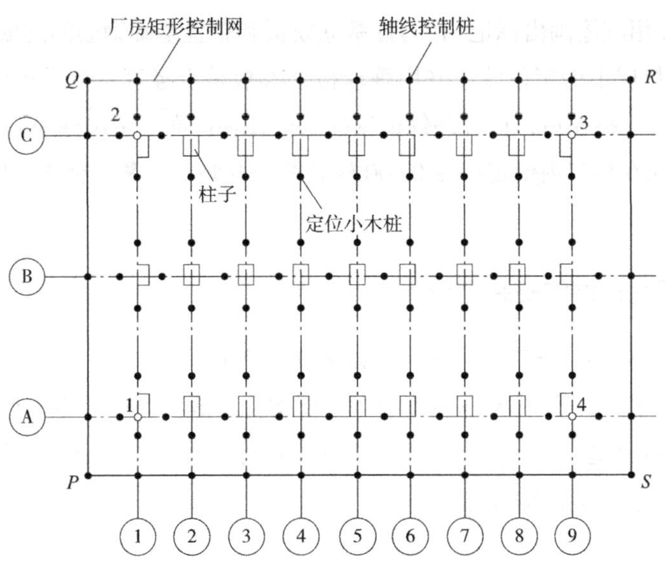

图 13-22　工业厂房矩形控制网和柱列轴线控制桩

处钉设定位小木桩、钉上小钉，作为修坑及立模板的依据。

在进行柱基测设时，应注意定位轴线不一定都是基础中心线，有时一个厂房的柱基类型不一、尺寸各异，放样时应特别注意。

2. 基坑的高程测设

当基坑挖到一定深度时，应在坑壁四周离坑底设计高程 0.3~0.5m 处设置几个水平桩，如图 13-23 所示，作为基坑修坡和清底的高程依据。

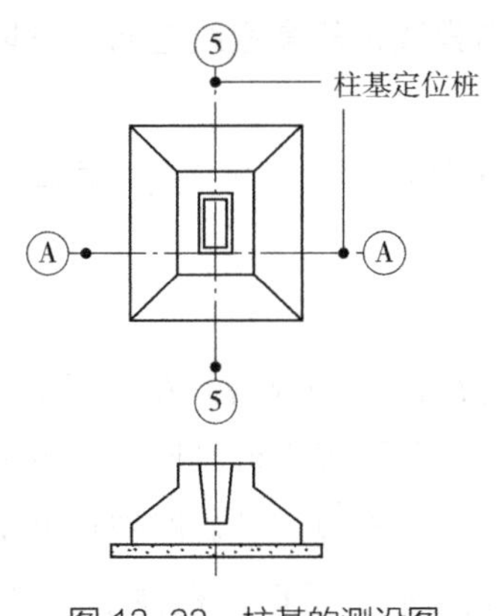

图 13-23　柱基的测设图

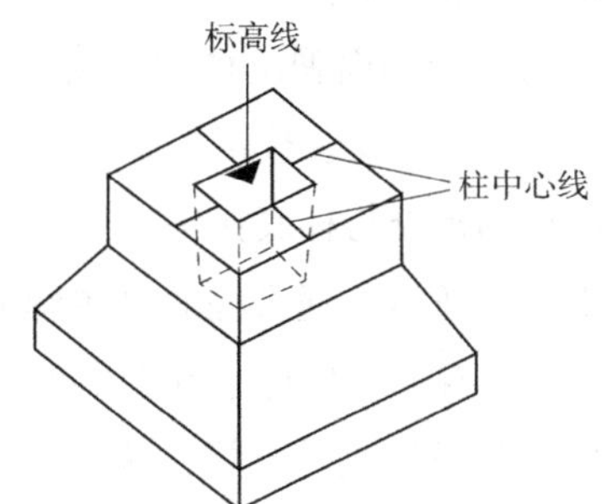

图 13-24　杯口中线与标高线示意图

此外，还应在基坑内测设出垫层的高程，即在坑底设置小木桩，使桩顶面恰好等于垫层的设计高程。

3. 基础模板的定位

打好垫层以后，根据坑边定位小木桩，用拉线的方法吊垂球把柱基定位线投到垫层上，用墨斗弹出墨线，用红漆画出标记，作为柱基立模板和布置基础钢筋网的依据。立模板时，将模板底线对准垫层上的定位线，并用垂球检查模板是否竖直，最后将柱基顶面设计高程测设在模板内壁。拆模后，用经纬仪根据控制桩在杯口面上定出柱中心线，如图 13–24 所示，再用水准仪在杯口内壁定出 ±0.000 标高线，并画出“▼”标志，以此线控制杯底标高。

13.4.4 工业厂房构件的安装测量

工业厂房分为多层标准工业厂房和装配式单层工业厂房。装配式单层工业厂房主要由柱子、吊车梁、屋架、天窗架和屋面板等主要构件组成。在吊装每个构件时，有绑扎、起吊、就位、临时固定、校正和最后固定等几道操作工序。下面着重介绍柱子、吊车梁及吊车轨道等构件在安装时的校正工作。

1. 柱子安装测量

（1）柱子安装的精度要求

1）柱脚中心线应对准柱列轴线，允许偏差为 ±5mm。

2）牛腿面的高程与设计高程一致，其误差不应超过：

①柱高在 5m 以下为 ±5mm；

②柱高在 5m 以上为 ±8mm。

3）柱子的全高竖向允许偏差为$\frac{1}{1000}$柱高，但不应超过 20mm。

（2）柱子吊装前的准备工作

柱子吊装前，应根据轴线控制桩把定位轴线投测到杯型基础顶面上，并用红油漆画上“▲”标明位置，同时还要在杯口内壁测出一条高程线，从高程线起向下量取一整分米数即到杯底的设计高程。

在柱子的三个侧面弹出柱中心线，每一面又需分为上、中、下三点，并画上小三角形“▲”标志，以便安装校正。

（3）柱长的检查与杯底找平

如图 13–25 所示，通常柱底到牛腿面的设计长度 l 加上杯底高程 H_1 应等于牛腿面的高程 H_2，即 $H_2=H_1+l$。但柱子在预制时，由于模板制作和模板变形等原因，不可能使柱子的实际尺寸与设计尺寸一样。为了解决这个问题，往往在浇筑基础时把杯型基础底面高程降低 2~5cm，然后用钢尺从牛腿顶面沿柱边量到柱底，根据这根柱子的实际长度，用 1∶2 水泥砂浆在杯底进行找平，使牛腿面高程符合设计高程。

（4）柱子安装测量

柱子安装的要求是保证其平面和高程位置符合设计要求、柱身铅直。预制的钢筋混凝土柱子插入杯形基础的杯口后，应使柱子三面的中心线与杯口中心线对齐吻合，用木楔或钢楔进行临时固定，如有偏差可用锤敲打楔子拨正，其容许偏差为 ±5mm。然后，

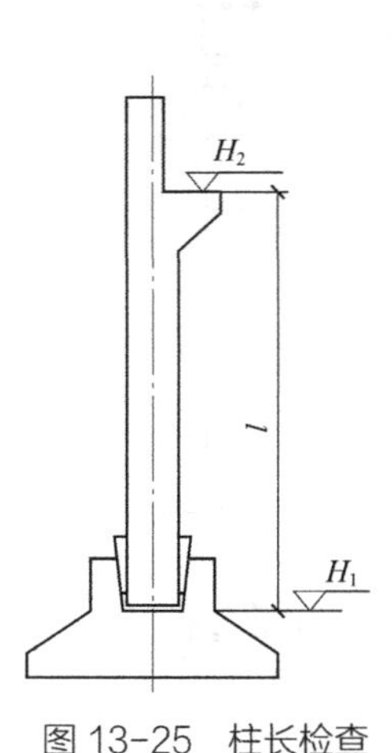

图 13-25　柱长检查

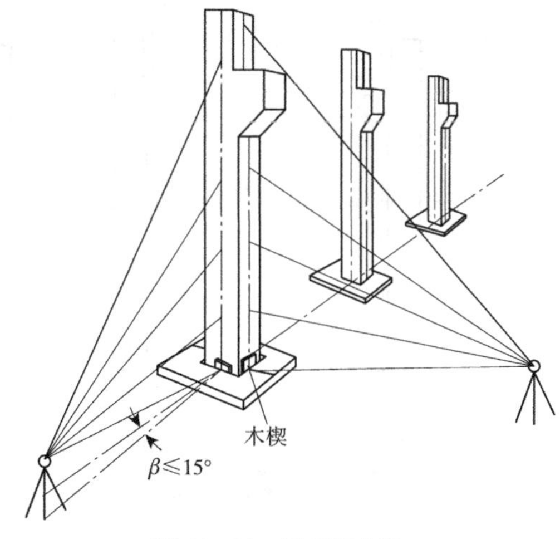

图 13-26　柱子竖直校正

将两台经纬仪安置在约 1.5 倍柱高距离的纵、横两条轴线附近，同时进行柱身的竖直校正，如图 13-26 所示。

经过严格检验校正的经纬仪在整平后，其视准轴上、下转动成一竖直面。据此，可用经纬仪进行柱子的竖直校正。先用纵丝瞄准柱子根部的中心线，制动照准部，缓缓抬高望远镜，观察柱子中心线偏离纵丝的方向，指挥工人用钢丝绳拉直柱子，当偏差较大时可用敲击钢楔的方法予以校正，直至从两台经纬仪中观测到的柱子中心线从下而上都与十字丝纵丝重合为止。然后在杯口与柱子的缝隙中浇入混凝土，以固定柱子的位置。

（5）柱子校正的注意事项

1）经纬仪必须经过严格的检验与校正，每台经纬仪都应经过计量检定并有计量检定合格证书。

2）柱子在两个方向的垂直度都校正好后，应复检其平面位置，看柱子下部的中线是否对准基础的轴线。

3）当校正变截面柱子时，经纬仪必须放在轴线上校正，否则容易产生差错。

4）在阳光照射下校正柱子垂直度时要考虑温度影响，因为柱子受太阳照射后向阴面弯曲，使柱顶有一个水平位移，为此应在早晨或阴天时校正。

5）当安置一次仪器校正几根柱子时，仪器偏离轴线的角度 β 最好不超过 15°，如图 13-26 所示。

2. 吊车梁安装测量

吊车梁安装测量主要是保证吊车梁中线位置和梁的标高满足设计要求。

（1）吊车梁安装时的中线测量

在安装前应先弹出吊车梁顶面中心线和吊车梁两端中心线，要将吊车轨道中心线投到牛腿面上。其步骤是：如图 13-27 所示，利用厂房中心线 A_1A_1，根据设计轨距在地面上测设出吊车轨道中心线 $A'A'$ 和 $B'B'$；然后分别安置经纬仪于吊车轨道中线的一个端点 A'

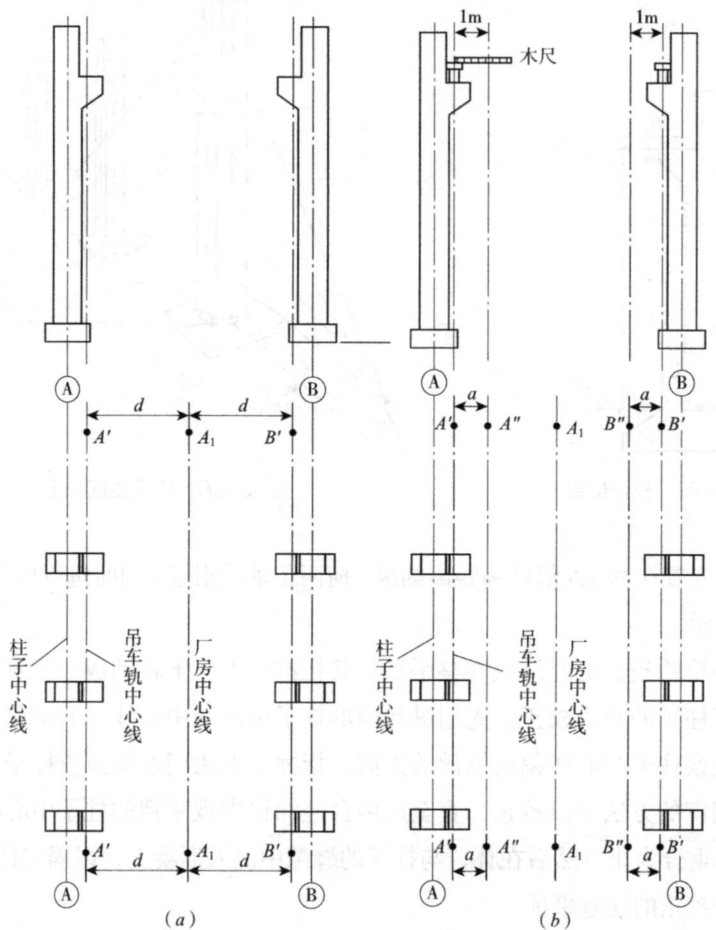

图 13-27　吊车梁及吊车轨道的安装测量

上，瞄准另一端点 A'，仰起望远镜即可将吊车轨道中心线投测到每根柱子的牛腿面上并弹出墨线，投点容许误差为 ±3mm，投点时如果与有些柱子的牛腿不通视，可以用从牛腿面向下吊垂球的方法解决中心线的投点问题。吊装时，应使牛腿面上中心线与吊车梁端中心线对齐。

（2）吊车梁安装时的高程测量

吊车梁顶面的标高应符合设计要求。用水准仪根据水准点在柱子侧面测设 +50cm 的标高线，再用钢尺从该线沿柱子侧面向上量出至梁面的高度，检测梁面标高是否正确，然后在梁下用铁板调整梁面高程，使之符合设计要求。测设 ±50cm 标志的高程，其误差不得超过 ±5mm。

3. 吊车轨道安装测量

吊车轨道安装测量的目的是保证轨道中心线、轨顶标高均符合设计要求。

（1）吊车梁上轨道中心线的检测

安装吊车轨道前，须先对梁上的中心线进行检测，此项检测多用平行线法。如

图 13–27（b）所示，首先在地面上从吊车轨中心线向厂房中心线方向量出长度 a（1m），得出平行线 $A''A''$ 和 $B''B''$；然后安置经纬仪于平行线一端 A'' 上，瞄准另一端点，固定照准部，仰起望远镜投测。此时，另一人在梁上移动横放的木尺，当视线正对尺上 1m 刻划时，尺的零点应与梁面上的中心线重合；如不重合应予以改正，可用撬杠移动吊车梁，使吊车梁中线至 $A''A''$（或 $B''B''$）的间距等于 1m 为止。

（2）吊车轨道安装后的高程检测

吊车轨道按中心线安装就位后，可将水准仪安置在吊车梁上，水准尺直接放在轨顶上进行检测，每隔 3m 测一点高程，与设计高程相比较，误差应在 ±3mm 以内；还要用钢尺检查两吊车轨道间跨距，与设计跨距相比较，误差不得超过 ±5mm。

（3）吊车轨道检查测量

轨道安装完毕后应全面进行一次轨道中心线、跨距及轨道高程的检查，以保证能安全架设和使用吊车。

13.5　激光定位技术在施工测量中的应用

激光是一种方向性极强、能量十分集中的光辐射，这对于实现测量过程的高精度、方便性及自动化是十分有益的。现代激光定位仪器主要由半导体激光器和发射望远镜构成。在施工测量中，现多用 635nm 半导体激光发射器，它发射出的红色可见光由于亮度极高，白天在 200m、夜间在 400m 距离处光斑清晰可见，它的定向性强，可进行高精度的准直定向测量，如果配以光电接收装置，不仅可以提高精度，还可以在机械化、自动化施工中进行动态导向定位。激光的单色性和相干性好，还可用来测量较长的距离。

13.5.1　激光定位仪器

1. 激光水准仪

图 13–28 是国内某仪器公司生产的激光水准仪。该激光水准仪通过增加激光发射系统改制而成，利用激光束代替人工读数的一种水准仪。它可将激光器发出的激光束导入望远镜筒内，使其沿视准轴方向射出水平激光束。同时，其在水准标尺上配备能自动跟踪的光电接收靶即可进行水准测量，激光通过望远镜发射出来，与望远镜照准轴保持同轴同焦。因此，该仪器除具有水准仪的所有功能外，还可提供一条可见的水平激光束，便于工程施工。若不使用激光，该仪器仍可作水准仪用。

图 13–28　激光水准仪

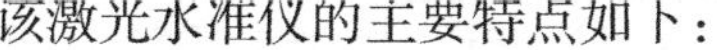

该激光水准仪的主要特点如下：

（1）激光与望远镜同轴同焦指向。

（2）每千米往返测量标准偏差：±2.0mm。

（3）望远镜放大倍率：24×。

（4）激光管类型：半导体激光器。

（5）激光波长：635nm。

（6）有效射程（白天）：200m。

（7）光斑大小：5mm/100m。

该激光水准仪的使用方法与自动安平水准仪相同，需要开启激光时只要打开激光开关即可。

2. 激光电子经纬仪

激光电子经纬仪广泛应用于高精度角度坐标测量和定向准直测量，如大型船舶的制造；中小型水坝坝体位移测量；机件变形测量；港口、桥梁工程；大型管道、管线的铺设；隧道、井巷工程；高层建筑、大型塔架；飞机机架安装；天顶方向的垂线测量；水准测量等。

图 13-15（*b*）为国内某仪器公司生产的激光电子经纬仪。该仪器的激光点可通过目镜观测，除可直接看见打到目标上的激光点外，激光指向和望远镜目视观察可同时进行，通过望远镜目视观察，在视场中可看到清晰的激光束光斑。常规配制激光对点器可选配光学对点器。图 13-29 为激光电子经纬仪激光发射光路图。

该激光电子经纬仪的主要特点如下：

（1）最小读数 1″，测角精度 ±2″。

（2）望远镜放大倍率：30×。

（3）显示屏：双面。

（4）激光管类型：半导体激光器。

（5）激光波长：635nm。

（6）有效射程（白天）：200m。

（7）光斑大小：5mm/100m。

（8）激光束聚集时光斑中心与望远镜视准轴的偏差：≤ 5″。

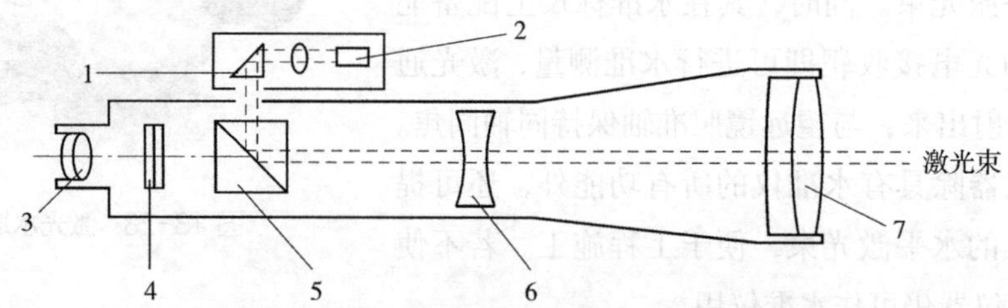

图 13-29　激光电子经纬仪激光发射光路图

1—直角棱镜；2—半导体激光发生器；3—目镜；4—十字丝；5—分光棱镜；6—调焦透镜；7—物镜

激光电子经纬仪的用途十分广泛，除用于一般的准直测量外，还可以向上进行准直测量，起到一台激光垂准仪的作用，使用时只要将仪器的天顶距调为 0°00′00″ 即可。当安置好激光经纬仪后，固定照准部，上下转动望远镜，仪器扫出的是一条竖直面，瞄准竖直面上不同的目标时仅需转动调焦螺旋，将光斑调到最小即可。将经纬仪天顶距调到 90°00′00″，松开水平制动螺旋，水平方向转动仪器，仪器扫出的是一个水平面，可以起到一台扫平仪的作用，同样瞄准水平面上不同的目标时仅需转动调焦螺旋，将光斑调到最小即可。

使用激光电子经纬仪时，应使仪器的竖盘指标差 $x \leqslant \pm 5''$。因此在每次使用仪器前，必须认真地检校仪器。

3. 激光垂准仪

激光垂准仪又称为激光铅垂仪，是一种专用的铅直定位仪器，适用于高烟囱、高塔架和高层建筑的铅直定位测量。图 13-15（*a*）为国内某仪器公司生产的激光垂准仪。

该激光垂准仪的主要特点如下：

（1）向上一测回垂直测量标准偏差为 1/45000。

（2）向下一测回垂直测量标准偏差为 1/2000。

（3）有效射程：≥ 120m（白天）；≥ 250m（夜间）。

（4）激光波长：635nm。

（5）光斑直径：≤ 3mm/80m。

（6）出射激光亮度可调节。

（7）垂准激光目镜可视。

4. 激光扫平仪

激光扫平仪主要由激光准直器、转镜扫描装置、安平机构和电源部件组成，激光准直器竖直地安置在仪器内。转镜扫描装置如图 13-30 所示，激光束沿五角棱镜旋转轴 OO' 入射时，出射光束为水平光束，当五角棱镜在电机驱动下水平旋转时，出射光束成为激光平面，可以同时测定扫描范围内任意点的高程。图 13-31 为国内某仪器公司生产的激光扫平仪，本仪器竖直放置时可以自动产生一个水平面和一根铅垂线；仪器卧置时可以自动产生一个铅垂面和一根水平线。

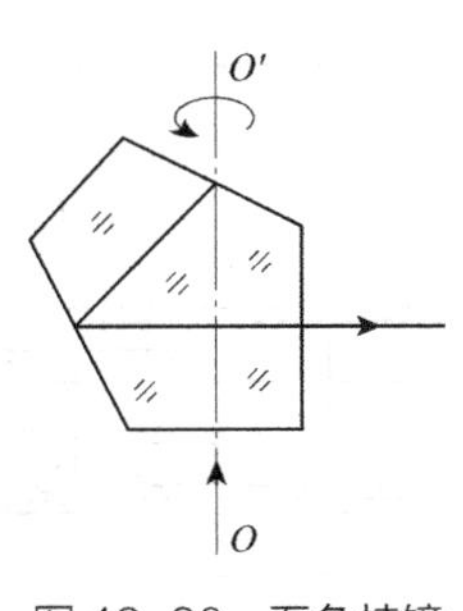

图 13-30 五角棱镜

图 13-31 激光扫平仪

激光扫平仪可广泛应用于建筑施工、楼宇建设、广场建设、机场建设、道路建设、大型设备安装、电梯安装、大面积土地平整以及装潢等领域，并可与推土机、铲掘机等施工机械配合，实现自动化施工。

该激光扫平仪的特点与技术参数如下：

（1）水平精度：±10″；垂直精度：±15″。

（2）电子自动安平，全自动控制，使用方便、可靠，自动安平范围为 ±5°。

（3）测量范围：直径 300m（使用激光探测器）。

（4）旋转速度：2~600r/min 连续可调。

（5）激光下对点器精度：±1mm/1.5m。

（6）具有自动超范围报警等功能。

（7）配有红外遥控器，可对仪器所有的功能进行遥控。

（8）光源：激光二极管，波长 635nm。

13.5.2 激光定位仪器的应用

激光定位仪器可以提供可见的空间基准线或基准面，施工人员可主动进行定位工作，它具有直观、精确、高效率等优点，尤其是在阴暗或夜间作业时更能显示其优越性。如果把光电接收靶和自动控制装置装在一起，还可实现动态定位或自动导向。下面列举几种用法。

1. 利用激光水准仪或激光经纬仪为自动化顶管施工进行动态导向

目前一些大型管道施工经常采用自动化顶管施工技术，不仅减小了劳动强度，还可以加快掘进速度，是一种先进的施工技术。如图 13-32 所示，如果没有坡度，可将激光自动安平水准仪安置在工作坑内，按照水准仪操作方法调整好激光束的方向，用激光束监测顶管的掘进方向。在掘进机头上装置光电接收靶和自控装置，当掘进方向出现偏位时，光电接收靶便给出偏差信号，并通过液压纠偏装置自动调整机头方向继续掘进。如果有

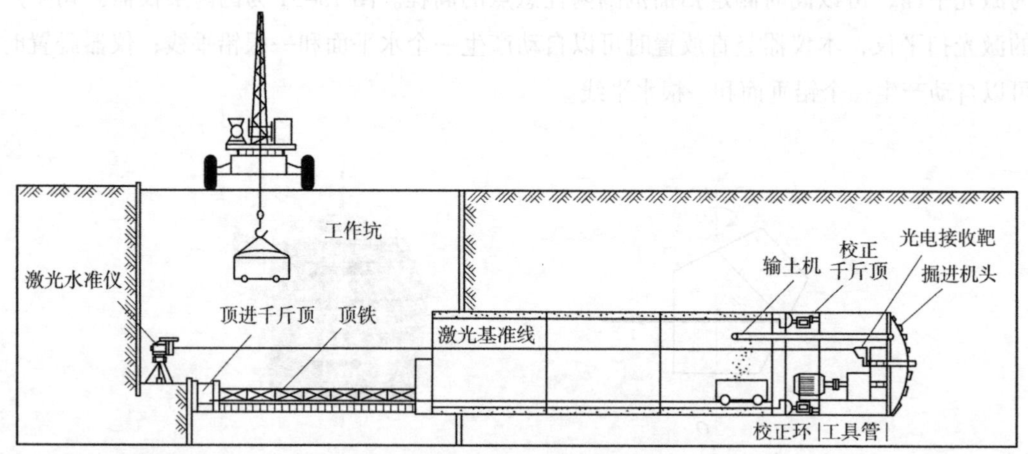

图 13-32 激光定位仪器在顶管施工中的应用

坡度要求，则应使用激光电子经纬仪将坡度换算成天顶距，按照设计坡度进行顶管施工。

2. 激光垂准仪用于高层建筑物的铅直定位

激光垂准仪是一种专用的铅直定位仪器，适用于高层建筑、深竖井及高烟囱或高塔架的铅直定位测量，还可以用于建筑变形测量。在高层建筑施工测量中，使用激光垂准仪可以方便准确地向上投测地面控制点。

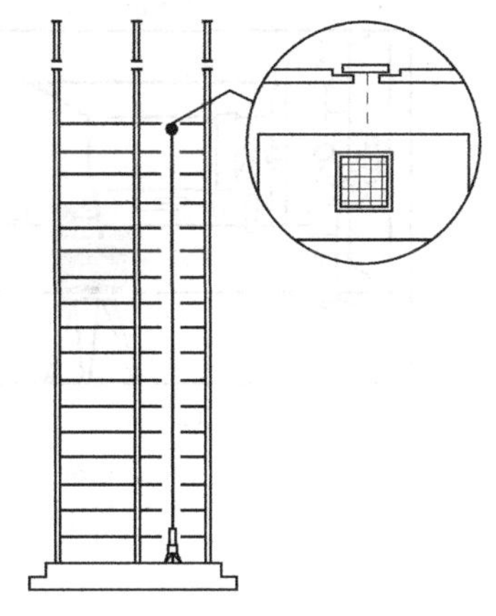

图 13-33　激光垂准仪在高层建筑施工中的应用

如图 13-33 所示，首先将激光垂准仪安置在地面控制点上，进行严格对中、整平，开启向上激光开关，即可发射出铅直激光基准线，在工作层楼板预留孔处放置绘有坐标网的接收靶或放置一块 30cm × 30cm 的有机玻璃板，固定接收靶或有机玻璃板，调节激光垂准仪上的调焦螺旋，使激光点变为最小，激光光斑中心所指示的位置即为地面控制点的铅直投影位置。

为了消除激光垂准仪的仪器误差，必须在垂准仪水平角相差 180° 的两个位置向上投测，得到两个投测点，取这两点连线的中心为投测点位；或在垂准仪水平角相差 90° 的四个位置向上投测，得到四个投测点，取这四个点的交叉中心为投测点位。

3. 激光电子经纬仪用于建筑施工测量

（1）定向测量

以已知两点为基准，找出这两点连线之间的其他点称为激光定向测量。操作步骤如下：先将仪器对中、整平，精确瞄准目标。打开激光器电源开关，发射激光束，要找出两点连线上的其他点，只要在需要处竖一屏幕让激光束聚焦即可。由于红色激光的可见性，很快就可以完成定向测量工作。

（2）布设角度

以两点的连线为基准，按要求作出一水平角称为布设角度。操作步骤如下：在一基准点上将仪器对中、整平，先通过望远镜照准另一基准点，将水平度盘置零，然后转动仪器使得水平度盘读数为所要求的角度值。打开激光器电源开关，激光束就会与基准线成一固定夹角射出。由于经纬仪存在轴系误差，最好采用盘左盘右分中的方法布设角度。

（3）天顶测量

以一点为基准，向上垂直出射激光束称为天顶测量。操作步骤如下：精确对中、整平仪器，打开激光器电源开关，使激光束射向天顶。当竖盘读数为 0°00′00″ 时，即表示激光束处于垂直位置。若竖盘指标差较大，注意要扣除竖盘指标差的影响。同样建议用户通过旋转照准部、对径读数的方法进行天顶测量，以提高垂准精度。

4. 激光扫平仪在土木工程中的应用

（1）激光扫平仪应用于建筑装饰工程

在建筑装饰测量中，激光扫平仪可以为工程提供激光水平面。使用时，将激光扫平

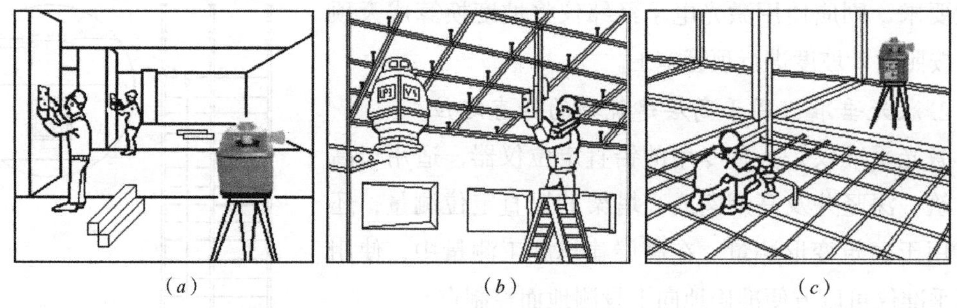
(*a*) (*b*) (*c*)

图 13-34　激光扫平仪在建筑装饰工程中的应用

仪安置在三脚架上，粗平仪器，打开激光电源开关，几秒钟后即自动产生激光水平面。此时，手持接收靶在待测面上，上下移动接收靶，显示屏上将显示上下移动的箭头并发出声响，根据显示屏上的提示上下移动接收靶，当显示屏上显示出一条水平面位置线"—"并发出持续的声响时，此时即可用记号笔沿接收靶右侧上的凹槽在待测面做出标记。图 13-34（*a*）为自动安平激光扫平仪进行室内装饰时测护墙装饰板水平线、图 13-34（*b*）为测室内吊顶龙骨架水平面、图 13-34（*c*）为检测铺设室内地坪的水平度。

（2）激光扫平仪应用于建筑施工测量

图 13-35 为激光扫平仪在建筑施工中的应用，在建筑工地安置激光扫平仪，激光扫平仪可以为工程提供一条激光平面，这个激光平面的半径可以达到 150m，对于像抄平这样的工作十分方便、快捷。

（3）激光扫平仪应用于土地平整

实践证明，经激光整平后的耕地能够保证农作物得到均匀适量的灌溉，不仅提高了农作物的产量，还能节约大量灌溉用水，减少肥料流失。激光整平技术可以实现常规整平方法无法达到的土地平整精度，显著改善土地平整总体状况和分布情况，有效地提高水、劳动力和能源的利用效率。图 13-36 为激光扫平仪在土地平整中的应用。

图 13-35　激光扫平仪在建筑施工中的应用

图 13-36　激光扫平仪在土地平整中的应用

13.6 竣工总平面图的编绘

13.6.1 编绘竣工总平面图的目的和意义

竣工总平面图是设计总平面图在施工结束后实际情况的全面反映，设计总平面图与竣工总平面图一般不会完全一致,因此施工结束后应及时编绘竣工总平面图。其目的在于：

（1）它是对建筑物竣工成果和质量的验收测量。

（2）在施工过程中可能由于设计时没有考虑到的问题而使设计有所变更，这种临时变更设计的情况必须通过测量反映到竣工总平面图上。

（3）它将便于日后进行各种设施的维修工作，特别是地下管道等隐蔽工程的检查和维修。

（4）它为企业的扩建提供了原有各项建筑物、构筑物、地上和地下各种管线及交通路线的坐标、高程等资料。

新建工程竣工总平面图的编绘最好是随着工程的陆续竣工相继进行，一面竣工，一面利用竣工测量成果编绘竣工总平面图。发现问题可以及时查找原因，最后使竣工图能够真实反映实际情况。边竣工、边编绘的优点是：当工程全部竣工时，竣工总平面图也基本编制完成，既可作为交工验收的资料，又可以大大减少实测工作量，从而节约人力、物力。

编绘竣工总平面图包括室外实测和室内资料编绘两个方面的内容。

13.6.2 竣工测量的方法和内容

建筑物竣工总平面图的比例尺一般为 1∶500 或 1∶1000，应采用大比例尺全站仪数字化测图的方法进行竣工测量。

在每个单项工程完成后，必须由施工单位进行竣工测量，提出工程竣工测量成果。其内容包括以下方面：

（1）工业厂房及一般建筑物：包括房角坐标、各种管线进出口的位置和高程，并附房屋编号、结构层数、面积和竣工时间等资料。

（2）铁路和公路：包括起止点、转折点、交叉点的坐标，曲线元素，桥涵等构筑物的位置和高程。

（3）地下管网：窨井、转折点的坐标，井盖、井底、沟槽和管顶等的高程，并附注管道及窨井的编号、名称、管径、管材、.间距、坡度和流向。

（4）架空管网：包括转折点、结点、交叉点的坐标，支架间距和基础面高程。

（5）其他：竣工测量完成后应提交完整的资料，包括工程名称、施工依据、施工成果，作为编绘竣工总平面图的依据。

13.6.3 竣工总平面图的编绘

竣工总平面图上应包括建筑方格网点、水准点、厂房、辅助设施、生活福利设施、架空及地下管线、铁路等建筑物或构筑物的坐标和高程以及厂区内空地和未建区的地形。有关建筑物、构筑物的符号应与设计图例相同，有关地形图的图例应使用国家地形图图式符号。

厂区地上和地下所有建筑物、构筑物绘在一张竣工总平面图上时，如果线条过于密集而不醒目，则可以采用分类编图，如综合竣工总平面图、交通运输竣工总平面图和管线竣工总平面图等。

如果施工单位较多，多次转手造成竣工测量资料不全、图面不完整或与现场情况不符时，只好进行实地施测，这样绘出的平面图称为实测竣工总平面图。

另外，建筑物的竣工位置应到实地去测量，并在现场绘出草图；然后根据外业实测成果和草图在室内进行展绘，便成为完整的竣工总平面图。

13.6.4 竣工总平面图附件

为了全面反映竣工成果，便于管理、维修和日后的扩建或改建，下列与竣工总平面图有关的一切资料应分类装订成册，作为竣工总平面图的附件保存：

（1）建筑场地及其附近的测量控制点布置图及坐标与高程一览表。

（2）建筑物或构筑物沉降及变形观测资料。

（3）地下管线竣工纵断面图。

（4）工程定位、检查及竣工测量的资料。

（5）设计变更文件。

（6）建设场地原始地形图等。

【本章小结】

建筑工程控制网不同于常规控制网，其主要特点为范围小、点位密度大、精度要求高、使用频繁且容易受到施工干扰，本章应重点掌握建筑基线的设计和布设。民用建筑多种多样，但都涉及龙门板和轴线控制桩的设置、基础施工等内容，应重点掌握。对于高层建筑，重点掌握轴线投测和控制竖向偏差方法。工业厂房测设的核心内容为柱列轴线的控制及厂房构件的安装测量。此外，还应掌握激光定位仪器在建筑工程施工中的应用。竣工总平面图作为对实际施工情况的全面反映，也应予以重点理解。

【思考与练习题】

1. 建筑工程施工平面控制网和高程控制网的建立方法有哪些？

2. 建筑基线的布置形式有哪几种？基线点数不应少于几个？

3. 民用建筑物定位方法有哪几种？精度要求如何？

4. 在建筑施工测量中为什么要设置龙门板或轴线控制桩？

5. 如何根据建筑方格网进行建筑物的定位放线？

6. 试述工业厂房控制网的测设方法。

7. 对柱子安装测量有何要求？如何进行校正？

8. 试述吊车梁的吊装测量工作。

9. 高层建筑施工测量中的主要问题是什么？目前常用哪些方法进行高层建筑轴线的向上投测？使用什么仪器进行测量？

10. 激光定位仪器有哪些？主要应用在土木工程的哪些方面？

11. 为什么要编绘竣工总平面图？竣工总平面图包括哪些内容？

12. 已知某厂金加工车间两个房角的坐标如图 13–37 所示，放样时顾及基坑开挖范围，拟将矩形控制网设置在厂房房角以外 6m 处，试求出厂房控制网四个角点 T、U、R、S 的坐标值。

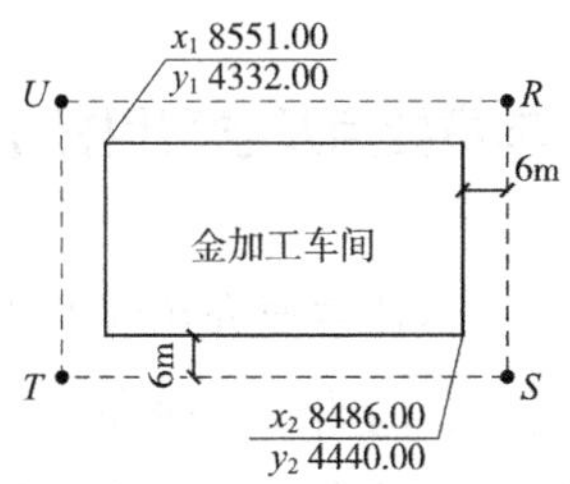

图 13-37　厂房控制网图

第 14 章　线路工程测量

【本章要点及学习目标】

本章主要介绍线路工程测量的基本原理与方法，包括线路工程控制测量、线路中线测量、圆曲线和缓和曲线的测设、线路纵横断面的测量及竖曲线的测设等。通过本章的学习，学生应了解线路工程测量的步骤和方法；掌握控制网的布设方法，交点、转点及里程桩的布设，曲线的坐标计算方法；了解线路工程的设计要点。

14.1　线路工程测量概述

线路工程是指长宽比很大的工程，包括公路、铁路、运河、渠道、输电线路、各种用途的管道工程等。线路工程测量是指在线路工程的规划选线、勘测设计、施工、竣工验收、运营管理等阶段所进行的各种测量工作的总称。其主要任务是：为线路的勘测设计提供地形信息（包括带状地形图、纵横断面图等）；按设计要求将设计的线路及其附属构筑物的位置测设于实地，为线路工程施工提供依据；为线路竣工、检查、验收、质量评定等提供资料。

各种线路工程在勘测设计及施工阶段有不少共性，相比之下，公路、铁路的工程测量工作较为细致。因此，本章叙述大多以公路工程为例。线路测量贯穿于线路工程建设的各个阶段。

1. 规划选线阶段

在线路的起、终点之间收集必要的人文社会、地理环境、经济技术现状、各种比例尺地形图、工程地质、水文地质等方面的资料，以供设计人员进行图上选线、确定线路等级以及方案比选，必要时还要实地踏勘、论证。

2. 勘测设计阶段

本阶段的主要任务是为线路设计提供一切必要的地形资料和线路所经地区的工程地质、水文地质及社会经济等方面的情况。为了选择一条经济、合理的路线，线路设计一般分为初步设计、施工图设计两个阶段，对应两个阶段的测量工作分别是初测和定测。

（1）初测

初测是工程初步设计阶段进行的测量工作，主要任务是对可行性研究报告中认为有价值的几条或一条主要道路方案进行控制测量，测定线路方案的 1 : 2000 或 1 : 5000 带状地形图。带状地形图的宽度在山区为100m，平坦地区一般为250m，测图方法与前面讲的数字地形图测绘方法相同。收集沿线地形、地质和水文等有关资料，为图上定线、编制比较方案等初步设计提供依据。

（2）定测

定测是将批准的初步设计线路中线测设于实地的测量工作。定测的主要任务有中线测量、纵断面测量、横断面测量、局部地区的大比例尺地形图测绘以及详细的工程地质、水文地质勘测等，为路线纵坡设计、工程量计算等道路技术设计提供详细的测量资料。

初测和定测工作统称为线路勘测设计测量。

3. 施工阶段

线路施工阶段的测量工作是按施工图设计文件要求的位置、形状及规格在实地测设线路中线及其构筑物。施工阶段的测量工作主要有：控制点复测和加密控制点、恢复线路中线及施工控制桩测设、线路工程边桩和边坡及其他有关点位的测设、竖曲线测设等，以指导工程施工，保证线路工程建设顺利进行，并为工程竣工后的使用、维护、养护、改建和扩建等提供基础资料。

4. 竣工验收、运营管理阶段

线路工程竣工后，还应进行竣工验收测量，测绘竣工平面图和断面图，以检查工程是否符合设计要求，为工程运营做准备。在运营管理阶段，还要监测工程运营状态，评价工程的安全性。

14.2　线路工程控制测量

14.2.1　平面控制测量

1. 平面控制网的布设原则

线路平面控制网的布设应符合因地制宜、技术先进、经济合理、确保质量的原则，线路平面控制网是线路平面控制测量的主控制网，沿线各种构筑物的平面控制网应联系于主控制网上，主控制网宜全线贯通、统一平差。

2. 平面控制网的建立过程

（1）首先进行控制网的设计工作，包括：

1）搜集线路沿线已有的测量资料，进行现场踏勘和周密调研；

2）根据控制网的建立目的、要求和控制范围进行图上规划和野外选点，确定控制网的网形和参考基准；

3）根据测量仪器条件拟定观测纲要（观测方法和观测值的预期精度）；

4）根据观测的人力、物力进行成本预算；

5）根据控制网网形和观测精度进行目标成果的精度估算与分析，并与预定的要求相比较，再作必要的方案修正。

（2）然后付诸实施，包括：

1）埋设标志；

2）建立观测墩、观测台和观测标志；

3）按预定纲要进行观测；

4）按观测数据评定观测精度。

（3）最后进行成果处理、平差计算。

3. 平面控制网的网形

线路工程平面控制网是施工放样的基础，其布网的合理性及精度对工程施工质量起决定性作用。根据工程的特点，线路工程平面控制网常用以下几种网形。

（1）GPS 网

随着 GPS 定位技术的发展，GPS 相对定位精度在数十千米的范围内可以达到 1/100 万 ~1/10 万。GPS 网的网形在很大程度上与使用的接收机的数量和作业方式有关。由于 GPS 测量不要求控制点之间通视，所以在隧道工程地面控制网建立时应用 GPS 网具有得天独厚的优势。目前，大多数线路工程的首级控制网都采用 GPS 网，同时利用地面边角网或导线网加密。

（2）导线网

导线网包括单一导线和具有一个或若干个结点的导线网。导线网的观测值是角度和边长。其特点是：网中各点上的观测方向较少，除结点外只有两个方向，因而受通视要求的限制小，易于选点；导线网的图形非常灵活，选点时可以根据具体情况随时变化；网中的边长都是直接测定的，因此边长的精度较均匀。导线网比较适用于障碍物较多的平坦地区或隐蔽地区。目前，在线路工程中多用导线网对 GPS 首级控制网进行加密。

（3）边角网

边角网是指既测边又测角的以三角形为基本图形的平面控制网。目前随着全站仪的发展普及，测角和测距精度不断提高，边角网的应用也越来越广泛。其特点是：图形简单，网的精度较高，具有较多的检核条件，易于发现观测值中的粗差，但在障碍物较多的地区布设边角网较困难。目前，在线路工程中多用边角网来建立精度要求极高的安装控制网。

4. 平面控制点位置的选定

线路工程平面控制点位置的选定应符合下列要求：

（1）相邻点之间必须通视，点位能长期保存。

（2）便于加密、扩展和寻找。

（3）采用导线网、边角网等传统方式建网时，观测视线超越或旁离障碍物应在 1.3m 以上。

（4）平面控制点的位置应沿路线布设，距道路中线宜大于 50m 且小于 300m，同时应便于测角、测距、地形测量和定线放样。

（5）线路平面控制点的设计应考虑沿线桥梁、隧道等构筑物的布设要求，在大型构筑物的两侧应分别布设一对平面控制点。

14.2.2　高程控制测量

线路高程控制测量主要是沿线路方向建立高程控制点，一般采用水准测量或电磁波测距三角高程测量方法。线路工程建设的高程系统宜采用 1985 国家高程基准。同一条线路应采用同一个高程系统，不能采用同一系统时应给定高程系统的转换关系。线路高程测量应尽量采用水准测量，在进行水准测量确有困难的山岭地带以及沼泽、水网地区，四等、五等水准测量可以采用电磁波测距三角高程测量代替。水准路线应沿线路路线布设，水准点宜设于公路中心线两侧 50~300m 范围之内。水准点间距宜为 1~1.5km，山岭重丘区可以根据需要适当加密，大桥、隧道口及其他大型构筑物两端应增设水准点。

14.3　线路中线测设

线路工程的中心线由直线和曲线构成，如图 14-1 所示。中线测量就是通过线路的测设，将线路工程中心线（中线）标定在实地上，并测出其里程。其主要包括：测设中心线起点、终点、各交点（JD）和转点（ZD），量距和钉桩，测量线路各偏角（α），测设曲线等。

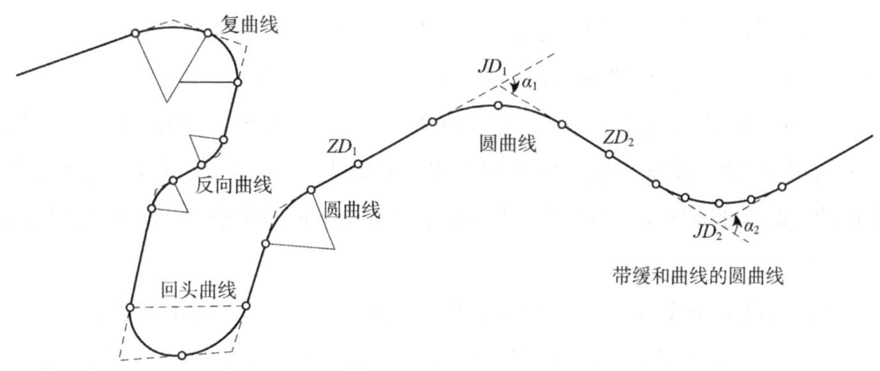

图 14-1　线路中线

14.3.1　线路交点的测设

线路交点（包括起点和终点）是详细测设中线的控制点。一般先在初测的带状地形图上进行纸上定线，然后再实地标定交点位置。

1. 根据与地物的关系测设交点

如图 14-2 所示，JD_2 的位置已在地形图上选定，可先在图上量出 JD_2 到两房角和电杆的距离，在现场根据相应的地物，用距离交会法测设出 JD_2。

2. 根据导线点和交点的设计坐标测设交点

根据事先算出的有关测设数据，按极坐标法、角度交会法或距离交会法测定交点。

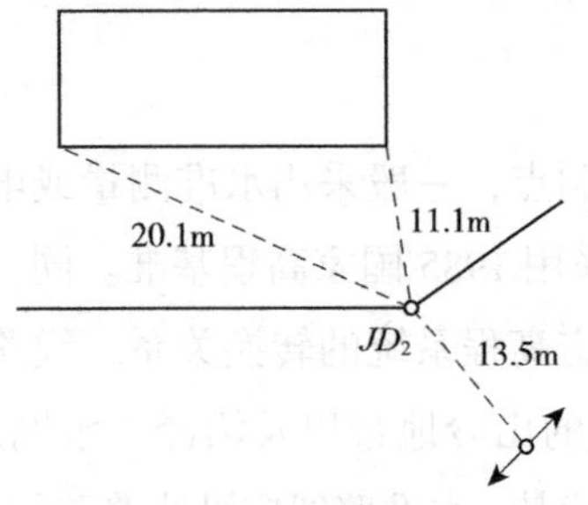

图 14-2　根据地物测设交点

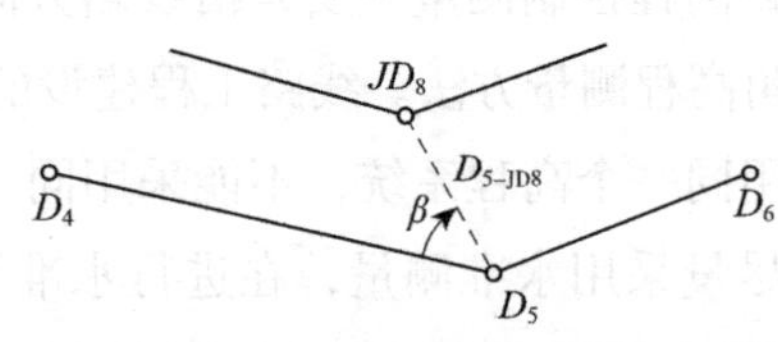

图 14-3　根据导线点测设交点

如图 14–3 所示，根据导线点 D_4、D_5 和 JD_8 三点的坐标，计算出 α_{5-4}、α_{5-JD8} 和 D_{5-JD8}，根据 $\beta=\alpha_{5-JD8}-\alpha_{5-4}$ 和 D_{5-JD8} 的值，按极坐标法测设 JD_8。

3. 穿线交点法测设交点

穿线交点法是利用图上就近的导线点或地物点与纸上定线的直线段之间的角度和距离关系，用图解法求出测设数据，通过实地的导线点或地物点，把中线的直线段独立地测设到地面上，然后将相邻直线延长相交定出地面交点桩的位置。其程序是放点、穿线、交点。

（1）放点

放点常用的方法有极坐标法和支距法。

图 14–4 为极坐标法标定中线上各临时点 P_1、P_2、P_3 和 P_4。以图上导线点 D_7、D_8 为依据，用量角器和比例尺分别量出放样数据 β_1、l_1、β_2、l_2。在实地放点时，可用经纬仪和钢尺分别在 D_7、D_8 点按极坐标法定出各临时点的相应位置。

图 14–5 为支距法标定中线上各临时点 P_1、P_2、P_3 和 P_4。即在图上自导线点 D_6、D_7、D_8、D_9 作导线边的垂线分别与中线相交得各临时点，用比例尺量取相应的支距 l_1、l_2、l_3、l_4。实地放点时以相应导线点为垂足，用方向架定垂线方向，用钢尺量支距，测设各临时点。

（2）穿线

放出的临时点由于图解数据和测设工作中的误差，实际上并不严格在一条直线上，如图 14–6 所示。这时可根据现场实际情况采用目估法或经纬仪视准法穿线，通过比较和选择定出一条尽可能穿过或靠近临时点的直线 AB，最后在 A、B 点或其方向线上打下两个以上的转点桩，随即取消临时桩点。

（3）交点

如图 14–7 所示，当两条相交的直线 AB、CD 在地面上确定后，即可进行交点。将经纬仪置于 B 点瞄准 A 点，倒转望远镜，在视线方向上近交点 JD 的概略位置前后打下两个

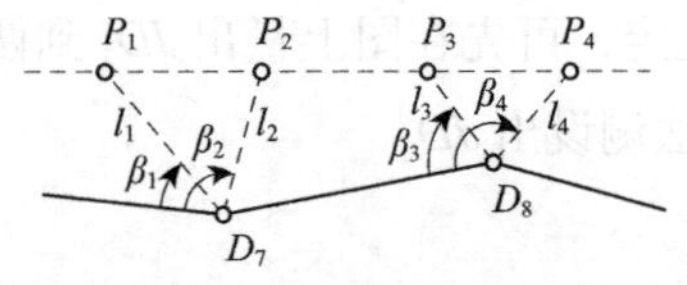

图 14-4　极坐标法放点

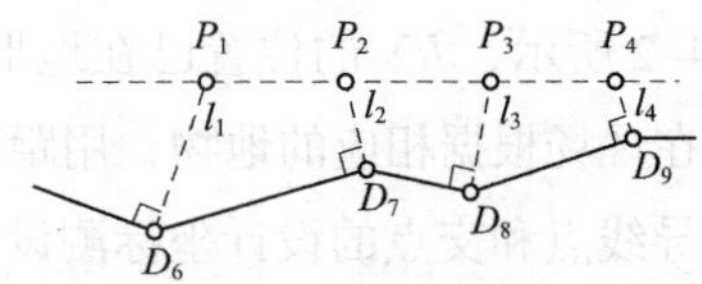

图 14-5　支距法放点

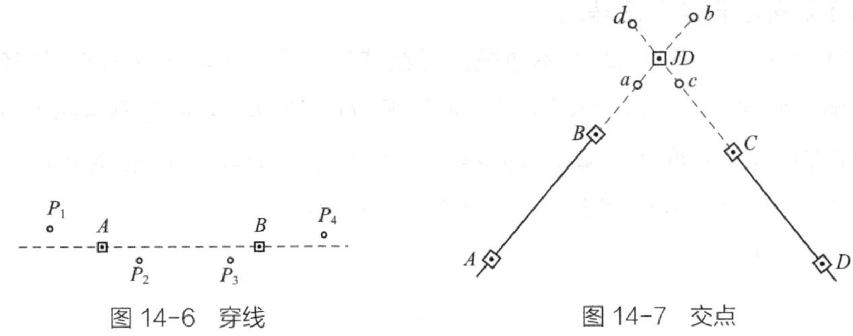

图 14-6　穿线　　图 14-7　交点

骑马桩，采用正倒镜分中法在该两桩上定出 a、b 两点，并钉以小钉，挂上细线。仪器搬至 C 点，同法定出 c、d 点，挂上细线，两细线的相交处打下木桩，并钉以小钉，得到 JD。

14.3.2　线路转点的测设

定线测量中，当相邻两交点互不通视或直线较长时，需要测定转点，以便在交点测量转折角和直线量距时作为照准和定线的目标。直线上一般每隔 300m 设一转点，另外在路线和其他道路交叉处以及路线上需设置桥、涵等构筑物处也要设置转点。当两交点间距离较远但尚能通视或已有转点需加密时，可采用经纬仪直接定线或经纬仪正倒镜分中法测设转点。

当相邻两交点互不通视时，可用下述方法测设转点。

1. 在两交点间设转点

如图 14-8 所示，JD_4、JD_5 为相邻而互不通视的两个交点，ZD' 为初定转点。将经纬仪置于 ZD'，用正倒镜分中法延长直线 JD_4—ZD' 至 JD'_5。设 JD'_5 与 JD_5 的偏差为 f，用视距法测定 a、b，则 ZD' 应横向移动的距离 e 可按式（14-1）计算，然后将 ZD' 按 e 值移至 ZD 即可。

$$e=\frac{a}{a+b}f \tag{14-1}$$

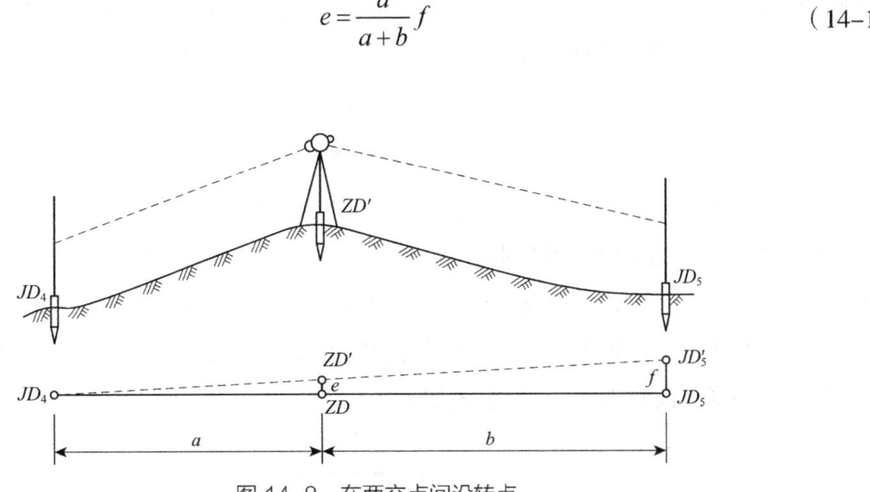

图 14-8　在两交点间设转点

2. 在两交点延长线上设转点

如图 14–9 所示，JD_7、JD_8 互不通视，可在其延长线上初定转点 ZD'。将经纬仪置于 ZD'，用正倒镜照准 JD_7，并以相同竖盘位置俯视 JD_8，在 JD_8 点附近测定两点后取其中点得 JD'_8。若 JD'_8 与 JD_8 重合或偏差值在容许范围之内，即可将 ZD' 作为转点。否则应重设转点，量出 f 值，用视距法测定 a、b，则 ZD' 应横向移动的距离 e 可按式（14–2）计算，然后将 ZD' 按 e 值移至 ZD。

$$e=\frac{a}{a-b}f \tag{14–2}$$

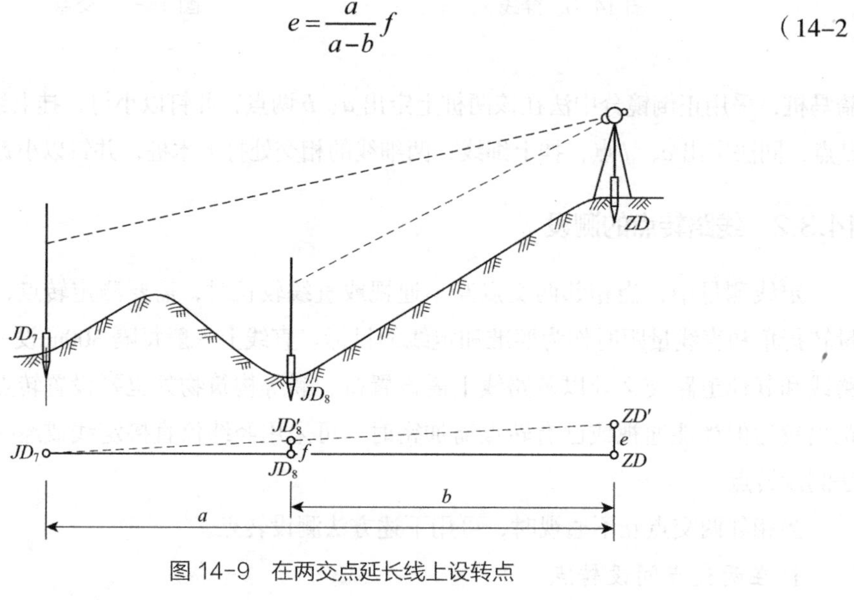

图 14–9　在两交点延长线上设转点

14.3.3 路线转折角的测定

转折角又称偏角，是路线由一个方向偏转至另一个方向时，偏转后的方向与原方向间的夹角，常用 α 表示，如图 14–10 所示。偏角有左右之分，偏转后方向位于原方向左侧的称左偏角，记作 $\alpha_{左}$；偏转后方向位于原方向右侧的称右偏角，记作 $\alpha_{右}$。在路线测量中，通常是观测路线的右角 β，转折角可按式（14–3）计算。

$$\begin{cases}\alpha_{右}=180°-\beta\\ \alpha_{左}=\beta-180°\end{cases} \tag{14–3}$$

右角 β 的观测通常用 DJ_6 型光学经纬仪以测回法观测一测回，两半测回角度之差的不符值一般不超过 ±40″。根据曲线测设的需要，在右角测定后，要求在不变动水平度盘位置的情况下，定出 β 角的分角线方向（图 14–11）并打下桩标志，以便将来测设曲线中点。设置测角时，后视方向的水平度盘读数为 a，前视方向的水平度盘读数为 b，分角线方向的水平度盘读数为 c，计算公式如下：

$$c=\frac{a+b}{2} \tag{14–4}$$

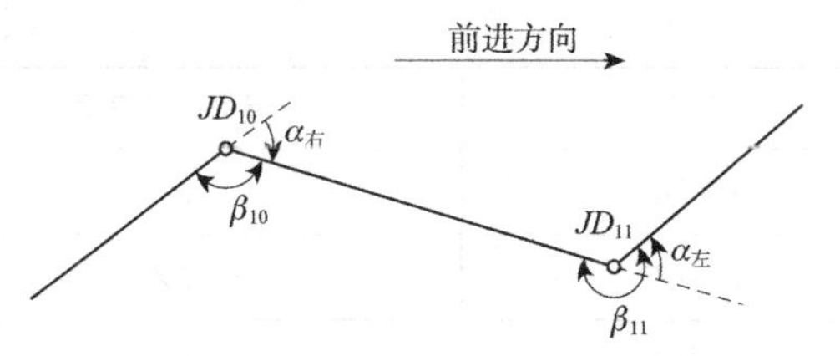

图 14-10 线路转折角与偏角

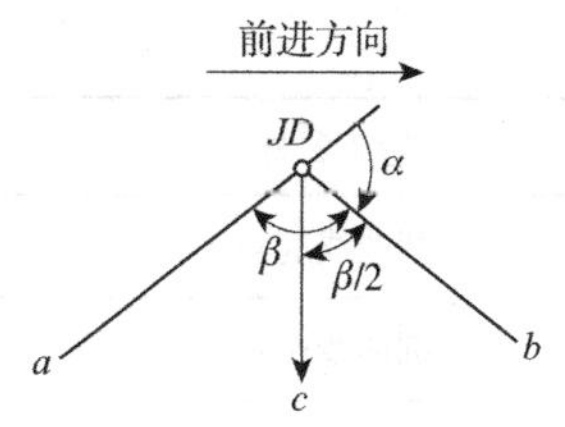

图 14-11 分角线方向

在实践中，无论是在线路右侧还是线路左侧设置分角桩，均按上式计算。当转动照准部使水平度盘读数为 c 时，望远镜视准轴所指的方向有时会为相反的方向，这时需纵转望远镜，在设置曲线的一侧定出分角桩。

此外，在角度观测后，还须用测距仪测定相邻交点间的距离，以供中桩量距人员检核之用。

14.3.4 里程桩的设置

在路线交点、转点及转角测定之后，即可进行实地量距、设置里程桩、标定中线位置。里程桩的设置是在中线丈量的基础上进行的，丈量工具视道路等级而定，等级高的公路宜用测距仪或钢尺，简易公路可用皮尺或绳尺。

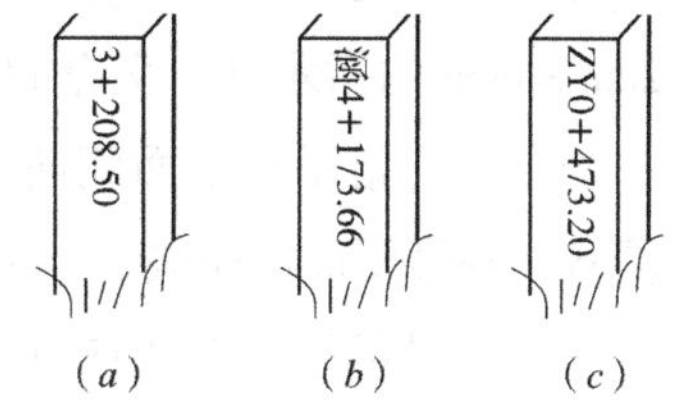

图 14-12 里程桩

里程桩分为整桩和加桩两种（图 14-12），每个桩的桩号表示该桩距路线起点的里程。如某加桩距路线起点的距离为 3208.50m，其桩号为 3+208.50。

整桩是由路线起点开始，每隔 20m 或 50m 设置一桩。

加桩分为地形加桩、地物加桩、曲线加桩和关系加桩等。

地形加桩，是指沿中线地面起伏变化、横向坡度变化处以及天然河沟处所设置的里程桩。

地物加桩，是指沿中线有人工构筑物的地方，如桥梁、涵洞处，路线与其他公路、铁路、渠道、高压线等交叉处，拆迁建筑物处以及土壤地质变化处所加设的里程桩。

曲线加桩，是指曲线上设置的主点桩，如圆曲线起点（ZY）、圆曲线中点（QZ）、圆曲线终点（YZ），分别以汉语拼音缩写为代号。我国公路桩位常用汉语拼音缩写见表 14-1。

我国公路桩位常用汉语拼音缩写　　表 14-1

标志名称	简称	汉语拼音缩写
交点		JD
转点		ZD

续表

标志名称	简称	汉语拼音缩写
圆曲线起点	直圆点	ZY
圆曲线中点	曲中点	QZ
圆曲线终点	圆直点	YZ
第一缓和曲线起点	直缓点	ZH
第一缓和曲线终点	缓圆点	HY
第二缓和曲线终点	圆缓点	YH
第二缓和曲线起点	缓直点	HZ

关系加桩，是指路线上的转点（ZD）桩和交点（JD）桩。

打桩时，对于交点桩、转点桩、曲线主点桩、重要地物加桩（如桥、隧位置桩），均打下断面为 6cm×6cm 的方桩，桩顶钉以中心钉，桩顶露出地面约 2cm，在其旁钉一 2cm×6cm 的指示桩。交点的指示桩应钉在圆心和交点连线外约 20cm 处，字面朝向交点。曲线主点的指示桩字面朝向圆心。其余里程桩一般使用扁桩，一半露出地面，以便书写桩号，桩号要面向路线起点方向。

如遇局部地段改线或分段测量，以及事后发现丈量或计算错误等，均会造成路线里程桩号不连续，叫作断链。桩号重叠的叫作长链，桩号间断的叫作短链。发生断链时，应在测量成果和有关设计文件中注明，并在实地打断链桩，断链桩不要设在曲线内或构筑物上，桩上应注明路线来向、去向的里程和应增减的长度。一般在等号前后分别注明来向、去向里程，如 1+827.43=1+900.00，短链 72.57m。

14.4 线路曲线测设

铁路、高速公路在线路改变方向处，相邻两直线间必须用曲线连接起来，这样才能保证行车的安全与平顺，这种连接不同方向线路的曲线称为平曲线。同样，线路的纵断面也常常是由不同坡度连接的，当相邻坡度值的代数差超过一定值时，在变坡处也必须用曲线连接，这种连接不同坡度的曲线称为竖曲线。最常见的平面线形是由直线、缓和曲线和圆曲线连接组成的。圆曲线是具有固定曲率半径的圆弧；缓和曲线是连接直线与圆曲线的过渡曲线，其曲率半径由无穷大逐渐变化至圆曲线半径。缓和曲线的线型有多种形式，在我国采用回旋曲线作为缓和曲线。竖曲线一般采用二次抛物线或圆曲线的形式。

14.4.1 圆曲线要素及里程计算

圆曲线在线路工程、现代建筑工程中应用十分广泛，如在铁路、高速公路、市政道路、渠道、住宅建筑、办公建筑、旅馆饭店建筑中都常采用，下面介绍圆曲线的要素及主点里程计算和放样方法。

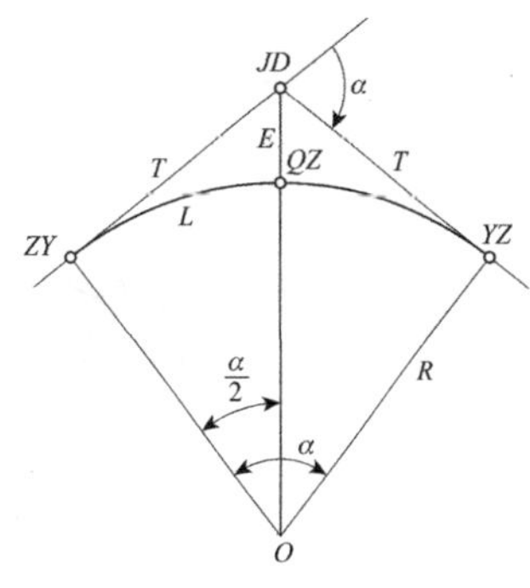

图 14-13 圆曲线主点及要素

1. 要素计算

如图 14–13 所示，圆曲线的要素包括：半径 R、偏角 α、切线长 T、曲线长 L、外矢距 E 及切曲差 q。其中，R 是在设计中按线路等级及地形条件等因素选定的，α 是线路定测时测出的，均可认为是已知数据。其余要素可以按下列关系式计算：

$$
\begin{aligned}
&\text{切线长：} T = R \times \tan\frac{\alpha}{2} \\
&\text{曲线长：} L = R \times \frac{\pi \times \alpha}{180°} \\
&\text{外矢距：} E = R(\text{Sec}\frac{\alpha}{2} - 1) \\
&\text{切曲差：} q = 2T - L
\end{aligned}
\tag{14–5}
$$

式中 R——设计时选配的圆曲线半径；

α——路线转向角。

2. 主点里程计算

主点里程桩号是根据交点里程推算出来的，由图 14–13 可知：

$$
\begin{aligned}
&\text{起点：} ZY\text{的桩号} = JD\text{的桩号} - T \\
&\text{中点：} QZ\text{的桩号} = ZY\text{的桩号} + \frac{L}{2} \\
&\text{终点：} YZ\text{的桩号} = ZY\text{的桩号} + L
\end{aligned}
\tag{14–6}
$$

主点里程的检核可用切曲差 q 来验算，YZ 的桩号 $=JD$ 的里程 $+T-q$。

3. 主点放样

主点放样时，仪器安置于转折点 JD，沿前面的切线方向量取 T 得曲线起点 ZY，沿后面的切线方向量取 T 得曲线终点 YZ，再将仪器瞄准终点 YZ，向右转（$180°-\alpha$）/2，在此方向量取外矢距 E，得曲线中点 QZ。

14.4.2 圆曲线细部点的测设

在施工时，还需要放样曲线上主点间的若干细部点，这些工作称为圆曲线细部点的放样，常用的几种细部点放样方法如下。

1. 偏角法

偏角法是利用偏角（弦切角）和弦长来测设圆曲线。由平面几何原理可知，切线与弦线所夹的角等于该弦所对圆心角的一半。即：

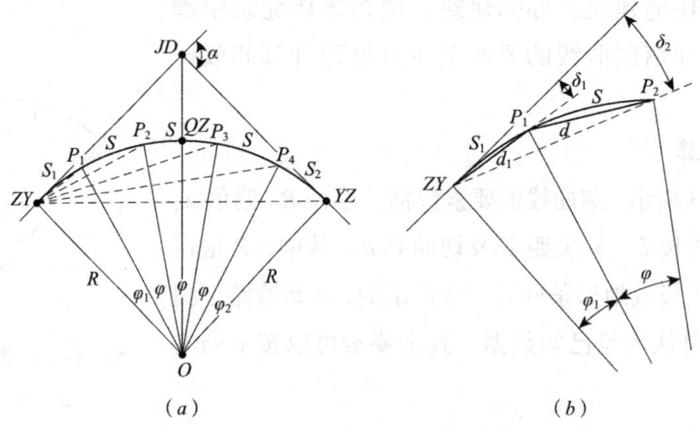

图 14-14　偏角法测设圆曲线细部点

$$\delta = \frac{\varphi}{2} \tag{14-7}$$

式中　δ——表示偏角；

　　　φ——表示圆心角。

如图 14-14（a）所示，为施工方便，通常把曲线上除收尾点之外的各放样点里程凑成整数，这样曲线就分为首尾两段 S_1、S_2 和中间 n 段相等的弧长 S 之和，即：

$$L = S_1 + n \times S + S_2 \tag{14-8}$$

圆弧 S_1、S_2 所对的圆心角为 φ_1、φ_2，S 所对的圆心角为 φ，放样数据按式（14-9）计算，即：

$$\begin{cases} \varphi_1 = \dfrac{S_1}{R} \times \dfrac{180°}{\pi} = 57.296° \dfrac{S_1}{R} \\ \varphi_2 = \dfrac{S_2}{R} \times \dfrac{180°}{\pi} = 57.296° \dfrac{S_2}{R} \\ \varphi = \dfrac{S}{R} \times \dfrac{180°}{\pi} = 57.296° \dfrac{S}{R} \end{cases} \tag{14-9}$$

弧长 S_1、S_2、S 对应的弦长计算公式（14-10）如下：

$$\begin{cases} d_1 = 2R\sin\dfrac{\varphi_1}{2} \\ d_2 = 2R\sin\dfrac{\varphi_2}{2} \\ d = 2R\sin\dfrac{\varphi}{2} \end{cases} \tag{14-10}$$

由图 14-14（a）可以看出，曲线中点 M（QZ）的累积偏角值 $\delta_{中}=\alpha/4$，曲线全长的总偏角值 $\delta_{总}=\alpha/2$。如图 14-14（b）所示，曲线上各点累积的偏角为：

$$
\begin{cases}
\delta_1 = \dfrac{\varphi_1}{2} \\
\delta_2 = \dfrac{\varphi_1}{2} + \dfrac{\varphi}{2} \\
\delta_3 = \dfrac{\varphi_1}{2} + \dfrac{\varphi}{2} + \dfrac{\varphi}{2} = \dfrac{\varphi_1}{2} + \varphi \\
\delta_4 = \dfrac{\varphi_1}{2} + \dfrac{\varphi}{2} + \dfrac{\varphi}{2} + \dfrac{\varphi}{2} = \dfrac{\varphi_1}{2} + \dfrac{3\varphi}{2} \\
\cdots \\
\delta_n = \delta_{总} = \dfrac{\varphi_1}{2} + \dfrac{\varphi}{2} + \cdots + \dfrac{\varphi_2}{2} = \dfrac{\alpha}{2}
\end{cases}
\tag{14-11}
$$

偏角法有经纬仪配钢尺放样法和全站仪偏角弦长放样法两种。

（1）经纬仪配钢尺放样法

放样时，仪器安置于曲线起点 ZY 上，瞄准转折点 JD，度盘对准 0°00′00″，拨角 $\delta_1=\varphi_1/2$，在此方向上量取 d_1，得 P_1 点；将角拨至 $\delta_2=\varphi_1/2+\varphi/2$，钢尺零点对准 P_1 点，由 P_1 点量弦长 d 与视线相交得 P_2 点；再加拨角 $\varphi/2$，钢尺零点对准 P_2 点，由 P_2 点量弦长 d 与视线相交得 P_3 点；其余以此类推。当拨角为 $\alpha/2$ 时，视线应通过终点 YZ，YZ 点到曲线上最后一个细部点的距离应为 d_2，可依此来检查放样的质量。

（2）全站仪偏角弦长放样法

全站仪偏角弦长放样法应计算曲线起点至每个细部点的弦长，仪器安置于曲线起点 ZY 上，瞄准转折点 JD，度盘对准 0°00′00″，将水平度盘旋转至细部点的偏角启动测距功能，测出放样起点至该细部点的弦长即可。偏角法测设曲线加桩一般是以弦长代替分段曲线长的，其弦长 d 与弧长 S 的差值 C 可按下式计算：

$$
C = d - S = 2R\sin\delta - S = -\frac{S^3}{24R^2} \tag{14-12}
$$

式中 R——地球曲率半径。

当弦弧差小于 1cm 时，可用弧长代替弦长丈量。

经纬仪配钢尺放样法有误差传递的缺点，即放样 P_2 点时，P_1 点的放样误差传递给了 P_2 点，放样 P_3 点时，P_1 点和 P_2 点的放样误差传递给了 P_3 点，从而降低了放样精度。全站仪偏角弦长放样法克服了误差传递的缺点，应优先采用。

【例 14-1】交点 JD 的里程为 1+435.50，转向角 $\alpha=50°$，半径 $R=60$m，用偏角法测设分段曲线长为 10m 的整里程加桩。

【解】根据式（14-5），算得曲线元素：$T=27.978$m；$L=52.360$m；$E=6.203$m。

根据式（14-6），计算得主点里程：

曲线起点 ZY 里程 =1+（435.500−27.978）=1+407.522；

曲线中点 QZ 里程 =1+（407.522+52.360/2）=1+433.702；

曲线终点 YZ 里程 =1+（407.522+52.360）=1+459.882。

放样数据的计算列于表 14–2。

偏角法圆曲线放样数据计算 表 14–2

点号	桩号	弧长（m）	偏角值		弦长（m）	弦弧差（m）	ZY 到细部点弦长（m）
			单角	累加值			
ZY	1+407.522						
		2.478	1°10′59″		2.478	0	
1	1+410			1°10′59″			2.478
		10.000	4°46′29″		9.989	−0.011	
2	1+420			5°57′28″			12.456
		10.000	4°46′29″		9.989	−0.011	
3	1+430			10°43′57″			22.347
		3.702	1°46′03″		3.701	−0.001	
QZ	1+433.702			12°30′00″			25.973
		6.298	3°00′25″		6.295	−0.003	
4	1+440			15°30′25″			32.083
		10.000	4°46′29″		9.989	−0.011	
5	1+450			20°16′54″			41.597
		9.882	4°43′06″		9.871	−0.011	
YZ	1+459.882			25°00′00″			50.714

2. 角度交会法

在通视良好而不便量距的地区，可用两架经纬仪分别安置在曲线起点、终点上用角度交会的方法测设曲线加桩。如图 14–15 所示，设 *P* 点为圆曲线上任意一点，一架经纬仪架设于起点 *ZY*，以交点 *JD* 为零方向；另一架经纬仪架设于终点 *YZ*，以起点 *ZY* 为零方向，分别拨加桩 *P* 点的偏角值 δ_P，交会测设 *P* 点的位置即可。当曲线上的加桩有若干个时，施测前均应计算各点的累计偏角。作业时，以经纬仪分别拨其加桩所对应的累计偏角交会测设之。

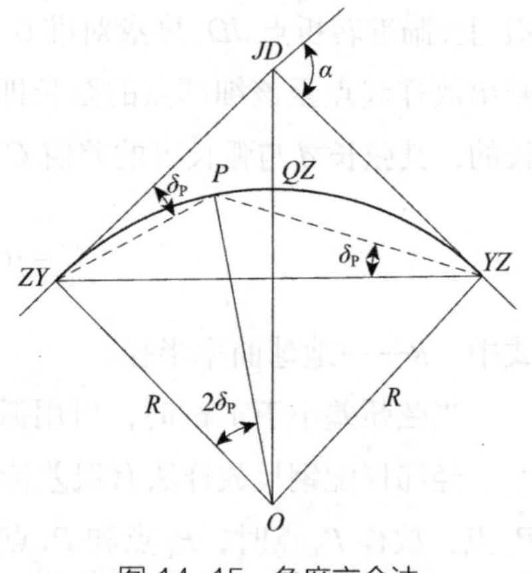

图 14–15 角度交会法

若在圆心位置上能安置经纬仪，也可用偏角和中心角进行交会测设。

3. 极坐标法

用极坐标法测设圆曲线的细部点是用全站仪进行测量的最合适的方法。仪器可以安置在任何控制点上，包括路线上的交点、转点等已知坐标的点，其测设速度快、精度高。

极坐标法的测设数据主要是用来计算圆曲线主点和细点的坐标，然后将控制点和细部点的坐标上传给全站仪或通过键盘输入到全站仪存储管理菜单下的某坐标文件，施测时在全站仪放样菜单模式下进行。

（1）圆曲线主点坐标计算

根据路线交点、转点的坐标，按路线的右偏角推算第二条切线的方位角；根据交点坐标、切线方位角和切线长 T，用坐标正算公式算得圆曲线起点 ZY 和终点 YZ 的坐标；再根据切线方位角和路线转折角 α 算得 β 角分角线的方位角；根据分角线方位角和外矢距 E 用坐标正算公式算得曲线中点 QZ 的坐标，同时可以计算圆心的坐标。

【例 14-2】如图 14-16 所示，ZD_1 的里程为 0+000，交点 JD 的里程为 0+101.901，半径 R 为 120m，根据路线上转点 ZD_1 和交点 JD 的坐标算得第一条切线的方位角 α_1=50°40′44″，而路线右偏角 α=43°42′12″，据此可求得第二条切线的方位角 α_2=94°22′56″。前已算得切线长 T=48.122m，用坐标正算公式计算得到曲线起点 ZY 和终点 YZ 的坐标。再将第二条切线的方位角 α_1 加上 $\beta/2$=68°08′54″，得到分角线的方位角 α_3=162°31′50″，已算得外矢距 E=9.289m，半径 R=120m，用坐标正算公式算得曲线 QZ 和圆心 O 的坐标，所有坐标数据如图 14-16 所示。

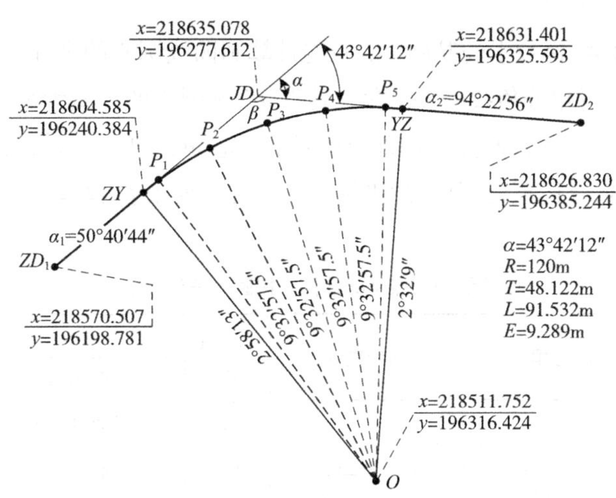

图 14-16 极坐标法测设圆曲线

（2）圆曲线细部点坐标计算

圆曲线细部点坐标计算有两种方法：一种是偏角弦长计算法，另一种是圆心角半径计算法，两种方法计算的数据可以相互检核。

1）偏角弦长计算法

根据已算得的第一条切线的方位角，加偏角，推算曲线起点至细部点的方位角，再根据弦长和起点坐标用坐标正算公式计算细部点的坐标。

【例 14-3】在【例 14-2】的基础上，根据已算得细部点的偏角和弦长，推算各弦线的方位角，然后根据方位角、弦长和起点坐标计算各细部点坐标，计算过程列于表 14-3。

圆曲线细部点坐标计算（按偏角弦长）　　　　表 14-3

曲线里程 / 桩号	偏角 δ	方位角 α	弦长 d（m）	坐标	
				X（m）	Y（m）
ZY 0+053.779	0°00′00″	50°40′44″		218604.585	196240.385
P_1 0+060	1°29′07″	52°09′51″	6.221	218608.400	196245.298
P_2 0+080	6°15′35″	56°56′19″	26.168	218618.860	196262.316
QZ 0+099.545	10°55′33″	61°36′17″	45.489	218626.217	196280.400
P_3 0+100	11°02′04″	61°42′48″	45.936	218626.352	196280.836
P_4 0+120	15°48′33″	66°29′17″	65.384	218630.668	196300.341
P_5 0+140	20°35′01″	71°15′45″	84.378	218631.689	196320.291
YZ 0+145.311	21°51′06″	72°31′50″	89.328	218631.401	196325.593

2）圆心角半径计算法

【例 14-4】在【例 14-2】的基础上，首先计算圆曲线圆心的坐标（在计算圆曲线 QZ 点坐标时，已算得转折角分角线的方位角，转点 JD 至圆心的距离为半径加外矢距，由此可计算圆心坐标）。根据曲线起点至细部点所对的圆心角，可以计算圆心至细部点的方位角；再根据半径长度，计算各细部点的坐标。计算过程列于表 14-4。

圆曲线细部点坐标计算（按圆心角半径）　　　　表 14-4

曲线里程 / 桩号	圆心角 φ	方位角 α	半径 R（m）	坐标	
				X（m）	Y（m）
O（圆心）			120	218511.752	196316.424
ZY 0+053.779		320°40′44.0″	120	218604.585	196240.385
	2°58′13.0″				
P_1 0+060		323°38′57.0″	120	218608.400	196245.297
	9°32′57.5″				
P_2 0+080		333°11′54.5″	120	218618.861	196262.316
	9°19′55.5″				
QZ 0+99.545		342°31′50.0″	120	218626.217	196280.400
	0°13′02.0″				
P_3 0+100		342°44′52.0″	120	218626.353	196280.835
	9°32′57.5″				
P_4 0+120		352°17′49.5″	120	218630.669	196300.340
	9°32′57.5′				
P_5 0+140		1°50′47.0″	120	218631.690	196320.290
	2°32′09.0′				
YZ 0+145.311		4°22′56″	120	218631.401	196325.593

（3）测设数据计算

根据准备设置测站和定向控制点坐标、曲线细部点坐标，采用全站仪极坐标法测设各点位。

4. 切线支距法（直角坐标法）

如图 14–17 所示，以曲线起点 ZY 为原点，切线方向为 x 轴，半径方向为 y 轴建立坐标系。设曲线上两相邻细部点间的弧长为定长 S（一般为 2m、5m、10m、20m 等），其所对圆心角为 φ，则有：

$$\varphi=\frac{S\times180°}{\pi\times R}=57.296°\frac{S}{R} \tag{14-13}$$

$$\begin{cases} x_1=R\sin\varphi,\ \ y_1=R-R\cos\varphi\ =2R\sin^2\dfrac{\varphi}{2} \\ x_2=R\sin2\varphi, y_2=R-R\cos2\varphi=2R\sin^2\varphi \\ x_3=R\sin3\varphi, y_3=R-R\cos3\varphi=2R\sin^2\dfrac{3\varphi}{2} \end{cases} \tag{14-14}$$

放样时，从圆曲线 ZY 或 YZ 开始，沿切线方向量出 x_1、x_2、x_3，用木桩标定 m、n、p 各点，再在各木桩处作垂线，分别量出 y_1、y_2、y_3，由此得到曲线上 P_1、P_2、P_3。丈量曲线上各放出点间的距离（弦长），与理论值 $d=2R\sin\left(\dfrac{\varphi}{2}\right)$ 比较，作为放样工作的校核。

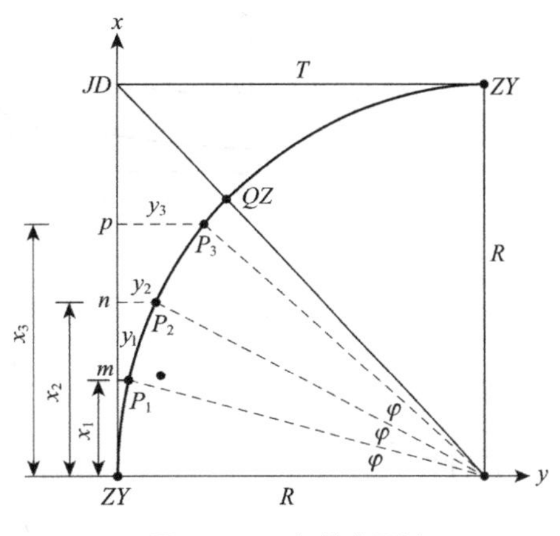

图 14–17 切线支距法

14.4.3 缓和曲线的作用及特性

车辆在圆曲线上行驶会产生离心力，影响车辆行驶的安全与舒适性。为了减少离心力的影响，曲线上的路面要做成外侧高、内侧低呈单向横坡的形式，即弯道超高。直线的曲率半径为无穷大，故车辆在直线上行驶，外侧无需超高。当车辆由直线段进入半径为 R 的圆曲线道路时，若外侧突然抬高，这种台阶状的路面将给车辆的安全运行及道路的使用寿命带来不良影响。解决方法是，在直线与圆曲线之间插入一条半径由无穷大渐变至圆曲线半径 R 的过渡曲线，此时超高值由 0 逐渐递增到圆曲线对应的超高，这种过渡曲线称为缓和曲线。在我国，道路工程上的缓和曲线一般采用回旋曲线，亦称为螺旋线。

1. 基本公式

回旋曲线具有的特性是：其上任意一点的曲率半径 R' 与该点至起点的曲线长 l 成反比，即：

$$R'=\frac{c}{l} \tag{14-15}$$

式中，c 为回旋曲线参数，称为曲线半径变化率。当 l 等丁所采用的缓和曲线长度 l_0 时，

缓和曲线的半径 R' 等于圆曲线半径 R，故：

$$c=Rl_0 \tag{14-16}$$

2. 切线角公式

如图 14-18 所示，回旋曲线上任一点 i 处切线与起点切线的交角为 β，称为切线角。β 值与切线长 l 所对的中心角相等。在 i 点处取一微分弧段 $\mathrm{d}l$，所对的中心角为 $\mathrm{d}\beta$，则有：

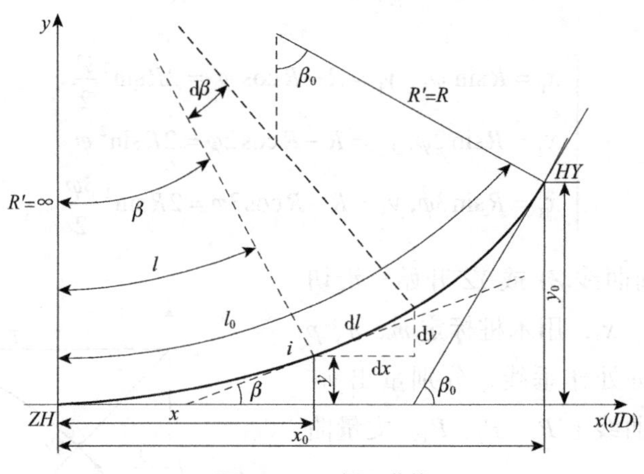

图 14-18　缓和曲线

$$\mathrm{d}\beta=\frac{\mathrm{d}l}{R'}=\frac{l\mathrm{d}l}{c} \tag{14-17}$$

积分得：

$$\beta=\frac{l^2}{2c}=\frac{l^2}{2Rl_0}\text{（弧度）} \tag{14-18}$$

或：

$$\beta=\frac{l^2}{2Rl_0}\times\frac{180°}{\pi}=28.6479\frac{l^2}{Rl_0}\text{（度）} \tag{14-19}$$

当 $l=l_0$ 时，则回旋曲线全长 l_0 所对圆心角即为缓和曲线终点的切线角 β_0：

$$\left\{\begin{aligned}&\beta_0=\frac{l_0^2}{2Rl_0}=\frac{l_0}{2R}\text{（弧度）}\\&\beta_0=28.6479\frac{l_0}{R}\text{（度）}\end{aligned}\right. \tag{14-20}$$

3. 缓和曲线的参数方程

如图 14-18 所示，建立以直缓点 ZH 为原点，过 ZH 点的切线为 x 轴（指向 JD），切线之垂线为 y 轴（指向曲线内侧），建立直角坐标系。任一点 i 的坐标为（x，y），从图中不难看出，微分弧段 $\mathrm{d}l$ 在坐标轴上的投影为：

$$\begin{cases} dx = dl\cos\beta \\ dy = dl\sin\beta \end{cases} \tag{14-21}$$

缓和曲线上任一点的坐标，可通过对式（14–21）取定积分，按式（14–22）求得：

$$\begin{cases} x = \int_0^l \cos\beta dl \\ y = \int_0^l \sin\beta dl \end{cases} \tag{14-22}$$

把式（14–18）代入式（14–22）有：

$$\begin{cases} x = \int_0^l \cos\left(\frac{l^2}{2c}\right) dl \\ y = \int_0^l \sin\left(\frac{l^2}{2c}\right) dl \end{cases} \tag{14-23}$$

将$\cos\left(\frac{l^2}{2c}\right)$及$\sin\left(\frac{l^2}{2c}\right)$展开为级数，并进行定积分，再把 $c=Rl_0$ 代入，得：

$$\begin{cases} x = l - \frac{l^5}{40c^2} + \frac{l^9}{3456c^4} - \cdots = l - \frac{l^5}{40R^2 l_0^2} + \frac{l^9}{3456R^4 l_0^4} - \cdots \\ y = \frac{l^3}{6c} - \frac{l^7}{336c^3} + \frac{l^{11}}{42240c^5} - \cdots = \frac{l^3}{6Rl_0} - \frac{l^7}{336R^3 l_0^3} + \frac{l^{11}}{42240R^5 l_0^5} - \cdots \end{cases} \tag{14-24}$$

实际应用上式时，一般情况下只取前一、二项即可，当 R 比较小、l_0 比较大时或放样精度要求高时，应加上第三项。当 $l=l_0$ 时，则缓和曲线终点（HY）的直角坐标为：

$$\begin{cases} x_0 = l_0 - \frac{l_0^3}{40R^2} + \frac{l_0^5}{3456R^4} \\ y_0 = \frac{l_0^2}{6R} - \frac{l_0^4}{336R^3} \end{cases} \tag{14-25}$$

14.4.4 带有缓和曲线的圆曲线要素及里程计算

1. 缓和曲线

在直线与圆曲线间嵌入缓和曲线后，圆曲线应内移一段距离 p，方能使缓和曲线与直线、圆曲线衔接，这时切线增长 m。而内移圆曲线可以采用移动圆心或缩短半径的办法实现，我国在铁路、公路的曲线测设中，一般采用内移圆心的方法。缓和曲线的一半长度处在原圆曲线范围内，另一半处在原直线段范围内，这样就使圆曲线沿垂直于其切线的方向向里移动距离 p，圆心由 O_1 移至 O_2。圆曲线内移后，其保留的部分半径仍为 R，所对圆心角为 $\alpha-2\beta_0$。

图 14–19（a）为没有加设缓和曲线的圆曲线，图 14–19（b）为加设缓和曲线后曲线的变化情况。在圆曲线两端加设等长的缓和曲线后，使原来的圆曲线长度变短，而曲线的主点变为：直缓点 ZH、缓圆点 HY、曲中点 QZ、圆缓点 YH、缓直点 HZ。

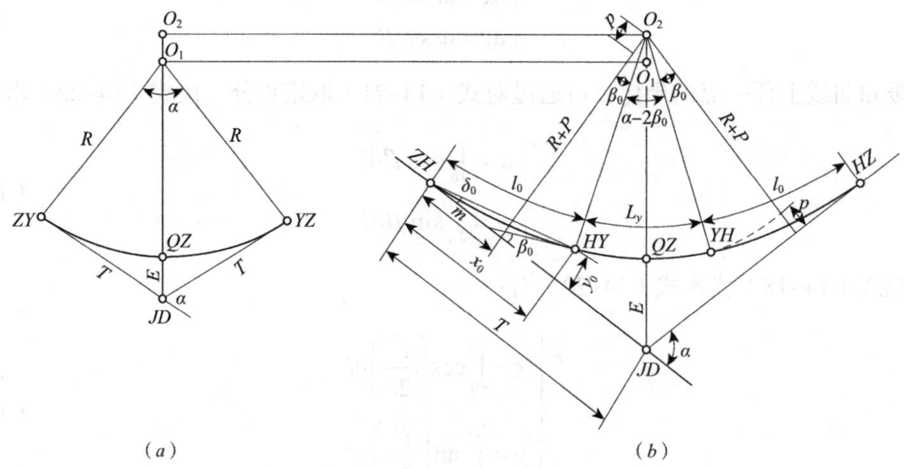

图 14-19　圆曲线两端加设缓和曲线

由图 14-19（b）可知：

$$
\begin{aligned}
p+R&=y_0+R\cos\beta_0 \\
p&=y_0-R(1-\cos\beta_0)
\end{aligned} \tag{14-26}
$$

将 $\cos\beta$ 展开为级数，略去高次项，并按式（14-20）、式（14-25）把 β_0、y_0 代入得：

$$
p=\frac{l_0^2}{6R}-\frac{l_0^4}{336R^3}-\frac{l_0^2}{8R}+\frac{l_0^4}{384R^3}=\frac{l_0^2}{24R}-\frac{l_0^4}{2688R^3}\approx\frac{l_0^2}{24R} \tag{14-27}
$$

由 $m=x_0-R\sin\beta_0$，将 $\sin\beta_0$ 展开为级数，略去高次项，并按式（14-20）、式（14-25）把 β_0、x_0 代入得：

$$
m=l_0-\frac{l_0^3}{40R^2}-\frac{l_0}{2}+\frac{l_0^3}{48R^2}=\frac{l_0}{2}-\frac{l_0^3}{240R^2}\approx\frac{l_0}{2} \tag{14-28}
$$

缓和曲线与直线和圆曲线相连的主要参数 β_0、p、m、δ_0、x_0、y_0 统称为缓和曲线参数。其中：

β_0——为缓和曲线的切线角，即 HY（或 YH）的切线与 ZH（或 HZ）切线的夹角；

p——为圆曲线的内移距，即垂线长与圆曲线半径 R 之差；

m——为加设缓和曲线后使切线增长的距离，亦称切垂距，即圆曲线内移后，过新圆心作切线的垂线，其垂足到 ZH（或 HZ）点的距离；

δ_0——为缓和曲线总偏角，即缓和曲线起点 ZH（或 HZ）和终点 HY（或 YH）的弦线与缓和曲线起点 ZH（或 HZ）的切线间的夹角；

x_0、y_0——缓圆点（HY）或圆缓点（YH）在切线坐标系中的坐标，按式（14-25）计算。其余参数按式（14-29）计算：

$$\begin{cases} \beta_0 = \dfrac{l_0}{2R} \times \dfrac{180°}{\pi} \\ p = \dfrac{l_0^2}{24R} \\ m = \dfrac{l_0}{2} - \dfrac{l_0^3}{240R^2} \\ \delta_0 \approx \dfrac{\beta_0}{3} = \dfrac{l_0}{6R} \times \dfrac{180°}{\pi} \end{cases} \tag{14-29}$$

2. 曲线要素与主点里程计算

如图 14–19（*b*）所示，加入缓和曲线后，其曲线要素可以用式（14–30）计算：

$$\begin{aligned} &\text{切线长：} T = (R+p)\tan\frac{\alpha}{2} + m \\ &\text{曲线长：} L = L_y + 2l_0 = R(\alpha - 2\beta_0) \times \frac{\pi}{180°} + 2l_0 \\ &\text{外矢距：} E_0 = (R+p)\sec\frac{\alpha}{2} - R \\ &\text{切曲差：} q = 2T - L \end{aligned} \tag{14-30}$$

式中　α——偏角；

R——圆曲线半径；

l_0——缓和曲线长度；

L_y——圆曲线长度；

m——加设缓和曲线后切线的增长量；

p——加设缓和曲线后圆曲线相对于切线的内移量；

β_0——*HY* 点（或 *YH* 点）的缓和曲线切线角。

从图 14–19 及以上公式可以看出，在圆曲线与直线之间加入长度为 l_0 的缓和曲线后，原圆曲线及直线的一部分被缓和曲线代替。

主点的里程可以根据 *JD* 的里程算得：

直缓点 *ZH* 的里程 =*JD* 的里程 $-T$

缓圆点 *HY* 的里程 =*ZH* 的里程＋ l_0

曲中点 *QZ* 的里程 =*HY* 的里程＋ $L_y/2$=*ZH* 的里程 +$L/2$　　（14–31）

圆缓点 *YH* 的里程 =*QZ* 的里程 +$L_y/2$=*HY* 的里程 + L_y

缓直点 *HZ* 的里程 =*ZH* 的里程＋ L= *JD* 的里程＋ $T-q$

【例 14–5】已知线路某转点 *ZD* 的里程为 K26 ＋ 532.18，*ZD* 沿里程增加方向到 *JD* 的距离为 D=263.46m。*JD* 处设计的圆曲线半径 R=500m，缓和曲线长 l_0=60m，实测转向角 α=28°36′20″，试计算曲线要素和各主点的里程。

【解】先计算缓和曲线参数：

β_0=3°26′16″，δ_0=1°08′45″，p=0.300m，m=29.996m

再计算曲线要素：

T=157.55m，L=309.63m，E_0=16.30m，q=5.47m

主点里程推算：

ZD	K26+532.18
+（$D-T$）	105.91
ZH	K26+638.09
+ l_0	60
HY	K26+698.09
+（$L-2l_0$）/2	94.815
QZ	K26+792.905
+（$L-2l_0$）/2	94.815
YH	K26+887.72
+ l_0	60
HZ	K26+947.72

检核计算：$HZ_{里程}=ZH_{里程}+2T-q$

ZH	K26+638.09
+（$2T-q$）	309.63
HZ	K26+947.72

14.4.5 带有缓和曲线的圆曲线参数方程

如图 14–20 所示，对于两端加入缓和曲线的圆曲线而言，仍用以直缓点 ZH 为原点，过 ZH 点的切线为 x 轴，ZH 点的半径为 y 轴的直角坐标系。圆曲线上的任意一点 i 到 ZH 点的曲线长为 l_i，从图中可以看出 i 点的坐标为：

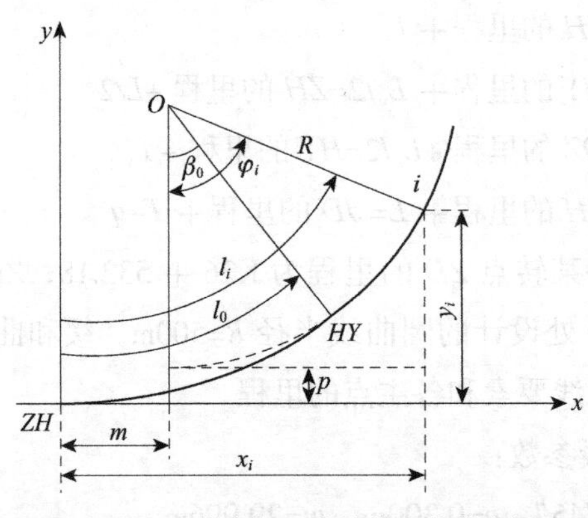

图 14–20　带有缓和曲线的圆曲线坐标系

$$\begin{cases} x = R\sin\varphi_i + m \\ y = R(1-\cos\varphi_i) + p \end{cases} \tag{14-32}$$

式中，$\varphi_i = \dfrac{180°}{\pi R}(l_i - l_0) + \beta_0$，$\beta_0$、$m$、$p$ 为前述的缓和曲线参数。

若将 φ_i 以弧度表示，则：

$$\varphi_i = \frac{l_i - l_0}{R} + \frac{l_0}{2R} = \frac{l_i - 0.5l_0}{R} \tag{14-33}$$

将式（14–33）代入式（14–32），用级数展开并略去高次项，化简后即得到以 l_i 为参数的带有缓和曲线的圆曲线方程式：

$$\begin{cases} x_i = m + l_i - 0.5l_0 - \dfrac{(l_i - 0.5l_0)^3}{6R^2} + \dfrac{(l_i - 0.5l_0)^5}{120R^4} - \cdots \\ y_i = p + \dfrac{(l_i - 0.5l_0)^2}{2R} - \dfrac{(l_i - 0.5l_0)^4}{24R^3} + \dfrac{(l_i - 0.5l_0)^6}{720R^5} - \cdots \end{cases} \tag{14-34}$$

该圆曲线上任意一点 i 的切线与 ZH 点切线的夹角为：

$$\beta = \frac{l_i - 0.5l_0}{R}\rho \tag{14-35}$$

14.4.6 全站仪极坐标法放样曲线

传统的测设平面曲线的方法（例如偏角法、切线支距法等）必须先测设主点，再测设细部点，其过程复杂而且容易造成误差累积。而采用坐标放样法，依据测量控制点来进行测设，将会提高测设工作的灵活性和精度，并且能够把主点和细部点一并测设。另外，在线路工程测量中还需要放样道路边线，采用极坐标法就更为方便。

当前，随着计算机辅助设计和全站仪的普及，能够同时进行定线测量和中桩测设的全站仪极坐标法已成为进行中线测量的一种简便、迅速、精确的方法，在线路测量中得以应用。

1. 测设原理

用全站仪极坐标法测设中线是将仪器安置在导线点上，应用极坐标法测设线路上各中桩。当要测设线路上任一点 P 的中桩时，首先计算出 P 点在测量坐标系中的坐标 X_P、Y_P，然后利用全站仪的坐标放样功能测设点位，只需输入有关点的坐标值即可，现场不需要做任何手工计算，而是由仪器自动完成有关数据计算。具体操作可参照全站仪使用手册。

2. 中桩点坐标计算

（1）直线段中桩点坐标计算

如图 14–21 所示，各交点的坐标已经测定或在地形图上量算出，按坐标反算公式求得线路相邻交点连线的坐标方位角和边长。HZ_{i-1} 点至 ZH_i 点为直线段，可先由式（14–36）计算 HZ_{i-1} 点的坐标：

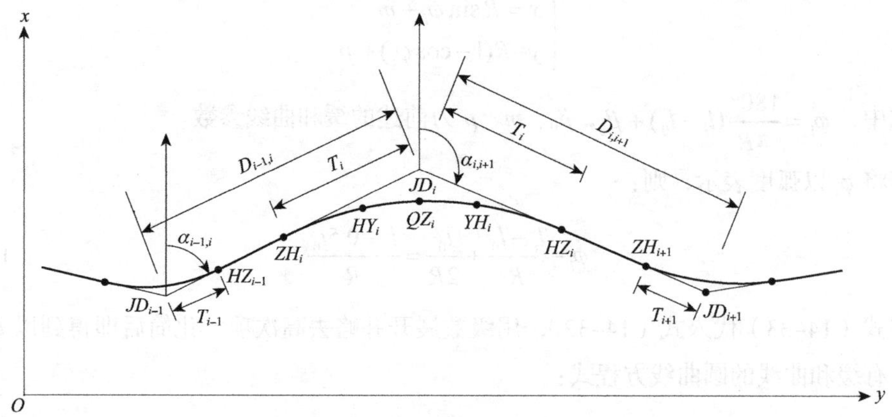

图 14–21　中桩点坐标计算

$$\begin{cases} X_{HZ_{i-1}} = X_{JD_{i-1}} + T_{i-1}\cos\alpha_{i-1,i} \\ Y_{HZ_{i-1}} = Y_{JD_{i-1}} + T_{i-1}\sin\alpha_{i-1,i} \end{cases} \tag{14-36}$$

式中　$X_{JD_{i-1}}$、$Y_{JD_{i-1}}$——交点 JD_{i-1} 的坐标；

T_{i-1}——交点 JD_{i-1} 处的切线长；

$\alpha_{i-1,i}$——交点 JD_{i-1} 至 JD_i 的坐标方位角。

然后按式（14–37）计算直线上中桩点的坐标：

$$\begin{cases} X = X_{HZ_{i-1}} + D\cos\alpha_{i-1,i} \\ Y = Y_{HZ_{i-1}} + D\sin\alpha_{i-1,i} \end{cases} \tag{14-37}$$

式中　D——桩点至 HZ_{i-1} 点的距离，即桩点里程与 HZ_{i-1} 点里程之差。

ZH_i 点为该段直线的终点，其坐标除可按式（14–37）计算外，还可按式（14–38）计算：

$$\begin{cases} X_{ZH_i} = X_{JD_{i-1}} + (D_{i-1,i} - T_i)\cos\alpha_{i-1,i} \\ Y_{ZH_i} = Y_{JD_{i-1}} + (D_{i-1,i} - T_i)\sin\alpha_{i-1,i} \end{cases} \tag{14-38}$$

式中　$D_{i-1,i}$——线路交点 JD_{i-1} 至 JD_i 的距离；

T_i——交点 JD_i 处的切线长。

（2）曲线段中桩点坐标计算

首先根据式（14–24）或式（14–32），求出曲线上任一桩点在以 ZH（或 HZ）为原点的切线直角坐标系中的坐标（x，y），然后通过坐标变换将其转换成测量坐标系中的坐标（X，Y）。

坐标变换公式为：

$$\begin{cases} X = X_{ZH_i} + x\cdot\cos\alpha_{i-1,i} - \xi\cdot y\cdot\sin\alpha_{i-1,i} \\ Y = Y_{ZH_i} + x\cdot\sin\alpha_{i-1,i} + \xi\cdot y\cdot\cos\alpha_{i-1,i} \end{cases} \tag{14-39}$$

或：

$$\begin{cases} X = X_{HZ_i} - x \cdot \cos\alpha_{i,i+1} - \xi \cdot y \cdot \sin\alpha_{i,i+1} \\ Y = Y_{HZ_i} - x \cdot \sin\alpha_{i,i+1} + \xi \cdot y \cdot \cos\alpha_{i,i+1} \end{cases} \tag{14-40}$$

式中 ξ——当曲线右转时取 ξ=+1，左转时取 ξ=−1；

$\alpha_{i-1,i}$——交点 JD_{i-1} 至 JD_i 的坐标方位角；

$\alpha_{i,i+1}$——交点 JD_i 至 JD_{i+1} 的坐标方位角。

计算第一缓和曲线及上半圆曲线上桩点的测量坐标时用式（14–39），计算下半圆曲线及第二缓和曲线上桩点的测量坐标时用式（14–40）。

计算曲线上桩点的测量坐标时，求得桩点在其切线直角坐标系中的坐标（x，y）后，也可先将以 HZ 为原点的切线直角坐标系中下半圆曲线及第二缓和曲线上桩点的坐标转换成以 ZH 为原点的切线直角坐标系中的坐标，然后再利用式（14–39）进行坐标转换，求得曲线上各桩点在测量坐标系中的坐标。

【例 14–6】有关交点的测量坐标及交点里程如图 14–22 所示，在 JD_2 处线路转向角 $\alpha_右$=43°42′12″，设计选配半径 R=120m，缓和曲线长 l_0=30m，试计算详细测设曲线时各桩点的测量坐标。

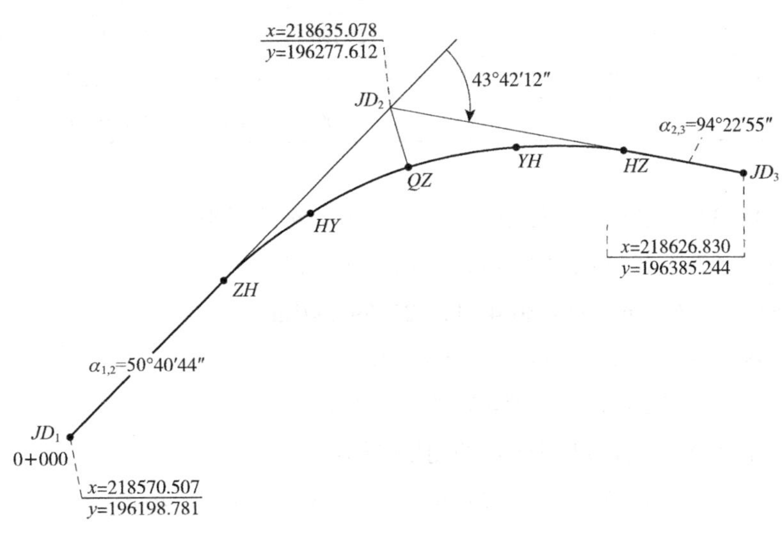

图 14–22 坐标计算

【解】根据 JD_1、JD_2、JD_3 的坐标，可反算出：

$\alpha_{1,2}$=50°40′44″；$\alpha_{2,3}$=94°22′55″；$D_{1,2}$=101.901m；$D_{2,3}$=107.948m。

根据式（14–29）计算缓和曲线常数：

β_0=7°09′43″，p=0.312m，m=14.992m

根据式（14–30）计算出曲线要素：

T=63.240m，L=121.532m，E_0=9.626m，q=4.948m

根据 JD_2 的里程和曲线要素推算出曲线主点的里程：

ZH K0+38.661；*HY* K0+68.661；*QZ* K0+99.427；*YH* K0+130.193；*HZ* K0+160.193。

根据式（14–24）和式（14–32），分别计算出曲线的第一缓和曲线及上半圆曲线、下半圆曲线及第二缓和曲线上的细部桩点在其切线直角坐标系中的坐标（x，y），结果见表 14–5。

各桩点的切线直角坐标和测量坐标 **表 14–5**

桩号	l_i（m）	φ_i	x（m）	y（m）	X（m）	Y（m）
ZH K0+038.661			0.000	0.000	218595.005	196228.689
K0+040	1.339		1.339	0.000	218595.854	196229.725
K0+060	21.339		21.330	0.450	218608.173	196245.475
HY K0+068.661	30		29.953	1.250	218613.018	196252.653
K0+080	41.339	12°34′33″	41.120	3.192	218618.592	196262.522
QZ K0+099.427	60.766	21°51′06″	59.657	8.934	218625.896	196280.502
K0+100	60.193	21°34′41″	59.124	8.722	218626.067	196281.049
K0+120	40.193	12°01′44″	40.000	2.947	218630.364	196300.559
YH K0+130.193	30		29.953	1.250	218631.288	196310.706
K0+140	20.193		20.186	0.381	218631.408	196320.510
K0+160	0.193		0.193	0.000	218630.261	196340.475
HZ K0+160.193			0.000	0.000	218630.246	196340.667

根据式（14–38）或坐标正算公式可计算出 *ZH* 点的测量坐标：

X_{ZH}=218570.507+（101.901–63.240）×cos50°40′44″

=218635.078+63.240×cos230°40′44″=218595.005m

Y_{ZH}=196198.781+（101.901–63.240）×sin50°40′44″

=196277.612+63.240×sin230°40′44″=196228.689m

根据坐标正算公式可计算出 *HZ* 点的测量坐标：

$X_{HZ}=X_{JD_2}+T_2\cos\alpha_{2,3}$=218635.078+63.240×cos94°22′55″=218630.246m

$Y_{HZ}=Y_{JD_2}+T_2\sin\alpha_{2,3}$=196277.612+63.240×sin94°22′55″=196340.667m

根据交点间的坐标方位角和转向角推算出 *QZ* 方向（角平分线方向）的方位角，利用该方位角和外矢距 E_0，采用坐标正算公式即可计算出 *QZ* 点的测量坐标：

$X_{QZ}=X_{JD_2}+E_0\cos\alpha_{2,QZ}$=218635.078+9.626×cos（94°22′55"+68°08′54″）=218625.896m

$Y_{QZ}=Y_{JD_2}+E_0\sin\alpha_{2,QZ}$=196277.612+9.626×sin（94°22′55"+68°08′54″）=196280.502m

根据式（14–39）、式（14–40）分别将各桩点的切线直角坐标（x，y）进行转换计算，得到其测量坐标（X，Y），结果见表 14–5。

现在，越来越多的初测带状地形图采用数字化测图，设计人员直接在数字化地形图上进行设计，因而中线上各桩点的坐标可以通过计算机及相关软件直接在数字化设计图上点击获取，十分简便，且所得桩点坐标的精度较高。直接在图上点击得到的平曲线要素、曲线细部桩点的测量坐标与通过公式计算出的 X、Y 坐标值相比较，二者之间最大相差仅 2mm（主要因存在计算数据取位的影响而导致），可以认为二者完全一致，从而说明在实际应用时采用数字化测图能够很方便地获得中线桩点的测量坐标。

3. 现场测设

当导线点和待测设中桩点的测量坐标数据均准备好后，即可进行中线测量。测设时，可使用全站仪按极坐标法原理逐点放样中桩点。另外，求得整个线路桩点的统一测量坐标后，也可以使用 RTK 进行中桩测设。

14.5　线路纵横断面测量

纵断面测量亦称为线路水准测量，它是把线路上各里程桩的地面高程测出来，绘制成中线纵断面图，供线路纵坡设计、计算中桩填挖尺寸之用，以解决线路在竖直面上的位置问题。横断面测量是测定各中桩两侧垂直于中线的地面高程，绘制横断面图，供线路基础设计、计算土石方量之用。

14.5.1　线路纵断面测量

为了提高测量精度和便于成果检查，线路测量可分两步进行：首先沿线路方向设置若干水准点，建立高程控制，称为基平测量；然后根据各水准点的高程分段进行中桩水准测量，称为中平测量。基平测量一般按四等水准的精度要求，中平测量只作单程观测，可按普通水准精度要求。

1. 基平测量

水准点是线路高程测量的控制点，在勘测阶段、施工阶段甚至长期都要使用，应选在地基稳固、便于引测以及施工时不易受破坏的地方。

水准点分永久性和临时性两种。永久性水准点的布设密度应视工程需要而定，在线路起点和终点、大桥两岸、隧道两端以及需要长期观测高程的重点工程附近均应布设。永久性水准点要埋设标石，也可设在永久性建筑物上或用金属标志嵌在基岩上。临时性水准点的布设密度根据地形复杂程度和工程需要来定，在重丘陵和山区，每隔 0.5~1km 设置一个；在平原和微丘地区，每隔 1~2km 设置一个。此外，在中、小桥梁、涵洞以及停车场等工程集中的地段均应设点。

基平测量时，应将水准点与附近的国家水准点进行连测，以获得绝对高程。在沿线水准测量中，也应尽可能与附近的国家水准点连测，以便获得更多检核条件。若线路附近没有国家水准点或引测有困难时，可参考地形图上量得的一个高程，作为起始水准点的假定高程。

水准点的高程测量一般采用一台水准仪在水准点间作往返观测，也可使用两台水准仪作单程观测，精度按四等水准的要求。

2. 中平测量

中平测量是以相邻的两个水准点为一测段，从一个水准点出发，逐点测定各中桩的地面高程，附合到下一个水准点上。

在进行测量时，将水准仪置于测站上，首先读取后、前两转点（*TP*）的尺上读数，再读取两转点间所有中桩地面点的尺上读数，这些中桩点称为中间点，中间点的立尺由后视点立尺人员来完成。

由于转点起传递高程的作用，因此转点尺应立在稳固的桩顶或坚硬的地面上并放置尺垫，尺上读数至毫米，视线长一般不应超过 120m。中间点尺上读数至厘米（高速公路测设规定读至毫米），要求尺子立在紧靠桩边的地面上。

当线路跨越河流时，还需测出河床断面、洪水位和常水位高程，并注明年、月，以便为桥梁设计提供资料。

如图 14–23 所示，水准仪置于Ⅰ站，后视水准点 *BM*1，前视转点 *TP*1，将读数记入表 14–6 中“后视”“前视”栏内，然后观测 *BM*1 与 *TP*1 间的各个中桩，将后视点 *BM*1 上的水准尺依次立于 0+000、0+050……0+160 等各中桩地面上，将读数分别记入“中视”栏。

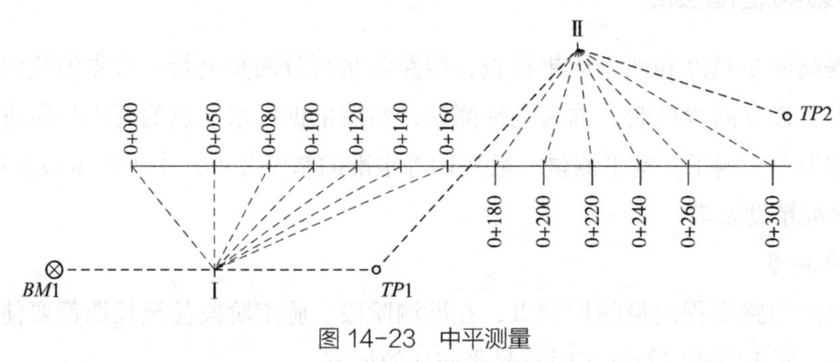

图 14–23　中平测量

仪器搬至Ⅱ站，后视转点 *TP*1，前视转点 *TP*2，然后观测各中桩地面点。用同法继续向前观测，直至附合到水准点 *BM*2，即完成一测段的观测工作。

每一站的各项计算依次按下列公式进行：

$$视线高程 = 后视点高程 + 后视读数 \tag{14–41}$$

$$转点高程 = 视线高程 - 前视读数 \tag{14–42}$$

$$中桩高程 = 视线高程 - 中视读数 \tag{14–43}$$

各站记录后应立即计算各点高程，直至下一个水准点为止，并计算高差闭合差 f_h，若 $f_h \leqslant f_{h容} = \pm 50\sqrt{L}$ mm，则符合要求，不进行闭合差的调整，即以原计算的各中桩点地面高程作为绘制纵断面图的数据。否则，应予重测。

3. 绘制纵断面图与施工量计算

纵断面图表示中线上地面的高低起伏情况，可在其上进行纵坡设计，它是线路设计和施工的重要资料。

纵断面图是以中桩的里程为横坐标，以中桩的高程为纵坐标绘制的，常用的里程比例尺有 1∶2000 和 1∶1000。为了明显地表示地面起伏，一般取高程比例尺为里程比例尺的 10 倍或 20 倍。例如，里程比例尺用 1∶2000，则高程比例尺取 1∶200 或 1∶100。

图 14–24 为线路纵断面图，图的上半部分从左至右绘有贯穿全图的两条线。实折线表示中线方向的地面线，是根据中平测量的中桩地面高程绘制的；虚折线表示纵坡设计线。此外，图的上部还注有水准点编号、高程和位置；竖曲线示意图及其曲线元素；桥梁的类型、孔径、跨数、长度、里程桩号和设计水位；涵洞的类型、孔径和里程桩号；其他道路、铁路交叉点的位置、里程桩号和有关说明等。图的下部几栏表格注记有关测量及纵坡设计的资料。线路纵断面测量记录见表 14–6。

（1）在图纸左侧自下而上填写直线与曲线、桩号、挖填土、地面高程、设计高程、坡度与距离栏。上部纵断面图上的高程按规定的比例尺注记，首先要确定起始高程（如图中 0+000 桩号的地面高程）在图上的位置，且参考其他中桩的地面高程，以使绘出的地面线在图纸上处于适当位置。

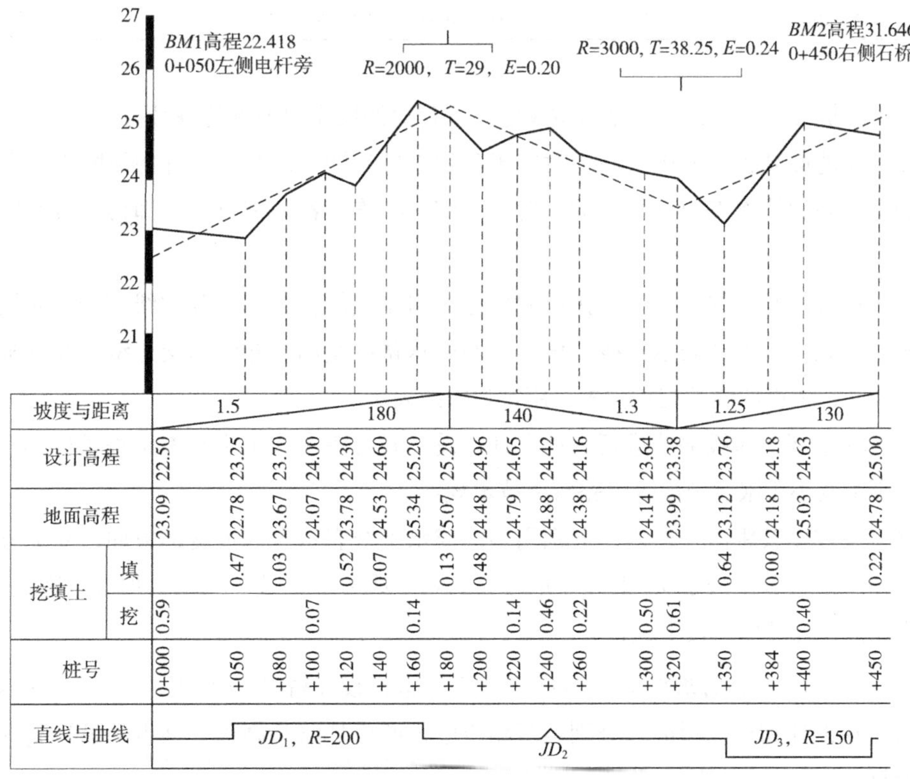

图 14–24 线路纵断面图

线路纵断面测量记录　　　　表 14–6

测点	水准尺读数（m）			视线高程（m）	高程（m）	备注
	后视	中视	前视			
*BM*1	2.292			24.710	22.418	
0+000		1.62			23.09	
+050		1.93			22.78	
+080		1.02			23.69	
+100		0.64			24.07	
+120		0.93			23.78	
+140		0.18			24.53	
*TP*1	2.201		1.105	25.806	23.605	
+160		0.47			25.34	
+180		0.74			25.07	
+200		1.33			24.48	
+220		1.02			24.79	
+240		0.93			24.88	
+260		1.43			24.38	
+300		1.67			24.14	
*TP*2	2.743		1.266	27.283	24.540	
…	…		…	…	…	
K1+260						*BM*2 高程：
*BM*2			0.632		31.627	31.646m

检核：$f_{h容}=\pm 50\sqrt{1.26}=\pm 56$mm

f_h=31.627–31.646=–0.019m=–19mm

$H_{BM2}-H_{BM1}$=31.646–22.418=9.228m

$\sum a-\sum b$=（2.292+2.201+2.743+…）–（1.105+1.266+…+0.632）=9.209m

（2）在桩号一栏中，自左至右按规定的里程比例尺注记中桩的桩号。

（3）在地面高程一栏中，注记对应于各中桩桩号的地面高程，并在纵断面图上按各中桩的地面高程依次点出其相应的位置，用细直线连接各相邻点位，即得中线方向的地面线。

（4）在直线与曲线一栏中，按里程桩号标明路线的直线部分和曲线部分。曲线部分用直角折线表示，上凸表示路线右偏，下凹表示路线左偏，并注明交点编号及其桩号和曲线半径，在不设曲线的交点位置，用锐角折线表示。

（5）在上部地面线部分进行纵坡设计。设计时要考虑施工土石方工程量最小、挖填方尽量平衡及小于限制坡度等道路有关技术规定。

（6）在坡度及距离一栏内，分别用斜线或水平线表示设计坡度的方向，线上方注记坡度数值（以百分比表示），下方注记坡长，水平线表示平坡。不同的坡段以竖线分开。某段道路的设计坡度值按下式计算：

$$设计坡度=（终点设计高程-起点设计高程）/平距 \quad (14–44)$$

（7）在设计高程一栏内，分别填写相应中桩的设计路基高程。某点的设计高程可按下式计算：

$$设计高程 = 起点高程 + 设计坡度 \times 起点至该点的平距 \tag{14-45}$$

【例 14-7】 0+000 桩号的设计高程为 22.50m，设计坡度为 +1.5%（上坡），求桩号 0+080 的设计高程。

【解】 桩号 0+080 的设计高程为

$$22.50+\frac{1.5}{100}\times 80=23.70\text{m}$$

（8）在挖填土一栏内，按下式进行施工量的计算：

$$某点的施工量 = 该点地面高程 - 该点设计高程 \tag{14-46}$$

式中求得的施工量，正号为挖土深度，负号为填土高度。地面线与设计线的交点称为不填不挖的"零点"，零点也给以桩号，可由图上直接量得，以供施工放样时使用。

14.5.2　线路横断面测量

横断面测量是测定中线两侧垂直于中线方向地面变坡点间的距离和高差，并绘成横断面图，供路基、边坡、特殊构筑物的设计、土石方计算和施工放样之用。横断面测量的宽度应根据中桩挖填高度、边坡大小以及有关工程的特殊要求而定，一般自中线两侧各测 15~50m。高差和距离一般准确到 0.05~0.1m 即可满足工程要求，故横断面测量多采用简易工具和方法，以提高工效。

1. 横断面方向的测定

（1）直线段横断面方向的测定

直线段横断面方向一般采用方向架测定。如图 14-25 所示，将方向架置于桩点上，以其中一方向对准路线前方（或后方）某一中桩，则另一方向即为横断面的施测方向。

（2）圆曲线横断面方向的测定

圆曲线横断面方向为过桩点指向圆心的半径方向。如图 14-26 所示，当欲测定横断面的加桩 1 与前、后桩点的间距不等时，可在方向架上安装一个能转向的定向杆 *EF* 来施测。首先将方向架安置在 *ZY*（或 *YZ*）点，用方向 *AB* 杆瞄准切线方向，则与其垂直的 *CD* 杆方向即是过 *ZY*（或 *YZ*）点的横断面方向；转动定向杆 *EF* 瞄准加桩 1，并固紧其位置，然后搬方向架于加桩 1，以 *CD* 杆瞄准 *ZY*（或 *YZ*），则定向杆 *EF* 方向即是加桩 1

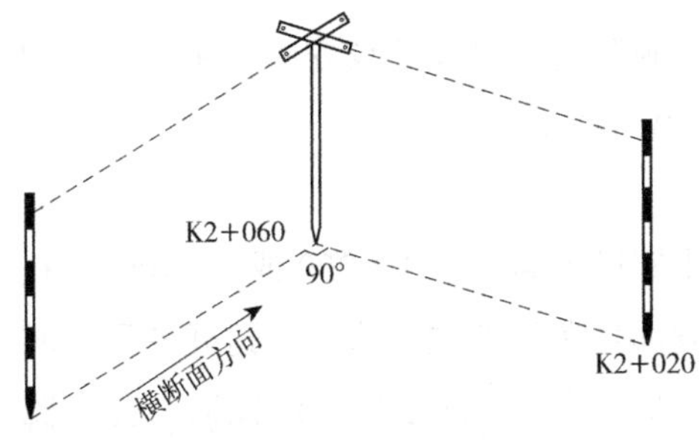

图 14-25　直线上定横断面方向

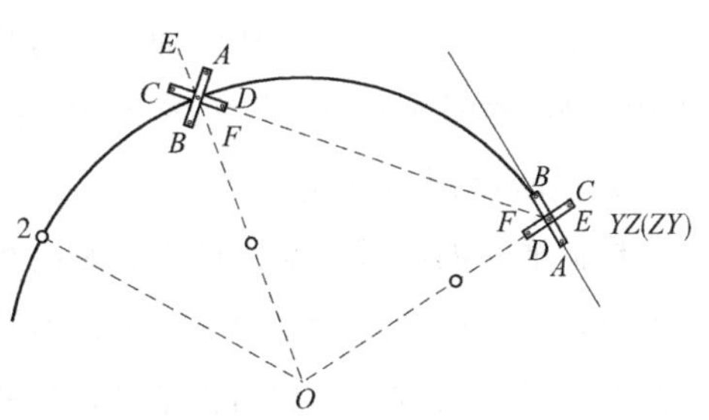

图 14-26　圆曲线上定横断面方向

的横断面方向。若在横断面方向立一标杆并以 CD 瞄准它时，则 AB 杆方向即为切线方向，可用上述测定加桩 1 横断面方向的方法来测定加桩 2、3 等的横断面方向。

（3）缓和曲线横断面方向的测定

先算出缓和曲线上待测点至缓和曲线起点的偏角$\Delta_2 = 2\Delta_1 = \dfrac{2}{3}\beta$（$\beta$ 为待测点的切线角），如图 14–27 所示，将方向盘或经纬仪置于待测点上，瞄准缓和曲线起点，拨该偏角得切线方向，则其垂直方向即为横断面方向。

2. 横断面的测量方法

（1）水准仪皮尺法

当横断面精度要求较高，横断面方向高差变化不大时，多采用水准仪皮尺法。如图 14–28 所示，水准仪安置后，以中桩地面为后视点，以中桩两侧横断面方向变坡点为前视点，水准尺读数至厘米，用皮尺分别量出各立尺点到中桩的平距，记录格式见表 14–7。实测时，若仪器安置得当，一站可同时施测若干个横断面。

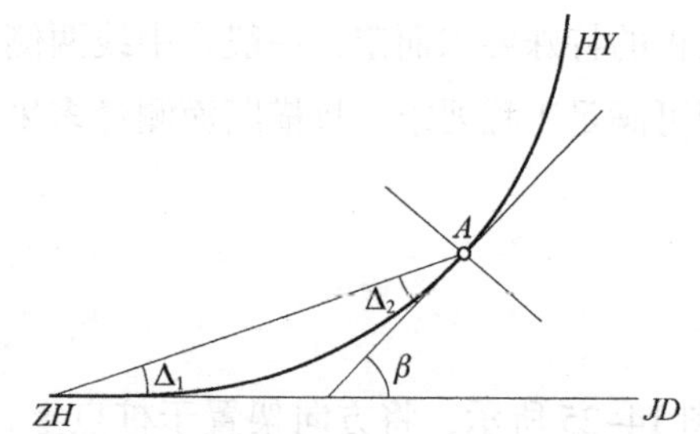

图 14–27　用经纬仪确定缓和曲线横断面方向

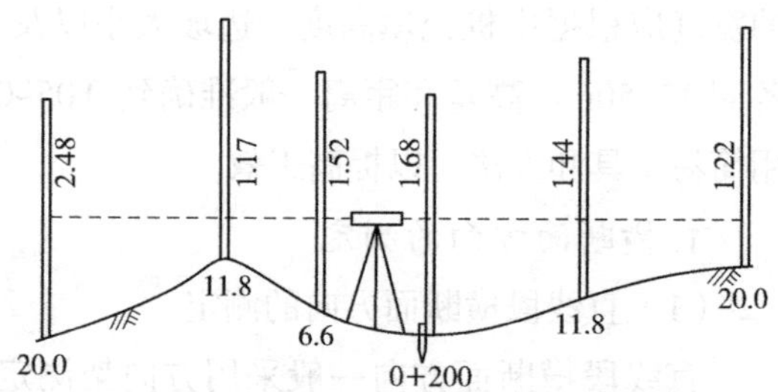

图 14–28　用水准仪测量横断面

用水准仪测横断面记录　　表 14–7

$\dfrac{\text{前视读数}}{\text{距离（m）}}$（左侧）	$\dfrac{\text{后视读数（m）}}{\text{桩号}}$	（右侧）$\dfrac{\text{前视读数}}{\text{距离（m）}}$
$\dfrac{\quad}{\quad}$ $\dfrac{2.48}{20.00}$ $\dfrac{1.17}{11.8}$ $\dfrac{1.52}{6.6}$	$\dfrac{1.68}{0+200}$	$\dfrac{1.44}{11.8}$ $\dfrac{1.22}{20.0}$ $\dfrac{\quad}{\quad}$ $\dfrac{\quad}{\quad}$

（2）经纬仪法

在地形复杂、横坡较陡的地段，可采用此法。施测时，将经纬仪安置在中桩上，用视距法测出横断面方向上各变坡点至中桩的水平距离与高差。

3. 横断面图的绘制

根据横断面测量成果，对距离和高程取同一比例尺（通常取 1∶200 或 1∶100），在毫米方格纸上绘制横断面图。目前，道路测量一般都是在野外边测边绘，这样便于及时对横断面图进行检核，也可按表 14–7 的形式在野外记录、室内绘制。绘图时，先在图纸上标定好中桩位置，由中桩开始分左、右两侧逐一按各测点间的平距和高差绘制于图上，并用细直线连接相邻各点即得横断面地面线。图 14–29 为经横断面设计后，在地面线上、下绘有路基横断面的图形。

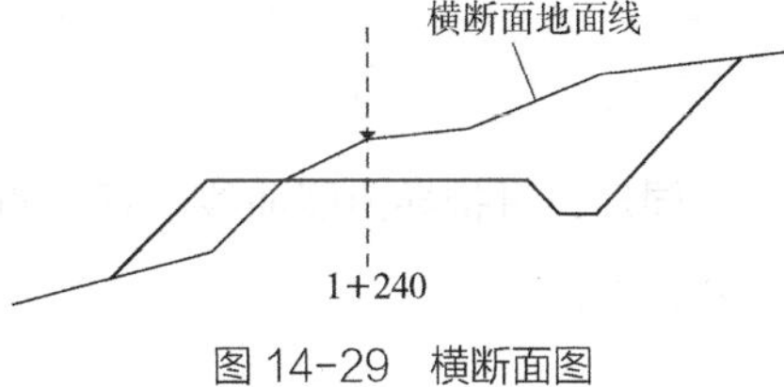

图 14–29 横断面图

14.6 竖曲线测设

道路纵断面是由许多不同坡度的坡段连接而成的，坡度变化点称为变坡点。在变坡点处相邻两坡度的代数差称为变坡点的坡度代数差，记为 Δi，坡度代数差对车辆运行的安全平稳性有很大影响。为了缓和坡度在变坡点处的急剧变化，变坡点的坡度代数差 Δi 不应超过规定限值，若超过限值，则坡段间应以曲线连接。这种在道路纵坡的变换处竖向设置的曲线称为竖曲线。

竖曲线的半径越大对行车越有利，在工作量不过分加大的情况下，为了改进交通条件，竖曲线的半径应当尽可能加大。如图 14–30 所示为竖曲线的两种形态。

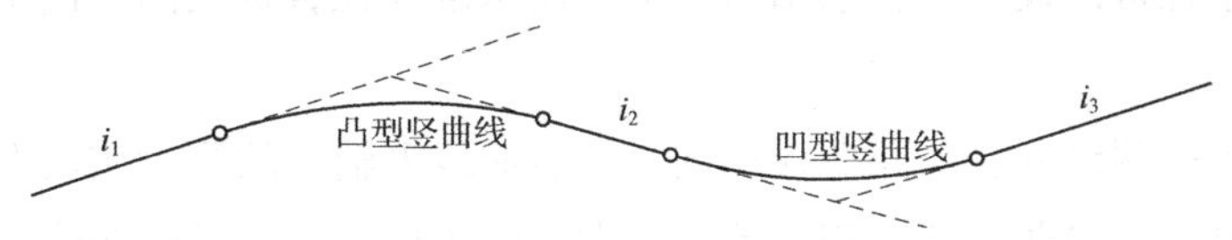

图 14–30 竖曲线的两种形态

测设竖曲线时，根据路线纵断面图设计中所设计的竖曲线半径 R 和相邻坡道的坡度 i_1、i_2 计算测设数据。如图 14–31 所示，由于竖曲线的坡度转折角 α 很小，计算公式可简化，即：

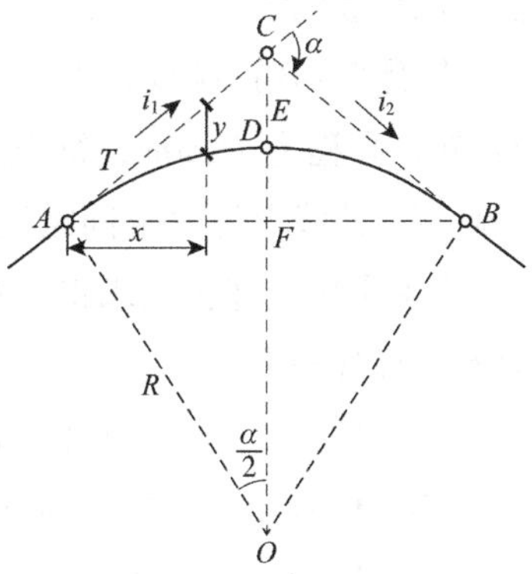

图 14–31 竖曲线

$$\alpha=(i_1-i_2)$$

$$\tan\frac{\alpha}{2}\approx\frac{\alpha}{2}=\frac{i_1-i_2}{2}$$

因此：

$$T=R\tan\frac{\alpha}{2}=\frac{1}{2}R\ (i_1-i_2)$$

$$L=R\alpha=R\ (i_1-i_2)$$

对于 E 值也可按下面的近似公式计算：

因为 $DF\approx CD=E$，$\triangle AOF\backsim\triangle CAF$，则 R：$AF=AC$：$CF=AC$：$2E$，因此：

$$E=\frac{AC\cdot AF}{2R}$$

又因为 $AF\approx AC=T$，得：

$$E=\frac{T^2}{2R} \tag{14-47}$$

同理，可推导出竖曲线上任一点 P 距切线的纵距 y_P（即竖曲线上的标高改正值），计算公式为：

$$y_P=\frac{x_P^{\ 2}}{2R} \tag{14-48}$$

在运用式（14–48）进行计算时，一般将 x_P 视作平距，其值为待测设点与竖曲线起（终）点的里程差，这样处理所产生的误差可忽略不计。

算得高差 y_P 后，再结合竖曲线上任一点在切线（坡道线）上对应的高程 H_P'（坡道高程），按式（14–49）即可算得竖曲线上任一点 P 的设计高程 H_P 为：

$$H_P=H_P' \pm y_P \tag{14-49}$$

当竖曲线为凸形曲线时，取“–”；当竖曲线为凹形曲线时，取“+”。同时，一般将竖曲线分成两半，从两头往中间计算。

曲线上各里程桩的设计高程求出后，即可用水准仪在各桩上测设出来，从而得到竖曲线上各点位置。

竖曲线主点的测设方法与圆曲线相同，而竖曲线上辅点的测设实质上是在竖曲线范围内中心桩上测设出竖曲线的高程。因此，在实际工作中，测设竖曲线一般与测设道路路面高程桩一起进行。测设时只需把已算出的各点坡道高程再加上（凹型竖曲线）或减去（凸形竖曲线）相应点上的标高改正值即可。

【例 14–8】测设凹形竖曲线，已知 i_1=–1.141%，i_2=+1.540%，变坡点的桩号为 2+570，高程为 76.80m，欲设置 R=3000m 的竖曲线，求各测设元素、起点、终点的桩号和高程，曲线上每 10m 间距里程桩的标高改正数和设计高程。

【解】按上述公式求得：T=40.21m，L=80.43m，E=0.27m，则竖曲线起点、终点的桩号和高程分别为：

起点桩号：2+（570–40.21）=2+529.79

终点桩号：2+（529.79+80.43）=2+610.21

起点坡道高程：76.80+40.21 × 1.141%=77.26m

终点坡道高程：76.80+40.21 × 1.540%=77.42m

按 R=3000m 和相应的桩距 x_i，即可求得竖曲线上各桩的标高改正数 y_i（纵距），计算结果列于表 14–8。

竖曲线各桩标高（单位：m） **表 14–8**

桩号	至起、终点距离	标高改正数	坡道高程	竖曲线高程	备注
2+529.79			77.26	77.26	竖曲线起点
2+540	↓ x_1=10.21	y_1=0.02	77.14	77.16	i_1= — 1.141%

续表

桩号	至起、终点距离	标高改正数	坡道高程	竖曲线高程	备注
2+550	x_2=20.21	y_2=0.07	77.03	77.10	i_1= − 1.141%
2+560	x_3=30.21	y_3=0.15	76.92	77.07	
2+570	x_4=40.21	y_4=0.27	76.80	77.07	变坡点
2+580	x_3=30.21	y_3=0.15	76.95	77.10	i_2= + 1.540%
2+590	x_2=20.21	y_2=0.07	77.11	77.18	
2+600	↑ x_1=10.21	y_1=0.02	77.26	77.28	
2+610.21			77.42	77.42	竖曲线终点

14.7 线路竣工测量

在路基土石方工程完工以后，应进行线路竣工测量，其目的是最后确定中线位置，同时检查路基施工质量是否符合设计要求。它的内容包括中线测量、高程测量和横断面测量。

1. 中线测量

首先根据护桩将主要控制点恢复到路基上。在有桥梁、隧道的地段进行线路中线贯通测量，应检查桥梁、隧道的中线是否与恢复的线路中线相符合。如果不符合，应从桥梁、隧道的线路中线开始向两端引测。贯通测量后的中线位置应符合路基宽度和建筑物接近限界的要求，同时中线控制桩和交点桩应固桩。

对于曲线地段，应交出交点，重新测量转向角。当新测角值与原来转向角值的较差在允许范围内时，仍采用原来的资料，测角精度与复测时相同。曲线的控制桩点应进行检核，曲线的切线长、外矢矩等检查误差在 1∶2000 以内时，仍用原桩点。曲线横向闭合差不应超过 ±5cm。在中线上，直线地段每 50m、曲线地段每 20m 测设一桩。道岔中心、变坡点、桥涵中心等处需钉设加桩。全线里程自起点连续计算，消除由于局部改线或假设起始里程而造成的里程“断链”。

2. 高程测量

竣工时应将水准点引测到稳固建筑物上或埋设永久性混凝土水准点，其间距不应大于 2km，其精度与定测时要求应相同，全线高程必须统一，消除因采用不同高程基准而产生的“断高”。中桩高程按复测方法进行，路基高程与设计高程之差不应超过 5cm。

3. 横断面测量

横断面测量主要检查路基宽度，侧沟、天沟的深度、宽度与设计值之差不得大于 5cm，路基护道宽度误差不得大于 10cm。若不符合要求且误差超限时，应进行整修。

【本章小结】

本章介绍了线路工程从规划选线、勘测设计到施工测量全过程的测量工作。线路测量工作首先是控制网的建立，然后是线路中线的测设，包括交点、转点的测设、里程桩的设置及线路曲线的设计和放样。曲线测设包括平面曲线和竖曲线的测设。曲线测设的方法较多，极坐标法是发展的趋势，应重点掌握。曲线的设计和计算是本章的难点，应予以重点理解。线路纵横断面的测绘是设计的基础资料，应重点掌握。

【思考与练习题】

1. 什么叫线路工程测量？

2. 线路工程平面控制网的布设原则是什么？

3. 什么叫圆曲线？圆曲线细部点的放样方法有哪些？

4. 偏角法放样圆曲线细部点的方法有哪两种？哪种放样的精度高，为什么？

5. 什么叫缓和曲线？为什么要设计缓和曲线？

6. 缓和曲线常数有哪些，解释其含义并写出其计算公式。

7. 什么叫竖曲线？为什么要设计竖曲线？

8. 某凹形竖曲线，i_1=-3%，i_2=+2%，变坡点桩号为3+340，其设计高程为10.00m，竖曲线半径R=1000m，试求竖曲线测设元素以及起点、终点的桩号和高程，曲线上每10m间距里程桩的设计高程。

9. 试述圆曲线加缓和曲线的测设原理。

10. 在线路横断面测量中如何确定横断面的方向？

11. 已知交点JD的里程为11+538.50，圆曲线的半径R=230m，转向角$\alpha_{右}$=40°，细部桩间距l_0=20m，试用偏角法计算圆曲线主点及细部点的测设数据。

12. 在图14-32所示的曲线中，有关交点测量坐标及交点里程见表14-9，在JD_{32}处线路转向角$\alpha_{左}$=29°30′23″，设计选配半径R=300m，缓和曲线长l_0=70m，试计算详细测设曲线时各桩点的测量坐标。

交点测量坐标及交点里程表 　　表14-9

点名	JD_{31}	JD_{32}	JD_{33}
里程	K52+833.140	K53+408.720	K54+546.810
X	4357150.236	4356982.241	4357233.268
Y	587040.122	587596.301	588710.268

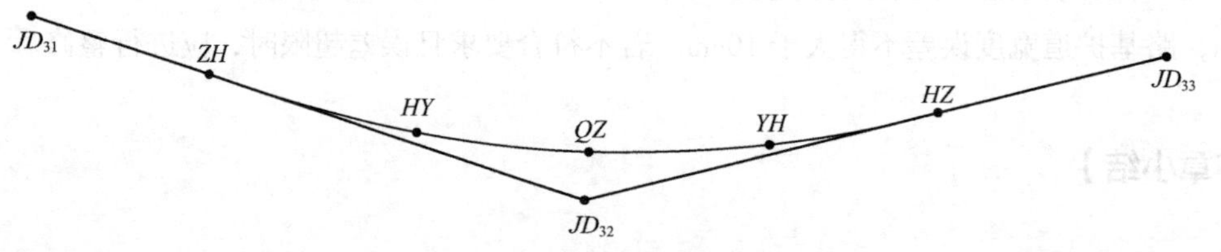

图14-32　曲线桩位点坐标计算图

第 15 章　桥隧工程测量

【本章要点及学习目标】

本章主要介绍桥梁和隧道工程测量的内容及方法。桥梁工程测量主要包括施工控制测量和施工细部测量；隧道工程测量主要包括地上、地下控制测量、联系测量和地下工程施工测量。通过本章的学习，学生应掌握桥梁施工平面控制测量和高程控制测量的方法；掌握地上、地下平面控制测量和高程控制测量的方法；掌握竖井定向测量和高程传递方法；了解桥梁和隧道工程竣工测量的内容。

桥梁工程和隧道工程测量涉及规划、设计、施工和运营阶段的各种测量工作，本章主要介绍桥梁和隧道在施工阶段的测量工作，包括施工控制测量和细部测设等。

15.1　桥梁工程测量概述

桥梁是公路最重要的组成部分之一，桥梁按其轴线长度一般分为特大型（＞500m）、大型（100~500m）、中型（30~100m）、小型（＜30m）四类，按平面形状可分为直线桥和曲线桥两种，按结构形式可分为简支梁桥、连续梁桥、拱桥、斜拉桥、悬索桥等。

桥梁工程测量包括桥梁勘测设计阶段、施工阶段和运营管理阶段测量三部分。

在桥梁勘测设计阶段，勘测部门要为设计部门的桥址选择和桥梁设计提供地形、地质和水文资料，这些资料提供得越详细、全面，越有利于选出最优的桥址方案和做出经济合理的设计。对于中、小桥及技术简单、造价低廉的大桥，其桥址的选择往往服从于路线走向的需要，不单独进行勘测，而是包括在路线勘测之内。但对于特大桥梁和技术条件复杂的桥梁，由于其工程量大、造价高、施工周期长，桥址选择合理与否对造价和使用条件都有极大的影响，所以路线的位置要服从桥梁的位置，为了能够选出最优的桥址，通常需要单独进行勘测。桥梁勘测的主要测量工作有：桥位控制测量、桥位纵横断面测量、桥位地形图测绘、水下地形图测绘、河流流向及流速与河流比降测量、钻孔定位测量等。

桥梁施工测量的目的则是为桥梁施工提供依据，并保证施工质量达到设计要求。桥梁施工测量的方法及精度要求随桥轴线长度而定，桥梁施工测量的主要工作有：施工控制测量、墩台中心定位与轴线测设、墩台基础及其上部结构施工放样、沉井定位测量、桥梁细部测量等。

在桥梁运营管理阶段，主要进行桥梁的变形测量。在建造过程中及建成运营阶段，定期观测墩台及其上部结构的垂直位移、倾斜位移和水平位移，掌握随时间推移而发生的变形规律，以便在未危及行车安全时采取补救措施。

建设一座桥梁需要进行各种测量工作，根据不同的桥梁类型和施工方法，测量的工作内容和测量方法也有所不同。近代的施工方法日益走向工厂化和拼装化，梁部构件一般都在工厂制造，在现场进行拼接和安装，这就对测量工作提出了十分严格的要求。

15.2 桥梁施工控制测量

15.2.1 桥梁施工平面控制测量

建立平面控制网的目的是测定桥的轴线长度和据其进行墩、台位置的测设；同时，也可用于施工过程中的变形监测。桥梁施工项目应建立桥梁施工专用控制网。对于跨越宽度较小的桥梁，也可利用勘测阶段所布设的等级控制点，但必须经过复测，并满足桥梁控制网的等级和精度要求。对于跨越有水河道的大型桥梁，墩、台无法直接定位，则必须建立专用平面控制网。

桥梁施工控制网等级的选择应根据桥梁跨越宽度、单孔跨径合理确定，按现行《特大跨径公路桥梁施工测量规范》JTG/T 3650-02—2019 规定，桥梁施工平面控制网的等级选择应符合表 15-1 中的规定。

桥梁施工平面控制网的等级选择　　表 15-1

单孔跨径 D（m）	跨越宽度 S（m）	平面控制网等级	
		首级控制网	施工加密控制网
$D \geqslant 1000$	$S \geqslant 1000$	二等	二等
$500 \leqslant D < 1000$	$500 \leqslant S < 1000$	二等	二等、三等
$300 \leqslant D < 500$	$200 \leqslant S < 500$	二等	三等
$150 \leqslant D < 300$	$S < 200$	三等	四等、一级

注：依据“单孔跨径”和“跨越宽度”确定桥梁施工平面控制网的等级时，其中任一项达到表中规定的范围则应选择对应的平面控制网等级建立。

桥梁施工平面控制网的建立方法主要可分为卫星定位测量、三角网、边角网、导线网等形式。根据桥梁施工单位目前实际应用情况和测绘行业发展现状，桥梁平面控制网首级网多采用 GNSS 控制网。同时，考虑到部分桥梁的观测环境可能存在难以满足 GNSS 正常施测的情况，三角网测量仍作为高精度平面首级控制方法使用。另外，施工加密控制网较多采用三角网、导线网等。

桥梁施工平面控制网的布设应遵循下列原则：

（1）平面控制网应因地制宜，且适当考虑发展；桥梁邻近有衔接关联工程需与国家或地方高等级控制点进行联测时，应同时考虑联测方案。

（2）跨越宽度超过桥梁主跨2倍以上时，应先建立首级平面控制网，并考虑施工加密控制网方案。

（3）桥梁施工控制网的布设及等级应首先考虑满足桥梁结构施工精度要求，首级控制网不宜构建附合网，可选择建立以一点一方位为基准的自由网。

（4）首级控制网可直接作为施工控制网使用，不能满足施工测设要求时，应在首级控制网基础上建立施工加密控制网。

（5）加密控制网可同等级扩展或越级布设，其布设级数可根据地形条件及放样需要决定，不宜大于2级；增设或补设控制点应采用同精度内插方法测量。

（6）控制网跨越江河（海）、峡谷时，每岸应布设不少于3个控制点，其中靠近轴线位置每岸宜布设相互通视的2个控制点。

1. 卫星定位测量

卫星定位平面控制网依次分为二等、三等、四等和一级。卫星定位平面控制网等级的选择应符合表15-1中的规定；按现行《特大跨径公路桥梁施工测量规范》规定，其主要技术指标应符合表15-2的要求。

卫星定位测量控制网布设的技术要求如下：

（1）卫星定位平面控制网的技术设计是一个综合设计的过程，首先需要明确桥梁工程对控制网的基本要求，然后才能确定控制网或首级控制网的基本精度等级。最终精度等级的确定需要综合考虑测区现有测绘资料的精度情况、接收机的类型和数量、定位卫星的运行状况和可视条件、测区地质和地形、交通条件等因素，并编制技术设计书。

卫星定位平面控制网主要技术指标　　表15-2

等级	固定误差 a（mm）	比例误差系数 b（mm/km）	约束点间的边长相对中误差	约束平差后最弱边相对中误差
二等	≤ 5	≤ 1	≤ 1/250000	≤ 1/180000
三等	≤ 5	≤ 1	≤ 1/180000	≤ 1/100000
四等	≤ 5	≤ 2	≤ 1/100000	≤ 1/70000
一级	≤ 10	≤ 2	≤ 1/70000	≤ 1/40000

注：基线边长小于500m时，二、三等边长中误差应小于5mm，四等边长中误差应小于6mm，一级边长中误差应小于11mm。

（2）由于卫星定位测量所获得的时空间基线向量或三维坐标向量属于相应的大地坐标系（WGS-84坐标系），故应将其转换至国家坐标系或桥梁施工坐标系方能使用。为了实现这种转换，要求联测若干个旧有控制点，以求得坐标转换参数，故规定联测2个以上高等级国家平面控制点或勘测设计坐标系的高等级控制点。

（3）应将GNSS空间坐标系转换到桥梁施工坐标系，桥梁施工坐标系一般分为国家坐标系和桥梁施工坐标系。桥梁施工坐标系在确定最佳区域椭球和选择最佳投影的独立基准下，建立以桥轴线经度作为中央子午线和平均高程面为投影面的工程独立坐标系。

（4）卫星定位测量控制点之间原则上不要求通视，但考虑到使用其他测量仪器对控制网进行加密或扩展时的需要，故控制网布设时每个点至少应与一个以上的相邻点通视。

2. 三角网测量

根据桥梁建（构）筑物特点和跨径的不同，三角网依次分为二等、三等、四等和一级。按现行《特大跨径公路桥梁施工测量规范》规定，桥梁三角网的等级选择应符合表 15-3 的规定。

桥梁三角网的等级选择 表 15-3

单孔跨径 D（m）	跨越宽度 S（m）	平面控制网等级	
		首级控制网	施工加密控制网
$D \geqslant 1000$	$S \geqslant 2000$	—	二等
$500 \leqslant D < 1000$	$1000 \leqslant S < 2000$	二等	二等
$200 \leqslant D < 500$	$300 \leqslant S < 1000$	二等	二等、三等
$150 \leqslant D < 200$	$S < 300$	三等	四等、一级

桥梁平面控制网采用三角网测量时，应满足三角测量规范规定的技术要求。布网形式如图 15-1 所示，图中双线为基线，AB 为桥轴线，桥轴线在两岸的控制桩 A、B 间的距离为桥轴线长度，它是控制桥梁定位的主要依据。图 15-1（a）为双三角形，适用于一般桥梁的施工放样；图 15-1（b）为大地四边形，适用于一般中、大型桥梁的施工测量；图 15-1（c）为桥轴线两侧各布设一个大地四边形，适用于特大桥梁的施工放样。对于引桥较长的，控制网应向两岸方向延伸。

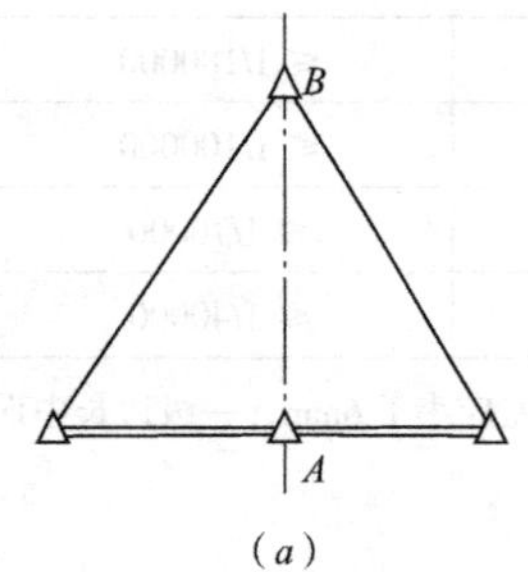

（a）

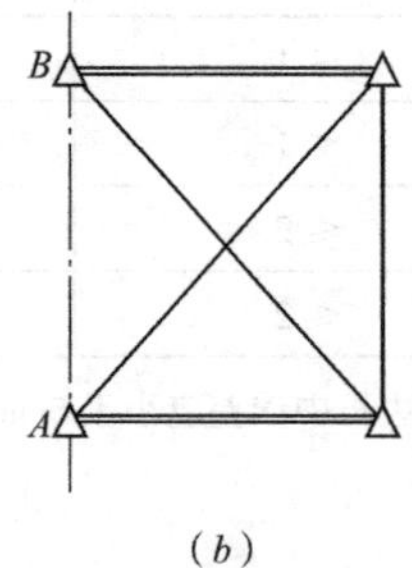

（b）

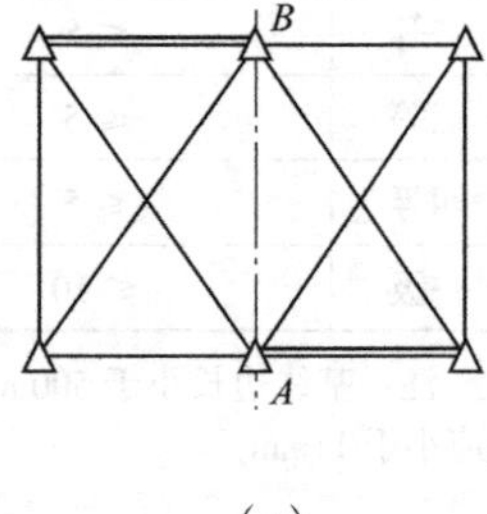

（c）

图 15-1 桥梁平面控制网

15.2.2 桥梁施工高程控制测量

桥梁施工高程系统应采用桥梁设计指定的高程系统。设计未指定时，宜采用 1985 年国家高程基准。

高程控制测量精度等级依次划分为一等、二等、三等和四等。各等级高程控制测量的主要技术要求见表 15–4。

各等级高程控制测量的主要技术要求　　表 15–4

等级	每千米高差中数偶然中误差 M_Δ（mm）	每千米高差中数全中误差 M_w（mm）	附合路线或环线长度（km）
一等	≤ 0.45	≤ 1	≤ 150
二等	≤ 1	≤ 2	≤ 100
三等	≤ 3	≤ 6	≤ 10
四等	≤ 5	≤ 10	≤ 4

桥梁施工高程控制网的等级应根据桥梁跨越宽度、单孔跨径合理确定。桥梁施工高程控制网的等级选择应符合表 15–5 中的规定。

桥梁施工高程控制网的等级选择　　表 15–5

单孔跨径 D（m）	跨越宽度 S（m）	高程控制网等级	
		首级控制网	施工加密控制网
$D \geqslant 1000$	$S \geqslant 1000$	一等或二等	二等
$500 \leqslant D < 1000$	$500 \leqslant S < 1000$	二等	二等
$300 \leqslant D < 500$	$200 \leqslant S < 500$	二等	二等、三等
$150 \leqslant D < 300$	$S < 200$	三等	三等、四等

注：依据“单孔跨径”和“跨越宽度”确定桥梁施工高程控制网的等级时，其中任一项达到表中规定的范围则应选择对应的高程控制网等级建立。

首级高程控制网应与邻近的国家等级水准点进行联测。桥梁跨越宽度不小于 200m 时，联测精度应不低于国家二等水准测量的精度要求；桥梁跨越宽度小于 200m 时，联测精度应不低于国家三等水准测量的精度要求。

高程控制网的选点和埋设工作宜与平面控制网的选点和埋设工作同步进行，水准点可设在平面控制点观测墩上。水准点应包括水准基点和工作基点。水准基点应选在不易受施工影响，且避开地质条件不稳定的区域。水准基点宜每岸布设一组，一般包含 3 个水准点（1 个主点、2 个副点），且每组相邻各点以不宜小于 100m 的距离等间距布设。工作基点宜选在平面控制点上，不足时可单独埋设，每个单项工程区域宜设立 1~2 个工作基点。不论是水准基点还是工作基点，都应根据其稳定性和使用情况定期检测。

各等级高程控制宜采用水准测量，跨越江河（海）、峡谷等地区水准测量有困难时，可采用测距三角高程测量、GNSS 水准测量、GNSS 拟合高程测量等方法施测，且应符合表 15–4 的规定。

15.2.3 跨河水准测量

在水准测量中，若遇见跨越的水域超过水准测量规定的视线长度时，应采取特殊的方法施测，称为跨河水准测量。

几何水准测量方法仍然是目前实施等级水准测量的主要方法，特别适合平原、丘陵地区陆上高程精密传递。但桥梁跨越江河（海）、峡谷等时，需要进行远距离高程传递，普通几何水准测量无法实施时，可采用跨河水准测量的方法。跨河水准测量的方法主要有测距三角高程法、GNSS 水准测量法、经纬仪倾角法和倾斜螺旋法。鉴于目前全站仪、GNSS 测绘技术的普遍应用，优先推荐采用测距三角高程法和 GNSS 水准测量法。

跨河水准测量的地点应尽量选择在桥位附近河宽较窄、地质稳定、高差起伏不大的地方，以便使用最短的跨河视线；河道两岸的水平视线距水面的高度宜大致相等并大于3m；如果用两台同精度仪器在河道两岸对向观测，两岸仪器至水边的距离应尽量相等，其地形、土质也应相似；仪器安置的位置应选在开阔、通风之处，不要靠近陡岸、墙壁、石滩等处。

如图 15-2 所示，A、B 为立尺点，1、2 为测站点，要求 $1B$ 与 $2A$ 长度应尽量相等，$A1$ 与 $2B$ 长度基本相等且不小于 10m，构成对称图形。用单台水准仪观测时，在一岸先读近尺，再读远尺；仪器搬至对岸后，不调焦先读远尺，再读近尺。用两台同精度的水准仪同时作对向观测时，在 1 站先测本岸 A 点尺上读数，得 a_1，然后测对岸 B 点尺上读数 2~4 次，取其平均值得 b_1，高差为 $h_1=a_1-b_1$；同时，在 2 站先测本岸 B 点尺上读数，得 b_2，然后测对岸 A 点尺上读数 2~4 次，取其平均值得 a_2，高差为 $h_2=a_2-b_2$，取 h_1 和 h_2 的平均值，即完成一个测回。一般进行 4 个测回。

由于跨河水准测量的视线长，为了解决长视线照准水准尺上的分划和在水准尺上读数的问题，可在水准尺上安装一块可以沿尺上下移动的特制觇板，并根据跨河视线的长度分别采用光学测微法和微倾螺旋法。视线小于 500m 时采用光学测微法，视线大

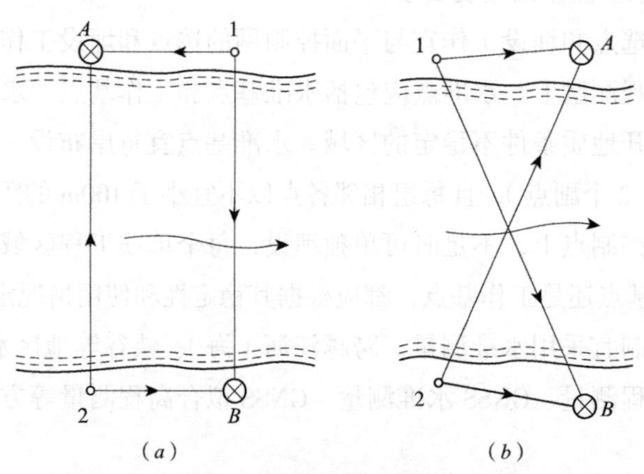

图 15-2 跨河水准测量

于500m时采用微倾螺旋法。觇板的制作方法详见《国家三、四等水准测量规范》GB/T 12898—2009附录，图15-3为三、四等跨河水准测量观测觇板。觇板中央开一矩形小窗，小窗中央安一水平指标线，用以读数。观测时，由观测者指挥立尺员上下移动觇板，使觇板的水平指标线落在水准仪十字丝横丝上（三、四等），然后由立尺员在水准尺读取标尺读数。对于一、二等水准测量的读数方法见《国家三、四等水准测量规范》。

所谓微倾螺旋法就是用水准仪的微倾螺旋使视线倾斜照准对岸水准标尺上特制觇板的标志线，利用视线的倾角和标志线之间的已知距离来间接地求出水平视线在对岸水准尺上的精确读数。具体的实施方法见《国家三、四等水准测量规范》。

当水准路线等级为三、四等，跨河视线长度在500m以内时，采用光电测距三角高程测量方法也可以达到其精度要求。

15.3 桥梁施工细部测量

15.3.1 桥梁墩台定位测量

桥梁墩台定位测量是桥梁施工测量中的关键性工作。水中桥墩的基础施工定位时，采用方向交会法，这是由于水中桥墩基础一般采用浮运法施工，目标处于浮动中的不稳定状态，在其上无法使测量仪器稳定。在已稳固的墩台基础上定位，常用方向交会法、极坐标法及GPS-RTK和CORS测量法。同样，桥梁上层结构的施工测设也可以采用这些方法。

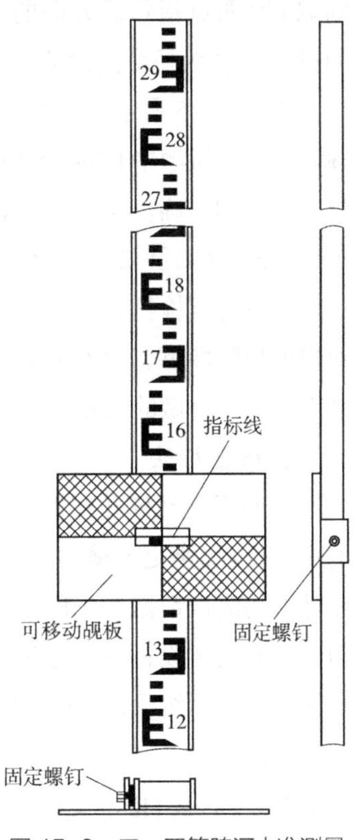

图15-3 三、四等跨河水准测量观测觇板

1. *方向交会法*

如图15-4（*a*）所示，*AB*为桥轴线，*CD*为桥梁平面控制网中的控制点，P_i为第*i*个桥墩设计的中心位置（待测设的点）。在*ACD*三点上各安置一台经纬仪。*A*点上的经纬仪瞄准*B*点，定出桥轴线方向；*CD*两点上的经纬仪均先瞄准*A*点，并分别测设根据P_i点的设计坐标和控制点坐标计算出的α、β，以正倒镜分中法定出方向交会线。

为了保证交会定点的精度，交会角γ应以接近90°为宜，由于墩位有远有近，若只在固定的点*C*和点*D*设站测设就无法满足这一要求。在布设主网时增设节点，例如图中的点*E*、点*F*，用于交会桥墩中心点P_1，目的就是为了使交会角接近90°。

如图15-4（*b*）所示，由于测量误差的影响，从*C*、*A*、*D*三点指示的三条方向线一般不可能正好交于一点，而构成误差三角形。如果误差三角形在桥轴线上的边长在允许

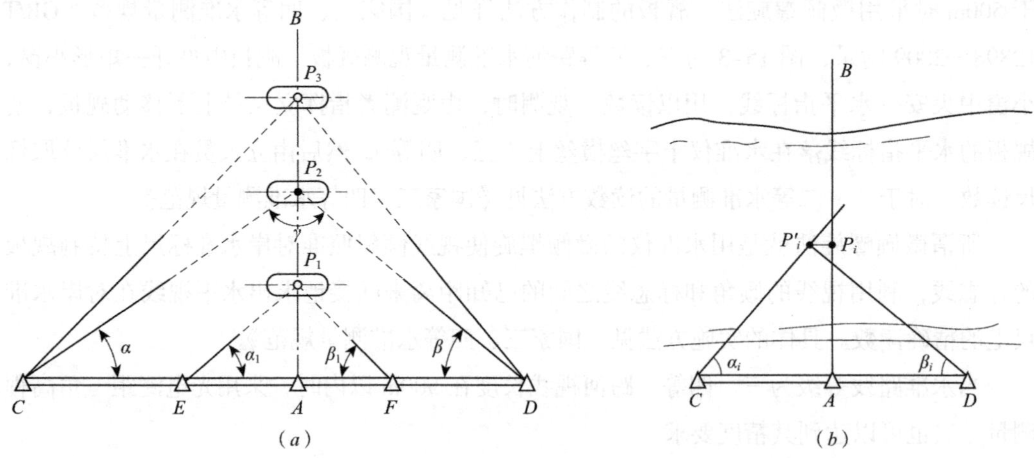

图 15-4　直线桥方向交会法测设桥墩中心与误差三角形

范围内（墩底放样为 2.5cm，墩顶放样为 1.5cm），则取 *CD* 两点指示线方向的交点 P_i' 在桥轴线上的投影 P_i 作为桥墩测设的中心位置。

如图 15-5 所示，在桥墩施工中随着桥墩的逐渐筑高，桥墩中心的测设工作需要重新进行且要求迅速和准确。为了简化工作、提高精度，可把交会的方向延伸到对岸，并用觇牌固定。觇牌设好后应进行检核，在以后交会时只要直接照准对岸的觇牌即可。为了避免混淆，应在相应的觇牌上表示出桥墩的编号。

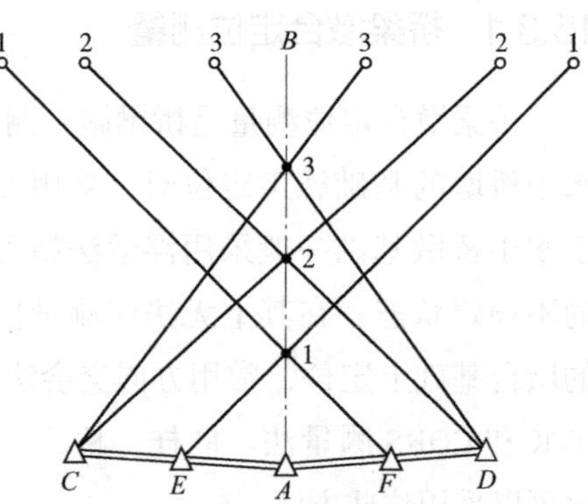

图 15-5　方向交会的固定瞄准标志

2. 极坐标法

在使用全站仪并在被测设的点位上可以安置棱镜的条件下，若用极坐标法测设桥墩的中心位置，则更为精确和方便。对于极坐标法，原则上可以将仪器安置于任何控制点上，按计算的测设数据——角度和距离测设点位；或按全站仪放样模式来测设桥墩中心位置。但是，若是测设桥墩中心位置，最好是将仪器安置于桥轴线点 *A* 或 *B* 上，瞄准另一轴线点作为定位。然后，指挥棱镜安置在该方向上测设 AP_i 或 BP_i 的距离，则可定桥墩中心位置 P_i 点。

3. GPS-RTK 和 CORS 测量法

随着 GNSS 技术的发展，GPS-RTK 法速度快、方便灵活，而且精度可以满足一般要求的施工放样，特别对位于宽阔水域的桥梁基础施工，可以发挥 GNSS 不需要通视的优点。大量实践证明，GPS-RTK 和 CORS 测量法可以满足基础施工的需要，因此在满足精度的情况下，可以采用 GPS-RTK 和 CORS 测量法进行墩台的定位测量。

15.3.2　桥梁墩台纵横轴线测设

在墩台定位以后，还要测设墩台的纵横轴线，作为墩台细部放样的依据。直线桥的墩台纵轴线是指过墩台中心平行于线路方向的轴线。曲线桥的墩台纵轴线则为墩台中心处曲线切线方向的轴线。墩台的横轴线是指过墩台中心与其纵轴线垂直（斜交桥则为与其纵轴线垂直方向成斜交角度）的轴线。

1. 直线桥墩台纵横轴线测设

直线桥上各墩台的纵轴线为同一个方向，且与桥轴线重合，无需另行测设。测设墩台的横轴线时，应在墩台中心架设经纬仪，自桥轴线方向用正倒镜分中法测设 90° 角或 90° 减去斜交角度，即为横轴线方向。

由于在施工过程中需要经常恢复纵横轴线的位置，所以需要在基坑开挖线外 1~2m 处设置墩台纵横轴线方向控制桩（即护桩），如图 15-6 所示。它是施工中恢复墩台中心位置的依据，应妥善保存。墩台轴线的护桩在每侧应不小于 2 个，以便在墩台修筑出地面一定高度以后，在同一侧仍能用以恢复轴线。施工中常常在每侧设置 3 个护桩，以防止护桩被破坏；如果施工工期较长，应以固桩方法保护。位于水中的桥墩，如采用筑岛或围堰施工时，则可把轴线测设于岛上或围堰上。

2. 曲线桥墩台纵横轴线测设

在曲线桥上，若墩台中心位于路线中线上，则墩台的纵轴线为墩台中心曲线的切线方向，而横轴与纵轴垂直。如图 15-7 所示，假定相邻墩台中心间曲线长度为 l，曲线半径为 R，则有：

$$\frac{\alpha}{2}=\frac{180°}{\pi}\frac{l}{2R} \tag{15-1}$$

测设时，在墩台中心安置经纬仪，自相邻的墩台中心方向测设$\frac{\alpha}{2}$角，即得纵轴线方向，自纵轴线方向再测设 90° 角，即得横轴线方向。若墩台中心位于路线中线外侧时，首先按上述方法测设中线上的切线方向和横轴线方向，然后根据设计资料给出的墩台中心外

图 15-6　直线桥墩台轴线控制桩

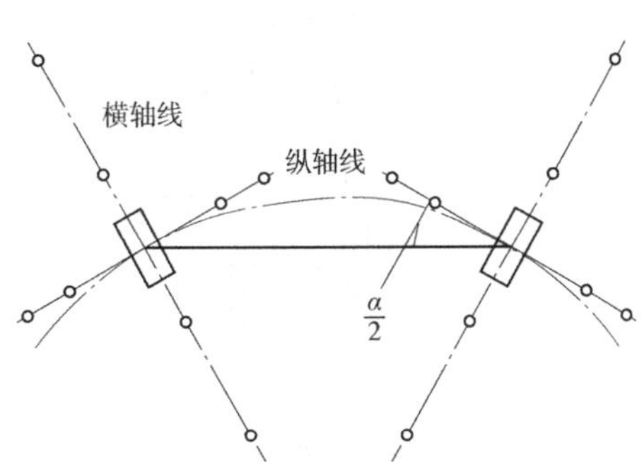

图 15-7　曲线桥墩台轴线控制桩

移值将测设的切线方向平移，即得墩台中心纵轴线方向。

15.3.3 桥梁墩台细部放样

桥梁墩台主要由基础、墩身、台帽或盖梁几部分组成，它的细部放样是在实际地标定好的墩位中心和桥墩纵横轴线基础上，根据施工需要按照施工图自上而下将桥墩各部位尺寸放样到施工作业面上。

1. 基础施工放样

桥梁基础通常采用明挖基础和桩基础。明挖基础基坑放样如图 15–8 所示。根据已经测设出的桥梁墩台中心位置及纵横轴线，已知基坑底部的长度、宽度及基坑深度、边坡，即可测设出基坑的边界线。边坡桩至墩台轴线的距离 D 按下式计算：

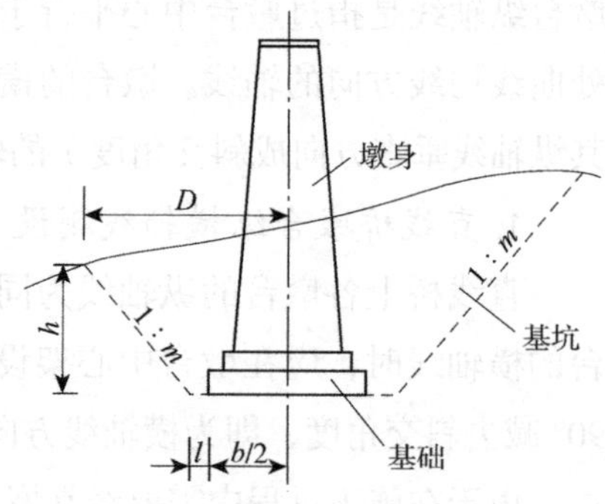

图 15–8 明挖基础基坑放样

$$D=\frac{b}{2}+l+mh \tag{15–2}$$

式中 b—— 基础宽度；

l—— 预留工作宽度；

m—— 边坡系数；

h—— 基底距地表的深度。

桩基础可分为单桩和群桩，单桩的中心位置放样方法同墩台中心定位。群桩的构造如图 15–9（a）所示，在基础下部打入一组基桩，再在桩上灌注钢筋混凝土承台，使桩和承台连成一体，然后在承台以上浇筑墩身。基桩位置的放样如图 15–9（b）所示，它以墩台纵横轴线为坐标轴，按设计位置用直角坐标法测设逐桩桩位。

2. 墩身细部放样

基础完工后，应根据岸上水准基点检查基础顶面的高程。细部放样主要依据桥

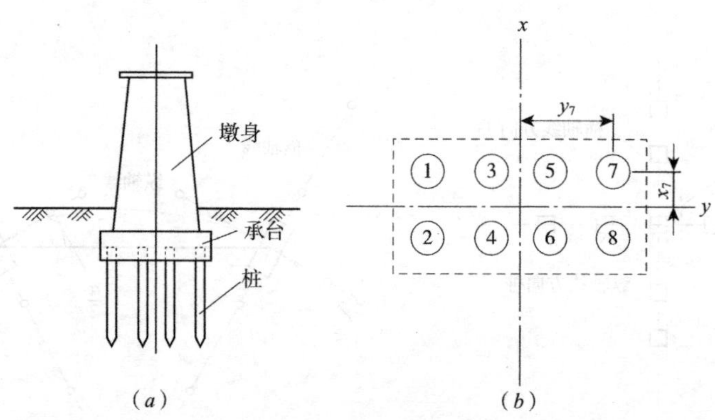

图 15–9 桩基础施工放样

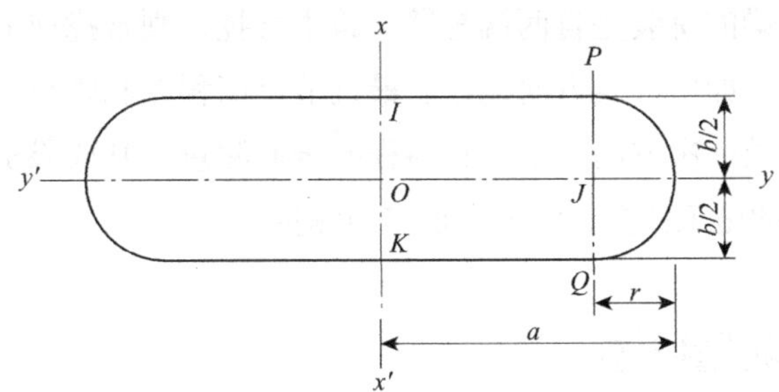

图 15-10 圆头墩身的放样

墩纵横轴线或轴线上的护桩逐层投测桥墩中心和轴线，再根据轴线设立模板，浇灌混凝土。

圆头墩身的放样如图 15-10 所示。设墩身某断面长度为 a、宽度为 b、圆头半径为 r，可以墩中心 O 点为准，根据纵横轴线及相关尺寸，用直角坐标法放出 I、K、P、Q 点和圆心 J 点。然后，以 J 点为圆心，以半径 r 可放样出圆弧上各点。同法放样出桥墩的另一端。

3. 台帽或盖梁放样

墩台施工完成后，再投测出墩中心及纵横轴线，据此安装台帽或盖梁模板、设置锚栓孔、绑扎钢筋骨架等。在浇筑台帽或盖梁前，必须对桥墩的中线、高程、拱座斜面及各部分尺寸进行复核，并准确地放出台帽或盖梁的中线及拱座预留孔（拱桥）。灌注台帽或盖梁至顶部时应埋入中心标及水准点各 1~2 个，中心标埋在桥中线上并与墩台中心呈对称位置。测定台帽或盖梁顶面水准点的高程，作为安装桥梁上部结构的依据。

15.3.4 桥梁架设施工测量

桥梁架设是桥梁施工的最后一道工序。桥梁梁部结构较复杂，要求对墩台方向、距离和高程以较高的精度测量，作为架梁的依据。墩台施工时，对其中心点位、中线方向和垂直方向以及墩顶高度都进行了精密测定，但当时是以各个墩台为单元进行的。架梁需要的是将相邻墩台连系起来，考虑其相关精度，要求中心点间的方向距离和高差符合设计要求。桥梁中心线方向的测定，在直线部分采用准直法，用经纬仪正倒镜观测，刻画方向线。如果跨距较大（大于 100m），应逐墩观测左右角。在曲线部分，应采用测定偏角的方法。相邻桥墩中心点间距离用光电测距仪观测，适当调整使中心点里程与设计里程完全一致。在中心标板上刻画里程线，与已刻画的方向线正交，形成墩台中心十字线。墩台顶面高程用精密水准测量，构成水准路线，附合到两岸基本水准点上。大跨度钢桁架或连续梁采用悬臂或半悬臂安装架设，拼装开始前应在横梁顶部和底部分中点做标志，架梁时用以测量钢梁中心线与桥梁中心线的偏差值。在梁的拼装开始后，应通过不断地测量保证钢梁始终在正确的平面位置上，立面位置（高程）应符合设计的大节点挠度和整跨拱度要求。如果梁的拼装是自两端悬臂、跨中合拢，则合拢前的测量重点应放在两端悬臂的相对关系上，如中心线方向偏差、最近节点高程差和距离差符合设计和施工的要求。全桥架通后，做一次方向、距离和高程的全面测量，其成果资料可作为钢梁整体纵横移动和起落调整的施工依据，称为全桥贯通测量。

15.4 隧道工程测量概述

15.4.1 隧道工程概述

隧道是线路工程穿越山体等障碍物的通道，或是为地下工程所做的地面与地下联系的通道。隧道施工是从地面开挖竖井或斜井、平硐进入的。为了加快工程进度，通常采取增加工作面的办法，由隧道两端洞口进行相向开挖，或者在两洞口间增加平硐、斜井或竖井。

隧道工程包括公路隧道、铁路隧道、水利工程输水隧道、地下铁道、矿山巷道等。按所在平面（直线或曲线）及洞身长度，隧道可分为特长隧道、长隧道和短隧道。如直线形隧道，长度在 3000m 以上的属特长隧道；长度在 1000~3000m 的属长隧道；长度在 500~1000m 的属中隧道；长度在 500m 以下的属短隧道。同等级的曲线形隧道，其长度界限为直线形隧道的一半。

由于工程性质和地质条件的不同，地下隧道工程的施工方法也不相同，同样对测量的要求也有所不同。隧道测量工作主要包括：

（1）地面控制测量，在地面上建立平面和高程控制网。

（2）联系测量，将地面上的坐标、方向和高程传到隧道，建立统一坐标系统。

（3）隧道控制测量，包括隧道平面控制和高程控制。

（4）隧道施工测量。

15.4.2 贯通误差的分类及其限差

在隧道施工中，由于地面控制测量、联系测量、隧道控制测量及细部放样的误差，使两个相向开挖的工作面的施工中线不能理想地衔接而产生的错开现象，即贯通误差。贯通误差在线路中线方向的投影长度称为纵向贯通误差（简称“纵向误差”），在垂直于中线方向的投影长度称为横向贯通误差（简称“横向误差”），在高程方向的投影长度称为高程贯通误差（简称“高程误差”）。纵向误差仅影响隧道中线的长度，容易满足设计要求。因此，根据具体工程的性质、隧道长度和施工方法的不同，一般只规定贯通面上横向误差及高程误差的限差。在《工程测量标准》GB 50026—2020 中规定了隧道工程贯通面上的贯通误差限差，见表 15-6。高程误差影响隧道的坡度。在实际应用中，横向误差是最重要的、讨论最多的。因为横向误差如果超过了一定的范围，就会引起隧道中线几何形状的改变，甚至洞内建筑侵入规定界限而使衬砌部分拆除重建，给工程造成损失。

隧道工程贯通面上的贯通误差限差　　表 15-6

类别	两开挖洞口间长度 L（km）	贯通误差限差（mm）
横向	$L<4$	100
	$4 \leq L < 8$	150
	$8 \leq L < 10$	200
高程	不限	70

注：作业时，根据隧道施工方法和隧道用途的不同，当贯通误差的调整不会影响隧道中线几何形状和工程性能时，其横向贯通限差可放宽 1~1.5 倍。

15.5　地上、地下控制测量

隧道工程控制测量是保证隧道按照规定精度正确贯通，并使地下各项建（构）筑物按设计位置定位的工程措施。隧道控制网分地上和地下两部分。

15.5.1　地上平面控制测量

地上平面控制网是包括进口控制点和出口控制点在内的控制网，并能保证进口点坐标和出口点坐标以及两者的连线方向达到设计要求。地上平面控制测量一般采用 GPS 测量、三角测量和导线测量，应根据隧道长度、洞外地形等选用适宜的控制测量方法和等级。隧道洞外平面控制测量的等级见表 15-7（《工程测量标准》GB 50026—2020）。

隧道洞外平面控制测量的等级　　表 15-7

洞外平面控制网类别	洞外平面控制网等级	测角中误差（″）	隧道长度 L（km）
GPS 网	二等	—	$L > 5$
	三等	—	$L \leq 5$
三角形网	二等	1	$L > 5$
	三等	1.8	$2 < L \leq 5$
	四等	2.5	$0.5 < L \leq 2$
	一级	5	$L \leq 0.5$
导线网	三等	1.8	$2 < L \leq 5$
	四等	2.5	$0.5 < L \leq 2$
	一级	5	$L \leq 0.5$

1. GPS 测量

利用 GPS 定位技术建立隧道地面控制网，工作量小、精度高、可以全天候观测，适用于进行大、中型隧道地面控制测量。布设 GPS 网时，一般只需在洞口处布点。对于直线隧道洞口点应选在线路中线上，另外再布设两个定向点，除要求洞口点与定向点通视外，定向点之间不要求通视。对于曲线隧道，还应把曲线上的主要控制点包括在网中。

如图 15-11（a）（b）所示，A、B 是进洞点，AC、BF 为定线方向，必须通视。A、C、D、F、E、B 组成 4 个三角形。三台 GPS 接收机可观测四个时段，四台 GPS 接收机可观测两个时段。如果需要与国家高级控制点联测，可将两个高级点与该网组成整体网，或联测一个高级点并给出一个方位角。

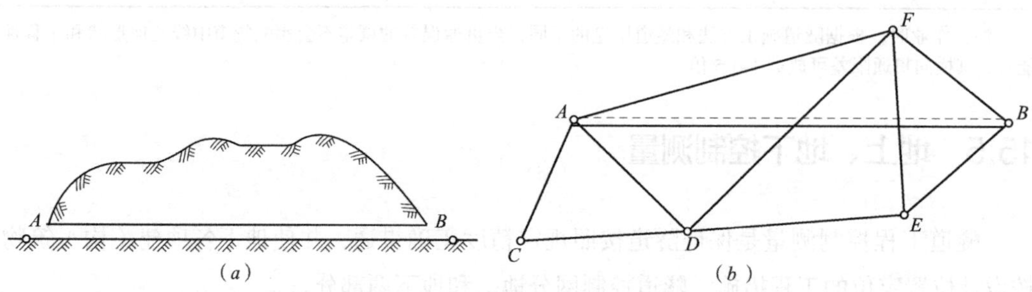

图 15-11　隧道 GPS 控制网

GPS 获得的是 WGS-84 坐标系成果，应转换为以 A 点子午线为中央子午线，以 A、B 平均高程为投影面的自由网的坐标数据，然后进行平差计算得到控制网测量成果。

2. 三角测量

对于隧道较长且地形复杂的山岭地区，可采用此方法。隧道三角网一般布设成沿隧道路线方向延伸的单三角锁，最好尽量沿洞口连线方向布设成直伸型三角锁，以减小边长误差对横向贯通的影响。隧道三角控制网如图 15-12 所示。若用高精度的测距仪多测几条基线，用测角锁计算比较简便。根据各控制点坐标可推算开挖方向的进洞关系角度 β_1、β_2。如在 A 点安置仪器，后视 C 点，拨 β_1 角，即得到进洞的中线方向。

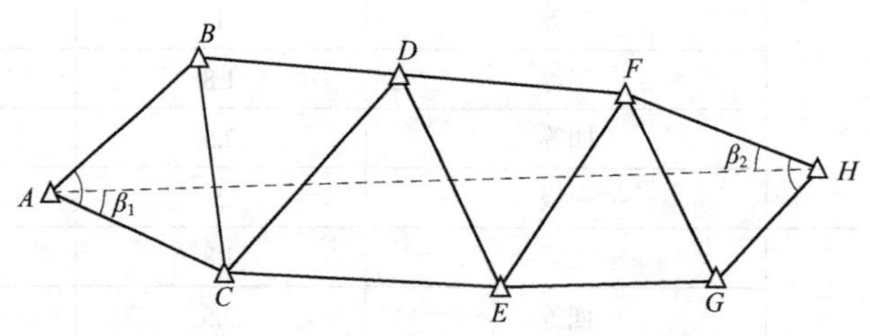

图 15-12　隧道三角控制网

3. 导线测量

用电磁波测距导线既方便又灵活，导线测量已成为对地形复杂、量距困难的隧道进行地上平面控制测量的主要方法。如图 15-13 所示，A、B 为进洞点，1、2、3、4 为导线点。对于直线隧道，为减少导线测距误差对隧道横向贯通的影响，应尽量将导线沿隧道中线敷设。对于曲线隧道，应将导线沿两端洞口连线方向布设成直伸型。为了增加检核条件、

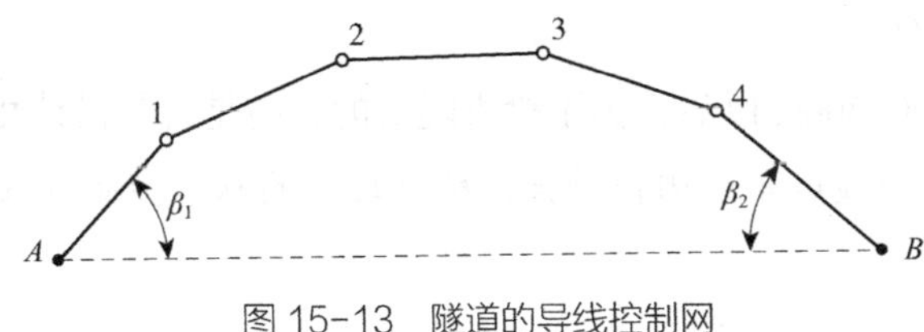

图 15-13　隧道的导线控制网

提高导线测量的精度，应适当增加闭合环个数以减少闭合环中的导线点数。

15.5.2　地上高程控制测量

高程控制测量的任务是按规定的精度施测隧道洞口（包括隧道进出口、竖井口、斜井口和平硐口）附近水准点的高程，作为高程引测进洞的依据。水准测量应选择连接洞口最平坦和最短的线路，以期达到设站少、观测快、精度高的要求。每一洞口埋设的水准点应不少于 2 个，且以安置一次水准仪即可联测为宜。两端洞口之间的距离大于 1km 时，应在中间增设临时水准点。水准测量的等级取决于两洞口间水准路线的长度。对于中、短隧道通常采用三、四等水准测量的方法施测。

15.5.3　地下平面控制测量

隧道内的平面控制测量主要以导线为主，导线测量的目的是以必要的精度，按照与地面控制测量统一的坐标系统，建立隧道内的控制系统。根据导线的坐标就可以放样出隧道中线及其衬砌的位置，指出隧道开挖的方向，保证相向开挖的隧道在所要求的精度范围内贯通。隧道内导线的起始点通常设在隧道的洞口、平坑口、斜井口，而这些点是由地面控制测量测定的。

1. 隧道内导线测量的特点

隧道施工过程中所进行的地下导线测量与地面导线测量相比具有以下特点：

（1）导线随隧道的开挖而向前延伸，所以只能逐段布设支导线。

（2）导线在开挖的坑道内敷设，因此其导线形状完全取决于坑道的形状，导线点选择余地小。

（3）导线敷设时先敷设精度较低的施工导线，然后再敷设精度较高的基本控制导线。

（4）导线点大多埋设在侧板及顶板上。

2. 导线的布设

布设导线时首先应考虑贯通时所需的精度要求；其次应考虑导线点的位置，以保证在隧道内能以必要的精度放样。在隧道建设中，导线一般采用分级布设。

（1）施工导线

施工导线是指在开挖面向前推进时，用以进行放样且指导开挖的导线。施工导线的边长一般为 25~50m。

（2）基本控制导线

当掘进长度达100~300m以后，为了检查隧道的方向是否与设计相符，并提高导线精度，选择一部分施工导线点布设边长较长、精度较高的基本控制导线。基本控制导线的边长一般为50~100m。

（3）主要导线

当隧道掘进大于2km时，可选择一部分基本导线点敷设主要导线，主要导线的边长一般为150~800m。对精度要求较高的大型贯通隧道，可在导线中加测陀螺边以提高方位的精度。陀螺边一般加在洞口起始点到贯通点距离的2/3处，导线布设方案如图15-14所示。1~7为基本导线点，Ⅰ、Ⅱ、Ⅲ、Ⅳ为主要导线点。

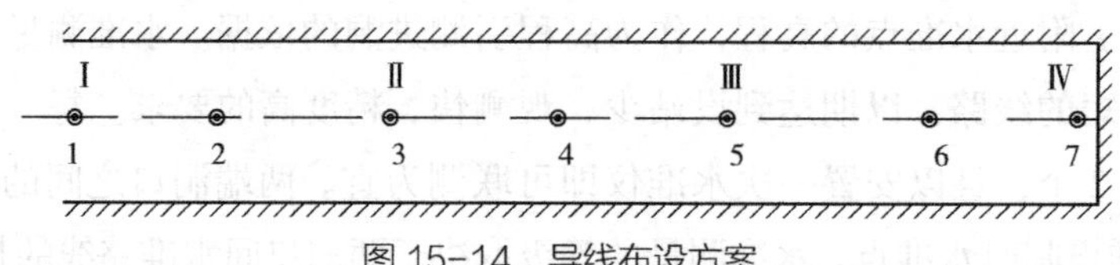

图15-14　导线布设方案

3. 导线测量的外业

（1）选点

隧道中的导线点要选在坚固的底板或顶板上，应便于观测，易于安置仪器，通视较好，边长要大致相等且不小于20m。需永久保存的导线点，每300~800m选一组，一组3个。

（2）测角

导线测角一般采用测回法，观测时要严格进行对中，瞄准目标或垂球线上的标志。如果导线点在顶板上，则要求全站仪或经纬仪必须具有点下对中（又称为“镜上对中”）功能。

（3）量边

一般是悬空丈量。在水平巷道内丈量水平距离时，望远镜放水平，瞄准目标或垂球线，在视线与垂球线的交点处做标志（大头针或小钉）。距离超过一尺段，中间要加分段点。如果是倾斜隧道，还要测出竖直角。

4. 导线测量的内业

导线测量的计算与地面相同，只是地下导线随隧道掘进而敷设，在贯通前难以闭合，也难以附合到已知点上，是一种支导线的形式。因此，根据对支导线的误差分析，可以得出如下结论：

（1）测角误差对导线点位的影响随测站数的增加而增大，故应尽量增长导线边，以减少测站数。

（2）量边的偶然误差影响较小，系统误差影响大。

（3）测角误差直接影响导线的横向误差，对隧道贯通影响较大；测边误差影响导线的纵向误差。

在导线测量的内、外业工作中，必须做好每一环节的质量检查，确保隧道贯通。

15.5.4 地下高程控制测量

当隧道坡度小于 8° 时，多采用水准测量建立地下高程控制；当坡度大于 8° 时可采用三角高程测量。随着隧道的掘进，可每隔 50m 在地面上设置一个洞内高程控制点，也可埋设在洞顶或洞壁上，亦可将导线点作为高程控制点，但都应力求稳固和便于观测。地下高程控制测量多数情况下都是支水准路线，必须往返观测进行检核，若有条件应尽量闭合或附合。

测量方法与地面基本相同。若水准点在顶板上，用 2m 的水准尺倒立于点下，高差的计算与地面相同，只是读数的符号不同而已。后视读数 a 的符号和前视读数 b 的符号，在点下为负，在点上为正。高差按下式计算：

$$h=\pm a-(\pm b) \tag{15-3}$$

三角高程测量与地面三角高程测量相同。计算高差时，仪器高 i 和觇标高 v 的符号因点上和点下不同而异。高差按下式计算：

$$h=L\sin\alpha+i-v \tag{15-4}$$

式中 L——仪器横轴中心至视准点间的倾斜距离；

α——竖直角，仰角为正，俯角为负；

i——仪器高；

v——觇标高。

当测点在顶板上时，i 和 v 应取负号代入公式进行计算。

15.6 地上、地下联系测量

在隧道工程建设中，为了使地面和地下都采用统一坐标系统和高程系统所进行的测量工作，称为联系测量。

平面联系测量的主要任务是确定地下一控制点的坐标和一条边的方位角，也称为定向测量。

平硐的联系测量可由地面直接向地下连测导线和水准路线，将坐标和高程引入地下。其作业方法与地面控制测量相同。

斜井的联系测量方法与平硐基本相同。不同的是隧道坡度较大，导线测量要注意坡度的影响。

竖井大多用于矿山开采，竖井的联系测量可通过一个井筒，也可通过两个井筒进行。这种联系测量是利用地上、地下控制点之间的几何关系将坐标、方向和高程引入地下，故称为几何定向。

由于陀螺仪技术的飞速发展，在导航和测量工作中已被广泛应用。实践证明，用陀螺仪测量真方位角精度高、使用方便，在隧道联系测量工作中不失为一种经济、快速、影响生产小的现代化定向仪器。如图 15-15 所示，为国内某仪器公司生产的自动陀螺全站仪。该自动陀螺全站仪能够在 10min 内，以 ±5″ 的精度测出真北方向。

将地面高程传递到隧道称为高程联系测量，也叫导入高程。

本节主要介绍竖井定向测量中的一井定向测量、二井定向测量以及竖井高程传递。

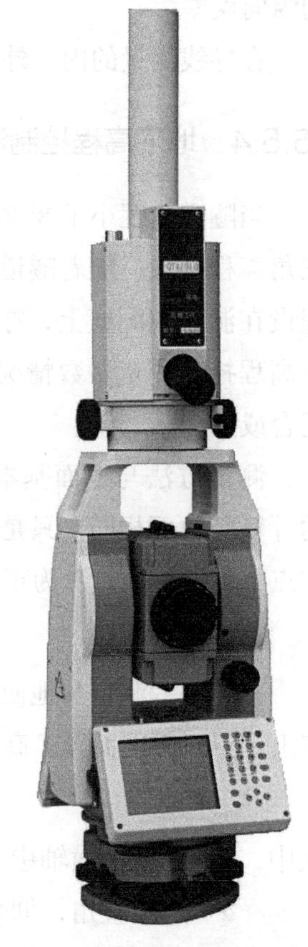

图 15-15 自动陀螺全站仪

15.6.1 一井定向测量

通过一个竖井进行定向，通常采用联系三角形法，就是在井筒内挂两条吊垂线，在地面根据近井控制点测定两条吊垂线的坐标（x、y）及其连线的方位角。在井下，根据投影点的坐标及其连线的方位角，确定地下导线点的起算坐标及方位角。一井定向测量分为投点和连接测量两部分。

通过竖井用吊垂线投点，通常采用单荷重投点法，吊锤质量与钢丝直径随井深而异（如井深为 100m 时，吊锤重 60kg，钢丝直径为 0.7mm）。投点时，先在钢丝上挂以较轻的垂球（如 2kg），用绞车将钢丝导入竖井中，然后在井底换上作业重锤，并将它放入油桶中使其稳定。如竖井内有滴水现象，应在油桶上加盖防水罩。垂线下端摆动的振幅超过 2~3mm 时，可用定中标尺来测定垂线静止时的位置，然后用定中装置将垂线固定在此位置上。

如图 15-16 所示，A 为地面近井点，O_1、O_2 为两吊垂线。A_1 为地下近井点，即地下导线起点。在 A、A_1 分别安置经纬仪，观测 α、ω 和 α'、ω' 角，并测量三角形的边长 a、b、c 和 a'、b'、c'。地面和地下量得的垂线间距离之差不能超过 2mm。钢尺量得的垂线间距 a 与按余弦定理$a=\sqrt{b^2+c^2-2bc\cos\alpha}$求得的距离之差应小于 2mm。

观测之后，联系三角形中的 β 和 β' 可通过正弦定理计算求得，即：

$$\sin\beta=\frac{b}{a}\sin\alpha \tag{15-5}$$

$$\sin\beta'=\frac{b'}{a'}\sin\alpha' \tag{15-6}$$

如图 15-17 所示，根据观测成果和联系三角形的求解，可得地下导线起点 A_1 的坐标

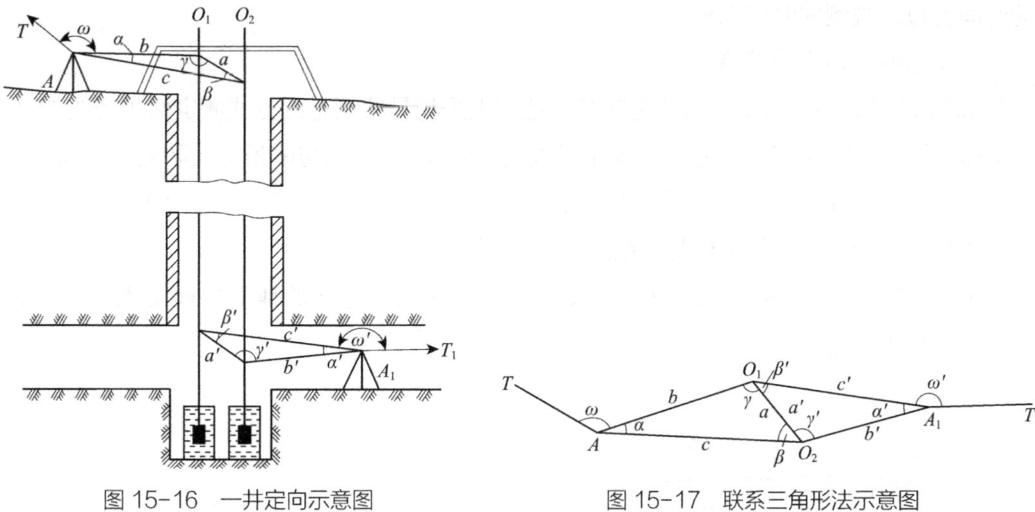

图 15-16 一井定向示意图

图 15-17 联系三角形法示意图

及地下导线起始边 A_1T_1 的方位角。

$$\alpha_{A_1T_1} = \alpha_{AT} + \omega + \alpha + \beta - \beta' + \omega' \pm i \times 180° \tag{15-7}$$

在联系测量中，联系三角形应为伸展形状，角度 α、β 应接近于零，定向角 α 和角 α' 应小于 3°，b/a、b'/a' 的值应小于 1.5，两垂线间的距离 a 不应小于 5m。传递方向时，应选择经过小角 β 的路线。

一井定向测量也可以采用垂准仪和陀螺经纬（全站）仪联合定向的方法进行。用垂准仪往井下投点以取得洞内导线的起始坐标，用陀螺经纬（全站）仪在井下测定起始边的坐标方位角。该法具有作业简便、快捷，精度好和功效高等优点。

15.6.2 二井定向测量

在隧道施工过程中为增加工作面，若在隧道中部开挖有竖井，或者为改善施工条件钻有通风孔，此时应该采用二井定向测量。

如图 15–18 所示，当有两个竖井，井下有隧道相通并能进行测量时，就可在两井筒中各下放一根垂球线，然后在地面和井下分别将其连接，形成一个闭合环，从而把地面坐标的平面坐标和方位角引测到井下，此即二井定向。

由于 A、B 两垂球线之间的距离较长，投向误差会大大减小，相比一井定向的投向精度大大提高，这是二井定向的最大优点。因此，凡是能用二井定向的隧道都应采用二井定向。二井定向的方法与一井定向大致相同。

1. 外业工作

二井定向的外业工作包括投点和地面与地下连接测量。

（1）投点

投点的方法和要求与一井定向相同。由于在井筒中只有一根垂球线，投点占用井筒的时间更短，观测的时间也短。

（2）地面与地下连接测量

如图 15–18（*a*）所示，二井定向时，地面上采用导线测量的方式测定两吊锤线的 *A*、*B* 坐标；如图 15–18（*b*）所示，使地下导线两端点 1、4 分别与两吊锤线联测，组成一个闭合图形；如图 15–18（*c*）所示，即可将地面坐标系中的坐标与方位角传递到地下，经计算求得地下导线各点的坐标与导线边的方位角。

图 15–18（*c*）所示导线，两吊垂线处缺少连接角，这样的地下导线是无起始方位角的，故称为无定向导线。

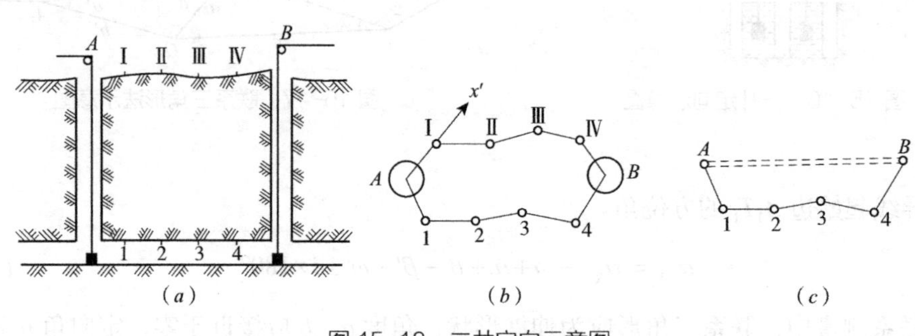

图 15–18　二井定向示意图

2. 内业计算

（1）根据地面连接测量的结果，按导线计算的方法，计算得到 x_A、y_A 和 x_B、y_B，反算 *AB* 的方位角和边长。

$$\begin{cases} \alpha_{AB} = \arctan\dfrac{y_B - y_A}{x_B - x_A} \\ S_{AB} = \sqrt{(x_B - x_A)^2 + (y_B - y_A)^2} \end{cases} \tag{15-8}$$

（2）假定井下导线为独立坐标系，以 *A* 点为原点，根据 *A*1 边的方位，假定 α_{A1} 的数值，按导线计算方法计算出 *B* 点的坐标（x'，y'），反算 *AB* 假定方位角和边长。

$$\begin{cases} \alpha'_{AB} = \arctan\dfrac{y'_B}{x'_B} \\ S'_{AB} = \sqrt{{y'_B}^2 + {x'_B}^2} \end{cases} \tag{15-9}$$

S_{AB} 和 S'_{AB} 不相等，一方面由于井上、井下不在一个高程面上，另一方面由于测量误差的存在，井下边长 S'_{AB} 加上井深改正后与地面相应边长 S_{AB} 的较差为：

$$f_S = S_{AB} - \left(S'_{AB} + \frac{H}{R}S_{AB}\right) \tag{15-10}$$

式中　H——井深，km；

R——地球平均半径，R=6371km。

要求 f_S 不应大于 2 倍连接测量的中误差。

（3）求 AB 边井上、井下两方位角之差，即：

$$\Delta\alpha=\alpha_{AB}-\alpha'_{AB} \tag{15-11}$$

井下导线各边的假定方位角加上 $\Delta\alpha$，即可求得井下各导线边的方位角，从而按以地面点 A 的坐标（x_A，y_A）和改正后的方位角 α_{A1} 为起算数据，推算地下导线各边的坐标增量，并求其闭合差。

$$\begin{cases} f_x=\sum_A^B \Delta x_i-(x_B-x_A) \\ f_y=\sum_A^B \Delta y_i-(y_B-y_A) \end{cases} \tag{15-12}$$

式中　Δx_i——井下第 i 测段的纵坐标增量；

Δy_i——井下第 i 测段的横坐标增量。

井下导线全长闭合差和相对闭合差为：

$$\begin{cases} f_D=\sqrt{f_x^2+f_y^2} \\ K=\dfrac{f_D}{\Sigma D}=\dfrac{1}{\dfrac{\Sigma D}{f_D}} \end{cases} \tag{15-13}$$

导线全长相对闭合差 K 符合规范要求时，可按导线计算方法进行平差计算，最后求得地下导线各点的坐标值。

15.6.3　竖井高程传递

将地面上的高程传递到地下时，应随着隧道施工布置的不同而采用不同的方法，主要有通过平硐、斜井和竖井传递高程等方法。

通过平硐传递高程时，可由地面向隧道中敷设水准路线，用水准测量的方法进行。当地上、地下用斜井联系时，按照斜井坡度和长度的大小，可采用水准测量或三角高程测量的方法进行高程传递，下面讨论通过竖井传递高程的方法。

1. 钢尺导入高程

目前，在国内外使用的长钢尺主要有 50m、100m 两种，长于 100m 的钢尺需要定制。用钢尺导入高程的设备及其安装如图 15-19 所示。钢尺由地面放入井下，到达井底后，挂上一个垂球（垂球的质量等于钢尺鉴定的拉力），以拉直钢尺，并使之处于自由悬挂位置。然后，再在井上、井下各安置一台水准仪，在 A、B 水准尺上读数 a 与 b；再照准钢尺，井上、井下同时读取读数 m 和 n（同时读数可避免钢尺移动所产生的误差）。由图 15-19 可知，井下水准点 B 的高程为：

$$H_B=H_A-h_{AB}=H_A+a-(m-n)-b \tag{15-14}$$

为了校核和提高精度，导入标高应进行两次。两次之差不得大于 $l/8000$（l 为 m 与 n 之间的钢尺长度）。当井筒较深时，常用钢丝代替钢尺导入高程，导入方法类似。

2. 光电测距仪导入高程

随着光电测距仪在测量中的应用，用测距仪来测量井深可达到导入高程的目的。这种方法测量精度高，占用井筒时间短，测量方法简单。

如图 15-20 所示，用光电测距仪导入高程的基本方法是：测距仪 G 安置在井口附近，在井架上安置反射镜 E（与水平面成 45° 角），反射镜 F 水平置于井底。用测距仪分别测得测距仪至反射镜 E 的距离 D（$D=GE$）和测距仪至反射镜 F 的距离 S（$S=GE+EF$），由此得出井深 H（EF 间距）为：

$$H=S-D+\Delta H \tag{15-15}$$

式中　ΔH——光电测距仪的气象、仪器加乘数总改正数。

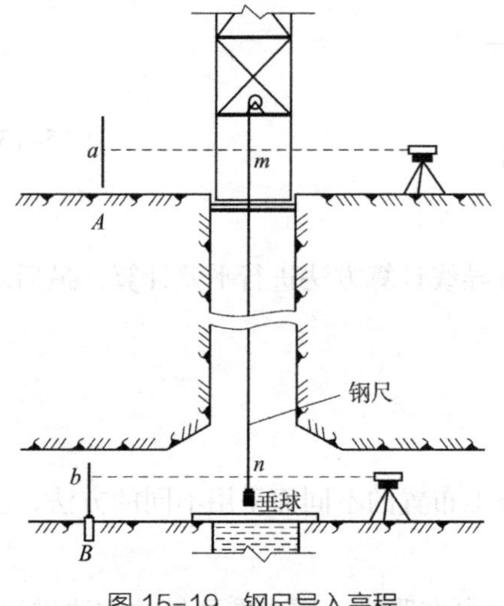

图 15-19　钢尺导入高程

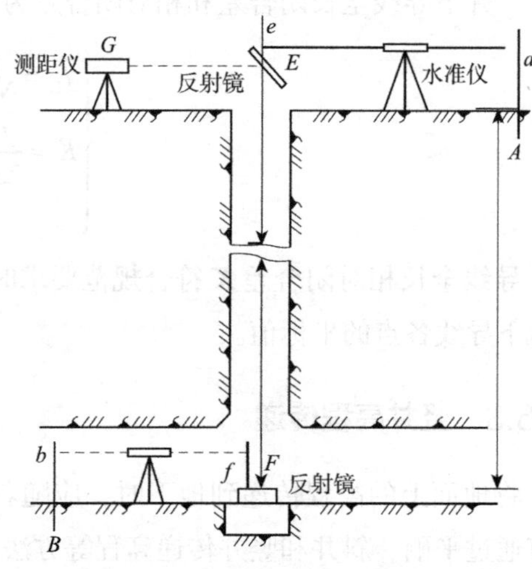

图 15-20　光电测距仪导入高程

在井上、井下分别安置水准仪，读取立于 A、E、B、F 处水准尺的读数 a、e、b、f，则可求得井下水准点 B 的高程为：

$$H_B=H_A+a-e-H+f-b \tag{15-16}$$

上述测量也应重复进行两次，两次之差不得大于 $h/8000$。

15.7　地下工程施工测量

在隧道掘进过程中首先要给出掘进的方向，即隧道的中线；同时要给出掘进的坡度，称为腰线，这样才能保证隧道按设计要求掘进。

15.7.1 隧道洞内中线的测设

隧道施工时通常用中线确定掘进方向。用经纬仪或全站仪根据洞内已敷设的导线点来测设中线点。如图 15-21 所示，P_3、P_4 为已敷设导线点，i 为待定中线点，已知 P_3、P_4 的实测坐标、i 点的设计坐标和隧道中线的设计方位角，即可推算出放样中线点所需的数据 β_4、β_i、L_i。将仪器安置于 P_4 点，测设 β_4 角和距离 L_i，即可标定 i 点。在 P_i 点埋设标志并安置仪器，后视 P_4 点，拨角 β_i 即得中线方向。随着开挖面向前推进，便需要将中线点向前延伸，埋设新的中线点。由此构成施工控制点，各施工控制点间的距离不宜超过 50m。

为了方便施工，常规作业是在近工作面处采用串线法指导开挖方向。先用正倒镜分中法延长直线，在洞顶设置 3 个临时中线点，点间距不宜小于 5m，如图 15-22 所示。标定开挖方向时，一人在 D 点指挥，另一人在作业面上用红油漆标出中线位置。因用肉眼定向，D 点到作业面的距离不宜超过 30m。随着开挖面不断向前推进，应对地下导线进行检查、复核以修正开挖方向。

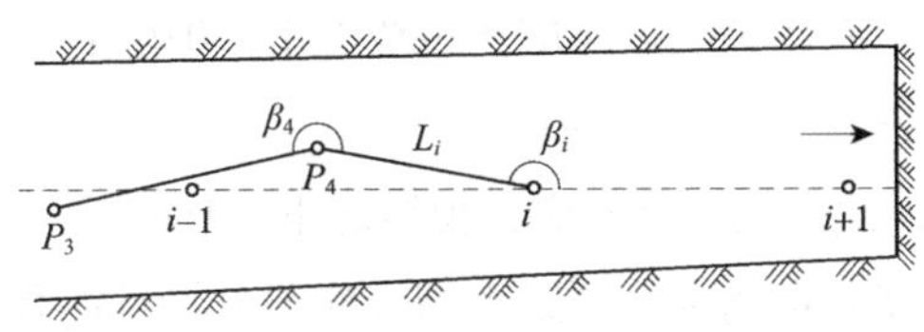

图 15-21 隧道中线测设

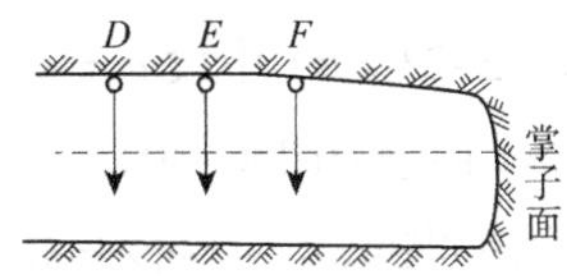

图 15-22 串线法定中线

15.7.2 隧道洞内腰线的测设

隧道腰线是用来指示隧道在竖直面内的掘进方向。掘进过程中，除给出中线外，还要给出掘进的坡度和倾角。一般用腰线法放样坡度和各部位的高程。

腰线点可成组设置，也可每 30~40m 设置一组，但须在两侧洞壁上画出腰线，它高于隧道底板设计高程 1m 或 1.5m。成组设置腰线时，每组不得少于 3 个，点间距以不小于 2m 为宜。

实地标定时，中腰线往往同时或先后进行。首先，做好准备工作，再按施工隧道坡度的大小及断面等决定采用的仪器和方法。标定腰线可采用水准仪、激光指向仪等。

1. 水准仪标定腰线

如图 15-23 所示，隧道中已有一组腰线点 1、2、3，需在前端标定一组新的腰线点 4、5、6 时，把水准仪置于两组腰线点中间，先照准原腰线点 1、2、3 上的小钢尺（代替水准尺）并读数，再计算各点间的高差，以检查原腰线点是否移动。当确定其可靠后，记下点 3 的读数 a_3，然后用卷尺丈量点 3 到点 4 的距离 l_{34}，根据巷道设计坡度，算出腰线

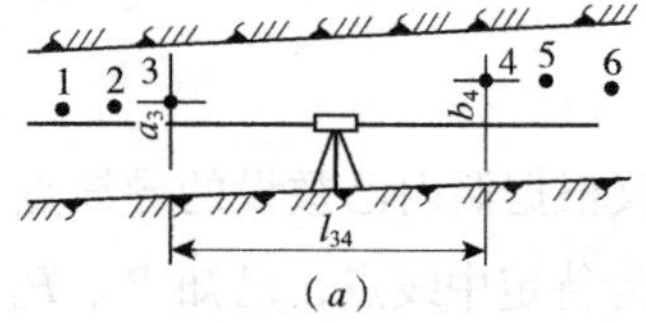

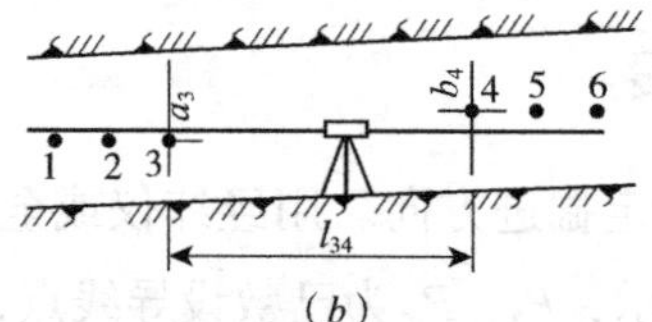

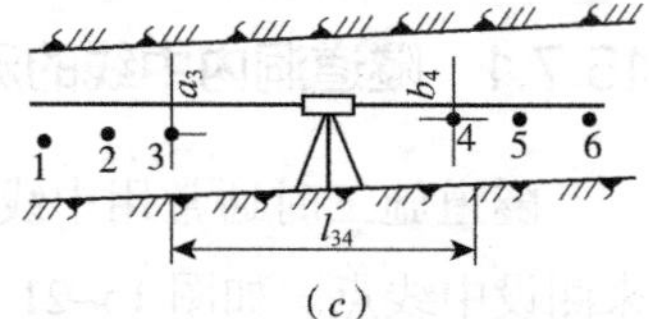

图 15-23　水准仪标定腰线

点 4 距离视线的高度 b_4 为：

$$b_4=a_3+h_{34}=a_3+l_{34}\times i \tag{15-17}$$

计算时，a 在视线之上为正，在视线之下为负；坡度 i 以上坡为正，下坡为负。计算 b_4 后，水准仪前视 4 点处，以视线为准。根据 b_4 值标出腰线点 4 的位置。若 b_4 值为正，腰线点在视线之上；b_4 值为负，则在视线之下。标定点 5、6 时的计算和操作同法进行。

上述计算和操作虽简单，但易出错。现说明图 15-23 所示三种情况的算例：

图 15-23（a）中设 a_3=+0.252m，l_{34}=30m，i=+3‰，则：

$b_4=a_3+h_{34}$=0.252+30×0.003=+0.342m，此例腰线点 4 应在视线之上 0.342m。

图 15-23（b）中设 a_3=−0.054m，l_{34}=30m，i=+3‰，则：

$b_4=a_3+h_{34}$=−0.054+30×0.003=+0.036 m，此例腰线点 4 应在视线之上 0.036 m。

图 15-23（c）中设 a_3=−0.256m，l_{34}=30m，i=+3‰，则：

$b_4=a_3+h_{34}$=−0.256+30×0.003=−0.166m，此例腰线点 4 应在视线之下 0.166m。

标定的腰线点应检核其高程。从已知高程点测定的腰线点高程应与其设计高程相符，如有偏差应调整腰线点，同时根据调整后的腰线点标定下一组腰线点。

2. 激光指向仪标定腰线

随着隧道掘进速度加快，传统的标定腰线的方法越来越不能适应快速掘进的要求。我国自 20 世纪 70 年代以来，先后研制出多种型号的激光指向仪，并已广泛用于指示矿山或隧道直线巷道的掘进方向。

仪器的安装与调整如图 15-24 所示。

（1）用经纬仪在巷道中标定一组中线点 A、B、C，并在中线垂球线上标出腰线位置，B、C 两点间距为 30~50m。

（2）在安置指向仪的中线点处顶板上按一定尺寸固定四根锚杆，再将带有长孔的两根角钢安在锚杆上。

（3）将仪器的悬挂装置用螺栓与角钢相连，根据仪器前后的中线点 A 和 B 移动仪器，使之处于中线方向上，然后把螺栓固紧。

（4）接通电源，激光束射出，利用水平调节钮使光斑中心对准前方 B、C 两个中线再上下调整光束，直至光斑中心至两垂球线腰线标志的垂距 d 相同为止。这时红色激光束即是与腰线平行的一条巷道中线。然后锁紧仪器，激光束指示隧道的掘进方向。激光束射到隧道掌子面的光斑可用光斑大小调节器调整，在 600m 处光斑直径可调至 40mm。

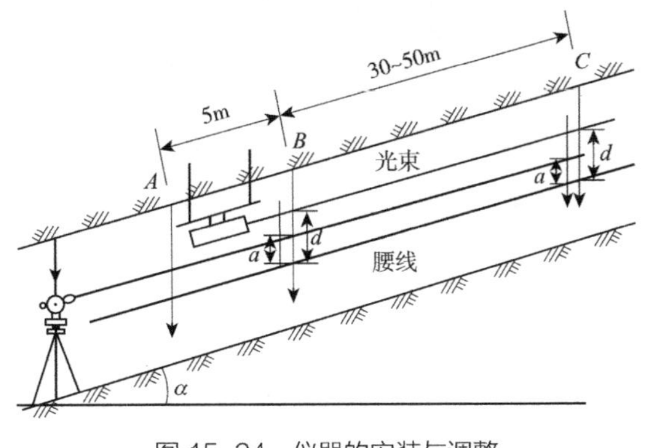

图 15-24　仪器的安装与调整

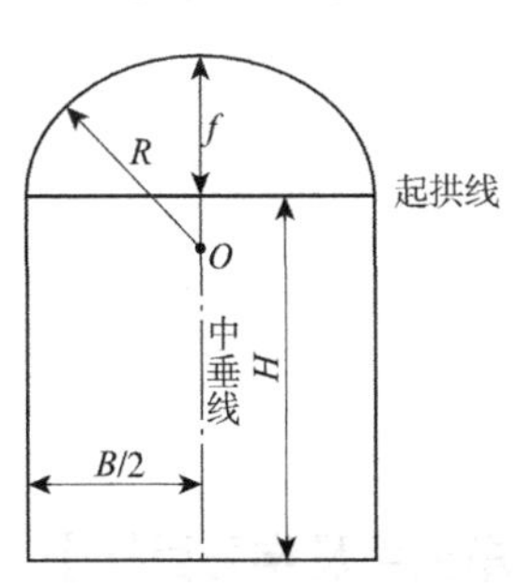

图 15-25　隧道断面的形式

15.7.3　隧道洞内开挖断面的测设

隧道断面的形式如图 15-25 所示，设计图纸上给出断面宽度 B、拱高 f、拱弧半径 R 以及设计拱线的高度 H 等数据。测设时，首先用串线法（或在中线桩上安置经纬仪）在工作面上定出断面中垂线，根据腰线定出起拱线位置；然后根据设计图纸，采用支距法测设断面轮廓。

特别强调，为了保证施工安全，在隧道掘进过程中还应设置变形观测点，以便监测围岩的位移变化。腰桩、洞壁和洞顶的水准点可作为变形观测点。

【本章小结】

桥梁和隧道工程测量具有其自身特点，应综合考虑桥梁和隧道的设计要求、结构特点，合理选用适宜的测量手段和方法。重点掌握施工控制网的设计与测量、工程细部放样方法。

【思考与练习题】

1. 桥梁工程测量包括哪些内容？
2. 桥梁施工平面控制网的布设应遵循哪些原则？
3. 桥梁施工高程控制测量采用的方法有哪些？不同方法的特点是什么？
4. 试述水中桥墩的定位方法。
5. 在隧道贯通误差中，为什么说横向误差是最重要的？
6. 联系测量的作用是什么？
7. 测设隧道中线和腰线的目的是什么？

第 16 章　变形测量

【本章要点及学习目标】

本章主要介绍建筑物产生变形的原因、特点及变形观测的基本方法、精度要求，重点讲述了建筑物沉降、倾斜、水平位移观测和挠度观测，同时简要介绍了建筑物的裂缝观测。通过本章的学习，学生应掌握建（构）筑物沉降、水平位移及倾斜观测的原理和实施步骤。

16.1　概述

变形测量就是对建筑物、构筑物及其地基或一定范围内岩体及土体的位移、沉降、倾斜、挠度、裂缝等所进行的测量工作。随着高层建（构）筑物的不断兴建，变形测量越来越受到人们的重视。各种大型的建（构）筑物，如水坝、超高层建筑、大型桥梁、隧道在其施工和运营过程中都会不同程度地出现变形。这些变形总有一个由量变到质变的过程，以致最终酿成事故，因而及时对建（构）筑物进行变形观测，掌握变形规律，以便及时分析、研究和采取相应措施是非常必要的。同时，变形观测为检验设计的合理性、提高设计质量提供了科学的依据。

16.1.1　建（构）筑物产生变形的原因

变形是物体在外在因素作用下产生的形状和尺寸的改变，也称为形变。建筑变形指的是建筑在荷载作用下产生的形状或位置变化的现象。《建筑变形测量规范》JGJ 8—2016按变形特征及设计与施工习惯，将建筑变形分为沉降和位移两大类。其中，沉降指的是竖向变形，包括下沉和上升；位移则是除沉降外其他变形的统称，包括水平位移、倾斜、裂缝、挠度、收敛变形、日照变形和风振变形等。

建筑物发生变形的原因主要有两方面：一是自然条件及其变化，即建筑物地基的工程地质、水文地质及土壤的物理性质等；二是与建筑物本身有关的原因，即建筑物本身的荷重、建筑物的结构形式及动荷载（如风荷载、振动等）。此外，由于勘测、设计、施工以及运营管理等方面的工作做得不合理也会导致建筑物产生额外的变形。

变形按时间长短分为：长周期变形（如建筑物自重引起的沉降和变形）、短周期变形（如温度变化引起的变形）和瞬时变形（如风振引起的变形）。变形按其类型可分为：静态变形和动态变形。

16.1.2　建筑变形测量特点

变形测量就是利用专用的仪器和方法对变形体的变形现象进行持续观测，对变形体的变形形态进行分析和对变形体变形的发展态势进行预测等各项工作。变形观测包括建立变形监测网，进行水平位移、沉降、倾斜、裂缝、挠度、摆动和振动观测等。

变形测量的任务是周期性地对观测点进行重复观测，求得其在两个观测周期间的变化量。为了求得瞬时变形，则应采用多种自动记录仪器记录其瞬时位置。本章主要说明静态变形的观测方法，静态变形是时间的函数，观测结果只表示在某一时期内的变形。

相比一般的工程测量，变形测量具有如下五个特点：

（1）重复观测

变形测量一般均为多期重复观测，为了进行不同期观测成果的比较分析，各期观测必须有统一的参照。

（2）变形观测具有很强的时间性

变形一般发生在某一时刻或某一时间段内，变形观测必然要在变形体的变形时间内进行。如果变形的速度较快，观测周期应尽可能缩短；如果变形逐渐减慢而趋于稳定，观测周期也可逐渐放长；当变形体稳定之后，一般也要间隔一定时间仍坚持观测，以确保安全或防止意想不到的因素影响。

（3）精度要求高

变形观测的精度要求取决于观测的目的、变形体的类型及部位。为了保障建筑物的安全而进行的变形观测，一般要求观测精度为预计变形值的1/10。

沉降观测精度一般要求达到亚毫米级，位移观测精度经常要求达到毫米级。

（4）需要多种测量仪器和测量方法的综合应用

监测对象往往具有特殊性，为提高变形测量成果的精度和可靠性，时常需要综合应用多种测量技术和手段。变形观测的精度要求存在较大差别，观测周期有长有短，有的甚至要求连续监测，就必然需要有针对性地采用不同的测量仪器和测量方法。

（5）变形观测数据分析与处理比较复杂

建筑物的变形一般都较小，有时甚至与观测精度处在同一个数量级；同时，大量重复观测使原始数据增多。要从不同时期的大量数据中精确确定变形信息，必须采用严密的数据处理方法。

16.1.3　变形观测的基本方法

变形观测方法和仪器的选择主要取决于观测的内容、工程地质条件及工程周围的环境条件。

（1）常规测量方法

常规地面测量方法是指通过测定高程、角度、边长或坐标来测定变形的方法。这种方法直观性好，仪器工具比较普及，能够较好地满足各种精度级别的要求，因此它一直是变形监测的主要方法。但其野外工作量大，不易实现自动化和连续监测。测量方法主要包括精密几何水准测量、三角高程测量、三角（边）测量、导线测量、全站仪坐标测量、交会法等。

（2）全球定位系统

全球定位系统是测量技术的一项重大变革，集平面与高程测量于一体，使三维变形监测网的观测变得简单。由于这种定位技术不需要两点间通视，故变形监测网具有更多优化余地。与经典测量方法相比，不仅可以满足变形监测工作的精度要求，而且更有助于实现监测工作的自动化，显著提高作业效率，降低劳动强度。

（3）现代测量方法

现代测量方法包括采用测量机器人、激光跟踪仪、三维激光扫描系统进行变形观测。这类方法既具有常规测量方法的优点，又能自动、连续、遥控监测，并能对动态目标进行监测，监测信息的精度较高。

（4）摄影测量方法

摄影测量方法包括传统近景摄影测量、数字近景摄影测量等。采用近景摄影测量方法对某些特殊对象进行变形监测时，具有一定的优越性，主要表现在：

①图片信息量丰富，可同时获得变形体上大批目标点的三维变形信息，完整记录变形体在不同时间的状态，便于对成果进行比较和分析。

②外业工作量小，劳动强度低。

③可进行无接触测量，可以观测人不易到达的地方。

（5）专门测量方法

专门测量方法，或称物理仪器法，包括各种准直测量（如激光准直系统等）、倾斜仪观测、流体静力水准测量及应变仪测量等。采用专门测量方法的最大优点是容易实现连续自动监测及遥测且相对精度高，但测量范围不大，提供的是局部变形信息。

物理测量方法依赖于传感器技术，将变形体的变形量转换成电感应量（电压、电流或电阻）变化的信息，从而测定被测物体变化量的大小，因此也称应变测量。传感器是电学、光学和机械三种技术综合性的产物，而传感器技术与计算机技术结合起来容易实现变形监测的自动化。例如，液体静力水准测量系统配上传感器可以实现沉降观测的自动化，引张线配上传感器可以实现位移观测的自动化，正倒垂线配上传感器可以实现位移、倾斜和挠度观测的自动化。

16.1.4 变形观测周期

变形观测周期是指相邻两次变形观测的间隔时间，确定时应对变形值的大小、变形速度、观测的目的、工程地质条件及施工过程等因素进行综合考虑。

在观测过程中，应根据变形量的大小适当调整观测周期。根据观测结果，应对变形观测的数据进行分析，得出变形的规律和变形的大小，以判定建筑物是趋于稳定还是变形继续扩大。如果变形继续扩大且变形速率加快，则说明变形超出允许值，会妨碍建筑物的正常使用。如果变形量逐渐减小，说明建筑物趋于稳定，达到一定程度即可终止观测。

如果在观测过程中遇到变形速度异常、雨水浸泡、地震等情况，应增加观测次数，以监视建筑物的动态变化，保证安全施工或使用。若工程建设的工期较短，在施工期间的观测次数也不应少于 4 次，否则不能取得正确的变形特征值。

16.1.5 变形测量的精度要求

建筑物变形测量要遵照《建筑变形测量规范》JGJ 8—2016 进行。建筑变形测量按照不同的工程和精度要求，分为特等、一等、二等、三等、四等，见表 16–1。

变形观测的精度要求取决于工程建筑的预计允许变形值的大小和进行观测的目的。若为建（构）筑物的安全监测，其观测中误差一般应小于允许变形值的 1/20~1/10；若是研究建（构）筑物的变形过程和规律，则精度要求还要更高。通常按照“以当时达到的最高精度为标准进行观测”。

建筑变形测量的等级、精度指标及其适用范围　　表 16–1

等级	沉降监测点测站高差中误差（mm）	位移监测点坐标中误差（mm）	主要适用范围
特等	0.05	0.3	特高精度要求的变形测量
一等	0.15	1.0	地基基础设计为甲级的建筑的变形测量；重要的古建筑、历史建筑的变形测量；重要的城市基础设施的变形测量等
二等	0.5	3.0	地基基础设计为甲、乙级的建筑的变形测量；重要场地的边坡监测；重要的基坑监测；重要管线的变形测量；地下工程施工及运营中的变形测量；重要的城市基础设施的变形测量等
三等	1.5	10.0	地基基础设计为乙、丙级的建筑的变形测量；一般场地的边坡监测；一般的基坑监测；地表、道路及一般管线的变形测量；一般的城市基础设施的变形测量；日照变形测量；风振变形测量等
四等	3.0	20.0	精度要求低的变形测量

16.1.6 变形观测系统

建筑物变形观测的实质是定期对建筑物的有关几何量进行测量，并从中整理、分析出变形规律。其基本原理是在建筑物上选择一定数量具有代表性的点，通过对这些点的重复观测来求出几何量的变化。

变形观测的测量点分为基准点、工作基点和观测点。

（1）基准点

由于观测点是伴随着建筑物的位置变化而变化的，为了测出观测点的变化，必须有一定数量的位置固定或变化甚小（相对于观测点的变化量级可以忽略）的点，这些点称为基准点，以此作为分析、比较变形量的依据。基准点通常埋设在比较稳固的基岩上或在变形范围以外，尽可能稳固并便于长期保存。

（2）工作基点

直接利用基准点是困难的。这时就要利用一些介于观测点和基准点之间的过渡点，称为工作基点。它一般埋设在被观测对象附近，要求在观测期间保持稳定。

（3）观测点

设置在变形体上，能反映变形特征，作为变形测量所用的固定标志。

由基准点、工作基点、观测点构成的观测系统称为变形观测系统。

16.2 沉降观测

建筑物的沉降是指建筑物及其基础在垂直方向上的变形（也称垂直位移）。建筑物沉降观测是周期性地观测建筑物上的沉降观测点和水准基点之间的高差变化值。通常采用精密水准测量或液体静力水准测量的方法进行。

16.2.1 水准基点和沉降观测点的布设

1. 水准基点的布设

沉降观测的基准点和工作基点都称为水准基点，是观测建筑物垂直变形的基准。因此，它的构造与埋设必须保证稳定不变和长久保存。水准基点应埋设在建筑物沉降影响之外、观测方便且不受施工影响的地方。为了互相检核，特等、一等沉降观测，水准基点不应少于 4 个；其他等级沉降观测，水准基点不应少于 3 个。水准基点之间应形成闭合环。对于拟测工程规模较大者，水准基点要统一布设在建筑物周围，便于缩短水准路线，提高观测精度。图 16-1 是水准基点的一种形式，在有条件的情况下，水准基点可筑在基岩或永久稳固建筑物的墙角上。

城市地区的沉降观测水准基点可用二等水准与城市水准点联测。

2. 沉降观测点的布设

沉降观测点应布设在最有代表性的地点，埋设时要与建筑物连接牢靠，使观测点的变化能真正反映建筑物的沉降情况。对于民用建筑，通常在它的四角点、中点、转角处布设观测点；沿建筑物周边每隔 10~20m 布置一个观测点；设有沉降缝的建筑物，在其两侧布设观测点；对于宽度大于 15m 的建筑物，在其内部有承重墙和支柱时，应尽可能布设观测点。对于一般的工业建筑，除了在转角、承重墙及柱子上布设观测点外，在主要设备基础、基础形式改变处、地质条件改变处也应布设观测点。沉降观测点的埋设形式

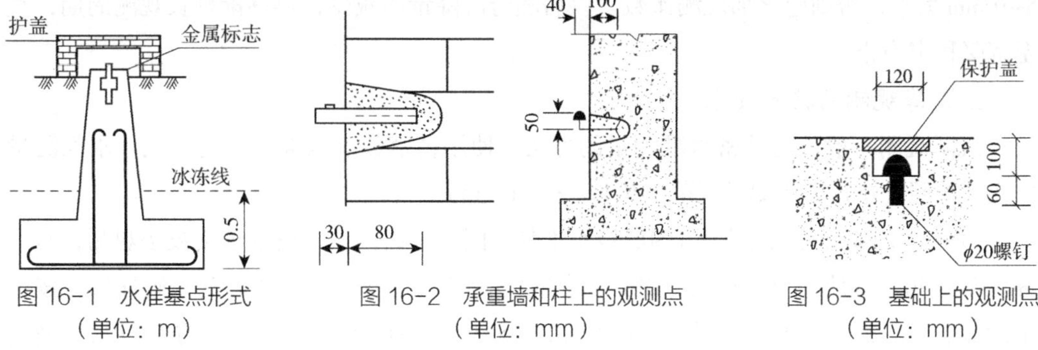

图 16-1　水准基点形式（单位：m）

图 16-2　承重墙和柱上的观测点（单位：mm）

图 16-3　基础上的观测点（单位：mm）

如图 16-2 和图 16-3 所示。图 16-2 分别为承重墙和柱上的观测点，图 16-3 为基础上的观测点。

16.2.2　沉降观测的实施

在建筑物基坑开挖之前开始进行水准点的布设与观测，对基坑沉降点的观测应在基础完工并施工到 ±0.000 标高后开始，并在完成基坑主体周围回填土后结束。对建筑物主体沉降点的观测应贯穿于整个施工过程，持续到建成后若干年，直到沉降现象基本停止为止。

1. 沉降观测时间与周期的确定

建筑物基础的沉降过程是基础下土层随载荷增加而逐渐被压缩变形的外部反映，此过程大体上可以分为四个阶段。

（1）施工初期的活跃阶段。从基础施工开始，对地基的载荷逐渐增加，到满载荷为止是沉降最快的阶段，砂类土层上基础的年沉降量可达 20~70mm。此阶段的监测周期应尽量缩短，对于高层建筑一般每升高 1~2 层观测一次，或根据施工进度 7~15 天观测一次。

（2）沉降速度减缓阶段。随着施工过程的结束，沉降量就会显著减慢，年沉降量约为 20mm。

（3）平稳下沉阶段。此时建筑物一般已竣工并投入使用，以每年 1~2mm 的沉降速度平稳下沉。此阶段监测周期应适当拉长，一般有 1~3 个月、半年及一年等不同的周期。按周期观测，直到沉降停止。

（4）沉降停止阶段。此时建筑物基础趋于稳定，沉降曲线几乎是水平的，监测周期可以更长或停止监测。

当埋设的观测点稳固后，即可进行第一次观测。施工期间，一般建筑物每升高 1~2 层或每增加一次荷载就要观测一次。如果中途停工时间较长，应在停工时和复工前各观测一次。在发生大量沉降或严重裂缝时，应进行逐日或几天一次的连续观测。竣工后应根据沉降量的大小来确定观测周期。开始可隔 1~2 个月观测一次，以每次沉降量在

5~10mm 为限，否则应增加观测次数。以后随着沉降量的减少，再逐渐延长观测周期，直至沉降稳定为止。

2. 沉降观测的技术要求

沉降观测一般采用精密水准测量的方法，使用精密数字水准仪进行观测。水准测量的实施按照《建筑变形测量规范》JGJ 8—2016 进行。

对一等沉降观测，应使用 DS05 级水准仪、因瓦条码标尺，按电子读数法观测；对二等沉降观测，应使用 DS05 级或 DS1 级水准仪、因瓦条码标尺或玻璃钢条码标尺，按电子读数法观测；对三等沉降观测，应使用 DS05 级或 DS1 级水准仪、因瓦条码标尺或玻璃钢条码标尺，或使用 DS3 级水准仪、玻璃钢条码标尺，按电子读数法观测；对四等沉降观测，应使用 DS1 级水准仪、因瓦条码标尺或玻璃钢条码标尺，或使用 DS3 级水准仪、玻璃钢条码标尺，按电子读数法观测。各等级水准观测的视线长度、前后视距差、视线高度等，应符合表 16-2 的规定。各等级水准观测的限差应符合表 16-3 的规定。

数字水准仪观测要求 **表 16-2**

沉降观测等级	视线长度（m）	前后视距差（m）	前后视距累积差（m）	视线高度（m）	重复测量次数（次）
一等	≥ 4 且 ≤ 30	≤ 1.0	≤ 3.0	≥ 0.65	≥ 3
二等	≥ 3 且 ≤ 50	≤ 1.5	≤ 5.0	≥ 0.55	≥ 2
三等	≥ 3 且 ≤ 75	≤ 2.0	≤ 6.0	≥ 0.45	≥ 2
四等	≥ 3 且 ≤ 100	≤ 3.0	≤ 10.0	≥ 0.35	≥ 2

注：①在室内作业时，视线高度不受本表的限制。
②当采用光学水准仪时，观测要求应满足表中各项要求。

数字水准仪观测限差（mm） **表 16-3**

沉降观测等级	两次读数所测高差之差限差	往返较差及附合或环线闭合差限差	单程双测站所测高差较差限差	检测已测测段高差之差限差
一等	0.5	$0.3\sqrt{n}$	$0.2\sqrt{n}$	$0.45\sqrt{n}$
二等	0.7	$1.0\sqrt{n}$	$0.7\sqrt{n}$	$1.5\sqrt{n}$
三等	3.0	$3.0\sqrt{n}$	$2.0\sqrt{n}$	$4.5\sqrt{n}$
四等	5.0	$6.0\sqrt{n}$	$4.0\sqrt{n}$	$8.5\sqrt{n}$

注：①表中 n 为测站数。
②当采用光学水准仪时，基、辅分划或黑、红面读数较差应满足表中两次读数所测高差之差限差。

（1）水准路线应尽量构成闭合环的形式。

（2）采用“三固定”的方法，即固定人员、固定仪器和固定施测路线，固定立尺点与转点。

（3）水准仪的 i 角，对用于一、二等沉降观测的仪器不得大于 15″，对用于三、四等沉降观测的仪器不得大于 20″。在观测第一次开始前应校正水准仪的 i 角，当发现观测成果出现异常情况并认为与仪器有关时，应及时进行水准仪的检验与校正。

（4）观测应在成像清晰、稳定的时间段内进行。晴天观测时，应用测伞为仪器遮蔽阳光。

（5）前后视观测最好用同一根水准尺，各等级水准观测测站至标尺的距离见表 16–8。前后视距离在开始观测前用皮尺丈量，使之大致相等。

（6）精度指标按表 16–1 的规定执行。一般来说，对普通厂房建筑物，混凝土大坝的沉降观测，要求能反映出 2mm 的沉降量；对重要厂房和重要设备基础的沉降观测，要求能反映出 1mm 的沉降量；精密工程如高能粒子加速器、大型抛物面天线等，沉降观测的精度要求为 ±0.05~±0.2mm。

（7）水准点的高程变化将直接影响沉降观测的结果，应定期检查水准点高程有无变动。

16.2.3 沉降观测的成果整理和分析

（1）整理原始记录

每次观测结束后，应检查记录的数据和计算是否正确，精度是否合格，然后调整闭合差，推算各沉降观测点的高程。

（2）计算沉降量

计算各观测点本次沉降量（用各观测点上次观测所得的高程减去本次观测高程）和累计沉降量（每次沉降量相加），并将观测日期和荷载情况一并记入表 16–4 内。

（3）绘制时间—荷载—沉降量关系曲线

为了预计下一次观测点沉降的大约数值和沉降过程是否渐趋稳定或已经稳定，可绘制时间—荷载—沉降量关系曲线，如图 16–4 所示。

沉降量—时间关系曲线是以沉降量 s 为纵轴，时间 t 为横轴，根据每次的观测日期和相应的沉降量按比例画出各点位置，然后将各点连接起来，并在曲线一端注明观测点号码，构成 s–t 曲线图。

沉降量观测成果表 **表 16–4**

观测次数	观测时间	各观测点的沉降情况							施工进展情况	荷载情况（t/m²）
		1			2			…		
		高程（m）	本次下沉（mm）	累计下沉（mm）	高程（m）	本次下沉（mm）	累计下沉（mm）	…		
1	2001.1.10	50.454	0	0	50.473	0	0	…	一层平口	
2	2001.2.23	50.448	6	6	50.467	6	6		三层平口	40
3	2001.3.16	50.443	5	11	50.462	5	11		五层平口	60

续表

观测次数	观测时间	各观测点的沉降情况							施工进展情况	荷载情况（t/m²）
		1			2			…		
		高程（m）	本次下沉（mm）	累计下沉（mm）	高程（m）	本次下沉（mm）	累计下沉（mm）	…		
4	2001.4.14	50.440	3	14	50.459	3	14		七层平口	70
5	2001.5.15	50.438	2	16	50.456	3	17		九层平口	80
6	2001.6.4	50.434	4	20	50.452	4	21		主体完工	110
7	2001.8.30	50.429	5	25	50.447	5	26		竣工	
8	2001.11.6	50.425	4	29	50.445	2	28		使用	
9	2002.2.28	50.423	2	31	50.444	1	29			
10	2002.5.6	50.422	1	32	50.443	1	30			
11	2002.8.5	50.421	1	33	50.443	0	30			
12	2002.12.25	50.421	0	33	50.443	0	30			

注：水准点高程：*BM*1 为 49.538m；*BM*2 为 50.132m；*BM*3 为 49.776m。

同理，荷载—时间关系曲线是以荷载 F 为纵轴，时间 t 为横轴，根据每次观测时间和相应的荷载画出各点，将各点连接起来，构成 F-t 曲线图。

随着沉降观测的进行，应及时对其成果加以分析，研究其变形规律和特征，对变形趋势做出预报，并提交相应的阶段性成果；一旦发现变形异常，则应及时通报有关单位，以便采取必要的措施加以处理，防止工程事故的发生，确保施工和建（构）筑物的安全。待整个沉降观测结束后，则须提交最终的综合成果，一般包括以下有关资料：①观测点位分布图；②沉降观测成果表；③荷载—时间—沉降量曲线；④等沉降曲线与技术总结报告。

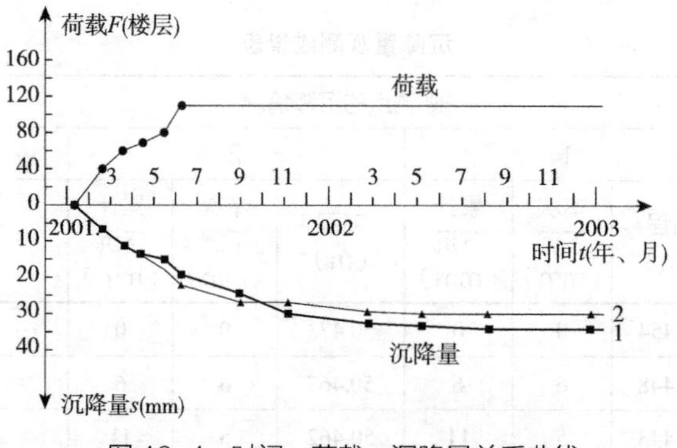

图 16-4　时间—荷载—沉降量关系曲线

除提供以上有关资料外，有时还需要提交沉降等值线图和沉降曲线展开图。图 16–5 为沉降等值线图，它是以建筑平面图为基础，根据各点的沉降量依照内插勾绘等高线的方法绘制而成；图 16–6 为沉降曲线展开图，它是以建筑平面图为基础，沿周边轮廓线各画一段沉降线而成，以反映沉降变形在空间分布的情况（图中小三角形表示变形点位，数字表示各变形点的沉降量）。

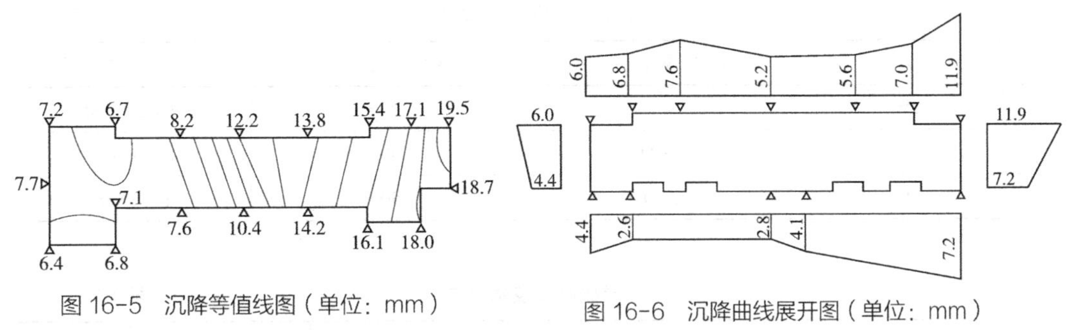

图 16–5　沉降等值线图（单位：mm）

图 16–6　沉降曲线展开图（单位：mm）

16.3 水平位移观测

16.3.1 水平位移监测平面控制网的建立

水平位移测量就是测定变形体的平面位置随时间而产生的位移大小、位移方向，并提供变形趋势及稳定预报而进行的测量工作。观测前，应根据建（构）筑物的形状、大小、荷重以及水平位移的原因和趋势，在现场布设水平位移监测控制网或基准线。

水平位移监测平面控制网宜采用独立坐标系，并进行一次布网；必要时，也可与国家或地方坐标系联测。对特等、一等位移观测的基准点和工作基点，宜建造具有强制对中装置的观测墩或埋设专门观测标石，强制对中装置的对中误差不应超过 0.1mm。观测墩的底座最好直接浇筑在基岩上，以确保其稳定。

位移基准点的测量可采用全站仪边角测量或卫星导航定位测量等方法。当需测定三维坐标时，可采用卫星导航定位测量方法，或采用全站仪边角测量、水准测量或三角高程测量组合方法。位移工作基点的测量可采用全站仪边角测量、边角后方交会以及卫星导航定位测量等方法。大型工程（如水库、水电站等）或有地震前兆的地区，应布设大规模的三角网、导线网等。对单体建（构）筑物或少量建筑，一般可建立少量控制点，采用独立坐标系。对有明显位移方向的监测，可布设与位移方向相垂直的基准线。

水平位移监测平面控制网的技术要求如下：测角控制网技术要求见表 16–5；测边控制网技术要求见表 16–6；导线测量技术要求见表 16–7。

测角控制网技术要求 表 16-5

等级	最弱边边长中误差（mm）	平均边长（m）	测角中误差（″）	最弱边边长相对中误差
一级	± 1.0	200	± 1.0	1：200000
二级	± 3.0	300	± 1.5	1：100000
三级	± 10.0	500	± 2.5	1：50000

测边控制网技术要求 表 16-6

等级	测距中误差（mm）	平均边长（m）	测距相对中误差
一级	± 1.0	200	1：200000
二级	± 3.0	300	1：100000
三级	± 10.0	500	1：50000

导线测量技术要求 表 16-7

等级	导线最弱点点位中误差（mm）	导线长度（m）	平均边长（m）	测边中误差（mm）	测角中误差（″）	导线全长相对闭合差
一级	± 1.4	$750C_1$	150	$\pm 0.6C_2$	± 1.0	1：100000
二级	± 4.2	$1000C_1$	200	$\pm 2.0C_2$	± 2.0	1：45000
三级	± 14.0	$1250C_1$	250	$\pm 6.0C_2$	± 5.0	1：17000

注：C_1、C_2 为导线类别系数，对附合导线，$C_1=C_2=1$；对独立单一导线，$C_1=1.2$，$C_2=\sqrt{2}$；对导线网，导线长度系指附合点与结点或结点间的导线长度，取 $C_1 \leqslant 0.7$，$C_2=1$。

对水平位移观测、基坑监测或边坡监测，应设置位移基准点。关于基准点数，特等和一等不应少于 4 个，其他等级不应少于 3 个。当采用视准线法和小角度法，不便设置基准点时，可选择稳定的方向标志作为方向基准。

16.3.2 水平位移观测方法

变形点的观测可根据实际情况采用角度交会、极坐标、导线测量、卫星定位测量等方法进行。水平位移观测的精度可按表 16-1 有关规定经估算后确定。

1. 基准线法

对有明显位移方向的监测或只需测定在某一特定方向上的位移量时，可采用基准线法，即在靠近变形点且垂直于待测位移的方向上建立一条基准线，定期测定变形点到基准线的水平垂距，相邻两期的水平垂距之差即为本周期内的水平位移量，本期测得的水平垂距与首期测得的水平垂距之差即为累积水平位移。

基准点应选在位移变形影响范围以外，且应有基准点的监测控制点，以便定期或随时检查基准点位置的准确性。

在实际应用中，基准线法又可分为视准线法、激光准直法和引张线法。

（1）视准线法

1）小角法

小角法的基本原理是通过测得基准方向与观测点方向之间的微小角度从而计算观测点相对于基准线的偏离值，根据偏离值在观测周期的变化确定位移量。

采用小角法进行视准线测量时，视准线应按平行于待测建筑物边线布置，观测点偏离视准线的偏角不应超过30″。目的在于观测时，固定仪器照准部于基准线方向，而只通过旋转微动螺旋就可以照准观测目标点读数，这样可以提高测角精度。如图16–7所示，A、B为基准点，在工作基点A安置全站仪，在工作基点B和观测点P_i（i=1，2，…，5）设置观测标志，测定水平角β。由于β角较小，则根据全站仪到监测点的水平距离D，可以计算出P点在垂直于基线方向上的偏移量δ。

观测点偏离视线的垂距为：

$$\delta=\frac{\beta}{\rho}D \tag{16–1}$$

式中 δ_i——第i个观测点的偏移垂距（i=1，2，…，5），mm；

D——从测站到监测点的距离，mm；

ρ——常数，其值为206265″；

β——偏角，″。

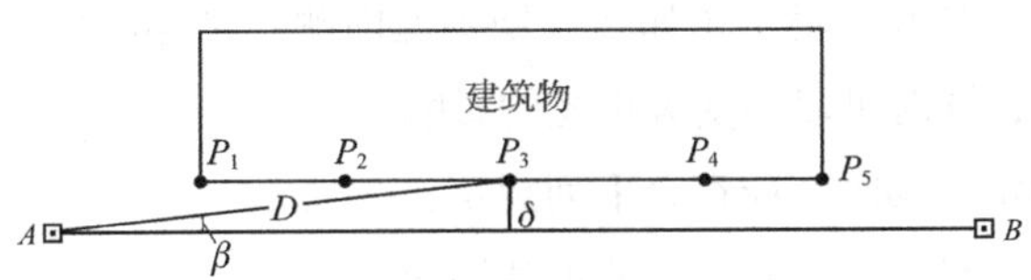

图16–7 小角法和活动觇牌法观测示意图

2）活动觇牌法

活动觇牌法是通过一种精密的附有读数设备的活动觇牌直接测定观测点相对于基准面的偏移值。如图16–7所示，在观测点P_i上安置特制的活动觇牌（图16–8），将经纬（全站）仪安置在基准点A上，瞄准另一基准点B进行定向，即可利用经纬（全站）仪提供的视准面直接在活动觇牌的标尺上测定出变形点P_i偏离基准线AB的水平距离δ_i。

觇牌上有分划尺，最小分划为1mm，用游标尺可直接读到0.1mm。当精度要求较低时，也可采用小钢尺代替特制的活动觇牌量取。

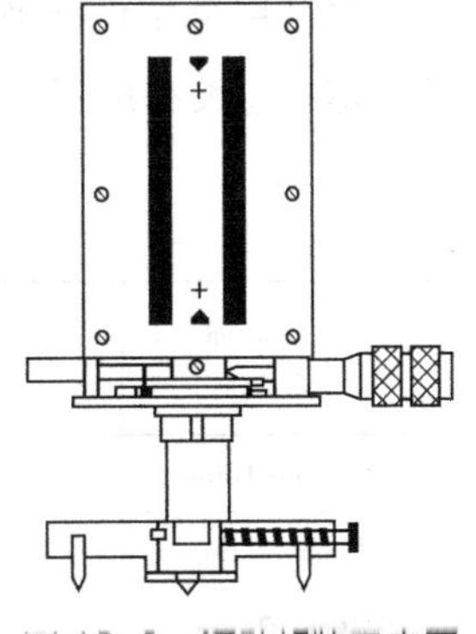

图16–8 活动觇牌示意图

采用视准线法测定位移时，应符合下列规定：

①在视准线两端各自向外的延长线上，宜埋设检核基准点。

②视准线应离开障碍物 1m 以上。

③当采用活动觇牌法进行观测时，各变形点偏离视准线的距离不应超过活动觇牌读数尺的读数范围，观测前应测定觇牌的零位差。

④当采用小角法进行观测时，小角角度不应超过 30″。

（2）激光准直法

激光准直法的观测与活动觇牌法类似，只是利用激光经纬仪、激光全站仪、激光指向仪或激光准直仪等仪器提供的激光束代替经纬（全站）仪的视线作为测定位移的基准线，并将活动觇牌法的觇牌改为光电探测器。当左右移动变形点上的光电探测器使其检流表指针指零时，即可在读数尺上读得该变形点偏离基准线的水平距离。

采用激光准直法测定位移时，应符合下列规定：

①观测前，应对激光仪器进行检校，使仪器射出的激光束轴线与视准轴重合。

②整个光路上应无障碍物，光路附近应设立安全警示标志。

③各变形点偏离基准线的距离，不应超过读数尺的读数范围。

④观测时，应使光电探测器与基准线垂直，并将接收到的激光光斑调至最小、最清晰。

（3）引张线法

引张线法是在两固定点之间拉紧一根金属丝作为固定基线，用于比较其间各观测点左、右位移情况。各观测点上装有固定的与基线垂直的标尺，可以随时观测和记录各点水平位移情况。在一些特殊环境下（如在大坝廊道内测定坝体的偏离值），采用引张线法将具有一定的优越性，同时可以不受旁折光的影响。

采用引张线法测定位移时，应符合下列规定：

①引张线宜采用直径为 0.8~1.2mm 的不锈钢丝。

②当引张线长度大于 200m 时，在其中间应加设浮托装置，以减小引张线的垂曲度，保证整个线段的水平投影为一直线。

2. 极坐标法

当采用全站仪极坐标法进行位移观测时，测站点与监测点之间的距离应符合表 16–8 的规定，边长和角度观测测回数应符合表 16–9 的规定。

全站仪观测距离长度要求（m） **表 16–8**

全站仪标称精度	位移观测等级			
	一等	二等	三等	四等
0.5″1mm+1ppm	≤ 300	≤ 500	≤ 800	≤ 1200
1″1mm+2ppm	—	≤ 300	≤ 500	≤ 800
2″2mm+2ppm	—	—	≤ 300	≤ 500

全站仪观测测回数 表 16-9

全站仪标称精度	位移观测等级			
	一等	二等	三等	四等
0.5″1mm+1ppm	2	1	1	1
1″1mm+2ppm	—	2	1	1
2″2mm+2ppm	—	—	2	1

极坐标法是一种简单方便的位移观测方法，当精度满足要求时可适用于各种位移观测。这里的测站点可以是基准点、工作基点，也可以是与基准点、工作基点联测的其他点。为了提高精度和可靠性，边长和角度至少应观测一个测回，根据观测量、测站坐标和已知方位角计算位移量；或用全站仪直接测出观测点的坐标，然后计算位移量。

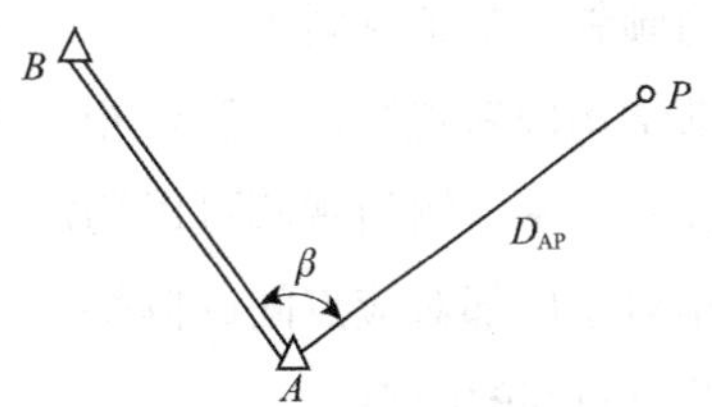

图 16-9 极坐标法示意图

如图 16-9 所示，将全站仪安置于 A 点，用测回法观测 β 角几个测回，求出平均值；用中丝法观测 P 点的天顶距几个测回，求出垂直角的平均值；观测 A 到 P 点的斜距几个测回，并加上各项距离改正数，求出 S_{AP}，然后按下式计算 P 点的坐标：

$$\begin{cases} D_{AP}=S_{AP}\cos\alpha \\ \alpha_{AP}=\alpha_{AB}+\beta \\ x_P=x_A+D_{AP}\cos\alpha_{AP} \\ y_P=y_A+D_{AP}\sin\alpha_{AP} \end{cases} \tag{16-2}$$

式中 x_A、y_A——A 点已知坐标，m；

D_{AP}——A、P 两点间的水平距离，m；

α_{AP}——直线 AP 的坐标方位角。

通过比较不同观测周期的 P 点坐标值，即可计算出该点的坐标差，得出水平位移量及位移方向。

3. 前方交会法

前方交会法是在已知坐标的点（测站点）上架设全站仪，通过测定与待定点之间的角度、距离来计算待定点的坐标，主要方式包括测角前方交会、测边前方交会和边角前方交会。使用全站仪时，宜优先使用边角前方交会，此时测站点可为两个。如采用测角前方交会或测边前方交会，为提高精度和可靠性，测站点应至少为 3 个。这里的测站可以是基准点、工作基点，也可以是与基准点、工作基点联测的其他点。

前方交会法不仅可以测定监测点的平面坐标，当测站点高程已知且同时观测测站点与待定点的垂直角时，可测得监测点的三维坐标。

对于高层建筑或不规则建筑、曲线型桥梁、重力拱坝等可以采用前方交会法来测定其位移，可以求得不同点的位移值和位移方向。

测站与定向点的距离一般要求不小于交会边的长度，交会角宜在 60°~120° 之间，基线之间的距离需精确测定。

如图 16–10 所示，分别在 A、B 两点安置仪器，按测回法多测回分别观测 α 和 β 角，用前方交会公式计算待定点 P 的坐标，然后计算该点的位移值和位移方向。

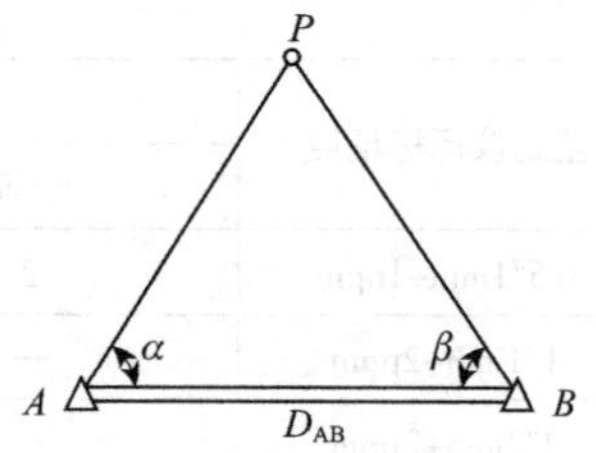

图 16–10　前方交会法示意图（一）

16.4　倾斜观测

测定建筑物倾斜度随时间而变化的工作称为倾斜观测。倾斜包括基础倾斜和上部结构倾斜。基础倾斜可利用沉降观测成果计算，本节主要讲述上部结构倾斜观测方法。上部结构倾斜观测通过测定相互垂直的两个方向上的倾斜分量来获得倾斜值、倾斜方向和倾斜速率。倾斜观测可以测定整体倾斜或局部倾斜，前者测的是建筑或构件顶部监测点相对于底部对应点间的倾斜，后者测的是建筑或构件局部范围内上部监测点相对于下部监测点间的倾斜。

一般情况下，在施工期间和竣工验收前都要对建筑进行倾斜观测；在老、旧建筑改造、房屋安全鉴定时也要进行倾斜观测，提供垂直度观测资料；在建筑物使用过程中，当在外力作用下（如地震）发现建筑物有倾斜可能时，应及时进行倾斜观测。

倾斜观测方法有两类：一类是直接测定法；另一类是通过测定建筑物基础的相对沉降间接确定其倾斜度，本节主要讲述直接测定法。

16.4.1　建（构）筑物倾斜度测量原理

直接测定法多用于基础面积较小的高层建筑物，如摩天大楼、水塔、烟囱、铁塔、柱子等，在直接测定建筑物倾斜方法中，吊挂悬垂线方法是最简单的，根据建筑物各高度处的偏差可直接测定建筑物的倾斜度。

但是，经常会出现不便在建筑物上固定吊挂悬垂线和有的地方施工人员不便到达的情况。现今，由于测绘仪器制造技术的进步，全站仪已经在国内普及，特别是无棱镜测距全站仪的出现和其测距精度的提高，使得测量工作变得更加容易。因此，对于建筑物倾斜度可使用全站仪直接测定点的三维坐标，然后用计算倾斜度和测量水平角的方法来测定建筑物的垂直度。

随着我国城市建设和城镇化建设步伐的加快，建设部门经常需要进行倾斜度测量，如房屋的安全鉴定必须要进行倾斜度测量，以对房屋的安全进行评价。这种情况下的测量一般只进行一次，主要是看房屋的倾斜度是否合格。

如图 16–11 所示，A、B 分别为设计建筑物在同一竖线

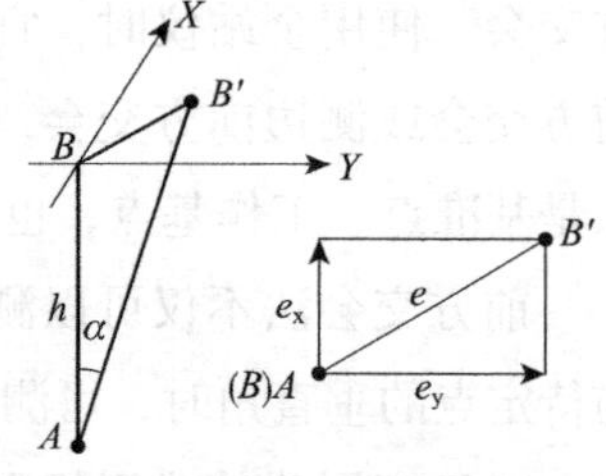

图 16–11　倾斜度测量原理

上的平、高点，当建筑物发生倾斜时，高点 B 相对于平点 A 移动了某一数值 e，则建筑物的倾斜值 i 为：

$$i = \tan\alpha = \frac{e}{h} \tag{16-3}$$

因此，为了确定建筑物的倾斜必须得到 e、h 值。

16.4.2　全站仪测量法

1. 坐标测量法计算建筑物的垂直度

对于测量建筑物某一棱边的垂直度，最好的方法是采用无棱镜测距全站仪直接测定棱边上点的三维坐标，然后计算垂直度，e、h 值均可根据点的三维坐标计算，即：

$$\begin{cases} e = \sqrt{(y'_B - y_A)^2 + (x'_B - x_A)^2} \\ h = H'_B - H_A \end{cases} \tag{16-4}$$

式中　x_B'、y_B'、H_B'——高点 B' 的三维坐标，m；

x_A、y_A、H_A——平点 A 的三维坐标，m。

2. 水平角测量法计算建筑物的垂直度

对于测量像柱子、水塔、烟囱、铁塔等建（构）筑物，可以用测量水平角的方法测定倾斜，即测量建筑物在纵横两个方向其底部中心与顶部中心的分偏移量，而后计算总偏移量，再根据式（16-3）计算垂直度。如图 16-12 所示，以测量水塔建筑物的垂直度为例，分别在建筑物纵（X）、横（Y）相互垂直的两个位置观测，且仪器距离水塔的距离尽可能大于水塔高度 H 的 1.5 倍，如果施测场地有限，可在全站仪目镜上加装弯管目镜。将全站仪安放在 A 站，用方向观测法观测与水塔底部断面相切的两个方向 1、4 和与顶部断面相切的两个方向 2、3，得方向观测值分别为 a_1、a_2、a_3、a_4，其顶部与底部几何中心的水平角差值为：

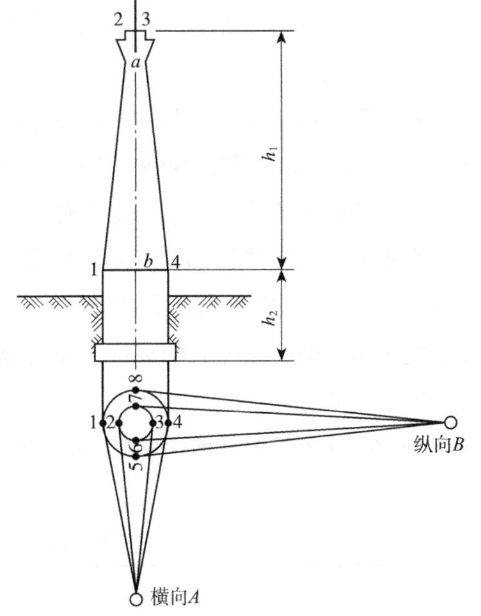

图 16-12　水塔垂直度测量原理

横向水平角差值为：$\delta_Y = \dfrac{(a_1 + a_4) - (a_2 + a_3)}{2}$　（16-5）

横向倾斜位移分量为：$\Delta_Y = \dfrac{\delta_Y (D + R)}{\rho}$　（16-6）

横向倾斜度（垂直度）为：$i_Y = \dfrac{\Delta_Y}{H}$ （16-7）

同理可得纵向水平角差值 δ_X、纵向倾斜位移分量 Δ_X、纵向倾斜度（垂直度）i_X：

纵向水平角差值为：$\delta_X = \dfrac{(b_5+b_8)-(b_6+b_7)}{2}$ （16-8）

纵向倾斜位移分量为：$\Delta_X = \dfrac{\delta_X(D+R)}{\rho}$ （16-9）

纵向倾斜度（垂直度）为：$i_X = \dfrac{\Delta_X}{H}$ （16-10）

柱子的总倾斜量为：$\Delta = \sqrt{\Delta_X^2 + \Delta_Y^2}$ （16-11）

柱子的总倾斜度（垂直度）为：$i = \dfrac{\Delta}{H}$ （16-12）

式中 a_1、a_2、a_3、a_4、b_5、b_6、b_7、b_8——水平角读数；

R——圆柱半径；ρ=206265″；

D——仪器到水塔外墙的水平距离值，用全站仪测定；

H——水塔的高度，为塔顶至塔底的高度，可采用全站仪三角高程测量的原理测定。

对于现代高层住宅或其他各式复杂的建（构）筑物，可以在建（构）筑物的四周选择一些棱线，观测这些棱线的垂直度，由此来评价建（构）筑物的总体垂直度。

每一条棱线的垂直度也是在纵横两个方向上观测水平角差，仪器到棱线的水平距离，测定水平方向到棱线顶部的高差，计算建（构）筑物的高度 H，其垂直度的计算原理与水塔垂直度计算方法一样，只是水平角差值的计算为底部测点与上部测点的水平角差值。在选购全站仪时，应注意购买带无棱镜测距功能和可以加装弯管目镜的全站仪，以方便垂直度的观测。

表 16-10 为某工程钢柱垂直度测量成果表。

某工程钢柱垂直度测量成果表 **表 16-10**

柱子编号	纵向绝对偏差（mm）	纵向相对偏差	横向绝对偏差（mm）	横向相对偏差	总偏差（mm）	柱高（m）	总垂直度
①～Ⓐ	1.8	$\frac{1}{3047}$	21.5	$\frac{1}{255}$	21.6	5.485	$\frac{1}{253}$
③～Ⓑ	28.0	$\frac{1}{261}$	18.5	$\frac{1}{396}$	33.5	7.332	$\frac{1}{218}$

续表

柱子编号	纵向绝对偏差（mm）	纵向相对偏差	横向绝对偏差（mm）	横向相对偏差	总偏差（mm）	柱高（m）	总垂直度
⑤～Ⓑ	36.8	$\frac{1}{199}$	18.1	$\frac{1}{404}$	41.0	7.324	$\frac{1}{178}$
⑦～Ⓑ	47.0	$\frac{1}{155}$	2.6	$\frac{1}{2818}$	47.1	7.328	$\frac{1}{155}$

16.4.3 激光铅垂仪法

当利用建筑物或构筑物顶部与底部之间的竖向通道进行观测时，可采用激光铅垂仪法。该法是在顶部适当位置安置接收靶，在其垂线下的地面或地板上安置激光铅直仪或激光经纬仪，在接收靶上直接读取或量出顶部的水平位移量和位移方向。作业中仪器应严格置平、对中，按一定的周期观测，每个周期最少观测两次，取中数作为最后结果。

16.4.4 前方交会法

如图 16-13 所示，P 为塔式建筑物底部中心位置，P' 为顶部中心位置，附近布设基线 AB。A、B 需选在稳定且能长期保存的地方，条件困难时也可选在附近建筑物顶面上，AB 的长度一般不大于 5 倍建筑物高度。所选基线应与观测点组成最佳图形，交会角宜在 60°~120° 之间。

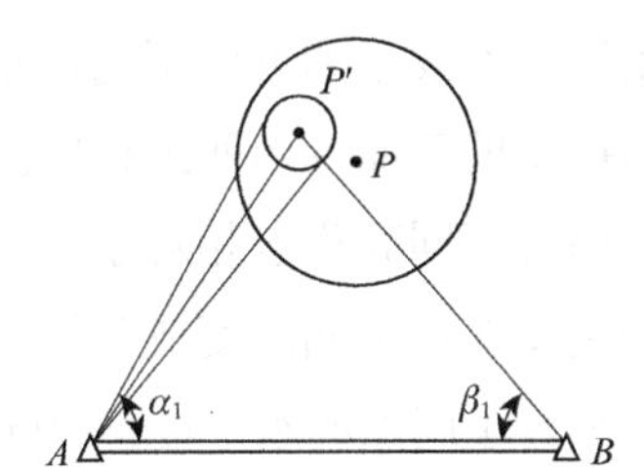

图 16-13 前方交会法示意图（二）

首先安置全站仪或经纬仪于 A 点，测定 P' 两侧切线与基线的夹角，取其平均值为 α_1；再将仪器安置于 B 点，测定 P' 两侧切线与基线的夹角，取其平均值为 β_1，可用前方交会公式计算出 P' 的坐标。同法分别将仪器安置于 A、B 两点，观测底部两侧切线与基线的夹角，可得底部中心 P 的坐标。通过坐标反算，求得 PP' 的平距即为倾斜偏移值。测定建筑物的高度，按式（16-3）计算倾斜度。

建筑物倾斜观测的周期可视倾斜速度每 1~3 个月观测一次。如遇基础附近因大量堆载或卸载，场地降雨长期积水多而导致倾斜速度加快时，应及时增加观测次数。施工期间的观测周期与沉降观测周期应一致。倾斜观测应避开强日照和风荷载影响大的时间段。

16.5 裂缝观测

裂缝是在建筑物不均匀沉降的情况下产生的不容许应力及变形的结果。当建筑物发生裂缝时，为了解决现状和掌握其发展情况，应对裂缝进行观测，以便根据这些观测资料分析其产生的原因和它对建筑物安全的影响，及时采取有效措施加以处理。当建筑物多处发生裂缝时，应先对裂缝进行编号，然后分别观测裂缝的位置、走向、长度、宽度等，并绘制裂缝分布图。为了系统地进行裂缝变化的观测，要在裂缝处设置观测标志。

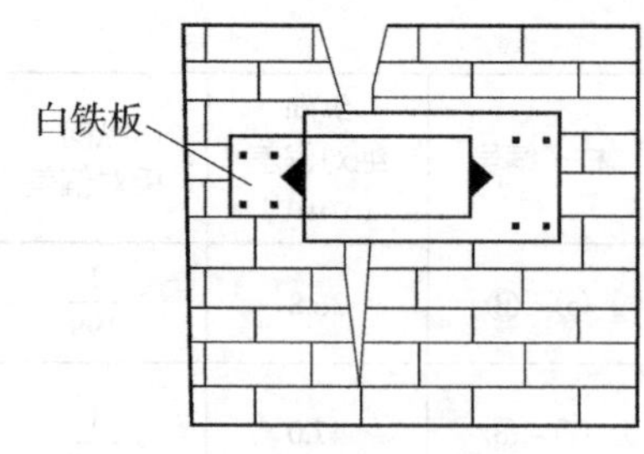

图 16–14　裂缝观测

如图 16–14 所示，用两块大小不同的矩形薄白铁板分别钉在裂缝两侧作为观测标志。固定时，使内外两块白铁板的边缘相互平行。将两铁板的端线相互投到另一块的表面上，用红油漆画两个“▲”作为标记。如裂缝继续发展，则铁板端线与三角形边线逐渐离开，定期分别量取两组端线与边线之间的距离，取其平均值，即为裂缝扩大的宽度，连同观测时间一并记入手簿内。

16.6　挠度观测

挠度指的是建筑的基础、构件或上部结构等在弯矩作用下因挠曲引起的变形，包括竖向挠度（对基础、桥梁、大跨度构件等）和横向挠度（对建筑上部结构、墙、柱等）。由于挠度发生的方向不同，测定方法也不同。对建筑物、构筑物及其构件等受力后随时间产生的弯曲变形而进行的测量工作称为挠度测量。例如，对于直立构件，建筑物垂直面内各不同高程点相对于底点的水平位移就称为挠度。建筑物主体挠度观测应按建筑结构类型在各不同高度或各层处沿一定垂直方向布置观测点，挠度值由建筑物上不同高度点相对于底点的水平位移值确定。对于平置的构件（基础、行车梁等），由于各点沉降量的不同将使构件弯曲。平置构件的弯曲一般可以通过对构件的沉降观测来计算。

在建筑质量检测领域也需要进行挠度观测，以检查建筑物构件的挠度是否合格，如对体育馆建筑屋面的钢网架进行挠度观测，以评价该建筑的质量是否合格。

挠度观测的精度等级可按表 16–1 的适用范围确定，也可根据监测对象变形量的大小，取其 1/20~1/10 作为观测精度指标。挠度变形常常对结构产生附加应力，一般按二等精度观测。但大型斜拉桥、悬索桥、大跨度建筑屋面结构等，由于设计时考虑了温度变化、荷载等影响，能承受大的变形，可采用三等观测精度。

16.6.1　横向挠度观测

对于平置的构件，如建筑物的基础，其挠度观测可与建筑物沉降观测同步进行。观测点应沿基础的轴线或边线布设，每一基础不得少于 3 点，标志设置、观测方法与沉降观测相同。

如图 16–15 所示，挠度值按下式计算：

$$f_c = (S_C - S_A) - \frac{L_1}{L_1 + L_2}(S_B - S_A) \tag{16–13}$$

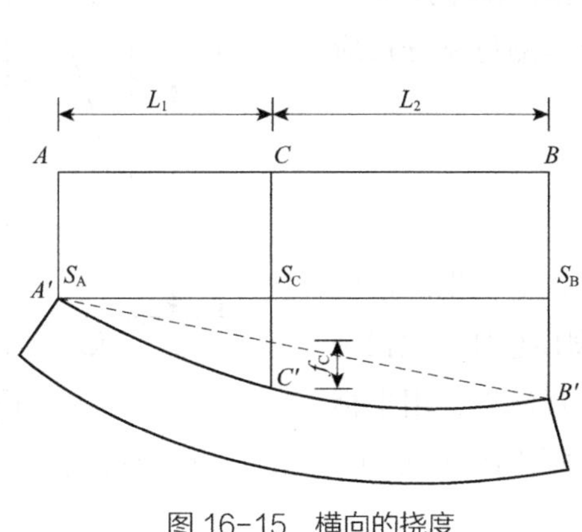

图 16-15 横向的挠度

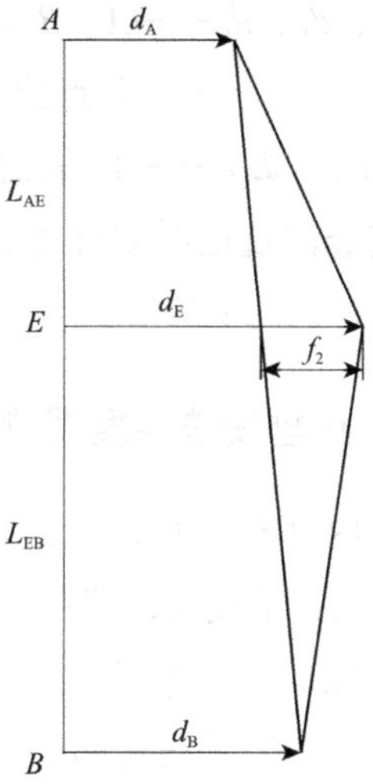

图 16-16 竖向的挠度

式中 f_c——挠度，mm；

L_1——A、C 两点间的水平距离，m；

L_2——B、C 两点间的水平距离，m；

S_A——基础上 A 点的沉降量，mm；

S_B——基础上 B 点的沉降量，mm；

S_C——基础上 C 点的沉降量，mm，C 点位于 A、B 两点之间。

跨中挠度值按下式计算：

$$f_c=(S_O-S_A)-\frac{1}{2}(S_B-S_A) \tag{16-14}$$

式中 S_O——基础中点 O 点的沉降量，mm；

S_B——基础端点 B 点的沉降量，mm；

S_A——基础端点 A 点的沉降量，mm。

16.6.2 竖向挠度观测

对建筑上部结构进行挠度观测，监测点应按建筑结构类型沿同一竖直方向在不同高度上布设。

如图 16-16 所示，横向挠度值 f_2 应按下列公式计算：

$$f_2=\Delta d_{AE}-\frac{L_{AE}}{L_{AE}+L_{EB}}\Delta d_{AB} \tag{16-15}$$

$$\begin{cases}\Delta d_{AE}=d_E-d_A\\ \Delta d_{AB}=d_B-d_A\end{cases} \tag{16-16}$$

式中　d_A、d_B、d_E——A、B、E 点的位移分量，mm，其中 E 点位于 A、B 两点之间；

L_{AE}、L_{EB}——A、E 之间及 E、B 之间的距离，m。

测定竖向挠度时要注意，不同高度上所测位移分量应为同一竖直方向上的值。

16.6.3　正垂线法挠度观测

对于内部有竖直通道的建（构）筑物，如大坝的挠度观测可采用正垂线法，即在坝体竖井中从坝顶悬挂一根铅垂线直通坝底，在铅垂线的不同高程上设置观测点，用坐标仪测量各点与铅垂线之间的相对位移值。如图 16–17 所示，任一点 N 的挠度可按下式计算：

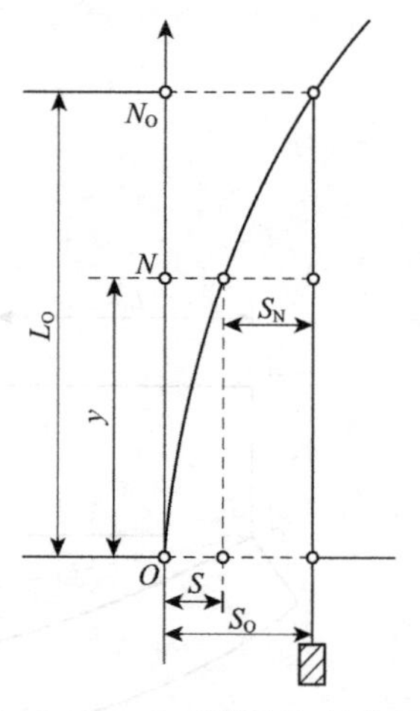

图 16–17　正垂线法挠度测量图

$$S = S_O - S_N \tag{16–17}$$

式中　S_O——底点与顶点之间的相对位移；

S_N——任一点 N 与顶点之间的相对位移。

16.6.4　桥梁挠度观测

桥梁挠度观测是桥梁检测的重要组成部分。桥梁建成后，桥梁承受静荷载和动荷载，必然会产生挠度变形。桥梁挠度观测分为桥梁的静荷载挠度观测和动荷载挠度观测。静荷载挠度观测时测定桥梁自重和构件安装误差引起的桥梁下垂量。动荷载挠度观测时测定车辆通过时在其质量和冲量作用下桥梁产生的挠度变形；它是弹性变形，荷载消失时变形也随之消失。当挠曲变形超过一定数值时，会影响车辆安全行驶和钢梁支座的使用寿命，因此须对桥梁定期进行挠度观测。

目前，桥梁挠度观测的常用方法有精密水准法、全站仪观测法、GPS 观测法、液体静力水准观测法、专用挠度仪观测法等。

精密水准法是桥梁挠度测量的一种传统方法，该方法利用布置在稳固处的基准点和桥梁结构上的水准点，观测桥体在加载前和加载后的测点高程差，从而计算桥梁检测部位的挠度值。

观测方法是在桥墩面上安置数字水准仪，在一孔钢梁中间的节点上倒挂一根条码尺，利用数字水准仪的倒尺测量功能读取读数，如图 16–18 所示。在加载前瞄准尺子读数为 a，加载后读数为 b，卸载后读数为 c，则桥梁的挠度 ΔH 为：

$$\Delta H = b - \frac{1}{2}(a + c) \tag{16–18}$$

对弹性挠度而言，a 与 c 应相等，故卸载后读数可供检查用。

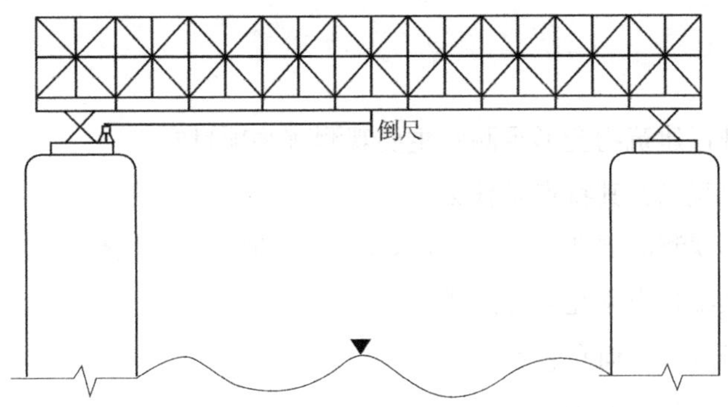

图 16-18　桥梁动荷载挠度观测示意图

16.6.5　钢网架挠度观测

钢网架的挠度观测是钢网架安装质量检测的重要内容。由于网架到地面的净空高度一般较大，采用水准测量的方法通常无法施测，所以最好的方法是用有无棱镜测距功能的全站仪来观测网架的挠度。如图 16-19 所示，在一榀网架的同一竖直面内，在地面上选择好测站位置，*A*、*B*、*C* 为挠度观测点，*C* 点为中点，网架受力后 *A*、*B*、*C* 三点发生沉降到达 *A′*、*B′*、*C′* 位置，分别观测 *A′*、*B′*、*C′* 三点，得 h_A、h_B、h_C，按下式计算挠度：

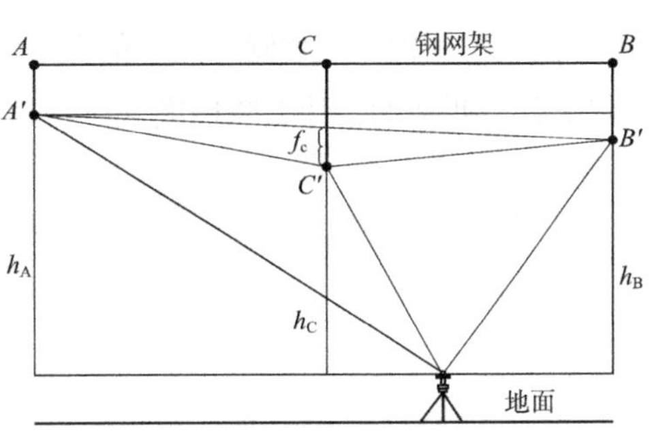

图 16-19　钢网架屋面挠度观测

$$f_c=(h_A-h_C)-\frac{1}{2}(h_A-h_B) \tag{16-19}$$

式中　h_A——*A′* 点至仪器中心水平线的垂直距离；

h_B——*B′* 点至仪器中心水平线的垂直距离；

h_C——*C′* 点至仪器中心水平线的垂直距离。

如果要多次观测网架的挠度，可以在测点位置粘贴反光片，并在安置测站的位置做好标志，以便后面的观测顺利进行。为了提高观测精度，最好选择精度较高的全站仪来观测网架的挠度，如测角精度达到 ±1″ 或 ±0.5″ 的全站仪。施测前应仔细校正全站仪的竖盘指标差，竖盘指标差越小越好。

【本章小结】

重点掌握建筑物沉降、倾斜、水平位移和挠度观测的外业实施步骤及内业数据处理过程，理解建筑物的裂缝观测。了解建筑物产生变形的原因、特点及变形观测基本方法、精度要求等。

【思考与练习题】

1. 为什么要进行建筑物变形观测？主要观测哪些项目？

2. 什么叫变形观测？其特点是什么？

3. 什么是变形观测的周期？制定变形观测周期的依据是什么？

4. 变形测量系统是由哪几部分组成的？

5. 建筑物沉降点应如何布置？

6. 沉降观测水准基点最少要布置几个？

7. 建筑物水平位移的观测方法有哪些？

8. 某烟囱经检测其顶部中心在两个互相垂直的方向上各偏离底部中心 58mm 及 73mm，设烟囱的高度为 90m，试求烟囱的总倾斜度。

9. 试述建（构）筑物倾斜测量的方法有哪些？

10. 什么叫挠度，什么叫挠度观测？试述建筑物基础挠度观测的原理。

附录 I　测量常用的计量单位

1. 长度单位

我国测量工作中法定的长度计量单位为米（m）制单位，具体如下：

1m（米）=10dm（分米）=100cm（厘米）=1000mm（毫米）

1hm（百米）=100m

1km（千米或公里）=1000m

在外文测量书籍、参考文献和测量仪器说明书中，还会用到英制的长度计量单位，它与米制长度单位的换算关系如下：

1in（英寸）=2.54cm

1ft（英尺）=12in=0.3048m

1yd（码）=3ft=0.9144m

1mi（英里）=1760yd（英码）=1.6093km

2. 面积单位

我国测量工作中法定的面积单位为平方米（m^2），大面积则用公顷（hm^2）、平方公里或平方千米（km^2），我国农业土地常用亩（mu）为面积计量单位。其换算关系如下：

$1m^2$（平方米）=$100dm^2$=$10000cm^2$=$1000000mm^2$

1mu（亩）=10 分 =100 厘 =$666.6667m^2$

1are（公亩）=$100m^2$=0.15mu

$1hm^2$（公顷）=$10000m^2$=15mu

$1km^2$（平方千米）=$100hm^2$（公顷）=1500mu

米制与英制的面积单位换算关系如下：

$1in^2$（平方英寸）=$6.4516cm^2$

$1ft^2$（平方英尺）=$144in^2$=$0.0929m^2$

$1yd^2$（平方码）=$9ft^2$=$0.8361m^2$

1acre（英亩）=$4840yd^2$=40.4686are=6.07mu

$1mi^2$（平方英里）=640acre=$2.59km^2$

3. 体积单位

我国测量工作中法定的体积计量单位为立方米（m^3），简称立方或方。

4. 角度单位

测量工作中常用的角度单位有 60 进制的度分秒制和弧度制，还有每象限 100 进制的新度制。

（1）度分秒制

1 圆周 =360°（度），1°=60′（分），1′=60″（秒）

（2）新度制

1 圆周 =400^g（新度），1^g=100^c（新分），1^c=100^{cc}（新秒）

（3）弧度制

圆心角的弧度为该角的弧长与半径之比。在推导测量学的公式和进行计算时，有时需要用弧度来表示，计算机运算中的角度值也需要用弧度表示。如附图 1（*a*）所示，将弧长 *L* 等于半径 *R* 的圆弧所对的圆心角称为 1 弧度（rad），以 ρ 表示 1 弧度度分秒制的角制。整个圆周的弧度为 2π，相当于度分秒制的 360°。因此，弧度与度分秒制角度的关系为：

$$2\pi\cdot\rho=360°,\quad \rho=\frac{180°}{\pi}$$

式中，取 π=3.141592654。

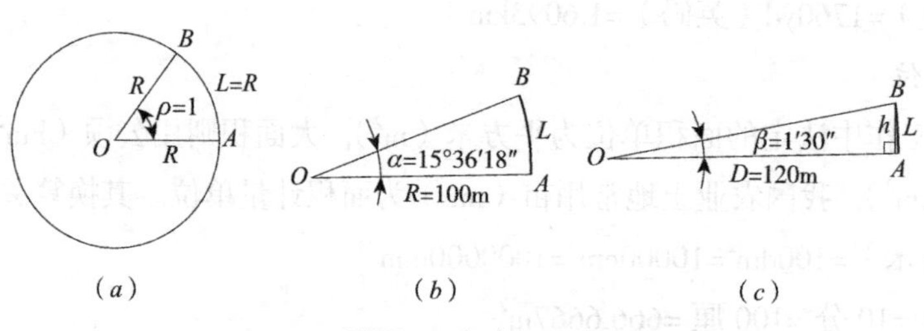

附图 1　角度与弧度

1 弧度（rad）相当于度分秒制的角度值为：

$$\rho=\frac{180°}{\pi}=57.295\,779\,5°\approx 57.3°$$

$$\rho=\frac{180°}{\pi}\times 60=3\,437.746\,77'\approx 3\,438'$$

$$\rho=\frac{180°}{\pi}\times 3\,600=206\,264.806''\approx 206\,265''$$

角度的度、分、秒值，可按下式化为弧度值（分子分母单位应一致）：

$$\widehat{\alpha}=\frac{\alpha}{\rho}$$

在测量工作中，有时需要按圆心角 α 和半径 *R* 计算所对弧长 *L*。如附图 1（*b*）所示，

已知 R=100m，α=15°36′18″。先计算弧度值，再据此计算弧长 L：

$$\alpha = 15 + \frac{36}{60} + \frac{18}{3600} = 15.605°$$

$$L = R \cdot \widehat{\alpha} = D\frac{\alpha}{\rho} = 100 \times \frac{15.605}{57.2958} = 27.236\text{m}$$

有时，将直角三角形中的小角度 β 的对边 h 按弧长计算，因为 h 与该角所对弧长 L 相差很小。如附图 1（c）所示，设 β=1′30″，A、B 两点间的距离 D=120m，可按下式计算 h：

$$h = D \cdot \widehat{\beta} = D\frac{\beta}{\rho} = 120 \times \frac{90}{206265} = 0.052\text{m}$$

附录Ⅱ 测量计算中的有效数字

测量作业中，所有的测量成果都是经过计算求得的。计算过程中，一般都有凑整问题。在计算中，如果参与计算的数据的位数取少了，就会损害外业成果的精度和影响计算结果的应有精度；如果位数取多了，则增加不必要的计算工作量。究竟取多少位数为宜，这就是测量计算中的有效数字问题。

1. 凑整误差

由于数字的取舍而引起的误差称为凑整误差，以 ε 表示。ε 的数值等于精确值 A 减去凑整值（或近似值）a，即：

$$\varepsilon=A-a$$

例如：某角度 4 测回观测值的算术中数（平均值）为 60°32′18.4″，若凑整为 60°32′18″，则这个观测结果含有的凑整误差 ε=60°32′18.4″−60°32′18″=0.4″。

2. 凑整规则

为避免凑整误差的迅速积累而影响测量成果的精度，在计算中通常用如下凑整规则，它与习惯上的“四舍五入”规则基本相同。

（1）若数值中被舍去部分的数值大于所保留的末位的 0.5，则末位加 1。

（2）若数值中被舍去部分的数值小于所保留的末位的 0.5，则末位不变。

（3）若数值中被舍去部分的数值等于所保留的末位的 0.5，则末位凑整成偶数。

上述规则也可归纳为：“四舍六入，奇进偶不进”，即：大于 5 者进，小于 5 者舍，正好是 5 者，则看前为奇数或偶数而定，为奇数时进，为偶数时舍。

例：将下列数字凑整成小数后三位。

原有数字	凑整后数字
3.14159	3.142
2.71729	2.717
4.51750	4.518
3.21650	3.216
5.6235	5.624
6.378501	6.378
7.691499	7.691

对于表示精度的数据（中误差、极限误差），在去掉多余位数时只入不舍。例如，极限误差为 0.32，若取 1 位有效数字则应为 0.4，而不写为 0.3；而在计算相对误差时，分母部分则是小数位去位取整。

附录Ⅲ 测量记录与计算的注意事项

1. 测量记录注意事项

（1）记录时文字用正楷字体。

（2）测量观测数据须用 2H 或 3H 铅笔记入正式表格，不得先记在草稿纸上然后再抄写。严禁实验时不记录，实验结束后凭记忆回忆数据记入表格。

（3）记录前须填写实验日期、天气、仪器号码、班级、组别、观测者、记录者等观测手簿的表头内容。

（4）记录者在观测者报出观测数据并准备记录数据前，应先将观测数据复读（即回报）一遍，让观测者听清楚，以防出现听错或记错现象。

（5）测量记录应书写工整，不得潦草，要保证实验记录清楚整洁、正确无误。

（6）禁止擦拭、涂改和挖补数据。记录数字如有差错，不准用橡皮擦去，也不准在原数字上涂改，应根据具体情况进行改正：如果是米、分米或度位数字读（记）错，则可在错误数字上划一斜线，保持数据部分的字迹清楚，同时将正确数字记在其上方；如为厘米、毫米、分或秒位数字读（记）错，则该读数无效，应将本站或本测回的全部数据用斜线划去，保持数据部分的字迹清楚，并在备注栏中注明原因，然后重新观测，并重新记录。测量过程中不得更改的测量数据数位及应重测的范围见附表 1。

不得更改的测量数据数位及应重测的范围 **附表 1**

测量种类	不准更改的数位	应重测的范围
水准	厘米及毫米的读数	该测站
水平角	分及秒的读数	该测回
竖角	分及秒的读数	该测回
量距	厘米及毫米的读数	该尺段

（7）严禁连环更改数据。如已修改了算术平均值，则不能再改动计算算术平均值的任何一个原始数据；若已更改了某个观测值，则不能再更改其算术平均值。

（8）记录数字要正确反映观测精度。对于要求读到毫米位的，若读数为 1m2dm6cm，应记成 l260，不能记成 126；同理，如要求读到厘米时，应记成 126，而不应记成 1260。

角度测量时，“度”最多三位，最少一位，“分”和“秒”各占两位，如读数是0°2′4″，应记成0°02′04″。测量数据精确单位及应记录的位数见附表2。

测量数据精确单位及应记录的位数 **附表2**

测量种类	数字单位	记录数字的位数
水　　准	mm	4位
角度的分	′	2位
角度的秒	″	2位

2. 测量计算注意事项

（1）测量计算时，数字进位应按照“四舍六入五凑偶”的原则进行。如要求精确到个位数，下列数据的最后结果分别是：123.4 → 123；123.6 → 124；124.5 → 124；123.5 → 124。

（2）测量计算时，数字的取位规定：水准测量视距应取位至0.1m，视距总和取位至0.01km，高差中数取位至0.1mm，高差总和取位至1.0mm，角度测量的秒取位至1.0″。

（3）观测手簿中，对于有正、负意义的量，记录计算时一定要带上“+”或“-”，即使是“+”也不能省略。

（4）简单计算，如平均值、方向值、高差（程）等，应边记录边计算，以便超限时能及时发现问题并立即重测；较为复杂的计算，可在实验完成后及时算出。

（5）实验计算必须仔细认真。在测量实验中，严禁任何因超限等原因而更改观测记录数据，一经发现，将取消实验成绩并严肃处理。

附录Ⅳ 测量实验须知

测量学是一门理论和实践并重的专业基础课，其中一个重要的教学环节就是实验课。通过实验课的实践教学和操作训练，可以使学生更好地巩固课堂所学的基本理论，掌握测量仪器操作的基本技能和测量作业的基本方法，培养学生独立思考、分析和解决实际问题的能力，真正达到提高实践动手能力的目的。因此，每位同学务必在教师的指导下，按时保质保量完成各项实验任务。

1. 测量实验规定

（1）在测量实验之前，应复习教材中的有关内容，认真仔细地预习实验指导书，明确实验目的与要求、熟悉实验步骤、注意有关事项，并准备好所需文具用品，以保证按时完成实验任务。

（2）实验分小组进行，组长负责组织协调工作，办理所用仪器工具的借领和归还手续。

（3）实验应在规定的时间进行，不得无故缺席或迟到早退；应在指定的场地进行，不得擅自改变地点或离开现场。

（4）必须严格遵守本书列出的“测量仪器工具的借领与使用规则”和“测量记录与计算规则”。

（5）服从教师的指导，每人都必须认真、仔细地操作，培养独立工作能力和严谨的科学态度，同时要发扬互相协作精神。每项实验都应取得合格的成果并提交书写工整规范的实验报告，经指导教师审阅签字后方可交还测量仪器和工具，结束实验。

（6）实验过程中，应遵守纪律，爱护现场的花草、树木和农作物，爱护周围的各种公共设施，任意砍折、踩踏或损坏者应予赔偿。

2. 测量仪器工具的借领与使用规则

（1）测量仪器工具的借领

1）在教师指定的地点办理借领手续，以小组为单位领取仪器工具。

2）借领时应该当场清点检查实物与清单是否相符、仪器工具及其附件是否齐全、背带及提手是否牢固、脚架是否完好等。如有缺损，可以补领或更换。

3）离开借领地点之前，必须锁好仪器箱并捆扎好各种工具；搬运仪器工具时，必须轻取轻放，避免剧烈振动。

4）借出仪器工具之后，不得与其他小组擅自调换或转借。

5）实验结束应及时收装仪器工具，送还借领处检查验收，注销借领手续。如有遗失或损坏，应写书面报告说明情况，并按有关规定给予赔偿。

（2）常规测量仪器使用注意事项

1）携带仪器时，应注意检查仪器箱盖是否关紧锁好，拉手、背带是否牢固。

2）打开仪器箱之后，要看清并记住仪器在箱中的安放位置，避免以后装箱困难。

3）提取仪器之前，应注意先松开制动螺旋，再用双手握住支架或基座轻轻取出仪器放在三脚架上，保持一手握住仪器，一手去拧连接螺旋，最后旋紧连接螺旋使仪器与脚架连接牢固。

4）装好仪器之后，注意随即关闭仪器箱盖，防止灰尘和湿气进入箱内。仪器箱上严禁坐人。

5）人不离仪器，必须有人看护，切勿将仪器靠在墙边或树上，以防跌损。

6）在野外使用仪器时，应该撑伞，严防日晒雨淋。

7）若发现透镜表面有灰尘或其他污物，应先用软毛刷轻轻拂去，再用镜头纸擦拭，严禁用手帕、粗布或其他纸张擦拭，以免损坏镜头。观测结束后应及时盖好物镜盖。

8）各制动螺旋勿扭过紧，微动螺旋和脚螺旋不要旋到顶端。使用各种螺旋都应均匀用力，以免损伤螺纹。使用前和使用后应将微动螺旋和脚螺旋旋到中间位置。

9）转动仪器时，应先松开制动螺旋，再平衡转动。使用微动螺旋时，应先旋紧制动螺旋。动作要准确、轻捷，用力要均匀。

10）使用仪器时，对仪器性能尚未了解的部件，未经指导教师许可不得擅自操作。

11）仪器装箱时，要放松各制动螺旋，装入箱后先试关一次，在确认安放稳妥后，再拧紧各制动螺旋，以免仪器在箱内晃动、受损，最后关箱上锁。

12）测距仪、电子经纬仪、电子水准仪、全站仪、GPS 等电子测量仪器在野外更换电池时，应先关闭仪器的电源；装箱之前也必须先关闭电源，才能装箱。

13）仪器搬站时，对于长距离或难行地段，应将仪器装箱再搬站。在短距离和平坦地段，先检查连接螺旋，再收拢脚架，一手握基座或支架，一手握脚架，竖直地搬移，严禁横杠仪器进行搬移。罗盘仪搬站时，应将磁针固定，使用时再将磁针放松。装有自动归零补偿器的经纬仪搬站时，应先旋转补偿器关闭螺旋将补偿器托起才能搬站，观测时应记住及时打开。

（3）测量工具使用注意事项

1）水准尺、标杆禁止横向受力，以防弯曲变形。作业时，水准尺、标杆应由专人认真扶直，不准贴靠树上、墙上或电线杆上，不能磨损尺面分划和漆皮。塔尺的使用还应注意接口处的正确连接，用后及时收尺。

2）测图板的使用应注意保护板面，不得乱写乱扎，不能施以重压。

3）皮尺要严防潮湿，万一潮湿，应晾干后再收入尺盒内。

4）钢尺的使用应防止扭曲、打结和折断，防止行人踩踏或车辆碾压，尽量避免尺身着水。用完钢尺应擦净、涂油，以防生锈。

5）小件工具如垂球、测钎、尺垫等的使用，应用完即收，防止遗失。

6）测距仪或全站仪使用的反光镜，若发现反光镜表面有灰尘或其他污物，应先用软毛刷轻轻拂去，再用镜头纸擦拭。严禁用手帕、粗布或其他纸张擦拭，以免损坏镜面。

（4）全站仪及其他光电仪器的正确使用与保护方法

电子经纬仪、电磁波测距仪、全站仪、GPS 接收机等光电测量仪器，除应按上述普通光学仪器进行使用和保养外，还应按电子仪器的有关要求进行使用和保养。特别应注意以下几点：

1）尽量选择在大气稳定、通视良好的时候观测。

2）避免在潮湿、肮脏、强阳光下以及热源附近充电，电池应放完电后再充电，长期不用时也应放完电后存放。

3）不要把仪器存放在湿热环境下。使用前，要及时打开仪器箱，使仪器与外界温度一致。应避免温度骤变使镜头起雾，从而影响观测成果质量和工作效率（如全站仪会缩短仪器测程）。

4）观测时不要将望远镜直视太阳。

5）观测时应尽量避免日光持续曝晒或靠近车辆热源，以免降低仪器精度和效率。

6）使用测距仪或全站仪望远镜瞄准反射棱镜进行观测时，应尽量避免在视场内存在其他反射面，如交通信号灯、猫眼反射器、玻璃镜等。

7）在潮湿的地方进行观测时，观测完毕将仪器装箱前要立即彻底除湿，使仪器完全干燥。

8）要养成及时关闭电源的良好习惯。在进行仪器拆接时，一定要关闭电源。一般电子仪器的微处理器（电子手簿）都有内置电池，不会因为关闭电源而丢失数据。另外，长时间不观测又不关电源，不仅会浪费电量，且容易误操作，引起数据破坏或丢失。

参考文献

[1] 潘正风，程效军，成枢，等 . 数字地形测量学 [M]. 武汉：武汉大学出版社，2015.

[2] 杜继亮，吉长东，孙江，等 . 测量学 [M]. 长春：吉林大学出版社，2015.

[3] 高井祥，张书毕，于胜文，等 . 测量学 [M]. 徐州：中国矿业大学出版社，2007.

[4] 徐绍铨，张华海，杨志强，等 . GPS 测量原理及应用 [M]. 第三版 . 武汉：武汉大学出版社，2008.

[5] 崔希民，彭小沾，刘文龙 . 测量学教程 [M]. 北京：煤炭工业出版社，2009.

[6] 胡伍生，潘庆林 . 土木工程测量 [M]. 第三版 . 南京：东南大学出版社，2007.

[7] 陈久强，刘文生，雷中英，等 . 土木工程测量 [M]. 北京：北京大学出版社，2006.

[8] 窦世卿，张红华，赵威成，等 . 煤矿测量学 [M]. 北京：冶金工业出版社，2013.

[9] 合肥工业大学，重庆建筑大学，天津大学，等 . 测量学 [M]. 第四版 . 北京：中国建筑工业出版社，1995.

[10] 张正禄，黄声享，岳建平，等 . 工程测量学 [M]. 第二版 . 武汉：武汉大学出版社，2013.

[11] 王健，田桂娥，吴长悦，等 . 道路工程测量 [M]. 武汉：武汉大学出版社，2015.

[12] 正禄 . 工程测量学习题、课程设计和实习指导书 [M]. 武汉：武汉大学出版社，2008.

[13] 刘茂华，任东风，范海英，等 . 测量学 [M]. 北京：清华大学出版社，2018.

[14] 周文国，郝延锦 . 工程测量 [M]. 北京：测绘出版社，2009.

[15] 胡振琪，王家贵，余学祥，等 . 应用工程测量学 [M]. 北京：煤炭工业出版社，2008.

[16] 岳建平，陈伟清 . 土木工程测量 [M]. 第二版 . 武汉：武汉理工大学出版社，2010.

[17] 程效军，鲍峰，顾孝烈 . 测量学 [M]. 上海：同济大学出版社，2016.

[18] 周建郑 . 测量学 [M]. 北京：化学工业出版社，2008.

[19] 赵世平 . 数字水准仪、全站仪测量技术 [M]. 郑州：黄河水利出版社，2015.

[20] 赵世平 . 测量实验与实习教程 [M]. 郑州：黄河水利出版社，2016.

[21] 赵建三，贺跃光 . 测量学 [M]. 第二版 . 北京：中国电力出版社，2013.

[22] 王晓明，殷耀国 . 土木工程测量 [M]. 武汉：武汉大学出版社，2013.

[23] 王依，过静珺 . 现代普通测量学 [M]. 第 2 版 . 北京：清华大学出版社，2009.

[24] 岑敏仪 . 土木工程测量 [M]. 第 2 版 . 北京：高等教育出版社，2015.

[25] 瞿俊良 . 测量仪器及检修 [M]. 北京：煤炭工业出版社，1984.

[26] 武汉测绘科技大学《测量学》编写组 . 测量学 [M]. 第三版 . 北京：测绘出版社，1991.

[27] 宋文 . 公路施工测量 [M]. 北京：人民交通出版社，2001.

[28] 李天和 . 工程测量（非测绘类）[M]. 郑州：黄河水利出版社，2006.

[29] 郭宗河 . 工程测量实用教程 [M]. 北京：中国电力出版社，2013.

[30] 王丹，王双龙，林鸿，等 . 建筑变形测量规范 JGJ 8—2016 实施指南 [M]. 北京：中国建筑工业出版社，2017.

[31] 中华人民共和国住房和城乡建设部 . 建筑变形测量规范：JGJ 8—2016 [S]. 北京：中国建筑工业出版社，2016.

[32] 中华人民共和国住房和城乡建设部 . 卫星定位城市测量技术标准：CJJ/T 73—2019 [S]. 北京：中国建筑工业出版社，2019.

[33] 中华人民共和国交通运输部 . 特大跨径公路桥梁施工测量规范：JTG/T 3650—02—2019 [S]. 北京：中国建筑工业出版社，2019.

[34] 中华人民共和国住房和城乡建设部 . 城市测量规范：CJJ/T 8—2011 [S]. 北京：中国建筑工业出版社，2011.

[35] 中华人民共和国交通部 . 公路勘测规范：JTG C10—2007 [S]. 北京：人民交通出版社，2007.

[36] 中华人民共和国住房和城乡建设部，国家市场监督管理总局 . 工程测量标准：GB 50026—2020 [S]. 北京：中国计划出版社，2021.

[37] 国家市场监督管理总局，中国国家标准化管理委员会 . 国家基本比例尺地图图式 第 1 部分：1：500 1：1000 1：2000 地形图图式：GB/T 20257.1—2017 [S]. 北京：中国标准出版社，2017.

[38] 国家市场监督管理总局，中国国家标准化管理委员会 . 国家基本比例尺地形图分幅和编号：GB/T 13989—2012 [S]. 北京：中国标准出版社，2012.